Analysis

Leistungskurs

Lehrbuch
für die Sekundarstufe II

Gymnasium

Laura Engelke

11 z

Volk und Wissen Verlag GmbH

Autoren:
Dr. Gerhard Koenig, Klaus-Jürgen Schulz, Dr. Manfred Schulz, Prof. Dr. Wolfgang Schulz,
Prof. Dr. Werner Stoye, Dr. Sabine Zänker

Herausgeber:
Prof. Dr. Wolfgang Schulz
Prof. Dr. Werner Stoye

Redaktion:
Gesine Gerhardt

Dieses Werk folgt der reformierten Rechtschreibung und Zeichensetzung.

ISBN 3-06-001171-0

1. Auflage
5 4 3 2 1 / 01 00 99 98 97
Alle Drucke dieser Auflage sind im Unterricht parallel nutzbar.
Die letzte Zahl bedeutet das Jahr dieses Druckes.

Printed in Germany
Satz: Mitterweger Satz GmbH
Druck und Binden: Druckerei zu Altenburg GmbH
Illustrationen: Roland Beier
Fotos: Volker Döring
Zeichnungen: Axel Siebert
Layout: Karl-Heinz Bergmann
Einband und Typografie: Wolfgang Lorenz

Inhalt

A

B

C

D

E

F

G

A

Funktionen und Gleichungen

1 Viel Bekanntes und einiges Neues über Funktionen

Funktionsbegriff; Nullstelle einer Funktion

Beispiele für Funktionen:

a) LEONARDO von PISA, genannt FIBONACCI, beschäftigte sich in einem 1202 geschriebenen Buch z. B. mit folgender Aufgabe: „Jemand sperrt ein Kaninchenpaar in ein Gehege, um zu erfahren, wie viele Nachkommen dieses eine Paar im Laufe eines Jahres haben wird. Es wird dabei vorausgesetzt, dass jedes Kaninchenpaar monatlich ein Paar zur Welt bringt und die Kaninchen gebären vom zweiten Monat nach ihrer Geburt an.“

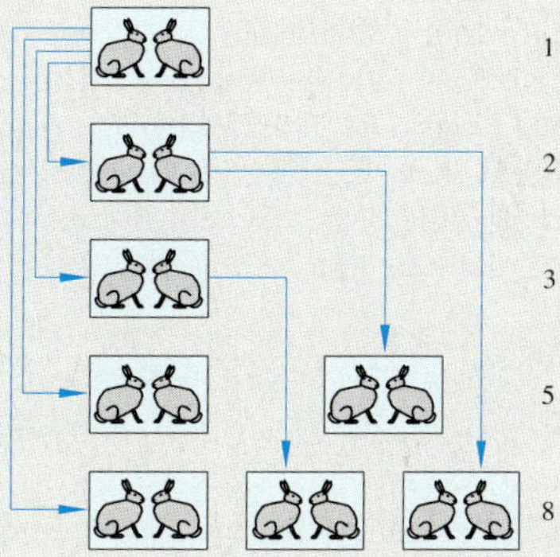

1

b) Carola bekam von ihren Großeltern zur Geburt 2000 DM geschenkt. Das Guthaben wurde bis zu Carolas 25. Geburtstag mit 4,25 % verzinst (siehe Bild 2). Außer den jährlichen Zinsgutschreibungen fanden keine Kontobewegungen statt.

1. Geben Sie für die oben stehenden Beispiele a) und b) eine Übersicht für die Anzahl der Kaninchenpaare in Abhängigkeit von den vergangenen Monaten bzw. für das Kapital in Abhängigkeit von den vergangenen Jahren an.

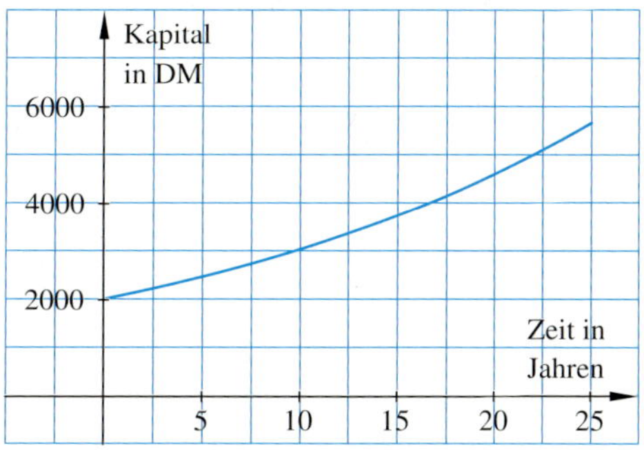

2

2. **a)** Erläutern Sie anhand der oben stehenden Beispiele die Begriffe „Funktion“, „Argument“, „Funktionswert“.

b) Geben Sie jeweils den Definitionsbereich, den Wertebereich und das Monotonieverhalten der Funktionen an.

c) Geben Sie für jede Funktion weitere Möglichkeiten der Darstellung an.
(Hinweis: Es kommen Wortvorschriften, Wertetabellen, Funktionsgleichungen oder Graphen in Betracht.)

Die bei der Lösung der Aufgabe 1 a) entstehenden Zahlen 1, 2, 3, 5, 8, 13 usw. enthalten eine besondere Gesetzmäßigkeit (welche?). Sie werden FIBONACCI-Zahlen genannt.

DEFINITION Eine **Funktion** ist eine eindeutige Zuordnung zwischen Mengen.

Funktionen sind daher Mengen von geordneten Paaren $(x; y)$ mit der Eigenschaft, dass jedem x genau ein y zugeordnet ist.
Die Eindeutigkeit einer Zuordnung kann man mithilfe der beteiligten Paare gut erkennen. Gehören zwei Paare mit gleichen ersten Komponenten zu einer eindeutigen Zuordnung, so müssen auch die zweiten Komponenten übereinstimmen. Eine Zuordnung f ist also genau dann eindeutig, wenn aus $(x; y_1) \in f$ und $(x; y_2) \in f$ immer $y_1 = y_2$ folgt.

Beispiel: Für alle Punkte $P(x; y)$ eines Kreises mit dem Radius r und dem Mittelpunkt im Koordinatenursprung gilt die Gleichung $x^2 + y^2 = r^2$.

Die Zuordnung, die jedem $x \in [-r; r]$ die Punkte $P(x; y)$ dieses Kreises zuordnet, ist keine Funktion. Ist nämlich $P_1(x_1; y_1)$ ein Punkt des Kreises, dann ist auch $P_2(x_1; y_2)$ mit $y_2 = -y_1$ ein Punkt des Kreises, denn es gilt:

$$x_1^2 + y_2^2 = x_1^2 + (-y_1)^2 = x_1^2 + y_1^2 = r^2.$$

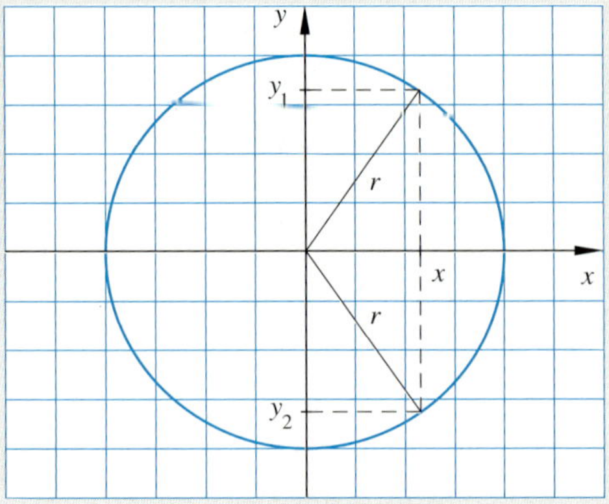

3

Gehört das geordnete Paar $(x; y)$ zur Funktion f, so ordnet die Funktion f dem **Argument** x aus dem **Definitionsbereich** $\mathrm{D}(f)$ genau einen **Funktionswert** y aus dem **Wertebereich** $\mathrm{W}(f)$ zu. Man sagt: „y ist der Funktionswert der Funktion f an der Stelle x" und schreibt „$y = f(x)$".

Bemerkung: Die korrekte Sprechweise „die Funktion f mit (der Gleichung) $y = f(x)$" verkürzt man oft zu „die Funktion $y = f(x)$" oder zu „die Funktion $f(x)$". Dabei besteht die Gefahr, dass die Funktion f mit dem Funktionswert $f(x)$ an der Stelle x verwechselt wird.

3. Entscheiden Sie, ob die folgenden Sachverhalte jeweils durch eine Funktion beschrieben werden können. Begründen Sie Ihre Aussage.

a) Normalerweise nimmt die Temperatur in der Atmosphäre mit zunehmender Höhe ab. Das Bild 4 zeigt eine davon abweichende Temperaturverteilung, die Inversion genannt wird.

b) In Telefonbüchern werden durch die Telefonnummern Beziehungen zwischen Personen und natürlichen Zahlen hergestellt. Betrachten Sie die Zuordnungen Personen → natürliche Zahlen und natürliche Zahlen → Personen.

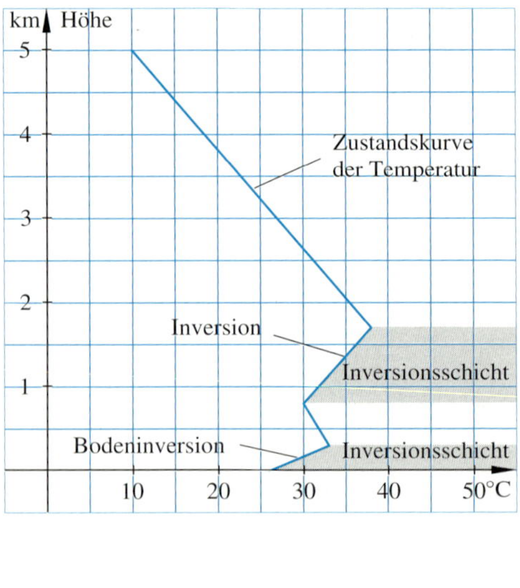

4

c) Schadstoffproduktion für verschiedene Verkehrsmittel aus dem Jahresbericht 1993 des Umweltbundesamtes. Bei einer Reise von 500 km entstehen je Person:

	Kohlendioxid in kg	Stickstoffoxide in g	Schwefeldioxid in g
mit dem Flugzeug	121	381	87
mit dem Auto (PKW mit Kat)	84	277	17
mit dem Reisebus	14	260	14
mit der Bahn (ICE)	23	16	19

d) Betrachten Sie die Beziehung zwischen natürlichen Zahlen und ihren Teilern.

4. Untersuchen Sie, ob durch die folgenden Mengen Funktionen beschrieben werden.

a) $\{(1; 1), (2; 8), (3; 27), (4; 256)\}$ **b)** $\{(2; 3), (3; 2), (-4; 1), (1; 3), (-4; 2)\}$

c) $\{(-1,4; 1,96), (-0,5; 0,25), (-0,1; 0,01), (0; 0), (0,3; 0,09), (0,5; 0,25), (1,5; 2,25)\}$

d) $\{(1,96; -1,4), (0,25; -0,5), (0,01; -0,1), (0; 0), (0,09; 0,3), (0,25; 0,5), (2,25; 1,5)\}$

5. **a)** Welche der Linien im Bild 5 sind nicht Graph einer Funktion? Ziehen Sie zur Begründung die Definition für eine Funktion heran.

b) Beschreiben Sie die im Bild 5 dargestellten Linien jeweils mithilfe einer Gleichung.

c) Wie kann man an der grafischen Darstellung einer Zuordnung erkennen, ob es sich um eine Funktion handelt?

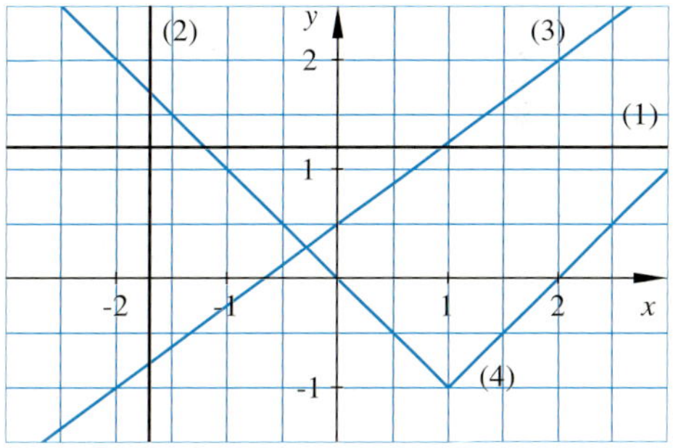

5

6. Manchmal werden Rechenergebnisse auf ganze Zahlen gerundet.

a) Wie kann die Zahl 17 durch Runden entstanden sein?

b) Begründen Sie, dass es sich beim Runden um eine Funktion f handelt.

c) Zeichnen Sie einen Graphen von f und geben Sie $D(f)$ sowie $W(f)$ an.

7. Das Bild 6 zeigt die Weg-Zeit-Diagramme zweier Fahrzeuge. PKW 1 startet, als die Ampel auf Grün schaltet. PKW 2 kommt etwas später an die Kreuzung und kann mit konstanter Geschwindigkeit weiterfahren.

a) Interpretieren Sie die Diagramme. Deuten Sie dabei auch die gemeinsamen Punke der Graphen und die Schnittpunkte der Graphen mit der Abszissenachse.

b) Geben Sie jeweils eine Funktionsgleichung für die Graphen im Bild 6 an.

c) Zeichnen Sie das jeweils zugehörige Geschwindigkeits-Zeit-Diagramm.

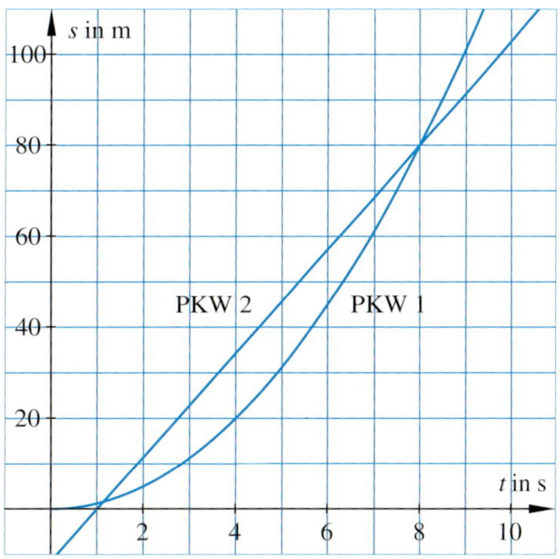

6

8. **a)** Zeichnen Sie in einer Ebene ein Dreieck und eine Gerade, die mit dem Dreieck keinen Punkt gemeinsam hat.

b) Denken Sie sich alle Punkte der Ebene an der Geraden aus a) gespiegelt. Zeichnen Sie das Bild des Dreiecks bei der Spiegelung.

c) Begründen Sie, dass die in b) beschriebene Spiegelung eine Funktion ist. Geben Sie den Definitions- und den Wertebereich der Funktion an.

d) Nennen Sie weitere Situationen aus der Geometrie, die durch Funktionen beschrieben werden können.

9. **a)** Begründen Sie, dass durch die nachfolgenden Ausführungen zur Einkommenssteuer (Stand 1996) eine Funktion beschrieben wird.

„§ 32a Einkommenssteuergesetz"

(1) Die tarifliche Einkommenssteuer bemißt sich nach dem zu versteuernden Einkommen. Sie beträgt vorbehaltlich der §§ 32b, 34, 34b und 34c jeweils in Deutsche Mark für zu versteuernde Einkommen:

1. bis 12095 Deutsche Mark (Grundfreibetrag): 0
2. von 12096 Deutsche Mark bis 55727 Deutsche Mark: $(86{,}63\,y + 2590)\,y$
3. von 55728 Deutsche Mark bis 120041 Deutsche Mark: $(151{,}94\,z + 3346)\,z + 12949$
4. von 120042 Deutsche Mark an: $0{,}53\,x - 22842$

„x" ist das abgerundete zu versteuernde Einkommen, „y" ist ein Zehntausendstel des 12042 Deutsche Mark übersteigenden Teils des abgerundeten zu versteuernden Einkommens. „z" ist ein Zehntausendstel des 55674 Deutsche Mark übersteigenden Teils des abgerundeten zu versteuernden Einkommens.

b) Geben Sie den Definitions- und den Wertebereich der in a) definierten Funktion an.

c) Zeichnen Sie den Graphen der in a) definierten Funktion.

10. **a)** Interpretieren Sie für jeden Sachverhalt aus den Bildern 7 bis 9 die Schnittpunkte mit den Koordinatenachsen.

b) Wodurch unterscheiden sich die Begriffe „Schnittpunkt des Graphen einer Funktion mit der Abszissenachse" und „Nullstelle einer Funktion" voneinander?

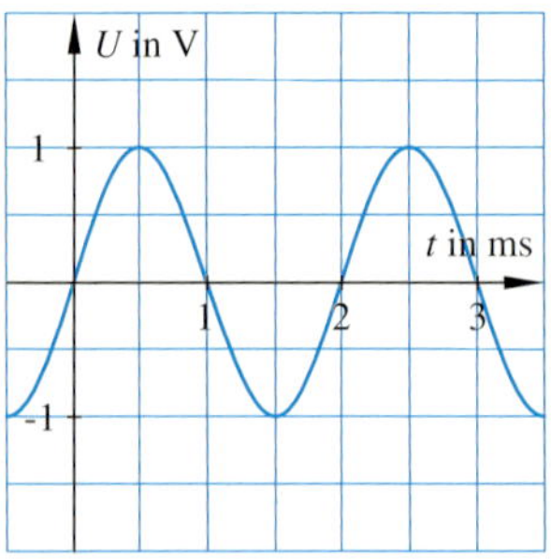

7

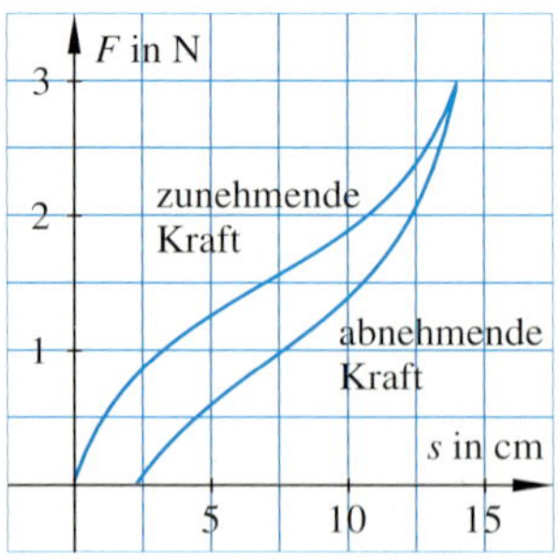

8

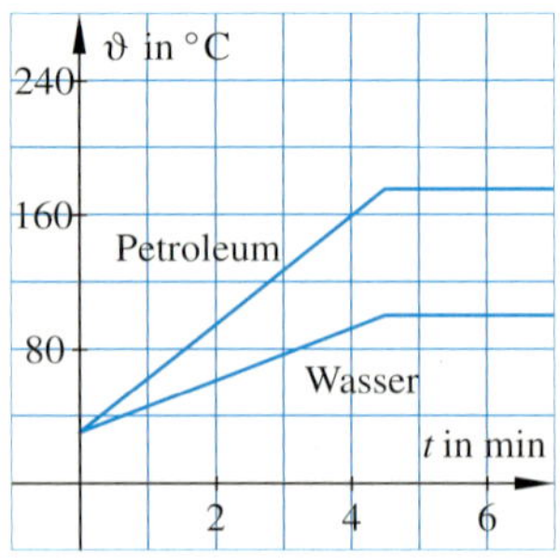

9

DEFINITION f sei eine Funktion und $x_0 \in D(f)$ eine Zahl.
x_0 heißt **Nullstelle** von f genau dann, wenn $f(x_0) = 0$.

11. Begründen Sie: „Der Graph einer Funktion kann zwar mehrmals die Abszissenachse aber nur höchstens einmal die Ordinatenachse schneiden."

12. Im folgenden sind die Funktionen f_1 bis f_9 beschrieben.

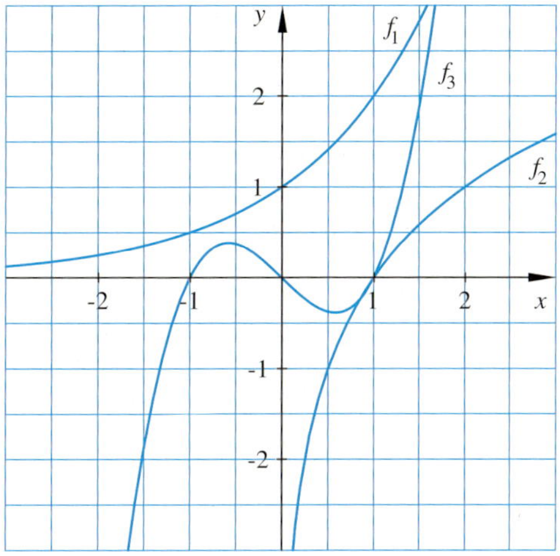

10

f_4: $\{(-5; -122{,}33), (-0{,}5; 2{,}54), (0; \frac{8}{3}),$ $(1{,}5; 6{,}04), (2; 0), (3; 29{,}6), (3{,}1; 32{,}46)\}$

f_5: Jeder reellen Zahl wird ihr um 1 vermindertes Quadrat zugeordnet.

f_6:

x	-4	-3	-2	0	1	2
y	5	0	-3	-3	0	5

$f_7(x) = ax + b;\ a, b \in \mathbb{R};\ a \neq 0$

$f_8(x) = -\frac{\pi}{4}x + \frac{1}{2}$

$f_9(x) = (x-2)(x-1)(x+1{,}35)$

a) Geben Sie die Nullstellen der Funktionen f_1 bis f_9 an.

b) Geben Sie die Schnittpunkte der Graphen von f_1 bis f_9 mit der Abszissenachse an.

c) Geben Sie die Schnittpunkte der Graphen von f_1 bis f_9 mit der Ordinatenachse an.

Lineare Funktionen – Geraden

13. Funktionen mit einer Gleichung der Form $f(x) = mx + n$ $(m \neq 0)$ bezeichnet man als **lineare Funktionen**. Ihre Graphen sind (bei größtmöglichem Definitionsbereich) Geraden. Daher sprechen wir bei $y = mx + n$ auch von der **Normalform einer Geradengleichung**.

a) Erläutern Sie an selbst gewählten Beispielen die Begriffe Anstieg m und Anstiegswinkel α des Graphen einer linearen Funktion.

b) Von einer linearen Funktion sei der Anstieg m bekannt. Geben Sie eine Formel zur Berechnung des Anstiegswinkels α an.

c) Von einer linearen Funktion seien zwei Zahlenpaare bekannt: $(x_1; f(x_1))$, $(x_2; f(x_2))$. Leiten Sie eine Formel zur Berechnung des Anstiegswinkels α her.

14. Es seien die linearen Funktionen $f_1(x) = 2x + 3$, $f_2(x) = \frac{1}{3}x - 2$, $f_3(x) = -3x + \frac{1}{4}$, $f_4(x) = -x + 4{,}5$ gegeben.

a) Berechnen Sie die Schnittpunkte der Graphen von $f_1(x)$ bis $f_4(x)$ mit den Koordinatenachsen.

b) Berechnen Sie jeweils den Anstiegswinkel α.

c) Zeichnen Sie die Graphen der Funktionen.

d) Geben Sie jeweils die Gleichung einer linearen Funktion an, deren Graph parallel zum Graphen der Ausgangsfunktion verläuft.

15. Geben Sie jeweils die Gleichungen der Geraden an. Berechnen Sie, falls nicht gegeben, den Anstiegswinkel α.

a) $(\frac{1}{2}; 3)$, $(-1; -4)$ **b)** $(1; 2)$, $(5{,}5; 4)$ **c)** $(-3; 1)$, $(0; 0{,}5)$

d) $(1; 3)$, $(4; 3)$ **e)** $(3; 1)$, $(3; 4)$ **f)** $(\pi; \pi)$, $(\sqrt{2}; \sqrt{2})$

g) $(1; 3)$, $\alpha = 30°$ **h)** $(-2; -2)$, $\alpha = 90°$ **i)** $(-1; 1{,}5)$, $\alpha = 120°$

Vom Graphen einer linearen Funktion seien der Anstieg m und ein Punkt $P_1(x_1; y_1)$ bekannt. Dann ist
$y - y_1 = m(x - x_1)$ eine Gleichung der Funktion. Man nennt sie auch
Punktrichtungsgleichung einer Geraden.

Vom Graphen einer linearen Funktion seien zwei Punkte $P_1(x_1; y_1)$ und $P_2(x_2; y_2)$ bekannt. Dann ist
$(y - y_1)(x_2 - x_1) = (x - x_1)(y_2 - y_1)$ eine Gleichung der Funktion. Man nennt sie auch
Zwei-Punkte-Gleichung einer Geraden.

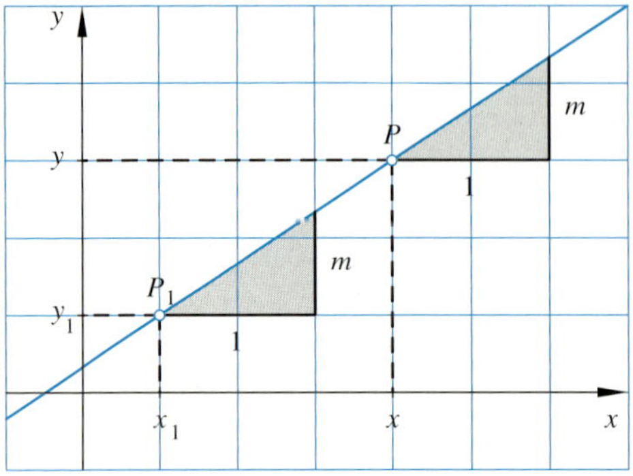

11

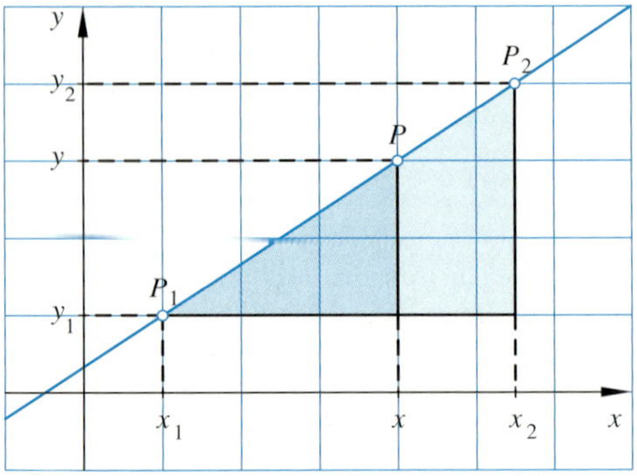

12

16. Leiten Sie die beiden Gleichungen unter Verwendung der Bilder 11 und 12 aus der Normalform her.

17. Stellen Sie aus den folgenden Angaben jeweils eine Geradengleichung auf. Geben Sie auch die Normalform der Geradengleichung an. In welchen Fällen ist durch die Gleichung eine lineare Funktion beschrieben?

a) $P_1(-8; 3)$; $P_2(2{,}5; 4)$ **b)** $P_1(\frac{3}{5}; -4)$; $P_2(-\frac{1}{6}; -2)$ **c)** $P_1(2; 5)$; $P_2(2; 7)$

d) $m = 2$; $P(3; 0)$ **e)** $m = -2$; $P(3; 1)$ **f)** $m = 1{,}5$; $P(-3; 0)$

g) $P(3; 0)$; $\alpha = 0°$ **h)** $P(3; 7)$; $\alpha = 40°$ **i)** $P(1; -4{,}5)$; $\alpha = 125°$

18. Gegeben seien die Punkte $A(1; 1)$, $B(4; 2)$ und $C(2; -2)$.

a) Geben Sie Gleichungen für die linearen Funktionen an, deren Graphen jeweils durch die Punkte A und B, B und C bzw. C und A verlaufen.

b) Welchen Flächeninhalt hat das Dreieck ABC?

19. Durch die folgenden Angaben sind jeweils zwei lineare Funktionen gegeben. Untersuchen Sie die gegenseitige Lage der Geraden f und g. Berechnen Sie gegebenenfalls die Koordinaten der Schnittpunkte.

a) $f(x) = \frac{1}{3}x - 2$; $g(x) = -3x + 1$ **b)** $f(x) = 4x - \frac{1}{5}$; $g(x) = 0{,}25x - \frac{1}{5}$

c) $f(x) = x + 3$; $g(x) = x - \frac{1}{3}$ **d)** $f(x) = x - 5$; $g(x) = -x + \frac{1}{5}$

e) $f(x) = \frac{a}{2b}x + 1$; $g(x) = \frac{3a}{6b}x + 4$; $a \neq 0$; $b \neq 0$ **f)** $f(x) = 3x + \frac{n}{m}$; $g(x) = 3x + \frac{8n}{3m}$; $n, m \in \mathbb{N}$; $m \neq 0$

g) $f(x) = -0{,}8x + 1$; $g: g(3) = 5$; $g(4) = 4{,}2$ **h)** $f: P_1(2; 2)$; $P_2(4; 5)$; $g: P_3(1; 4)$; $P_4(-1; 1)$

20. **a)** Stellen Sie mithilfe von Bild 13 eine Vermutung für das Verhältnis der Anstiege zweier orthogonaler Geraden auf und beweisen Sie diese.

b) Geben Sie Gleichungen für orthogonale Geraden an, die sich in $P(2;\ 3)$ schneiden.

c) Entscheiden Sie, welche der Geraden aus Aufgabe 19 zueinander orthogonal verlaufen.

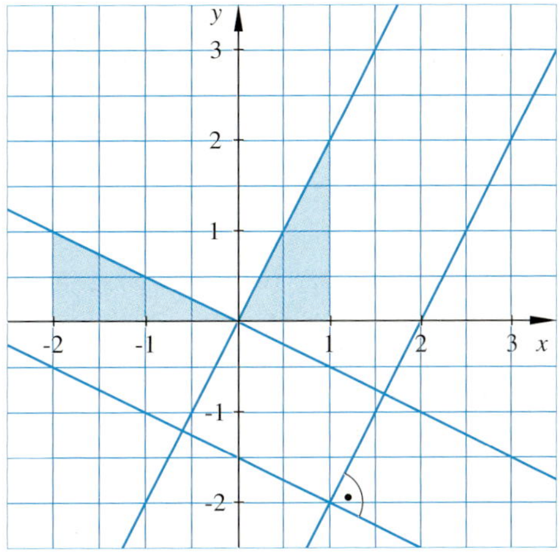

13

21. In Aufgabe 19 treten Winkel zwischen den Graphen von f und g auf.

a) Messen Sie die Größe eines solchen Winkels und geben Sie die Größe der anderen Winkel an. Begründen Sie Ihre Ergebnisse.

b) Geben Sie die Größe des Schnittwinkels der Graphen von f und g an. Nutzen Sie die folgende Festlegung.

Wir legen fest: Als **Schnittwinkel** zweier sich schneidender Geraden in der Ebene wird einer von den vier Winkeln ausgewählt, der nicht größer als 90° ist.

22. **a)** Gegeben sind die Funktionen f und g mit $f(x) = \frac{4}{5}x - 1$ und $g(x) = \frac{9}{2}x - 5$ durch ihre grafischen Darstellungen (Bild 14). Messen Sie die Größe des Schnittwinkels φ der beiden Geraden.

b) Berechnen Sie die Größe des Schnittwinkels φ zwischen den beiden Geraden. Begründen Sie Ihr Vorgehen.

c) Leiten Sie eine allgemeine Formel für die Berechnung des Schnittwinkels zweier Geraden her. Nutzen Sie dafür $f(x) = m_1x + n_1$ und $g(x) = m_2x + n_2$.

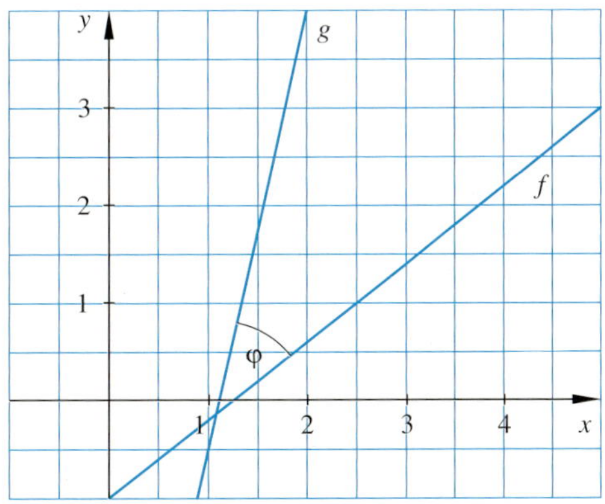

14

d) Was ändert sich bei der Berechnung des Schnittwinkels zwischen zwei Geraden, wenn sich ihr Schnittpunkt im Koordinatenursprung befindet?

23. Berechnen Sie die Größe des Schnittwinkels φ zwischen jeweils zwei der folgenden Geraden: $a(x) = 0{,}5x - 3$; $b(x) = -x + 2$; $h(x) = 2x + 1$; $k(x) = -2x - 1$.

24. Gegeben sei eine Funktion f mit $f(x) = 3x + n$, wobei n eine feste reelle Zahl ist. Der Graph einer weiteren linearen Funktion g verläuft durch die Punkte $A(0; 4)$ und $B(-2; 6)$.

a) Ermitteln Sie für f die Zahl n und für g eine Funktionsgleichung unter der Bedingung, dass der Punkt A auch zum Graphen von f gehört.

b) Berechnen Sie die Größe des Schnittwinkels φ.

In Aufgabe 24 ist die Zahl n in der Funktion f ein **Parameter**. Dabei ist n eine feste Zahl. Für jede Wahl von n entsteht eine Funktion f_n. Variiert man n, so entsteht eine **Funktionenschar**.

25. Gegeben seien die Funktionen f_m und g_n mit $f_m(x) = mx + 4$ und $g_n(x) = -\frac{3}{2}x + n$.

a) Zeichnen Sie die Graphen der Funktionen f_m und g_n für die Parameter $m \in \{-2; -1; \frac{1}{2}; 3\}$ und $n \in \{-2{,}5; 0; 1; 3\}$.

b) Berechnen Sie die Koordinaten des Schnittpunktes von f_m und g_m sowie die Größe des Schnittwinkels der beiden Geraden in Abhängigkeit von m und n.

c) Für welchen Anstieg m verlaufen die Graphen von f_m und g_n parallel zueinander?

d) Für welchen Anstieg m stehen sie senkrecht aufeinander?

***e)** Für welche Werte von m ist der Schnittwinkel der Graphen von f_m und g_n genau 60°?

26. Der Graph einer linearen Funktion f schneidet die Abszissenachse unter einem Winkel von 30° und geht durch den Punkt $P(7; 2)$. Durch diesen Punkt verläuft auch der Graph einer linearen Funktion g. Beide Graphen stehen senkrecht aufeinander. Geben Sie die Funktionsgleichungen der beiden Funktionen f und g an.

27. Gegeben seien zwei lineare Funktionen f mit $f(x) = 3x - 1$ und g mit $g(x) = mx + n$. Welche Bedingungen müssen m und n erfüllen, damit die Graphen von f und g zueinander parallele Geraden sind, die die y-Achse im Abstand von 2 Längeneinheiten schneiden?

28. Gegeben seien zwei lineare Funktionen f und g. Der Graph von f schneidet die Abszissenachse unter einem Winkel von 60° und die Ordinatenachse bei 1. Für g gilt $g(x) = -x + 2$.

a) Ermitteln Sie eine Funktionsgleichung für f.

b) Stellen Sie f und g in einem gemeinsamen Koordinatensystem dar.

c) Berechnen Sie den Schnittwinkel zwischen beiden Geraden.

d) Geben Sie eine zum Graphen von g orthogonale Gerade g_1 und eine zum Graphen von g parallele Gerade g_2 an. Beide Geraden sollen durch den Punkt $P(0; -1)$ verlaufen.

***e)** Berechnen Sie den Abstand von g_2 zum Graphen von g.

ZUSAMMENFASSUNG

Der Graph einer linearen Funktion f mit $f(x) = mx + n$ ($m \neq 0$, $x \in \mathbb{R}$) ist eine Gerade.

Nullstelle: $f(x_0) = 0$; $x_0 = -\frac{n}{m}$

Anstieg: $m = \frac{f(x_2) - f(x_1)}{x_2 - x_1}$ (für $x_1 \neq x_2$)

Anstiegswinkel: $m = \tan\alpha$ (siehe Bild 15)

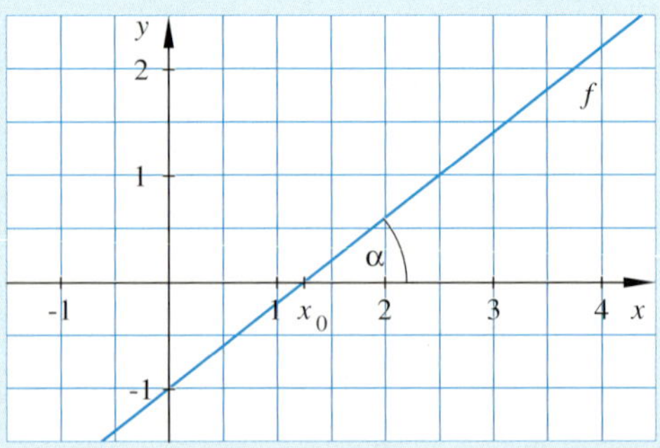

15

Die Graphen zweier linearer Funktionen f und g, die nicht parallel zueinander oder identisch sind, schneiden sich in genau einem Punkt. Sei φ der Schnittwinkel zwischen den beiden Geraden.
Ist $0^\circ < \varphi < 90^\circ$, so ist $\varphi = \alpha_g - \alpha_f$ falls $\alpha_g > \alpha_f$ und $\alpha_g < 90^\circ$ bzw.
$\varphi = 180^\circ - (\alpha_g - \alpha_f)$ falls $\alpha_g > \alpha_f$ und $90^\circ < \alpha_g < 180^\circ$ (siehe Bild 16).
Seien f und g zwei lineare Funktionen mit den Anstiegen m_1 und m_2. Die Graphen von f und g sind senkrecht zueinander genau dann, wenn gilt: $m_1 = -\frac{1}{m_2}$.

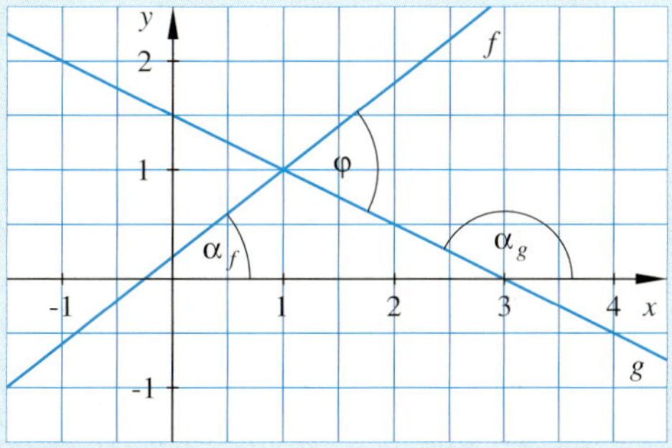

16

Quadratische Funktionen – Parabeln

29. Aus der Mathematik und der Physik sind unter anderem folgende Formeln bekannt:

(1) $A(r) = \pi r^2$ (2) $A_0(r) = 2\pi r(r + h)$ (3) $s(t) = \frac{a}{2}t^2 + v_0 t + s_0$

(4) $P(I) = R \cdot I^2$ (5) $E_{\text{kin}} = \frac{m}{2}v^2$ (6) $W_F = \frac{1}{2}k \cdot s^2$

a) Welche Sachverhalte beschreiben die Formeln jeweils?

b) Die Gleichungen (1) bis (6) sind Beispiele für **quadratische Funktionen** f mit $f(x) = ax^2 + bx + c$. Geben Sie für (1) bis (6) jeweils die Koeffizienten a, b und c an.

30. a) Beschreiben Sie den Verlauf des Graphen der Funktion $y = x^2$ (Bild 17).

b) Sprechen Sie über die Eigenschaften der im Bild 17 dargestellten Funktion.

c) Erläutern Sie die Begriffe „Scheitelpunkt einer Parabel“ und „Parabelachse“.

Normalparabel

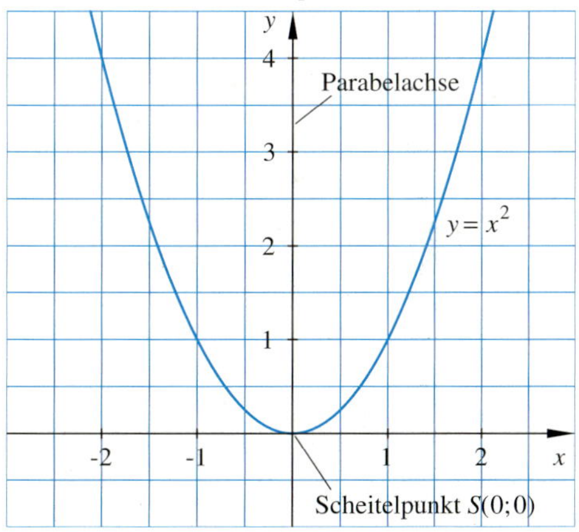

17

31. Gegeben ist die Funktion f mit $f(x) = x^2$ (siehe Bild 17).

a) Verschieben Sie den Graphen von f um -3 (-1; 1,5; 3) Einheiten in Richtung der Ordinatenachse. Es entsteht der Graph einer Funktion g.
Geben Sie den Scheitelpunkt S und eine Gleichung für g an.

b) Verallgemeinern Sie Ihr Ergebnis aus a) für den Fall, dass der Graph von f um e Einheiten in Richtung der Ordinatenachse verschoben wird.

c) Beschreiben Sie den Verlauf des Graphen von g in Abhängigkeit von der Wahl für e. Geben Sie jeweils den kleinsten und den größten Funktionswert von g an.

d) Welches Symmetrieverhalten zeigen die Graphen der betrachteten Funktionen?

32. Gegeben sei die Funktionenschar $f_d(x) = (x + d)^2$, $(d \in \mathbb{R})$.
a) Stellen Sie die Funktionen f_4, f_2, f_1 und f_3 grafisch dar.
b) Geben Sie allgemein die Scheitelpunktkoordinaten der Funktion f_d an.
c) Welche Nullstellen haben die Funktionen f_d?

33. Gegeben sind die Funktionen f_1, f_2 und f_3 mit $f_1(x) = (x-2)^2 + 1$, $f_2(x) = (x+2)^2 - 3$ und $f_3(x) = (x - 1{,}5)^2 + 2$.
a) Stellen Sie die Funktionen grafisch dar.
b) Geben Sie allgemein die Scheitelpunktkoordinaten der Funktion f mit $f(x) = (x + d)^2 + e$ an.
c) Beschreiben Sie, wie man den Graphen von f mit $f(x) = (x + d)^2 + e$ durch Verschiebungen aus dem Graphen der Normalparabel gewinnen kann.
d) Erläutern Sie den Einfluss von d und e auf die Zahl der Nullstellen. Führen Sie hierfür eine Fallunterscheidung durch.

34. Ermitteln Sie die Scheitelpunktkoordinaten der folgenden Funktionen.

a) $f(x) = x^2 - 4$	**b)** $f(x) = (x-2)^2$	**c)** $f(x) = x^2 + 2x + 1$
d) $f(x) = (x+5)^2 - 1{,}8$	**e)** $f(x) = x^2 - 4x + 1$	**f)** $f(x) = x^2 + 9$
g) $f(x) = x^2 - 8x$	**h)** $f(x) = x^2 + 5x - 1$	**i)** $f(x) = (x+1)(x+9)$
j) $f(x) = (x+4)^2$	**k)** $f(x) = (x-2)(x+3)$	**l)** $f(x) = (x+5)^2$
m) $f(x) = 3x^2 + 9$	**n)** $f(x) = 2x^2 + 8x - 4$	**o)** $f(x) = ax^2 - a$ $(a \in \mathbb{R})$

Funktionsgleichungen quadratischer Funktionen

Allgemeiner Fall:	$y = ax^2 + bx + c$	
Spezialfall $a = 1$:	$y = x^2 + px + q$	Normalform
	$y = (x + d)^2 + e$	Scheitelpunktform

35. a) Überführen Sie die in Aufgabe 34 in Scheitelpunktform gegebenen Funktionsgleichungen in die Normalform.
b) Formen Sie die Scheitelpunktform $y = (x + d)^2 + e$ in die Normalform um. Drücken Sie p und q mithilfe von d und e aus.
c) Versuchen Sie umgekehrt, die Koeffizienten d und e der Scheitelpunktform aus der Normalform zu gewinnen.

Beispiel: Überführung der Gleichung einer quadratischen Funktion von der Normalform in die Scheitelpunktform.
Normalform: $f(x) = x^2 - 5x + 1{,}5$
quadratische Ergänzung: $f(x) = x^2 - 2 \cdot 2{,}5x + 2{,}5^2 - 2{,}5^2 + 1{,}5$
Scheitelpunktform: $f(x) = (x - 2{,}5)^2 - 6{,}25 + 1{,}5 = (x - 2{,}5)^2 - 4{,}75$
Scheitelpunkt: $S(2{,}5; -4{,}75)$

36. Überführen Sie die in Normalform gegebenen quadratischen Funktionen in die Scheitelpunktform. Geben Sie jeweils den Scheitelpunkt an.

a) $f(x) = x^2 + 4x + 2$	**b)** $f(x) = x^2 + 4x + 1$	**c)** $f(x) = x^2 + 4x$
d) $f(x) = x^2 - 8x - 10$	**e)** $f(x) = x^2 - 3x + 1$	**f)** $f(x) = x^2 - 10x + 25$
g) $f(x) = x^2 - 100x + 50$	**h)** $f(x) = x^2 + 0{,}5x + 1{,}5$	**i)** $f(x) = x^2 + px + q$

37. Welche Eigenschaften der Funktion f mit $f(x) = x^2 + px + q$ kann man bei Kenntnis des Scheitelpunktes angeben?

38. a) Zeichnen Sie die Graphen der Funktionen aus Aufgabe 34. Entnehmen Sie der Zeichnung die Nullstellen der jeweiligen Funktion.

b) Leiten Sie aus der Scheitelpunktform der Gleichung einer quadratischen Funktion eine Formel zur Berechnung der Nullstellen der quadratischen Funktion her.

39. Berechnen Sie die Nullstellen folgender Funktionen.

a) $f(x) = x^2 + 4x$	**b)** $f(x) = (x - 25)(x + 36)$	**c)** $f(x) = x^2$
d) $f(x) = x^2 - 169$	**e)** $f(x) = x^2 + 169$	**f)** $f(x) = (x - 7)^2 + 1$
g) $f(x) = x^2 - 12x - 13$	**h)** $f(x) = (x + 6)^2 - 47$	**i)** $f(x) = x^2 - 6{,}8x + 12{,}3$
j) $f(x) = x^2 + 15{,}8x - 1{,}8$	**k)** $f(x) = x^2 - 4x + 4$	**l)** $f(x) = x^2 + 4x - 4$

40. a) Leiten Sie aus der Normalform einer quadratischen Funktion eine Formel zur Berechnung der Nullstellen her. Wie müsste die Formel aussehen, wenn Sie von einer quadratischen Funktion in allgemeiner Form ausgehen?

b) Geben Sie mithilfe von p und q Bedingungen an, unter denen eine quadratische Funktion f mit der Gleichung $f(x) = x^2 + px + q$ zwei, eine oder keine Nullstelle hat und begründen Sie diese.

41. Im Bild 18 sind zwei Graphen quadratischer Funktionen f mit $f(x) = x^2 + px + q$ dargestellt. Wie groß sind jeweils p und q?

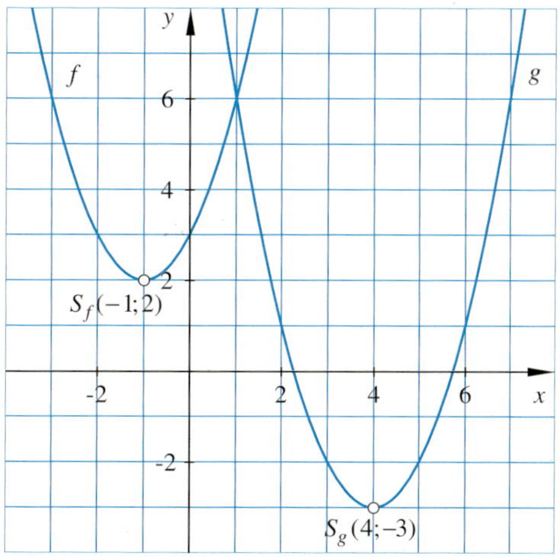

18

42. Der **Satz von VIETA** stellt einen Zusammenhang zwischen den Nullstellen der quadratischen Funktion f mit $f(x) = x^2 + px + q$ und den Zahlen p und q her.

a) Verschaffen Sie sich für die Funktionen in Aufgabe 39 einen tabellarischen Überblick über die Nullstellen und die Zahlen p und q.

b) Formulieren Sie Ihre Vermutung des Satzes von VIETA.

c) Beweisen Sie Ihre Vermutung.

43. Es seien $x_1 = -\frac{3}{2}$ und $x_2 = 2$ Nullstellen einer quadratischen Funktion. Geben Sie für diese Funktion eine Funktionsgleichung an.

44. Gegeben sind die Funktionen $y = 1{,}5x^2$ und $y = -2x^2$.

a) Welche Gemeinsamkeiten und welche Unterschiede haben die Graphen dieser Funktionen mit der Normalparabel mit dem Scheitelpunkt $S(0; 0)$?

b) Geben Sie Eigenschaften der Funktion f mit $f(x) = ax^2$ in Abhängigkeit von a an.

FRANCOIS VIETA (1540–1603) war ein französischer Mathematiker. Er benutzte als erster Buchstaben zur Bezeichnung von Unbekannten in Gleichungen.

45. Gegeben sind die Funktionen f mit $f(x) = 3x^2 + 9$ und g mit $g(x) = 2x^2 + 8x - 4$.

a) Stellen Sie die Funktionen f und g grafisch dar. Lesen Sie die Nullstellen der Funktionen ab.

b) Geben Sie die Scheitelpunktkoordinaten von f und g an.

c) Berechnen Sie die Nullstellen von f und g.

d) Stellen Sie einen Zusammenhang zwischen f und g und den quadratischen Funktionen in Normalform her.

ZUSAMMENFASSUNG

Der Graph einer quadratischen Funktion ist eine Parabel.

Allgemeine Form $y = ax^2 + bx + c$ $S\left(\frac{b}{-2a}; \frac{4ac - b^2}{4a}\right)$

Normalform $y = x^2 + px + q$ $S\left(-\frac{p}{2}; -D\right)$

Scheitelpunktform $y = \left(x + \frac{p}{2}\right)^2 - \left(\frac{p}{2}\right)^2 + q$ $S\left(-\frac{p}{2}; -\left(\frac{p}{2}\right)^2 + q\right)$

Nullstellen $x_{1/2} = -\frac{p}{2} \pm \sqrt{D}$

$x_{1/2} = -\frac{p}{2} \pm \sqrt{\left(\frac{p}{2}\right)^2 - q}$

Diskriminante einer quadratischen Funktion in Normalform: $D = \left(\frac{p}{2}\right)^2 - q$

$D > 0$	$D = 0$	$D < 0$
2 Nullstellen	1 Nullstelle	keine Nullstellen

Satz von VIETA: Für die Nullstellen x_1 und x_2 von $f(x) = x^2 + px + q$ gilt:
$x_1 \cdot x_2 = q$ und $x_1 + x_2 = -p$.

Monotone Funktionen – Steigen und Fallen

46. Gegeben seien die Funktionen f_1 und f_2 mit $f_1(x) = x^2 + 2x - 3$ und $f_2(x) = \frac{1}{2}x - 4$.

a) Zeichnen Sie die Graphen dieser Funktionen.

b) Beschreiben Sie das Monotonieverhalten der Funktionen.

c) Geben Sie eine lineare Funktion an, die monoton fallend ist.

d) Beschreiben Sie das Monotonieverhalten einer linearen Funktion g mit $g(x) = mx + n$ in Abhängigkeit von m.

47. Günther: „Was versteht man eigentlich genau unter einer monoton wachsenden Funktion?“

Ines: „Wenn zum kleineren von zwei Argumenten der kleinere Funktionswert gehört.“

Günther: „Also für $x_1 < x_2$ gilt $y_1 < y_2$.“

Gerd: „Das muss aber immer der Fall sein, also im ganzen Definitionsbereich.“

a) Geben Sie ein Beispiel dafür an, dass Gerds Zusatz wichtig ist.

b) Definieren Sie die Begriffe „monoton wachsend“ und „monoton fallend“.

48. Welche Funktionen sind nach den Gedanken aus Aufgabe 47 monoton wachsend?

a) $f(x) = -3x$ **b)** $f(x) = 5x (1 \leq x \leq 2)$ **c)** $f(x) = x^2 (x \geq 0)$

d) $f(x) = 0{,}8x + 4$ **e)** $f(x) = -3x^2 + 1$ **f)** $f(x) = 3 \cdot \sin 2x$

g) $f(x) = |x| + 2$ **h)** $f(x) = |x + 2|$ **i)** $f(x) = |\sin x|$

49. Im Sinne der Überlegungen in Aufgabe 47 sind die Funktionen f mit $f(x) = x^2$ und g mit $g(x) = 3$ mit $D(f) = D(g) = \mathbb{R}$ weder monoton wachsend noch monoton fallend.

a) Geben Sie zwei Intervalle an, auf denen f monoton wachsend (monoton fallend) ist. Welches ist das größte Intervall, auf dem f monoton wachsend (fallend) ist?

b) Welches Monotonieverhalten hätte die Funktion g, wenn man für Monotonie nur fordert: Für $x_1 < x_2$ gilt $y_1 \leq y_2$ bzw. $y_1 \geq y_2$?

Die Forderungen für monoton wachsend (monoton fallend) in Aufgabe 49b) sind schwächer als in Aufgabe 47. Man unterscheidet zwischen **streng** monoton wachsend (fallend) und monoton wachsend (fallend).

DEFINITION

f sei eine Funktion mit dem Definitionsbereich $D(f)$ und I ein Intervall mit $I \subseteq D(f)$.

f heißt auf I **streng monoton wachsend** genau dann,
wenn für alle $x_1, x_2 \in I$ gilt: Wenn $x_1 < x_2$, so $f(x_1) < f(x_2)$.

f heißt auf I **streng monoton fallend** genau dann,
wenn für alle $x_1, x_2 \in I$ gilt: Wenn $x_1 < x_2$, so $f(x_1) > f(x_2)$.

f heißt auf I **monoton wachsend** genau dann,
wenn für alle $x_1, x_2 \in I$ gilt: Wenn $x_1 < x_2$, so $f(x_1) \leq f(x_2)$.

f heißt auf I **monoton fallend** genau dann,
wenn für alle $x_1, x_2 \in I$ gilt: Wenn $x_1 < x_2$, so $f(x_1) \geq f(x_2)$.

Bemerkungen:

1. Durch die obige Definition ändert sich der bisher übliche Sprachgebrauch. Funktionen, die bisher z.B. mit „monoton wachsend“ bezeichnet wurden, werden nun „streng monoton wachsend“ genannt.
2. Es reicht für eine Monotonieaussage nicht aus, wenn nur für einige Argumente die Funktionswerte untersucht werden. Damit Fehleinschätzungen vermieden werden, müssen alle Argumente berücksichtigt werden.

Beispiel: Die Funktion f mit $f(x) = 2x + 3$ ist streng monoton wachsend.
Seien x_1 und x_2 zwei reelle Zahlen mit $x_1 < x_2$.
Dann ergibt sich nach Multiplikation dieser Ungleichung mit 2, dass $2x_1 < 2x_2$ gilt.
Nach Addition von 3 entsteht aus der Ungleichung $2x_1 + 3 < 2x_2 + 3$.
Damit gilt $f(x_1) < f(x_2)$.

Die Formulierung „I sei ein Intervall“ in der obigen Definition lässt viele unterschiedliche Möglichkeiten zu. Das Intervall I kann abgeschlossen, offen oder halboffen sein. Es kann eine endliche Länge haben, aber auch unendlich lang sein. So ist z.B. das Intervall $[0; 5]$ abgeschlossen und hat die Länge 5. Dagegen ist das Intervall $(0; \infty)$ offen und unendlich lang, während das Intervall $(-2; 4]$ halboffen ist und die Länge 6 hat.

50. **a)** Über welchen Intervallen sind die Funktionen in Aufgabe 48b), c), d), g) und h) streng monoton wachsend? Beweisen Sie Ihre Vermutung.

b) Geben Sie für die Funktion in Aufgabe 48a) ein offenes Intervall I an, in dem die Funktion monoton fallend ist.

51. Geben Sie für die folgenden Funktionen größtmögliche Monotonieintervalle an, in denen sich das Monotonieverhalten nicht ändert.
$y = x^2 + 4x$; $y = x^2 - 5x + 1$; $y = 3x + 2,4$; $y = x^3 - 2$; $y = 4x^2 + 0,5$; $y = \cos x$

52. **a)** Finden Sie Fehler in den folgenden Überlegungen.
„Seien x_1 und x_2 zwei Zahlen mit $x_1 < x_2$. Multiplizieren dieser Ungleichung mit x_1 ergibt $x_1^2 < x_1x_2$. Multiplizieren der ersten Ungleichung mit x_2 ergibt $x_1x_2 < x_2^2$. Insgesamt gilt $x_1^2 < x_1x_2 < x_2^2$. Ergebnis: $f(x) = x^2$ ist streng monoton wachsend."

b) Geben Sie das größtmögliche Intervall I an, für das die Funktion $f(x) = x^2$ monoton fallend (bzw. streng monoton wachsend) ist. Beweisen Sie Ihre Aussage.

53. Welches Monotonieverhalten haben die Funktionen? Geben Sie eine Begründung an. Skizzieren Sie die Funktionen, die ihr Monotonieverhalten nicht ändern.

a) $y = 2x + 3$	**b)** $y = -3x + 2$	**c)** $y = 1{,}5x - 2$	**d)** $y = -2{,}5x - 1{,}8$
e) $y = \|x\|$	**f)** $y = \|x\| - 1$	**g)** $y = \|x - 1\|$	**h)** $y = 2\|x\| + 2$
i) $y = -x^2$	**k)** $y = x^2 + 2$	**l)** $y = x^2 + 2x + 1$	**m)** $y = x^2 + 2x$

Eineindeutigkeit – Umkehrfunktion

54. **a)** Fertigen Sie für die Funktionen f und g mit $f(x) = 2x + 1$ und $g(x) = -x^2$ im Intervall $-2 \leq x \leq 2$ eine Wertetabelle mit der Schrittweite 0,5 an.

b) Stellen Sie die in a) genannten Funktionen in zwei Koordinatensystemen dar.

c) Vertauschen Sie in den Wertetabellen aus a) die Argumente mit den Funktionswerten. Es entstehen neue Zuordnungen. Stellen Sie diese Zuordnungen grafisch dar. Prüfen Sie, ob diese Zuordnungen wiederum Funktionen sind.

d) Geben Sie für die in c) entstehende Funktion eine Gleichung an.

DEFINITION f sei eine Funktion mit $f = \{(x; y)/x \in D(f), y \in W(f)\}$.
f heißt **eineindeutig** genau dann, wenn die Menge der Paare $\{(y; x)/(x; y) \in f\}$ eine Funktion ist.

Beispiele: Die Funktion f mit $f(x) = \sqrt{x}$ $(x \geq 0)$ in Bild 19 ist eineindeutig.
Begründung: Die Funktion ist streng monoton wachsend. Daher gehören zu verschiedenen Argumenten auch immer verschiedene Funktionswerte. Vertauscht man die Komponenten der Paare von f, so gehören zu verschiedenen ersten Komponenten nun wiederum verschiedene zweite Komponenten. Es entsteht wieder eine Funktion.

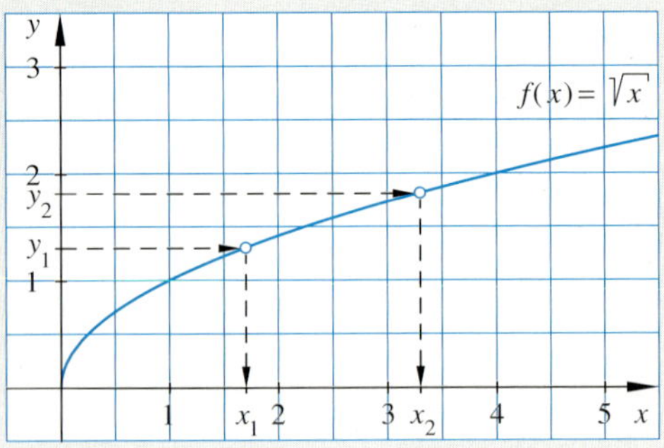

19

Die Funktion f mit $f(x) = x^2$ ($x \in \mathbb{R}$) in Bild 20 ist nicht eineindeutig.
Begründung: Zur Funktion f gehören z.B. die Paare $(-1; 1)$ und $(1; 1)$. Vertauscht man die Komponenten in den Paaren miteinander, so entstehen auch die Paare $(1; -1)$ und $(1; 1)$. Eine Zuordnung, die diese Paare enthält, kann nach Definition keine Funktion sein.

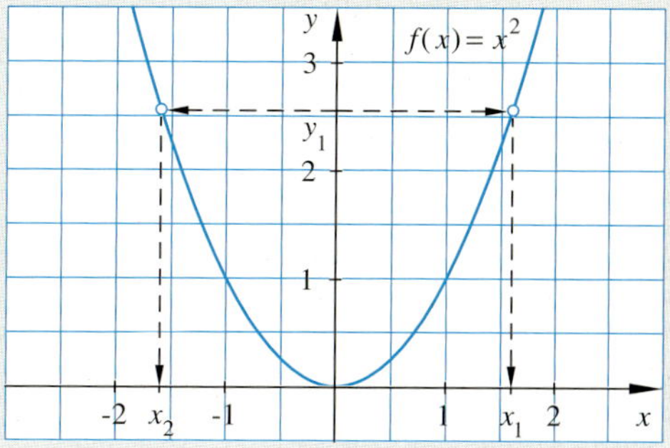

20

Der Graph einer Funktion wird von jeder Parallelen zur Ordinatenachse höchstens einmal geschnitten. Der Graph einer eineindeutigen Funktion wird zusätzlich auch von jeder Parallelen zur Abszissenachse höchstens einmal geschnitten.

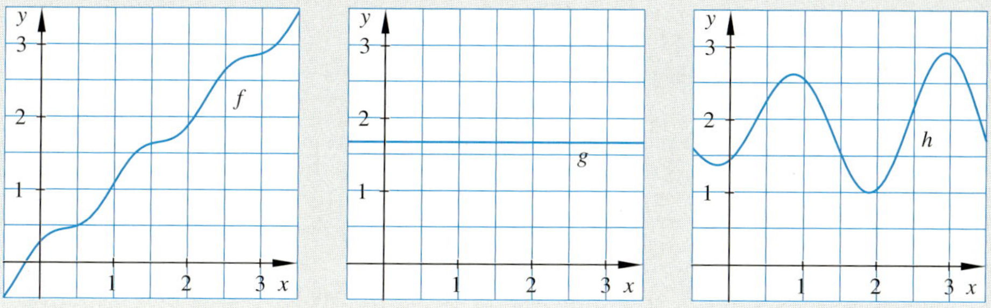

21

55. Entscheiden Sie, ob die im Bild 21 dargestellten Funktionen eineindeutig sind.

56. Untersuchen Sie die folgenden Funktionen auf Eineindeutigkeit.

a) $f(x) = x^3$ $(x \in \mathbb{R})$ **b)** $f(x) = 3x - 1$ $(x \in \mathbb{R})$ **c)** $y = x^2$ $(x > 0)$
d) $y = x^2 - 2x + 1$ $(x \geq 1)$ **e)** $f(x) = x^4$ $(x \in \mathbb{R})$ **f)** $y = x^2$ $(x \in \mathbb{R})$
g) $f(x) = \sqrt{x}$ $(x \geq 0)$ **h)** $y = |x + 1|$ $(x \in \mathbb{R})$ **i)** $y = \sin x$ $(x \in \mathbb{R})$
j) $f(x) = 0$ **k)** $y = \cos x$ $(0 \leq x \leq \pi)$ **l)** $y = x^3 - x$

57. Verkleinern Sie für jede nicht eineindeutige Funktion in Aufgabe 56 den Definitionsbereich so, dass eine eineindeutige Funktion entsteht.

58. Die Funktionen f und g sind eineindeutig. Zeichnen Sie die Graphen von f und g in ein Koordinatensystem und spiegeln Sie die Graphen an der Winkelhalbierenden des 1. und des 3. Quadranten. Was stellen Sie fest?

a) $f(x) = 5x$; $g(x) = 0,2x$ **b)** $f(x) = 2\sqrt{x}$ $(x \geq 0)$; $g(x) = 0,25x^2$ $(x \geq 0)$

Eineindeutige Funktionen heißen auch **umkehrbare Funktionen**. Werden bei einer eineindeutigen Funktion f die Komponenten in den Paaren $(x; f(x))$ miteinander vertauscht, so entsteht eine neue Funktion $\bar{f}$. Die Funktion $\bar{f}$ wird **Umkehrfunktion** von f genannt. Für die Definitions- und Wertebereiche von f und $\bar{f}$ gilt: $W(f) = D(\bar{f})$ und $D(f) = W(\bar{f})$. Die Graphen von f und $\bar{f}$ sind bezüglich der Geraden $y = x$ axialsymmetrisch.

Beispiel: Ermittlung der Gleichung der Umkehrfunktion von $f(x) = x^2 - 2x - 2$ $(x \geq 1)$.

Da die Funktion f streng monoton wachsend ist (siehe Bild 22), ist sie auch eineindeutig. Sie besitzt daher eine Umkehrfunktion $\bar{f}$.

Es ist $D(\bar{f}) = \{x | x \geq -3\}$ und $W(\bar{f}) = \{x | x \geq 1\}$.

Um eine Gleichung für $\bar{f}$ zu erhalten, wird die Gleichung $y = x^2 - 2x - 2$ nach x umgestellt. Es ergibt sich:

$$y = (x-1)^2 - 3$$
$$y + 3 = (x-1)^2$$
$$\sqrt{y+3} = |x-1|$$

Für $x \geq 1$ gilt: $x - 1 = \sqrt{y+3}$

$$x = \sqrt{y+3} + 1$$

Nach Vertauschen der Variablen ergibt sich $\bar{f}(x) = \sqrt{x+3} + 1$.

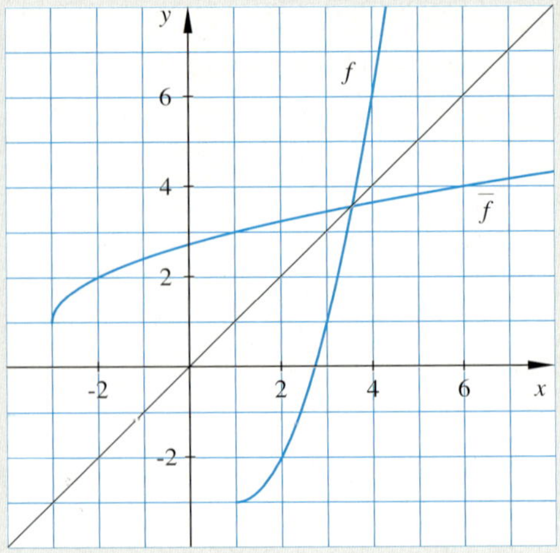

22

59. Die folgenden Funktionen sind eineindeutig, besitzen also eine Umkehrfunktion. Ermitteln Sie eine Umkehrfunktion. Sie können sich an dem vorangegangenen Beispiel orientieren.

a) $y = 2x + 1$ **b)** $y = -\frac{1}{3}x + 4$ **c)** $y = \sqrt{x-1}$ $(x \geq 1)$

d) $y = x^2 - 5x$ $(x > 2{,}5)$ **e)** $y = x^2$ **f)** $y = x^2 - 1$ $(x > 0)$

g) $y = x^2 + 3x + 2{,}25$ $(x > -1{,}5)$ **h)** $y = x^{-2}$ $(x > 0)$ **i)** $y = x^3 - 1$ $(x \geq 0)$

60. Sei f eine eineindeutige Funktion und x_0 eine Nullstelle von f. Welche Eigenschaft der Umkehrfunktion $\bar{f}$ lässt sich mit x_0 beschreiben? Veranschaulichen Sie den Sachverhalt.

61. a) Was für eine Funktion ergibt sich als Umkehrfunktion einer linearen Funktion?

b) Die Funktion f mit $f(x) = x^{-1}$ $(x \neq 0)$ ist eineindeutig. Beschreiben Sie die Eigenschaften ihrer Umkehrfunktion.

c) Die Funktion $y = \sqrt{2x+3}$ ist in ihrem gesamten Definitionsbereich umkehrbar. Was für eine Funktion ergibt sich als Umkehrfunktion?

Funktionen produzieren Funktionen

Mithilfe gegebener Zahlen und der Rechenoperationen Addition, Subtraktion, Multiplikation und Division können weitere Zahlen „hergestellt" werden. Z.B. entsteht aus den Zahlen 16 und 32 die Summe $48 = 16 + 32$, die Differenz $-16 = 16 - 32$, das Produkt $512 = 16 \cdot 32$ und der Quotient $0{,}5 = 16 : 32$. Dieses Prinzip kann auf Funktionen übertragen werden. Aus bekannten Funktionen f und g können weitere Funktionen durch Addition, Subtraktion, Multiplikation und Division zusammengefügt werden. Umgekehrt ist es mitunter nützlich, gegebene Funktionen als Zusammensetzung von Funktionen zu beschreiben. Auf diesem Weg kann man Informationen über Eigenschaften einer komplizierteren Funktion aus einfacheren Funktionen ableiten.

62. Gegeben sind die Funktionen f und g mit $f(x) = \frac{1}{2}x + 1$ und $g(x) = x^2$.

Aus f und g wird die Funktion s mit $s(x) = f(x) + g(x)$ gebildet.

a) Geben Sie für s eine Funktionsgleichung an. Welchen Definitionsbereich hat s?

b) Stellen Sie die Funktionen f, g und s im gleichen Koordinatensystem dar.

c) Stellen Sie einen Zusammenhang zwischen den Graphen von f und g und dem Graphen von s her.

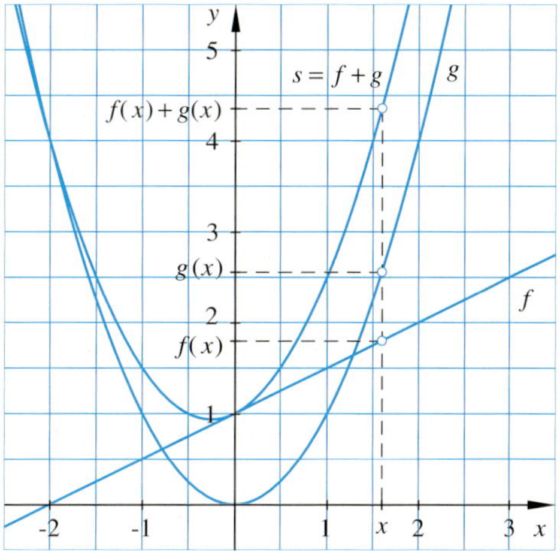

23

DEFINITION Seien f und g zwei Funktionen mit dem gleichen Definitionsbereich $D = D(f) = D(g)$.
Die Funktion s mit $s(x) = f(x) + g(x)$ $(x \in D)$ heißt **Summe** der Funktionen f und g.
Schreibweisen: $s(x) = (f + g)(x)$ bzw. $s = f + g$.

63. **a)** Bilden Sie mit den Funktionen f und g aus Aufgabe 62 die Funktionen d, p und q, die als Differenz (d), als Produkt (p) bzw. als Quotient (q) bezeichnet werden können.

b) Welche Aussage kann über den Definitionsbereich der drei in a) gebildeten Funktionen d, p und q gemacht werden?

c) Skizzieren Sie die Graphen der Funktionen d, p und q.

d) Definieren Sie die Differenz, das Produkt und den Quotienten zweier Funktionen. Sie können sich an der Definition für die Summe orientieren.

64. **a)** Gegeben sind die Funktionen f und g mit $f(x) = x$ und $g(x) = \frac{1}{x}$ $(x \neq 0)$. Bilden Sie die Funktionen $f + g$, $f - g$, $g - f$, $f \cdot g$, $\frac{f}{g}$, $\frac{g}{f}$.

b) Fertigen Sie für jede Funktion aus a) eine grafische Darstellung an.

c) Vergleichen Sie die Eigenschaften der Funktionen miteinander.

65. **a)** Es seien die Funktionen f und g mit $f(x) = x$ und $g(x) = 1$ gegeben. Welche Funktionen können Sie daraus mithilfe von Summe, Differenz oder Produkt von Funktionen bilden?

b) Können die Funktionen h und i mit $h(x) = x^2 - 1$ und $i(x) = x^3 - x + 3$ durch das Bilden von Summe, Differenz oder Produkt aus den Funktionen f und g aus a) hergestellt werden?

c) Geben Sie fünf Funktionen an, die aus den Funktionen f und g aus a) entstehen, wenn Summe, Differenz und Produkt für Funktionen auch mehrmalig verwendet werden können.

***d)** Welche allgemeine Form haben alle die Funktionen, die in c) angegeben werden können?

Durch die Addition, die Subtraktion, die Multiplikation und die Division für Funktionen werden Funktionen miteinander verknüpft. Eine andere Verknüpfung von Funktionen ist die **Verkettung**. Seien f_1 und f_2 zwei Funktionen, so ist $f_2 \circ f_1$ (gelesen f_2 nach f_1) eine Verkettung. Es gilt: $(f_2 \circ f_1)(x) = f_2(f_1(x))$. Es werden also zwei Funktionen nacheinander angewendet. Dabei sind die Funktionswerte von f_1 die Argumente von f_2. f_1 heißt **innere** Funktion und f_2 heißt **äußere** Funktion der Verkettung.

Beispiel: Für $f_1(x) = x + 1$ und $f_2(x) = \sqrt{x}$, $x \geq 0$ ist die Verkettung $f_2 \circ f_1$ zu bilden.

1. Zuordnung:
$x \to f_1(x)$, also $x \to x + 1$ $\quad D(f_1) = \mathbb{R} \quad W(f_1) = \mathbb{R}$
2. Zuordnung:
$f_1(x) \to f_2(f_1(x))$, also $x + 1 \to \sqrt{x+1}$ $\quad D(f_2(f_1)) = \{x \in \mathbb{R} \backslash x \geq -1\}$
$W(f_2(f_1)) = \{x \in \mathbb{R} \backslash x \geq 0\}$

x	$f_1(x)$	$f_2(f_1(x))$
−5	−4	nicht definiert
−1	0	0
0	1	1
2	3	$\sqrt{3}$

66. Gegeben sind die Funktionen f_1 und f_2 mit $f_1(x) = 2x + 1$ und $f_2(x) = \sqrt{x}$.
a) Bilden Sie die Verkettungen $f_2 \circ f_1$ sowie $f_1 \circ f_2$.
b) Ist die Verkettung kommutativ? Achten Sie auf die Definitionsbereiche.

67. Bilden Sie für die Funktionen f_1 und f_2 mit $y = f_1(x)$ und $z = f_2(y)$ die Verkettung $f_2 \circ f_1$. Wie groß können $D(f_2 \circ f_1)$ und $W(f_2 \circ f_1)$ höchstens sein?
a) $y = 2x; z = \sin y$ **b)** $y = \sqrt{x}; z = y + 2$ **c)** $y = x^3; z = y^{-1}$
d) $y = x - 1; z = |y|$ **e)** $y = \sqrt{x}; z = y^3$ **f)** $y = -x^2 - 1; z = \sqrt{y}$

Durch die Verkettung zweier Funktionen kann oft eine komplizierte Funktion mithilfe von zwei einfacheren Funktionen beschrieben werden. Wenn die Funktion f den Definitionsbereich $D(f_1)$ hat und die Funktion f_2 den Definitionsbereich $D(f_2)$, so kann die Verkettung $f_2 \circ f_1$ nur für Elemente aus $D(f_1)$ gebildet werden, deren Funktionswerte in $D(f_2)$ liegen.

68. Bilden Sie für die Funktionen f_1 und f_2 mit $y = f_1(x)$ und $z = f_2(y)$ die Verkettungen $f_2 \circ f_1$ und $f_1 \circ f_2$. Geben Sie den größtmöglichen Definitionsbereich für $f_2 \circ f_1$ und $f_1 \circ f_2$ an.
a) $y = 1{,}5x; z = \sqrt{y} + 1$ **b)** $y = \sin x; z = y^2$ **c)** $y = |x - 1|; z = y^{-2}$
d) $y = x^2 - 1; z = \sqrt{y}$ **e)** $y = \frac{2}{x}; z = \frac{2}{y}$ **f)** $y = \sqrt{x}; z = y^2$

69. Gegeben seien die Funktionen f_1, f_2 und f_3 mit $f_1(x) = x$, $f_2(x) = \frac{1}{1-x}$ und $f_3(x) = \frac{x-1}{x}$ mit dem gemeinsamen Definitionsbereich $D = \{x \in \mathbb{R}; x \neq 0, x \neq 1\}$.
a) Bilden Sie alle möglichen Verkettungen der Funktionen f_1, f_2 und f_3.
b) Welches überraschende Ergebnis hat a)? Fertigen Sie eine Tabelle an, aus der man alle Ergebnisse aus a) übersichtlich entnehmen kann.

2 Ganzrationale Funktionen und Lösungsverfahren für Gleichungen

Ganzrationale Funktionen

In verschiedenen Bereichen experimenteller Forschung werden Messreihen aufgenommen und per Computer grafisch ausgewertet. Aus der grafischen Darstellung kann man solche Eigenschaften wie Lage und Anzahl der Nullstellen, Monotonie- und Symmetrieverhalten, größte und kleinste Funktionswerte usw. entnehmen. Mit deren Hilfe lassen sich für die Sachverhalte für einzelne Intervalle oft recht gute Näherungen durch Funktionen finden.

Beispiel: Im Bild 24 ist der Absatz eines Verkaufsartikels innerhalb eines Zeitraumes von 6 Jahren annähernd beschrieben.

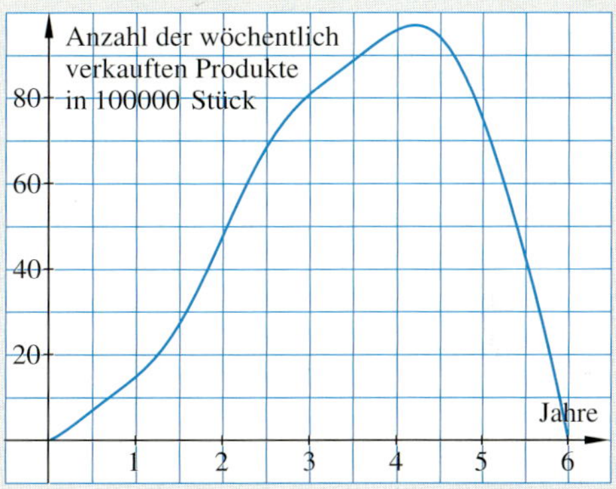

24

Der Verlauf der Kurve im Intervall [0; 3] legt es nahe, den Absatz mit einer quadratischen Funktion zu beschreiben.
Wenn $y = ax^2 + bx + c$ gelten soll, so sind die Koeffizienten a, b und c mithilfe bekannter Wertepaare zu ermitteln.
Mit $P_1(0;0)$ ist I: $0 = a \cdot 0 + b \cdot 0 + c$.
Mit $P_2(1;15)$ ist II: $15 = a \cdot 1 + b \cdot 1 + c$.
Mit $P_3(2;48)$ ist III: $48 = a \cdot 4 + b \cdot 2 + c$.

Aus I ergibt sich sofort $c = 0$.
Setzt man dies in II und III ein, multipliziert II mit 2 und subtrahiert das Ergebnis von III, so erhält man $18 = 2a$, also $a = 9$.
Damit ergibt sich z.B. aus II, dass $b = 6$ ist. Die Funktion q mit $q(x) = 9x^2 + 6x$ beschreibt den Verlauf der Kurve zunächst recht gut, zeigt aber bald große Abweichungen. So ist z.B. $q(4) = 168$, während die Kurve an der Stelle 4 ungefähr den Funktionswert 96 hat.
Im Bereich von 4 bis 6 Jahren kann man z.B. mithilfe der Punkte $P_4(5;75)$ und $P_5(6;0)$ eine lineare Funktion $y = mx + n$ zur Beschreibung heranziehen. Aus den Gleichungen I: $75 = 5m + n$ und II: $0 = 6m + n$ gewinnt man $m = -75$ und $n = 450$, also $g(x) = -75x + 450$. Wegen $g(4) = 150$ ergibt sich für 4 Jahre allerdings ebenfalls eine relativ große Abweichung.

Es wird nun eine Beschreibung der Absatzzahlen mithilfe einer kubischen Funktion $y = ax^3 + bx^2 + cx + d$ versucht. Die vier Koeffizienten a, b, c und d werden mithilfe von vier Gleichungen, die sich aus vier Punkten ergeben, berechnet.
Mit $P_1(0;0)$ ist $0 = a \cdot 0 + b \cdot 0 + c \cdot 0 + d$. Damit ist $d = 0$.
Mit $P_2(1;15)$ ist $15 = a \cdot 1 + b \cdot 1 + c \cdot 1 + d$. I: $15 = a + b + c$
Mit $P_3(4;96)$ ist $96 = a \cdot 64 + b \cdot 16 + c \cdot 4 + d$. II: $96 = 64a + 16b + 4c$
Mit $P_4(0;6)$ ist $0 = a \cdot 216 + b \cdot 36 + c \cdot 6 + d$. III: $0 = 216a + 36b + 6c$

Lösung: $a = -3$, $b = 18$, $c = 0$. Damit beschreibt die Gleichung $k(x) = -3x^3 + 18x^2$ näherungsweise den Absatz des Artikels in Abhängigkeit von der Zeit.

1. **a)** Bestätigen Sie die Ergebnisse aus dem obigen Beispiel durch eigene Rechnungen.
b) Vergleichen Sie die Qualität der unterschiedlichen Beschreibungen des Sachverhaltes. Durch welche Gleichung wird der Graph am besten angenähert?

Die zur Beschreibung des Sachverhaltes im Beispiel auf S. 23 herangezogenen Funktionen gehören zur Klasse der ganzrationalen Funktionen.

DEFINITION f sei eine Funktion, n eine natürliche Zahl und $a_0, a_1, a_2, \ldots, a_n$ ($a_n \neq 0$) reelle Zahlen.
f heißt **ganzrationale Funktion** genau dann, wenn für alle x aus dem Definitionsbereich von f die Gleichung $f(x) = a_n x^n + a_{n-1}x^{n-1} + \ldots + a_2x^2 + a_1x + a_0$ gilt.
Die Zahlen $a_0, a_1, a_2, \ldots, a_n$ nennt man die **Koeffizienten** und die Zahl n den **Grad** der ganzrationalen Funktion.

Bemerkungen:
1. Ganzrationale Funktionen werden auch **Polynome** genannt.
2. Alle konstanten, linearen, quadratischen und kubischen Funktionen gehören zu den ganzrationalen Funktionen. Es sind Funktionen 0., 1., 2. bzw. 3. Grades.
3. Funktionen wie $f(x) = x^{-2}$, $f(x) = \sqrt{2x+1}$ oder $f(x) = 3\tan(4x)$ gehören nicht zu den ganzrationalen Funktionen.

2. Für konstante, lineare, quadratische und kubische Funktionen wurde bisher eine Schreibweise für die Koeffizienten benutzt, die ohne einen Index wie z.B. n in a_n auskam. Warum wurde das in der obigen Definition nicht beibehalten?

3. Entscheiden Sie, ob eine direkte Proportionalität, eine indirekte Proportionalität[1] oder die Betragsfunktion f mit $f(x) = |x|$ jeweils eine ganzrationale Funktion ist.

4. Die Flugbahn einer Kugel beim Kugelstoßen kann recht gut durch eine quadratische Funktion der Form $f(x) = ax^2 + x + c$ ($a, c \in \mathbb{R}$) beschrieben werden. Dabei wird davon ausgegangen, dass vom Koordinatenursprung aus gemessen wird.
a) Welche größte Höhe erreicht die Kugel bei einer Stoßweite von 12 m unter der Annahme, dass die Kugel die Stoßhand in einer Höhe von 1,80 m verlässt?
b) Wie weit wäre die Kugel bei gleicher Technik, Geschicklichkeit und Kraft geflogen, wenn ein Sportler, der 10 cm größer bzw. 10 cm kleiner ist, gestoßen hätte?
c) Wie beeinflusst die Abstoßhöhe die Stoßweite?

5. Die folgenden Zahlenpaare gehören zu einer Funktion. Geben Sie je eine Funktionsgleichung an. Welche Funktionen sind ganzrational?

a)

x	1,6	7,8	−2,8
$f(x)$	0,8	3,9	−1,4

b)

x	−2	0	6
$f(x)$	−5	1	19

c)

x	−2	1	3
$f(x)$	−8	1	27

d)

x	−3	−0,5	2
$f(x)$	0	−6,25	0

e)

x	2	3	4
$f(x)$	0	0	0

f)

x	−5	−2	2
$f(x)$	126	9	−7

g)

x	0	1	2	3
y	0	1	0	1

h)

x	−1	0	1	2
y	−2	−3	−2	−1

i)

x	−5	−3	−2	0
y	32	8	4	1

[1] weitere Bezeichnungen sind umgekehrte Proportionalität oder Antiproportionalität

Grafische Nullstellenbestimmung von Funktionen

Die Nullstellen einer Funktion lassen sich häufig – zumindest näherungsweise – auch grafisch ermitteln, indem man die Funktion grafisch darstellt und die vorhandenen Nullstellen abliest.

6. Ermitteln Sie die Nullstellen der folgenden Funktionen grafisch.

a) $f(x) = -2{,}5x + 2$ **b)** $f(x) = x^2 + 2x - 1$

c) $f(x) = x^4 - x^2 - 1$ **d)** $f(x) = x^3 - 4x$

7. Im Bild 25 werden die Nullstellen $x_1 = -3$ und $x_2 = 1$ der quadratischen Funktion $y = x^2 + 2x - 3$ nicht über das Zeichnen des zugehörigen Graphen ermittelt. Erläutern und begründen Sie dieses Verfahren.

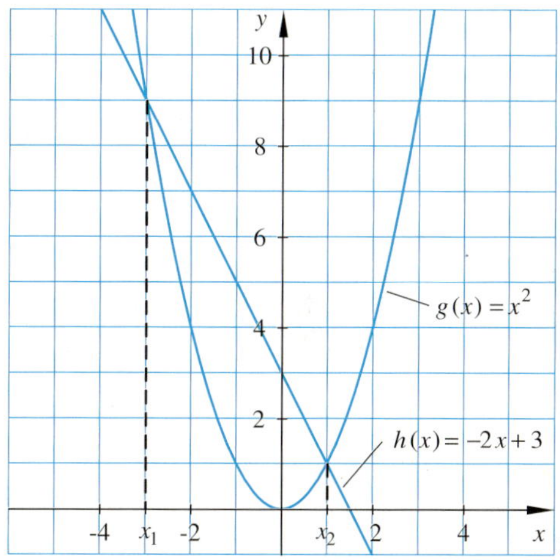

25

8. Ermitteln Sie grafisch die Nullstellen der folgenden Funktionen. Nutzen Sie das Verfahren aus Aufgabe 7, und übertragen Sie es auch auf die Aufgaben 8c) bis 8i).

a) $f(x) = x^2 - 4x + 5$

b) $f(x) = x^2 - 1{,}8x + 0{,}5$

c) $f(x) = \sqrt{x} + x - 4$

d) $f(x) = x^3 + x^2 - 2$

e) $f(x) = x^3 - x^2 - 4x - 7$

f) $f(x) = x^3 - 4x$ **g)** $f(x) = x^2 - |x - 4|$

h) $f(x) = x + 5\sin x$ **i)** $f(x) = x^2 + \cos x$

9. Welche der in Aufgabe 8 genannten Funktionen sind keine ganzrationalen Funktionen?

Nullstellenberechnungen durch das Lösen von Gleichungen

10. Lineare Funktionen mit maximalem Definitionsbereich haben genau eine Nullstelle, quadratische Funktionen haben höchstens zwei Nullstellen.
Wie viele Nullstellen kann eine für alle reellen Zahlen definierte kubische Funktion f mit $f(x) = x^3 + px^2 + qx + r$ haben? Geben Sie für jeden Fall ein Beispiel an.
(Hinweis: Orientieren Sie sich auch an den Ergebnissen der Aufgabe 8.)

11. Gegeben sei die Funktion f mit $f(x) = (x - 1)(x + 2)(x - 3)$; $(x \in \mathbb{R})$.

a) Begründen Sie, dass f eine ganzrationale Funktion ist.

b) Ermitteln Sie die Nullstellen der Funktion ohne zu rechnen.

c) Geben Sie eine Funktion dritten Grades an, die die gleichen Nullstellen wie f besitzt, sonst jedoch einen anderen Verlauf zeigt.

d) Geben Sie eine Funktion g vierten Grades an, für die alle Nullstellen der Funktion f ebenfalls Nullstellen sind.

Die Nullstellen einer Funktion $y = f(x)$ zu berechnen, bedeutet die Gleichung $f(x) = 0$ zu lösen.

Bemerkung: Für Gleichungen dritten und vierten Grades gibt es wie für Gleichungen zweiten Grades Lösungsformeln. Sie sind allerdings recht schwer zu handhaben. Die Lösungsformel für Gleichungen dritten Grades heißt Cardanische Formel. Damit wird der italienische Mathematiker Geronimo CARDANO (1501–1576) geehrt. Für Gleichungen höheren als vierten Grades gibt es keine allgemeinen Lösungsformeln. Einen vollständigen Beweis dazu lieferte der gerade 21-jährige Norweger Niels Henrik ABEL (1802-1829), der jung an Tuberkulose starb, bevor sich sein Ruf als hochbegabter Mathematiker durchsetzen konnte.

12.*a) Informieren Sie sich anhand entsprechender Literatur über die Cardanische Formel. Erarbeiten Sie ein Referat zu diesem Thema.
b) Suchen Sie nach Informationen über die Lösungsformel für Gleichungen 4. Grades. Warum ist die Lösungsformel schwer zu handhaben?

SATZ 1 Jede ganzrationale Funktion f mit $f(x) = a_n x^n + a_{n-1} x^{n-1} + \ldots + a_1 x + a_0$ vom Grade n hat höchstens n Nullstellen.

13. a) Erläutern Sie die Verwendung von „höchstens" in dem vorangehenden Satz zu den Nullstellen ganzrationaler Funktionen n-ten Grades.
b) Geben Sie drei Beispiele für ganzrationale Funktionen an, bei denen der Grad größer ist als die Anzahl der Nullstellen.
c) Geben Sie drei Beispiele für ganzrationale Funktionen an, bei denen der Grad mit der Anzahl der Nullstellen übereinstimmt.

Beispiel: Die Nullstellen der Funktion f mit $f(x) = x^5 + 6x^4 + 3x^3 - 10x^2$ $(x \in \mathbb{R})$ werden berechnet.

Gesucht sind alle $x \in \mathbb{R}$ mit $f(x) = 0$. Also muss gelten: $x^5 + 6x^4 + 3x^3 - 10x^2 = 0$.
Durch Ausklammern ergibt sich $x^2(x^3 + 6x^2 + 3x - 10) = 0$
Ein Produkt ist genau dann 0, wenn mindestens einer der Faktoren 0 ist.
Der erste Faktor ist 0 genau dann, wenn $x = 0$ ist. Daher ist $x_1 = 0$ eine Nullstelle.
Gelingt es nun, durch Probieren eine Lösung der Gleichung $x^3 + 6x^2 + 3x - 10 = 0$ zu erhalten, so lässt sich das Polynom dritten Grades in ein Produkt aus einem Polynom ersten Grades (**Linearfaktor**) und einem Polynom zweiten Grades zerlegen.

Die mathematische Grundlage für dieses Vorgehen sind die beiden folgenden Sätze. Auf einen Beweis der Sätze wird verzichtet.

SATZ 2 Wenn x_0 eine Nullstelle des Polynoms $f(x)$ ist, so ist $f(x)$ durch $(x - x_0)$ teilbar, d.h. es gibt ein Polynom $g(x)$ derart, dass $f(x) = (x - x_0) \cdot g(x)$ ist.

SATZ 3 Wenn f eine ganzrationale Funktion mit $f(x) = x^n + a_{n-1} x^{n-1} + \ldots + a_1 x + a_0$ und $a_0, a_1, a_2, \ldots, a_{n-1} \in \mathbb{Z}$ ist, so ist jede ganzzahlige Nullstelle x_0 ein Teiler von a_0.

Als ganzzahlige Nullstellen kommen in dem obigen Beispiel wegen Satz 3 die Teiler von 10 in Frage, also die Zahlen 1, −1, 2, −2, 5, −5, 10 und −10. Durch Probieren findet man z.B. die Nullstelle $x_2 = 1$.

Polynomdivision

Das folgende Verfahren, das aus der schriftlichen Division abgeleitet werden kann, erleichtert die Suche nach weiteren Nullstellen. Man bezeichnet es als **Polynomdivision**. Die Polynomdivision hat viele Gemeinsamkeiten mit der schriftlichen Division, wie man dem Beispiel entnehmen kann.

Beispiel: (in Fortführung des Beispiels auf Seite 26)

$$\begin{array}{l} (x^3 + 6x^2 + 3x - 10) : (x - 1) = x^2 + 7x + 10 \\ \underline{-(x^3 - x^2)} \\ \quad 7x^2 + 3x \\ \quad \underline{-(7x^2 - 7x)} \\ \qquad 10x - 10 \\ \qquad \underline{-(10x - 10)} \\ \qquad\qquad 0 \end{array}$$

$$\begin{array}{l} 10701 : 87 = 123 \\ \underline{-87} \\ \ \ 200 \\ \underline{-174} \\ \ \ \ 261 \\ \ \underline{-261} \\ \qquad 0 \end{array}$$

Die Nullstellen der quadratischen Funktion $g(x) = x^2 + 7x + 10$ ergeben die restlichen Nullstellen der Funktion f. Aus $x_{3/4} = -\frac{7}{2} \pm \sqrt{\frac{49}{4} - \frac{40}{4}}$ folgt $x_3 = -2$ und $x_4 = -5$.

Die Funktion f mit $f(x) = x^5 + 6x^4 + 3x^3 - 10x^2$ ($x \in \mathbb{R}$) aus dem Beispiel von Seite 26 ist fünften Grades und hat insgesamt vier verschiedene Nullstellen. Für f gibt es eine Zerlegung der Form $f(x) = x \cdot x \cdot (x - 1) \cdot (x + 2) \cdot (x + 5)$.
Da jeder der Faktoren linear ist, spricht man von einer **Linearfaktorzerlegung** der Funktion f.

14. a) Erläutern Sie mithilfe des Beispiels auf den Seiten 26 und 27, wie man zur Linearfaktorzerlegung einer ganzrationalen Funktion gelangt.

b) Geben Sie eine ganzrationale Funktion vierten Grades mit den folgenden Nullstellen an: $x_1 = 1$, $x_2 = -3$, $x_3 = -\sqrt{2}$, $x_4 = \sqrt{2}$.

c) Geben Sie eine ganzrationale Funktion an, die mindestens die Nullstellen $x_1 = -1$, $x_2 = 2$ und $x_3 = -3$ hat.

d) Geben Sie für $f(x) = x^4 - 5x^3 + 6x^2$ eine Linearfaktorzerlegung an. Begründen Sie Ihr Ergebnis.

15. Begründen Sie, dass für eine ganzrationale Funktion, die vollständig in Linearfaktoren zerlegt werden kann, die Ermittlung der Nullstellen besonders leicht ist.

16.*a) Beweisen Sie Satz 3. (Hinweis: Führen Sie eine vollständige Polynomdivision für den allgemeinen Fall durch.)

b) Formulieren Sie die Umkehrung von Satz 3. Prüfen Sie deren Wahrheitsgehalt.

Beispiel: Die Funktion $f(x) = x^3 + x$ lässt sich nicht vollständig in Linearfaktoren zerlegen. Nach Ausklammern von x ergibt sich $f(x) = x(x^2 + 1)$. Die Gleichung $x^2 + 1 = 0$ hat keine reelle Lösung. Daher kann $x^2 + 1$ nicht weiter zerlegt werden.

17. Entscheiden Sie, ob sich die folgenden Funktionen vollständig in Linearfaktoren zerlegen lassen.

a) $f(x) = x^2 + x - 2$ **b)** $f(x) = x^3$ **c)** $f(x) = x^3 - x^2 + x - 1$
d) $f(x) = x^4 - 1$ **e)** $f(x) = x^3 + 2x^2 - x - 2$ **f)** $f(x) = x^5 - x^3 - x^2 + 1$
g) $f(x) = x^2 + 4$ **h)** $f(x) = x^3 - 2x$ **i)** $f(x) = 2x^2 + 2x$
j) $f(x) = x^3 - x^2 - x + 1$ **k)** $f(x) = x^6 - 64$ **l)** $f(x) = x^2 - x$

Wie bei der Division natürlicher Zahlen $4769 : 96 = 49$ Rest 65 bzw. $4769 : 96 = 49 + \frac{65}{96}$ kann auch bei der Polynomdivision ein Rest auftreten. Dividiert man z.B. das Polynom $4x^4 - 6x^3 + 3x - 4$ durch das Polynom $2x + 3$, so erhält man $2x^3 - 6x^2 + 9x - 12$ Rest 32.
Man schreibt: $(4x^4 - 6x^3 + 3x - 4) : (2x + 3) = 2x^3 - 6x^2 + 9x - 12 + \frac{32}{2x+3}$.

18. Führen Sie die oben genannte Polynomdivision aus. Kontrollieren Sie Ihr Ergebnis durch eine Probe.

19. Prüfen Sie, ob die folgenden Polynomdivisionen ohne Rest ausführbar sind. Führen Sie in jedem Fall auch eine Probe durch.

a) $(x^4 + x^3 - 7x^2 + 19x - 4) : (x + 4)$ **b)** $(2x^5 - x^4 - 6x^3 + 7x^2 - 1) : (2x - 1)$
c) $(15x^3 + x^2 - 45x + 15) : (5x + 2)$ **d)** $(15x^3 + x^2 + x - 5) : (3x - 1)$
e) $(x^3 - 1) : (x + 1)$ **f)** $(7x^5 - 3x^3 - x + 9) : (x^2 + 2)$
g) $(8x^4 + 4x^3 + 4x^2 + 2x) : (2x + 1)$ **h)** $(2x^4 + 3x^3 + x^2 + 3x) : (x^2 + 1)$

20. Überzeugen Sie sich davon, dass sich die folgenden Quotienten mithilfe der Polynomdivision wesentlich vereinfachen lassen.

a) $\frac{x^3 - 1}{x - 1}$ **b)** $\frac{x^5 - 32}{x - 2}$ **c)** $\frac{x^4 - 0{,}0001}{x - 0{,}1}$ **d)** $\frac{x^3 - 216}{x - 6}$
e) $\frac{x^4 - 81}{x - 3}$ **f)** $\frac{a^5 - 1}{a - 1}$ **g)** $\frac{b^3 + 1}{b + 1}$ **h)** $\frac{e^3 - 125}{e - 5}$

SATZ 4 Für alle reellen Zahlen a und x mit $x \neq a$ und alle natürlichen Zahlen n $(n \geq 1)$ gilt:

$$\frac{x^n - a^n}{x - a} = x^{n-1} + x^{n-2}a + \ldots + xa^{n-2} + a^{n-1}.$$

21. a) In Aufgabe 20 und in Satz 4 treten Quotienten mit der gleichen Termstruktur auf. Geben Sie für Aufgabe 20 a) und h) jeweils die Werte für x, a und n aus Satz 4 an.
b) Geben Sie zwei Quotienten mit der Termstruktur wie in Satz 4 und das zugehörige Polynom an.
c) Beweisen Sie Satz 4 für $n = 3$.
d) Beweisen Sie Satz 4 allgemein.

22. Berechnen Sie die Nullstellen der folgenden ganzrationalen Funktionen. Nutzen Sie dazu auch die Polynomdivision.

a) $f(x) = 5x^3 - 8x^2 + 9x - 26$ **b)** $f(x) = 8x^5 - 7x^3 - 50x^2$

c) $f(x) = 2x^3 - 25x + 175$ **d)** $f(x) = x^4 + x^3 - x^2 + x - 2$

e) $f(x) = 2x^5 + x^4 - 2x - 1$ **f)** $f(x) = x^4 + 2x^3 - 9x^2 + 14x + 24$

23. Zeigen Sie, dass x_0 eine Nullstelle der Funktion f ist. Ermitteln Sie weitere Nullstellen.

a) $f(x) = 2x^3 - 25x - 125;\ x_0 = 5$

b) $f(x) = x^8 - x^6 + x^2 - 1;\ x_0 = -1$

c) $f(x) = x^5 - 2x^4 + x^3 + 8x^2 - 16x + 8;\ x_0 = -2$

d) $f(x) = 10x^4 + 51x^3 + 44x^2 - 9x + 144;\ x_0 = -3$

e) $f(x) = 2x^6 - 6x^5 - 4x^2 + 36;\ x_0 = 3$

24. Wo stecken Fehler? Lösen Sie die Aufgabe korrekt. Führen Sie eine Probe durch.

a)
$$\begin{array}{l}(2x^3 + 6x^2 + 4x) : (x - 2) = 2x^2 + 2\\ \underline{-(2x^3 - 4x^2)}\\ \qquad 2x^2 + 4x\\ \qquad \underline{-(2x^2 - 4x)}\\ \qquad\qquad 0\end{array}$$

b)
$$\begin{array}{l}(4x^3 - 2x) : (x - 1) = 4x^2 + 2x\\ \underline{-(4x^3 - 4x^2)}\\ \qquad 2x^2 + 2x\\ \qquad \underline{-(2x^2 - 2x)}\\ \qquad\qquad 0\end{array}$$

Beispiel: Die Nullstellen der Funktion $f(x) = 6x^4 - 18x^2 - 10{,}5;\ x \in \mathbb{R}$ werden berechnet. Gesucht sind alle $x \in \mathbb{R}$ mit $f(x) = 0$.

$$\begin{aligned}6x^4 - 18x^2 - 10{,}5 &= 0 \quad |:6\\ x^4 - 3x^2 - 1{,}75 &= 0\end{aligned}$$

Eine Gleichung vierten Grades der Form $a_4x^4 + a_2x^2 + a_0 = 0$ nennt man **biquadratische Gleichung**. Sie wird durch die Substitution $x^2 = z$ in eine quadratische Gleichung überführt und mithilfe der bekannten Lösungsformel für quadratische Gleichungen gelöst.

$z^2 - 3z - 1{,}75 = 0$
$z_{1/2} = 1{,}5 \pm \sqrt{2{,}25 + 1{,}75}$
$z_1 = 3{,}5$, also $x^2 = 3{,}5$. Daher ist $x_{1/2} = \pm\sqrt{3{,}5}$.
$z_2 = -0{,}5$, also $x^2 = -0{,}5$. Das ist nicht möglich.

Die Funktion f ist vierten Grades und hat zwei Nullstellen, nämlich $x_1 = \sqrt{3{,}5} \approx 1{,}87$ und $x_2 = -\sqrt{3{,}5} \approx -1{,}87$.

25. Untersuchen Sie die Funktion f auf Nullstellen.

a) $f(x) = 2x^2 - 5x - 3$ **b)** $f(x) = \frac{7}{2}x^3 + \frac{7}{4}x^2 - \frac{7}{27}x$

c) $f(x) = (x^2 - 4)^2$ **d)** $f(x) = (x + 2{,}5)(x^3 + 9x^2 - 2x - 40)$

e) $f(x) = 4x^4 - 4x^2 - 8$ **f)** $f(x) = (x + \sqrt{2})(x^2 - 4)(x - 3)^2$

g) $f(x) = x^6 - 8x^3 + 1$ **h)** $f(x) = x^4 + 8x^3 + 13x^2 - 16x - 30$

i) $f(x) = \left(\frac{3}{2}x - 2\right)\left(2x + \frac{3}{2}\right)$ **j)** $f(x) = \left(\frac{\pi}{3}x^2 + \frac{\pi}{3}\right)^3$

Näherungsweise Berechnung von Nullstellen

Beispiel: Eine Nullstelle des Polynoms $f(x) = 3x^3 - 2x^2 - 6x + 4$ wird berechnet. Man sucht zunächst ein Intervall, in dem die Funktionswerte an den Intervallenden unterschiedliche Vorzeichen besitzen. In diesem Intervall befindet sich mindestens eine Nullstelle.
Zu diesem Zweck wird eine Wertetabelle aufgestellt:

x	3	2	1	0	1	2	3
$f(x)$	−77	−16	5	4	−1	8	49

Die Funktion hat also drei Nullstellen, genau eine in jedem der drei Intervalle $[-2; -1]$, $[0; 1]$, $[1; 2]$ (siehe Bild 26).
Die drei Nullstellen lassen sich mithilfe von Näherungsverfahren mit beliebiger Genauigkeit berechnen. Im folgenden wird die Nullstelle im Intervall $[0; 1]$ mit einer Genauigkeit von 0,1 berechnet.

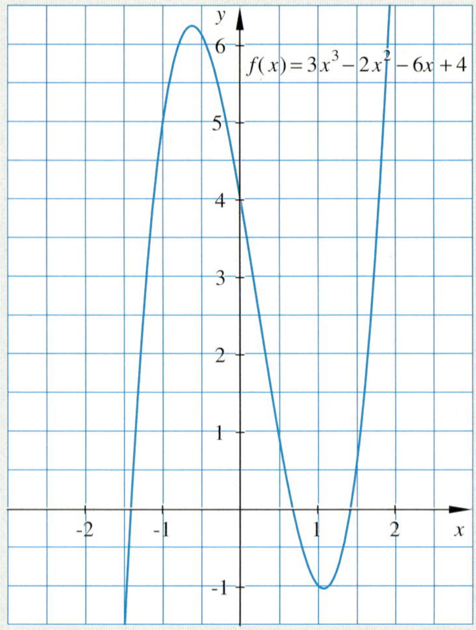

26

Man wählt eine Zahl x_1 aus dem Inneren des Intervalls aus und berechnet den Funktionswert. Es sind drei Fälle möglich:
1. $f(x_1) = 0$ Die Nullstelle ist gefunden. Es ist die Zahl x_1.
2. $f(x_1) > 0$ Die Nullstelle liegt im Intervall $[x_1; 1]$.
3. $f(x_1) < 0$ Die Nullstelle liegt im Intervall $[0; x_1]$.

Sei $x_1 \in [0; 1]$. Für $x_1 = 0{,}5$ ist $f(x_1) = 0{,}875$. Die Nullstelle liegt im Intervall $[0{,}5; 1]$.
Nun wähle man ein $x_2 \in [0{,}5; 1]$. Z.B. für $x_2 = 0{,}7$ ist $f(x_2) = -0{,}151$. Die Nullstelle liegt im Intervall $[0{,}5; 0{,}7]$.
Deshalb wählt man nun $x_3 \in [0{,}5; 0{,}7]$. Für $x_3 = 0{,}6$ ist $f(x_3) = 0{,}328$. Die Nullstelle liegt im Intervall $[0{,}6; 0{,}7]$.
Ist eine höhere Genauigkeit erforderlich, so wird der Prozess entsprechend fortgesetzt.

26. **a)** Setzen Sie für die Funktion aus dem vorangegangenen Beispiel den dargestellten Prozess fort. Berechnen Sie die Nullstelle im Intervall [0; 1] mit einer Genauigkeit von 0,01.
b) Berechnen Sie mit der im Beispiel benutzten Methode die anderen beiden Nullstellen der genannten Funktion mit einer Genauigkeit von 0,01.

	f(0) = 4; f(1) = -1
[0; 1]	f(0,5) = 0,875
[0,5; 1]	f(0,75) = -0,35938
[0,5; 0,75]	f(0,625) = 0,20117
[0,625; 0,75]	f(0,6875) = -0,09546
[0,625; 0,6875]	f(0,65625) = 0,04904
[0,65625; 0,6875]	f(0,67188) = -0,02420

27

27. Im Bild 27 finden Sie einen Ausschnitt aus der Berechnung der Nullstelle aus dem Beispiel mithilfe eines Computers. Beschreiben Sie die Vorgehensweise des Programms.

28. Prüfen Sie, ob die Funktion f im Intervall I eine Nullstelle besitzt und berechnen Sie diese gegebenenfalls:

a) $f(x) = x^5 - 3x^4 + 15x^2 - 23{,}25344$ $\quad I = [1;\,2]$
b) $f(x) = 3x^3 - 4x + 1$ $\quad I = [-2;0]$
c) $f(x) = 4x^4 - 2x^2 + x - 6$ $\quad I = [0;1]$
d) $f(x) = 5x^3 + 6x^2 - x + 1$ $\quad I = [-2;-1]$

29. Dem Bild 28 kann man eine weitere Methode zur näherungsweisen Berechnung von Nullstellen einer Funktion entnehmen. Die Funktion f hat im Intervall $[a;b]$ eine Nullstelle x_0. Die Gerade durch die Punkte $A(a;f(a))$ und $B(b;f(b))$ schneidet die x-Achse im Punkt $S(x_S;0)$. Der Wert x_S ist ein Näherungswert für x_0.

a) Geben Sie eine Gleichung für die im Bild 28 dargestellte lineare Funktion an.
b) Bestätigen Sie die Gültigkeit der für x_S angegebenen Formel.
c) Wie kann fortgesetzt werden, wenn der Näherungswert x_S noch nicht gut genug ist?

Regula falsi

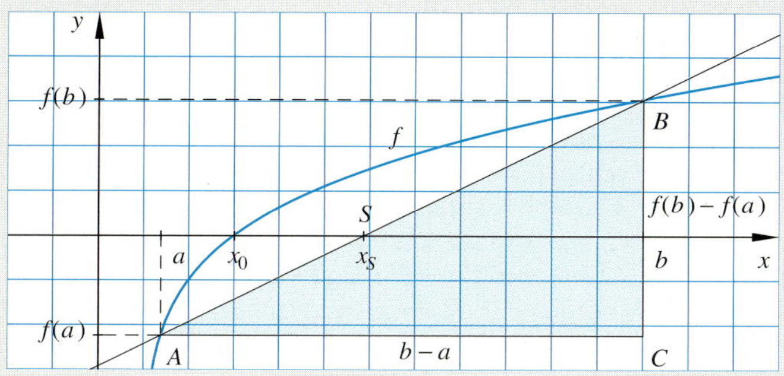

$$x_s = a - \frac{f(a)(b-a)}{f(b) - f(a)}$$

28

Bemerkung: Die im Bild 28 dargestellte Methode zur näherungsweisen Berechnung von Nullstellen wird **Regula falsi** (lat.: Regel des Falschen) genannt. Anstelle der Nullstelle x_0 der Funktion f wird mit dieser Regel die Nullstelle x_S einer linearen Funktion berechnet. Das erklärt den Namen Regula falsi. Die Qualität des Ergebnisses kann trotzdem sehr gut sein.

30. Lösen Sie Aufgabe 28 mithilfe der Regula falsi.

31. Gegeben sei die Funktion f mit $f(x) = x^3 - 2x + 1$.

a) Begründen Sie, dass zwischen $x_1 = -2$ und $x_2 = -1$ eine Nullstelle liegt. Ermitteln Sie die Nullstelle mithilfe der Regula falsi.
b) Die Funktion f hat zwei weitere Nullstellen. Ermitteln Sie diese Nullstellen. Für welche der Nullstellen der Funktion haben Sie einen Näherungswert gefunden?

32. Berechnen Sie auf möglichst vielfältige Weisen Nullstellen der folgenden Funktionen. Wählen Sie mithilfe der Übersicht auf S. 32 geeignete Methoden aus.

a) $f(x) = x^7 - x^3$ **b)** $f(x) = x^4 - 4x^2 + 1$ **c)** $f(x) = x^3 + x^2 - 2x + 3$
d) $f(x) = -7x + 45$ **e)** $f(x) = 50x^2 - 10x + 15$ **f)** $f(x) = x^4 + 5x^3 - x^2 - 8x$
g) $f(x) = x^3 - 15x^2 + 3$ **h)** $f(x) = x^3 + x$ **i)** $f(x) = x^3 - 3x^2 + x - 1$

Möglichkeiten zur Ermittlung der Nullstellen einer Funktion f:

Rechnerisch:	Grafisch:
a) äquivalentes Umformen b) Verwendung einer Lösungsformel c) Systematisches Probieren d) Zerlegung in Linearfaktoren (ggf. Polynomdivision) e) Anwendung eines Näherungsverfahrens	a) Graph der Funktion f zeichnen; Nullstellen ablesen b) $f(x) = 0$ so umformen, dass auf beiden Seiten der Gleichung Terme stehen, die Funktionen definieren; die x-Werte der Schnittpunkte der Graphen sind die Nullstellen der Funktion.

Kurvenkrümmung

33. Bei ganzrationalen Funktionen höheren als ersten Grades ergeben sich gekrümmte Linien als Graphen.

a) Stellen Sie die Funktionen f und g mit $f(x) = x^3$ und $g(x) = x^4$ grafisch dar und beschreiben Sie das Krümmungsverhalten der beiden Graphen. Betrachten Sie jeweils den Graphen in Richtung wachsender Argumente. Verwenden Sie dabei auch die Wörter „linksgekrümmt“ und „rechtsgekrümmt“.

b) Zeichnen Sie eine Funktion, deren Graph erst rechtsgekrümmt, dann linksgekrümmt und schließlich wieder rechtsgekrümmt ist. Markieren Sie die Punkte, in denen sich das Krümmungsverhalten des Graphen der Funktion ändert.

c) Geben Sie eine möglichst große Menge von Funktionen an, deren Krümmungsverhalten sich nicht ändert.

34. Im Bild 29 sind die Graphen von drei Funktionen dargestellt.

a) Beschreiben Sie das Krümmungsverhalten der Funktionen. Verwenden Sie dabei auch die Wörter „linksgekrümmt“ und „rechtsgekrümmt“. Wie erklären Sie den Begriff „linksgekrümmt“?

b) Geben Sie (näherungsweise) die Koordinaten der Punkte an, in denen sich das Krümmungsverhalten der Funktionen ändert.

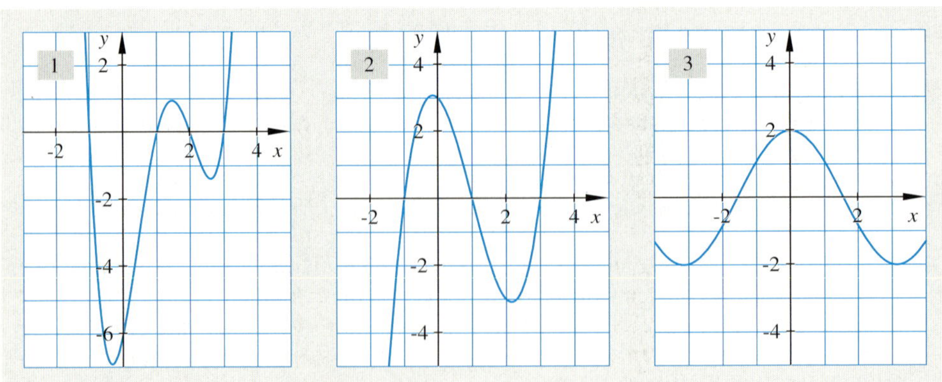

29

35. Gegeben ist eine ganzrationale Funktion dritten Grades mit folgenden Eigenschaften:
(1) Der Graph der Funktion schneidet die Abszissenachse mindestens an den Stellen $x_1 = 2$ und $x_2 = -1$.
(2) Der Punkt $P(1; 2)$ gehört zum Graphen von f.
(3) Die Ordinatenachse wird an der Stelle $y_S = -1$ geschnitten.

a) Wie lautet die Funktionsgleichung?
(Hinweis: Man nutze die Hinweise auf Argumente und Funktionswerte in (1), (2) und (3) und setze in die Gleichung $f(x) = ax^3 + bx^2 + cx + d$ ein.)

b) Untersuchen Sie die Funktion auf weitere Nullstellen.

c) Skizzieren Sie den Graphen der Funktion.

d) Beschreiben Sie das Krümmungsverhalten der Funktion.

e) Geben Sie näherungsweise den Punkt an, in dem sich das Krümmungsverhalten ändert.

36. a) Welches Krümmungsverhalten kann eine Funktion dritten Grades mit einer, zwei bzw. drei Nullstellen haben?

b) Welchen Einfluss hat die Anzahl der Nullstellen einer Funktion dritten Grades auf das Krümmungsverhalten?

37. a) Skizzieren Sie jeweils den Graphen einer Funktion vierten Grades mit keiner, einer, zwei, drei bzw. vier Nullstellen.

b) Markieren Sie die Punkte, in denen sich das Krümmungsverhalten ändert.

c) Geben Sie Funktionen vierten Grades an, die ihr Krümmungsverhalten nicht ändern.

d) Wie oft kann eine Funktion vierten Grades ihr Krümmungsverhalten maximal ändern?

Gerade und ungerade Funktionen – Symmetrieverhalten

38. Gegeben seien die Funktionen f und g mit $f(x) = \frac{1}{3}x^5 - \frac{1}{2}x^3 - x$ und $g(x) = -2x^2 + 4$. Ihre Graphen (siehe Bild 30) verlaufen axialsymmetrisch zur Ordinatenachse bzw. zentralsymmetrisch zum Koordinatenursprung.

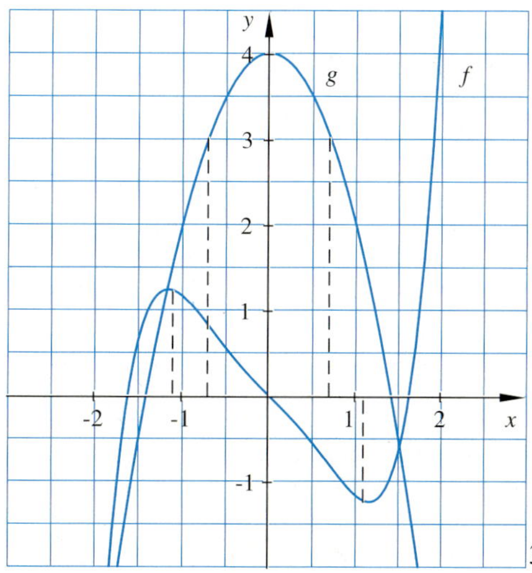

30

a) Erläutern Sie die Begriffe „axialsymmetrisch" und „zentralsymmetrisch".

b) Wie wirken sich die genannten Eigenschaften der Graphen auf die Funktionswerte der Funktionen aus?
Nutzen Sie zur Veranschaulichung einen Grafikrechner.

c) Wählen Sie für die Funktion f zwei Argumente, die symmetrisch bezüglich der Zahl Null sind. Welche Beziehungen bestehen zwischen den Funktionswerten für diese Argumente?

d) Wählen Sie für die Funktion g zwei Argumente, die symmetrisch bezüglich der Zahl Null sind. Welche Beziehungen bestehen zwischen den zugehörigen Funktionswerten?

DEFINITION
Eine Funktion f heißt **gerade** genau dann, wenn für alle $x \in D(f)$ gilt:
$-x \in D(f)$ und $f(-x) = f(x)$.
Eine Funktion f heißt **ungerade** genau dann, wenn für alle $x \in D(f)$ gilt:
$-x \in D(f)$ und $f(-x) = -f(x)$.

Beispiel: Die Funktion $f(x) = x^3 - 2x$ wird auf Geradheit bzw. Ungeradheit untersucht. Man bildet $f(-x)$ und vergleicht das Ergebnis mit $f(x)$. Hier erhält man
$f(-x) = (-x)^3 - 2(-x) = -x^3 + 2x = -(x^3 - 2x) = -f(x)$.
Es gilt $f(-x) = -f(x)$ für alle $x \in \mathbb{R}$. Daher ist die Funktion ungerade.

39. Entscheiden Sie, welche der folgenden Funktionen f gerade bzw. ungerade sind.

a) $f(x) = x^2$ **b)** $f(x) = 2x$ **c)** $f(x) = 3x + 1$ **d)** $f(x) = x^2 + 2$
e) $f(x) = x^3$ **f)** $f(x) = x^{-2}$ **g)** $f(x) = x^4$ **h)** $f(x) = x^{-1}$
i) $f(x) = 2x^2 + x$ **j)** $f(x) = -2x^3$ **k)** $f(x) = 5$ **l)** $f(x) = |2x|$
m) $f(x) = x^2 + x$ **n)** $f(x) = \sin x$ **o)** $f(x) = \cos x$ **p)** $f(x) = \sqrt{x}$

Beziehung zwischen der Geradheit bzw. Ungeradheit von Funktionen und dem Symmetrieverhalten der Graphen:
Der Graph einer ungeraden Funktion ist zentralsymmetrisch zum Koordinatenursprung.
Der Graph einer geraden Funktion ist axialsymmetrisch zur Ordinatenachse.

40. Untersuchen Sie die Graphen der folgenden Funktionen auf Zentralsymmetrie bezüglich des Koordinatenursprungs bzw. auf Axialsymmetrie bezüglich der Ordinatenachse.

a) $f(x) = x^4 - 2x^2$ **b)** $f(x) = 5x^3 - 4x^2 + x - 1$
c) $f(x) = 2x^6 - 4x^4 + 5x^2$ **d)** $f(x) = 3x^3 - 2x$
e) $f(x) = 5x^5 - 3x^3 + 7x$ **f)** $f(x) = x^8 + 2x^4 - 3x^2 + 1$
g) $f(x) = -\frac{3}{2}x + 4$ **h)** $f(x) = \sqrt{2}x - 1$

41. Untersuchen Sie die Graphen der folgenden Funktionen auf Zentralsymmetrie bezüglich des Koordinatenursprungs bzw. auf Axialsymmetrie bezüglich der Ordinatenachse.

a) $f(x) = 3\sin(2x)$ **b)** $f(x) = \frac{1}{x}$ **c)** $f(x) = \cos 2\left(x + \frac{\pi}{2}\right)$
d) $f(x) = |x| + 1$ ***e)** $f(x) = |x^2 - 1|$ **f)** $f(x) = |x - 1|$

Wie die Ergebnisse der Aufgabe 41 zeigen, ist die Axialsymmetrie bzw. Punktsymmetrie des Graphen einer Funktion nicht an die ganzrationalen Funktionen gebunden.

42. a) Geben Sie drei Beispiele für Funktionen an, die nicht gerade sind und deren Graphen trotzdem eine Symmetrieachse haben.
b) Geben Sie drei Beispiele für Funktionen an, die nicht ungerade sind und deren Graphen trotzdem ein Symmetriezentrum haben.

43. Wahr oder falsch? Begründen Sie Ihre Meinung.

a) Sei f eine Funktion. Dann gilt: f ist entweder gerade oder ungerade.

b) Es gibt Funktionen, die sind weder gerade noch ungerade.

44. Untersuchen Sie mithilfe von Aufgabe 40 einen Zusammenhang zwischen dem größten Exponenten eines Polynoms und der Art der Symmetrie des Funktionsgraphen.

45. Welche der folgenden Aussagen sind wahr? Begründen Sie Ihre Meinung.

a) Gerade (ungerade) Funktionen können ihr Krümmungsverhalten ändern.

b) Es gibt gerade (ungerade) Funktionen, die ihr Krümmungsverhalten nicht ändern.

c) Alle geraden (ungeraden) Funktionen ändern ihr Krümmungsverhalten.

d) Nur Funktionen, die ungerade sind, ändern ihr Krümmungsverhalten nicht.

e) Eine Funktion, die weder gerade noch ungerade ist, ändert nicht ihr Krümmungsverhalten.

46. Finden Sie eine Gleichung für ein Polynom mit den folgenden Eigenschaften.

a) 1. f ist eine Funktion 4. Grades. Ihr Graph hat die Ordinatenachse als Symmetrieachse.

2. Die Funktion f besitzt drei Nullstellen, u.a. bei $x_3 = 2$.

3. Der Punkt $P(3;\, 45)$ gehört zum Graphen der Funktion f.

b) 1. f ist eine Funktion dritten Grades und ihr Graph ist zentralsymmetrisch bezüglich des Koordinatenursprungs.

2. $x_1 = 2$ ist Nullstelle der Funktion.

3. Der Punkt $P(4;\, 12)$ gehört zum Graphen der Funktion f.

47. In den folgenden Funktionen ist a ein Parameter, für den gewisse reelle Zahlen eingesetzt werden können. Welche Zahlen dürfen für a eingesetzt werden?
Für welche Werte von a ergeben sich gerade bzw. ungerade Funktionen?

a) $f(x) = (x - a)(x - \sqrt{2})$ **b)** $f(x) = \frac{1}{4}x^3 - ax$ **c)** $f(x) = x^a + 2x$

d) $f(x) = a^x + 3x; x \in \mathbb{N}$ **e)** $f(x) = a + 9x^4$ **f)** $f(x) = x^4 - x^2 - a$

48. Gegeben sei die Funktion f mit $f(x) = \frac{1}{8}x^3 - \frac{3}{2}x$.

a) Ermitteln Sie die Nullstellen der Funktion sowie das Symmetrieverhalten des Graphen der Funktion.

b) Zeichnen Sie den Graphen der Funktion im Intervall $-4 \leq x \leq 4$.

c) Welches Krümmungsverhalten hat der Graph der Funktion?

d) Die Gerade $y = 2$ schneidet den Graphen von f im ersten Quadranten in einem Punkt $P(x_0; f(x_0))$. Berechnen Sie die Koordinaten von P_0.

e) Zeigen Sie: Die Punkte $H(-2; f(-2))$, $T(2; f(2))$ und $P_0(x_0; f(x_0))$ bilden ein Dreieck. Berechnen Sie die Seitenlängen, die Innenwinkel und den Flächeninhalt des Dreiecks.

f) Geben Sie die Funktionsgleichung derjenigen Funktion g an, die das Spiegelbild zum Graphen der Funktion f bezüglich der Geraden $y = -2$ darstellt.

g) Welche Eigenschaften der Funktion f bleiben bei einer Spiegelung an der Geraden $y = 2$ erhalten, welche nicht? Geben Sie die veränderten Eigenschaften an.

49.* Gegeben seien die Funktionenscharen f_a mit $f_a(x) = ax(x-2)^2$ und g_b mit $g_b(x) = bx(x-2)$, wobei $a, b \in \mathbb{R}; a, b \neq 0$ sind. So ergibt sich zum Beispiel für $a = 3$ die Funktion f_3 mit $f_3(x) = 3x(x-2)^2$.

a) Zeichnen Sie die Graphen von f_a und g_b für $a = 1$, $b = 1$ und $b = -1$. Erläutern Sie den Einfluss von a und b auf die Lage der Fläche, die von den beiden Graphen und der Abszissenachse eingeschlossen wird.

b) Ermitteln Sie aus der grafischen Darstellung diejenigen x, für die die Funktionswerte von f_1 größer als die von g_{-1} sind.

c) Wie wirkt sich der Parameter a auf das Monotonieverhalten, das Krümmungsverhalten und die Anzahl der Nullstellen der Funktionen f_a aus?

d) Wie wirkt sich der Parameter b auf das Monotonieverhalten, das Krümmungsverhalten und die Anzahl der Nullstellen der Funktionen g_b aus?

e) Berechnen Sie die Schnittstellen der Graphen der Funktionen f_a und g_b für $b = 2a$. Interpretieren Sie das Ergebnis.

f) Gibt es Funktionen aus den Scharen, die gerade bzw. ungerade sind? Begründen Sie Ihre Entscheidung.

50. Gegeben ist die Funktionenschar f_a mit $f_a(x) = x^2 + 2ax + 3$, $a \in \mathbb{R}$.

a) Geben Sie Anzahl und Lage der Nullstellen der Funktion f_a in Abhängigkeit von a an.

b) Beschreiben Sie die Lage der Symmetrieachse der Graphen der Funktionenschar f_a für $a > 0$ und für $a < 0$.

c) Für welchen Wert von a ist f_a eine gerade Funktion?

d) Berechnen Sie die Funktionswerte $f_a(a+x)$ und $f_a(a-x)$ und vergleichen Sie die Ergebnisse miteinander. Was stellen Sie fest? Geben Sie eine Erklärung für das gefundene Ergebnis.

51.* Die Funktionenscharen f_a und g_a mit $f_a(x) = x^2 + a$, $a > 0$ und $g_a(x) = -f_a(x)$ sind gegeben.

a) Zeichnen Sie die Graphen der Funktionen f_1, f_2, f_3, g_1, g_2 und g_3.

b) Äußern Sie sich zu den Nullstellen der Funktion f_a und g_a.

c) Begründen Sie, dass der Parameter a keinen Einfluss auf das Monotonieverhalten der Funktion f_a und g_a hat.

d) Begründen Sie, dass der Parameter a keinen Einfluss auf das Krümmungsverhalten der Funktionen f_a und g_a hat.

e) Die Graphen der Funktionen f_a und g_a sind bezüglich der Abszissenachse zueinander symmetrisch. Beweisen Sie diese Aussage zunächst für $a = 2$, dann allgemein für $a > 0$.

f) Welche Nullstellen haben die Funktionen f_a und g_a, wenn auch negative Zahlen als Parameterwerte zugelassen werden?

52.*a) Geben Sie zwei Funktionen an, deren Graphen bezüglich der Abszissenachse axialsymmetrisch zueinander sind.

b) Geben Sie zwei Funktionen an, deren Graphen bezüglich einer Parallelen zur Abszissenachse axialsymmetrisch zueinander sind.

c) Verallgemeinern Sie Ihre Ergebnisse aus a) und b), indem Sie Bedingungen dafür angeben, dass die Graphen von zwei Funktionen bezüglich der Geraden $y = a$ axialsymmetrisch zueinander sind.

Über Maxima und Minima

53. Gegeben ist die Funktion f mit $f(x) = x^3 - 3x$.

a) Stellen Sie die Funktion im Intervall $-2,5 \leq x \leq 2,5$ dar.

b) An welcher Stelle befindet sich der **größte Funktionswert**, also das **(globale) Maximum**? Wie groß ist das Maximum?

c) An welcher Stelle befindet sich der **kleinste Funktionswert**, also das **(globale) Minimum**? Wie groß ist das Minimum?

c) An der Stelle $x = 1$ befindet sich ein **lokales Minimum**. Versuchen Sie diesen Begriff zu erklären. Was ist der Unterschied zum globalen Minimum?

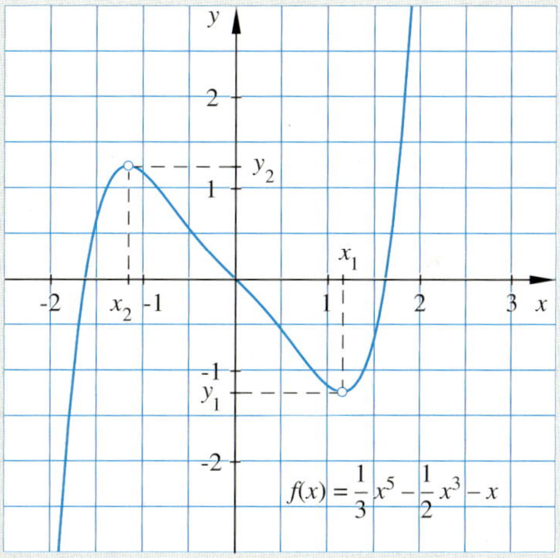

31

Beispiel: Untersuchung der Funktion f mit $f(x) = \frac{1}{3}x^5 - \frac{1}{2}x^3 - x$ ($x \in \mathbb{R}$) (Bild 31) auf globale und lokale Extremwerte. Die Funktion hat kein globales Maximum, denn jede noch so große positive Zahl wird durch einen Funktionswert von f übertroffen. f hat auch kein globales Minimum, denn jede noch so kleine negative Zahl wird durch einen Funktionswert unterboten. Bild 31 entnimmt man, dass f in der Nähe von $x = 1{,}2$ ein lokales Minimum und in der Nähe von $x = -1{,}2$ ein lokales Maximum hat. Der lokal maximale Funktionswert ist ungefähr 1,3 und der lokal minimale Funktionswert ist ungefähr $-1{,}3$. Um genauere Werte z.B. für das lokale Minimum zu ermitteln, wird eine Wertetabelle erstellt:

x	1,1	1,2	1,15	1,14	1,16	1,17
y	$-1{,}23$	$-1{,}23$	$-1{,}24$	$-1{,}239$	$-1{,}2403$	$-1{,}2400$

Das lokale Minimum ist ungefähr $-1{,}2403$ und befindet sich nahe bei $x = 1{,}16$.

54. Gegeben ist die Funktion f mit $f(x) = x^3 - 2x^2 + x$. Ermitteln Sie für die angegebenen Intervalle, falls möglich, das globale Maximum, das globale Minimum, ein lokales Maximum und ein lokales Minimum.

a) $[-1; 3]$ **b)** $(0; 0{,}9]$ **c)** $[0{,}6; 2{,}4)$ **d)** $\mathbb{R}$

55. a) Skizzieren Sie den Graphen einer Funktion, die ein globales Maximum und ein globales Minimum hat, aber nicht streng monoton ist.

b) Skizzieren Sie den Graphen einer Funktion, die kein globales Maximum aber ein globales Minimum hat.

c) Skizzieren Sie den Graphen einer Funktion, bei der das globale Maximum und das globale Minimum übereinstimmen.

d) Skizzieren Sie den Graphen einer Funktion, bei der das globale Maximum nicht gleichzeitig ein lokales Maximum ist.

3 Rationale Funktionen

1. Bildet man von zwei ganzrationalen Funktionen f und g die Summe s, die Differenz d oder das Produkt p, so entsteht wieder eine ganzrationale Funktion. Bildet man den Quotienten q zweier ganzrationaler Funktionen, so entsteht im allgemeinen keine ganzrationale Funktion.

a) Wählen Sie zwei ganzrationale Funktionen. Veranschaulichen Sie sich mit diesen Funktionen den oben geschilderten Sachverhalt.

b) Beschreiben Sie den Grad von s, d und p für den Fall, dass f den Grad n und g den Grad m hat.

c) Welche Aussagen können Sie über den Definitionsbereich der Funktionen s, d, p und q machen?

2. Gegeben sind die Polynome $g(x) = 1$, $h(x) = x + 2$, $k(x) = x^2 - 1$, $l(x) = x^2 + 1$ und $m(x) = x^3 - 4x$.

a) Wählen Sie zwei der genannten Funktionen aus. Bilden Sie mit ihrer Hilfe alle möglichen Quotienten.

b) Welche der in a) gebildeten Quotienten ergeben ein Polynom?

c) Untersuchen Sie, ob Nullstellen der beteiligten Polynome auch Nullstellen des Quotienten sind.

Beispiel: Einige Gemeinsamkeiten und Unterschiede der Funktionen f_1 und f_2 mit $f_1(x) = \frac{x^4 - 1}{x^2 + 1}$ und $f_2(x) = \frac{x + 2}{x^3 - 4x}$ werden dargestellt.

Es kann festgestellt werden, dass beide Funktionen Quotienten von ganzrationalen Funktionen sind. In beiden Fällen kann die Termsstruktur durch Kürzen vereinfacht werden.

Für f_1 gilt: $f_1(x) = \frac{x^4 - 1}{x^2 + 1} = \frac{(x^2 - 1)(x^2 + 1)}{x^2 + 1} = x^2 - 1$. Da $x^2 + 1$ immer von null verschieden ist, entstehen durch Kürzen keine Probleme und f_1 ist sogar eine ganzrationale Funktion.

Für f_2 gilt: $f_2(x) = \frac{x + 2}{x^3 - 4x} = \frac{x + 2}{(x^2 - 2x)(x + 2)} = \frac{1}{x^2 - 2x}$ für $x \neq -2$. Auch nach dem Kürzen bleibt f_2 ein Quotient zweier ganzrationaler Funktionen.

Die Funktionen f_1 und f_2 gehören beide zu den rationalen Funktionen. Dabei ist f_1 eine ganzrationale Funktion und f_2 eine gebrochenrationale Funktion.

DEFINITION f sei eine Funktion.
f heißt **rationale Funktion** genau dann, wenn f sich als Quotient zweier ganzrationaler Funktionen darstellen lässt.

Wenn f eine rationale Funktion ist, dann gibt es Funktionen
u mit $u(x) = a_n x^n + a_{n-1} x^{n-1} + \ldots + a_1 x + a_0$; $a_0, a_1, \ldots, a_n \in \mathbb{R}$; $a_n \neq 0$ und
v mit $v(x) = b_m x^m + b_{m-1} x^{m-1} + \ldots + b_1 x + b_0$; $b_0, b_1, \ldots, b_m \in \mathbb{R}$; $b_m \neq 0$ derart, dass $f(x) = \frac{u(x)}{v(x)}$ für alle x mit $v(x) \neq 0$ ist.

Der größtmögliche Definitionsbereich einer gebrochenrationalen Funktion ist die Menge $\{x \mid x \in \mathbb{R}; v(x) \neq 0\}$.

Bemerkungen:
1. Die ganzrationalen Funktionen sind auch rationale Funktionen im Sinne der Definition auf Seite 38, denn man kann sie als Quotient mit dem Polynom $v(x) = 1$ im Nenner schreiben.
2. Rationale Funktionen, die keine ganzrationalen Funktionen sind, werden **gebrochenrationale** Funktionen genannt. Eine gebrochenrationale Funktion f heißt **echt gebrochen**, wenn der Grad n des Zählers kleiner als der Grad m des Nenners ist. Anderenfalls heißt f **unecht gebrochenrationale** Funktion.

4. Erläutern Sie den Zusammenhang zwischen rationalen Funktionen, ganzrationalen Funktionen und gebrochenrationalen Funktionen.

5. Entscheiden Sie, ob es sich um rationale Funktionen handelt.

(1) $y = 5$ (2) $y = x + 1$ (3) $y = \frac{1}{x} + 1$ (4) $y = \frac{1}{1 - x} - 1$ (5) $y = \sqrt{x}$

6. Gegeben seien die folgenden rationalen Funktionen:

$f_1(x) = \frac{4x^2 - 3x + 6}{5}$ $f_2(x) = \frac{x^3 - 3x^2 + 4x - 1}{2x^2 + 4x - 8}$ $f_3(x) = \frac{x^2 - 3x + 2}{x^3 - 3x + 1}$

a) Welche der Funktionen sind ganzrationale Funktionen, welche sind gebrochenrationale Funktionen? Begründen Sie Ihre Aussage.

b) Unterteilen Sie die in a) gefundenen gebrochenrationalen Funktionen in echt und in unecht gebrochenrationale Funktionen.

c) Geben Sie zu jeder Gruppe von rationalen Funktionen drei weitere Beispiele an.

Beschränktheit von Funktionen

In den Bildern 32 und 33 kommen noch zwei weitere Eigenschaften von Funktionen zum Ausdruck. Im Bild 32 wird deutlich, dass die Funktionswerte der Funktion f_1 **nach oben beschränkt** sind (z.B. durch die Zahl 0). Die Zahl 0 ist somit eine **obere Schranke** von f_1, denn es gibt keinen Funktionswert, der größer ist als 0. Das Bild 33 zeigt, dass die Funktionswerte der Funktion f_2 nicht nach oben beschränkt sind. Für die Funktion f_2 ist die Zahl 0 jedoch eine **untere Schranke**, denn es gibt keinen Funktionswert, der kleiner ist als 0. Man sagt, dass die Funktion f_2 daher **nach unten beschränkt** ist.

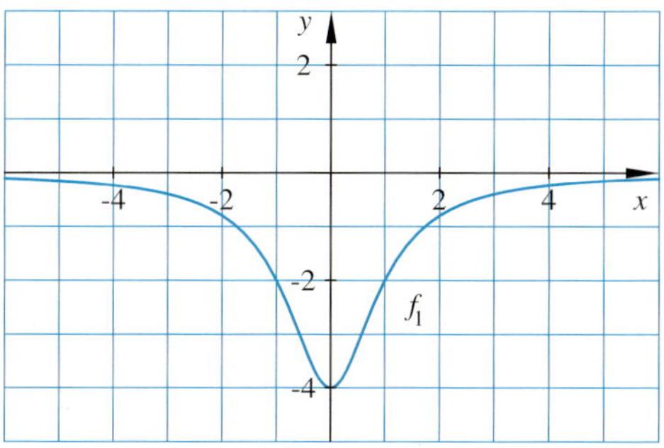

32

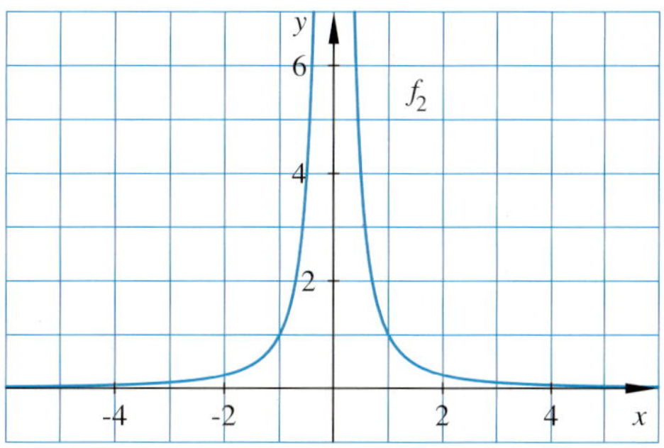

33

7. **a)** Entscheiden Sie, ob die Funktionen f_1, f_2 oder f_3 in Aufgabe 6 nach oben bzw. nach unten beschränkt sind.
b) Geben Sie, falls möglich, obere bzw. untere Schranken an.
c) Geben Sie für die Funktionen aus a) alle oberen und alle unteren Schranken an.

Beschreibung von Funktionsgraphen

8. **a)** Skizzieren Sie die Graphen folgender gebrochenrationaler Funktionen.

$f_1(x) = \frac{1}{x}$ $\quad f_2(x) = \frac{1}{x+2}$ $\quad f_3(x) = \frac{3}{x+2}$ $\quad f_4(x) = \frac{2}{x-3}$

b) Beschreiben Sie, durch welche geometrischen Abbildungen die Graphen der Funktionen f_2 und f_3 aus dem Graphen der Funktion f_1 hervorgehen.

9. Gegeben ist die Funktion f mit $f(x) = \frac{1}{x^2}$, $x \neq 0$. Ihr Graph ist eine zweiästige Kurve.

Aus dem Graphen von f gehen die Graphen der Funktionen f_1 bis f_3 wie folgt hervor:

f_1: Der Graph von f wird um 1,5 Einheiten in Richtung der negativen Abszissenachse und um 2 Einheiten in Richtung der positiven Ordinatenachse verschoben.

f_2: Der Graph von f wird um den Faktor 3 gestreckt und anschließend um 1 in Richtung der negativen Ordinatenachse verschoben.

f_3: Der Graph von f wird um c in Richtung der positiven Abszissenachse verschoben und anschließend mit dem Faktor $\frac{1}{3}$ gestaucht, so dass der Punkt $P(4; \frac{1}{6})$ zu f_3 gehört.

a) Skizzieren Sie die Graphen der drei beschriebenen Funktionen.
b) Geben Sie eine Funktionsgleichung für die Funktionen f_1 bis f_3 an.
c) Beschreiben Sie das Krümmungsverhalten der Funktion f. Wie beeinflussen die angegebenen Verschiebungen, Streckungen oder Stauchungen das Krümmungsverhalten?

Beispiel: Beschreibung des Graphen der Funktion f mit $f(x) = \frac{x^2 - 1}{x^2 + 1}$.

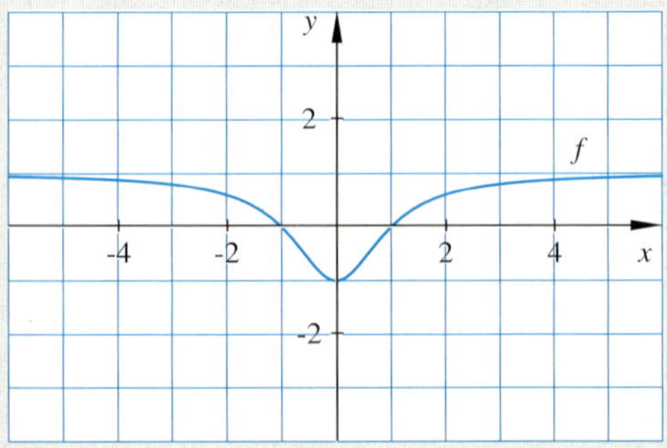

34

Man entnimmt dem Bild 34, dass f die Nullstellen $x_1 = -1$ und $x_2 = 1$ hat. Für negative Argumente ist die Funktion monoton fallend und für positive Argumente ist sie monoton wachsend. Der Graph ist achsensymmetrisch mit der Ordinatenachse als Symmetrieachse. Damit ist f eine gerade Funktion. Der Graph von f ist für negative Argumente zunächst rechtsgekrümmt, ändert bei $x \approx -0{,}6$ sein Krümmungsverhalten, wird also linksgekrümmt. Bei $x \approx 0{,}6$ wird der Graph wieder eine rechtsgekrümmte Kurve. An der Stelle $x = 0$ befindet sich mit dem Funktionswert -1 das globale Minimum von f. Die Funktion f hat weder ein globales noch ein lokales Maximum und ist nach oben und nach unten beschränkt. Die Zahl 1 und alle Zahlen, die größer sind als 1, sind obere Schranken für f. Die Zahl -1 und alle Zahlen, die kleiner sind als -1, sind untere Schranken für f.

10. Lassen Sie die folgenden Funktionen von einem Grafikrechner zeichnen oder skizzieren Sie die Graphen mithilfe einer Wertetabelle. Entnehmen Sie den Graphen möglichst genau die Nullstellen, das Monotonie-, Symmetrie- und Krümmungsverhalten. Geben Sie den Definitions- und den Wertebereich dieser Funktionen an. Versuchen Sie auch Aussagen über globale und lokale Maxima bzw. Minima zu treffen.

a) $f_1(x) = \frac{1}{x^2} - 1; [-2; 2]$ **b)** $f_2(x) = \frac{8x+1}{-4x-2}; (-3; 1]$ **c)** $f_3(x) = \frac{5}{x^2+4}; (-3; 3)$

d) $f_4(x) = \frac{x}{x^2}; (-8; 3)$ **e)** $f_5(x) = \frac{x+1}{x^2-1}; [-1{,}5; 2]$ * **f)** $f_6(x) = 5x + 1 - \frac{1}{3x}; [-4; 2]$

Polstellen und Lücken

11. Bilden Sie mithilfe der Funktionen g, h, k und m mit $g(x) = 1$, $h(x) = x + 2$, $k(x) = x^2 - 1$ und $m(x) = x^3 - 4x$ die Funktionen f_1 bis f_4. Beschreiben Sie den Verlauf der Graphen dieser Funktionen. Gehen Sie dabei besonders auf Umgebungen von Stellen ein, in denen die Funktionen nicht definiert sind.

a) $f_1(x) = \frac{g(x)}{h(x)}$ **b)** $f_2(x) = \frac{h(x)}{k(x)}$ **c)** $f_3(x) = \frac{k(x)}{h(x)}$ **d)** $f_4(x) = \frac{h(x)}{m(x)}$

Die Aufgaben 10 und 11 verdeutlichen, dass die Graphen gebrochenrationaler Funktionen sich nicht immer durchgehend zeichnen lassen. Eine Ursache dafür sind **Polstellen** (siehe 10a), 10b), 10d), 10e), 10f) und 11a) bis 11d)). In den Aufgaben 10e) und 11d) tritt außerdem noch jeweils eine **Lücke** im Graphen auf.

DEFINITION u, v seien ganzrationale Funktionen ohne gemeinsame Nullstellen und f eine gebrochenrationale Funktion mit $f(x) = \frac{u(x)}{v(x)}$. Weiterhin sei x_p eine reelle Zahl. x_p heißt **Polstelle** von f genau dann, wenn $v(x_p) = 0$ und $u(x_p) \neq 0$ gilt.

12. Klaus sagt: „x_e heißt Lücke, wenn $v(x_e) = 0$ und $u(x_e) = 0$ ist".
Warum stimmt das nicht? Nutzen Sie die Aufgabe 10.

13. a) Geben Sie je zwei Beispiele für rationale Funktionen mit bzw. ohne Polstelle an.
b) Geben Sie je zwei Beispiele für rationale Funktionen mit bzw. ohne Lücke an.
c) Geben Sie je zwei Beispiele für rationale Funktionen mit genau zwei Polstellen und genau einer Lücke an.

14. Erklären Sie, wann x_0 Nullstelle einer gebrochenrationalen Funktion f ist. Gehen Sie dabei von Ihren Kenntnissen über Nullstellen einer Funktion aus. Orientieren Sie sich an der Definition der Polstelle einer Funktion. Bedenken Sie auch die Situation in Aufgabe 11d).

15. Geben Sie für die folgenden Funktionen f die Nullstellen und die Polstellen an.

a) $f(x) = \frac{x^2-3}{x^3-x}$ **b)** $f(x) = \frac{x^2-4}{x+2}$ **c)** $f(x) = \frac{x}{x^3-1}$

16.* Im Bild 35 ist eine gebrochenrationale Funktion grafisch dargestellt.

a) Finden Sie eine Funktionsgleichung für die Funktion.

b) Beschreiben Sie den Verlauf des Graphen der Funktion.

17. Es sei f eine gebrochenrationale Funktion mit $f(x) = \frac{u(x)}{v(x)}$ und x_0 eine reelle Zahl. Beschreiben Sie, welches Verhalten f jeweils an der Stelle x_0 hat.

a) $u(x_0) = 0$ und $v(x_0) \neq 0$

b) $u(x_0) \neq 0$ und $v(x_0) = 0$

c) $u(x_0) = 0$ und $v(x_0) = 0$

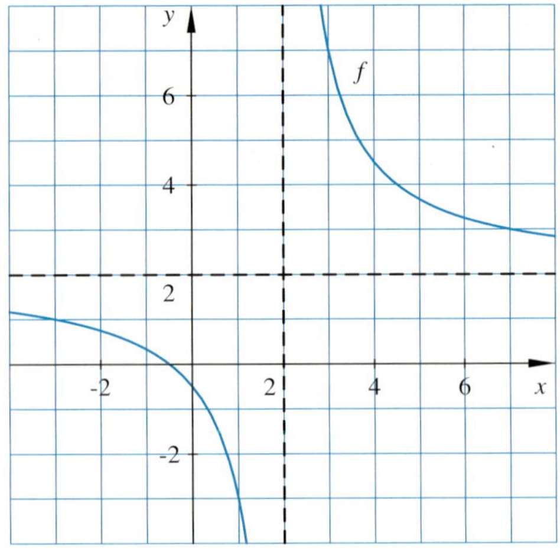

35

Zerlegung von echt gebrochenrationalen Funktionen

18. Beschreiben Sie das in Bild 36 dargestellte Verfahren zum Skizzieren des Graphen der Funktion f. Warum kann man hier von einer Ordinatenaddition sprechen?

19. Begründen Sie, dass die Funktion f in Aufgabe 18 eine gebrochenrationale Funktion ist.

20. Skizzieren Sie mithilfe der Ordinatenaddition die Graphen der folgenden Funktionen. (Hinweis: Nutzen Sie für die Darstellung der Graphen der Funktionen den folgenden Satz.)

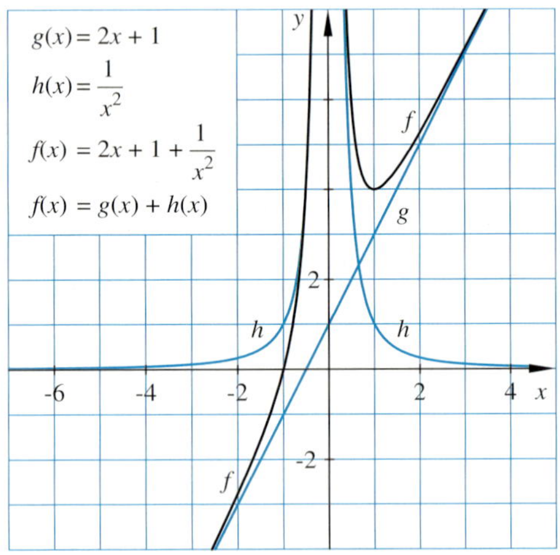

36

$f_1(x) = -2x - 1 + \frac{1}{x}$ $\quad f_2(x) = 3x - 1 - \frac{1}{x^2}$ $\quad f_3(x) = \frac{3x^2 - 4}{x^2}$

$f_4(x) = \frac{6x^3 - 8x^2 + 4}{2x^2}$ $\quad f_5(x) = \frac{4x^2 + x - 5}{x + 1}$ $\quad f_6(x) = \frac{x}{x + 1}$

SATZ Jede unecht gebrochenrationale Funktion lässt sich durch Polynomdivision in eine Summe aus einer ganzrationalen Funktion und einer echt gebrochenrationalen Funktion zerlegen.

21. Wie verhalten sich die Funktionswerte einer echt gebrochenrationalen Funktion

a) bei Annäherung der Argumente an eine Polstelle?

b) bei beliebig groß werdenden Argumenten?

c) bei beliebig klein werdenden negativen Argumenten?

Asymptoten

Eine Gerade, an die sich der Graph einer Funktion bei Annäherung an bestimmte Argumente x_p bzw. für beliebig groß (bzw. klein) werdende Argumente immer mehr „anschmiegt", wird **Asymptote** des Graphen der Funktion genannt. Wir können zwischen waagerechten, schiefen und senkrechten Asymptoten unterscheiden.

Waagerechte Asymptoten sind Graphen von konstanten Funktionen mit $y = c$ (Bild 37).
Schiefe Asymptoten sind Graphen von linearen Funktionen $y = mx + n$ $(m \neq 0)$ (Bild 38).
Senkrechte Asymptoten sind keine Funktionsgraphen. Die Gleichung $x = a$ beschreibt eine solche Asymptote, die durch den Punkt $P(a; 0)$ verläuft (Bild 39).

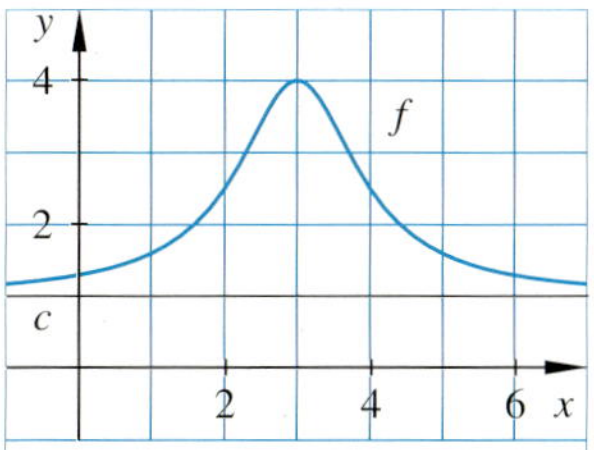

$f(x) = 1 + \frac{3}{x^2 - 6x + 10}$

37

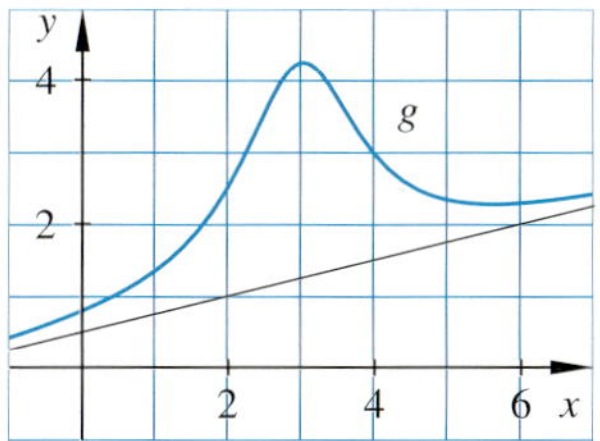

$g(x) = \frac{1}{4}x + \frac{1}{2} + \frac{3}{x^2 - 6x + 10}$

38

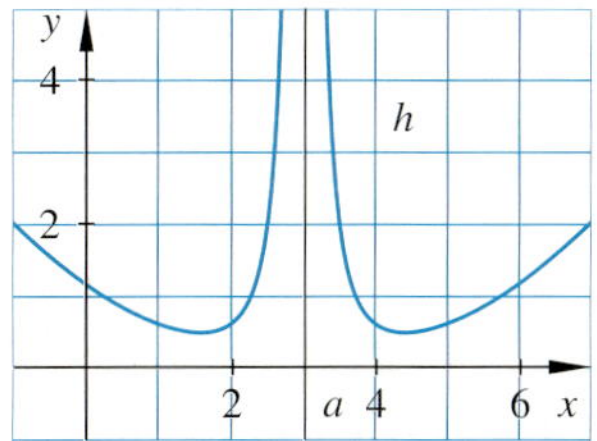

$h(x) = \frac{(x-3)^4 + 4}{8\,(x-3)^2}$

39

22. **a)** Welche Asymptote gehört zu allen echt gebrochenrationalen Funktionen?
b) An welchen Stellen kann der Graph einer gebrochenrationalen Funktion eine senkrechte Asymptote besitzen?
c) Zu welchen gebrochenrationalen Funktionen gibt es keine senkrechte Asymptote?
d) Wie ermittelt man für eine echt gebrochenrationale Funktion die Asymptoten?
e) Geben Sie für die Funktionen der Aufgaben 10 und 20 die Arten der Asymptoten und ihre Gleichungen an.

23.* Prüfen Sie, ob es gebrochenrationale Funktionen mit den folgenden Eigenschaften gibt. Wenn ja, geben Sie eine Funktionsgleichung an und zeichnen Sie den Graphen der Funktion. Wenn nein, begründen Sie Ihre Aussage.
a) 1. Der Graph der Funktion besitzt eine senkrechte Asymptote mit der Gleichung $x = -3$ und eine schiefe Asymptote mit der Gleichung $y = x + 1$.
2. Der echt gebrochenrationale Anteil der Funktion hat die Form $h(x) = \frac{a}{x+b}$.
b) 1. Die Funktion besitzt die Nullstellen $x_1 = 2$ und $x_2 = 3$.
2. Die Funktion besitzt die Polstellen $x_{p_1} = -2$ und $x_{p_2} = -3$.
3. Die Funktion besitzt eine waagerechte Asymptote mit der Gleichung $y = 4$ und eine schiefe Asymptote mit der Gleichung $g(x) = 2x + 1$.

24. Gegeben sei die Funktion f mit $f(x) = \frac{1}{2}x + \frac{2}{x^2}$.
a) Ermitteln Sie für die Funktion den maximalen Definitionsbereich, die Nullstellen sowie die Asymptoten.
b) Stellen Sie den Graphen dieser Funktion mithilfe der erkannten Eigenschaften im Intervall [-3; 4] dar.

Stückweise definierte Funktionen

Beispiel: Beschreibung der Temperaturveränderung von Wasser bei konstanter Energiezufuhr unter Änderung des Aggregatzustandes.

Die Zuordnung Zeit $t \rightarrow$ Temperatur # bei Erwärmung von Wasser ist eindeutig. Damit handelt es sich um eine Funktion # = $f(t)$. Der Definitionsbereich ist ein Intervall, das bei 0 beginnt und dessen Ende nicht allgemein festgelegt werden kann (z.B. hängt das Intervall von der vorhandenen Wassermenge ab). Das Intervall [0; 100] ist der Wertebereich der Funktion.

In der grafischen Darstellung im Bild 40 lassen sich drei Abschnitte deutlich unterscheiden. Die Funktion f lässt sich näherungsweise so definieren:

$$f(t) = \begin{cases} 0 & \text{für } 0 \leq t \leq 2 \\ 12{,}5t - 25 & \text{für } 2 < t < 10 \\ 100 & \text{für } 10 \leq t \leq 15 \end{cases}$$

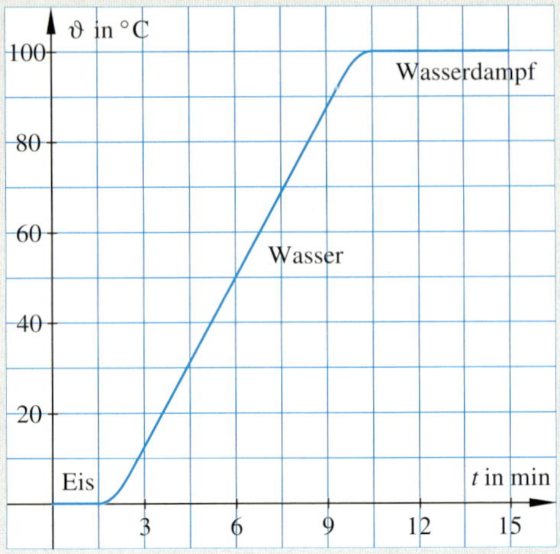

40

25. Gegeben sei die Funktion f mit $f(x) = \begin{cases} \frac{1}{4}x^2 + 2 & \text{für } |x| \leq 2 \\ \frac{16}{x^2} - 1 & \text{für } |x| > 2 \end{cases}$.

a) Untersuchen Sie die Funktion f auf Nullstellen und Polstellen sowie den Graphen der Funktion auf Symmetrie- und Monotonieverhalten.

b) Zeichnen Sie mithilfe der Ergebnisse aus a) den Graphen der Funktion im Intervall $-5 \leq x \leq 5$.

c) Welches Krümmungsverhalten können Sie dem Graphen von f entnehmen?

Bemerkung: Die Funktionen im obigen Beispiel bzw. in Aufgabe 25 sind Funktionen, die nicht durch eine einzige Gleichung definiert wurden. In verschiedenen Intervallen gelten unterschiedliche Bildungsvorschriften. Es sind **keine** rationalen Funktionen, obwohl diese Funktionen in jedem Intervall rational sind.

26. Zeichnen Sie die Graphen folgender Funktionen f. Welchen Definitionsbereich und welchen Wertebereich haben die Funktionen?

a) $f(x) = \begin{cases} |x| & \text{für } -4 \leq x < 4 \\ 2x - 4 & \text{für } 4 \leq x \leq 10 \end{cases}$

b) $f(x) = \begin{cases} 2x - 6 & \text{für } x \in [-3; 4) \\ \sqrt{x} & \text{für } x \in [4; 9) \\ x^2 - 118 & \text{für } x \in [9; 11] \end{cases}$

Eine Funktionsgleichung ist gesucht

27. Gegeben sind die rationale Funktion f mit $f(x) = \frac{1}{x+1}$ und die reelle Zahl $a = 2$.

a) Beschreiben Sie den Verlauf der Funktion f.

b) Bilden Sie die Funktionen g mit $g(x) = a \cdot f(x)$, h mit $h(x) = f(x) + a$ und i mit $i(x) = f(x + a)$. Welche Eigenschaften haben diese Funktionen?

c) Welcher Zusammenhang besteht zwischen den Graphen der Funktionen f und g, f und h bzw. f und i?

28.* Gegeben sind die Graphen der gebrochenrationalen Funktionen f_1 bis f_3 (vgl. Bilder 41a–c).

a) Begründen Sie, dass für die Funktion f_1 gelten kann $f_1(x) = \frac{a}{x+4}$.

b) Welche Eigenschaften haben das Zähler- und das Nennerpolynom von f_2?

c) Welche Argumente sprechen dafür, dass f_3 eine unecht gebrochenrationale Funktion ist, welche dagegen?

d) Geben Sie für die Funktion f_1 bis f_3 Funktionsgleichungen an.

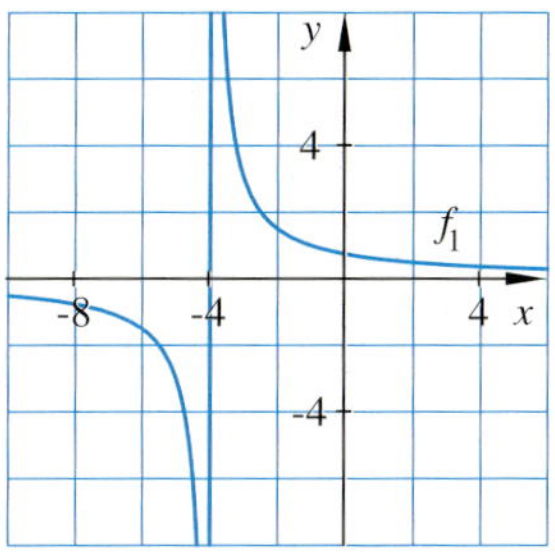

41a

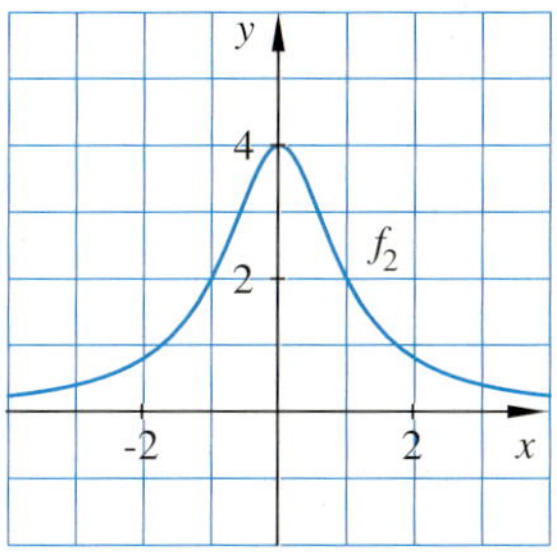

41b

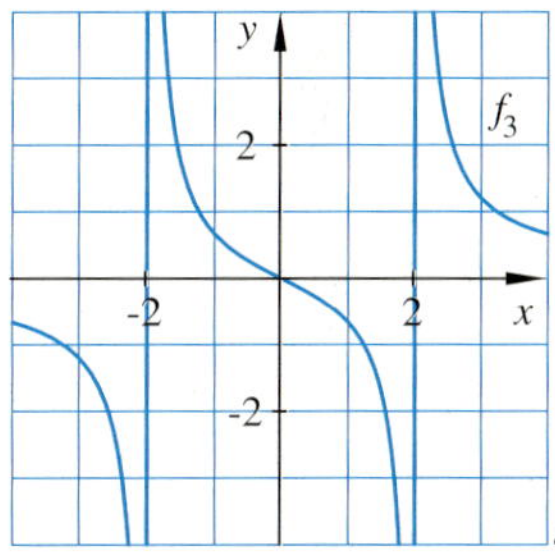

41c

29. Entwickeln Sie aus den vorgegebenen Eigenschaften die Funktionsgleichung für eine gebrochenrationale Funktion f. Entscheiden Sie, ob es mehrere solcher Funktionen gibt.

a) 1. Die Funktion f hat genau zwei Nullstellen, und zwar $x_1 = 1$ und $x_2 = -2$.
2. Die Funktion f besitzt genau eine Polstelle bei $x_p = 0$.
3. Der Punkt $P\left(2; \frac{2}{3}\right)$ liegt auf dem Graphen von f.

b) Die in der Wertetabelle

x	-1	1
$f(x)$	1	4

gegebenen geordneten Paare gehören zu einer Funktion f mit $f(x) = ax + \frac{b}{x^2}$.

c) 1. Die Funktion f hat genau eine Nullstelle $x_0 = 2$.
2. Die Funktion f besitzt genau eine Polstelle $x_p = 1$.
3. Die Funktion f besitzt genau eine Lücke $x_1 = -1$.

d) 1. Der Graph der Funktion f hat die schräge Asymptote $y = 0{,}5x + 1$.
2. Der Graph der Funktion f hat die y-Achse als senkrechte Asymptote.
3. Die Funktion f hat keine Nullstelle.

e) 1. Die Funktion f ist durch die Zahl -1 nach unten beschränkt.
2. Die Gerade $y = 2$ ist eine waagerechte Asymptote der Funktion f.
3. Die Funktion f hat eine Polstelle $x_p = -10$.

30. Entwickeln Sie aus den angegebenen Eigenschaften die Funktionsgleichung für eine gebrochenrationale Funktion f. Geben Sie weitere Eigenschaften der Funktion an.

a) Der Graph von f hat genau zwei Asymptoten. Die Gleichungen der Asymptoten lauten $x = 0$ und $y = x$.

b) Der Graph von f hat die y-Achse als Symmetrieachse. Die Gerade $y = -1$ ist eine Asymptote für den Graphen von f.

c) Der Graph von f hat die Gerade $y = -x$ als einzige Asymptote. Außerdem ist der Graph von f punktsymmetrisch zum Koordinatenursprung.

31. Die Helligkeit beleuchteter Flächen wird durch die Beleuchtungsstärke E angegeben. Diese hängt vom Lichtstrom I, vom Abstand r der Lichtquelle von der beleuchteten Fläche sowie vom Auftreffwinkel der Lichtstrahlen auf die Fläche ab. Bei senkrechtem Lichteinfall und konstantem Lichtstrom wurden folgende Messwerte ermittelt:

r in m	0,2	0,3	0,4	0,5	0,6	0,7	0,8	0,9	1,0
E in Lux	1500	667	375	240	167	122	94	74	60

a) Zeichnen Sie einen Graphen für diese Zuordnung.

b) Ermitteln Sie eine Zuordnungsvorschrift der Form $E = f(r) = \frac{I}{r^2}$. Wie groß ist der Lichtstrom I im vorliegenden Fall?

c) Geben Sie für die Funktion einen Definitionsbereich und einen Wertebereich an, die dem Sachverhalt angemessen sind. Untersuchen Sie die Funktion auf Nullstellen sowie auf ihr Monotonieverhalten.

d) Der Planet Neptun ist etwa 30-mal so weit von der Sonne entfernt wie die Erde. Die Entfernung des Merkur von der Sonne beträgt dagegen nur $\frac{2}{5}$ der Entfernung der Erde von der Sonne. Was lässt sich daraus über die Beleuchtungsstärken auf Neptun und Merkur im Vergleich zur Erde schlussfolgern?

32. Aus den technischen Daten einer Pkw-Produktionsserie sind für die verschiedenen Motorleistungen die Zeiten für die Beschleunigung des Wagens von 0 auf 100 $\frac{\text{km}}{\text{h}}$ wie folgt angegeben:

Motorleistung P in PS	75	90	115	150
Zeit t in s	16,3	14,4	11,8	9,7

a) Stellen Sie den funktionalen Zusammenhang zwischen Motorleistung und Zeit im Intervall $I = [75; 150]$ dar.

b) Leiten Sie mithilfe der gegebenen Wertepaare eine Gleichung der Form $t(P) = \frac{a}{P}$ her. (Hinweis: Berechnen Sie für jedes gegebene Paar das Produkt $t \cdot P$. Wählen Sie als a das arithmetische Mittel der berechneten Produkte.)

c) Stellen Sie die Funktion aus b) im Intervall I dar. Ist der Sachverhalt durch die Funktion gut erfasst?

***d)** Beschreiben Sie den Sachverhalt durch eine quadratische Funktion. (Hinweis: Durch drei Punkte ist eine quadratische Funktion $y = ax^2 + bx + c$ eindeutig festgelegt.)

e) Welche der beiden Funktionen beschreibt den Sachverhalt besser?

B

Zahlenfolgen

1 Zahlenfolgen und einige Eigenschaften

Das Bearbeiten vieler praktischer Probleme erfordert das Lösen von Gleichungen. Nur in Ausnahmefällen gibt es eine Lösungsformel, wie z. B. für quadratische Gleichungen. In vielen Fällen ist es üblich, Näherungsverfahren zu verwenden.

Beispiel: Zu lösen sei die Gleichung $x - \frac{x^5}{6} - \frac{3}{4} = 0$ für $x > 0$. Die vorgegebene Gleichung ist äquivalent zu $x = \frac{x^5}{6} + \frac{3}{4}$. Dies besagt, dass wir uns einer Lösung nähern, wenn der Wert von $\frac{x^5}{6} + \frac{3}{4}$ sich immer weniger von x unterscheidet. Die Gleichung besagt weiter sogar, dass eine günstige Wahl von x uns mit dem Wert von $\frac{x^5}{6} + \frac{3}{4}$ möglicherweise einen weiteren, besseren Wert für die Lösung liefert. Diese Überlegungen lassen sich zu einem systematischen Verfahren ausbauen.

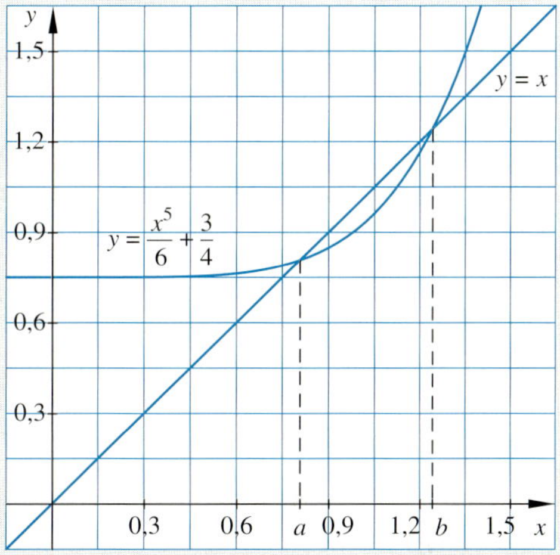

1

Eine erste Annäherung an eine Lösung erhalten wir durch Ablesen der Schnittpunkte der Graphen zu $y = x$ und $y = \frac{x^5}{6} + \frac{3}{4}$. Aus Bild 1 lesen wir für x einen Näherungswert x_1 von 0,7 bzw. 1,25 ab. Nun versuchen wir ausgehend von x_1 einen besseren Wert x_2 zu erhalten, indem wir $x_2 = \frac{x_1^5}{6} + \frac{3}{4}$ setzen. In analoger Weise berechnen wir die darauffolgenden Werte durch die Vorschrift $x_{n+1} = \frac{x_n^5}{6} + \frac{3}{4}$. Es ergibt sich, beginnend mit $x_1 = 0{,}7$ bzw. $x_1 = 1{,}25$:

$x_1 = 0{,}7$	$x_1 = 1{,}25$
$x_2 = 0{,}778\,011\,667$	$x_2 = 1{,}258\,626\,302$
$x_3 = 0{,}797\,509\,373$	$x_3 = 1{,}276\,420\,466$
$x_4 = 0{,}803\,768\,476$	$x_4 = 1{,}314\,699\,684$

1. **a)** Führen Sie die Berechnung fort. Ermitteln Sie alle Werte x_n für $n = 5; 6; \dots; 10$ bei $x_1 = 0{,}7$ und für $n = 5; 6; 7; 8$ bei $x_1 = 1{,}25$.
b) Charakterisieren Sie das unterschiedliche Verhalten der erhaltenen Folgen von reellen Zahlen bei wachsendem n.
c) Deuten Sie die Vorgehensweise anhand einer grafischen Darstellung.

Das Beispiel zeigt, dass Zahlenfolgen bei einem größer werdenden Wert von n ein völlig unterschiedliches Verhalten aufweisen können. Die Kapitel über Zahlenfolgen und deren Grenzwerte dienen der Erarbeitung von Begriffen und Kriterien, die es ermöglichen, das entsprechende Verhalten unmissverständlich zu beschreiben.

2. Nachfolgend sind die Anfangsstücke einiger Zahlenfolgen gegeben. Setzen Sie jede Folge um 4 Glieder fort. Erläutern Sie jeweils, wie Sie dabei vorgegangen sind.

a) $-10; -4; 2; 8; \dots$ **b)** $-1; \frac{1}{2}; -\frac{1}{3}; \frac{1}{4}; \dots$ **c)** $3; 7; 13; 21; \dots$
d) $1; \sqrt{3}; 3; 3\sqrt{3}; 9; \dots$ **e)** $2; -4; 2; -4; \dots$ **f)** $0{,}2; 0{,}4; 0{,}8; 1{,}6; \dots$
g) $\frac{1}{3}; \frac{1}{9}; \frac{1}{27}; \frac{1}{81}; \dots$ **h)** $0{,}9; 1{,}1; 0{,}99; 1{,}01; \dots$ **i)** $3; 33; 333; 3333; \dots$

In den vorangegangenen Beispielen wurden Zahlen in einer bestimmten Reihenfolge aufgeschrieben. Das heißt, den natürlichen Zahlen 1, 2, 3, … wurden jeweils reelle Zahlen zugeordnet.

In Aufgabe 2a

1	2	3	4	…
↓	↓	↓	↓	
−10	−4	2	8	…

In Aufgabe 2e

1	2	3	4	…
↓	↓	↓	↓	
2	−4	2	−4	…

Diese Zuordnungen sind eindeutig. Jede Zahlenfolge ist somit eine spezielle Funktion.

DEFINITION Funktionen mit einer Menge natürlicher Zahlen als Definitionsbereich und einer Menge reeller Zahlen als Wertebereich heißen **Zahlenfolgen**.

Wenn keine gesonderte Festlegung erfolgt, verwenden wir im Weiteren stets die Menge aller natürlichen Zahlen mit Ausnahme der 0 (Bezeichnung: $\mathbb{N}^+$) als Definitionsbereich.
Die Funktionswerte heißen **Glieder der Zahlenfolge**.
Um Zahlenfolgen als besondere Funktionen hervorzuheben, wählt man häufig folgende Bezeichnungen:

$k; m; n$	für das Argument,
$a_1; a_2; a_3; \dots$	für das erste, zweite und dritte Folgenglied,
$a_k; b_n$	für das zu k bzw. n gehörige Folgenglied (Funktionswert),
$(a_k); (b_n)$	oder auch
$(a_1; a_2; a_3; \dots)$	für die gesamte Folge.

Da wir Zahlenfolgen als spezielle Funktionen definiert haben, ist es sinnvoll, Darstellungsarten und wichtige Eigenschaften von Funktionen zu übertragen oder zu spezialisieren.

Beispiel: Wir betrachten die Funktion f mit $f(x) = 0{,}5x - 2$ mit dem speziellen Definitionsbereich $\mathbb{N}^+$.
Dann ergibt sich mit den genannten Bezeichnungen
zum Beispiel: $f(1) = a_1 = 0{,}5 \cdot 1 - 2 = -1{,}5$ ist das 1. Glied der Folge,
$f(6) = a_6 = 0{,}5 \cdot 6 - 2 = 1$ ist das 6. Glied der Folge

und allgemein: $f(n) = a_n = 0{,}5n - 2$ ist das n-te Glied der Folge.

Die Gleichung $a_n = 0{,}5n - 2$ heißt **explizite Zuordnungsvorschrift** und ist eine Funktionsgleichung. Mit ihrer Hilfe lässt sich jedes Glied einer so beschriebenen Zahlenfolge unmittelbar durch das Einsetzen der entsprechenden natürlichen Zahl berechnen.

Als Wertetabelle für die ersten 8 Folgenglieder erhält man:

n	1	2	3	4	5	6	7	8
a_n	−1,5	−1	−0,5	0	0,5	1	1,5	2

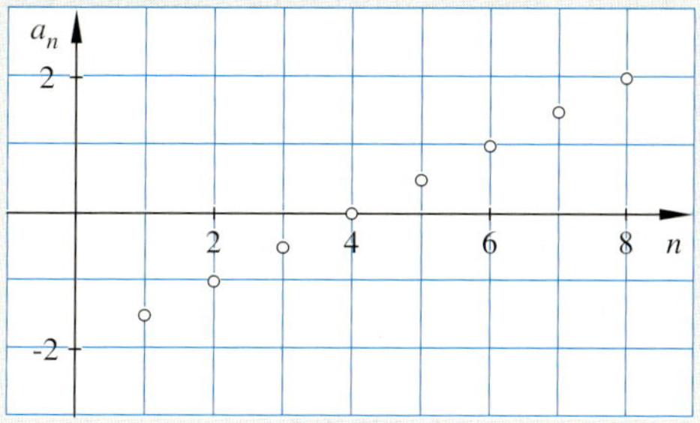

2

Stellt man dieses Anfangsstück wie in Bild 2 dar, so wird deutlich, dass der Graph aus isolierten Punkten besteht. Ursache hierfür ist der spezielle Definitionsbereich $\mathbb{N}^+$. Würde man die Gerade zeichnen, auf der alle dargestellten Punkte liegen, so entstünde der Graph der Funktion f mit $f(x) = 0{,}5x - 2$ und $\mathbb{R}$ als Definitionsbereich.

Mitunter wird eine andere Darstellungsart für Zahlenfolgen gewählt. Dann werden die Funktionswerte nicht in einem Koordinatensystem, sondern wie in Bild 3 auf einer Zahlengeraden gekennzeichnet.

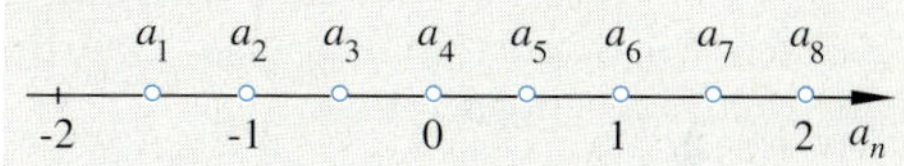

3

3. Betrachtet werden die Folgen $(a_n) = (2n - 4)$; $(b_n) = \left(\frac{n}{2}\right)$; $(c_n) = \left(\frac{2n-3}{n}\right)$ und $(d_n) = (4n - n^2)$.

a) Geben Sie jeweils das 1., 2., 3., 4. und 5. sowie das 100. Folgenglied an.
b) Geben Sie jeweils das $(n+1)$-te und das $(n-2)$-te Folgenglied an.
c) Sind die Zahlen 12; 0; 0,5 oder −3 Glieder dieser Zahlenfolgen?
Wenn ja, zu welchem n gehören sie jeweils?
d) Stellen Sie die Folgen für $1 \leq n \leq 5$ grafisch auf die beiden genannten Arten dar.

4. Gegeben sind Anfangsstücke von Zahlenfolgen:

a) $a_1 = -17; a_2 = -25; a_3 = -33; \ldots$ **b)** $a_1 = 3; a_2 = 5; a_3 = 8; a_4 = 12; \ldots$

c) $a_1 = 2; a_2 = 1; a_3 = \frac{1}{2}; a_4 = \frac{1}{4}; \ldots$ **d)** $a_1 = 1; a_2 = -0{,}1; a_3 = 0{,}01; a_4 = -0{,}001; \ldots$

Setzen Sie die Folgen jeweils um drei Glieder fort.
Geben Sie an, wie Sie von einem Folgenglied zum nächsten gelangt sind.
Stellen Sie jeweils das Folgenglied a_{n+1} in Abhängigkeit vom Folgenglied a_n dar.

5. Gegeben sei die Zahlenfolge $(a_n) = (2{,}5n - 4)$.

a) Nennen Sie die Folgenglieder a_1 bis a_6.

b) Untersuchen Sie, welcher der nachfolgend genannten Zusammenhänge für die Folge (a_n) zutrifft: $a_{n+1} = a_n - 2{,}5$ oder $a_{n+1} = a_n + 2{,}5$ oder $a_{n+1} = -2{,}5a_n$.

c) Nennen Sie drei weitere Zahlenfolgen, für die der in b) gefundene Zusammenhang ebenfalls Gültigkeit besitzt.

Beispiel: Für jedes Glied der Zahlenfolge $(a_n) = (6n - 16) = (-10; -4; 2; 8; \ldots)$ gilt der Zusammenhang $a_{n+1} = a_n + 6$. Es existiert also eine Vorschrift dafür, wie ein Folgenglied aus dem vorhergehenden entsteht. Aber die Gleichung $a_{n+1} = a_n + 6$ genügt noch nicht zur eindeutigen Festlegung der genannten Zahlenfolge, denn sie gilt z.B. auch für die Folge $(3; 9; 15; 21; \ldots)$.
Zur Unterscheidung benutzt man das jeweilige Anfangsglied a_1. Die Folge (a_n) mit der expliziten Zuordnungsvorschrift $a_n = 6n - 16$ kann demnach auch eindeutig charakterisiert werden durch die Angaben $a_1 = -10$ und $a_{n+1} = a_n + 6$. Da bei dieser Vorgehensweise jedes Glied der Zahlenfolge aus vorangegangenen Folgengliedern gewonnen wird, spricht man von einer **rekursiven Zuordnungsvorschrift.**

6. **a)** Berechnen Sie jeweils a_2 bis a_6.

(1) $a_1 = 3;\ a_{n+1} = a_n + n$ (2) $a_1 = 4;\ a_{n+1} = 2a_n - 3$

(3) $a_1 = -1;\ a_2 = -2;\ a_{n+2} = a_n \cdot a_{n+1}$

b) Geben Sie eine rekursive Zuordnungsvorschrift für $(a_n) = (1; 2; 4; 8; 16; \ldots)$ an.

7. **a)** Vergleichen Sie die Vorgehensweisen zur Berechnung von a_{100} mittels der expliziten Zuordnungsvorschrift $(a_n) = (6n - 16)$ und unter Verwendung der rekursiven Zuordnungsvorschrift $a_1 = -10$ und $a_{n+1} = a_n + 6$.

b) Verallgemeinern Sie die Erkenntnis aus a) und kennzeichnen Sie, wie ein bestimmtes Folgenglied mittels einer expliziten bzw. einer rekursiven Zuordnungsvorschrift berechnet werden kann.

8. Begründen Sie, dass sich die Möglichkeit zur Charakterisierung einer Zahlenfolge durch eine rekursive Vorschrift aus dem speziellen Definitionsbereich von Zahlenfolgen ergibt.

9. Geben Sie an, wie die jeweils fehlenden Angaben lauten.

Folge	explizite Zuordnungsvorschrift	rekursive Zuordnungsvorschrift
a) gerade natürliche Zahlen ohne 0 $(2; 4; 6; 8; \ldots)$		
b)		$a_1 = 1; a_{n+1} = a_n + 2n + 1$
c) Potenzen von 2	$a_n = 2^n$	
d)		$a_1 = 1; a_{n+1} = 0{,}1 \cdot a_n$
e)	$a_n = (-1)^{n+1}$	

Als eine wichtige Eigenschaft von Funktionen haben wir die Monotonie kennengelernt. Dieser Begriff lässt sich auf Zahlenfolgen übertragen.

10. **a)** Nennen Sie Zahlenfolgen, die Ihrer Meinung nach monoton wachsend bzw. monoton fallend sind.
b) Welche der Folgen in Aufgabe 9 sind Ihrer Meinung nach monoton wachsend bzw. monoton fallend?

DEFINITION (a_n) sei eine Zahlenfolge.
(a_n) heißt **monoton wachsend** genau dann, wenn für jedes n gilt: $a_n \leq a_{n+1}$.
(a_n) heißt **monoton fallend** genau dann, wenn für jedes n gilt: $a_n \geq a_{n+1}$.

11. Begründen Sie anhand der Folge (a_n) mit $a_n = 0{,}25 \cdot (2n + 1 - (-1)^n)$, dass es günstig ist, das Gleichheitszeichen in der Definition zuzulassen.

Bei monoton wachsenden (monoton fallenden) Zahlenfolgen können mehrere gleiche Glieder aufeinander folgen. Wenn jedes Folgenglied echt größer (kleiner) als das vorhergehende ist, so spricht man von einer **streng monoton wachsenden (streng monoton fallenden)** Folge (vgl. S. 17, Kap. A).

12. Eine Zahlenfolge kann auch dadurch gebildet werden, dass man jeder Zahl des Definitionsbereiches stets die gleiche reelle Zahl zuordnet. $(3; 3; 3; \ldots)$ oder $(\pi; \pi; \pi; \ldots)$ sind Beispiele für solche Zahlenfolgen. Diese Zahlenfolgen, deren Wertebereich jeweils aus genau einem Element besteht, heißen **konstante Zahlenfolgen**.
Entscheiden Sie, ob konstante Zahlenfolgen monoton wachsend, monoton fallend, streng monoton wachsend oder streng monoton fallend sind.

13. **a)** Geben Sie für die Folge (a_n) mit $a_n = n^2 - 20n$ die Folgenglieder a_1 bis a_5 an und stellen Sie dann eine Vermutung über die Monotonie auf.
b) Berechnen Sie nun a_6 bis a_{12} und überprüfen Sie Ihre Vermutung.

Aufgabe 13 zeigt, dass aus einem Anfangsstück keine voreiligen Schlussfolgerungen bezüglich der Monotonie gezogen werden dürfen. Die erforderlichen allgemeinen Monotonieuntersuchungen lassen sich einfacher ausführen, wenn man die Ungleichung aus der Definition zunächst äquivalent umformt. Damit erhält man entsprechende Entscheidungskriterien.

	(a_n) ist monoton wachsend	(a_n) ist monoton fallend
1. Möglichkeit	$a_n \leq a_{n+1}$ ist äquivalent zu $a_{n+1} - a_n \geq 0$	$a_n \geq a_{n+1}$ ist äquivalent zu $a_{n+1} - a_n \leq 0$
2. Möglichkeit (falls alle $a_n > 0$)	$a_n \leq a_{n+1}$ ist äquivalent zu $\frac{a_{n+1}}{a_n} \geq 1$	$a_n \geq a_{n+1}$ ist äquivalent zu $\frac{a_{n+1}}{a_n} \leq 1$

14. Wenden Sie die 1. Möglichkeit auf die Folge $(a_n) = (-3n - 2)$ an.

Beispiel: Die Folge $(a_n) = \left(\frac{n}{n+1}\right) = \left(\frac{1}{2}; \frac{2}{3}; \frac{3}{4}; \frac{4}{5}; \frac{5}{6}; \ldots\right)$ wird auf Monotonie untersucht. Da alle Folgenglieder positiv sind lassen sich die 1. und die 2. Möglichkeit anwenden.

1. Möglichkeit: Für jedes n gilt

$$a_{n+1} - a_n = \frac{n+1}{n+2} - \frac{n}{n+1} = \frac{(n+1)(n+1) - n(n+2)}{(n+2)(n+1)} = \frac{1}{(n+2)(n+1)}.$$

Da der Nenner wegen $n > 0$ stets positiv ist, ist auch der Quotient stets größer als 0. Also ist die Folge streng monoton wachsend.

2. Möglichkeit: Für jedes n gilt

$$\frac{a_{n+1}}{a_n} = \frac{\frac{n+1}{n+2}}{\frac{n}{n+1}} = \frac{(n+1)(n+1)}{n(n+2)} = \frac{n^2+2n+1}{n^2+2n}.$$

Da sowohl Zähler als auch Nenner wegen $n > 0$ positiv sind und der Zähler stets größer ist als der Nenner, ist der gesamte Quotient stets größer als 1. Demnach lässt sich auch hieraus schlussfolgern, dass die Folge streng monoton wachsend ist.

15. Untersuchen Sie die Folgen auf Monotonie.

a) $(a_n) = (-5n - 7)$ **b)** $(a_n) = \left(\frac{n}{10}\right)$ **c)** $(a_n) = \left(\frac{n+2}{n}\right)$

d) $(a_n) = \left(\frac{n-1}{n+1}\right)$ **e)** $(a_n) = \left(\frac{n}{2} + \frac{1}{n}\right)$ **f)** $(a_n) = (n^2 - 9n)$

16. Es sei $(a_n) = (n^2 - 8n) = (-7; -12; -15; -16; \ldots)$.

a) Berechnen Sie $a_{n+1} - a_n$ und geben Sie an, für welche n die Differenz positiv und für welche n sie negativ ist.

b) Treffen Sie Aussagen über die Monotonie der Folge – gegebenenfalls auf bestimmten Teilbereichen.

17. Gegeben sei die Zahlenfolge (a_n) mit $a_n = n^3$. Geben Sie Folgenglieder an, die größer sind als **a)** 100 **b)** 1000 **c)** 10000 **d)** 1000000.

18. Begründen Sie, dass für alle Glieder der Zahlenfolgen

$(a_n) = \left(\frac{n+1}{n}\right)$ und $(b_n) = \left(\frac{n}{n+1}\right)$ gilt: $0 \leq a_n \leq 2$ bzw. $0 \leq b_n \leq 2$.

Könnte man den Bereich jeweils noch verkleinern?

DEFINITION

(a_n) sei eine auf $D \subseteq \mathbb{N}^+$ definierte Zahlenfolge, S_o und S_u seien reelle Zahlen.
S_o heißt **obere Schranke** von (a_n) genau dann, wenn für alle $n \in D$ gilt: $a_n \leq S_o$.
S_u heißt **untere Schranke** von (a_n) genau dann, wenn für alle $n \in D$ gilt: $a_n \geq S_u$.

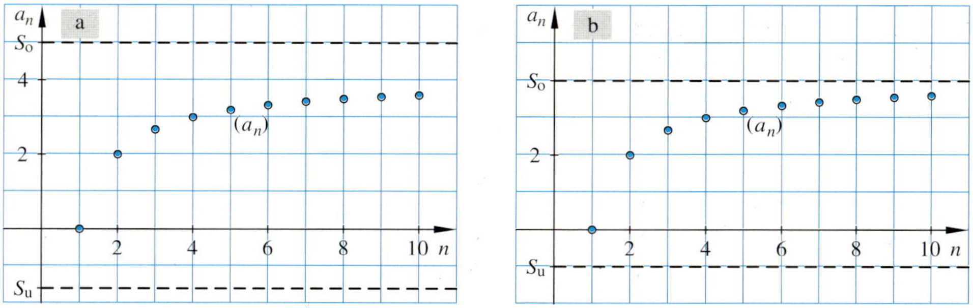

4

DEFINITION
Existiert eine obere Schranke von (a_n), so heißt (a_n) **nach oben beschränkt**.
Existiert eine untere Schranke von (a_n), so heißt (a_n) **nach unten beschränkt**.
(a_n) heißt **beschränkt** genau dann, wenn (a_n) nach oben und unten beschränkt ist.

19. Geben Sie Beispiele für beschränkte und nicht beschränkte Zahlenfolgen an.

20. Weisen Sie nach, dass $(a_n) = \left(\frac{1}{\sqrt{n}} + 1\right)$ eine beschränkte Zahlenfolge ist.

21. Begründen Sie die folgenden Aussagen:
(a_n) mit $a_n = \frac{n^2}{4} - 1$ ist nach unten beschränkt, zum Beispiel ist $S_u = -2$ eine untere Schranke. Die Folge (a_n) besitzt aber keine obere Schranke. Wie groß man eine reelle Zahl r auch wählt, stets gibt es eine natürliche Zahl n, für die $a_n > r$ gilt.

22. Stellen Sie die Glieder a_1 bis a_6 der Zahlenfolgen aus den Aufgaben 18 und 20 grafisch dar. Zeichnen Sie gegebenenfalls Schranken ein.

23. Untersuchen Sie, ob die Zahlenfolgen obere bzw. untere Schranken besitzen:

a) $(a_n) = \left(\frac{n-1}{n}\right)$ **b)** $(a_n) = \frac{n^2+2}{n^2}$ **c)** $(a_n) = 1 - n^2$

d) $(a_n) = (-1)^n \cdot 0{,}1^n$ **e)** $(a_n) = (25 - 0{,}1(n-1))$ **f)** $(a_n) = (n^2 - 4n + 4)$

24. a) Geben Sie obere und untere Schranken der Zahlenfolge (a_n) mit $a_n = \frac{2n+1}{n}$ an.

b) Veranschaulichen Sie die ersten 10 Folgenglieder sowie eine obere und eine untere Schranke in einem Koordinatensystem und als Punkte auf der Zahlengeraden.

25. In Tests wird häufig gefordert, ein Anfangsstück einer Zahlenfolge fortzusetzen. Geben Sie an, wie Sie vorgehen und begründen Sie Ihre Entscheidung.

a) 5; 6; 8; 9; 11; 12; ... **b)** 4; 2; 5; 3; 6; 4; 7; ...

c) 3; 5; 10; 12; 24; 26; 52; ... **d)** 14; 11; 33; 30; 10; 7; 21; ...

e) 9; 7; 14; 11; 33; 29; 116; ... **f)** 3; 5; 5; 7; 14; 16; 48; 50; 200; ...

26. Geben Sie jeweils die ersten fünf Folgenglieder an. Treffen Sie Aussagen zu Monotonie und Beschränktheit.

a) $a_n = \frac{n}{3} - 2$ **b)** $b_n = \sin\left(\frac{\pi}{2}n\right)$ **c)** $c_n = 1 + (-1)^n$

27. Geben Sie eine explizite oder rekursive Zuordnungsvorschrift an – möglichst beides –, denen die Anfangsstücke der Zahlenfolgen genügen. Nennen Sie jeweils die drei folgenden Glieder, die der genannten Vorschrift entsprechen:

a) $-9; -19; -29; \ldots$ **b)** $-1; 3; -5; 7; \ldots$ **c)** $1; 16; 81; 625; \ldots$

d) $\frac{1}{2}; \frac{4}{3}; \frac{9}{4}; 5; \ldots$ **e)** $32; -16; 8; -4; \ldots$ **f)** $1; 2; 6; 24; 120; \ldots$

28. Berechnen Sie die ersten 6 Glieder von (a_n) und ermitteln Sie für jede Folge (a_n) eine explizite Zuordnungsvorschrift.

a) $a_1 = 2; a_{n+1} = a_n + 0{,}3$ **b)** $a_1 = -1; a_{n+1} = a_n - 5$

c) $a_1 = 5; a_{n+1} = -2a_n$ **d)** $a_1 = 2; a_{n+1} = a_n^2$

29. Berechnen Sie die ersten 6 Folgenglieder und zeichnen Sie den Graphen in ein Koordinatensystem.

a) $a_n = 2 + (-1)^{n-1}\left(\frac{1}{n}\right)$ **b)** $a_1 = 1; a_{n+1} = 2a_n - 0{,}5$

c) $a_1 = 1; a_2 = 1; a_{n+2} = a_n + a_{n+1}$ (Folge des Fibonacci)

30. Untersuchen Sie die Folge (a_n) auf Monotonie. Wenn möglich, geben Sie eine obere und eine untere Schranke an.

a) $a_n = n^2 + 1$ **b)** $a_n = -n^3$ **c)** $a_n = (-1)^n$

31. Geben Sie für die nachstehenden Folgen an, ob sie nach oben oder nach unten beschränkt sind. Nennen Sie gegebenenfalls drei obere bzw. drei untere Schranken sowie die kleinste obere und die größte untere Schranke.

a) $a_n = \frac{n^2 + 2}{2n^2}$ **b)** $a_n = n^2 - n$ **c)** $a_n = -3 \cdot 0{,}5^n$

d) $a_n = 7 - 0{,}01n$ **e)** $a_n = 1 - 2^{-n}$ **f)** $a_n = \cos\left(n \cdot \frac{\pi}{2}\right)$

32. Geben Sie jeweils eine Folge (a_n) an, die den folgenden Bedingungen genügt:

a) (a_n) ist monoton wachsend und 0 ist eine obere Schranke.
b) (a_n) ist monoton fallend und 3 ist eine untere Schranke.
c) -4 ist untere Schranke und 4 ist obere Schranke.
d) -4 ist untere Schranke und 4 ist kleinste obere Schranke.
e) 5 ist untere Schranke und (a_n) ist streng monoton wachsend.
f) 5 ist untere Schranke und (a_n) ist streng monoton fallend.

33. Beweisen Sie:

a) Wenn (a_n) monoton wachsend ist, so ist die Folge $(-a_n)$ monoton fallend.
b) Wenn (a_n) und (b_n) monoton wachsend sind, so ist die Folge $(a_n + b_n)$ ebenfalls monoton wachsend. Dabei ist $(a_n + b_n)$ diejenige Folge, die entsteht, wenn man (a_n) und (b_n) gliedweise addiert, d.h. $a_1 + b_1; a_2 + b_2; \ldots$.
c) Lässt sich die Aussage aus b) auf die Folge $(a_n \cdot b_n)$ übertragen? Begründen Sie.

2 Arithmetische und geometrische Folgen

1. In Vorbereitung auf eine gemeinsame Fahrt erhält eine Klasse folgendes Angebot:
Preis für die Hin- und Rückfahrt (je Schüler) 185 DM
Preis für Unterkunft und Verpflegung pro Tag (je Schüler) 45 DM.

a) Geben Sie die Kosten je Schüler bei einer Dauer der Fahrt von 1 bis 14 Tagen an.
b) Beschreiben Sie die Folge durch eine rekursive Zuordnungsvorschrift.

2. Gegeben seien die Folgen $(a_n) = (3; 7; 11; 15; \ldots)$, $(b_n) = (5; -1; -7; -13; \ldots)$, $(c_n) = (0{,}25; 0{,}75; 1{,}25; 1{,}75; \ldots)$ und $(d_n) = \left(\frac{1}{2}; \frac{3}{8}; \frac{1}{4}; \frac{1}{8}; \ldots\right)$.

a) Beschreiben Sie die Folgen durch rekursive Zuordnungsvorschriften.
b) Charakterisieren Sie, was den Bildungsgesetzen der Folgen gemeinsam ist.

DEFINITION (a_n) sei eine Zahlenfolge und d eine reelle Zahl.
(a_n) heißt **arithmetische Folge** genau dann, wenn es eine Zahl d gibt, so dass für jedes n gilt $a_{n+1} = a_n + d$.
Die Zahl d heißt die Differenz der arithmetischen Folge.

3. Nennen Sie Sachverhalte, die durch arithmetische Folgen beschrieben werden können.

4. Untersuchen Sie, ob Anfangsstücke arithmetischer Folgen vorliegen.

a) $(2; 5; 9; 14; \ldots)$
b) $(-4{,}2; -6{,}0; -7{,}8; -9{,}6; \ldots)$
c) $(\sqrt{2}; 2\sqrt{2}; 3\sqrt{2}; 4\sqrt{2}; \ldots)$
d) $(\sqrt{2}; 2; 2\sqrt{2}; 4; 4\sqrt{2}; \ldots)$

5. Setzen Sie die Folgen um vier Glieder fort, so dass arithmetische Folgen entstehen.

a) $2; 3{,}8; \ldots$
b) $15; 7{,}5; \ldots$
c) $-2; -5; \ldots$
d) $0{,}4; 0{,}7; \ldots$

6. Geben Sie für die Folgen aus Aufgabe 2 jeweils eine explizite Zuordnungsvorschrift an.

7. Begründen Sie Satz 1, indem Sie die folgende Überlegung vervollständigen.
Für die Glieder einer arithmetischen Folge gilt:

$$\begin{aligned}
a_2 &= a_1 + d \\
a_3 &= a_2 + d = a_1 + \ldots + d = a_1 + \ldots \cdot d \\
a_4 &= a_3 + d = a_1 + \ldots + d = a_1 + \ldots \cdot d \\
&\vdots \qquad\qquad \vdots \qquad\qquad\qquad \vdots \\
a_n &= \ldots \quad = a_1 + \ldots \quad = a_1 + \ldots \cdot d
\end{aligned}$$

SATZ 1 Wenn (a_n) eine arithmetische Folge ist, so gilt für alle $n \in \mathbb{N}; n \geq 1$:
$a_n = a_1 + (n-1) \cdot d$.

8. Geben Sie explizite Zuordnungsvorschriften für die Folgen aus Aufgabe 2 in der in Satz 1 dargestellten Form an.

9. Begründen Sie:
Eine arithmetische Folge ist eindeutig bestimmt durch die Angabe
- von a_1 und d Beispiel: $a_1 = -7$ und $d = -11$
- eines Folgengliedes a_k und d Beispiel: $a_5 = 27$ und $d = 3$
- zweier Folgenglieder a_k und a_m Beispiel: $a_3 = 14$ und $a_9 = 23$.

Ermitteln Sie für die genannten Beispiele jeweils eine explizite Zuordnungsvorschrift.

10. Berechnen Sie die ersten sechs Glieder der arithmetischen Folge (a_n), von der die folgenden Werte bekannt sind:
a) $a_1 = 7; d = -3{,}5$ **b)** $a_7 = 0; d = 12$ **c)** $a_3 = 11; a_8 = 31$
d) $a_6 = 19; a_9 = 14{,}5$ **e)** $a_{13} = -6; a_{22} = -9$ **f)** $a_5 = 25; d = -0{,}01$
g) $a_4 = 13; a_7 = 0{,}104$ **h)** $a_2 = -0{,}25; a_4 = -4$ **i)** $a_6 = 729; d = 3$

11. Treffen Sie Aussagen über die Monotonie arithmetischer Folgen.

Beispiel: In Bild 5 sind die Glieder a_1 bis a_6 der Folge $a_n = 0{,}5n - 1$ dargestellt. Alle Folgenglieder liegen auf einer Geraden. Die Gerade ist der Graph der Funktion f mit $f(x) = 0{,}5x - 1$.

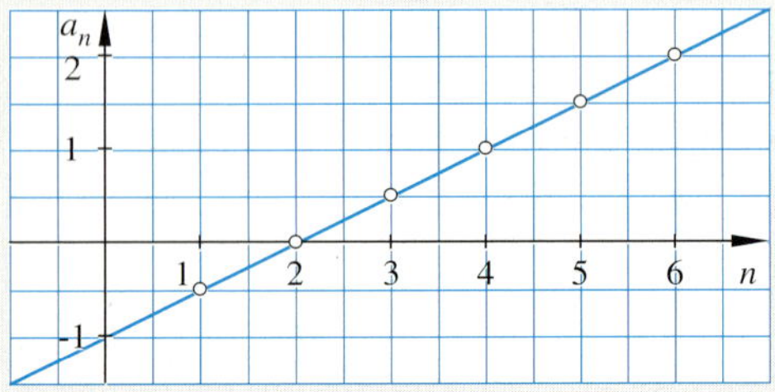

5

12. Erläutern Sie den Zusammenhang zwischen den arithmetischen Folgen und den linearen Funktionen.

13. Stellen Sie jeweils ein Anfangsstück der arithmetischen Folge in einem Koordinatensystem dar und geben Sie die Gleichung derjenigen Geraden an, auf der alle Punkte des Graphen liegen:
a) $a_n = -1{,}5 + (n-1) \cdot 0{,}5$ **b)** $a_n = -2 + (n-1) \cdot 4$ **c)** $a_n = 2{,}3 + (n-1) \cdot 8$
d) $a_n = -5 + (n-1) \cdot 2$ **e)** $a_n = 5 + (n-1) \cdot (-3)$ **f)** $a_n = -0{,}5 + (n-1) \cdot (-2)$

14. Die Formate der DIN A Reihe genügen den folgenden Bedingungen:
- Das Format DIN A0 ist ein Rechteck von 1 m^2 Flächeninhalt, dessen Seitenlängen a_0 und b_0 sich wie $1 : \sqrt{2}$ verhalten.
- Die weiteren Formate DIN An ergeben sich aus DIN A$(n-1)$ durch das Halbieren der längeren Rechteckseite b_{n-1}.

a) Berechnen Sie die Länge der Seiten a_0 und b_0.
b) Geben Sie an, wie die Seitenlängen a_n aus a_{n-1} bzw. b_n aus b_{n-1} folgen.

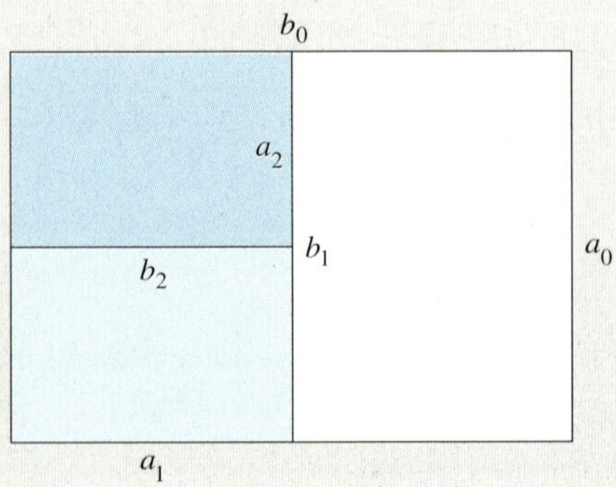

6

15. Es sind Anfangsstücke der Folgen $(a_n) = (3; 6; 12; 24; \ldots)$, $(b_n) = (4; -2; 1; -0{,}5; \ldots)$, $(c_n) = (\sqrt{2}; 2; 2\sqrt{2}; 4; 4\sqrt{2}; \ldots)$ und $(d_n) = \left(\frac{1}{4}; \frac{1}{8}; \frac{1}{16}; \frac{1}{32}; \ldots\right)$ gegeben.

Geben Sie für jede Folge an, wie aus einem beliebigen Folgenglied das nächste folgt und formulieren Sie rekursive Zuordnungsvorschriften.

DEFINITION (a_n) sei eine Zahlenfolge und q eine reelle Zahl mit $q \neq 0$.
Eine Zahlenfolge (a_n) heißt **geometrische Folge** genau dann, wenn es eine Zahl q $(q \neq 0)$ gibt, so dass für jedes n gilt $a_{n+1} = a_n \cdot q$.
Die Zahl q heißt der Quotient der geometrischen Folge.

16. Entscheiden Sie, ob es sich um geometrische Folgen handeln kann:

a) $(8; 4; 2; 1; 0{,}5; \ldots)$ **b)** $\left(\frac{1}{8}; \frac{1}{7}; \frac{1}{6}; \frac{1}{5}; \ldots\right)$ **c)** $(\sqrt{3}; 2\sqrt{3}; 4\sqrt{3}; 8\sqrt{3}; \ldots)$

Beispiel: Ein Blatt Papier habe die Dicke $a_1 = 0{,}1$ mm. Faltet man dieses Blatt mehrmals zusammen und bezeichnet die Dicke vor dem n-ten Falten mit (a_n), so erhält man:

vor dem 2. Falten: $a_2 = 0{,}2$ mm $= 0{,}1 \cdot 2$ mm,
vor dem 3. Falten: $a_3 = 0{,}4$ mm $= 0{,}1 \cdot 2^2$ mm,
vor dem 4. Falten: $a_4 = 0{,}8$ mm $= 0{,}1 \cdot 2^3$ mm,
vor dem 5. Falten: $a_5 = 1{,}6$ mm $= 0{,}1 \cdot 2^4$ mm,
vor dem 6. Falten: $a_6 = 3{,}2$ mm $= 0{,}1 \cdot 2^5$ mm,
vor dem 7. Falten: $a_7 = 6{,}4$ mm $= 0{,}1 \cdot 2^6$ mm.

Verallgemeinert man diese Überlegung, dann ergibt sich für jedes $n \in \mathbb{N}, n \geq 1$, vor dem n-ten Falten: $a_n = 0{,}1 \cdot 2^{n-1}$ (Angabe in mm)
Das heißt, dass z.B. vor dem 51. Falten, also nach dem 50. Falten, eine Dicke von $a_{51} = 0{,}1 \cdot 2^{50}$ mm $\approx 1{,}126 \cdot 10^{14}$ mm $= 1{,}126 \cdot 10^{11}$ m $= 1{,}126 \cdot 10^8$ km erreicht sein würde. Das sind rund 112,6 Millionen Kilometer.

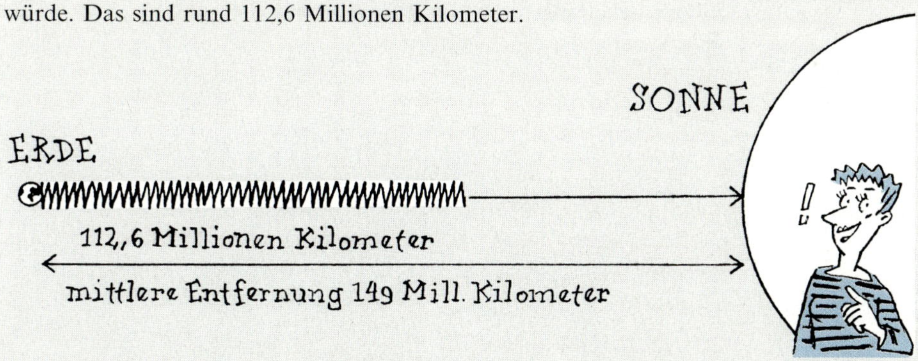

17. Nennen Sie Sachverhalte, die durch geometrische Folgen beschrieben werden können.

18. Leiten Sie durch Verallgemeinerung des Beispiels Satz 2 her.

SATZ 2 Wenn (a_n) eine geometrische Folge ist, so gilt für alle $n \in \mathbb{N}; n \geq 1$:
$a_n = a_1 \cdot q^{n-1}$

19. Geben Sie explizite Zuordnungsvorschriften für die Folgen aus Aufgabe 15 an.

20. Welche Größen bestimmen eine geometrische Folge eindeutig?

21. Ermitteln Sie explizite Zuordnungsvorschriften für geometrische Folgen mit:

a) $a_1 = -2$ und $q = 1{,}5$ **b)** $a_5 = 27$ und $q = -\frac{1}{3}$ **c)** $a_3 = 2$ und $a_7 = 18$.

22. Berechnen Sie die ersten 5 Glieder der geometrischen Folge (a_n), von der die folgenden Werte gegeben sind. Charakterisieren Sie das Monotonieverhalten der Folgen.

a) $a_1 = 0{,}4; q = 3$ **b)** $a_1 = 5; q = 0{,}4$ **c)** $a_1 = -4; q = -2$
d) $a_1 = -2; q = 5$ **e)** $a_1 = -8; q = 0{,}5$ **f)** $a_1 = -1; q = 1$

23. Treffen Sie Aussagen über die Beschränktheit und Monotonie geometrischer Folgen. Beachten Sie dabei, dass für a_1 und q teilweise Fallunterscheidungen erforderlich sind. Geben Sie für jeden der untersuchten Fälle ein Beispiel an.

24. Beweisen Sie die folgenden Aussagen:

a) Jedes Folgenglied a_n $(n > 1)$ einer arithmetischen Folge ist das arithmetische Mittel[1] der benachbarten Folgenglieder a_{n-1} und a_{n+1}.

b) Der Betrag jedes Folgengliedes a_n $(n > 1)$ einer geometrischen Folge ist gleich dem geometrischen Mittel[2] der benachbarten Folgenglieder a_{n-1} und a_{n+1}.

c) Sind (a_n) und (b_n) geometrische Folgen, so ist auch $(a_n \cdot b_n)$ eine geometrische Folge.

d) Die Logarithmen der Glieder einer geometrischen Folge mit nur positiven Gliedern zu ein und derselben Basis bilden eine arithmetische Folge.

ZUSAMMENFASSUNG

	arithmetische Folgen	**geometrische Folgen**
rekursive Zuordnungsvorschrift	$a_{n+1} = a_n + d$ $a_1 = a$	$a_{n+1} = a_n q$ $a_1 = a$
explizite Zuordnungsvorschrift	$a_n = a_1 + (n-1)d$	$a_n = a_1 q^{n-1}$
Monotonie	monoton wachsend für $d > 0$ monoton fallend für $d < 0$ konstant für $d = 0$	nicht monoton für $q < 0$ monoton wachsend für $0 < q < 1$ und $a_1 < 0$ sowie für $q > 1$ und $a_1 > 0$ monoton fallend für $0 < q < 1$ und $a_1 > 0$ sowie für $q > 1$ und $a_1 < 0$ konstant für $q = 1$
Beschränktheit	nicht beschränkt (Ausnahme $d = 0$)	beschränkt für $\lvert q\rvert \leq 1$

[1] Das arithmetische Mittel zweier Zahlen a und b ist $\frac{a+b}{2}$.

[2] Das geometrische Mittel zweier positiven Zahlen a und b ist $\sqrt{a \cdot b}$.

3 Partialsummen und Reihen

1. Ein Quadrat wird schrittweise eingefärbt. In jedem Schritt wird die Hälfte der noch nicht eingefärbten Quadratfläche mit Farbe versehen.
a) Erläutern Sie den Einfärbeprozess an einer Skizze.
b) Wie viel Prozent der Quadratfläche sind nach drei Schritten, nach fünf und nach acht Schritten eingefärbt?

Den in Aufgabe 1 beschriebenen Prozess kann man sich beliebig fortgesetzt denken. Der im n-ten Schritt zusätzlich eingefärbte Anteil des Quadrats ist $\frac{1}{2^n}$. Die zu den Schritten gehörenden eingefärbten Anteile bilden eine Folge (a_i) mit $a_i = \frac{1}{2^i}$. Von Interesse ist hier die Summe der ersten n Glieder dieser Folge, nämlich welcher Anteil der Quadratfläche nach n Schritten insgesamt eingefärbt ist.

Es sei (a_i)[1] eine Folge. Weiter sei $s_1 = a_1$, $s_2 = a_1 + a_2, \ldots, s_n = a_1 + a_2 + \ldots + a_n$.
s_n heißt die ***n*-te Partialsumme**[2] **der Folge** (a_i).

Beispiel: Es sei $a_i = \frac{1}{i(i+1)}$. Dann ist die dritte Partialsumme der Folge a_i:

$$s_3 = a_1 + a_2 + a_3 = \frac{1}{1 \cdot 2} + \frac{1}{2 \cdot 3} + \frac{1}{3 \cdot 4} = \frac{1}{2} + \frac{1}{6} + \frac{1}{12} = \frac{3}{4}.$$

2. Ermitteln Sie die 2., 4. und 6. Partialsumme der Folge (a_i) mit $a_i = \frac{1}{i(i+1)}$.

Für das Arbeiten mit Summen, die aus vielen Summanden bestehen, hat sich die Schreibweise mit dem Summenzeichen Σ[3] als zweckmäßig erwiesen. Für die Summe $a_1 + a_2 + \ldots + a_n$ schreibt man kurz $\sum_{i=1}^{n} a_i$ (lies: Summe a_i über i von 1 bis n).

Beispiel: Es ist die fünfte Partialsumme der Folge (a_i) mit $a_i = i^2$ zu berechnen.
Es ist $s_5 = \sum_{i=1}^{5} i^2 = 1^2 + 2^2 + 3^2 + 4^2 + 5^2 = 55.$

3. Berechnen Sie die Summen.

a) $\sum_{i=1}^{5} i$ **b)** $\sum_{i=1}^{7} 2i$ **c)** $\sum_{i=1}^{4} \frac{1}{2i}$ **d)** $\sum_{i=1}^{2} \frac{1}{i^2}$

e) $\sum_{i=1}^{10} (-1)^i$ **f)** $\sum_{i=1}^{10} i^2$ **g)** $\sum_{i=1}^{3} (1+i)$ **h)** $\sum_{i=1}^{4} (i^2 - 4)$

---

[1] Um Missverständnisse zu vermeiden, benennen wir den Folgenindex mit i.
[2] pars (lat.) – Teil
[3] Σ – griechischer Großbuchstabe „sigma", entspricht dem S in der lateinischen Schrift.

4. Ermitteln Sie n.

a) $\sum_{i=1}^{n} i = 6$ **b)** $\sum_{i=1}^{n} \frac{1}{i} = \frac{137}{60}$ **c)** $\sum_{i=1}^{n} (i+3) = 30$

5. Berechnen Sie jeweils die n-te Partialsumme der Folge (a_i).

a) $a_i = \frac{1}{i^2}$, $n = 3$ **b)** $a_i = i(i+1)$, $n = 10$ **c)** $a_i = 2^i$, $n = 6$

6. Gegeben sind jeweils die ersten Partialsummen $s_1, s_2, s_3, \ldots, s_6$ einer Folge (a_i). Ermitteln Sie die ersten sechs Glieder der Folge (a_i).

a) 1; 5; 14; 30; 55; 91 **b)** -1; 0; -1; 0; -1; 0

c) 1; 2; 3; 4; 5; 6 **d)** 1; -1; 2; -2; 3; -3

Beispiel: Zum Drucken von Zeitungen wird Papier von der Rolle verwendet. Das Zeitungspapier habe eine Stärke von 0,1 mm, die Papierrolle einen Durchmesser von 1250 mm, die Hülse, auf die das Papier gewickelt ist, einen Durchmesser von 100 mm (siehe Foto und Bild 7).

a) Wie lang ist die Papierbahn auf der Rolle?

b) Wie viele Zeitungen können von der Rolle gedruckt werden, wenn pro Umdrehung der Druckwalze, die einen Durchmesser von 325 mm hat, zwei Exemplare entstehen?

Lösung zu a) und b): Wir ermitteln zunächst die Anzahl der Papierschichten, die sich auf der Rolle befinden. Die gesamte Dicke beträgt 575 mm. Da jede einzelne Schicht 0,1 mm dick ist, erhalten wir 5750 Schichten. Die Länge der unmittelbar auf der Hülse liegenden Schicht entspricht dem Umfang der Hülse: $l_1 = 100 \cdot \pi$[1].

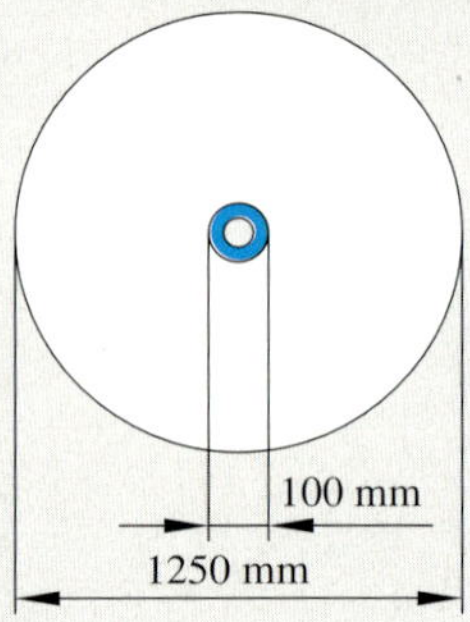

7

Die nachfolgende Schicht ist etwas länger, da der Radius um 0,1, also der Durchmesser um 0,2 zugenommen hat: $l_2 = (100 + 1 \cdot 0{,}2) \cdot \pi$.

Für die Länge der dritten Schicht gilt: $l_3 = (100 + 2 \cdot 0{,}2) \cdot \pi$ usw.

Für die äußerste Schicht erhalten wir dann: $l_{5750} = (100 + 5749 \cdot 0{,}2) \cdot \pi$.

Die Längen l_n der Papierschichten bilden eine arithmetische Folge.

Es ist: $l_n = (100 + [n-1] \cdot 0{,}2) \cdot \pi$.

Die Differenz d ist $0{,}2 \cdot \pi$.

Die Gesamtlänge l der Papierbahn auf der Rolle ist:

$$l = l_1 + l_2 + l_3 + \ldots + l_{5750}$$
$$= 100 \cdot \pi + (100 \cdot \pi + 1 \cdot 0{,}2 \cdot \pi) + (100 \cdot \pi + 2 \cdot 0{,}2 \cdot \pi) + \ldots + (100 \cdot \pi + 5749 \cdot 0{,}2 \cdot \pi)$$

[1] Diese und die folgenden Längenangaben erfolgen in mm.

$= 575000 \cdot \pi + (1 + 2 + 3 + 4 + \ldots + 5749) \cdot 0{,}2 \cdot \pi$ (siehe Fußnote 1)

$= 575000 \cdot \pi + \frac{5749 \cdot 5750}{2} \cdot 0{,}2 \cdot \pi$

$l \approx 12191500$.

Bei der Genauigkeit der gegebenen Daten ist es sinnvoll, das Ergebnis auf 12000 m zu runden. Daraus lassen sich etwa 23500 Zeitungsexemplare drucken.

7. Gegeben sei ein in den Einheitskreis einbeschriebenes regelmäßiges Achteck. Man fälle von einer Ecke P_0 das Lot auf den Radius, der zu einer zu P_0 benachbarten Ecke des Achtecks gezogen ist. Der Fußpunkt sei P_1. Von diesem fällt man wiederum das Lot auf den Radius, der zur nächsten Ecke des Achtecks führt usw. (Bild 8). Man erhält eine Folge (a_i) von Streckenlängen ($a_i = \overline{P_{i-1} + P_i}$).

a) Berechnen Sie die Folgenglieder a_1, a_2, a_3 und a_4 und geben Sie die allgemeine Form des n-ten Folgengliedes an.

b) Geben Sie die allgemeine Form der n-ten Partialsumme der Folge (a_i) an.

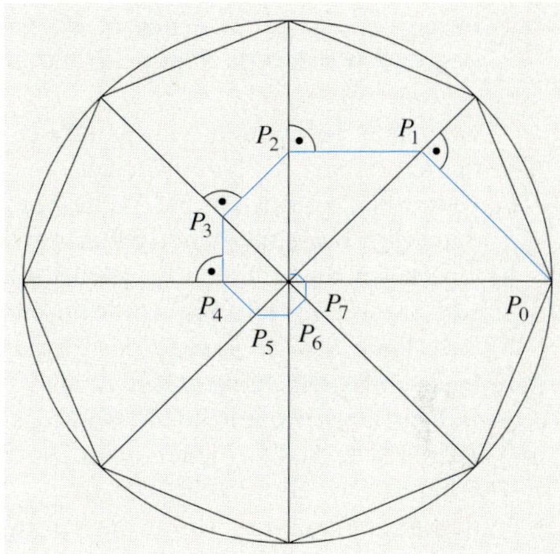

8

Die zu einer Folge (a_i) gehörende Partialsumme s_n bilden ebenfalls eine Folge (s_n), die Folge der Partialsummen. Man nennt eine Folge von Partialsummen auch eine (unendliche) **Reihe**.

8. a) Erläutern Sie, was man unter einer beschränkten Reihe versteht.

b) Geben Sie zwei Beispiele für nicht beschränkte Reihen an.

c) Prüfen Sie, ob die Partialsummenfolge der Folge $\left(\frac{1}{2^i}\right)$ beschränkt ist.

d) Prüfen Sie, ob die Reihe (s_n) mit $s_n = \sum_{i=1}^{n} \frac{1}{i(i+1)}$ beschränkt ist.

9. Zwei Schüler unterhalten sich darüber, ob Reihen stets monoton wachsende Folgen sind.

A: „Jede Reihe muss eine monoton wachsende Folge sein, da ja immer etwas hinzu addiert wird.“

B: „Nein, es gibt Reihen, die sind weder monoton wachsend noch monoton fallend.“

Was meinen Sie zu den Argumenten?

---

[1] Die Summe s der natürlichen Zahlen von 1 bis 5749 lässt sich mithilfe eines Tricks leicht ermitteln:
Es ist $s = 1 + 2 + 3 + 4 + \ldots + 5746 + 5747 + 5748 + 5749$, aber auch

$$s = 5749 + 5748 + 5747 + 5746 + \ldots + 4 + 3 + 2 + 1.$$

Addiert man die linken Seite und die rechten Seiten beider Gleichungen, erhält man

$$2s = 5749 \cdot 5750, \text{ also } s = \frac{5749 \cdot 5750}{2}.$$

In der folgenden Lerneinheit B 4 wird eine allgemeinere Beweismethode für diese Aussage entwickelt.

4 Vollständige Induktion

1. (s_n) sei die Partialsummenfolge der Folge $(a_n) = (2n - 1)$.

a) Berechnen Sie s_1 bis s_5. Welche Gesetzmäßigkeit vermuten Sie? Überprüfen Sie, ob die vermutete Gesetzmäßigkeit auch für $n = 10$ und $n = 15$ gilt.

b) Begründen Sie die einzelnen Schritte der folgenden Überlegung.
Es wird gezeigt, dass für jede natürliche Zahl n gilt:
Wenn $s_n = n^2$, so $s_{n+1} = (n + 1)^2$.
Ist $s_n = n^2$, so gilt $s_{n+1} = n^2 + a_{n+1} = n^2 + 2(n + 1) - 1$ und somit $s_{n+1} = (n + 1)^2$.
Begründen Sie, dass damit für alle $n > 0$ gezeigt wurde, dass $s_n = n^2$ gilt.

2. Über den berühmten Mathematiker Carl Friedrich Gauß (1777 bis 1855) wird berichtet, dass er als Neunjähriger die natürlichen Zahlen von 1 bis 100 addieren sollte, vermutlich, damit er eine Weile beschäftigt ist. Doch auch für diese scheinbar sehr mühselige Aufgabe benötigte er nur kurze Zeit.

a) Überlegen Sie sich eine möglichst effektive Methode zur Ausführung der genannten Addition. Ermitteln Sie damit durch Kopfrechnen die verlangte Summe.

b) Berechnen Sie die Summe der ersten 200, 1000 und 10000 natürlichen Zahlen.

c) Die Summe der natürlichen Zahlen von 1 bis n soll durch s_n bezeichnet werden.
Geben Sie eine explizite Zuordnungsvorschrift für $s_n = 1 + 2 + \ldots + n$ an.
Zeigen Sie, dass für jede natürliche Zahl n gilt: Wenn die Zuordnungsvorschrift für n richtig ist, dann auch für $n + 1$.
Begründen Sie, dass somit die Vermutung für alle $n \geq 1$ bewiesen wurde.

3. a) Zeigen Sie, dass der Term $p(n) = n^2 - n + 41$ für $n = 0 \ldots 20$ jeweils eine Primzahl ist.

b) Begründen Sie, dass dennoch nicht für alle $n \in \mathbb{N}$ gilt: $p(n)$ ist eine Primzahl.

Wie Sie schon mehrfach erfahren haben (z. B. in Aufgabe 3), genügt auch eine große Anzahl von Beispielen nicht, eine allgemeingültige Aussage zu beweisen. Inhalt dieses Abschnittes ist ein Beweisverfahren, das immer dann Anwendung finden kann, wenn eine Aussage für alle natürlichen Zahlen – zumindest ab einer Stelle – nachzuweisen ist.

4. a) Zeichnen Sie jeweils ein n-Eck für $n = 3; 4; 5; 6$ einschließlich aller Diagonalen. Geben Sie für die genannten Werte von n die Anzahl $d(n)$ der Diagonalen an.

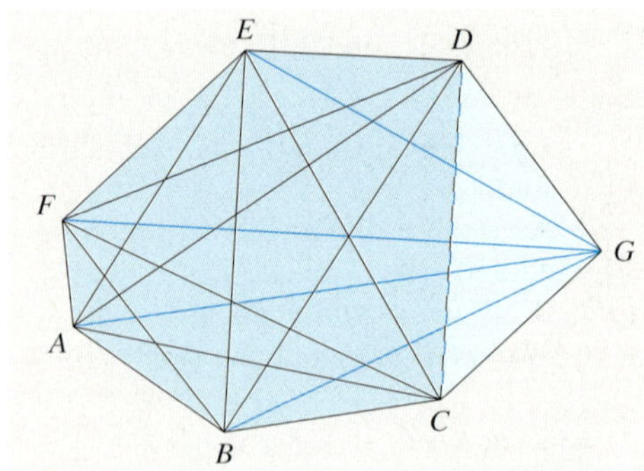

9

b) Schließen Sie mithilfe von Bild 9 auf die Anzahl der Diagonalen in einem 7-Eck, ohne die Anzahl der Diagonalen neu zu zählen.

c) Geben Sie an, welche Zahlen eingesetzt werden können.
Da ein Sechseck □ Diagonalen besitzt, hat ein Siebeneck □ + □ Diagonalen.
Da ein Siebeneck □ Diagonalen besitzt, hat ein Achteck □ + □ Diagonalen.
Da ein Achteck □ Diagonalen besitzt, hat ein Neuneck □ + □ Diagonalen.
Wenn ein n-Eck $d(n)$ Diagonalen besitzt, hat ein $(n + 1)$-Eck □ + □ Diagonalen.

d) Zeigen Sie, dass für $n = 3, \ldots, 7$ die Anzahl der Diagonalen der Zuordnungsvorschrift $d(n) = \frac{n(n-3)}{2}$ genügt.

e) Es bleibt zu zeigen, dass die Zuordnungsvorschrift auch für alle weiteren natürlichen Zahlen wahr ist.

Dazu nehmen wir an, $d(n) = \frac{n(n-3)}{2}$ gelte für eine beliebige, aber feste natürliche Zahl n. Begründen Sie die einzelnen Schritte der folgenden Überlegung:

$$d(n+1) = d(n) + (n-1) = \frac{n(n-3)}{2} = \frac{n(n-3) + 2n - 2}{2} = \frac{n^2 - n - 2}{2} = \frac{(n+1)(n-2)}{2}$$

Formulieren Sie, welcher Nachweis damit erbracht wurde.

f) Fassen Sie die Überlegungen aus a) bis e) zusammen und begründen Sie (ohne die einzelnen Schritte nochmals auszuführen), warum die Aussage $d(n) = \frac{n(n-3)}{2}$ nunmehr für alle $n \in \mathbb{N}$; $n \geq 3$ bewiesen ist.

5. Geben Sie an, wie eine Aussage über alle natürlichen Zahlen – zumindest ab einer Zahl n_0 – nachgewiesen werden kann.
Verallgemeinern Sie dazu Ihre Begründung aus Aufgabe 4 auf eine beliebige Aussage über natürliche Zahlen.

SATZ (Prinzip der vollständigen Induktion)
Eine Aussage ist für alle natürlichen Zahlen $n \geq n_0$ wahr, wenn gilt:

1. Die Aussage ist wahr für $n = n_0$ (Induktionsanfang) und
2. für jedes $n \geq n_0$ gilt: Wenn die Aussage für n wahr ist, so ist sie auch für $n + 1$ wahr (Induktionsschritt).

Die beiden Bestandteile des Prinzips der vollständigen Induktion bestimmen die erforderliche Struktur eines „Beweises mittels vollständiger Induktion".

Induktionsschritt

Man kann von einer Sprosse zur nächsten gelangen. – Für alle n gilt: Wenn die Aussage für n wahr ist, so auch für $n + 1$.

Induktionsanfang

Die unterste Sprosse kann erreicht werden. – Die Aussage ist für n_0 wahr.

Beispiel: Zu beweisende Aussage: Für alle natürlichen Zahlen $n \geq 2$ und alle reellen Zahlen $x > -1$ und $x \neq 0$ gilt $(1+x)^n > 1 + nx$ (**Ungleichung von Bernoulli**).

Beweis mittels vollständiger Induktion:
Induktionsanfang: Es wird gezeigt, dass die Aussage für $n = 2$ gilt.
$(1+x)^2 = 1 + 2x + x^2 > 1 + 2x$, denn wegen $x \neq 0$ ist $x^2 > 0$.

Induktionsschritt: Es wird gezeigt, dass für jede natürliche Zahl n ($n \geq 2$) gilt:
Wenn $(1+x)^n > 1 + nx$ ist (Aussage für n),
so gilt $(1+x)^{n+1} > 1 + (n+1)x$ (Aussage für $n+1$).
Es sei n eine beliebige natürliche Zahl mit $n \geq 2$.
Es gelte $(1+x)^n > 1 + nx$ (Induktionsvoraussetzung)
Zu zeigen ist $(1+x)^{n+1} > 1 + (n+1)x$ (Induktionsbehauptung)

$$
\begin{aligned}
(1+x)^n &> 1 + nx && \mid \cdot (1+x) \\
(1+x)^{n+1} &> (1+nx)(1+x) && \mid \text{Ausmultiplizieren} \\
(1+x)^{n+1} &> 1 + nx + x + nx^2 && \mid \text{Ausklammern} \\
(1+x)^{n+1} &> 1 + (n+1)x + nx^2 && \mid nx^2 > 0 \\
(1+x)^{n+1} &> 1 + (n+1)x && \mid \text{da } nx^2 > 0
\end{aligned}
$$

6. Bewiesen werden soll die Aussage: Für alle natürlichen Zahlen n gilt $11^n - 1$ ist durch 10 teilbar $(10 \mid 11^n - 1)$.

a) Formulieren Sie, was im Induktionsanfang und im Induktionsschritt nachgewiesen werden muss.

b) Begründen Sie die einzelnen Schritte des folgenden Nachweises:
Es sei n eine beliebige natürliche Zahl.
Es sei $11^n - 1$ durch 10 teilbar. Dann existiert eine natürliche Zahl c mit $11^n - 1 = 10c$.
Also ist $11^n = 10c + 1$ und somit $11^{n+1} = (10c + 1) \cdot 11$.
Es ist dann $11^{n+1} - 1 = (10c + 1) \cdot 11 - 1 = 10c \cdot 11 + 10 = 10(11c + 1)$.
Also ist auch $11^{n+1} - 1$ durch 10 teilbar.

7. Beweisen Sie mittels vollständiger Induktion, dass die folgenden Teilbarkeitsaussagen für alle natürlichen Zahlen gelten:

a) $8 \mid 9^n - 1$ **b)** $6 \mid n^3 - n$ **c)** $9 \mid n^3 + (n+1)^3 + (n+2)^3$ **d)** $133 \mid 11^{n+2} + 12^{2n+1}$

8. Gesucht ist eine Zuordnungsvorschrift, die angibt, wie viele Möglichkeiten es gibt, n Elemente anzuordnen. Jede dieser Anordnungen wird **Permutation** genannt.

a) Ermitteln Sie die entsprechende Anzahl $P(n)$ der Permutationen für $n = 1; 2; 3; 4$, indem Sie systematisch alle Anordnungen notieren.

b) Begründen Sie, dass $P(5) = P(4) \cdot 5$ gilt.

c) Stellen Sie eine Vermutung für $P(n)$ für ein beliebiges n auf. Verwenden Sie dabei die abkürzende Schreibweise $1 \cdot 2 \cdot \ldots \cdot n = n!$ (***n*-Fakultät** für $n \geq 1$).

d) Beweisen Sie den vermuteten Zusammenhang. Verallgemeinern Sie dazu im Induktionsschritt Ihre Überlegungen aus b).

9. Ermitteln Sie, für welche natürlichen Zahlen die folgenden Ungleichungen gelten und beweisen Sie Ihre Vermutung durch vollständige Induktion:

a) $2^n > n$ **b)** $2^n > 2n + 1$ **c)** $2^n > n^2$ (Verwenden Sie b)) **d)** $n! < \left(\frac{n+1}{2}\right)^n$

10. In den Aufgaben 1 und 2 wurden für spezielle arithmetische Folgen die expliziten Zuordnungsvorschriften der zugehörigen Partialsummen nachgewiesen. Beweisen Sie mittels vollständiger Induktion, dass für eine beliebige arithmetische Folge mit $a_n = a_1 + (n-1)d$ die zugehörige Partialsumme der Zuordnungsvorschrift $s_n = na_1 + \frac{(n-1)n}{2}d$ genügt.

11. Beweisen Sie mittels vollständiger Induktion die Gültigkeit der folgenden Aussagen:

a) $2^0 + 2^1 + 2^2 + \ldots + 2^n = 2^{n+1} - 1$

b) $1 + q + q^2 + q^3 + \ldots + q^{n-1} = \frac{q^n - 1}{q - 1}$ für $q \neq 1$; $n > 0$

c) $4 + 10 + 16 + \ldots + (6n + 4) = (n + 1)(3n + 4)$

d) $1^2 + 2^2 + 3^2 + \ldots + n^2 = \frac{n(n+1)(2n+1)}{6}$

e) $\frac{1}{1 \cdot 4} + \frac{1}{4 \cdot 7} + \ldots + \frac{1}{(3n-2)(3n+1)} = \frac{n}{3n+1}$ für $n > 0$

f) Schlussfolgern Sie aus b) die Teilbarkeitsaussagen aus Aufgabe 6 und 7a.

12. a) Begründen Sie die einzelnen Schritte der folgenden Umformung:

Für $k \in \mathbb{N}$ gilt: Aus $1 + \sqrt{\frac{k}{k+1}} > 1$ folgt $\frac{\sqrt{k+1} + \sqrt{k}}{\sqrt{k+1}} > 1$. Daraus ergibt sich

$\frac{(\sqrt{k+1} + \sqrt{k}) \cdot (\sqrt{k+1} - \sqrt{k})}{\sqrt{k+1}} > \sqrt{k+1} - \sqrt{k}$ und somit $\frac{1}{\sqrt{k+1}} > \sqrt{k+1} - \sqrt{k}$.

b) Beweisen Sie durch vollständige Induktion unter Verwendung der in a) hergeleiteten Ungleichung, dass für alle natürlichen Zahlen $n \geq 2$ gilt: $\frac{1}{\sqrt{1}} + \frac{1}{\sqrt{2}} + \ldots + \frac{1}{\sqrt{n}} > \sqrt{n}$.

13. In einer Ebene sollen n Geraden so verlaufen, dass keine Gerade zu einer anderen parallel ist und es keinen Punkt gibt, durch den mehr als zwei der Geraden gehen.

a) Veranschaulichen Sie den Sachverhalt für $n = 3$. Zeichnen Sie eine vierte Gerade und geben Sie an, wie viele neue Ebenenteile dabei entstehen.

b) Begründen Sie, dass die Hinzunahme einer $(n + 1)$-ten Geraden zu k bereits vorhandenen Geraden die Anzahl der Ebenenteile um $n + 1$ erhöht.

c) Ermitteln Sie eine Formel für die Anzahl der Ebenenteile in Abhängigkeit von der Geradenanzahl n. Beweisen Sie Ihre Vermutung durch vollständige Induktion.

14. Beweisen Sie mittels vollständiger Induktion, dass die explizite Zuordnungsvorschrift $a_n = n^2$ und die rekursive Zuordnungsvorschrift $a_1 = 1$; $a_{n+1} = a_n + 2n + 1$ die gleiche Zahlenfolge beschreiben.

15. Kommentieren Sie die folgende Aussage:
Ich beweise, dass jede natürliche Zahl genauso groß ist wie ihr Nachfolger.
Aus $n = n + 1$ folgt $n + 1 = (n + 1) + 1$. Damit ist der Induktionsschritt ausgeführt, und somit gilt für alle n, dass $n = n + 1$.

16. Zeigen Sie, dass für die Aussage $\frac{1}{1 \cdot 3} + \frac{1}{3 \cdot 5} + \ldots + \frac{1}{(2n-1)(2n+1)} = \frac{3n+1}{2n+1}$ der Schluss von n auf $n + 1$ richtig ist. Begründen Sie, dass die Aussage trotzdem falsch ist.

5 Grenzwert einer Zahlenfolge

1. **a)** Geben Sie eine arithmetische Zahlenfolge an, deren Folgenglieder bei wachsendem n immer kleiner werden.
b) Geben Sie eine arithmetische Zahlenfolge an, deren Folgenglieder bei wachsendem n immer größer werden.
c) Geben Sie eine arithmetische Zahlenfolge an, deren Folgenglieder bei wachsendem n immer kleiner, aber nie negativ werden. Ist das möglich? Begründen Sie.

2. Lösen Sie Aufgabe 1 auch für geometrische Zahlenfolgen.

3. Vergleichen Sie den Verlauf der Folgen unter a) bis c):
a) (a_n) mit $a_n = \frac{n+1}{n}$ **b)** (b_n) mit $b_n = (-1)^n \frac{n+1}{n}$ **c)** (c_n) mit $c_n = \frac{n^2+1}{n}$

4. Geben Sie je eine Folge an, die sich ähnlich wie die Folgen aus 3 a) bis c) verhalten.

5. Es sei (a_n) eine Folge mit $a_n = \frac{n+1}{n}$. Geben Sie eine Zahl n_0 an, so dass der Abstand aller Folgenglieder a_n mit $n \geq n_0$ von 1 kleiner ist als
a) 0,1 **b)** 0,05 **c)** 0,001 **d)** 0,0001.

Beispiel: Die Folgen (a_n), (b_n) und (c_n) mit $a_n = \frac{n+1}{n}$ $(n > 0)$, $b_n = (-1)^n \frac{n+1}{n}$ $(n > 0)$, $c_n = \frac{n^2+1}{n}$ $(n > 0)$ sollen darauf untersucht werden, wie sich die Folgenglieder bei wachsender Nummer n verhalten. Bild 10 veranschaulicht jeweils die ersten 11 Glieder der Folge im Koordinatensystem.

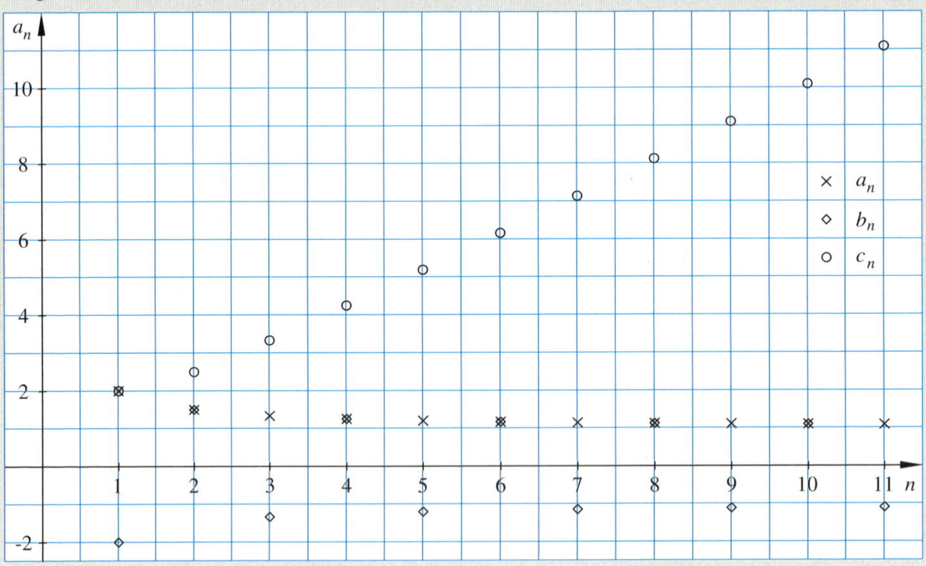

10

Die Glieder der Folge (a_n) kommen mit wachsender Nummer n der Zahl 1 immer näher. Wenn man n nur genügend groß wählt, unterscheidet sich a_n beliebig wenig von 1. Man sagt: **(a_n) strebt gegen 1**. Man kann das Verhalten der Folge auch folgendermaßen beschreiben. Man denke sich einen Streifen parallel zur Abszissenachse wie in Bild 11 gelegt. Wie schmal auch immer dieser Streifen gewählt wird, es liegen stets nur endlich viele Folgenglieder außerhalb des Streifens.

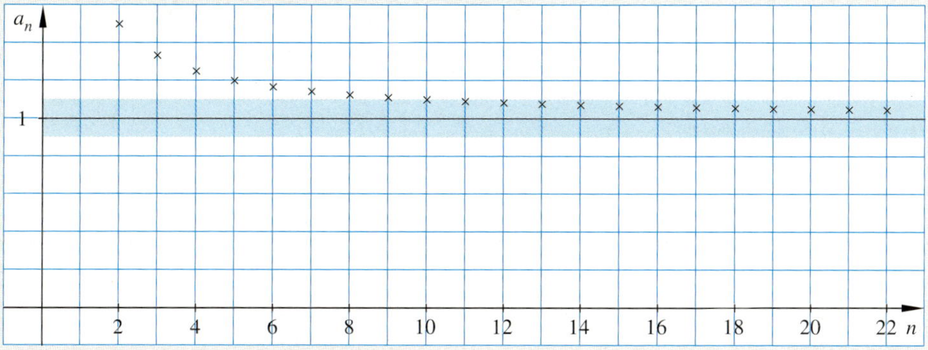

11

Die positiven Glieder der Folge (b_n) nähern sich mit wachsendem n der Zahl 1, die negativen Glieder der Folge nähern sich der Zahl -1. Aber wenn man um irgendeine Zahl einen hinreichend schmalen Streifen legt, befinden sich stets unendlich viele Glieder der Folge (b_n) außerhalb dieses Streifens.
Bei der Folge (c_n) kann man gar keine Zahl nennen, der sich die Folgenglieder mit wachsendem n nähern.

6. Beschreiben Sie das Verhalten der Folgen (b_n) und (c_n) aus dem Beispiel mithilfe von Streifen und geben Sie Unterschiede im Verhalten zur Folge (a_n) an.

Ziel dieses Abschnittes ist es zu präzisieren, was man unter **(a_n) strebt gegen eine Zahl g** verstehen soll. Zu diesem Zweck führen wir die abkürzende Redeweise „ε-Umgebung einer Zahl" ein.

DEFINITION ε sei eine positive reelle Zahl, a eine reelle Zahl.
Das Intervall, das aus allen reellen Zahlen x mit $a - \varepsilon < x < a + \varepsilon$ besteht, heißt **ε-Umgebung von a** (Bild 12).

Beispiel: Ist a die Zahl 3 und ε die positive Zahl 0,1, so ist das offene Intervall (2,9; 3,1), das aus allen Zahlen x mit $2{,}9 < x < 3{,}1$ besteht, die 0,1-Umgebung von 3.
Die Zahl 2,97 gehört wegen $2{,}9 < 2{,}97 < 3{,}1$ zur 0,1-Umgebung von 3.
Die Zahl 3,12 gehört wegen $3{,}1 < 3{,}12$ nicht zur 0,1-Umgebung von 3 (Bild 13).

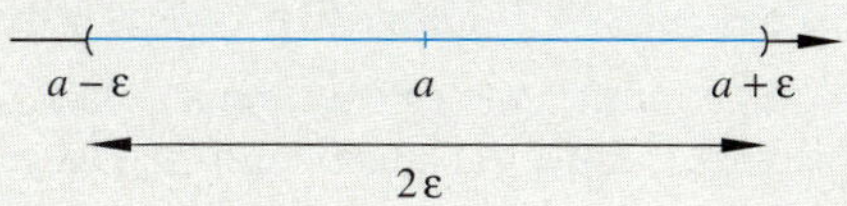

12

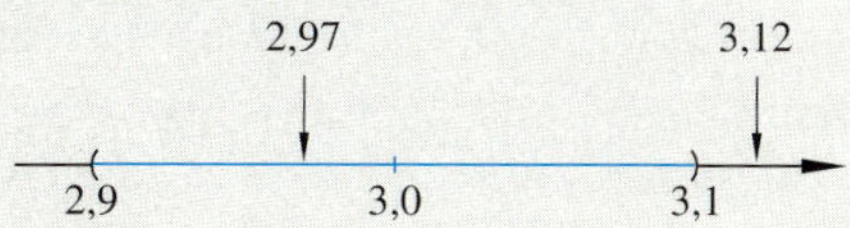

13

Beispiel: Es sei $a_n = \frac{n+1}{n}$ und $\varepsilon = 0{,}3$.

Wir untersuchen, für welche n die Ungleichung $|a_n - 1| < \varepsilon$ gilt.

Es ist $|a_1 - 1| = |2 - 1| = 1 > 0{,}3$

$$|a_2 - 1| = \left|\frac{3}{2} - 1\right| = 0{,}5 > 0{,}3$$

$$|a_3 - 1| = \left|\frac{4}{3} - 1\right| = \frac{1}{3} > 0{,}3$$

$$|a_4 - 1| = \left|\frac{5}{4} - 1\right| = \frac{1}{4} < 0{,}3$$

Ist $n > 4$, so gilt

$$|a_n - 1| = \left|\frac{n+1}{n} - 1\right| = \frac{1}{n} < \frac{1}{4} < 0{,}3.$$

Für $n = 1$, 2 und 3 ist $|a_n - 1| > 0{,}3$. Ist dagegen $n > 3$, so gilt $|a_n - 1| < 0{,}3$. Man sagt auch: **Für fast alle *n*** ist $|a_n - 1| < 0{,}3$ und meint damit: Nur für endlich viele n ist $|a_n - 1| \geq 0{,}3$.

7. Entscheiden Sie, ob die Zahl x zur ε-Umgebung von g gehört:

a) $x = 5{,}7$; $\varepsilon = 0{,}5$; $g = 6$
b) $x = 0{,}02$; $\varepsilon = 0{,}05$; $g = 0$
c) $x = 1{,}98$; $\varepsilon = 0{,}01$; $g = 2$
d) $x = -0{,}04$; $\varepsilon = \frac{1}{100}$; $g = 0$
e) $x = 0{,}992$; $\varepsilon = \frac{1}{100}$; $g = 1$
f) $x = -1{,}01$; $\varepsilon = 0{,}02$; $g = -1$

8. Beschreiben sie die in Bild 14 markierten Intervalle als ε-Umgebung einer Zahl.

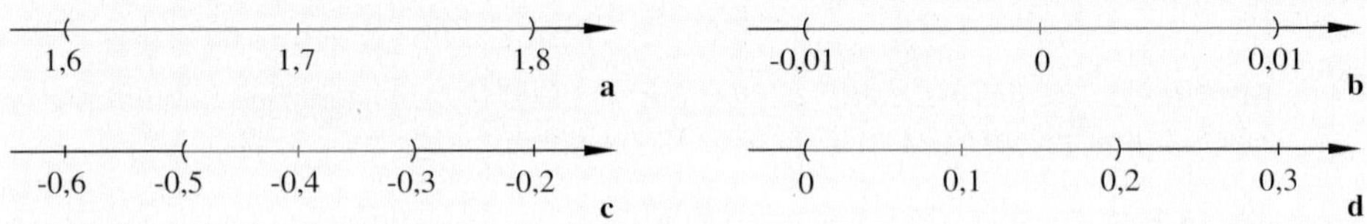

14

9. Was stimmt hier nicht? 0,1 liegt in der 0,01-Umgebung von 0,001.

10. Es sei $a_n = \frac{n+1}{n}$. Entscheiden Sie, ob a_n in der 0,01-Umgebung von 1 liegt.

a) $n = 20$ **b)** $n = 100$ **c)** $n = 200$ **d)** $n = 1000$

11. Entscheiden Sie, ob folgende Aussagen wahr sind und begründen Sie ihre Antwort:

a) Für fast alle n gilt $n < n^2$.
b) Für fast alle n gilt $1 + \frac{1}{n} > 1{,}1$.
c) Für fast alle n gilt $\frac{1}{n} < \frac{1}{20}$.
d) Für fast alle n gilt $\frac{1}{n+1} < 0$.

Nunmehr können wir das Verhalten der Folge (a_n) mit $a_n = \frac{n+1}{n}$ präzise beschreiben: Wie wir auch eine positive Zahl ε wählen, stets gibt es eine natürliche Zahl n_0 derart, dass für alle natürlichen Zahlen n mit $n > n_0$ die Folgenglieder a_n in der ε-Umgebung von 1 liegen.

DEFINITION (a_n) sei eine Zahlenfolge, g eine reelle Zahl.
g ist Grenzwert der Folge (a_n) genau dann, wenn es bei **jeder** beliebigen Wahl einer positiven Zahl ε eine natürliche Zahl n_0 gibt, so dass für alle natürlichen Zahlen n mit $n > n_0$ gilt, dass a_n in der ε-Umgebung von g liegt.

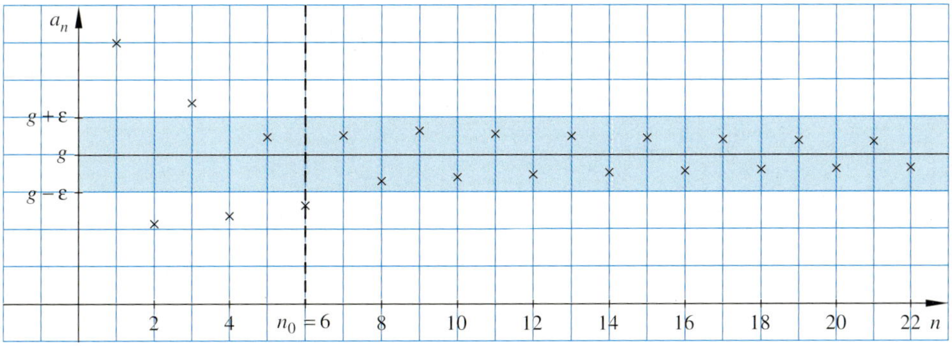

Ist g Grenzwert der Folge (a_n), so sagt man auch:
(a_n) strebt gegen g oder **(a_n) konvergiert gegen g**.
Jede Folge, die eine Zahl g als Grenzwert hat, heißt **konvergent**.
Jede Folge, die keinen Grenzwert hat, heißt **divergent**.

12. Formulieren Sie die obige Definition unter Verwendung der Redeweise „für fast alle n".

Beispiel: Es wird mit Bezug auf obige Definition begründet, dass die Folge (a_n) mit $a_n = \frac{n+1}{n}$ $(n > 0)$ gegen 1 konvergiert.

Zu zeigen ist: Zu jedem positiven ε gibt es eine natürliche Zahl n_0, so dass für alle natürlichen Zahlen n mit $n > n_0$ gilt: $\left|\frac{n+1}{n} - 1\right| < \varepsilon$. (1)

(a) Zunächst vereinfachen wir durch äquivalentes Umformen die linke Seite der Ungleichung (1). Es ist $\left|\frac{n+1}{n} - 1\right| = \left|1 + \frac{1}{n} - 1\right| = \left|\frac{1}{n}\right| = \frac{1}{n}$.

Damit geht die Ungleichung (1) über in $\frac{1}{n} < \varepsilon$. (2)

(b) Wir prüfen, für welche Zahlen n die Ungleichung (2) bei gegebenem ε gilt.

ε	1	$\frac{1}{10}$	$\frac{1}{20}$	$\frac{1}{50}$	$\frac{1}{100}$
Ungleichung (2) gilt für folgende Zahlen n	$n > 1$	$n > 10$	$n > 20$	$n > 50$	$n > 100$

Ist ε eine beliebige positive Zahl, so kann man stets eine natürliche Zahl n_0 finden, so dass $\frac{1}{n_0} < \varepsilon$. Für alle n mit $n > n_0$ gilt dann erst recht $\frac{1}{n} < \varepsilon$.

Die Folge $\left(\frac{n+1}{n}\right)$ konvergiert somit gegen 1.

13. Begründen Sie, dass die Folge (a_n) den Grenzwert g hat.

a) $a_n = \frac{n-1}{n}$; $g = 1$ **b)** $a_n = \frac{n-1}{n+1}$; $g = 1$

c) $a_n = \frac{n-1}{2n}$; $g = \frac{1}{2}$ **d)** $a_n = \frac{4n+1}{3n}$; $g = \frac{4}{3}$

Beispiel: Es ist zu untersuchen, ob (a_n) mit $a_n = \frac{4n+1}{8n}$ den Grenzwert 1 hat.

(a) Wir vereinfachen die linke Seite der Ungleichung $|a_n - 1| < \varepsilon$. Es ist

$$|a_n - 1| = \left|\frac{4n+1}{8n} - 1\right| = \left|\frac{4n+1}{8n} - \frac{8n}{8n}\right|$$

$$= \left|\frac{-4n+1}{8n}\right| = \left|\frac{-4n}{8n} + \frac{1}{8n}\right| = \left|-\frac{1}{2} + \frac{1}{8n}\right| = -\left(-\frac{1}{2} + \frac{1}{8n}\right), \text{ da } -\frac{1}{2} + \frac{1}{8n}$$

negativ ist. Damit erhalten wir: $|a_n - 1| = \frac{1}{2} - \frac{1}{8n}$.

(b) Nun prüfen wir, ob es bei beliebiger Wahl von ε $(\varepsilon > 0)$ eine natürliche Zahl n_0 gibt, so dass für alle natürlichen Zahlen n mit $n > n_0$ die Ungleichung $\frac{1}{2} - \frac{1}{8n} < \varepsilon$ erfüllt ist. $\frac{1}{2} - \frac{1}{8n}$ ist für $n > 0$ nicht kleiner als $\frac{1}{2} - \frac{1}{8}$, also als $\frac{3}{8}$. Sobald ε kleiner als $\frac{3}{8}$ gewählt wird, ist die Ungleichung $\frac{1}{2} - \frac{1}{8n} < \varepsilon$ für gar kein n erfüllt.

Folglich ist 1 nicht Grenzwert von $\left(\frac{4n+1}{8n}\right)$.[1]

14. Begründen Sie, dass die Zahl g nicht Grenzwert der Folge (a_n) ist.

a) $a_n = \frac{6n+1}{n}$; $g = 2$ **b)** $a_n = \frac{4n+1}{8}$; $g = 16$

15.* Begründen Sie unter Verwendung von Bild 16, dass eine Folge höchstens einen Grenzwert haben kann. (Hinweis: Nehmen Sie an, eine Folge hätte zwei Grenzwerte g_1 und g_2. Führen Sie die Annahme zum Widerspruch.)

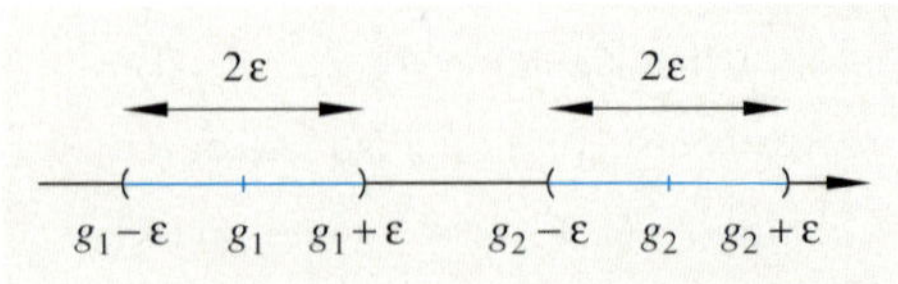

16

SATZ Eine Folge kann höchstens einen Grenzwert haben.
Ist eine Folge (a_n) konvergent, so hat sie genau einen Grenzwert g. Man schreibt dafür auch kurz: $\lim\limits_{n\to\infty} a_n = g$ (lies: limes[2] a_n für n gegen unendlich ist gleich g).

---

[1] Das Ergebnis bedeutet **nicht**, dass die Folge $\left(\frac{4n+1}{8n}\right)$ keinen Grenzwert hat, also divergent ist. Wir haben ja nur nachgewiesen, dass die Zahl 1 nicht als Grenzwert der Folge $\left(\frac{4n+1}{8n}\right)$ infrage kommt. Es könnte ja eine andere Zahl durchaus Grenzwert der Folge sein. Diese Folge hat den Grenzwert $\frac{1}{2}$.

[2] limes (lat.) – Grenze

16. Untersuchen Sie, ob folgende Aussagen wahr sind und begründen Sie die Antwort.

a) $\lim\limits_{n\to\infty} \frac{n+3}{n} = 1$ **b)** $\lim\limits_{n\to\infty} \frac{n+3}{n} = 3$ **c)** $\lim\limits_{n\to\infty} \frac{n-1}{2n} = 4$

d) $\lim\limits_{n\to\infty} \frac{n-1}{2n} = \frac{1}{2}$ **e)** $\lim\limits_{n\to\infty} \frac{8}{n} = 8$ **f)** $\lim\limits_{n\to\infty} \frac{8}{n} = 0$

17. Eine Folge, die die Zahl Null als Grenzwert hat, heißt **Nullfolge**. Untersuchen Sie, ob (a_n) eine Nullfolge ist.

a) $a_n = \frac{1}{n^2}$ **b)** $a_n = \frac{7n-1}{n}$ **c)** $a_n = \frac{1}{2^n}$ **d)** $a_n = \frac{1}{2n}$

18. Geben Sie jeweils eine Folge (a_n) an, die die folgenden Bedingungen erfüllt:

a) $\lim\limits_{n\to\infty} a_n = 2$ **b)** $\lim\limits_{n\to\infty} a_n = 0$ **c)** $\lim\limits_{n\to\infty} a_n = -1$

d) 0 ist nicht Grenzwert von (a_n). **e)** (a_n) ist divergent. **f)** (a_n) ist Nullfolge.

19.* Argumentieren Sie zu folgenden Fragen:

a) Hat eine Folge, die gegen 1 konvergiert, nur positive Zahlen als Folgenglieder?

b) Kann eine Folge, bei der jedes Folgenglied positiv ist, eine negative Zahl als Grenzwert haben?

c) Muss der Grenzwert einer konvergenten Folge, die nur positive Glieder hat, auch eine positive Zahl sein?

d) Kann eine Folge mit unendlich vielen negativen Folgengliedern eine positive Zahl als Grenzwert haben?

e) Muss eine Folge (a_n) mit $a_n < 2$ für alle n einen Grenzwert haben?

f) Kann eine Folge (a_n) mit $a_n > n$ für jedes n einen Grenzwert haben?

20. Begründen oder widerlegen Sie folgende Aussagen:

a) Eine Folge, die gegen 1 konvergiert, hat nur endlich viele negative Folgenglieder.

b) Eine Folge, in der die Zahl 100 als Folgenglied vorkommt, kann keine Nullfolge sein.

c) Eine Folge, in der die Zahl 100 unendlich oft als Folgenglied vorkommt, kann keine Nullfolge sein.

d) Eine Folge, in der die Zahl 100 unendlich oft als Folgenglied vorkommt, kann nicht konvergent sein.

21. Begründen Sie folgende Aussagen:

a) (a_n) mit $a_n = 3$ für alle n konvergiert gegen 3.

b) Ist $a_n = -2$ für alle n, so gilt $\lim\limits_{n\to\infty} a_n = -2$.

c) Die Folge 7, 5, 3, 1, 1, 1, 1, 1, ... konvergiert gegen 1.

d) (a_n) sei eine Folge. Nur für endlich viele Folgenglieder gelte $a_n \neq 2$. Dann konvergiert (a_n) gegen 2.

22. Untersuchen Sie, ob die Folgen (a_n) konvergent sind und ermitteln Sie gegebenenfalls den jeweiligen Grenzwert.

a) $a_n = (-1)^{2n}$ **b)** $a_n = 2 + 0^n$ **c)** $a_n = \frac{1-(-1)^n}{n}$ **d)** $a_n = (-2)^{2n}$

6 Grenzwertsätze für Zahlenfolgen

1. Überprüfen Sie, ob die Folge (a_n) einen Grenzwert hat.

a) $a_n = 1 + \frac{n+1}{n^3}$ **b)** $a_n = \frac{5}{n+1} + \frac{1}{n^3+n}$ **c)** $a_n = \frac{3n+1}{2n^2}$

Beim Lösen der Aufgabe 1 wird deutlich, dass es recht aufwendig sein kann, die Konvergenz einer Folge (a_n) gegen eine Zahl g nachzuweisen. Außerdem muss ja die Zahl g bekannt sein, um diesen Nachweis führen zu können. Es bleibt offen, woher man diese Zahl – falls es eine gibt – bekommen soll.
In dieser Lerneinheit werden wir zeigen, wie man den Grenzwert einer konvergenten Folge unter gewissen Voraussetzungen mithilfe bereits bekannter Grenzwerte anderer Folgen berechnen kann. Unser Ziel besteht darin, gegebene Zahlenfolgen zunächst in Folgen mit bekannten Grenzwerten zu zerlegen. Aus den bekannten Grenzwerten kann dann der Grenzwert der ursprünglich gegebenen Folge berechnet werden.

Beispiel: Es ist die Folge (a_n) mit $a_n = \frac{n+3}{n}$ in Folgen mit bekannten Grenzwerten zu zerlegen.

Es ist $a_n = \frac{n+3}{n} = \frac{n}{n} + \frac{3}{n} = 1 + 3 \cdot \frac{1}{n}$.

Setzen wir $b_n = 1$, $c_n = 3$ und $d_n = \frac{1}{n}$, so sind (b_n), (c_n) und (d_n) konvergente Folgen mit bekannten Grenzwerten. Es ist $\lim\limits_{n\to\infty} b_n = 1$, $\lim\limits_{n\to\infty} c_n = 3$ und $\lim\limits_{n\to\infty} d_n = 0$.

Die Folge (a_n) kann durch die Zerlegung $a_n = b_n + c_n \cdot d_n$ für alle $n > 0$ auf die drei Folgen (b_n), (c_n) und (d_n) zurückgeführt werden.

2. a) Argumentieren Sie zu der Aussage, dass die Folge (a_n) aus dem Beispiel konvergiert.
b) Wie kann man aus den Grenzwerten von (b_n), (c_n) und (d_n) aus dem Beispiel auf den Grenzwert von (a_n) schließen?

3. Zerlegen Sie die Folge (a_n) in konvergente Folgen, von denen Ihnen die Grenzwerte bekannt sind.

a) $a_n = \frac{4n+1}{n}$ **b)** $a_n = \frac{1}{n^2}$ **c)** $a_n = \frac{n^2+1}{n^2}$ **d)** $a_n = \frac{n^2+1}{n^3}$

Beispiel: Es ist zu untersuchen, ob die Folge (a_n) mit $a_n = \frac{4n+1}{n}$ konvergiert.

Die Folge (a_n) kann in konvergente Folgen zerlegt werden, deren Grenzwerte uns bekannt sind. Es ist $a_n = \frac{4n+1}{n} = \frac{4n}{n} + \frac{1}{n} = 4 + \frac{1}{n}$.

Setzen wir $b_n = 4$ und $c_n = \frac{1}{n}$, so ist $a_n = b_n + c_n$.

Die Folgen (b_n) und (c_n) sind konvergent und es ist $\lim\limits_{n\to\infty} b_n = 4$ und $\lim\limits_{n\to\infty} c_n = 0$.

Die Folge (a_n) konvergiert vermutlich gegen $4 + 0$, also gegen 4.
Die vermutete Aussage bedarf aber noch einer Begründung.

4. Begründen Sie mit Bezug auf die Definition aus Lerneinheit 1, dass die Zahl 4 der Grenzwert der Folge (a_n) mit $a_n = \frac{4n+1}{n}$ ist.

Der folgende Satz bestätigt, dass die Vorgehensweise im Beispiel zu richtigen Aussagen über den Grenzwert einer Folge führt.

SATZ (a_n) und (b_n) seien Zahlenfolgen, die gegen a bzw. b konvergieren.
Dann konvergieren auch die Folgen $(a_n + b_n), (a_n - b_n), (a_n \cdot b_n)$ und es gilt
$\lim\limits_{n\to\infty} (a_n + b_n) = a + b$, $\lim\limits_{n\to\infty} (a_n - b_n) = a - b$ und $\lim\limits_{n\to\infty} (a_n \cdot b_n) = a \cdot b$.
Gilt zusätzlich $b_n \neq 0$ für alle n und ist (b_n) keine Nullfolge, so konvergiert auch die Folge $\left(\frac{a_n}{b_n}\right)$ und es gilt $\lim\limits_{n\to\infty} \frac{a_n}{b_n} = \frac{a}{b}$.

Die Teilaussagen des Satzes werden auch als **Grenzwertsätze für Folgen** bezeichnet. Auf den Beweis der Aussagen verzichten wir hier.

5. Erläutern Sie den obigen Satz am Beispiel der Folgen (a_n) und (b_n) mit $a_n = 5$ und $b_n = \frac{1}{n}$ und am Beispiel der Folgen (a_n) und (b_n) mit $a_n = \frac{1}{n}$ und $b_n = 3$.

6. Beweisen Sie die folgende Aussage des obigen Satzes unter Verwendung des Bildes 17:
$\lim\limits_{n\to\infty} (a_n + b_n) = a + b$.

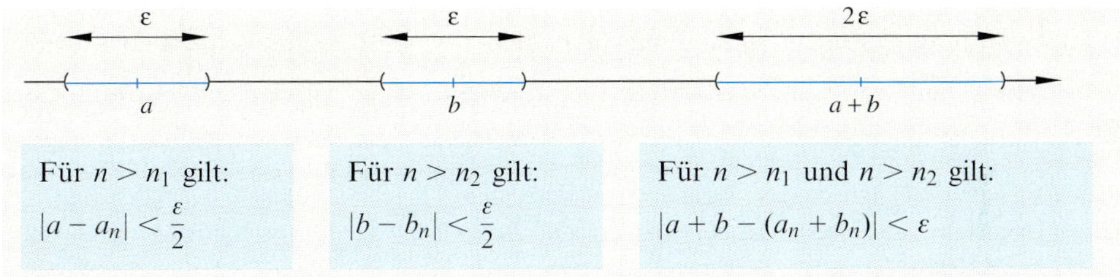

17

Beispiel: Zu zeigen ist unter Verwendung des obigen Satzes, dass die Folge (a_n) mit $a_n = \frac{4n+1}{n}$ konvergiert.
Wegen $a_n = \frac{4n+1}{n} = \frac{4n}{n} + \frac{1}{n} = 4 + \frac{1}{n}$, $\lim\limits_{n\to\infty} 4 = 4$, $\lim\limits_{n\to\infty} \frac{1}{n} = 0$ ist $\lim\limits_{n\to\infty} a_n = 4 + 0 = 4$.

7. Begründen Sie unter Verwendung der Grenzwertsätze, dass die Folge (a_n) eine Nullfolge ist.

a) $a_n = \frac{1}{n^2}$ **b)** $a_n = \frac{1}{4n}$ **c)** $a_n = \frac{5}{7n}$ * **d)** $a_n = \frac{n+1}{n^2}$

8.* a sei eine beliebige reelle Zahl, weiter sei $a_n = \frac{a}{n^2}$ für alle $n > 0$.
Begründen Sie, dass $\lim\limits_{n\to\infty} a_n = 0$ gilt.

Beispiel: Es ist zu untersuchen, ob die Folge (a_n) mit $a_n = \frac{5n-1}{3n+2}$ einen Grenzwert hat. Gegebenenfalls ist dieser Grenzwert zu ermitteln.

Eine nahe liegende Zerlegung der Folge (a_n) ist $a_n = \frac{b_n}{c_n}$ mit $b_n = 5n - 1$ und $c_n = 3n + 2$.

Jedoch ist weder die Folge (b_n) noch die Folge (c_n) konvergent. Mit dieser Zerlegung ist eine Anwendung der Grenzwertsätze nicht möglich.

Jedoch führt die folgende Umformung des Terms $\frac{5n-1}{3n+2}$ zu konvergenten Folgen im Zähler und Nenner.

Für alle $n > 0$ gilt $\frac{5n-1}{3n+2} = \frac{n\left(5 - \frac{1}{n}\right)}{n\left(3 + \frac{2}{n}\right)} = \frac{5 - \frac{1}{n}}{3 + \frac{2}{n}}$.

Wegen $\lim\limits_{n\to\infty} 5 = 5$, $\lim\limits_{n\to\infty} \frac{1}{n} = 0$, $\lim\limits_{n\to\infty} 3 = 3$ und $\lim\limits_{n\to\infty} \frac{2}{n} = 0$ gilt nach den Grenzwertsätzen $\lim\limits_{n\to\infty} a_n = \frac{5-0}{3+0} = \frac{5}{3}$. Die gegebene Folge konvergiert gegen die Zahl $\frac{5}{3}$.

9. Ermitteln Sie den Grenzwert der Folge (a_n) unter Verwendung der Grenzwertsätze.

a) $a_n = \frac{n+1}{n}$ **b)** $a_n = \frac{n}{n+1}$ **c)** $a_n = \frac{n-1}{n+1}$ **d)** $a_n = \frac{2n+1}{3n-1}$

10. Ermitteln Sie den Grenzwert der Folge (a_n) mit $a_n = \frac{n^2+1}{n^2-1}$.

11. Es ist zu untersuchen, ob die Folge (a_n) mit $a_n = \frac{n^2-2}{3n^2+n+1}$ konvergiert. Gegebenenfalls ist der Grenzwert zu ermitteln. Überlegen Sie sich eine geeignete Umformung des Terms $a_n = \frac{n^2-2}{3n^2+n+1}$.

12. Ermitteln Sie jeweils den Grenzwert der Folge (a_n) unter Verwendung der Grenzwertsätze.

a) $a_n = \frac{2n^2+1}{n^2-n+6}$ **b)** $a_n = \frac{n^2+3n-7}{n^2+4n-8}$ **c)** $a_n = \frac{8n^2-7}{9n^2-n+5}$

d) $a_n = \frac{5n^3-7n^2+2}{n^3+n+16}$ **e)** $a_n = \frac{5n^2-n-12}{12n^3+5n-6}$ **f)** $a_n = \frac{6n^3-2n-61}{18n^3-2n-61}$

13. Untersuchen Sie die Folge (a_n) auf Konvergenz.

a) $a_n = \frac{3n^2-1}{3n-2}$ **b)** $a_n = \frac{3n-1}{3n^2-2}$ **c)** $a_n = \frac{3n^2-1}{3n^2-2}$

14.* a_n sei ein Bruchterm. Zähler und Nenner des Bruchterms seien aus Potenzen von n zusammengesetzt wie in den Aufgaben 9, 11 und 12. Als sinnvolle Termumformung erwies sich das Ausklammern der höchsten Potenz von n.
Untersuchen Sie, wovon es abhängt, ob die Folge (a_n) gegen null konvergiert oder gegen eine von null verschiedene Zahl konvergiert oder divergiert.
Formulieren Sie Ihr Untersuchungsergebnis als Satz.

7 Anwendungen aus Wirtschaft und Naturwissenschaften

1. Frau A. und Herr B. haben jeweils 5000 DM für 7 Jahre zu einem Festzins von 4,5% festgelegt. Am Anfang dieses Zeitraumes überlegen sich sich, wie viel Geld sie nach 7 Jahren von der Bank abheben können.
Herr B.: Nach meiner Rechnung müssten nach 7 Jahren 1575 DM mehr auf meinem Konto sein.
Frau A.: Ich habe aber 6804,31 DM als Gesamtbetrag berechnet.
Wer von beiden hat recht? Erklären Sie die unterschiedlichen Ergebnisse.

Lässt man sich bei einem Guthaben die jährlich anfallenden Zinsen nicht auszahlen, so wächst das Guthaben um die Zinsen an. Im Folgejahr werden auch die bereits gutgeschriebenen Zinsen verzinst. Man spricht von **Zinseszins**.

Beispiel: Ein Guthaben von 4000 DM wird mit 5% jährlich verzinst. Auf welchen Betrag steigt das Guthaben nach 6 Jahren, wenn die jährlich anfallenden Zinsen dem Guthaben zugeschrieben werden?
Wir verfolgen die Entwicklung des Guthabens in einer Tabelle:

Jahr	Guthaben zu Beginn des Jahres in DM	Zinsen in DM	Guthaben am Ende des Jahres in DM (mit zugeschlagenen Zinsen)
1	4000	$4000 \cdot 0{,}05$	$4000 \cdot (1 + 0{,}05)$
2	$4000 \cdot (1 + 0{,}05)$	$4000 \cdot (1 + 0{,}05) \cdot 0{,}05$	$4000 \cdot (1 + 0{,}05)^2$
3	$4000 \cdot (1 + 0{,}05)^2$	$4000 \cdot (1 + 0{,}05)^2 \cdot 0{,}05$	$4000 \cdot (1 + 0{,}05)^3$
4	$4000 \cdot (1 + 0{,}05)^3$	$4000 \cdot (1 + 0{,}05)^3 \cdot 0{,}05$	$4000 \cdot (1 + 0{,}05)^4$
5	$4000 \cdot (1 + 0{,}05)^4$	$4000 \cdot (1 + 0{,}05)^4 \cdot 0{,}05$	$4000 \cdot (1 + 0{,}05)^5$
6	$4000 \cdot (1 + 0{,}05)^5$	$4000 \cdot (1 + 0{,}05)^5 \cdot 0{,}05$	$4000 \cdot (1 + 0{,}05)^6$

Das Guthaben steigt auf $4000 \cdot (1 + 0{,}05)^6$ DM, das sind 5360,38 DM.

2. Ein Kapital wird 8 Jahre mit jährlich 5,5% verzinst. Auf welchen Betrag steigt das Kapital in dieser Zeit?

Wird ein Kapital K jährlich mit $p\%$ verzinst und werden die Zinsen dem Kapital zugeschlagen, so wächst das Kapital im ersten Jahr auf $K_1 = K \cdot \left(1 + \frac{p}{100}\right)$, im zweiten Jahr auf $K_2 = K \cdot \left(1 + \frac{p}{100}\right)^2$, usw. K; K_1; K_2; ... bilden eine geometrische Folge mit dem Quotienten $q = 1 + \frac{p}{100}$.

3. Ein Kunde deponiert 8000 DM zu einem festen Zinssatz für 5 Jahre. Sein Guthaben beträgt nach 5 Jahren 10960,69 DM. Ermitteln Sie den jährlichen Zinssatz.

4. Ein Bankkunde legt ein Guthaben für 6 Jahre zu jährlich 6% Zinsen an. Nach 6 Jahren erhält er 10638,89 DM. Welchen Betrag hat er vor 6 Jahren angelegt?

5.* Ein Bankkunde hat ein Guthaben von 5800 DM vor einigen Jahren zu einem festen Zinssatz von 5,5% angelegt. Am Schluss beträgt sein Guthaben 9390,75 DM. Vor wie vielen Jahren wurde das Guthaben angelegt?

Beispiel: Ein Bankkunde hat auf seinem Sparkonto, das mit jährlich 4,25% verzinst wird, zu Anfang des Jahres ein Guthaben von 2000 DM. Am Ende eines jeden Jahres zahlt er 1500 DM ein. Wie groß ist sein Sparguthaben nach 15 Jahren?

$K_0 = 2000$ DM

$K_1 = [K_0(1 + 0{,}0425 + 1500]$ DM

$K_2 = [K_1(1 + 0{,}0425 + 1500]$ DM

$\vdots$

$K_{15} = [K_{14}(1 + 0{,}0425 + 1500]$ DM

Durch schrittweises Ausrechnen erhalten wir $K_{15} = 34333{,}46$ DM.

6. Ein Ratensparer vermehrt sein anfängliches Guthaben von 5000 DM am Ende jeden Jahres um 2000 DM. Wie groß ist das Guthaben nach 10 Jahren bei 5,25% Zinsen pro Jahr?

7. Ein Ratensparer zahlt 10 Jahre lang zu Jahresbeginn 3500 DM auf ein Sparkonto. Welches Guthaben hat er am Ende des zehnten Jahres bei 5,5% Zinsen pro Jahr?

8.* Eine explizite Formel für die im obigen Beispiel durch eine rekursive Vorschrift gegebene Folge ist $K_n = q^n \cdot K_0 + R \cdot \frac{q^n - 1}{q - 1}$. Dabei ist K_0 das Anfangsguthaben, K_n das Guthaben nach n Jahren, R die jährliche Sparrate, $q = 1 + \frac{p}{100}$ und p der jährliche Zinssatz ($p > 0$). Begründen Sie die explizite Vorschrift.

9. Herr Meier möchte 10000 DM für 6 Jahre anlegen. Eine Bank rät ihm zu Bundesschatzbriefen, eine andere bietet ihm einen gleichbleibenden Zinssatz von 4,25%.
Die Zinssätze bei Bunddschatzbriefen sind wie folgt gestaffelt:
im 1. Jahr → 3,0%, im 2. Jahr → 3,75%, im 3. Jahr → 4,5%, im 4. Jahr → 5,25%, im 5. Jahr → 6,25% und im 6. Jahr → 7%.
Welches Angebot ist für Ihn günstiger?
Wie hoch ist der durchschnittliche Zinssatz bei den Bundesschatzbriefen?

10. Bild 18 zeigt Halbkreise. Der erste Halbkreis hat den Radius r_1. Der Radius jedes weiteren Halbkreises ist halb so groß wie der Radius seines unmittelbaren Vorgängers.

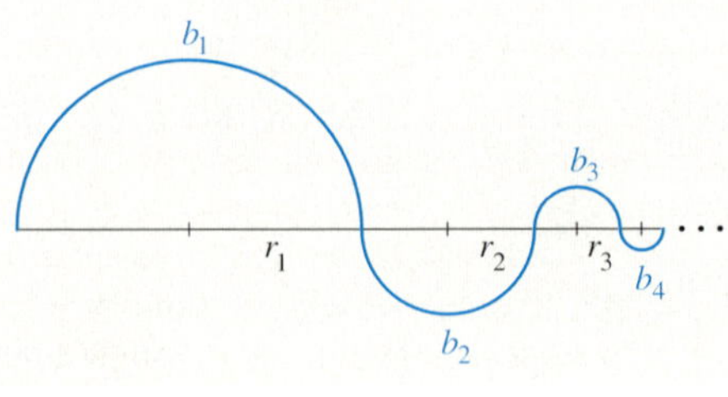

18

a) Die Längen $b_1, b_2, \ldots$ der Halbkreisbogen bilden eine Folge (b_i). Geben Sie die Glieder dieser Folge in Abhängigkeit von r_1 an.

b) Geben Sie die Gesamtlänge der ersten n Halbkreisbögen an.

c) Wie lang ist der aus unendlich vielen Halbkreisbögen zusammengesetzte Bogen?

11. Man stelle sich einen Turm vor, der aus unendlich vielen übereinander stehenden Würfeln aufgebaut ist.
Der unterste Würfel W_1 habe die Kantenlänge 1, der darauf stehende Würfel W_2 habe die Kantenlänge $\frac{1}{3}$, der darauf stehende Würfel W_3 die Kantenlänge $\frac{1}{9}$ usw.
Die Kantenlänge jedes Würfels mit Ausnahme des untersten betrage $\frac{1}{3}$ der Kantenlänge des unmittelbar unter ihm befindlichen Würfels (Bild 19).

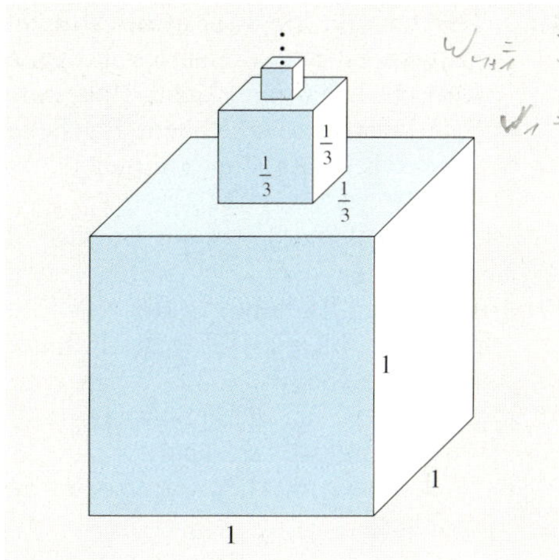

19

a) Geben Sie je eine allgemeine Formel zur Berechnung von Volumen und Oberfläche von W_n an.
b) Geben Sie die Höhe von W_n an.
c) Hat ein Turm aus unendlich vielen Würfeln eine mit einer Zahl angebbare Höhe? Argumentieren Sie zu Ihrer Vermutung.

12. Einem Quadrat mit der Seitenlänge a_1 sei ein zweites einbeschrieben, dessen Eckpunkte auf den Mitten der Seiten des ersten Quadrats liegen. In gleicher Weise sei dem zweiten Quadrat ein drittes, dem dritten Quadrat ein viertes usw. einbeschrieben.
a) Die Umfänge dieser Quadrate bilden eine Folge (u_i), die Flächeninhalte dieser Quadrate eine Folge (A_i). Geben Sie diese Folgen explizit an.
b) Geben Sie die n-te Partialsumme der Folge (u_i) an.
c) Geben Sie die n-te Partialsumme der Folge (A_i) an.

13. In einem Gewässer werden Fische aufgezogen. Man setzt 2000 Fische aus und rechnet damit, dass sich der Bestand durch Vermehrung immer nach einem Jahr auf das 1,5-fache erhöht hat. 25% des Bestandes werden nach jedem Jahr abgefischt. Nach wie vielen Jahren hat sich der Fischbestand verdoppelt?

14. Eine Stahlkugel fällt aus einer Höhe von 1 m auf eine Stahlplatte. Danach erreicht sie nur noch eine Höhe von 93 cm. In gleicher Weise verringert sich die von ihr erreichte Höhe bei jedem weiteren Aufprall um jeweils 7% der zuvor erreichten Höhe.
a) Berechnen Sie die Höhe nach dem 2., 3. und 4. Aufprall.
b) Nach dem wievielten Aufprall wird die Höhe von 8 cm nicht mehr erreicht?

15. Dringt Licht in Wasser ein, so verliert es mit zunehmender Wassertiefe durch Absorption an Intensität. In reinem Meerwasser nimmt die Lichtintensität pro Meter um ca. 75% des bis dahin verbliebenen Wertes ab.
a) Beschreiben Sie den Vorgang mit einer geometrischen Folge.
b) Wie viel Prozent der ursprünglichen Intensität sind in 1 m, 2 m und 3 m Wassertiefe noch vorhanden?
c) In welcher Tiefe beträgt die Lichtintensität nur noch $\frac{1}{1000}$ des ursprünglichen Wertes?

16. 1994 war der Presse folgende Mitteilung zu entnehmen: Eine Killeralge gefährdet das Mittelmeer. Sie vermehrt sich exponentiell. Der grüne Teppich versechsfachte seit 1984 jährlich seine Fläche. 1994 waren 400 Hektar befallen.

a) Berechnen Sie die befallene Fläche im Jahr 2000 und im Jahr 2010.

b) Vergleichen Sie die ermittelten Werte mit der Gesamtfläche des Mittelmeeres ($2{,}6 \cdot 10^8$ ha).
Argumentieren Sie zu der Aussage, dass das Wachstum exponentiell verläuft.

17. a) Von einem Radiumpräparat zerfällt in 23 Jahren durchschnittlich etwa 1%. Wie lange dauert es, bis die Hälfte des Präparats zerfallen ist? (Die ermittelte Zeit wird **Halbwertszeit** genannt.)

b) Cäsium-137 hat die Halbwertszeit 30 Jahre. Nach wie vielen Jahren sind 90% seiner Ausgangsmasse zerfallen?

c) Nach wie vielen Halbwertszeiten sind von einer radioaktiven Substanz mehr als 99% zerfallen?

18. 1989 wurden von den damals noch vorhandenen 18 Mio. km^2 tropischen Regenwaldes etwa 140 000 km^2 vernichtet. Berechnen Sie den Bestand in den Jahren 2000, 2020 und 2050 unter folgenden Voraussetzungen:

a) Die Größe der jährlich vernichteten Fläche bleibt konstant.

b) Der Anteil der vernichteten Fläche an der noch verbliebenen Fläche bleibt konstant.

19. Der Luftdruck nimmt mit zunehmender Höhe ab. Wenn die Höhen eine arithmetische Folge bilden, dann bilden die zugehörigen Luftdruckwerte eine geometrische Folge. Auf der Meeresspiegelhöhe betrage der Luftdruck 1013 hPa. Bei einer Höhenzunahme um 10,5 m sinkt er normalerweise um 1 hPa.

a) Welcher Druck herrscht in 1000 m Höhe?

b) Wie hoch liegt ein Ort, in dem ein Luftdruck von 990 hPa herrscht?

c) In welcher Höhe beträgt der Luftdruck nur noch 0,001 hPa?

20. Die Abkühlung einer Tasse Kaffee in einer Umgebung mit konstanter Temperatur verläuft nach folgender Gesetzmäßigkeit: $\theta(t) = 20 + 70 \cdot 2^{-0{,}061t}$, wobei t die Dauer des Abkühlens in Minuten und $\theta(t)$ die zum Zeitpunkt t erreichte Temperatur in °C bedeuten.

a) Berechnen Sie $\theta(0)$, $\theta(1)$, $\theta(2)$ und $\theta(3)$ sowie $\theta(15)$.

b) Welche physikalische Bedeutung haben die Werte aus a)?

c) Treffen Sie eine Aussage über den Grenzwert $\theta(t)$ für $t \to \infty$.
Welche physikalische Bedeutung hat dieser Grenzwert?

21. Als **Paradoxon des Zeno** (griech. Philosoph) ist der folgende Trugschluss bekannt: Achill und eine Schildkröte laufen um die Wette, wobei Achill mit der zehnfachen Geschwindigkeit der Schildkröte läuft. Deshalb erhält die Schildkröte einen Vorsprung von 100 m. Hat nun Achill die 100 Meter zurückgelegt, dann hat die Schildkröte wieder einen Vorsprung, diesmal 10 m. Hat Achill die Strecke von 10 Meter zurückgelegt, dann hat die Schildkröte einen neuen Vorsprung von 1 m. Setzt man diesen Gedankengang fort, kommt man zu dem Schluss, dass Achill die Schildkröte nie überholt.

a) Begründen Sie, dass ein Trugschluss vorliegt.

b) Nach wie vielen Metern überholt Achill die Schildkröte?

ZUSAMMENFASSUNG

Begriffe	Beispiele
Funktionen mit einer Menge natürlicher Zahlen als Definitionsbereich und einer Menge reeller Zahlen als Wertebereich heißen **Zahlenfolgen**.	$f(n) = \frac{1}{n+1}$, $n \in \mathbb{N}$, $(a_n) = \left(\frac{1}{n+1}\right)$, $n \in \mathbb{N}$ $1; \frac{1}{2}; \frac{1}{3}; \frac{1}{4}; \frac{1}{5}; \frac{1}{6}; \ldots$
(a_n) ist **monoton fallend (wachsend)** genau dann, wenn für jedes n gilt: $a_{n+1} \leq a_n$ $(a_{n+1} \geq a_n)$.	(a_n) mit $a_n = \frac{1}{n+1}$ ist monoton fallend.
S_o (S_u) ist **obere (untere) Schranke** von (a_n) genau dann, wenn für alle $n \in \mathbb{N}$ gilt: $a_n \leq s_o$ $(a_n \geq s_u)$.	0 ist untere Schranke von (a_n) mit $a_n = \frac{1}{n+1}$.
Arithmetische Folge: (a_n) mit $a_n = a_1 + (n-1)d$ für $n > 1$.	$a_1 = 1$, $a_n = 1 + (n-1) \cdot 2$ $1; 3; 5; 7; 9; 11; \ldots$
Geometrische Folge: (a_n) mit $a_n = a_1 \cdot q^{n-1}$ für $n > 1$.	$a_1 = 6$, $a_n = 6 \cdot \left(\frac{1}{2}\right)^{n-1}$ $6; 3; 1{,}5; 0{,}75; 0{,}375; \ldots$
(a_n) sei eine Zahlenfolge, g eine reelle Zahl. Man sagt: g ist **Grenzwert** der Folge (a_n) genau dann, wenn es bei jeder Wahl einer positiven Zahl ε eine Zahl n_0 gibt, so dass für alle n mit $n > n_0$ gilt, dass a_n in der ε-Umgebung von g liegt.	$a_1 = 6$, $a_n = 6 \cdot \left(\frac{1}{2}\right)^{n-1}$ Diese Folge strebt gegen 0, d.h. 0 ist Grenzwert der Folge (a_n).
Ist g Grenzwert der Folge (a_n), so sagt man auch: **(a_n) strebt gegen g** oder **(a_n) konvergiert gegen g**. Jede Folge, die eine Zahl g als Grenzwert hat, heißt konvergent. Jede Folge, die keinen Grenzwert hat, heißt **divergent**.	Die Folge (b_n) mit $b_n = (-1)^n \frac{n}{n+1}$ ist divergent.

Grenzwertsätze:

(a_n) und (b_n) seien Zahlenfolgen, die gegen a bzw. b konvergieren.
Dann konvergieren auch die Folgen $(a_n + b_n)$, $(a_n - b_n)$, $(a_n \cdot b_n)$ und es gilt

$\lim\limits_{n \to \infty} (a_n + b_n) = a + b$, $\lim\limits_{n \to \infty} (a_n - b_n) = a - b$ und $\lim\limits_{n \to \infty} (a_n \cdot b_n) = a \cdot b$.

Gilt zusätzlich $b_n \neq 0$ für alle n und ist (b_n) keine Nullfolge, so konvergiert auch die Folge $\left(\frac{a_n}{b_n}\right)$ und es gilt $\lim\limits_{n \to \infty} \frac{a_n}{b_n} = \frac{a}{b}$.

C

Grenzwert von Funktionen und Stetigkeit

1 Grenzwert einer Funktion

1. Oszilloskope sind Geräte, mit denen man die physikalische Größe Spannung U in Abhängigkeit von der Zeit t darstellen kann. Es handelt sich um Funktionen $U = f(t)$. Geben Sie gemeinsame Eigenschaften der dargestellten Funktionsgraphen an.

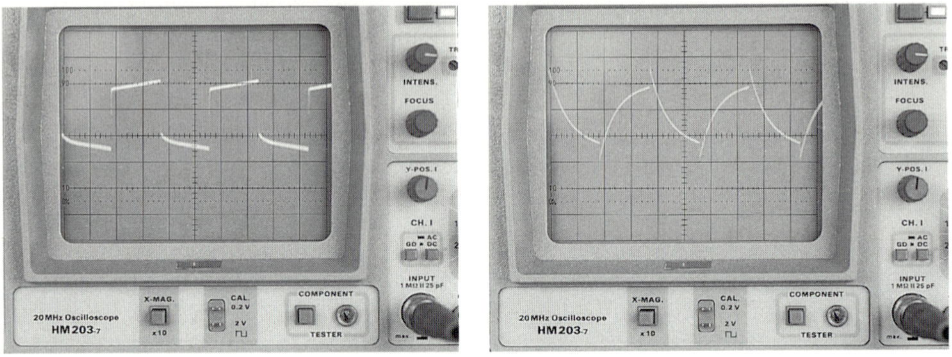

1

2. Wir definieren die Funktionen SIGNUM und INTEGER:

$$\mathrm{SGN}(x) = \begin{cases} 1 & \text{für } x > 0 \\ 0 & \text{für } x = 0 \\ -1 & \text{für } x < 0 \end{cases} \quad \text{und} \quad \begin{array}{l} \mathrm{INT}(x) = n \text{ für } n \leq x < n+1, \\ \text{wobei } n \text{ eine ganze Zahl ist.} \end{array}$$

a) Geben Sie für die beiden Zuordnungen eine Wortvorschrift an.

b) Zeichnen Sie die Funktionsgraphen auf dem Intervall $[-5; 5]$. Verwenden Sie hierbei an den Stellen, an denen der Graph einen Sprung aufweist „∘" zur Darstellung dafür, dass der Punkt zum Funktionsgraphen gehört und „□" zur Darstellung dafür, dass der Punkt nicht zum Funktionsgraphen gehört.

3. Gegeben seien Funktionen f, g und h mit den Gleichungen

$$f(x) = \frac{x^2-1}{x-1}, \quad g(x) = \begin{cases} \frac{1}{2}x + 1 & \text{für } x < 1 \\ \frac{1}{2}x + 2 & \text{für } x \geq 1 \end{cases} \quad \text{und} \quad h(x) = \frac{1}{x-1}.$$

a) Geben Sie jeweils den größtmöglichen Definitionsbereich an.

b) Fertigen Sie jeweils eine Wertetabelle für $x \in \{-2; -1; 0; 0{,}5; 1{,}5; 2; 3; 4\}$ an.

c) Zeichnen Sie die Graphen auf dem Intervall $[-2; 4]$.

d) Beschreiben Sie das Verhalten der Funktionsgraphen an der Stelle $x = 1$.

4. **a)** Zeichnen Sie unter Verwendung einer Wertetabelle den Graphen der Funktion f mit $f(x) = \frac{x^2 + 2x - 3}{x^2 + x - 6}$.

b) Geben Sie den Definitionsbereich von f an und zerlegen Sie die Terme im Zähler und im Nenner in Linearfaktoren.

c) Vergleichen Sie das Verhalten des Funktionsgraphen bei Annäherung an diejenigen Stellen, an denen f nicht definiert ist.

d) Worin unterscheidet sich f von der Funktion g mit $g(x) = \frac{x-1}{x-2}$?

Die Graphen der Funktionen aus Aufgabe 1 bis 4 können nicht in einem Zuge durchgezeichnet werden. Dies wird durch Polstellen und Lücken, wie sie im Kapitel A untersucht wurden, sowie durch Sprünge der Graphen verursacht. Nachfolgend werden Möglichkeiten zu einer genauen Charakterisierung derartiger Stellen erarbeitet.

Beispiel: Es soll das Verhalten der Funktion g aus Aufgabe 3 bei Annäherung an die Stelle $x_0 = 1$ untersucht werden. In Bild 2 ist der Graph der Funktion dargestellt. Auf der x-Achse wurden die ersten Glieder der Folgen (x_n) mit $x_n = 1 + \frac{1}{n}$ sowie $(\overline{x}_n)$ mit $\overline{x}_n = 1 - \frac{1}{n}$ eingezeichnet. Beide Folgen haben den Grenzwert 1, jedoch ohne diesen Wert anzunehmen. Ermittelt man zu jedem Folgenglied den Funktionswert entsprechend der vorgegebenen Funktionsgleichung, so erhält man jeweils wiederum eine Zahlenfolge, nämlich die Folge $(g(x_n))$ und die Folge $(g(\overline{x}_n))$. Die ersten Glieder der Folge sind jeweils auf der y-Achse dargestellt.

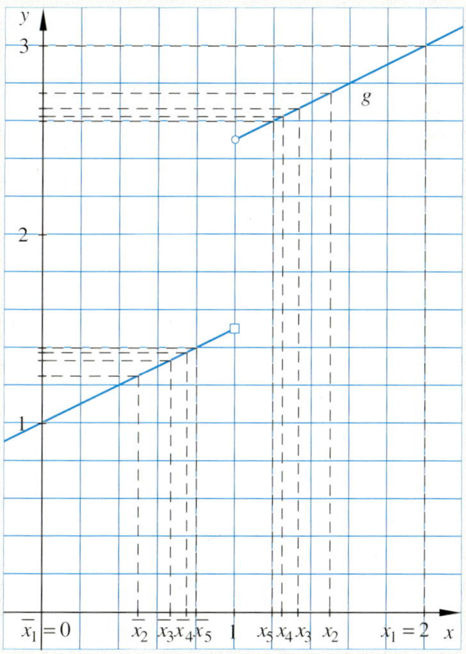

2

Es werden nun die Zuordnungsvorschriften dieser Folgen ermittelt, indem x_n bzw. $\overline{x}_n$ in die Funktionsgleichung eingesetzt werden.

Für alle x_n gilt $x_n > 1$. Also ist $g(x_n) = \frac{1}{2}x_n + 2 = \frac{1}{2}\left(1 + \frac{1}{n}\right) + 2 = 2{,}5 + \frac{1}{2n}$.

Für alle $\overline{x}_n$ gilt $\overline{x}_n < 1$. Also ist $g(\overline{x}_n) = \frac{1}{2}\overline{x}_n + 1 = \frac{1}{2}\left(1 - \frac{1}{n}\right) + 1 = 1{,}5 - \frac{1}{2n}$.

Somit konvergiert die Folge $(g(x_n))$ gegen 2,5. Die Folge $(g(\overline{x}_n))$ ist ebenfalls konvergent, besitzt aber den Grenzwert 1,5.
Zum gleichen Ergebnis gelangt man für beliebige Folgen (x_n^*) und $(\overline{x}_n^*)$ mit

$\lim\limits_{x \to \infty} x_n^* = \lim\limits_{x \to \infty} \overline{x}_n^*$ und $x_n^* > 1$ bzw. $\overline{x}_n^* < 1$ für jedes n (siehe auch Aufgabe 8).

5. **a)** Zeichnen Sie nochmals den Graphen der Funktion f aus Aufgabe 3, nun aber auf dem Intervall $[0; 2]$ mit 1 LE = 5 cm.
b) Stellen Sie auf der x-Achse die Glieder x_1 bis x_6 der Folge (x_n) mit $x_n = 1 + \frac{1}{n}$ dar.
c) Markieren Sie auf der y-Achse die Werte $f(x_1)$ bis $f(x_6)$.
d) Geben Sie die Zuordnungsvorschrift der Folge $(f(x_n))$ an.
e) Untersuchen Sie, ob der Grenzwert $\lim\limits_{n\to\infty}(f(x_n))$ existiert und geben Sie gegebenenfalls seinen Wert an.
f) Wiederholen Sie die Schritte b) bis e) für die Folge $(\overline{x}_n)$ mit $\overline{x}_n = 1 - \frac{1}{n}$.

6. Wiederholen Sie die Schritte aus Aufgabe 5 für die Funktion h aus Aufgabe 3.

Die bisherigen Untersuchungen zeigen bei den Funktionen f, g und h ein völlig unterschiedliches Verhalten bei der Annäherung an die Stelle $x = 1$.

Wählt man $(x_n) = \left(1 + \frac{1}{n}\right)$ und $(\overline{x}_n) = \left(1 - \frac{1}{n}\right)$ so ergibt sich

für f: $\lim\limits_{n\to\infty} f(x_n)$ und $\lim\limits_{n\to\infty} f(\overline{x}_n)$ existieren und es gilt: $\lim\limits_{n\to\infty} f(x_n) = \lim\limits_{n\to\infty} f(\overline{x}_n) = 2$,

für g: $\lim\limits_{n\to\infty} g(x_n)$ und $\lim\limits_{n\to\infty} g(\overline{x}_n)$ existieren und es gilt: $\lim\limits_{n\to\infty} g(x_n) \neq \lim\limits_{n\to\infty} g(\overline{x}_n)$,

für h: $\lim\limits_{n\to\infty} h(x_n)$ und $\lim\limits_{n\to\infty} h(\overline{x}_n)$ existieren nicht.

Es erhebt sich nun die Frage, ob für die Funktion f auch bei jeder anderen gegen 1 konvergierenden Folge (x_n) gilt, dass $\lim\limits_{n\to\infty} f(x_n) = 2$ ist.

7. Wir betrachten weiterhin die Funktion f aus Aufgabe 3. Begründen Sie die einzelnen Schritte der nachfolgenden Überlegung:
Es sei (x_n) eine beliebige Folge mit $\lim\limits_{n\to\infty} x_n = 1$ und $x_n \neq 1$ für alle n.
Dann gilt für jedes Glied der Folge der zugehörigen Funktionswerte $f(x_n) = \frac{x_n^2 - 1}{x_n - 1}$ und somit $f(x_n) = x_n + 1$.
Daraus folgt $\lim\limits_{n\to\infty} f(x_n) = \lim\limits_{n\to\infty}(x_n + 1) = \lim\limits_{n\to\infty} x_n + \lim\limits_{n\to\infty} 1 = 1 + 1 = 2$.

DEFINITION Es sei f eine Funktion, x_0 und g seien reelle Zahlen.
f sei in einer Umgebung[1] von x_0 – eventuell unter Ausschluss von x_0 – definiert.
f* hat an der Stelle x_0 den Grenzwert *g genau dann,
wenn für **jede** Folge (x_n) mit $x_n \in D_f$ und $x_n \neq x_0$, die gegen x_0 konvergiert, die Folge $(f(x_n))$ der zugehörigen Funktionswerte gegen g konvergiert.

Schreibweise: $\lim\limits_{x\to x_0} f(x) = g$ Sprechweise: Limes $f(x)$ für x gegen x_0 gleich g

Somit können wir unsere Untersuchungsergebnisse formulieren:

- Die Funktion f mit $f(x) = \frac{x^2 - 1}{x - 1}$ besitzt an der Stelle $x_0 = 1$ den Grenzwert 2.
- Die Funktionen g mit $g(x) = \begin{cases} \frac{1}{2}x + 1 & \text{für } x < 1 \\ \frac{1}{2}x + 2 & \text{für } x \geq 1 \end{cases}$ und h mit $h(x) = \frac{1}{x - 1}$ besitzen an der Stelle $x_0 = 1$ keinen Grenzwert.

[1] Eine Umgebung von x_0 ist ein offenes Intervall, das x_0 enthält.

8. Zeigen Sie, dass für die Funktion g mit $g(x) = \begin{cases} \frac{1}{2}x + 1 & \text{für } x < 1 \\ \frac{1}{2}x + 2 & \text{für } x \geq 1 \end{cases}$ folgendes gilt:

Ist (x_n) eine beliebige Folge mit $\lim\limits_{n \to \infty} x_n = 1$ und $x_n < 1$ für alle n, so gilt stets $\lim\limits_{n \to \infty} f(x_n) = 1{,}5$.

Ist (x_n) eine beliebige Folge mit $\lim\limits_{n \to \infty} x_n = 1$ und $x_n > 1$ für alle n, so gilt stets $\lim\limits_{n \to \infty} f(x_n) = 2{,}5$.

Liegt ein Sachverhalt wie in Aufgabe 8 vor, so nennt man

1,5 den **linksseitigen Grenzwert** und schreibt dafür $\lim\limits_{\substack{x \to 1 \\ x<1}} g(x) = 1{,}5$ und

2,5 den **rechtsseitigen Grenzwert** und schreibt dafür $\lim\limits_{\substack{x \to 1 \\ x>1}} g(x) = 2{,}5$.

Beispiel: Wir untersuchen, ob die Funktion f mit $f(x) = x^3 - 6$ an der Stelle $x_0 = 2$ einen Grenzwert besitzt.

1\. Schritt: Es sei (x_n) eine beliebige Folge mit $\lim\limits_{n \to \infty} x_n = 2$ und $x_n \neq 2$ für alle n.

2\. Schritt: Wir bilden die Folge $(f(x_n))$ der zugehörigen Funktionswerte. Wir erhalten $(f(x_n)) = (x_n^3 - 6)$.

3\. Schritt: Wir untersuchen, ob die Folge $(f(x_n))$ konvergent ist.
Nach den Grenzwertsätzen für Zahlenfolgen gilt:
$\lim\limits_{n \to \infty} (x_n^3 - 6) = \lim\limits_{n \to \infty} x_n^3 - \lim\limits_{n \to \infty} 6 = 2^3 - 6 = 2$, da $\lim\limits_{n \to \infty} x_n = 2$ ist.

Wir haben damit nachgewiesen, dass für jede beliebige Folge (x_n) mit $\lim\limits_{n \to \infty} x_n = 2$ und $x_n \neq 2$ für alle n die Folge $(f(x_n))$ der zugehörigen Funktionswerte gegen 2 konvergiert. Also ist $\lim\limits_{x \to 2} f(x) = 2$.

9. Ermitteln Sie die folgenden Grenzwerte:

a) $\lim\limits_{x \to 4} x^2 + 3$ **b)** $\lim\limits_{x \to 3} \frac{1}{x + 1}$ **c)** $\lim\limits_{x \to 1} \frac{2x + 3}{3x + 1}$

10. Untersuchen Sie, ob folgende Grenzwerte $\lim\limits_{x \to x_0} f(x)$, gegebenenfalls zumindest links- oder rechtsseitige Grenzwerte, existieren.

a) $f(x) = \begin{cases} 2x + 3 & \text{für } x < 1 \\ 3x + 2 & \text{für } x \geq 1 \end{cases}$; $x_0 = 1$ **b)** $f(x) = \begin{cases} 4x + 1 & \text{für } x < 1 \\ 4x + 3 & \text{für } x \geq 1 \end{cases}$; $x_0 = 1$

c) $f(x) = \frac{x + 1}{x^2 - 1}$; $x_0 = -1$; $x_0 = 1$ **d)** $f(x) = \frac{x - 4}{x^2 + 3x - 4}$; $x_0 = 4$; $x_0 = 1$

11. Begründen Sie, dass für die folgenden Funktionen an den genannten Stellen x_p Polstellen vorliegen. Zeigen Sie, dass an diesen Stellen kein Grenzwert, auch kein links- bzw. rechtsseitiger Grenzwert, existiert.

a) $f(x) = \frac{x + 1}{x - 2}$ und $x_p = 2$ **b)** $f(x) = \frac{x + 1}{x^2 - 1}$ und $x_p = 1$

c) $f(x) = \frac{5 - x}{(x - 3)(x + 2)}$ und $x_p = 3$ **d)** $f(x) = \frac{x^2 - 4x - 5}{x^2 - x - 20}$ und $x_p = -4$

Wenn wie in Aufgabe 11 der Grenzwert für $x \to x_0$ nicht existiert und die Funktion bei Annäherung an die Stelle x über alle Schranken hinaus wächst oder fällt, bezeichnet man diesen Grenzwert mitunter mit **uneigentlicher Grenzwert** und schreibt dafür z.B. bezogen auf Aufgabe 11c) bei Annäherung an $x_0 = 3$: $\lim\limits_{\substack{x \to 3 \\ x<3}} f(x) = -\infty$.

12. Beweisen Sie.
Der Grenzwert $\lim\limits_{x \to x_0} f(x)$ existiert genau dann, wenn der linksseitige Grenzwert $\lim\limits_{\substack{x \to x_0 \\ x<x_0}} f(x)$ und der rechtsseitige Grenzwert $\lim\limits_{\substack{x \to x_0 \\ x>x_0}} f(x)$ existieren und außerdem $\lim\limits_{\substack{x \to x_0 \\ x<x_0}} f(x) = \lim\limits_{\substack{x \to x_0 \\ x>x_0}} f(x)$ gilt.

13. Weisen Sie nach, dass $\lim\limits_{x \to 0} |x| = 0$ ist.

14. Zeigen Sie.
a) Jede für alle x definierte konstante Funktion $f(x) = c$ hat an jeder Stelle x_0 den Grenzwert c.
b) Die Funktion f mit $f(x) = x$ hat an jeder Stelle x_0 den Grenzwert x_0.

15. a) Skizzieren Sie den Graphen von f mit $f(x) = \sin\frac{1}{x}$ in einer Umgebung von $x_0 = 0$. Wählen Sie in Ihrer Wertetabelle Argumente u.a. aus diesen Folgen:
$x_k = \frac{1}{k\pi}$; $x_k = \frac{2}{(4k-3)\pi}$; $x_k = \frac{2}{(4k-1)\pi}$.
Vergleichen Sie Ihre grafische Darstellung mit der Computerzeichnung in Bild 3.

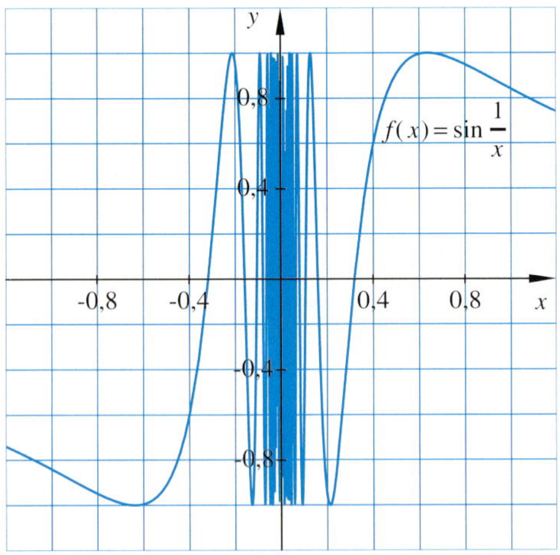

3

b) Begründen Sie, dass die Funktion f mit $f(x) = \sin\frac{1}{x}$ an der Stelle $x_0 = 0$ keinen Grenzwert besitzt.
c) Diskutieren Sie anhand des vorliegenden Beispiels über Möglichkeiten und Grenzen der Computergrafik.

16. Der Begriff des Grenzwerts einer Funktion f an einer Stelle x_0 kann auch folgendermaßen definiert werden:
Eine reelle Zahl g ist Grenzwert der Funktion f an der Stelle x_0, wenn für jedes $\varepsilon > 0$ ein $\delta > 0$ derart existiert, dass für alle $x \neq x_0$ gilt: wenn $|x - x_0| < \delta$, so $|f(x) - g| < \varepsilon$.
a) Veranschaulichen Sie diese Definition in einer aussagekräftigen Zeichnung.
b) Es sei $f(x) = 3x^2$ und $x_0 = 1$. Geben Sie für $\varepsilon_1 = \frac{1}{10}$, $\varepsilon_2 = \frac{1}{100}$ und $\varepsilon_3 = \frac{1}{1000}$ jeweils ein δ an, das die geforderte Ungleichung erfüllt.

2 Grenzwertsätze für Funktionen

Die Berechnung von Funktionsgrenzwerten unter Verwendung der Definition ist recht aufwendig. Deshalb wäre es günstig – so wie schon bei der Berechnung von Grenzwerten von Zahlenfolgen – Sätze zur Verfügung zu haben, deren Benutzung die Grenzwertermittlung wesentlich erleichtern.

1. a) Schreiben Sie die folgenden Funktionen nur unter Verwendung der identischen Funktion $i(x) = x$ sowie konstanter Funktionen $k(x) = c$, wobei c eine feste reelle Zahl ist.

$f(x) = 2x^3 + 4x^2 - 4x + 5$ $\qquad$ $f(x) = \dfrac{3x^2 - 4x}{5x^3 + 6}$

b) Verallgemeinern Sie Ihr Vorgehen aus a) auf beliebige ganzrationale bzw. gebrochenrationale Funktionen. Vergleichen Sie dazu die Begriffsbildung in Kapitel A.
Geben Sie an, für welche algebraischen Verknüpfungen von Funktionen entsprechende Grenzwertsätze formuliert werden müssen, damit für alle rationalen Funktionen eine Grenzwertermittlung mithilfe dieser Sätze möglich ist.

SATZ (Grenzwertsätze für Funktionen)
Haben die Funktionen u und v an der Stelle x_0 einen Grenzwert, so besitzen auch die Funktionen $u + v$, $u - v$ und $u \cdot v$ an der Stelle x_0 einen Grenzwert und es gilt:

$$\lim_{x \to x_0} (u(x) + v(x)) = \lim_{x \to x_0} u(x) + \lim_{x \to x_0} v(x),$$

$$\lim_{x \to x_0} (u(x) - v(x)) = \lim_{x \to x_0} u(x) - \lim_{x \to x_0} v(x),$$

$$\lim_{x \to x_0} (u(x) \cdot v(x)) = \lim_{x \to x_0} u(x) \cdot \lim_{x \to x_0} v(x).$$

Ist darüber hinaus $\lim\limits_{x \to x_0} v(x) \neq 0$, so besitzt auch die Funktion $\frac{u}{v}$ an der Stelle x_0 einen Grenzwert und es gilt: $\lim\limits_{x \to x_0} \dfrac{u(x)}{v(x)} = \dfrac{\lim\limits_{x \to x_0} u(x)}{\lim\limits_{x \to x_0} v(x)}$.

2. Beweisen Sie die Sätze unter Zurückführung auf die analogen Sätze für Zahlenfolgen.

3. Geben Sie für jeden einzelnen Schritt eine Begründung an.

a) $\lim\limits_{x \to -2} (x^2 + 2x - 6) = \lim\limits_{x \to -2} x^2 + \lim\limits_{x \to -2} 2x - \lim\limits_{x \to -2} 6 =$

$\lim\limits_{x \to -2} x \cdot \lim\limits_{x \to -2} x + \lim\limits_{x \to -2} 2 \cdot \lim\limits_{x \to -2} x - \lim\limits_{x \to -2} 6 = (-2) \cdot (-2) + 2 \cdot (-2) - 6 = -6$

b) $\lim\limits_{x \to \sqrt{2}} \dfrac{1}{x^2 - 3} = \dfrac{\lim\limits_{x \to \sqrt{2}} 1}{\lim\limits_{x \to \sqrt{2}} (x^2 - 3)} = \dfrac{\lim\limits_{x \to \sqrt{2}} 1}{\lim\limits_{x \to \sqrt{2}} x^2 - \lim\limits_{x \to \sqrt{2}} 3} = \dfrac{\lim\limits_{x \to \sqrt{2}} 1}{\lim\limits_{x \to \sqrt{2}} x \cdot \lim\limits_{x \to \sqrt{2}} x - \lim\limits_{x \to \sqrt{2}} 3} =$

$\dfrac{1}{\sqrt{2} \cdot \sqrt{2} - 3} = -1$

c) $\lim\limits_{x \to -1} \dfrac{x^2 - 1}{x - 2} = \dfrac{\lim\limits_{x \to -1} (x^2 - 1)}{\lim\limits_{x \to -1} (x - 2)} = \dfrac{\lim\limits_{x \to -1} x^2 - \lim\limits_{x \to -1} 1}{\lim\limits_{x \to -1} x - \lim\limits_{x \to -1} 2} = \dfrac{\lim\limits_{x \to -1} x \cdot \lim\limits_{x \to -1} x - \lim\limits_{x \to -1} 1}{\lim\limits_{x \to -1} x - \lim\limits_{x \to -1} 2} =$

$\dfrac{-1 \cdot (-1) - 1}{-1 - 2} = 0$

4. Berechnen Sie folgende Grenzwerte:

a) $\lim\limits_{x \to -3} (1 - x^2)$ **b)** $\lim\limits_{x \to 2} (5x^4 - 2x^3 - x^2 + 7)$ **c)** $\lim\limits_{x \to -0{,}5} (x^4 - 4x^2 + 8x)$

d) $\lim\limits_{x \to 2} \frac{1}{2 + x^2}$ **e)** $\lim\limits_{x \to -2} \frac{x^2 - 4}{x^2 + 4}$ **f)** $\lim\limits_{x \to 2} \left(4x - 2 + \frac{3}{x - 1}\right)$

5. a) Begründen Sie, dass für jede ganzrationale Funktion an jeder beliebigen Stelle der Grenzwert durch Anwendung der Grenzwertsätze ermittelt werden kann.

b) Begründen Sie, dass für jede gebrochenrationale Funktion an jeder Stelle des Definitionsbereiches der Grenzwert durch Anwendung der Grenzwertsätze ermittelt werden kann, falls dieser existiert.

c) Nennen Sie drei rationale Funktionen, deren Grenzwert an einer Stelle x_0 nicht durch unmittelbare Anwendung der Grenzwertsätze ermittelt werden kann. Verallgemeinern Sie, welche Ausnahmen bei gebrochenrationalen Funktionen existieren.

6. Begründen Sie die einzelnen Schritte der nachfolgenden Beispiele.

Beispiele: In den folgenden Beispielen wird jeweils der Grenzwert einer gebrochenrationalen Funktion an einer nicht zum Definitionsbereich gehörenden Stelle x_0 ermittelt.

a) $f(x) = \frac{x^2 + 4x}{x^2 - 6x}$ $(x \neq 0)$

$$\lim_{x \to 0} f(x) = \lim_{x \to 0} \frac{x^2 + 4x}{x^2 - 6x} = \lim_{x \to 0} \frac{x(x + 4)}{x(x - 6)} = \lim_{x \to 0} \frac{x + 4}{x - 6} = -\frac{2}{3}$$

b) $f(h) = \frac{(x_0 + h)^3 - x_0^{\,3}}{h}$ $(h \neq 0)$

Für $h \neq 0$ gilt: $f(h) = \frac{(x_0 + h)^3 - x_0^{\,3}}{h} = \frac{x_0^{\,3} + 3x_0^{\,2}h + 3x_0h^2 + h^3 - x_0^{\,3}}{h}$

$$= \frac{h(3x_0^{\,2} + 3x_0h + h^2)}{h} = 3x_0^{\,2} + 3x_0h + h^2$$

Also ist $\lim\limits_{h \to 0} f(h) = \lim\limits_{h \to 0} (3x_0^{\,2} + 3x_0h + h^2) = 3x_0^{\,2}$.

c) $f(x) = \frac{x^2 - 5x + 6}{x^2 - 2x - 3}$ $(x \neq 3)$

$$\lim_{x \to 3} f(x) = \lim_{x \to 3} \frac{x^2 - 5x + 6}{x^2 - 2x - 3} = \lim_{x \to 3} \frac{(x - 2)(x - 3)}{(x + 1)(x - 3)} = \lim_{x \to 3} \frac{(x - 2)}{(x + 1)} = \frac{1}{4}$$

7. Ermitteln Sie folgende Grenzwerte:

a) $\lim\limits_{x \to 0} \frac{4x^2 - 6x}{5x^2 + 4x}$ **b)** $\lim\limits_{h \to 0} \frac{h^2 + h}{h}$

c) $\lim\limits_{h \to 0} \frac{(x_0 + h)^2 - x_0^{\,2}}{h}$ **d)** $\lim\limits_{h \to 0} \frac{(3 + h)^3 - 27}{h}$

8. Ermitteln Sie die folgenden Grenzwerte und charakterisieren Sie das Verhalten des Funktionsgraphen bei Annäherung an die gegebene Stelle.

a) $\lim\limits_{x \to -4} \frac{x^2 + 6x + 8}{x^2 + 3x - 4}$ **b)** $\lim\limits_{x \to 2} \frac{x^2 - 4x + 4}{x^2 - 4}$

c) $\lim\limits_{x \to -1} \frac{3x^2 + 9x + 6}{3x + 3}$ **d)** $\lim\limits_{x \to -3} \frac{2x^2 + 4x - 6}{4x^2 + 4x - 24}$

9. Einige Schüler diskutieren, ob auch für uneigentliche Grenzwerte Sätze gelten.

a) Geben Sie zu den folgenden Aussagen Beispiele und sofern möglich auch Gegenbeispiele an.

Tim: Ist $\lim\limits_{x \to x_0} f(x) = +\infty$ und $\lim\limits_{x \to x_0} g(x) = +\infty$, dann ist auch $\lim\limits_{x \to x_0} (f \cdot g)(x) = +\infty$.

Ingo: Ist $\lim\limits_{x \to x_0} f(x) = +\infty$ und $\lim\limits_{x \to x_0} g(x) = 0$, dann ist $\lim\limits_{x \to x_0} (f \cdot g)(x) = +\infty$.

Katja: Ist $\lim\limits_{x \to x_0} f(x) = +\infty$ und $\lim\limits_{x \to x_0} g(x) = -\infty$, dann ist $\lim\limits_{x \to x_0} (f + g)(x) = 0$.

b) Welche der Aussagen sind allgemeingültig?
Nennen Sie weitere **wahre** Aussagen über uneigentliche Grenzwerte.
Vervollständigen Sie insbesondere den folgenden Satz:
Ist $\lim\limits_{x \to x_0} f(x) = +\infty$ und $\lim\limits_{x \to x_0} g(x) = c$ mit $c > 0$, dann ist $\lim\limits_{x \to x_0} (f \cdot g)(x) = \ldots$.

10. Setzen Sie für t einen Term so ein, dass für eine gebrochenrationale Funktion f mit $f(x) = \dfrac{t}{3x^2 + 7x + 2}$ die jeweils angegebene Bedingung erfüllt ist.

a) $\lim\limits_{x \to -2} f(x) = 0$ **b)** $\lim\limits_{x \to -2} f(x) = \dfrac{1}{7}$ **c)** $\lim\limits_{\substack{x \to -2 \\ x > -2}} f(x) = \infty$ **d)** $\lim\limits_{\substack{x \to -2 \\ x < -2}} f(x) = -\infty$

11.*a) Veranschaulichen und beweisen Sie den folgenden Einschachtelungssatz:
Sind (x_n') und (x_n'') zwei Zahlenfolgen mit dem gleichen Grenzwert g und erfüllen fast alle Glieder einer Zahlenfolge (x_n) die Bedingung $x_n' \leq x_n \leq x_n''$, so konvergiert auch die Folge (x_n) gegen g.

b) Formulieren Sie einen entsprechenden Einschachtelungssatz für den Grenzwert einer Funktion f an der Stelle x_0 und beweisen Sie diesen unter Verwendung von a).

12. Gegeben sei ein Einheitskreis und ein Kreisbogen der Länge x.

a) Begründen Sie, dass für $0 < x < \pi$ die Ungleichung $0 < \sin x < x$ gilt. Arbeiten Sie mit einer Skizze.

b) Schlussfolgern Sie daraus eine Aussage über den Grenzwert $\lim\limits_{\substack{x \to 0 \\ x > 0}} \sin x$.

c) Begründen Sie, dass man für $x < 0$ den gleichen Grenzwert erhält.

d) Geben Sie $\lim\limits_{x \to 0} \sin x$ an.

13.* Zeigen Sie unter Verwendung der Beziehung $\sin^2 x + \cos^2 x = 1$ und den Ergebnissen aus Aufgabe 12, dass $\lim\limits_{x \to 0} \cos x = 1$ ist.

14. a) Begründen Sie anhand von Bild 4, dass $\lim\limits_{x \to x_0} f(x)$ und $\lim\limits_{h \to 0} f(x_0 + h)$ den gleichen Grenzwert darstellen.

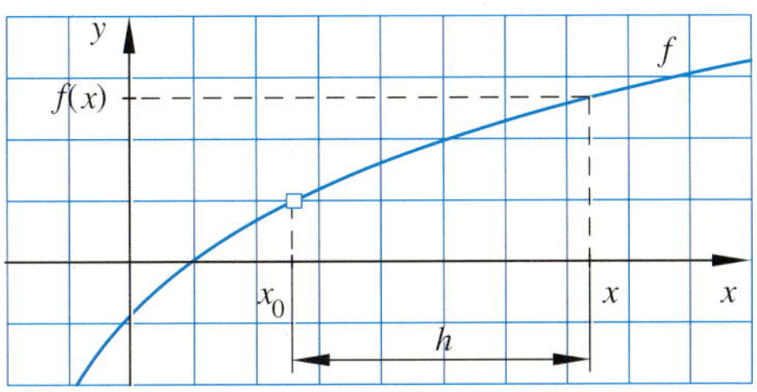

4

b) Weisen sie unter Verwendung von Aufgabe 12 und 13 nach, dass für jedes $x_0 \in \mathbb{R}$ gilt:
$\lim\limits_{x \to x_0} \sin x = \sin x_0$.

c) Begründen Sie, dass auch für die Kosinusfunktion an jeder Stelle des Definitionsbereiches der Funktionswert und der Grenzwert übereinstimmen.

15. **a)** Skizzieren Sie das Schaubild der Funktion $f(x) = x \cdot \sin \frac{1}{x}$. (Benutzen Sie dazu Glieder der Folgen $x_k = \frac{1}{k\pi}$, $x_k = \frac{2}{(4k-3)\pi}$ und $x_k = \frac{2}{(4k-1)\pi}$.)

b) Geben Sie an, auf welchen Teilen des Definitionsbereiches von f gilt:
$-x < f(x) < x$ bzw. $x < f(x) < -x$.
Begründen Sie Ihre Aussage.

c) Schlussfolgern Sie eine Aussage über $\lim\limits_{x \to 0} x \cdot \sin \frac{1}{x}$.

16. Weisen Sie unter Verwendung des Einschachtelungssatzes (siehe Aufgabe 11) die folgenden Grenzwerte nach. Skizzieren Sie jeweils die zum Nachweis benutzten Funktionen in ein und dasselbe Koordinatensystem.

a) $\lim\limits_{x \to 0} \frac{\sin(x^2)}{x} = 0$ **b)** $\lim\limits_{x \to 0} \frac{\sin^2 x}{x} = 0$

17. Gegeben sei die Funktionenschar

$$f_{ab}(x) = \begin{cases} ax^2 + 3x - 2 & \text{für } x < 1 \\ bx - 4 & \text{für } x \geq 1 \end{cases}.$$

In Bild 5 sind zwei Funktionen der Schar dargestellt.

a) Welcher Zusammenhang muss für a und b gelten, damit $\lim\limits_{x \to 1} f_{ab}$ existiert?

b) Ermitteln Sie a und b so, dass $\lim\limits_{x \to 1} f_{ab} = 4$ ist.

c) Ermitteln Sie a und b so, dass $\lim\limits_{x \to 1} = f_{ab} = 1$ ist. Zeichnen Sie den Graphen und interpretieren Sie dessen Verlauf.

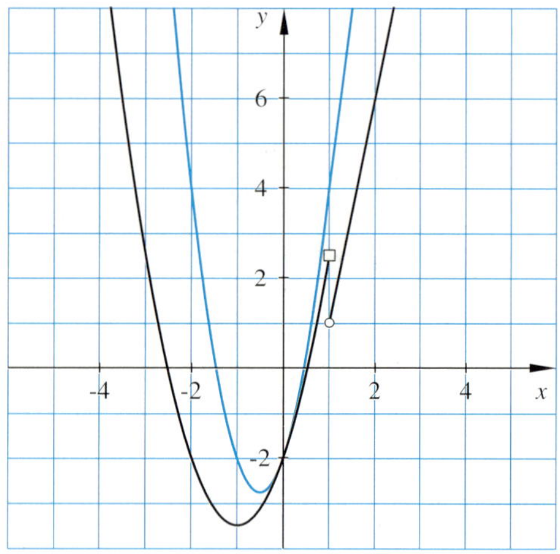

5

18. **a)** In Bild 6 sind die Graphen dreier Funktionen der Schar f_t mit

$$f_t(x) = \begin{cases} t^2 x & \text{für } x > 2 \\ \frac{1}{2}(3x^3 + 2t^2 x - 24) & \text{für } x \leq 2 \end{cases}$$

dargestellt.
Zeigen Sie, dass jede Funktion f_t an der Stelle $x_0 = 2$ einen Grenzwert $\lim\limits_{x \to 2} f_t(x)$ besitzt.

b) Für welche t ist $\lim\limits_{x \to 2} f_t(x) = 10$?

c) Ermitteln Sie näherungsweise diejenigen Werte für t, für die in Bild 6 die Graphen dargestellt wurden.

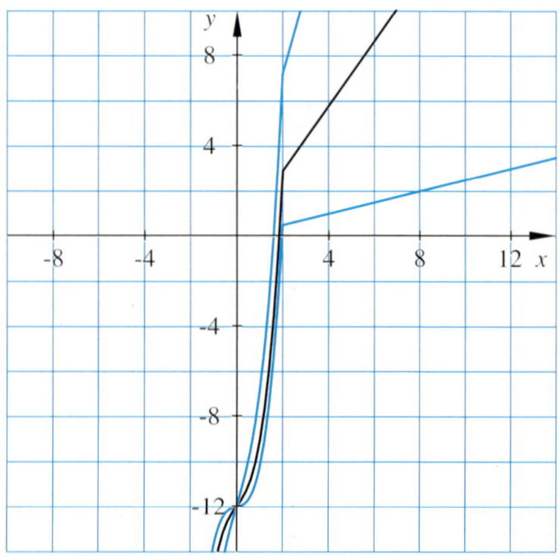

6

19. Es sei für $x \geq 0$ die Funktion f mit $f(x) = \lim\limits_{n \to \infty} \dfrac{1}{1 + x^n}$ definiert.

a) Berechnen Sie $f(0)$, $f(0{,}5)$, $f(1)$ und $f(2)$.

b) Geben Sie f in der Form $f(x) = \begin{cases} \ldots & \text{für } \ldots \\ \ldots & \text{für } \ldots \\ \ldots & \text{für } \ldots \end{cases}$ an und zeichnen Sie den Graphen von f.

c) Untersuchen Sie, ob $\lim\limits_{\substack{x \to 0 \\ x > 0}} f(x)$ bzw. $\lim\limits_{x \to 1} f(x)$ existieren.

20. Für die Bildentstehung an Sammellinsen gilt der Zusammenhang: $\dfrac{1}{f} = \dfrac{1}{g} + \dfrac{1}{b}$ (Linsengleichung; g – Gegenstandsweite; b – Bildweite; f – Brennweite).

a) Erläutern Sie die darin auftretenden Größen.

b) Leiten Sie die Beziehung $b = \dfrac{f \cdot g}{g - f}$ aus der Linsengleichung her.

c) Betrachten Sie diejenige Funktion, die der Gegenstandsweite g bei konstanter Brennweite $f = 10$ cm die Bildweite b zuordnet. Geben Sie die Funktionsgleichung an. Übertragen und vervollständigen Sie die Wertetabelle. Zeichnen Sie den Funktionsgraphen. Falls erforderlich, berechnen Sie noch weitere Funktionswerte.

g in cm	100	80	60	40	20	15	10	5	1
b in cm									

d) Wie verhält sich die Funktion $b(g)$ für die Fälle $g = 2f$ bzw. $g = f$? Was bedeutet das physikalisch?

e) Welche Aussagen für b folgen aus $g > 2f$, $2f > g > f$ bzw. $f > g$? Interpretieren Sie auch diese Fälle physikalisch.

f) Untersuchen Sie, ob der Grenzwert $\lim\limits_{g \to 10} b(g)$ existiert.

g) Wie verhält sich die Bildweite b, wenn die Gegenstandsweite g unbeschränkt wächst?

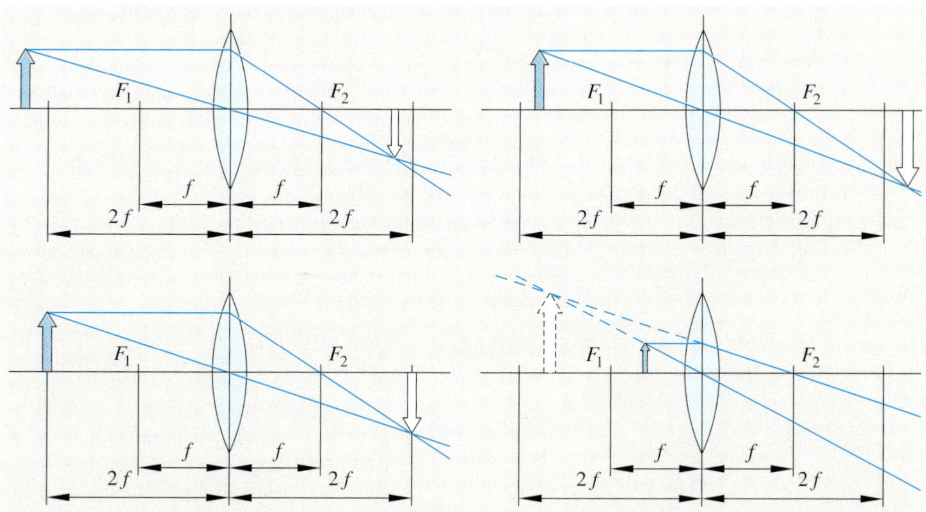

Abbildungen zur Linsengleichung

3 Stetige Funktionen

In der vorangegangenen Lerneinheit haben wir das Verhalten einer Funktion in der Umgebung einer Stelle x_0 untersucht. Dieses Verhalten wurde mit dem Grenzwert der Funktion an einer Stelle beschrieben.
Wir beziehen nun noch den Funktionswert an der Stelle x_0 – falls die Funktion an dieser Stelle definiert ist – in unsere Überlegungen mit ein.
Zunächst schauen wir uns vier Beispiele an:

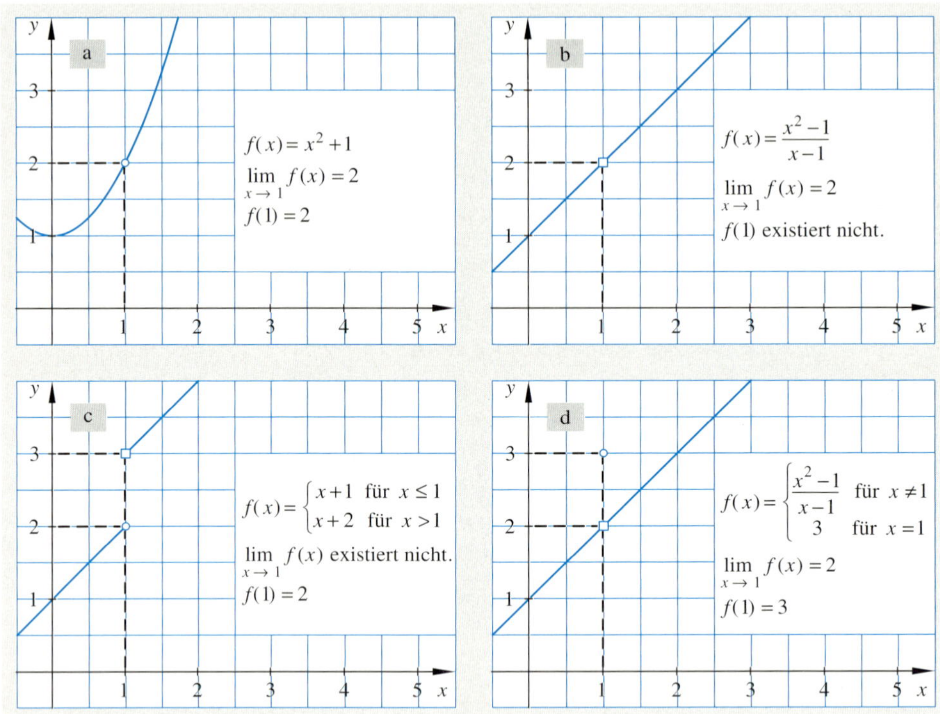

8

1. **a)** Betrachten Sie die Beispiele und erläutern Sie die Unterschiede des Verhaltens der Funktionen nahe der Stelle 1.

b) Vergleichen Sie die vier Beispiele danach, unter welchen Bedingungen sich der Graph der Funktion in einer Umgebung der Stelle 1 ohne Absetzen des Stiftes durchzeichnen lässt.

2. Vergleichen Sie folgende Funktionen mit den vier Funktionen im vorangehenden Beispiel. Welcher der Fälle a), b), c) oder d) liegt vor, wenn Sie $\lim_{x \to 3} f(x)$ bilden?

a) $f(x) = \begin{cases} x + 2 & \text{für } x \neq 3 \\ 4 & \text{für } x = 3 \end{cases}$

b) $f(x) = \begin{cases} x + 2 & \text{für } x < 3 \\ x + 1 & \text{für } x \geq 3 \end{cases}$

c) $f(x) = \begin{cases} x + 2 & \text{für } x \neq 3 \\ 5 & \text{für } x = 3 \end{cases}$

d) $f(x) = x + 2$ für $x \neq 3$

Funktionen, deren Graph sich in einer Umgebung einer Stelle x_0 ohne Absetzen des Stiftes zeichnen lassen, werden als stetig bezeichnet. Diese anschauliche Vorstellung lässt sich durch einen Vergleich der Beispiele a) bis d) präzisieren:

DEFINITION
f sei eine Funktion, x_0 eine reelle Zahl. f sei in einer Umgebung der Stelle x_0 definiert.
***f* ist stetig an der Stelle x_0** genau dann, wenn (1) $\lim\limits_{x \to x_0} f(x)$ existiert

und

(2) $\lim\limits_{x \to x_0} f(x) = f(x_0)$.

Ist auch nur eine der Bedingungen (1) oder (2) nicht erfüllt, so heißt f an der Stelle x_0 **unstetig**.

Beispiele: Zu untersuchen ist, ob die jeweilige Funktion an der Stelle 1 stetig ist.

a) $f(x) = x^2 + 1$ **b)** $f(x) = \dfrac{x^2 - 1}{x - 1}$ **c)** $f(x) = \begin{cases} \dfrac{x^2 - 1}{x - 1} & \text{für } x \neq 1 \\ 3 & \text{für } x = 1 \end{cases}$

Zu a): $f(x) = x^2 + 1$ ist in jeder Umgebung der Stelle 1 definiert, denn es ist ja $D_f = \mathbb{R}$.
Nun prüfen wir, ob die Bedingungen (1) und (2) aus der Definition erfüllt sind.
(1) Es ist $\lim\limits_{x \to 1} f(x) = \lim\limits_{x \to 1} (x^2 + 1) = 2$.
Der Grenzwert der Funktion an der Stelle 1 existiert.
(2) Es ist $f(1) = 2$. Damit gilt $\lim\limits_{x \to 1} f(x) = f(1)$.
Beide Bedingungen sind erfüllt, also ist f an der Stelle 1 stetig.

Zu b): Die Funktion $f(x) = \dfrac{x^2 - 1}{x - 1}$ ist an der Stelle 1 nicht definiert, da im Term $\dfrac{x^2 - 1}{x - 1}$ für $x = 1$ der Nenner 0 wird.
Folglich kann die Funktion dort nicht stetig sein.

Zu c): Die Funktion $f(x) = \begin{cases} \dfrac{x^2 - 1}{x - 1} & \text{für } x \neq 1 \\ 3 & \text{für } x = 1 \end{cases}$ ist in jeder Umgebung von 1 definiert ($D_f = \mathbb{R}$). Die Bedingung (1) ist erfüllt, denn es ist $\lim\limits_{x \to 1} f(x) = 2$.
Wegen $f(1) = 3$ ist aber $\lim\limits_{x \to 1} f(x) \neq f(1)$, also die Bedingung (2) nicht erfüllt.

3. Untersuchen Sie, ob die Funktion f an der Stelle x_0 stetig ist.

a) $f(x) = x + 1$, $x_0 = 0$
b) $f(x) = x + 2$, $x_0 = 2$
c) $f(x) = x^2$, $x_0 = 1$
d) $f(x) = x^2 - 1$, $x_0 = 2$
e) $f(x) = \dfrac{x^2}{x}$, $x_0 = 0$
f) $f(x) = \dfrac{x^2}{x}$, $x_0 = 1$
g) $f(x) = \begin{cases} x - 1 & \text{für } x \leq 2 \\ x + 1 & \text{für } x > 2 \end{cases}$, $x_0 = 2$
h) $f(x) = \dfrac{x^2 - 4}{x - 2}$, $x_0 = 2$

4. Es sei $f(x) = \begin{cases} x+1 & \text{für } x \leq 0 \\ x & \text{für } x > 0 \end{cases}$.

a) Geben Sie den Definitionsbereich von f an.

b) Gibt es eine Stelle im Definitionsbereich, an der f unstetig ist? Begründen Sie Ihre Antwort.

Beispiel: Die Funktion $f(x) = \frac{1}{x-1}$ ist an der Stelle $x = 1$ nicht stetig, da sie an dieser Stelle gar nicht definiert ist. Sie ist jedoch an jeder anderen Stelle stetig, also an jeder Stelle ihres Definitionsbereiches, denn für alle x_0 mit $x_0 \neq 1$ gilt:

$$\lim_{x \to x_0} f(x) = \lim_{x \to x_0} \frac{1}{x-1} = \frac{1}{\lim\limits_{x \to x_0} (x-1)} = \frac{1}{x_0 - 1} = f(x_0).$$

Ist eine Funktion f an jeder Stelle ihres Definitionsbereiches stetig, so sagt man kurz: ***f* ist stetig** oder ***f* ist eine stetige Funktion**.

5. Beweisen Sie, dass die Funktion f stetig (d.h. an **jeder** Stelle ihres Definitionsbereiches stetig) ist.

a) $f(x) = x$ **b)** $f(x) = 3x + 4$ **c)** $f(x) = 3$ **d)** $f(x) = \frac{1}{x^2}$

e) $f(x) = x^2$ **f)** $f(x) = 2x^2 - 1$ **g)** $f(x) = -2$ **h)** $f(x) = x - 7$

Beispiel: Die Funktion $f(x) = \begin{cases} x+1 & \text{für } x \leq 1 \\ x & \text{für } x > 1 \end{cases}$ ist nicht an jeder Stelle ihres Definitionsbereiches stetig. Sie ist an der Stelle 1 unstetig, weil der Grenzwert $\lim\limits_{x \to 1} f(x)$ nicht existiert. Wir finden jedoch Intervalle I derart, dass f an jeder Stelle von I stetig ist. Ein solches Intervall ist z.B. $(2;3)$, aber auch $(1;4)$.

Ist eine Funktion f an jeder Stelle eines Intervalls stetig, so sagt man kurz: ***f* ist in *I* stetig.**[1]

6. Geben Sie drei verschiedene Intervalle an, in denen die Funktion f stetig ist.

a) $f(x) = \frac{1}{(x-1)(x-2)}$ **b)** $f(x) = \begin{cases} x & \text{für } x \leq 2 \\ x+1 & \text{für } x > 2 \end{cases}$

7. Entscheiden Sie, ob die Funktion f an der Stelle x_0 stetig oder unstetig ist.

a) $f(x) = \begin{cases} \frac{x^2-9}{x-3} & \text{für } x \neq 3 \\ 3 & \text{für } x = 3 \end{cases}$; $x_0 = 3$ **b)** $f(x) = \begin{cases} \frac{1}{x-2} & \text{für } x \neq 2 \\ 0{,}5 & \text{für } x = 2 \end{cases}$; $x_0 = 2$

c) $f(x) = \begin{cases} \frac{1}{x} & \text{für } x \neq 0 \\ 1 & \text{für } x = 0 \end{cases}$; $x_0 = 0$ **d)** $f(x) = \begin{cases} \frac{x^2-4}{x-2} & \text{für } x \neq 2 \\ 2 & \text{für } x = 2 \end{cases}$; $x_0 = 2$

[1] Ist I ein abgeschlossenes Intervall $[a;b]$, so fordert man $\lim\limits_{n \to \infty} f(x_n) = f(a)$ bzw. $\lim\limits_{n \to \infty} f(x_n) = f(b)$ nur für solche Folgen (x_n), die ganz im Intervall verlaufen und gegen a bzw. b konvergieren. Das bedeutet, dass man sich der Zahl a nur von rechts und der Zahl b nur von links nähert.

Die Grenzwertsätze für Funktionen liefern ein rationelles Mittel für den Nachweis der Stetigkeit der rationalen Funktionen. Die beiden folgenden Aussagen sind dabei grundlegend:
(1) Jede konstante Funktion ist stetig (d.h. an jeder Stelle ihres Definitionsbereiches).
(2) Die identische Funktion $f(x) = x$ ist stetig.
Mithilfe der Grenzwertsätze kann man auf (1) und (2) gestützt nachweisen, dass jede rationale Funktion stetig ist.

Beispiel: Gegeben sei f mit $f(x) = \frac{x^2 + 3x - 2}{x + 5}$. Man zeige, dass f stetig ist.

Es sind nach (1) und (2) die Funktionen $f_1(x) = x$, $f_2(x) = 3$, $f_3(x) = -2$ und $f_4(x) = 5$ stetig. Nach den Grenzwertsätzen für Funktionen folgt daraus für jede beliebige Stelle des Definitionsbereiches der gegebenen Funktion f (also $x_0 \neq -5$):

$$\lim_{x \to x_0} x^2 = \lim_{x \to x_0} [f_1(x) \cdot f_1(x)] = \lim_{x \to x_0} f_1(x) \cdot \lim_{x \to x_0} f_1(x) = x_0 \cdot x_0,$$

$$\lim_{x \to x_0} 3x = \lim_{x \to x_0} [f_2(x) \cdot f_1(x)] = \lim_{x \to x_0} f_2(x) \cdot \lim_{x \to x_0} f_1(x) = 3x_0,$$

$$\lim_{x \to x_0} (x^2 + 3x - 2) = \lim_{x \to x_0} x^2 + \lim_{x \to x_0} 3x + \lim_{x \to x_0} (-2) = x_0^2 + 3x_0 - 2,$$

$$\lim_{x \to x_0} (x + 5) = \lim_{x \to x_0} [f_1(x) + f_4(x)] = \lim_{x \to x_0} f_1(x) + \lim_{x \to x_0} f_4(x) = x_0 + 5$$

und schließlich

$$\lim_{x \to x_0} f(x) = \lim_{x \to x_0} \frac{x^2 + 3x - 2}{x + 5} = \frac{\lim\limits_{x \to x_0} (x^2 + 3x - 2)}{\lim\limits_{x \to x_0} (x + 5)} = \frac{x_0^2 + 3x_0 - 2}{x_0 + 5} = f(x_0).$$

8. Beweisen Sie die Aussage (1) und (2).

9. Beweisen Sie, dass die Funktion f mit $f(x) = \frac{x^3 - 1}{x}$ $\left(f(x) = \frac{1}{x^2 + 6}\right)$ stetig ist.

10.* Widerlegen Sie die Behauptungen:

a) Sind f_1 und f_2 an der Stelle x_0 unstetig, so ist auch die Funktion $f_1 + f_2$ an der Stelle x_0 unstetig. Hinweis: Betrachten Sie dazu die Funktionen

$$f_1(x) = \begin{cases} x & \text{für } x \leq 1 \\ x + 1 & \text{für } x > 1 \end{cases} \quad \text{und}$$

$$f_2(x) = \begin{cases} x + 2 & \text{für } x \leq 1 \\ x + 1 & \text{für } x > 1 \end{cases} \quad \text{an der}$$

Stelle $x_0 = 1$ (siehe Bild 9).

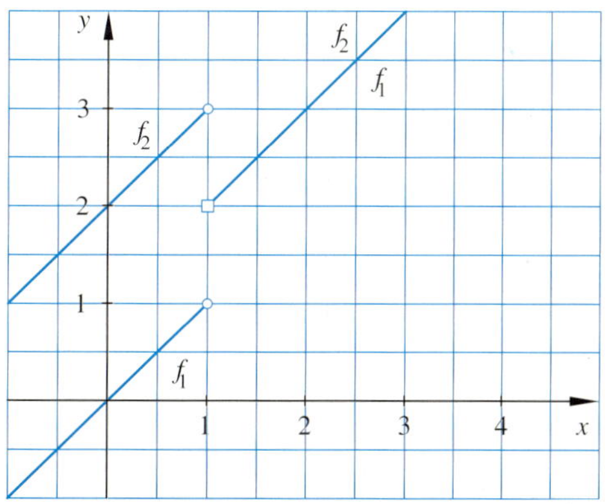

9

b) Sind f_1 und f_2 an der Stelle x_0 unstetig, so ist auch die Funktion $f_1 - f_2$ an der Stelle x_0 unstetig.

c) Sind f_1 und f_2 an der Stelle x_0 unstetig, so ist auch die Funktion $f_1 \cdot f_2$ an der Stelle x_0 unstetig. Hinweis: Betrachten Sie die Funktionen $f_1(x) = \begin{cases} 0 & \text{für } x \leq 1 \\ 1 & \text{für } x > 1 \end{cases}$ und $f_2(x) = \begin{cases} 1 & \text{für } x \leq 1 \\ 0 & \text{für } x > 1 \end{cases}$ an der Stelle 1.

d) Sind f_1 und f_2 an der Stelle x_0 unstetig, so ist auch die Funktion $\frac{f_1}{f_2}$ an der Stelle x_0 unstetig.

11. f_1 und f_2 seien Funktionen, die an der Stelle x_0 stetig sind. Begründen Sie folgende Aussagen:

a) $f_1 + f_2$ ist an der Stelle x_0 stetig.

b) $f_1 - f_2$ ist an der Stelle x_0 stetig.

c) $f_1 \cdot f_2$ ist an der Stelle x_0 stetig.

d) $\frac{f_1}{f_2}$ ist an der Stelle x_0 stetig, falls $f_2(x_0) \neq 0$ ist.

Die bisher genannten Beispiele für unstetige Funktionen waren stets solche, die nur an einzelnen Stellen nicht stetig waren. Die Graphen dieser Funktionen konnten nur an einzelnen Stellen nicht durchgezeichnet werden. An den Unstetigkeitsstellen musste der Stift abgesetzt werden. Das folgende Beispiel macht aber klar, dass die anschauliche Vorstellung von Stetigkeit im Sinne von Zeichnen des Graphen, ohne den Stift abzusetzen, die Sache nur vereinfacht wiedergibt.

Beispiel: Es ist die Funktion

$$f(x) = \begin{cases} x \cdot \sin \frac{1}{x} & \text{für } x \neq 0 \\ 0 & \text{für } x = 0 \end{cases}$$ an der Stelle 0 zu untersuchen.

Die gegebene Funktion f ist an der Stelle 0 stetig, denn es ist:

$$\lim_{x \to 0} f(x) = \lim_{x \to 0} \left[x \cdot \sin \frac{1}{x}\right] = 0 = f(0),$$

da $\sin \frac{1}{x}$ beschränkt.[1]

Wie wir später noch sehen werden, ist die Funktion sogar an jeder Stelle stetig, also eine stetige Funktion. Es ist aber nicht möglich, den Graphen der Funktion in der Nähe der Stelle 0 richtig zu zeichnen (Bild 10).

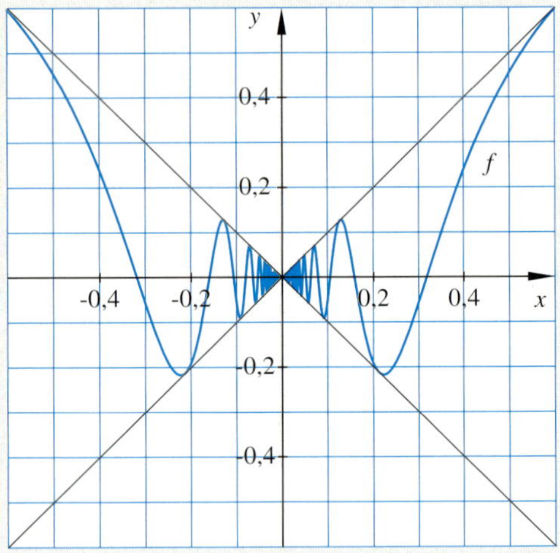

10

12. Versuchen Sie, den Graphen der Funktion aus dem Beispiel im Intervall $[-1; 1]$ zu zeichnen. Fertigen Sie dazu eine geeignete Wertetabelle an. Warum kann der Graph nicht durchgezeichnet werden?

13. Begründen Sie, dass die Funktion f mit

$$f(x) = \begin{cases} \sin \frac{1}{x} & \text{für } x \neq 0 \\ 0 & \text{für } x = 0 \end{cases}$$ an der Stelle $x = 0$ unstetig ist.

Ist eine Funktion unstetig, so muss sie dies durchaus nicht nur an einzelnen wenigen Stellen sein. Die in der folgenden Aufgabe angegebene Funktion ist zwar überall definiert, aber an keiner Stelle stetig.

[1] Der Nachweis verwendet den folgenden Satz über Grenzwerte von Folgen:
Ist (a_n) eine Nullfolge und (b_n) eine beschränkte Folge, so ist die Folge $(a_n \cdot b_n)$ eine Nullfolge.

14.* Es sei $f(x) = \begin{cases} 1 & \text{falls } x \text{ eine rationale Zahl ist} \\ 0 & \text{falls } x \text{ eine irrationale Zahl ist} \end{cases}$.[1]
Begründen Sie, dass f an keiner Stelle ihres Definitionsbereiches stetig ist.
(Hinweis: Wählen Sie eine beliebige Stelle x_0. Denken Sie sich nun eine Folge von rationalen Zahlen, die gegen x_0 konvergiert und dann eine Folge von irrationalen Zahlen, die gegen x_0 konvergiert. Vergleichen Sie die jeweiligen Folgen der Funktionswerte.)

Man kann die Eigenschaft der Stetigkeit einer Funktion f an einer Stelle x_0 auch definieren, ohne auf den Grenzwertbegriff von Funktionen Bezug zu nehmen.

DEFINITION
f sei eine Funktion, x_0 eine reelle Zahl. f sei in einer Umgebung der Stelle x_0 definiert.

***f* ist stetig an der Stelle x_0** genau dann, wenn zu jeder positiven Zahl ε eine positive Zahl δ derart existiert, dass für alle x gilt: Wenn $|x - x_0| < \delta$, so $|f(x) - f(x_0)| < \varepsilon$.

Eine Veranschaulichung der Bedingungen, die in der Definition gestellt wurden, gibt Bild 11 wieder.

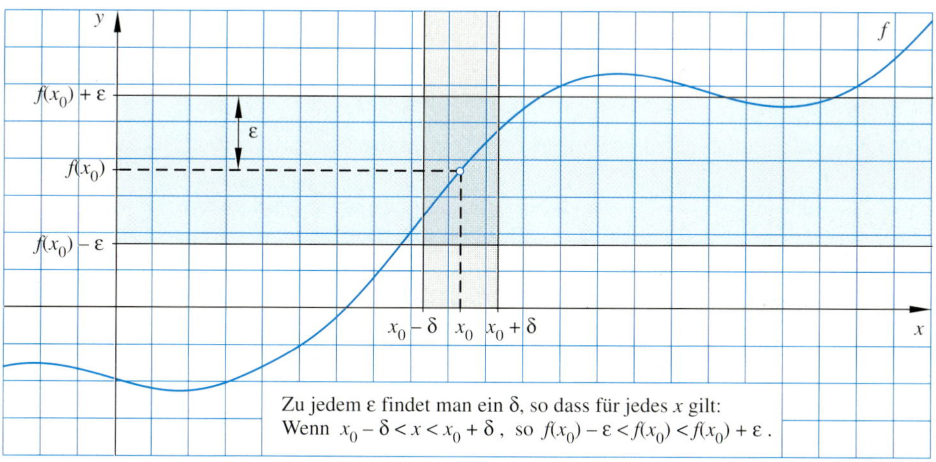

11

Man kann die in der Definition geforderten Bedingungen in etwa wie folgt beschreiben: $f(x)$ liegt in einer beliebig vorgegebenen ε-Umgebung von $f(x_0)$, wenn x nur nahe genug bei x_0 liegt. Diese Definition ist jener, die auf den Grenzwertbegriff von Funktionen Bezug nimmt, gleichwertig.

15. Zeichnen Sie einen Graphen mit einer Sprungstelle. Zeigen Sie mithilfe der obigen Definition grafisch, dass die Funktion nicht stetig ist.

[1] Dieses Beispiel geht auf den deutschen Mathematiker Peter Gustav Lejeune Dirichlet (1805–1859) zurück. Er wirkte u.a. von 1831 bis 1855 an der Universität in Berlin und ab 1855 an der Universität in Göttingen als Nachfolger von Carl Friedrich Gauss.

4 Sätze über stetige Funktionen

Ist eine Funktion in einem abgeschlossenen Intervall stetig, so ergeben sich daraus interessante Eigenschaften für die Funktion. Wir wollen zunächst mit Bezug auf die Anschauung eine solche Eigenschaft gewinnen

Beispiel: Gegeben sei die Funktion $f(x) = x^3 - x - 2$. Hat diese Funktion im Intervall $[0; 2]$ eine Nullstelle?
Es ist $f(0) = -2$ und $f(2) = 4$.
Zum Graphen der Funktion gehören also die Punkte $(0; -2)$ und $(2; 4)$.
Der eine Punkt liegt unterhalb, der andere oberhalb der x-Achse. Da die Funktion im Intervall stetig ist, wird man beim Zeichnen des Graphen im betreffenden Intervall $[0; 2]$ wenigstens einmal die x-Achse schneiden müssen. Das bedeutet, dass der Graph von f im Intervall $[0; 2]$ wenigstens einen Schnittpunkt mit der x-Achse haben muss. Also hat f im Intervall eine Nullstelle.

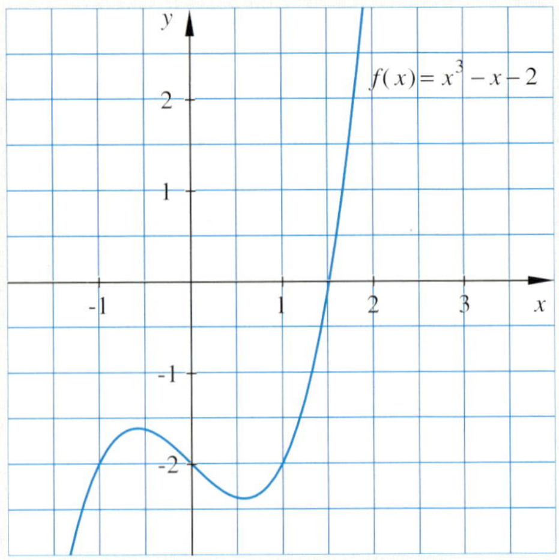

12

Diese hier anschaulich gewonnene Eigenschaft gilt tatsächlich für stetige Funktionen:

SATZ 1 (Nullstellensatz) f sei eine Funktion, $[a; b]$ ein abgeschlossenes Intervall. Ist f stetig in $[a; b]$ und haben $f(a)$ und $f(b)$ unterschiedliche Vorzeichnen, so hat f im Intervall $[a; b]$ wenigstens eine Nullstelle.

Beweis: f sei in $[a; b]$ stetig und es sei $f(a) \cdot f(b) < 0$, d.h. $f(a)$ und $f(b)$ haben unterschiedliche Vorzeichen. Zu zeigen ist, dass f im Intervall $[a; b]$ eine Nullstelle hat.
Angenommen, f hat im Intervall $[a; b]$ keine Nullstelle. Wir führen diese Annahme für den Fall zum Widerspruch, dass $f(a) < 0$ und $f(b) > 0$ ist. Dazu konstruieren wir zwei Folgen (a_n) und (b_n) auf folgende Weise:
Wir setzen $a_1 = a$, $b_1 = b$. Dann errechnen wir den Funktionswert für die Mitte des Intervalls $[a_1; b_1]$. Die Intervallmitte ist $\frac{a_1 + b_1}{2}$.
Ist $f\left(\frac{a_1 + b_1}{2}\right) < 0$, so setzen wir $a_2 = \frac{a_1 + b_1}{2}$ und $b_2 = b_1$.

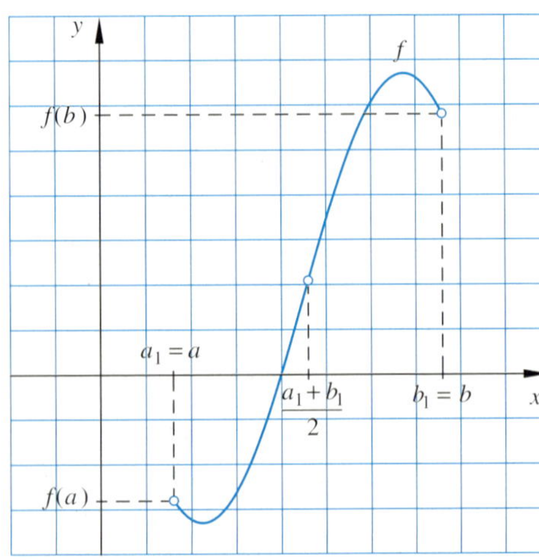

13

Ist $f\left(\frac{a_1 + b_1}{2}\right) > 0$, so setzen wir $a_2 = a_1$ und $b_2 = \frac{a_1 + b_1}{2}$.

Nun errechnen wir $f\left(\frac{a_2 + b_2}{2}\right)$. Ist $f\left(\frac{a_2 + b_2}{2}\right) < 0$, so setzen wir $a_3 = \frac{a_2 + b_2}{2}$ und $b_3 = b_2$.

Ist $f\left(\frac{a_2 + b_2}{2}\right) > 0$, so setzen wir $a_3 = a_2$ und $b_3 = \frac{a_2 + b_2}{2}$ usw.

Die so entstehenden Folgen (a_n) und (b_n) haben dann folgende Eigenschaften:

(a_n) ist monoton wachsend. (b_n) ist monoton fallend. Weiter gilt $b_n - a_n = \frac{b-a}{2^{n-1}}$.

Für jede natürliche Zahl n mit $n > 1$ gilt:
Das Intervall $[a_n; b_n]$ ist im Intervall $[a_{n-1}; b_{n-1}]$ enthalten. Die Intervalllänge $(b_n - a_n)$ konvergiert gegen null. Man nennt eine Folge von Intervallen $[a_n; b_n]$ mit den hier genannten Eigenschaften eine **Intervallschachtelung**. Im Bereich der reellen Zahlen gibt es nun genau eine Zahl, die allen Intervallen der Folge angehört.[1] Diese Zahl nennen wir x_0. Es ist dann $\lim\limits_{n\to\infty} a_n = x_0$ und $\lim\limits_{n\to\infty} b_n = x_0$. Wegen der Stetigkeit von f an jeder Stelle des Intervalls $[a; b]$ ist f auch an der Stelle x_0 stetig. Damit gilt $\lim\limits_{n\to\infty} f(a_n) = f(x_0)$ und $\lim\limits_{n\to\infty} f(b_n) = f(x_0)$.

Wir haben aber die Folgen (a_n) und (b_n) so konstruiert, dass stets $f(a_n) < 0$ und $f(b_n) > 0$ ist. Eine Folge, die nur negative Folgenglieder hat, kann keinen positiven Grenzwert besitzen. Also gilt wegen $f(a_n) < 0$ für alle $n > 1$, dass $f(x_0) \leq 0$ und wegen $f(b_n) > 0$ für alle $n > 1$, dass $f(x_0) \geq 0$. Das geht aber nur, wenn $f(x_0) = 0$ ist. Das ist ein Widerspruch zur Annahme. Also hat f im Intervall $[a; b]$ eine Nullstelle.

1. Begründen Sie, dass die im vorstehenden Beweis genannte Folge (a_n) monoton wächst und die Folge (b_n) monoton fällt.

2. Begründen Sie, dass die im Beweis genannte Folge $(b_n - a_n)$ eine Nullfolge ist.

3. Zeigen Sie mit dem Beispiel $f(x) = \begin{cases} x - 3 & \text{für } x \leq 2 \\ x + 3 & \text{für } x > 2 \end{cases}$ im Intervall $[0; 3]$, dass die Stetigkeit eine notwendige Voraussetzung für die Behauptung im Nullstellensatz ist.

4. Zeigen Sie mit dem Beispiel $f(x) = \begin{cases} \frac{1}{x} & \text{für } x \neq 0 \\ -2 & \text{für } x = 0 \end{cases}$ im Intervall $(0; 2)$, dass für die Behauptung im Nullstellensatz die Stetigkeit von f im offenen Intervall $(a; b)$ nicht ausreichend ist.

5. Geben Sie ein Intervall an, in dem die Funktion f eine Nullstelle hat.

a) $f(x) = x^2 - 3x + 1$

b) $f(x) = x^4 + 3x^2 - 8x + 1$

c) $f(x) = \frac{1}{x^3} - 2$

d) $f(x) = \frac{1}{x^3 - 1} + 1$

---

[1] Diese Eigenschaft der reellen Zahlen nennt man Vollständigkeit. Man sagt: Der Bereich der reellen Zahlen ist vollständig. Im Bereich der rationalen Zahlen kann man Intervallschachtelungen angeben, so dass es keine rationale Zahl gibt, die allen Intervallen der Folge angehört. Z.B. wähle man eine monoton wachsende Folge (a_n) rationaler Zahlen, die gegen $\sqrt{2}$ konvergiert und eine monoton fallende Folge (b_n), die ebenfalls gegen $\sqrt{2}$ konvergiert. Die einzige Zahl, die dann allen Intervallen $[a_n; b_n]$ angehört, ist die reelle Zahl $\sqrt{2}$. Es gibt demzufolge keine rationale Zahl, die allen Intervallen $[a_n; b_n]$ angehört.

Die Aussage des Nullstellensatzes kann noch verallgemeinert werden. Ist z.B. $f(a) < 0$ und $f(b) > 0$, so ist 0 nur ein spezieller Wert zwischen $f(a)$ und $f(b)$. Ist y irgendeine Zahl zwischen $f(a)$ und $f(b)$, so muss auch diese unter den Funktionswerten der im Intervall $[a; b]$ stetigen Funktion vorkommen. Dabei ist es gar nicht von Bedeutung, dass $f(a) < 0$ und $f(b) > 0$ ist, sondern lediglich, dass $f(a) \neq f(b)$ ist. Damit erhalten wir:

SATZ 2 (Zwischenwertsatz)[1] f sei eine Funktion, $[a; b]$ ein abgeschlossenes Intervall. Ist f stetig in $[a; b]$ und $f(a) \neq f(b)$, so nimmt f im Intervall $[a; b]$ jeden Wert zwischen $f(a)$ und $f(b)$ wenigstens einmal an.

6. Begründen Sie, dass der Nullstellensatz ein Sonderfall des Zwischenwertsatzes ist.

7.* Beweisen Sie den Zwischenwertsatz. Hinweis: Nehmen Sie an, dass c eine beliebige Zahl zwischen $f(a)$ und $f(b)$ ist. Wenden Sie den Nullstellensatz auf die Funktion g mit $g(x) = f(x) - c$ an (siehe Bild 14).

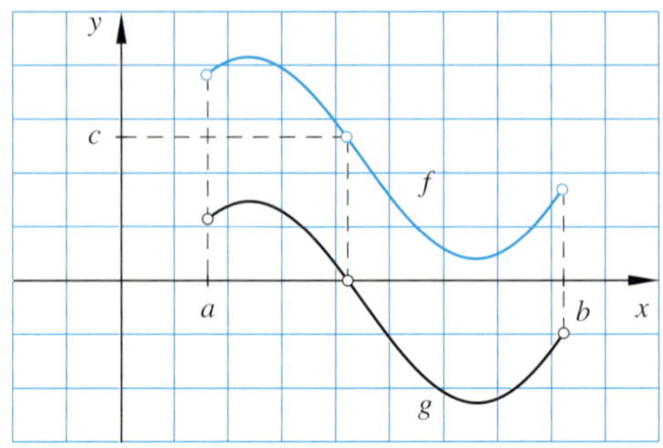

14

8. Einige Schüler haben den Zwischenwertsatz mit eigenen Worten aufgeschrieben. Was meinen Sie zu den folgenden Formulierungen?

a) Ist f stetig in $[a; b]$ und $f(a) \neq f(b)$, so nimmt f jede Zahl zwischen $f(a)$ und $f(b)$ genau einmal im Intervall $[a; b]$ an.

b) Ist f stetig in $[a; b]$ und $f(a) \neq f(b)$, so nimmt f jede Zahl zwischen $f(a)$ und $f(b)$ genau einmal in ihrem Definitionsbereich an.

c) Ist f stetig in $[a; b]$ und $f(a) \neq f(b)$, so nimmt f jede Zahl zwischen $f(a)$ und $f(b)$ wenigstens einmal in ihrem Definitionsbereich an.

d) Ist f stetig in $[a; b]$ und $f(a) \neq f(b)$, so nimmt f jede Zahl zwischen $f(a)$ und $f(b)$ höchstens einmal im Intervall $[a; b]$ an.

9. Ein Schüler beschreibt die Aussage des Zwischenwertsatzes wie folgt: f sei eine Funktion, $[a; b]$ ein abgeschlossenes Intervall. Ist f stetig in $[a; b]$ und $f(a) \neq f(b)$ und x_0 eine Zahl aus dem Intervall $[a; b]$, so liegt $f(x_0)$ zwischen $f(a)$ und $f(b)$.
Argumentieren Sie zu dieser Formulierung. Begründen Sie die Aussage oder widerlegen Sie sie mit einem Beispiel.

10. Prüfen Sie die folgende Argumentation.
Die Funktion f mit $f(x) = x^2$ ist im abgeschlossenen Intervall $[0; 3]$ stetig. Es ist $f(0) = 0$ und $f(3) = 9$. Die Zahl 2 liegt zwischen 0 und 9. Nach dem Zwischenwertsatz gibt es eine reelle Zahl x_0, so dass f an der Stelle x_0 den Wert 2 annimmt. Es gibt also eine Zahl x_0 mit $f(x_0) = {x_0}^2 = 2$. Da f im angegebenen Intervall streng monoton wachsend ist, kann es keine zweite Zahl mit dieser Eigenschaft im Intervall $[0; 3]$ geben. Man nennt diese Zahl $\sqrt{2}$.

---

[1] Man findet diesen Satz auch unter der Bezeichnung *Satz von Bolzano*.

Im Hinblick auf Funktionsuntersuchungen im nächsten Kapitel wollen wir noch eine weitere Eigenschaft stetiger Funktionen hervorheben. Dazu betrachten wir folgende Beispiele:

Beispiele:
a) Die Funktion $f(x) = \frac{1}{x}$ hat im Intervall $(0; 1)$ kein Minimum und kein Maximum.
b) Die Funktion $f(x) = x^2$ wächst im Intervall $[0; 2]$ monoton. Ihr Minimum 0 nimmt sie deshalb an der Stelle 0 und ihr Maximum 4 an der Stelle 2 an.

Die Beispiele zeigen, dass einige Funktionen Extremwerte (Maximum und Minimum) in einem Intervall I haben und andere nicht. Im Falle einer stetigen Funktionen in einem abgeschlossenen Intervall gilt jedoch der folgende Satz:

SATZ 3 (Satz vom Maximum und Minimum)
f sei eine Funktion, $[a; b]$ ein abgeschlossenes Intervall.
Ist f stetig in $[a; b]$, so hat f in $[a; b]$ ein Maximum und ein Minimum.

Die Aussage des letzten Satzes bedeutet, dass die Menge der Funktionswerte, die f im Intervall $[a; b]$ annimmt, einen größten und einen kleinsten Wert enthält. Man kann also eine Zahl x mit $x \in [a; b]$ derart finden, dass $f(x)$ größte Zahl unter den Funktionswerten ist, die im Intervall $[a; b]$ angenommen werden und man kann eine Zahl x^* derart finden, dass $f(x^*)$ kleinste Zahl unter den Funktionswerten ist, die im Intervall $[a; b]$ angenommen werden. Wir werden hier auf einen Beweis verzichten.

Beispiele: Die Funktionen a) $f(x) = 2x + 4$ und b) $f(x) = x^2 - 2x - 3$ sind im abgeschlossenen Intervall $[0; 3]$ stetig.
Man ermittle den größten und den kleinsten Funktionswert in dem Intervall.
a) Für alle x aus dem Intervall $[0; 3]$ gilt: $4 = f(0) \leq f(x) \leq f(3) = 10$.
b) Für alle x aus dem Intervall $[0; 3]$ gilt: $4 = f(1) \leq f(x) \leq f(3) = 0$.

11. Gegeben sei die Funktionen $f(x) = \frac{1}{x}$ im offenen Intervall $(0; 2)$. Begründen Sie unter Verwendung von f, dass die Abgeschlossenheit des Intervalls für die Behauptung des Satzes vom Maximum und Minimum eine notwendige Voraussetzung ist.

12. Begründen Sie folgende Aussagen:
a) Ist f eine streng monoton wachsende Funktion im Intervall $[a; b]$, so ist $f(a)$ der kleinste Funktionswert und $f(b)$ der größte Funktionswert im Intervall $[a; b]$.
b) Ist f eine quadratische Funktion und liegt die Abszisse x_s des Scheitelpunktes im Intervall $[a; b]$, so ist $f(x_s)$ kleinster oder größter Funktionswert von f im Intervall $[a; b]$.

13. Skizzieren Sie den Graphen einer Funktion, die
a) in $[a; b]$ stetig ist und ihr Maximum und ihr Minimum weder in a noch in b annimmt.
b) in $[a; b]$ stetig ist und ihr Maximum in a, ihr Minimum aber nicht in b annimmt.
c) in $[a; b]$ stetig ist und in $[a; b]$ weder ein Maximum noch ein Minimum annimmt.

14. Geben Sie jeweils das Maximum und das Minimum der Funktion f im Intervall $[a; b]$ an, falls es existiert.

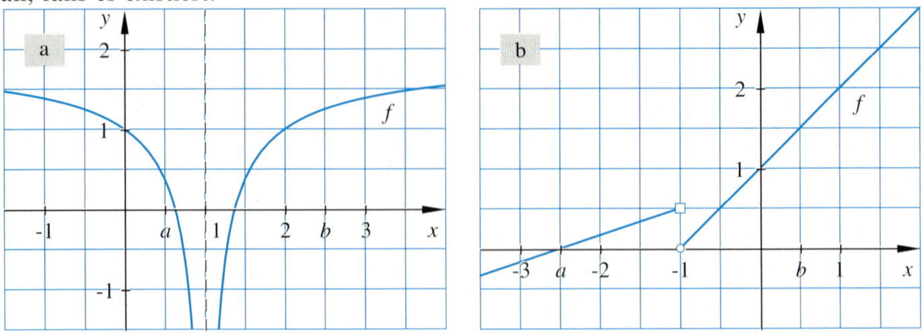

15

15. Begründen oder widerlegen Sie folgende Aussagen.
(Hinweis: Argumentieren Sie mit den Sätzen dieser Lerneinheit bzw. mit den Funktionen, die im Bild 16 grafisch dargestellt sind.)

a) Hat eine Funktion in einem abgeschlossenen Intervall kein Maximum, so ist sie dort nicht stetig.

b) Hat eine Funktion in einem abgeschlossenen Intervall ein Maximum und ein Minimum, so ist sie dort stetig.

c) Jede Funktion, die in dem abgeschlossenen Intervall $[a; b]$ wenigstens eine Nullstelle hat, ist in diesem Intervall stetig.

d) f sei eine Funktion, $[a; b]$ ein abgeschlossenes Intervall. Ist $f(a) < 0$ und $f(b) > 0$ und hat f in $[a; b]$ keine Nullstelle, so ist f in $[a; b]$ nicht stetig.

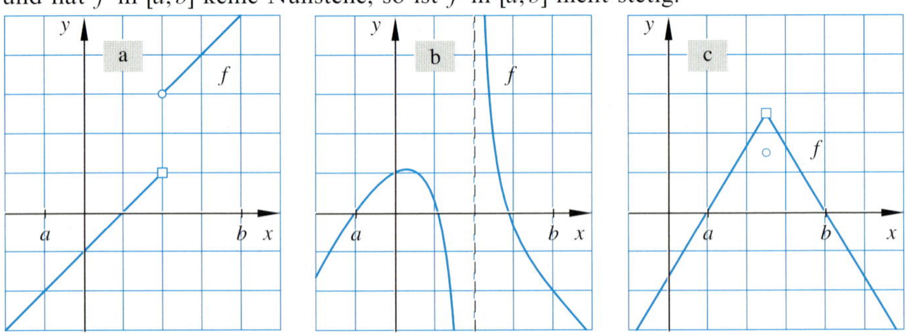

16

16. Prüfen Sie die folgenden Aussagen:

a) f sei eine Funktion. f sei in $[a; b)$ und $[b; c]$ stetig. Weiter sei $f(a) \cdot f(c) < 0$. Dann hat f im Intervall $[a; c]$ eine Nullstelle.

b) f sei eine in $[a; b]$ und $[b; c]$ stetige Funktion. Dann hat f im Intervall $[a; c]$ ein Minimum und ein Maximum.

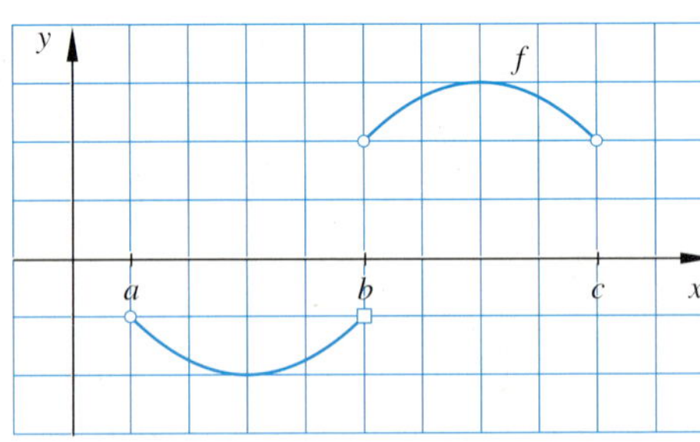

17

17. Argumentieren Sie mit der Funktion aus Bild 17 zu der Aussage in Aufgabe 16a).

5 Näherungsverfahren

Zahlreiche Sachverhalte, Prozesse und Zusammenhänge lassen sich mithilfe von Funktionen beschreiben. Man untersucht dann Eigenschaften der beschreibenden Funktion und interpretiert dann die Ergebnisse als Eigenschaften des Sachverhaltes, Prozesses oder Zusammenhangs. Sehr häufig findet man die Antwort auf eine Frage, indem man Nullstellen oder Extremstellen der beschreibenden Funktion ermittelt. Die folgende Aufgabe 1 enthält einige Beispiele für solche Zusammenhänge.

1. a) Ein Dieselmotor treibt eine Pumpe zur Entwässerung einer Baustelle an. Er benötigt pro Stunde 5,7 l Dieselöl. Nach welcher Zeit ist der Vorrat an Kraftstoff aufgebraucht, wenn zu Beginn 160 l Dieselöl im Tank sind?

b) Die Flugbahn der Kugel, die Ulf Timmermann bei seinem Weltrekord im Kugelstoßen 1985 stieß, wird in etwa durch die Funktion $f(x) = -0{,}0483x^2 + x + 2{,}1$ beschrieben. Dabei ist x die Flugweite und $f(x)$ die Flughöhe des Schwerpunktes der Kugel, jeweils in Meter gemessen. Welche Weite erreichte Ulf Timmermann damals mit der Kugel?

c) Frau Wiegel schließt mit ihrer Bank einen Sparvertrag ab. Drei Jahre lang zahlt sie zu Jahresbeginn 2000 DM ein. Die Bank verzinst die Geldanlage mit 4%. Nach drei Jahren kann sie über ihr Sparguthaben verfügen. Die Bank behält jedoch 1% des Guthabens als Bearbeitungsgebühr ein.
Wie hoch ist der effektive Jahreszins, den Frau Wiegel bei dem Sparguthaben hat?

Die Lösung der Aufgabe 1c) führt auf eine Gleichung dritten Grades, für die wir noch kein Lösungsverfahren kennengelernt haben. Wir können diese Gleichung somit nur näherungsweise lösen. In Kapitel A wurden bereits Näherungsverfahren zur Ermittlung von Nullstellen behandelt (vgl. Seite 30ff.). Dort stand uns jedoch der Begriff der Stetigkeit und somit auch der Nullstellensatz noch nicht zur Verfügung. In den folgenden Beispielen werden diese Begriffe zur Argumentation herangezogen.

Beispiel: Es ist die Lösung zu Aufgabe 1c) gesucht.
Unter dem effektiven Jahreszins versteht man den Zinssatz, der auf den Betrag führt, den der Bankkunde ausgezahlt bekommt.
Zuerst ermitteln wir also den Betrag, den Frau Wiegel nach drei Jahren von der Bank zurückerhält.

	Guthaben zu Beginn des Jahres	Zinsen	Guthaben zum Ende des Jahres
1. Jahr	2000 DM	4%	2080 DM
2. Jahr	4080 DM	4%	4243,20 DM
3. Jahr	6243,20 DM	4%	6492,93 DM

Die Bank behält von der Endsumme 1%, also 64,93 DM ein. Zur Auszahlung kommen folglich 6428,00 DM.
Die Frage ist, mit welchem Zins – ohne Bearbeitungsgebühr – bei gleichen Einzahlungen nach drei Jahren genau 6428 DM erreicht werden.

Bezeichnen wir den gefragten effektiven Zinssatz mit p und setzen wir der Übersichtlichkeit wegen $1 + \frac{p}{100} = x$, so ergibt sich:

	Guthaben zu Beginn des Jahres	Guthaben zum Ende des Jahres
1. Jahr	2000 DM	$x \cdot 2000$ DM
2. Jahr	$x \cdot 2000$ DM + 2000 DM	$x(x \cdot 2000 + 2000)$ DM
3. Jahr	$x(x \cdot 2000 + 2000)$ DM + 2000 DM	$x[x(x \cdot 2000 + 2000) + 2000]$ DM

Für welche x ist $x[x(x \cdot 2000 + 2000) + 2000] = 6428$?
Gleichbedeutend mit der gestellten Frage ist: Für welche x hat die Funktion $f(x) = 2000x^3 + 2000x^2 + 2000x - 6428$ eine Nullstelle?

Es ist $f(1) < 0$ und $f(2) > 0$. Da die Funktion stetig ist, folgt nach dem Nullstellensatz, dass im Intervall $[1, 2]$ eine Nullstelle sein muss. Berechnen wir jetzt $f(1{,}5)$, erhalten wir $f(1{,}5) = 7822 > 0$. Wiederum nach dem Nullstellensatz liegt im Intervall $[1; 1{,}5]$ eine Nullstelle der Funktion. Nun probieren wir es mit $f(1{,}2)$ und erhalten $f(1{,}2) = 2308$. Folglich muss eine Nullstelle im Intervall $[1; 1{,}2]$ liegen.
Wir setzen das Probieren weiter fort:
$f(1{,}1) = 854$, $f(1{,}05) = 192{,}25$, $f(1{,}01) = -307{,}198$, $f(1{,}02) = -184{,}784$, $f(1{,}03) = -60{,}746$, $f(1{,}04) = 64{,}928$. Eine Nullstelle muss im Intervall $[1{,}03; 1{,}04]$ liegen. Weiter erhalten wir $f(1{,}035) = 1{,}88575$ und $f(1{,}034) = -10{,}67$. Wir schließen nach dem Nullstellensatz auf $x \approx 1{,}035$. Für p ermitteln wir dann $p = 3{,}5\%$.

2. **a)** Überprüfen Sie durch Nachrechnen des Beispiels, dass der Zinssatz 3,5% beträgt.
b) Welches Guthaben erzielt Frau Wiegel im Beispiel mit dem effektiven Jahreszins von 3,5% tatsächlich?

3. Beschreiben Sie das im Beispiel angewendete Näherungsverfahren zur Errechnung einer Nullstelle.

Beispiel: Es ist eine Nullstelle der Funktion $f(x) = x^3 - x - 3$ zu ermitteln.

Zunächst ermitteln wir durch Probieren ein Ausgangsintervall $[a; b]$, für das $f(a) \cdot f(b) < 0$ ist. Offenbar ist $f(0) < 0$, aber auch $f(1) = -3 < 0$. Dagegen ist $f(2) = 3 > 0$. Damit haben wir ein geeignetes Ausgangsintervall gefunden, nämlich $[1; 2]$.

Da f in dem Intervall $[1; 2]$ stetig ist, muss nach dem Nullstellensatz in diesem Intervall eine Nullstelle liegen. Wir wollen nun schrittweise ein immer kleineres Intervall suchen, in dem nach dem Nullstellensatz eine Nullstelle liegen muss. Wir errechnen den Funktionswert in der Mitte des Intervalls. Die Mitte ist 1,5. Es gilt $f(1{,}5) = -1{,}125 < 0$. Folglich hat f im Intervall $[1{,}5; 2]$ eine Nullstelle. Wir ermitteln wieder die Mitte des Intervalls: $\frac{1{,}5 + 2}{2} = 1{,}75$. Es ist $f(1{,}75) = 0{,}609375 > 0$. Also muss eine Nullstelle im Intervall $[1{,}5; 1{,}75]$ zu finden sein. Suchen wir wieder die Mitte des Intervalls und errechnen an dieser Stelle den Funktionswert, so erhalten wir: $f(1{,}625) = -0{,}33398 < 0$.
Wenn wir das Verfahren fortsetzen, erhalten wir den Näherungswert $x_0 \approx 1{,}67$

4. Interpretieren Sie den untenstehenden Bildschirmausdruck, der mit „DERIVE“ erstellt wurde.

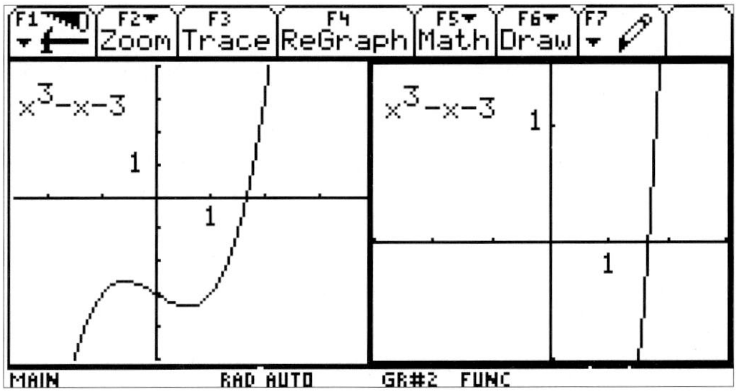

5. Ermitteln Sie nach dem Näherungsverfahren im Beispiel jeweils eine Nullstelle der Funktion f.

a) $f(x) = x^3 - 2x + 1$ **b)** $f(x) = x^4 + x - 12$ **c)** $f(x) = 3x^3 - 4x - 1$

6. Beschreiben Sie die Schrittfolge des Verfahrens im Beispiel auf folgende Weise:

1. Schritt: Ermitteln eines Ausgangsintervalls; prüfen, ob die Funktion in diesem Intervall stetig ist.

n-ter Schritt, $n > 1$: Hat man schon n Schritte ausgeführt, so findet man das nächste Intervall folgendermaßen: ...

7. Ermitteln Sie die Intervalllängen der im Beispiel errechneten Intervalle. Was stellen Sie fest?

8. **a)** Was halten Sie von dem Vorschlag, zur Verkleinerung des Intervalls $[1; 2]$ im Beispiel der Reihe nach die Funktionswerte an den Stellen 1,1; 1,2; 1,3; ... zu berechnen bis man erstmalig einen positiven Funktionswert findet. In diesem Fall ist $f(1{,}7) > 0$ und damit eine Nullstelle im Intervall $[1{,}6; 1{,}7]$. Nun ermittelt man der Reihe nach die Funktionswerte an den Stellen 1,61; 1,62; ... bis man erstmalig einen positiven Funktionswert findet usw.

b) Verfahren Sie nach dem Vorschlag im Aufgabenteil a) zur Berechnung einer Nullstelle der Funktion $f(x) = x^4 - x^3 - 5$.

c) Verfahren Sie nach dem Vorschlag im Aufgabenteil a) zur Berechnung einer Nullstelle der Funktion $f(x) = x^3 + 3x - 17$.

9. **a)** Herr A. zahlt bei einer Bank drei Jahre lang jeweils zu Jahresbeginn 5000 DM ein. Am Ende des dritten Jahres erhält er 16311,51 DM von der Bank zurück. Ermitteln Sie den effektiven Jahreszins.

b) Frau B. zahlt bei ihrer Sparkasse vier Jahre lang jeweils zu Jahresbeginn 3000 DM ein. Am Ende des vierten Jahres lässt sie sich ihr Guthaben auszahlen. Sie erhält von der Bank 13120 DM. Berechnen Sie den effektiven Jahreszins.

c) Welcher effektive Jahreszins ergibt sich, wenn unter den Bedingungen von Aufgabe b) statt 13120 DM am Ende des vierten Jahres 13240 DM ausgezahlt werden?

10. Ermitteln Sie mit einem grafikfähigen Taschenrechner je eine Nullstelle der in Aufgabe 8b) und c) genannten Funktionen.

Das Ermitteln einer Nullstelle nach dem Intervallhalbierungsverfahren ist recht aufwendig. Um gute Näherungswerte zu erhalten ist eine große Schrittzahl notwendig. Die Entwicklung rechentechnischer Hilfsmittel in den letzten Jahrzehnten hat jedoch dazu geführt, dass moderne Rechner eine große Anzahl von Rechenschritten in einem Bruchteil einer Sekunde bewältigen. Das sich auf den Nullstellensatz stützende Intervallhalbierungsverfahren kann durch den folgenden Algorithmus (Bild 18) realisiert werden. Dabei ist $f(x_2) - f(x_1) < \varepsilon$ die Abbruchbedingung, d.h. wenn die Differenz der Zahlen $f(x_2)$ und $f(x_1)$ kleiner als eine vorgegebene Zahl ε ist, wird der Algorithmus abgebrochen.

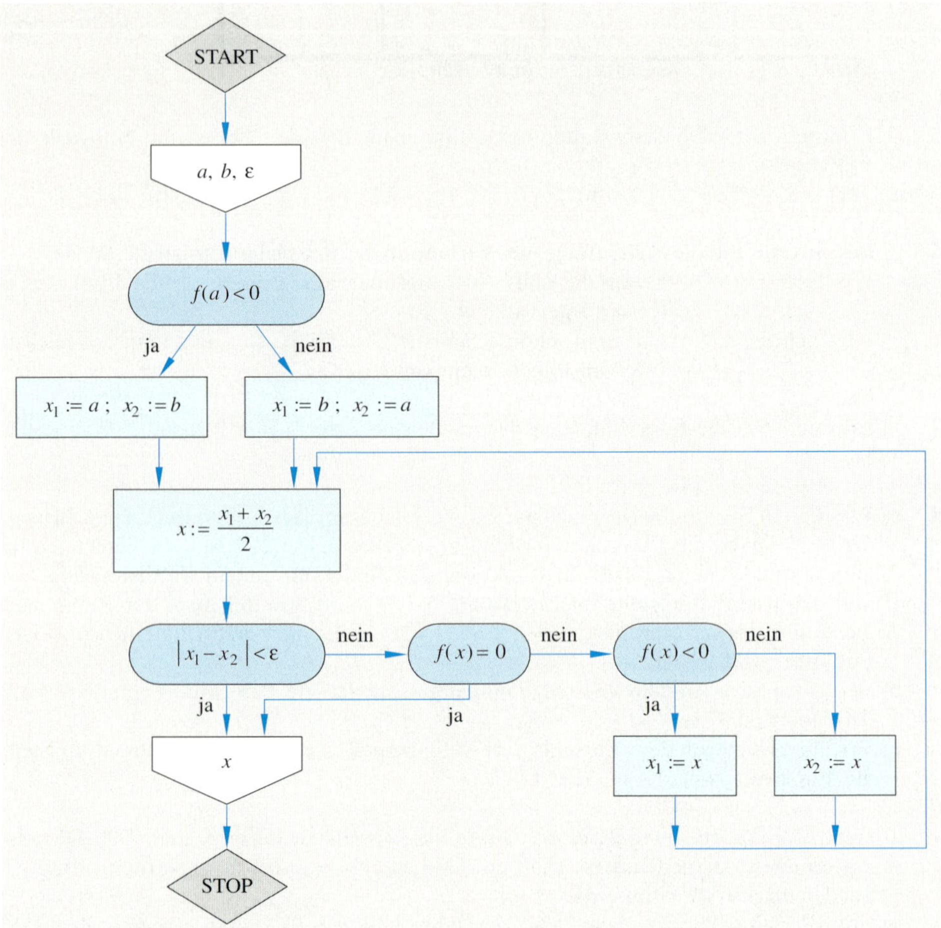

18

11. Setzen Sie den Algorithmus in ein Rechenprogramm für einen Rechner unter Verwendung einer Programmiersprache (z.B. BASIC oder TURBOPASCAL) um.

12. Ersetzt man in dem Flußdiagramm das Element
$x_s := \dfrac{x_1 + x_2}{2}$ durch $x_2 := x_1 - \dfrac{f(x_1)(x_2 - x_1)}{f(x_2) - f(x_1)}$,
so erhält man ein Flussdiagramm als Beschreibung der regula falsi (siehe auch Kap. A, S. 31) zur Berechnung einer Nullstelle der Funktion f im Intervall $[1; 2]$.

a) Wählen Sie $\varepsilon = 0{,}05$. Ermitteln Sie eine Nullstelle der Funktion $f(x) = x^3 - x - 3$ im Intervall $[1; 2]$ nach dem im geänderten Flussdiagramm vorgegebenen Algorithmus.

b) Setzen Sie den Algorithmus in ein Rechenprogramm für einen Rechner unter Verwendung einer Programmiersprache (z.B. BASIC oder TURBOPASCAL) um. Ermitteln Sie unter Verwendung des Programms auf einem Rechner eine Nullstelle der Funktion $f(x) = x^3 - x - 3$ im Intervall $[1; 2]$ für unterschiedliche Werte von ε.

13. Ermitteln Sie eine Nullstelle der stetigen Funktion im angegebenen Intervall unter Verwendung des Halbierungsverfahrens bzw. der regula falsi.

a) $f(x) = x^4 - 3x^2 + 2x - 5$ im Intervall $[1; 2]$

b) $f(x) = x^3 + 2x - 4$ im Intervall $[1; 2]$

14. Im Kasten ist ein BASIC-Programm zur Ermittlung einer Nullstelle einer Funktion gegeben.

```
1  PRINT „Eingabe Epsilon“: INPUT ep
2  PRINT „Eingabe x1“: INPUT x1
3  PRINT „Eingabe x2“: INPUT x2
4  xs = (x1 + x2) / 2
5  IF (xs^3 + xs - 3) < 0 THEN GOTO 8
6  x2 = xs
7  GOTO 9
8  x1 = xs
9  IF (x2^3 + x2 - x1^3 - x1) > ep THEN GOTO 4
10 PRINT „Lösung xs =“; (x1 + x2) / 2
```

a) Welches Verfahren liegt dem Programm zugrunde?

b) Von welcher Funktion wird mit diesem Programm die Nullstelle ermittelt?

c) Prüfen Sie das Programm, indem Sie für ep, x1 und x2 geeignete Werte einsetzen.

15. Die Funktion $f(x) = 0{,}5x^3 + x - 1$ hat eine Nullstelle bei $x_0 \approx 0{,}771$.

a) Überprüfen Sie durch Einsetzen, dass x_0 annähernd eine Nullstelle der Funktion ist.

b) Bestätigen Sie die Nullstellen, indem Sie den Graphen der Funktion im Intervall $[-1; 2]$ zeichnen.

c) Berechnen Sie die Nullstelle, indem Sie das oben abgebildete Basic-Programm für die gegebene Funktion anpassen und dann anwenden.

d) Vergleichen Sie die Ergebnisse von b) und c) miteinander.

ZUSAMMENFASSUNG

Begriffe	**Beispiel**
$\lim\limits_{x \to x_0} f(x) = g$ bedeutet: Für jede Folge (x_n), die gegen x_0 konvergiert ($x_n \in D_f$ und $x_n \neq x_0$ für alle n), konvergiert die Folge $(f(x_n))$ der zugehörigen Funktionswerte gegen g.	$\lim\limits_{x \to 1} (x^2 + 2) = 3$
f sei eine Funktion, x_0 eine reelle Zahl. f sei in einer Umgebung der Stelle x_0 definiert. **f ist stetig an der Stelle x_0** genau dann, wenn	f mit $f(x) = x^2 + 2$ ist an der Stelle 1 stetig, denn f ist in einer Umgebung von 1 definiert,
(1) $\lim\limits_{x \to x_0} f(x)$ existiert	$\lim\limits_{x \to 1} (x^2 + 2)$ existiert
und	und
(2) $\lim\limits_{x \to x_0} f(x) = f(x_0)$.	$\lim\limits_{x \to 1} (x^2 + 2) = f(1)$.
Ist eine Funktion f an jeder Stelle ihres Definitionsbereiches stetig, so sagt man kurz: **f ist stetig** oder **f ist eine stetige Funktion**.	f mit $f(x) = \frac{1}{x}$ ist eine stetige Funktion.

Sätze

Nullstellensatz
f sei eine Funktion, $[a;b]$ ein abgeschlossenes Intervall.
Wenn f in $[a;b]$ stetig ist und $f(a)$ und $f(b)$ unterschiedliche Vorzeichen haben, so hat f im Intervall $[a;b]$ wenigstens eine Nullstelle.

Satz über die Annahme der Zwischenwerte (Zwischenwertsatz)
f sei eine Funktion, $[a;b]$ ein abgeschlossenes Intervall.
Wenn f stetig in $[a;b]$ und $f(a) \neq f(b)$ ist, so nimmt f im Intervall $[a;b]$ jeden Wert zwischen $f(a)$ und $f(b)$ wenigstens einmal an.

Satz vom Maximum und Minimum
f sei eine Funktion, $[a;b]$ ein abgeschlossenes Intervall.
Wenn f stetig in $[a;b]$ ist, so hat f in $[a;b]$ ein Maximum und ein Minimum.

D

Einführung in die Differenzialrechnung

1 Die Ableitung einer Funktion

Zwei Beispiele zur Einführung

1. Bild 1 zeigt das Weg-Zeit-Diagramm einer gleichmäßig beschleunigten Bewegung.

a) Interpretieren Sie die Bewegung. Um welchen realen Vorgang könnte es sich handeln?

b) Berechnen Sie die mittlere Geschwindigkeit (Durchschnittsgeschwindigkeit) im Intervall [1; 3].

c) Wie ändert sich die mittlere Geschwindigkeit, wird anstelle von [1; 3] ein Intervall $[1; t]$ mit $1 < t < 3$ betrachtet? Begründen Sie Ihre Aussage.

d) Geben Sie die mittlere Geschwindigkeit im Intervall $[1; t]$ für $1 < t \leq 3$ in Abhängigkeit von t an.

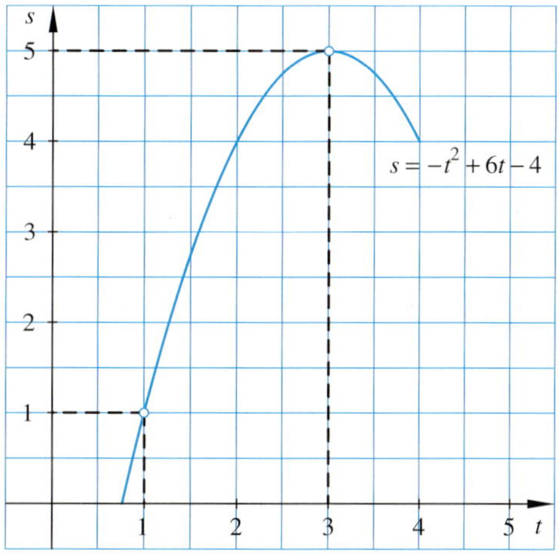

1

e) Der Grenzwert der in d) gefundenen Funktion für $t \to 1$ ist die Geschwindigkeit zum Zeitpunkt $t = 1$. Berechnen Sie diese Geschwindigkeit.

***f)** Entnehmen Sie dem Diagramm die Geschwindigkeit zum Zeitpunkt $t_0 = 3$ und bestätigen Sie das Ergebnis rechnerisch, indem Sie die Überlegungen unter d) und e) auf den Zeitpunkt $t_0 = 3$ übertragen.

2. Bild 2 zeigt einen Temperaturverlauf während eines bestimmten Zeitraumes.

a) Klaus behauptet, dass sich die Temperatur zwischen 6.00 und 8.00 Uhr stärker verändert hat als zwischen 9.00 und 16.00 Uhr. Dieter ist gegenteiliger Meinung. Finden Sie Argumente, mit denen beide ihre Aussage begründen können.

b) Wer von beiden hat Recht, wenn man nach der mittleren Temperaturänderung vergleicht?

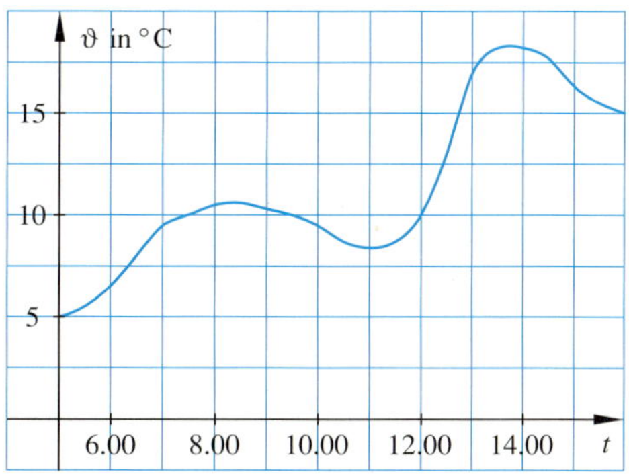

2

c) Zu welcher Zeit etwa erfolgte die stärkste Temperaturänderung?

Mittlerer Anstieg einer Funktion, Differenzenquotient

Eine Gerade, die mit dem Graphen einer Funktion f (mindestens) zwei Punkte $P_1(x_1; f(x_1))$ und $P_2(x_2; f(x_2))$ gemeinsam hat, heißt eine **Sekante** des Graphen (Bild 3).

Den Anstieg $m = \frac{f(x_2) - f(x_1)}{x_2 - x_1}$ der Sekante nennt man den **mittleren Anstieg** der Funktion f im Intervall $[x_1; x_2]$. (Dabei wird $x_1 < x_2$ und $[x_1; x_2] \subseteq D(f)$ vorausgesetzt.)

Beispiel: Wir berechnen den mittleren Anstieg m der Funktion $f(x) = \sqrt{x}$ im Intervall $[1; 4]$.

Es ist $m = \frac{f(4) - f(1)}{4 - 1} = \frac{\sqrt{4} - \sqrt{1}}{4 - 1} = \frac{1}{3}$.

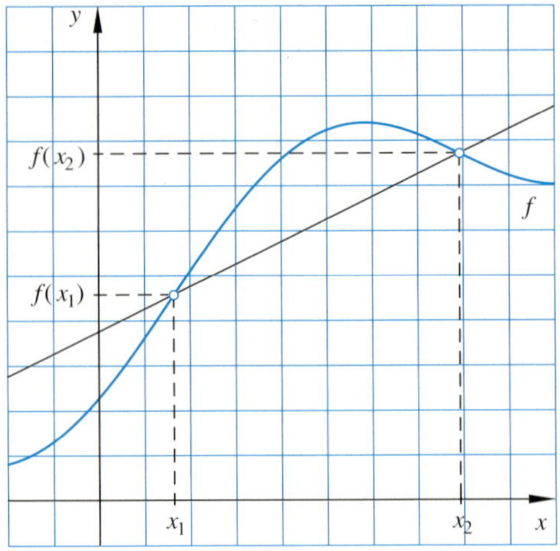

3

3. Berechnen Sie den mittleren Anstieg von f im Intervall $[x_1; x_2]$ und skizzieren Sie den Graphen der Funktion und die jeweilige Sekante:

a) $f(x) = x^2;\ x_1 = 0,\ x_2 = 2$
b) $f(x) = x^2;\ x_1 = 0,\ x_2 = 3$
c) $f(x) = x^2;\ x_1 = -1,\ x_2 = 4$
d) $f(x) = x^2 - 2;\ x_1 = -1,\ x_2 = 4$
e) $f(x) = x^2 + 2x - 3;\ x_1 = -2,\ x_2 = 0$
f) $f(x) = 2\sin x;\ x_1 = \frac{\pi}{6},\ x_2 = \frac{5\pi}{3}$
g) $f(x) = \sqrt{|x| + 2};\ x_1 = -1,\ x_2 = 10$
h) $f(x) = \frac{-4}{x^2 + 2};\ x_1 = -3,\ x_2 = 1$

4. Ermitteln Sie eine Zahl x_2, so dass f im Intervall $[x_1; x_2]$ den mittleren Anstieg m hat:

a) $f(x) = x^2 - 6x + 9;\ x_1 = 1,\ m = -1$
b) $f(x) = x^3;\ x_1 = -1,\ m = 1$
c) $f(x) = \cos x;\ x_1 = -\frac{\pi}{4},\ m = 0$
d) $f(x) = \frac{3}{x^2 + 1};\ x_1 = -3,\ m = \frac{3}{5}$
e) $f(x) = \frac{1}{|x|};\ x_1 = -4,\ m = \frac{1}{6}$
f) $f(x) = \sqrt{x};\ x_1 = 1,\ m = \frac{1}{4}$

5. Überprüfen Sie, ob die folgenden Geraden Sekanten der jeweiligen Funktionen sind und ermitteln Sie gegebenenfalls ein Intervall, in dem die Gerade Sekante ist:

a) $y = \frac{1}{2}x - \frac{1}{2};\ f(x) = \sqrt{x - 1}$
b) $y = x + 8;\ f(x) = x^3 + 2x^2 - 3x$
c) $y = 2x + 2;\ f(x) = x^3 - 3x^2 + 3x - 1$
d) $y = -2x + 3;\ f(x) = \frac{1}{x^2}$
e) $y = 2x;\ f(x) = \frac{1}{x}$
f) $y = 1;\ f(x) = \cos x$

6. Ermitteln Sie die Gleichung der Sekante von f im Intervall $[a; b]$:

a) $f(x) = x^2 + 1;\ a = -1,\ b = 2$
b) $f(x) = \frac{3}{x - 1};\ a = 2,\ b = 7$
c) $f(x) = kx^3 + x^2\ (k \in \mathbb{R});\ a = 1,\ b = 2$
d) $f(x) = \sin x;\ a = 0,\ b = \frac{\pi}{2}$

7. Die Gerade mit der Gleichung $y = mx + n$ sei Sekante der Funktion f im Intervall $[a; b]$. Geben Sie eine Gleichung der Sekante von g in $[a; b]$ an:

a) $g(x) = f(x) + c \ (c \in \mathbb{R})$ **b)** $g(x) = -f(x)$ **c)** $g(x) = -f(x) + c \ (c \in \mathbb{R})$

8. a) Berechnen Sie den mittleren Anstieg von $f(x) = \sqrt{2x+1}$ sowie von $g(x) = 3\sqrt{2x+1}$ jeweils im Intervall $[1; 4]$.

b) Beweisen Sie: Hat die Funktion $f(x)$ im Intervall $[x_1; x_2]$ den mittleren Anstieg m, so hat $g(x) = c \cdot f(x) \ (c \in \mathbb{R})$ den mittleren Anstieg $c \cdot m$.

c) Es seien $f(x) = -x^3$ und $g(x) = x^2$.
Berechnen Sie den mittleren Anstieg der Funktionen f, g und $f + g$ im Intervall $[1; 2]$.

d) Die Funktionen f und g mögen in $[x_1; x_2]$ den mittleren Anstieg m_f bzw. m_g haben. Welchen Anstieg hat die Sekante von $f + g$ in $[x_1; x_2]$? Beweisen Sie Ihre Behauptung.

9. Gegeben ist die Funktion $f(x) = x^2$.

a) Ermitteln Sie den Anstieg der Sekante im Intervall $[2; 2+h]$ für $h = 1$ und für $h = \frac{1}{4}$.

b) Ermitteln Sie den Anstieg der Sekante im Intervall $[2+h; 2]$ für $h = -2$ und $h = -\frac{1}{2}$.

c) Geben Sie für $h > 0$ den Anstieg der Sekante im Intervall $[2; 2+h]$ sowie für $h < 0$ den Anstieg der Sekante im Intervall $[2+h; 2]$ in Abhängigkeit von h an.
Zeigen Sie, dass man in beiden Fällen dasselbe Resultat erhält.

DEFINITION Es sei f eine an der Stelle x_0 definierte Funktion und $h \neq 0$ eine Zahl, so dass das Intervall $[x_0; x_0 + h]$ (für $h > 0$) bzw. $[x_0 + h; x_0]$ (für $h < 0$) im Definitionsbereich von f enthalten ist.

Dann heißt $\frac{f(x_0 + h) - f(x_0)}{h}$ der **Differenzenquotient** von f an der Stelle x_0.

Bezeichnet man die Zahl $x_0 + h$ mit x, so nimmt der Differenzenquotient die Form $\frac{f(x) - f(x_0)}{x - x_0}$ an.

Bemerkungen:

1. Der Differenzenquotient von f an der Stelle x_0 ist damit eine Funktion, deren Definitionsbereich aus allen Zahlen h $(h \neq 0)$ mit $[x_0; x_0 + h] \subseteq D(f)$ bzw. $[x_0 + h; x_0] \subseteq D(f)$ besteht. Diese Funktion beschreibt den Anstieg der Sekante und damit den mittleren Anstieg von f im Intervall $[x_0; x_0 + h]$ bzw. $[x_0 + h; x_0]$.
2. In der Form $\frac{f(x) - f(x_0)}{x - x_0}$ wird die Bezeichnung „Differenzenquotient" verständlich: im Nenner steht die Differenz der Argumente x und x_0, im Zähler steht die Differenz der zugehörigen Funktionswerte.

10. Bilden Sie den Differenzenquotienten von f an der Stelle x_0 jeweils in der Form $\frac{f(x_0 + h) - f(x_0)}{h}$ und in der Form $\frac{f(x) - f(x_0)}{x - x_0}$:

a) $f(x) = x^2,\ x_0 = 3$ **b)** $f(x) = -x^2,\ x_0 = 3$ **c)** $f(x) = \frac{3}{x},\ x_0 = 1$

d) $f(x) = \sin x,\ x_0 = \pi$ **e)** $f(x) = x,\ x_0$ beliebig **f)** $f(x) = \frac{1}{2}\sqrt{x},\ x_0 = 2$

Anstieg einer Funktion an einer Stelle, Differenzialquotient

11. Gegeben ist die Funktion $f(x) = x^2$.

a) Ermitteln Sie den Anstieg der Sekante im Intervall $[2; 2 + h]$ für folgende Werte von h: $2,\ 1,\ \frac{1}{2},\ \frac{1}{10},\ \frac{1}{100}$.

b) Ermitteln Sie den Anstieg der Sekante im Intervall $[2 + h; 2]$ für folgende Werte von h: $-\frac{3}{2},\ -1,\ -\frac{1}{4},\ -\frac{1}{10},\ -\frac{1}{100}$.

c) Beschreiben Sie das Verhalten des Differenzenquotienten von f an der Stelle 2. Beweisen Sie Ihre Aussage.

Existiert der Grenzwert $\lim\limits_{h \to 0} \frac{f(x_0 + h) - f(x_0)}{h}$, so nennt man diesen Grenzwert den **Anstieg von f an der Stelle x_0**.

12. Bilden Sie für die folgenden Funktionen den Differenzenquotienten von f an der Stelle x_0. Prüfen Sie, ob der Grenzwert $\lim\limits_{h \to 0} \frac{f(x_0 + h) - f(x_0)}{h}$ existiert und berechnen Sie ihn gegebenenfalls:

a) $f(x) = x^2,\ x_0 = 2$
b) $f(x) = x^2,\ x_0 = -2$
c) $f(x) = 2x^2,\ x_0 = -1$
d) $f(x) = 2x^2,\ x_0 = 0$
e) $f(x) = |x|,\ x_0 = 0$
f) $f(x) = |x|,\ x_0 = -2$
g) $f(x) = 3x - 1,\ x_0$ beliebig
h) $f(x) = x^3 + 3,\ x_0 = 2$

Mit dem Anstieg von f an der Stelle x_0 ist die **Tangente an f an der Stelle x_0** definierbar: Die Gerade durch den Punkt $P_0(x_0; f(x_0))$ mit dem Anstieg

$$m = \lim_{h \to 0} \frac{f(x_0 + h) - f(x_0)}{h}$$

heißt **Tangente** an f im Punkt P_0 (oder auch Tangente an f an der Stelle x_0).

Bild 4 veranschaulicht diesen Sachverhalt geometrisch: Die Tangente ergibt sich als Grenzlage der Sekanten.

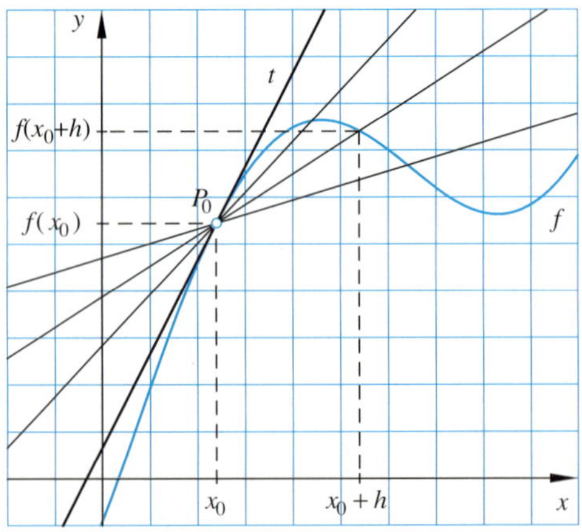

4

13. Welchen Anstieg haben die folgenden Funktionen an der Stelle x_0?

a) $f(x) = x^2,\ x_0 = 3$

b) $f(x) = x^2,\ x_0 = -3$ **c)** $f(x) = \frac{1}{2}x^2 + 1,\ x_0 = 2$ **d)** $f(x) = x^3 - 1,\ x_0 = 1$

14. Zeichnen Sie den Graphen der Funktion f und legen Sie an der Stelle x_0 die Tangente an f. Ermitteln Sie aus der grafischen Darstellung näherungsweise den Tangentenanstieg und überprüfen Sie Ihren Wert durch Rechnung:

a) $f(x) = x^3 + 1,\ x_0 = \frac{1}{2}$
b) $f(x) = \frac{1}{x},\ x_0 = 1$

15. a) Ermitteln Sie eine Gleichung der Geraden durch den Punkt $P(3;2)$ mit dem Anstieg 2.
b) Die Gleichung $y = m(x - x_0) + y_0$ beschreibt die Gerade durch den Punkt $P_0(x_0; y_0)$ mit dem Anstieg m. Beweisen Sie diese Behauptung.

Beispiel: Die Funktion $f(x) = x^3 + 1$ hat an der Stelle $x_0 = \frac{1}{2}$ den Anstieg $m = \frac{3}{4}$ (siehe Aufgabe 14a). Die Tangente an f an der Stelle $\frac{1}{2}$ wird dann durch die Gleichung $y = m\left(x - \frac{1}{2}\right) + f\left(\frac{1}{2}\right)$ beschrieben, also durch $y = \frac{3}{4}\left(x - \frac{1}{2}\right) + \left(\frac{1}{2}\right)^3 + 1$ bzw. $y = \frac{3}{4}x + \frac{3}{4}$.

16. Geben Sie für folgende Funktionen die Gleichung der Tangente an der Stelle x_0 an:
a) $y = x^2;\ x_0 = 2$ **b)** $y = 2x^2;\ x_0 = -1$ **c)** $y = 3x - 1;\ x_0 = 2$
d) $y = x^3;\ x_0 = 0$ **e)** $y = x^3;\ x_0 = 1$ **f)** $y = |x|;\ x_0 \neq 0$

17. Erläutern Sie, warum die aus der Elementargeometrie bekannte Definition einer Tangente an einen Kreis für Tangenten an Funktionen nicht übernommen werden kann. Benutzen Sie die Beispiele aus Aufgabe 16.

Augenblicksgeschwindigkeit und Anstieg einer Funktion an einer Stelle sind Beispiele dafür, wie mithilfe von Grenzwerten neue Begriffe gebildet werden. Die mathematische Bezeichnung der hier betrachteten Eigenschaft von Funktionen heißt **Differenzierbarkeit**, das darauf basierende Gebiet der Mathematik wird **Differenzialrechnung** genannt[1].

DEFINITION Die Funktion f sei in einer Umgebung von x_0 definiert.

Existiert der Grenzwert $\lim\limits_{h \to 0} \frac{f(x_0 + h) - f(x_0)}{h}$, so wird diese Zahl die **1. Ableitung der Funktion f an der Stelle x_0** oder auch der **Differenzialquotient von f an der Stelle x_0** genannt und mit $f'(x_0)$ (sprich: f Strich von x_0) bezeichnet.
Die Funktion f heißt dann an der Stelle x_0 **differenzierbar**.
Mit $x = x_0 + h$ nimmt der Differenzialquotient die Form $f'(x_0) = \lim\limits_{x \to x_0} \frac{f(x) - f(x_0)}{x - x_0}$ an.

Bemerkungen:
1. Anstelle von „1. Ableitung" sagt man auch oft nur „Ableitung".
2. Anstelle von $f'(x_0)$ sind weitere Bezeichnungen gebräuchlich, z.B. $\left.\frac{\mathrm{d}y}{\mathrm{d}x}\right|_{x=x_0}$ (gelesen: dy nach dx an der Stelle x_0) oder $\frac{\mathrm{d}f}{\mathrm{d}x}(x_0)$. Ist f eine Funktion von der Zeit, wird in der Physik das Argument meist mit t und die Ableitung von f an der Stelle t_0 mit $\dot{f}(t_0)$ bezeichnet.
3. Mit der Erklärung auf Seite 110 ergibt sich: Eine Funktion ist genau dann an der Stelle x_0 differenzierbar, wenn sie an dieser Stelle eine Tangente besitzt.

[1] Die Bezeichnung Differenzialrechnung geht auf den deutschen Mathematiker und Philosophen Gottfried Wilhelm Leibniz (1646–1716) zurück. Leibniz und der englische Physiker und Mathematiker Isaac Newton (1643–1727) entwickelten unabhängig voneinander die Grundzüge dieser Theorie, die aus der modernen Mathematik und ihren Anwendungen nicht mehr wegzudenken ist.

Beispiel: Wir zeigen, dass die Funktion $f(x) = 3x^2 + 2x$ an der Stelle 3 differenzierbar ist. Wir betrachten den Differenzenquotienten von f an der Stelle 3. Für $h \neq 0$ gilt:

$$\frac{f(3+h) - f(3)}{h} = \frac{[3(3+h)^2 + 2(3+h)] - [3 \cdot 3^2 + 2 \cdot 3]}{h} = \frac{3(9 + 6h + h^2) + 6 + 2h - 33}{h}$$

$$= \frac{3h^2 + 20h}{h} = 3h + 20.$$

Der Grenzwert des Differenzenquotienten an der Stelle 3 existiert, es ist

$$\lim_{h \to 0} \frac{f(3+h) - f(3)}{h} = \lim_{h \to 0} (3h + 20) = 20.$$

Die Funktion f ist also an der Stelle 3 differenzierbar und es ist $f'(3) = 20$.

18. **a)** Worauf beruht im obigen Beispiel der Schluss $\lim_{h \to 0} (3h + 20) = 20$?

b) Untersuchen Sie die Funktion $f(x) = 3x^2 + 2x$ an der Stelle 2 auf Differenzierbarkeit.

19. Zeigen Sie, dass f an der Stelle x_0 differenzierbar ist und ermitteln Sie $f'(x_0)$:

a) $f(x) = x^3$; $x_0 = \sqrt{3}$

b) $f(x) = -3x^2 + x$; $x_0 = -1$

c) $f(x) = mx + n$ $(m, n \in \mathbb{R})$; $x_0 = \frac{1}{2}$

d) $f(x) = \frac{1}{x}$; $x_0 = 2$

Beispiel: Für jede reelle Zahl x bezeichnet $f(x) = [x]$ den größten ganzen Teil von x. Es gilt $x - 1 < [x] \leq x$ (Bild 5).
Es ist zu zeigen, dass die Funktion $f(x) = [x]$ an der Stelle 2 nicht differenzierbar ist.

Der Grenzwert $\lim_{h \to 0} \frac{f(2+h) - f(2)}{h}$ existiert genau dann, wenn die Folge $\left(\frac{f(2+h_n) - f(2)}{h_n}\right)$ für jede Nullfolge (h_n) ($h_n \neq 0$ für alle n) denselben Grenzwert hat. Das ist aber nicht der Fall, wie die folgende Überlegung zeigt:

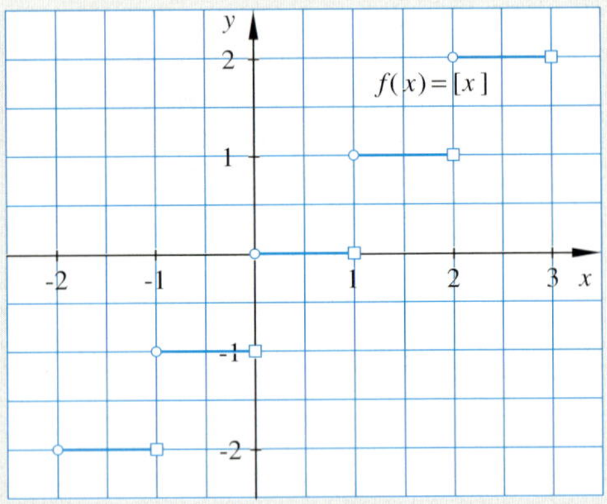

5

Wir betrachten zuerst eine Nullfolge (h_n) mit positiven Gliedern. Dann gibt es eine natürliche Zahl n_0, so dass für alle n mit $n \geq n_0$ die Zahl h_n im Intervall $(0; 1)$ liegt, also $2 < 2 + h_n < 3$ gilt. Dann ist $\frac{f(2+h_n) - f(2)}{h_n} = \frac{[2+h_n] - [2]}{h_n} = \frac{2-2}{h_n} = 0$; die Folge $\left(\frac{f(2+h_n) - f(2)}{h_n}\right)$ ist konstant und hat den Grenzwert 0. Ist aber nun (h_n) eine Nullfolge mit negativen Gliedern, dann gibt es ein n_0 derart, dass für alle $n \geq n_0$ die Zahl h_n im Intervall $(-1; 0)$ liegt, also $1 < 2 + h_n < 2$ gilt. Dann ist

$$\frac{f(2+h_n) - f(2)}{h_n} = \frac{[2+h_n] - [2]}{h_n} = \frac{1-2}{h_n} = \frac{-1}{h_n};$$ die Folge $\left(\frac{f(2+h_n) - f(2)}{h_n}\right)$ divergiert.

20. Welche geometrische Bedeutung hat (im Fall $h_n < 0$ für alle n) die Divergenz der Folge $\left(\frac{f(2+h_n) - f(2)}{h_n}\right)$ im obigen Beispiel? Betrachten Sie dazu die Sekante im Intervall $[2 + h_n; 2]$ und deren Grenzlage für $n \to \infty$.

21. Die Bilder 6 und 7 zeigen die Graphen der Funktionen

$$f(x) = \begin{cases} x^2 & \text{für } x \leq 1 \\ x^3 & \text{für } x > 1 \end{cases} \quad \text{und} \quad g(x) = \begin{cases} -x + 2 & \text{für } x \leq 1 \\ \dfrac{1}{x} & \text{für } x > 1 \end{cases}$$

mit zunehmender Vergrößerung jeweils in einer Umgebung der Stelle 1.

a) Beschreiben Sie anschaulich das unterschiedliche Verhalten beider Funktionen an der Stelle 1.

b) Zeigen Sie, dass f an der Stelle 1 nicht differenzierbar ist. Orientieren Sie sich am Vorgehen im letzten Beispiel.

c) Zeigen Sie, dass g an der Stelle 1 differenzierbar ist.

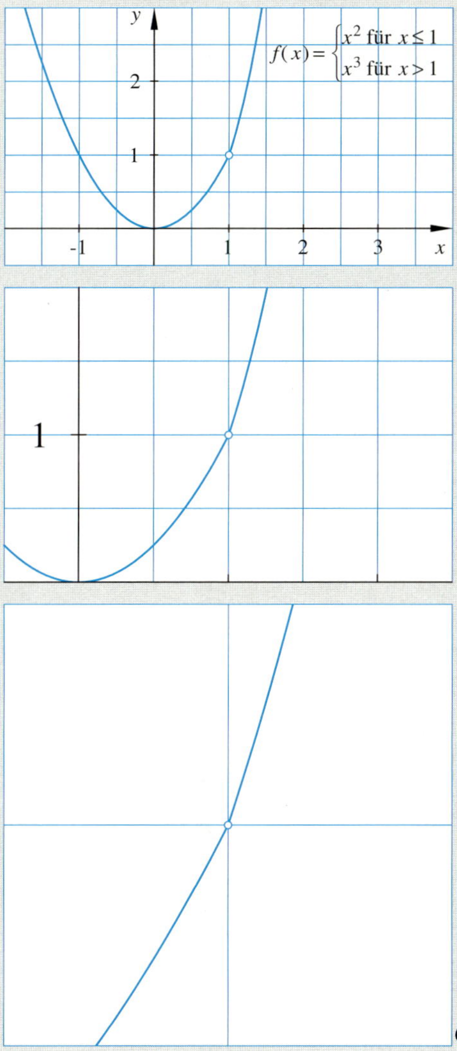

6

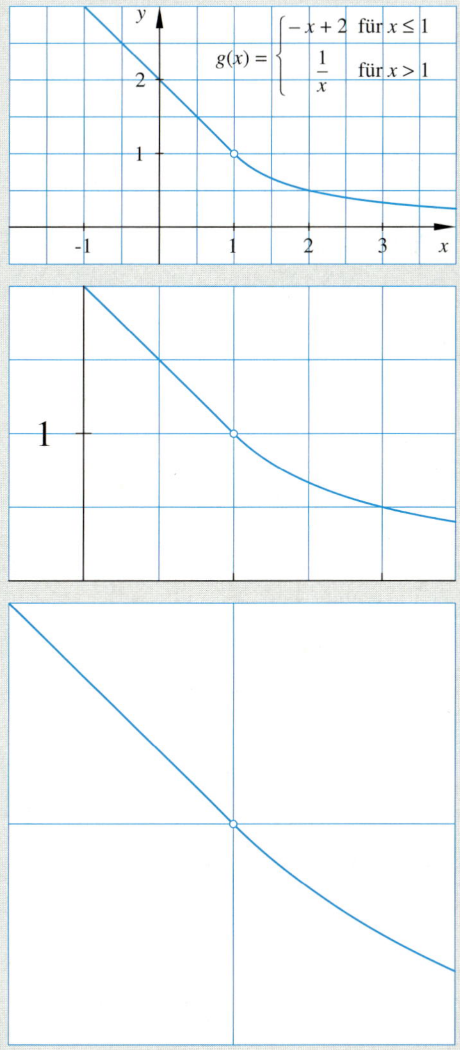

7

22. Skizzieren Sie die Graphen der folgenden Funktionen und untersuchen Sie die Funktionen auf Differenzierbarkeit an der Stelle x_0:

a) $f(x) = \begin{cases} 2x & \text{für } x \leq 3 \\ \frac{3}{2}x & \text{für } x > 3 \end{cases}; \ x_0 = 3$ **b)** $f(x) = \begin{cases} x^2 & \text{für } x < 0 \\ x & \text{für } x \geq 0 \end{cases}; \ x_0 = 0$

c) $f(x) = \begin{cases} x^2 & \text{für } x \leq 0 \\ 0 & \text{für } x > 0 \end{cases}; \ x_0 = 0$ **d)** $f(x) = \begin{cases} x+1 & \text{für } x \leq 1 \\ x^2 & \text{für } x > 1 \end{cases}; \ x_0 = 1$

e) $f(x) = \begin{cases} 2x-1 & \text{für } x < 1 \\ x^2 & \text{für } x \geq 1 \end{cases}; \ x_0 = 1$ **f)** $f(x) = \begin{cases} [x] & \text{für } x \leq 2 \\ (x-2)^2 + 2 & \text{für } x > 2 \end{cases}; \ x_0 = 2$

g) $f(x) = \begin{cases} -x+2 & \text{für } x \leq 1 \\ (x-2)^2 & \text{für } x > 1 \end{cases}; \ x_0 = 1$ **h)** $f(x) = \begin{cases} x^2 & \text{für } x < \frac{2}{3} \\ x^3 + \frac{4}{27} & \text{für } x \geq \frac{2}{3} \end{cases}; \ x_0 = \frac{2}{3}$

23. Bild 8 zeigt ein Weg-Zeit-Diagramm.
a) Begründen Sie, warum der dargestellte Graph nicht die Beschreibung der Fahrt eines Autos sein kann.
b) Verändern Sie den Graphen so, dass er die Fahrt eines Autos beschreiben könnte.

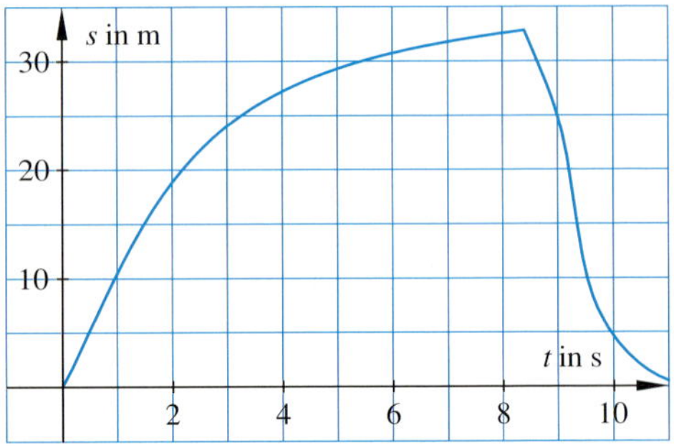

8

Wir untersuchen jetzt den Zusammenhang zwischen Differenzierbarkeit und Stetigkeit einer Funktion an einer Stelle.

24. Entscheiden Sie für die Funktionen aus Aufgabe 22, ob sie an der jeweiligen Stelle x_0 stetig sind.

Die bisherigen Beispiele zeigen, dass eine an einer Stelle x_0 stetige Funktion dort nicht differenzierbar sein muss. Man sagt: Aus der Stetigkeit folgt nicht die Differenzierbarkeit. Es gilt aber die Umkehrung:

SATZ Ist eine Funktion f an der Stelle x_0 differenzierbar, so ist f in x_0 stetig.

Beweis: Wir müssen $\lim\limits_{x \to x_0} f(x) = f(x_0)$ bzw. $\lim\limits_{x \to x_0} (f(x) - f(x_0)) = 0$ zeigen.

Für $x \neq x_0$ ist $f(x) - f(x_0) = \frac{f(x) - f(x_0)}{x - x_0} \cdot (x - x_0)$.

Mithilfe der Grenzwertsätze für Funktionen erhalten wir:

$$\lim_{x \to x_0} (f(x) - f(x_0)) = \lim_{x \to x_0} \frac{f(x) - f(x_0)}{x - x_0} \cdot \lim_{x \to x_0} (x - x_0) = f'(x_0) \cdot 0 = 0.$$

Die 1. Ableitung als Funktion

Beispiel: Wir zeigen, dass die Funktion $f(x) = \frac{1}{x}$ an jeder Stelle x_0 ihres Definitionsbereiches differenzierbar ist.

Es sei x_0 eine beliebige von Null verschiedene reelle Zahl. Wir betrachten den Differenzenquotienten von f an der Stelle x_0:

$$\frac{f(x) - f(x_0)}{x - x_0} = \frac{\frac{1}{x} - \frac{1}{x_0}}{x - x_0} = \frac{\frac{x_0 - x}{xx_0}}{x - x_0} = \frac{-(x - x_0)}{xx_0(x - x_0)} = -\frac{1}{xx_0}.$$

Anwendung der Grenzwertsätze für Funktionen ergibt:

$$f'(x_0) = \lim_{x \to x_0} \frac{f(x) - f(x_0)}{x - x_0} = \lim_{x \to x_0} \left(-\frac{1}{xx_0}\right) = -\frac{1}{x_0{}^2}.$$

25. Welche Grenzwertsätze wurden im obigen Beispiel sowie im Beweis zuvor benutzt?

26. a) Berechnen Sie für $f(x) = \frac{1}{x}$ die Ableitung an der Stelle x_0 noch einmal, indem Sie den Differenzenquotienten in der Form $\frac{f(x_0 + h) - f(x_0)}{h}$ benutzen.

b) Zeigen Sie, dass die Funktion f mit $f(x) = x^2$ an jeder Stelle $x_0 \in \mathbb{R}$ differenzierbar ist. Arbeiten Sie dabei mit beiden Formen des Differenzenquotienten.

c) Berechnen Sie für eine beliebige Stelle x_0 die 1. Ableitung von $f(x) = 3x^2 + 2x$. Überzeugen Sie sich davon, dass ihr Ergebnis für $f'(x_0)$ für die Stelle $x_0 = 3$ das schon bekannte Resultat $f'(3) = 20$ (vgl. Beispiel auf S. 112) liefert.

27. Berechnen Sie $f'(x_0)$ für eine beliebige Stelle $x_0 \in D(f)$:

a) $f(x) = x^2$ **b)** $f(x) = x^3$ **c)** $f(x) = 2x^3 - 1$

d) $f(x) = ax + b$ $(a, b \in \mathbb{R})$ **e)** $f(x) = \frac{2}{x}$ **f)** $f(x) = \frac{1}{2x}$

g) $f(x) = \sqrt{x}$, $x_0 > 0$ (Hinweis: Benutzen Sie zur Umformung des Differenzenquotienten die Formel $(a - b)(a + b) = a^2 - b^2$.)

Die Funktion f', die allen Argumenten $x \in D(f)$, für die f differenzierbar ist, die Zahl $f'(x)$ zuordnet, nennt man die **1. Ableitung von *f*** (oder kurz **Ableitung von *f***).

Für „die Ableitung von f bilden" sind auch die Redeweisen „die Funktion f ableiten" oder „f differenzieren" üblich.
Es gilt stets $D(f') \subseteq D(f)$. Wenn $D(f') = D(f)$ gilt, d.h. wenn f im gesamten Definitionsbereich differenzierbar ist, nennt man f eine **differenzierbare Funktion**.

Nach den Ergebnissen von Aufgabe 27b) und g) gilt also beispielsweise:
- Die Funktion f mit $f(x) = x^3$ ist eine differenzierbare Funktion; die Ableitung von f ist die Funktion f' mit $f'(x) = 3x^2$.
- Die Ableitung der Funktion f mit $f(x) = \sqrt{x}$ ist die Funktion f' mit $f'(x) = \frac{1}{2\sqrt{x}}$.
- Im obigen Beispiel wurde gezeigt:

  Die Funktion $f(x) = \frac{1}{x}$ hat die Ableitung $f'(x) = -\frac{1}{x^2}$.

Um zum Beispiel die 1. Ableitung von $f(x) = x^3$ an der Stelle 2 zu ermitteln, haben wir jetzt zwei Möglichkeiten:

1. Berechnen des Differenzialquotienten $\lim\limits_{h \to 0} \frac{(2+h)^3 - 2^3}{h}$ von f an der Stelle 2 liefert das Resultat $f'(2) = 12$.
2. Differenzieren von f ergibt $f'(x) = 3x^2$. Einsetzen von $x = 2$ ergibt $f'(2) = 12$.

Letzteres Vorgehen ist sicher dann vorteilhafter, wenn man die Ableitung einer Funktion an mehreren Stellen benötigt. Außerdem können Grenzwertberechnungen sehr aufwendig werden; hier helfen so genannte Differenziationsregeln weiter. Diese sind Gegenstand der nächsten Abschnitte und ermöglichen das Differenzieren von Funktionen ohne Grenzwertberechnungen (siehe Seite 119).

Rechts- und linksseitige Differenzierbarkeit

28. Es sei $f(x) = \sqrt{x}$, g sei für alle $x \geq 0$ definiert durch $g(x) = x^2$.

a) Begründen Sie, dass sowohl f als auch g an der Stelle 0 nicht differenzierbar sind.

b) Erläutern Sie, inwiefern f und g dennoch an der Stelle 0 ein unterschiedliches Verhalten zeigen.

Existiert für eine Funktion f an einer Stelle $x_0 \in D(f)$ der Grenzwert $\lim\limits_{\substack{h \to 0 \\ h > 0}} \frac{f(x_0 + h) - f(x_0)}{h}$, so nennt man f in x_0 **rechtsseitig differenzierbar** und den Grenzwert **rechtsseitige Ableitung** von f in x_0. Entsprechend wird **linksseitige Differenzierbarkeit** erklärt.

Ist eine Funktion f an jeder Stelle x_0 eines Intervalles I differenzierbar, so sagt man, dass f im Intervall I differenzierbar ist. Im Falle eines abgeschlossenen Intervalles wird dabei an den Randpunkten nur die einseitige Differenzierbarkeit betrachtet.

29. Untersuchen Sie die folgenden Funktionen an der Stelle x_0 auf rechts- und linksseitige Differenzierbarkeit.

a) $f(x) = |x|$, $x_0 = 0$

b) $f(x) = \sqrt{|x|}$, $x_0 = 0$

c) $f(x) = \begin{cases} \sqrt{x} & \text{für } x \geq 0 \\ x & \text{für } x < 0 \end{cases}$, $x_0 = 0$

d) $f(x) = x^2$, $x_0 = 1$

30. Es sei f eine an der Stelle x_0 definierte Funktion.

a) Zeigen Sie: Wenn f an der Stelle x_0 differenzierbar ist, so ist f in x_0 sowohl rechtsseitig als auch linksseitig differenzierbar.

b) Zeigen Sie durch ein Beispiel, dass die Umkehrung von a) falsch ist.

c) Unter welcher zusätzlichen Voraussetzung kann man im Falle von rechts- und linksseitiger Differenzierbarkeit von f in x_0 auf Differenzierbarkeit von f in x_0 schließen?

Nach Aufgabe 30 gilt:

Eine Funktion f ist an der Stelle x_0 genau dann differenzierbar, wenn sie in x_0 sowohl rechtsseitig als auch linksseitig differenzierbar ist und rechts- und linksseitige Ableitung von f in x_0 übereinstimmen.

Aufgaben

31. **a)** Welche Augenblicksgeschwindigkeit erreicht ein Körper im freien Fall nach 3 (5, 10) Sekunden? (Die Weg-Zeit-Funktion wird durch $s = \frac{1}{2}gt^2$ beschrieben.)

b) Wie tief ist etwa der Brunnen, wenn man den Aufprall eines fallenden Steines auf die Wasseroberfläche nach 4 Sekunden hört?

c) Mit welcher Geschwindigkeit prallt ein Körper auf, der aus einer Höhe von 10 (20, 50) Metern auf die Erde fällt?

d) Ein Aufprall mit dem Auto bei 100 km/h auf ein festes Hindernis entspricht einem Absturz aus einer bestimmten Höhe – aus welcher?

32. Ermitteln Sie den Anstieg und die Gleichung der Tangente an f an der Stelle x_0:

a) $f(x) = (x-1)^2,\ x_0 = -2$ **b)** $f(x) = |x+2|,\ x_0 = -3$

c) $f(x) = \sqrt{x} + x,\ x_0 = 4$ **d)** $f(x) = \frac{3}{x} + 1,\ x_0 = \frac{1}{2}$

33. Geben Sie jeweils zwei Funktionen mit folgenden Eigenschaften an:

a) f ist an der Stelle 3 stetig, aber nicht differenzierbar.

b) f ist an zwei Stellen des Definitionsbereiches nicht differenzierbar.

c) f ist im Intervall (1; 2) differenzierbar, aber nicht an der Stelle 1.

d) f ist für alle $x > 0$ differenzierbar und es ist $f'(x) < 0$ für alle $x > 0$.

34. Für welche Werte von a und b ist f eine differenzierbare Funktion?

a) $f(x) = \begin{cases} \sqrt{x} & \text{für } x \geq 4 \\ ax + b & \text{für } x < 4 \end{cases}$ **b)** $f(x) = \begin{cases} ax^2 + b & \text{für } x > 0 \\ x^3 & \text{für } x \leq 0 \end{cases}$

c) $f(x) = \begin{cases} 2x & \text{für } x \geq 0 \\ ax^2 + bx & \text{für } x < 0 \end{cases}$ **d)** $f(x) = \begin{cases} \sqrt{x+1} & \text{für } x \geq -1 \\ \frac{a}{x} + bx & \text{für } x < -1 \end{cases}$

35. Ermitteln Sie alle Stellen, an denen die Funktion f den Anstieg m hat:

a) $f(x) = x^2,\ m = -3$ **b)** $f(x) = x^3,\ m = 6$ **c)** $f(x) = 3x^2 + 2x,\ m = 0$

d) $f(x) = \frac{1}{x},\ m = -4$ **e)** $f(x) = \frac{1}{2x},\ m = -\frac{1}{18}$ **f)** $f(x) = \sqrt{x} - x,\ m = 1$

36. Berechnen Sie den Winkel, unter dem die Tangente an f in x_0 die x-Achse schneidet.

a) $f(x) = 2x^2,\ x_0 = 3$ **b)** $f(x) = 2x^3,\ x_0 = 3$ **c)** $f(x) = \frac{3}{x},\ x_0 = 1$

37. Es sei $f(x) = x^3 + x^2$.

a) Berechnen Sie die Ableitung von f an der Stelle 1.

b) Zeigen Sie, dass es genau eine Stelle x_1 gibt, so dass die Tangente an f an der Stelle x_1 parallel zur Tangente an f an der Stelle 1 verläuft. Berechnen Sie die Stelle x_1.

38. Ermitteln Sie diejenigen Stellen, an denen die Tangente an f die x-Achse unter dem Winkel α schneidet.

a) $f(x) = x^2,\ \alpha = 45°$ **b)** $f(x) = 3x^2,\ \alpha = 45°$ **c)** $f(x) = 2x^3,\ \alpha = 60°$

ZUSAMMENFASSUNG

Differenzenquotient

Voraussetzung:
f ist in einer Umgebung von x_0 definiert.
Differenzenquotient von f an der Stelle x_0:
$$\frac{f(x_0+h)-f(x_0)}{h}$$
($h \neq 0$, f definiert zwischen x und x_0+h).

bzw. $\frac{f(x)-f(x_0)}{x-x_0}$ $(x \neq x_0)$.

Der Differenzenquotient gibt den Anstieg der Sekante im Intervall $[x_0; x_0+h]$ an.

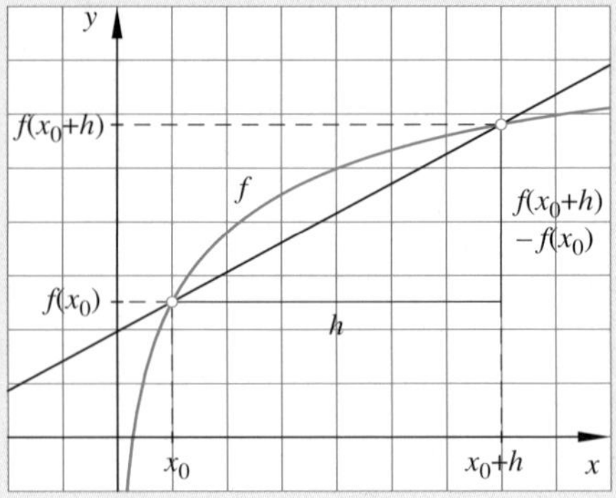

9

Ableitung einer Funktion

Existiert der Grenzwert
$\lim\limits_{h\to 0}\frac{f(x_0+h)-f(x_0)}{h}$ bzw.
$\lim\limits_{x\to x_0}\frac{f(x)-f(x_0)}{x-x_0}$, so heißt diese Zahl Ableitung von f an der Stelle x_0.
Bezeichnung: $f'(x_0)$

$f'(x_0)$ ist der Anstieg der Tangente an f in x_0. Es gilt: $f'(x_0) = \tan\alpha$.

Tangentengleichung:
$y = f'(x_0)(x-x_0)+f(x_0)$

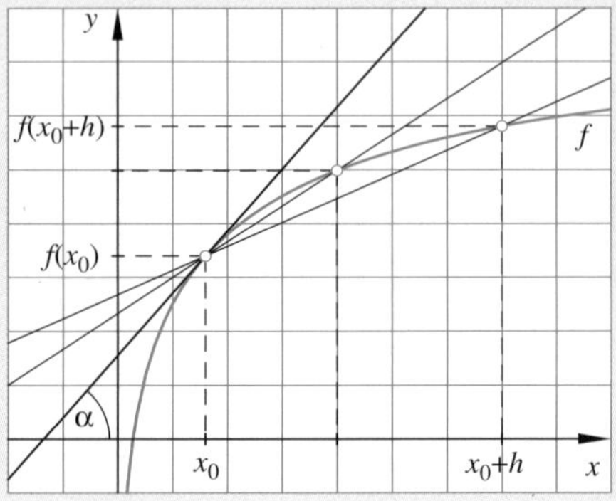

10

Berechnen der Ableitung von f in x_0: $f(x) = \sqrt{x}$, $x_0 = 2$

1. Bilden des Differenzenquotienten
$$\frac{f(2+h)-f(2)}{h} = \frac{\sqrt{2+h}-\sqrt{2}}{h}$$

2. Umformen des Differenzenquotienten
$$\frac{f(2+h)-f(2)}{h} = \frac{(\sqrt{2+h}-\sqrt{2})(\sqrt{2+h}+\sqrt{2})}{h(\sqrt{2+h}+\sqrt{2})}$$
$$= \frac{2+h-2}{h(\sqrt{2+h}+\sqrt{2})} = \frac{1}{\sqrt{2+h}+\sqrt{2}}$$

3. Berechnen des Grenzwertes des Differenzenquotienten für $h \to 0$
$$\lim_{h\to 0}\frac{f(2+h)-f(2)}{h} = \lim_{h\to 0}\frac{1}{\sqrt{2+h}+\sqrt{2}}$$
$$= \frac{1}{\lim\limits_{h\to 0}(\sqrt{2+h}+\sqrt{2})} = \frac{1}{2\sqrt{2}}$$

Ordnet man jeder Stelle $x \in D(f)$, an der f differenzierbar ist, die Zahl $f'(x)$ zu, erhält man die Ableitung f' von f.

Die Ableitung der Funktion f mit $f(x) = \sqrt{x}$ $(x \geq 0)$ ist die Funktion f' mit $f'(x) = \frac{1}{2\sqrt{x}}$ $(x > 0)$.

2 Differenziationsregeln

Differenziationsregeln für Summe und Produkt von Funktionen

Die Überlegungen in dieser Lerneinheit haben das Ziel, die Ableitung von Funktionen zu berechnen, die sich aus einfacheren Funktionen zusammensetzen, deren Ableitungen bereits bekannt sind.

1. Es sei c eine beliebige reelle Zahl und f die konstante Funktion mit $f(x) = c$. Ermitteln Sie die Ableitung von f.

2. **a)** Differenzieren Sie die Funktionen $f_1(x) = -2x^2$, $f_2(x) = x^2$ und $f_3(x) = 3x^2$. Vergleichen Sie die Ableitungen miteinander.

b) Betrachten Sie die Funktion g mit $g(x) = c \cdot f(x)$ $(c \in \mathbb{R})$ unter der Voraussetzung, dass f an einer Stelle x_0 differenzierbar ist. Formulieren Sie eine Vermutung über die Differenzierbarkeit der Funktion g an der Stelle x_0.

c) Bestätigen Sie Ihre Vermutung für die Funktionen $f_1(x) = \frac{1}{x}$, $f_2(x) = \frac{2}{x}$ und $f_3(x) = \frac{1}{2x}$.

d) Es seien u und v zwei an der Stelle x_0 differenzierbare Funktionen. f sei die Summe dieser Funktionen, d.h. es ist $f(x) = u(x) + v(x)$. Formulieren Sie eine Vermutung über die Differenzierbarkeit von f an der Stelle x_0.

e) Bestätigen Sie Ihre Vermutung für $u(x) = 3x$ und $v(x) = 5x^2$.

f) Versuchen Sie Ihre Vermutung zu beweisen.

Die Aufgaben 1 und 2 beinhalten Aussagen, die man Differenziationsregeln nennt. Zum Beispiel gilt die Summenregel:

SATZ 1 (Summenregel) Die Funktionen u und v seien an der Stelle x_0 differenzierbar.

Dann ist auch die Funktion f mit $f(x) = u(x) + v(x)$ an der Stelle x_0 differenzierbar und es ist $f'(x_0) = u'(x_0) + v'(x_0)$.

Anmerkung: Als Kurzform für diese Regel schreibt man auch $(u + v)' = u' + v'$. Verbal formuliert heißt das: Die Ableitung der Summe zweier Funktionen ist die Summe der Ableitungen dieser Funktionen.

Beweis der Summenregel:
Wir bilden den Differenzenquotienten von f an der Stelle x_0 und formen dann um:

$$\frac{f(x_0+h) - f(x_0)}{h} = \frac{[u(x_0+h) + v(x_0+h)] - [u(x_0) + v(x_0)]}{h}$$

$$= \frac{[u(x_0+h) - u(x_0)] + [v(x_0+h) - v(x_0)]}{h} = \frac{u(x_0+h) - u(x_0)}{h} + \frac{v(x_0+h) - v(x_0)}{h}$$

Für den Grenzwert des Differenzenquotienten ergibt sich:

$$f'(x_0) = \lim_{h \to 0} \frac{f(x_0+h) - f(x_0)}{h} = \lim_{h \to 0} \frac{u(x_0+h) - u(x_0)}{h} + \lim_{h \to 0} \frac{v(x_0+h) - v(x_0)}{h} = u'(x_0) + v'(x_0).$$

3. **a)** Drücken Sie das Ergebnis der Umformung des Differenzenquotienten auf Seite 119 unten verbal aus.
b) Welcher Satz wird beim Beweis der Summenregel benutzt?

4. **a)** Formulieren und beweisen Sie eine „Konstantenregel“ (vgl. Aufgabe 1).
b) Formulieren und beweisen Sie eine „Faktorregel“ (vgl. Aufgabe 2b).

5. Ermitteln Sie $f'(x_0)$ für eine beliebige Stelle $x_0 \in D(f)$. Welche Regeln benutzen Sie?

a) $f(x) = x^2 + 3$ **b)** $f(x) = 2x^2 + x + 1$ **c)** $f(x) = \frac{1}{x} + 4x^3$

d) $f(x) = -\sqrt{x} - 5x^2$ **e)** $f(x) = 2\sqrt{x} + 7x$ **f)** $f(x) = \frac{a}{x} - bx \; (a, b \in \mathbb{R})$

g) $f(x) = -2(x^3 + 3x^{-1})$ **h)** $f(x) = \sqrt{2x} + \frac{1}{2x}$ **i)** $f(x) = (3x - 1)^2$

j) $f(x) = 2x(1 + x^2)$ **k)** $f(x) = \sqrt{4x} - \left(\frac{1}{3}x\right)^2$ **l)** $f(x) = \sqrt{\frac{x}{3}} - \frac{5}{2x}$

6. Gegeben ist die Funktion f mit $f(x) = x^3 - 2x$.
a) Berechnen Sie den Anstieg von f an den Stellen $1, -3, \sqrt{3}$.
b) Ermitteln Sie jeweils eine Gleichung der Tangente an den angegebenen Stellen und deren Schnittwinkel mit der x-Achse.
c) Berechnen Sie, an welchen Stellen und unter welchen Winkeln der Graph von f die x-Achse schneidet.
d) Ermitteln Sie alle Stellen, an denen die Funktion den Anstieg 10 hat.
e) Geben Sie für jede Tangente an die Funktion f, die parallel zur x-Achse verläuft, eine Gleichung an.
f) Skizzieren Sie den Graphen der Funktion f.

7. Gegeben ist die Funktion f mit $f(x) = \frac{1}{x} + 2x$.
a) Zeigen Sie, dass es genau eine Stelle x_0 gibt, für die die Tangente an die Funktion durch die Gleichung $y = \frac{3}{2}x + \sqrt{2}$ beschrieben wird.
b) Berechnen Sie diejenige Zahl x_1, für die die Tangente an f in x_1 parallel zur Tangente an f in x_0 verläuft.

8. Formulieren und beweisen Sie mithilfe der Ihnen bekannten Differenziationsregeln eine „Differenzenregel“.

9. **a)** Es sei f eine differenzierbare Funktion und es sei $g(x) = f(x) + c \; (c \in \mathbb{R})$. Vergleichen Sie die Ableitungen von f und g.
b) Interpretieren Sie das Ergebnis von a) geometrisch.

10. **a)** Es seien f_1, f_2 und f_3 in x_0 differenzierbar.
Begründen Sie, dass auch die Funktion f mit $f(x) = f_1(x) + f_2(x) + f_3(x)$ in x_0 differenzierbar ist.
b) Verallgemeinern Sie die Summenregel auf Funktionen $f_1, f_2, \ldots, f_n$ und beweisen Sie Ihre Aussage durch vollständige Induktion.

11. Zeigen Sie, dass man keine Produktregel der Form $(uv)' = u'v'$ formulieren kann. Wählen Sie dazu Beispiele für Funktionen u und v, so dass Sie deren Ableitungen und die Ableitung der Funktion uv kennen.

Das Produkt zweier Funktionen wird nach der folgenden Produktregel abgeleitet:

SATZ 2 (Produktregel) Die Funktionen u und v seien an der Stelle x_0 differenzierbar.

Dann ist auch die Funktion f mit $f(x) = u(x) \cdot v(x)$ an der Stelle x_0 differenzierbar und es gilt: $f'(x_0) = u'(x_0) \cdot v(x_0) + u(x_0) \cdot v'(x_0)$.

Kurzform der Produktregel: $(uv)' = u'v + uv'$

12. Die Produktregel zeigt sehr deutlich, wie mathematische Symbolik die übersichtliche und einfache Darstellung von Sachverhalten ermöglicht. Überzeugen Sie sich davon, indem Sie zum Vergleich die Produktregel verbal formulieren.

Beweis der Produktregel:
Wir betrachten den Differenzenquotienten von f an der Stelle x_0:

$$\frac{f(x_0+h)-f(x_0)}{h} = \frac{(uv)(x_0+h)-(uv)(x_0)}{h} = \frac{u(x_0+h)\cdot v(x_0+h)-u(x_0)\cdot v(x_0)}{h}.$$

Um die Differenzierbarkeit von u und v in x_0 auszunutzen, formen wir den Differenzenquotienten so um, dass die Differenzenquotienten von u und v vorkommen. Das erreichen wir durch folgenden „Trick“: Im Zähler wird das Produkt $u(x_0) \cdot v(x_0+h)$ zuerst subtrahiert und dann wieder addiert. Damit erhalten wir:

$$\begin{aligned}
&\frac{f(x_0+h)-f(x_0)}{h} \\
&= \frac{u(x_0+h)\cdot v(x_0+h)-u(x_0)\cdot v(x_0+h)+u(x_0)\cdot v(x_0+h)-u(x_0)\cdot v(x_0)}{h} \\
&= \frac{[u(x_0+h)-u(x_0)]\cdot v(x_0+h)+u(x_0)\cdot[v(x_0+h)-v(x_0)]}{h} \\
&= \frac{u(x_0+h)-u(x_0)}{h}\cdot v(x_0+h)+u(x_0)\cdot\frac{v(x_0+h)-v(x_0)}{h}.
\end{aligned}$$

Für den Grenzwert des Differenzenquotienten ergibt sich:

$$\begin{aligned}
f'(x_0) &= \lim_{h\to 0}\frac{f(x_0+h)-f(x_0)}{h} \\
&= \lim_{h\to 0}\left(\frac{u(x_0+h)-u(x_0)}{h}\cdot v(x_0+h)+u(x_0)\cdot\frac{v(x_0+h)-v(x_0)}{h}\right) \\
&= \lim_{h\to 0}\frac{u(x_0+h)-u(x_0)}{h}\cdot v(x_0+h)+\lim_{h\to 0}u(x_0)\cdot\frac{v(x_0+h)-v(x_0)}{h} \\
&= \lim_{h\to 0}\frac{u(x_0+h)-u(x_0)}{h}\cdot\lim_{h\to 0}v(x_0+h)+\lim_{h\to 0}u(x_0)\cdot\lim_{h\to 0}\frac{v(x_0+h)-v(x_0)}{h} \\
&= u'(x_0)\cdot v(x_0)+u(x_0)\cdot v'(x_0).
\end{aligned}$$

13. a) Welche Grenzwertsätze kommen im Beweis der Produktregel zur Anwendung?
b) Welche Eigenschaft der Funktion v gestattet den Schluss $\lim_{h\to 0} v(x_0+h) = v(x_0)$? Warum ist diese Eigenschaft von v hier erfüllt?

Beispiel: Die Ableitung der Funktion f mit $f(x) = (3x^2 + x) \cdot \sqrt{x}$ ist zu ermitteln.

f ist das Produkt der Funktionen u und v mit $u(x) = 3x^2 + x$ und $v(x) = \sqrt{x}$.
Die Funktion u ist an jeder Stelle $x \in \mathbb{R}$ differenzierbar, v ist an jeder Stelle $x > 0$ differenzierbar, f demnach an jeder Stelle $x > 0$.

Die Ableitung von u ergibt sich mithilfe von Faktor- und Summenregel, es ist $u'(x) = 3 \cdot 2x + 1$. Die Ableitung von v ist $v'(x) = \frac{1}{2\sqrt{x}}$. Nach der Produktregel gilt nun für alle $x > 0$: $f'(x) = u'(x)v(x) + u(x)v'(x) = (6x + 1)\sqrt{x} + (3x^2 + x)\frac{1}{2\sqrt{x}}$.

14. Differenzieren Sie die folgenden Funktionen:

a) $f(x) = 4x^3(1 - x)$ **b)** $f(x) = (x^2 + 1)(x + 3)$

c) $f(x) = (3x^2 + 4)^2$ **d)** $f(x) = 5\left(\frac{\sqrt{x}}{2} - x^3\right)$

e) $f(x) = (-7x + 7x^3)\sqrt{2x}$ **f)** $f(x) = 2\left(x + \frac{1}{x}\right)$

g) $f(x) = \frac{1}{x^2}$ **h)** $f(x) = \frac{3\sqrt{x}}{-x^2}$

15. Berechnen Sie $f'(x)$ einmal mit und einmal ohne Verwendung der Produktregel:

a) $f(x) = (x - 1)(2x + 1)$ **b)** $f(x) = (\sqrt{x} + 1)^2$

c) $f(x) = x^2(2 - x)$ **d)** $f(x) = \left(\sqrt{\frac{x}{2}} + 1\right)^2$

16. Gegeben ist die Funktion $f(x) = (2x - 3)\sqrt{x}$.

a) Geben Sie die Nullstellen von f an.

b) Welchen Anstieg hat die Funktion f an ihren Nullstellen?

c) Zeigen Sie, dass es genau eine Tangente an f gibt, die den Anstieg null hat. Geben Sie die Gleichung dieser Tangente und den Berührungspunkt mit der Funktion f an.

17. Leiten Sie die Faktorregel noch einmal unter Ausnutzung der Produktregel her.

18. Worin unterscheiden sich die Ableitungen von $f(x) = 7x^2 \cdot \frac{1}{x}$ und $g(x) = 7x$?

19. Leiten Sie die Regel $(uvw)' = u'vw + uv'w + uvw'$ zur Ableitung einer aus drei Faktoren bestehenden Funktion her.

20. Berechnen Sie die Ableitung der folgenden Funktionen:

a) $f(x) = x^3(x^2 + 4)\sqrt{x}$ **b)** $f(x) = \left(x + \frac{2}{x}\right)(1 - \sqrt{x})(x^2 - 1)$

21. a) Bilden Sie die Ableitung der Potenzfunktion $f(x) = x^4$ mithilfe der Produktregel, indem Sie $u(x) = x^3$ setzen.

b) Verfahren Sie in gleicher Weise mit $f(x) = x^5$.

c) Stellen Sie eine Vermutung für die Ableitung von $f(x) = x^6$ auf und beweisen Sie Ihre Vermutung.

SATZ 3 (Potenzregel) Jede Potenzfunktion f mit $f(x) = x^n$ $(n \in \mathbb{N})$ ist differenzierbar und für alle $x \in \mathbb{R}$ gilt: $f'(x) = nx^{n-1}$.

Bemerkung: Wir werden sehen, dass die Potenzregel auch für ganzzahlige Exponenten (siehe Seite 125, Aufgabe 43) sowie für gebrochene und rationale Exponenten (siehe Seite 131, Aufgabe 68). Sie gilt sogar sogar für beliebige reelle Exponenten.

22. Beweisen Sie obigen Satz durch vollständige Induktion.

23. Differenzieren Sie die Funktion f. Welche Regeln haben Sie verwendet?

a) $f(x) = x^9$ **b)** $f(x) = 5x^6$

c) $f(x) = \sqrt{3}x^4 - 4x^2$ **d)** $f(x) = (3x^3 - x)(5x - 7x^4)$

e) $f(x) = -\frac{1}{2}x^5 + \frac{\sqrt{2}}{2}x^3 - \frac{\sqrt{2}}{x}$ **f)** $f(x) = x^3(x^2 + 1)(2x + 3)$

24. Ermitteln Sie eine Funktion f, deren Ableitung die gegebene Funktion f' ist. Entscheiden Sie, ob es mehrere solche Funktionen gibt:

a) $f'(x) = x^6$ **b)** $f'(x) = 5x^3$ **c)** $f'(x) = x^4 - x^3$

25. Ermitteln Sie die Gleichung der Tangente an f an den Stellen x_1 und x_2. Berechnen Sie für jede dieser Tangenten den Schnittpunkt und den Schnittwinkel mit der x-Achse:

a) $f(x) = x^4,\ x_1 = 2,\ x_2 = -2$ **b)** $f(x) = 3x^4,\ x_1 = \frac{1}{2},\ x_2 = -\frac{1}{2}$

c) $f(x) = x^3,\ x_1 = \sqrt{2},\ x_2 = -\sqrt{2}$ **d)** $f(x) = x^5,\ x_1 = 1,\ x_2 = -1$

26. Gegeben ist die Funktion $f(x) = x^3 - 1$.

a) In welchen Punkten schneidet der Graph von f die Koordinatenachsen?

b) Berechnen Sie die Anstiege der Tangenten an f in den Schnittpunkten mit den Koordinatenachsen.

c) Gibt es eine weitere Tangente an f, die den gleichen Anstieg wie die Tangente im Schnittpunkt mit der x-Achse hat?

27. a) Begründen Sie: Jede ganzrationale Funktion ist differenzierbar in $\mathbb{R}$.

b) Was lässt sich über den Grad der Ableitung einer ganzrationalen Funktion sagen?

28. a) Wenden Sie die Produktregel auf den Spezialfall $u = v$ an.

b) Leiten Sie die Funktion $f(x) = (7x^5 - 4x^3)^2$ ab.

29. Zeigen Sie, dass die im obigen Satz formulierte Regel zur Differenziation einer Potenzfunktion auch für die Exponenten -1, -2, und $\frac{1}{2}$ richtig ist.

30. Ermitteln Sie jeweils eine Funktion f, die die angegebenen Bedingungen erfüllt. Wie viele solcher Funktionen gibt es?

a) $f'(x) = 2x^2$ **b)** $f'(x) = 2x^2,\ f(0) = 3$

c) $f'(x) = 2x^2,\ f(1) = 3$ **d)** $f'(x) = x^2 + x,\ f(-3) = 1$

e) $f'(x) = x^2 + x$ **f)** $f'(x) = 4$

Differenziationsregel für den Quotienten von Funktionen

31. Gegeben sei die Funktion $f(x) = x^2$ (bzw. $f(x) = x^3$; $f(x) = \sqrt{x}$).

a) Differenzieren Sie die Funktion $\frac{1}{f(x)}$. Schreiben Sie dazu $\frac{1}{f(x)}$ in geeigneter Weise als Produkt zweier differenzierbarer Funktionen.

b) Formen Sie Ihr Ergebnis so um, dass im Nenner das Quadrat von $f(x)$ steht.

c) Leiten Sie als Vermutung eine Regel zur Differenziation einer Funktion $\frac{1}{f(x)}$ ab.

> **SATZ 4 (Reziprokenregel)** Die Funktion v sei an der Stelle x_0 differenzierbar und es sei $v(x_0) \neq 0$. Dann ist auch die Funktion f mit $f(x) = \frac{1}{v(x)}$ an der Stelle x_0 differenzierbar und es gilt $f'(x_0) = -\frac{v'(x_0)}{v^2(x_0)}$.

Kurzform: $\left(\frac{1}{v}\right)' = -\frac{v'}{v^2}$

Bemerkung: Für das Produkt $v \cdot v$ der Funktion v mit sich selbst schreibt man v^2. (Diese Schreibweise wurde zum Beispiel bereits bei der Sinusfunktion benutzt.)

32. Beweisen Sie die Reziprokenregel. Anleitung:

a) Bilden Sie den Differenzenquotienten von f an der Stelle x_0.

b) Zeigen Sie durch Umformung des Differenzenquotienten, dass

$$\frac{f(x_0+h) - f(x_0)}{h} = -\frac{1}{v(x_0+h) \cdot v(x_0)} \cdot \frac{v(x_0+h) - v(x_0)}{h} \text{ gilt.}$$

c) Nutzen Sie Grenzwertsätze für Funktionen zur Berechnung des Grenzwertes des Differenzenquotienten.

33. Leiten Sie folgende Funktionen ab. Welche Regeln benutzen Sie?

a) $f(x) = \frac{1}{x^2}$ **b)** $f(x) = \frac{1}{x^3 - x}$ **c)** $f(x) = \frac{1}{\sqrt{x}}$ **d)** $f(x) = \frac{-2}{4x+3}$

e) $y = \frac{1}{x^2+1}$ **f)** $y = \frac{5}{3\sqrt{x}}$ **g)** $y = \frac{3\sqrt{x}}{1-x^2}$ **h)** $y = 2x \cdot \frac{1}{x^2 - 3}$

34. a) Leiten Sie die Funktion $f(x) = \frac{x^3}{x^2+5}$ mittels Produkt- und Reziprokenregel ab.

b) Leiten Sie die Funktion $f(x) = \frac{u(x)}{v(x)}$ mittels Produkt- und Reziprokenregel ab.

> **SATZ 5 (Quotientenregel)** Die Funktionen u und v seien an der Stelle x_0 differenzierbar und es sei $v(x_0) \neq 0$. Dann ist auch die Funktion f mit $f(x) = \frac{u(x)}{v(x)}$ an der Stelle x_0 differenzierbar und es gilt $f'(x_0) = \frac{u'(x_0)v(x_0) - u(x_0)v'(x_0)}{v^2(x_0)}$.

Kurzform: $\left(\frac{u}{v}\right)' = \frac{u'v - uv'}{v^2}$

35. Berechnen Sie die 1. Ableitung der folgenden Funktionen. An welchen Stellen sind die Funktionen nicht differenzierbar?

a) $f(x) = \frac{x}{x^2 - 1}$ **b)** $f(x) = \frac{2x^2}{x^3 + 2}$ **c)** $f(t) = \frac{t - 1}{t + 1}$

d) $f(x) = \frac{\sqrt{x}}{1 - x}$ **e)** $f(z) = \frac{z^3 + 7z - 5}{z + 1}$ **f)** $f(z) = \frac{z + 1}{3\sqrt{z}}(z^2 - 1)$

36. Es sei $f(x) = \frac{1}{2x + a}$ $(a \in \mathbb{R})$. Für welche Zahlen a ist $f'(2) = -\frac{1}{2}$?

37. Zeigen Sie, dass die Reziprokenregel ein Spezialfall der Quotientenregel ist.

38. Führen Sie einen zum Beweis der Produktregel analogen Beweis der Quotientenregel. Hinweis: An entsprechender Stelle subtrahiert und addiert man das Produkt $u(x_0) \cdot v(x_0)$.

39. a) Führen Sie die Polynomdivision $(x^3 - 1) : (x - 1)$ aus.

b) Leiten Sie die Funktion f mit $f(x) = \frac{x^3 - 1}{x - 1}$ einmal mit und einmal ohne Quotientenregel ab. Überzeugen Sie sich davon, dass man dasselbe Resultat erhält.

c) Worauf ist bei der Angabe von f' zu achten, wenn man vor der Differenziation die Polynomdivision ausführt?

40. Begründen Sie, dass jede rationale Funktion an jeder Stelle ihres Definitionsbereiches differenzierbar ist.

41. Warum ist die folgende Begründung der Quotientenregel nicht korrekt?
Beachten Sie, dass die Behauptung der Quotientenregel aus zwei Teilen besteht.
Aus $f(x_0) = \frac{u(x_0)}{v(x_0)}$ folgt $u(x_0) = f(x_0) \cdot v(x_0)$. Mittels Produktregel erhält man $u'(x_0) = f'(x_0) \cdot v(x_0) + f(x_0) \cdot v'(x_0)$. Einsetzen von $\frac{u(x_0)}{v(x_0)}$ für $f(x_0)$ und Multiplikation beider Seiten mit $v(x_0)$ führt auf $u'(x_0) \cdot v(x_0) = f'(x_0) \cdot v^2(x_0) + u(x_0) \cdot v'(x_0)$. Daraus ergibt sich durch Auflösen nach $f'(x_0)$ die Quotientenregel.

Wir können jetzt die Regel zur Differenziation einer Potenzfunktion auch für negative ganzzahlige Exponenten beweisen.

42. a) Skizzieren Sie die Graphen der Funktionen $f(x) = x^n$ für $n = -1, -2, -3, -4$.

b) Berechnen Sie die Ableitungen der Funktionen unter a).

43. Zeigen Sie: Für alle $n \in \mathbb{N}$ $(n \geq 1)$ ist die Potenzfunktion f mit $f(x) = x^{-n}$ für alle $x \neq 0$ differenzierbar und es ist $f'(x) = -n \cdot x^{-n-1}$.

44. Gegeben ist die Funktion $f(x) = x^{-2}$.

a) Unter welchem Winkel und an welchen Stellen schneidet die Tangente an der Stelle 2 die Koordinatenachsen?

b) Ermitteln Sie die Gleichung der Tangente an f an einer beliebigen Stelle $x_0 > 0$. Berechnen Sie die Nullstelle dieser Tangente.

c) Für welches x_0 bilden die Schnittpunkte der Tangente mit den Koordinatenachsen und der Koordinatenursprung ein gleichschenkliges Dreieck?

Kettenregel

45. Gegeben sind Funktionen g und h. Bilden Sie jeweils die Verkettung $g \circ h$, d.h. die Funktion f mit $f(x) = g(h(x))$. Geben Sie den Definitionsbereich von g, h und der Verkettung f an.

a) $g(x) = \sqrt{x};\ h(x) = 3x + 1$

b) $g(x) = 3x + 1;\ h(x) = \sqrt{x}$

c) $g(x) = x^3;\ h(x) = \frac{1}{x} + 2$

d) $g(x) = \frac{1}{x^2};\ h(x) = \sqrt[3]{x}$

e) $g(x) = x^{-1};\ h(x) = x^{-1}$

f) $g(x) = x^2 - x;\ h(x) = \sqrt{x}$

In der Verkettung $f = g \circ h$ wird g die **äußere** und h die **innere Funktion** genannt.

Beispiel: Es sei $f(x) = \sqrt{(x+5)^3}$.
f lässt sich als Verkettung der äußeren Funktion g mit $g(x) = \sqrt{x}$ und der inneren Funktion h mit $h(x) = (x+5)^3$ deuten. Überprüfen lässt sich das durch Einsetzen von „innen nach außen“ in der Form $g(h(x)) = g((x+5)^3) = \sqrt{(x+5)^3}$ oder durch Einsetzen von „außen nach innen“ durch $g(h(x)) = \sqrt{h(x)} = \sqrt{(x+5)^3}$.

Das Beispiel zeigt ferner, dass unterschiedliche Verkettungen von Funktionen dasselbe Resultat ergeben können, denn f kann auch als Verkettung von $g(x) = \sqrt{x^3}$ mit $h(x) = x + 5$ aufgefasst werden.

46. Deuten Sie die Funktion f als Verkettung einer äußeren Funktion g mit einer inneren h. Überprüfen Sie Ihre Überlegung durch Einsetzen von „außen nach innen“ und von „innen nach außen“:

a) $f(x) = (5x^2 + 2x)^5$

b) $f(x) = 3(x-1)^2$

c) $f(x) = \sqrt{\frac{1}{x^3}}$

d) $f(x) = \sin 3x$

e) $f(x) = \frac{1}{\sqrt{1 - x^2}}$

f) $f(x) = |\sin x|^2$

Um eine Vermutung über die Ableitung einer Verkettung zu gewinnen, betrachten wir ein Beispiel für eine Funktion, die mit den bisherigen Mitteln differenziert werden kann.

Es sei $f(x) = (3x-1)^2$. Wegen $f(x) = 9x^2 - 6x + 1$ findet man $f'(x) = 18x - 6$. Nun ist $f(x) = g(h(x))$ mit $g(x) = x^2$ und $h(x) = 3x - 1$. Es ist naheliegend zu versuchen, die Ableitung von f mit den Ableitungen von g und h zu finden. Es ist $h'(x) = 3$ und $g'(x) = 2x$, also $g'(h(x)) = 2h(x) = 2(3x-1)$.
Man erkennt, dass in unserem Beispiel das Produkt $g'(h(x)) \cdot h'(x)$ zum richtigen Resultat führt, denn es ist $g'(h(x)) \cdot h'(x) = 2(3x-1) \cdot 3 = 18x - 6 = f'(x)$.

Als Vermutung ergibt sich die folgende Kettenregel:

SATZ 6 (Kettenregel) Die Funktion h sei an der Stelle x_0 und die Funktion g an der Stelle $h(x_0)$ differenzierbar. Dann ist auch die Funktion f mit $f(x) = g(h(x))$ an der Stelle x_0 differenzierbar und es gilt $f'(x_0) = g'(h(x_0)) \cdot h'(x_0)$.

Anmerkung: Die Ableitung der äußeren Funktion g wird auch **äußere Ableitung**, die Ableitung der inneren Funktion h auch **innere Ableitung** genannt.

47. Bestätigen Sie die Kettenregel anhand folgender Beispiele, indem Sie die Ableitung zuerst ohne Verwendung der Kettenregel ermitteln und dann f in geeigneter Weise als Verkettung betrachten:

a) $f(x) = (x^2 + x)^3$ **b)** $f(x) = \frac{1}{3 - x}$ **c)** $f(x) = \sqrt{\frac{2}{x}}$

Beweis der Kettenregel: Wir führen den Beweis unter einer zusätzlichen Voraussetzung für die Funktion h, die bei unseren Anwendungen in der Regel immer erfüllt sein wird: Es existiere eine Umgebung U von x_0, so dass für alle $x \in U$ mit $x \neq x_0$ gilt: $h(x) \neq h(x_0)$. Wir bilden den Differenzenquotienten von f an der Stelle x_0 und formen so um, dass die Differenzenquotienten von g an der Stelle $h(x_0)$ und von h an der Stelle x_0 vorkommen:

$$\frac{f(x) - f(x_0)}{x - x_0} = \frac{g(h(x)) - g(h(x_0))}{x - x_0} = \frac{g(h(x)) - g(h(x_0))}{h(x) - h(x_0)} \cdot \frac{h(x) - h(x_0)}{x - x_0}.$$

Für $x \to x_0$ gilt $h(x) \to h(x_0)$; damit erhalten wir:

$$f'(x_0) = \lim_{x \to x_0} \frac{f(x) - f(x_0)}{x - x_0} = \lim_{h(x) \to h(x_0)} \frac{g(h(x)) - g(h(x_0))}{h(x) - h(x_0)} \cdot \lim_{x \to x_0} \frac{h(x) - h(x_0)}{x - x_0} = g'(h(x_0)) \cdot h'(x_0).$$

48. a) An welcher Stelle wird im Beweis die zusätzliche Voraussetzung über h benutzt?

b) Skizzieren Sie eine Funktion h in einer Umgebung einer Stelle x_0, so dass diese Voraussetzung verletzt ist.

c) Nennen Sie eine Eigenschaft von h, die die Bedingung $h(x) \neq h(x_0)$ in einer Umgebung von x_0 garantiert.

d) Worauf stützt sich der Schluss $h(x) \to h(x_0)$ für $x \to x_0$?

49. Begründen Sie die Richtigkeit der Kettenregel auch für den im Beweis nicht enthaltenen Fall, dass h eine konstante Funktion ist.

50. Vergleichen Sie die Umformung der Differenzenquotienten in den Beweisen von Ketten- und Produktregel. An welcher Stelle ist eine Analogie erkennbar?

Beispiele:

1. Die Ableitung der Funktion $f(x) = (x^3 - 1)^4$ an der Stelle -1 ist zu berechnen.
f ist die Verkettung der Funktionen g und h mit $g(x) = x^4$ und $h(x) = x^3 - 1$.
Für jedes $x \in \mathbb{R}$ gilt: h ist differenzierbar in x und g ist differenzierbar in $h(x)$.
Nach der Kettenregel ist dann f in x differenzierbar und es ist $f'(x) = g'(h(x)) \cdot h'(x)$.
Es ist $g'(x) = 4x^3$, also $g'(h(x)) = 4(h(x))^3$, ferner $h'(x) = 3x^2$.
Damit erhalten wir $f'(x) = 4(h(x))^3 \cdot 3x^2 = 12(x^3 - 1)^3 \cdot x^2$.
Die Ableitung von f an der Stelle -1 ist dann
$f'(-1) = 12 \cdot ((-1)^3 - 1)^3 \cdot (-1)^2 = 12 \cdot (-2)^3 = -96.$

2. Die Ableitung der Funktion f mit $f(x) = \sqrt{3x^2 - x}$ ist zu ermitteln.
f ist die Verkettung der Funktionen g und h mit $g(x) = \sqrt{x}$ und $h(x) = 3x^2 - x$.
Diese Verkettung ist für alle x mit $h(x) \geq 0$ definiert. Die Nullstellen der quadratischen Funktion h sind 0 und $\frac{1}{3}$. Somit ist $D(f) = \{x \in \mathbb{R} \setminus x \leq 0 \text{ oder } x \geq \frac{1}{3}\}$.
h ist überall differenzierbar, g für alle x mit $h(x) > 0$. Nach der Kettenregel ist dann die Funktion f für alle $x < 0$ differenzierbar und es gilt:

$$f'(x) = g'(h(x)) - h'(x) = \frac{1}{2\sqrt{h(x)}} \cdot (6x - 1) = \frac{6x - 1}{2\sqrt{3x^2 - x}}.$$

51. Begründen Sie, dass es im zweiten Beispiel keine Tangente an die Funktion f gibt, die parallel zur x-Achse verläuft.

52. Entscheiden Sie, an welchen Stellen die folgenden Funktionen differenzierbar sind und berechnen Sie die 1. Ableitung:

a) $f(x) = (x^2 + 1)^5$ **b)** $f(x) = (-2x + 2)^{-3}$ **c)** $f(x) = \frac{3}{(7x^2 - x)^5}$

d) $f(x) = 3(x - 1)^2$ **e)** $f(x) = \sqrt{7 - x}$ **f)** $f(x) = \sqrt{\frac{1}{x^3}}$

g) $f(x) = \frac{1}{\sqrt{1 - x^2}}$ **h)** $f(x) = \sqrt{x^3(1 - x)^2}$ **i)** $f(x) = \sqrt{3x}(x + 1)$

Häufig kommen beim Differenzieren mehrere Regeln zur Anwendung. Um zu entscheiden, welche Regeln zum Ziel führen, muss die Struktur der Funktion analysiert werden.

Beispiel: Die Ableitung von f mit $f(x) = \frac{2x^3 + x}{\sqrt{x^2 - 1}}$ ($|x| > 1$) wird berechnet.
f ist der Quotient der Funktionen $u(x) = 2x^3 + x$ und $v(x) = \sqrt{x^2 - 1}$.
Die Ableitung von f erhält man mithilfe der Quotientenregel: $f'(x) = \frac{u'(x)v(x) - u(x)v'(x)}{v^2(x)}$.
Diese Regel wird nun konsequent „abgearbeitet", wir müssen zuerst $u'(x)$ bilden. Wir erhalten: $f'(x) = \frac{(6x^2 + 1)\ldots}{\ldots}$. Wir ergänzen entsprechend der Quotientenregel $v(x)$ und $u(x)$: $f'(x) = \frac{(6x^2 + 1) \cdot \sqrt{x^2 - 1} - (2x^3 + x)\ldots}{\ldots}$. Nun ist v zu differenzieren. v ist eine Verkettung, also kommt die Kettenregel zur Anwendung. Als Ableitung von f erhalten wir schließlich $f'(x) = \frac{(6x^2 + 1) \cdot \sqrt{x^2 - 1} - (2x^3 + x) \cdot \frac{1}{2\sqrt{x^2 - 1}} \cdot 2x}{x^2 - 1}$.

53. Differenzieren Sie die folgenden Funktionen und geben Sie $D(f)$ und $D(f')$ an:

a) $f(x) = (x^2 + 3x)^3$ **b)** $f(x) = (3 - 2x)(x^3 + 1)^2$ **c)** $y = |x^2 - 1|$

d) $f(x) = (3 + x)\sqrt{3 - x}$ **e)** $f(x) = \frac{x^2 + 1}{(x^2 + 1)^3}$ **f)** $f(x) = 4\sqrt{x - x^2}$

g) $f(x) = x(5x^4 - 7x^2)^4$ **h)** $f(x) = \left(\frac{x^2 - 1}{x^2 + 1}\right)^3$ **i)** $f(x) = \sqrt{x^4 - \sqrt{x - 1}}$

j) $f(x) = \sqrt{\frac{x - 1}{x + 1}}$ **k)** $f(x) = \frac{\sqrt{1 - x}}{x^3}$ **l)** $f(x) = \sqrt{1 + \frac{1}{x}}$

54. Ermitteln Sie alle Stellen, an denen die Tangente an f parallel zur x-Achse verläuft:

a) $f(x) = \sqrt{x^2 - x + 1}$ **b)** $f(x) = \sqrt{x + 3}$ **c)** $f(x) = (3x^2 + x)^5$

d) $f(x) = \frac{x^2 - 1}{x + 2}$ **e)** $f(x) = 2 \cdot \frac{x^2 - 1}{x + 2}$ **f)** $f(x) = \frac{x}{\sqrt{1 - x^2}}$

g) $f(x) = \frac{2x - 4}{2 - x}$ **h)** $f(x) = \sqrt{(x - 1)(x + 3)}$ **i)** $f(x) = (x - 1) \cdot \sqrt{1 + x}$

55. Es sei u eine differenzierbare Funktion, die nur positive Funktionswerte annimmt. f sei die durch $f(x) = \sqrt{u(x)}$ definierte Funktion.

a) Geben Sie $D(f)$ und $D(f')$ an.

b) Zeigen Sie: Für alle $x \in D(f')$ gilt: $2 \cdot f'(x) \cdot f(x) = u'(x)$.

56. a) Berechnen Sie die Ableitung von $f(x) = x^{-4}$ mithilfe der Kettenregel unter Verwendung der Ableitung von $y = x^4$ und $y = \frac{1}{x}$.

b) Bestätigen Sie die in Aufgabe 42 gewonnene Regel zur Differenziation von $f(x) = x^{-n}$ für $n \geq 2$ mithilfe der Kettenregel.

57. h sei eine für alle $x \in \mathbb{R}$ definierte, differenzierbare Funktion. Welchen Definitionsbereich hat die Funktion f? Wo ist f differenzierbar? Differenzieren Sie f.

a) $f(x) = 5 \cdot h(x)$ **b)** $f(x) = h^2(x)$ **c)** $f(x) = \sqrt{h(x)}$
d) $f(x) = h(\sqrt{x})$ **e)** $f(x) = h^2(\sqrt{x})$ **f)** $f(x) = h(x) \cdot \sqrt{x}$

58. g und h seien differenzierbare Funktionen. Differenzieren Sie f.

a) $f(x) = g^2(h(x))$ **b)** $f(x) = g(h^2(x))$ **c)** $f(x) = (g \circ h)^2(x)$
d) $f(x) = (g \cdot h)^2(x)$ **e)** $f(x) = g(h(x^2))$ **f)** $f(x) = h^2(g(x^2))$

59. Leiten Sie die Funktion f einmal mit und einmal ohne Verwendung der Kettenregel ab. Zeigen Sie, dass man dasselbe Resultat erhält.

a) $f(x) = (3x - 5)^2$ **b)** $f(x) = (x^3)^4$ **c)** $f(x) = \sqrt{x^7}$
d) $f(x) = \sqrt{x^{-7}}$ **e)** $f(x) = \frac{3}{x^2 + 1}$ **f)** $f(x) = \frac{1}{\sqrt{x}}$

60. Die Funktion g sei differenzierbar für alle $x \in \mathbb{R}$ und habe an der Stelle x_0 den Anstieg m_g. Es sei $f = g \circ h$ die Verkettung von g mit der linearen Funktion $h(x) = mx + n$ $(m \neq 0)$. Zeigen Sie, dass es eine Stelle x_1 gibt, an der f den Anstieg m_f hat.

a) $m_g = 0$; $m_f = 0$ **b)** $m_g = 1$; $m_f = m$

61. Die Verkettung $f = g \circ h$ sei differenzierbar an der Stelle x_0. Überprüfen Sie die folgenden Aussagen.

a) Ist $f'(x_0) = 0$, so ist $g'(x_0) = 0$ oder $h'(x_0) = 0$.

b) Ist $f'(x_0) = 0$, so ist entweder $g'(h(x_0)) = 0$ oder $h'(x_0) = 0$.

c) Ist $f'(x_0) = 0$ und $g'(x) \neq 0$ für alle $x \in D(g)$, so ist $h'(x_0) = 0$.

d) Ist $f'(x_0) = a$ $(a \neq 0)$, so ist $g'(h(x_0)) = a$ oder $h'(x_0) = a$.

62. Die Funktion h sei an der Stelle x_0, die Funktion g an der Stelle $h(x_0)$ und die Funktion f an der Stelle $g(h(x_0))$ differenzierbar. Welche Ableitung hat die Funktion F mit $F(x) = f(g(h(x)))$ an der Stelle x_0?

63. Gegeben ist die Funktion $f(x) = \sqrt{5x^2 + 4}$.

a) Geben Sie $D(f)$ und $D(f')$ an.

b) Ermitteln Sie die Gleichung der Tangente an der Stelle 1 und an der Stelle -1.

c) In welchem Punkt schneiden sich die in b) betrachteten Tangenten?

d) Ermitteln Sie für eine beliebige Zahl x_0 $(x_0 \neq 0)$ den Schnittpunkt der Tangenten an f an den Stellen x_0 und $-x_0$.

Differenziation der Umkehrfunktion einer Funktion

64. a) Versuchen Sie, die Ableitung von $f(x) = \sqrt[3]{x}$ mithilfe der bisherigen Differenziationsregeln zu gewinnen.

b) Um die Ableitung von $f(x) = \sqrt{x}$ zu gewinnen, nutzt man bei der Umformung des Differenzenquotienten die Identität $(a-b)(a+b) = a^2 - b^2$. Beweisen Sie die Identität $(a-b)(a^2+ab+b^2) = a^3 - b^3$ und nutzen Sie diese zur Differenziation von $f(x) = \sqrt[3]{x}$.

***c)** Verallgemeinern Sie die Überlegungen unter b) und differenzieren Sie die Wurzelfunktion $f(x) = \sqrt[n]{x}$ $(n \geq 2)$.

Der in Aufgabe 64 beschrittene Weg zur Differenziation der Wurzelfunktion ist recht aufwendig. Nun sind diese Funktionen die Umkehrfunktion von Potenzfunktionen, deren Ableitungen wir bereits kennen. Gibt es einen Zusammenhang zwischen den Ableitungen einer Funktion und ihrer Umkehrfunktion? Kann man einen solchen Zusammenhang nutzen, um die Ableitung der Wurzelfunktion (und anderer Funktionen) zu ermitteln?

65. a) Bild 11a zeigt die Graphen einer differenzierbaren Funktion f und ihrer Umkehrfunktion $\overline{f}$ sowie die Tangente t an f in x_0 und die Tangente $\overline{t}$ an $\overline{f}$ in $y_0 = f(x_0)$. Welcher Zusammenhang zwischen den Ableitungen von f und $\overline{f}$ lässt sich vermuten?

b) Überprüfen Sie ihre Vermutung für die Funktion $f(x) = \sqrt[3]{x}$ und für eine lineare Funktion.

c) Welche Überlegung ergibt sich aus Bild 11b?

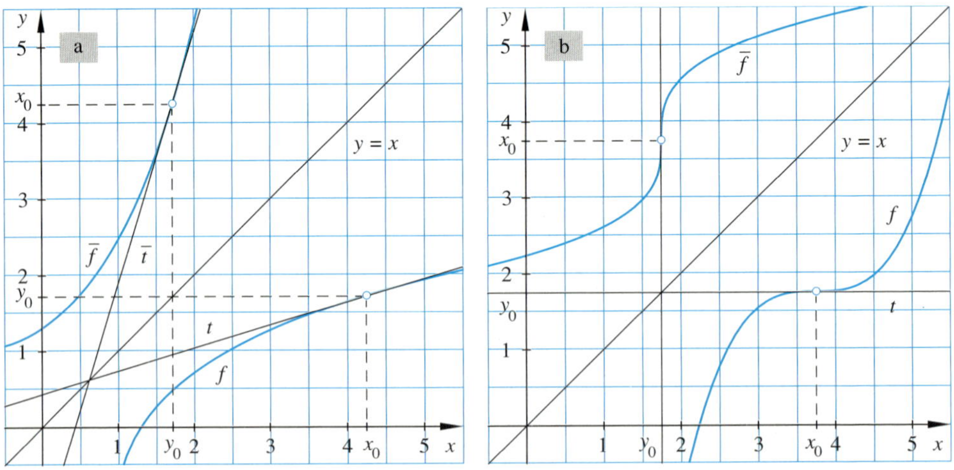

11

Mithilfe des folgenden Satzes kann man die Ableitung von Funktionen berechnen, für die die Ableitung der Umkehrfunktion bekannt ist.

> **SATZ** Es sei f eine umkehrbare, an der Stelle x_0 stetige Funktion. Die Umkehrfunktion $\overline{f}$ von f sei an der Stelle $f(x_0)$ differenzierbar und es sei $\overline{f}'(f(x_0)) \neq 0$.
> Dann ist f an der Stelle x_0 differenzierbar und es ist $f'(x_0) = \dfrac{1}{\overline{f}'(f(x_0))}$.

Beispiel: Die Ableitung der Funktion f mit $f(x) = \sqrt[3]{x}$ ist zu ermitteln.
f ist eine stetige Funktion, die Umkehrfunktion ist $\overline{f}$ mit $\overline{f}(x) = x^3$ $(x \geq 0)$, deren Ableitung $\overline{f}'(x) = 3x^2$ für $x > 0$ von null verschieden ist. Damit ergibt sich: f ist an jeder Stelle $x > 0$ differenzierbar, und es gilt:

$$f'(x) = \frac{1}{\overline{f}'(f(x))} = \frac{1}{3(f(x))^2} = \frac{1}{3\sqrt[3]{x}^2} = \frac{1}{3\sqrt[3]{x^2}}.$$

Beweis des Satzes:
Wir wählen eine beliebige Folge (x_n), die gegen x_0 konvergiert und deren Glieder von x_0 verschieden sind.

Wir müssen zeigen, dass die Folge $\left(\frac{f(x_n) - f(x_0)}{x_n - x_0}\right)$ konvergiert, und zwar unabhängig von der Wahl der Folge (x_n) stets gegen denselben Grenzwert; dieser Grenzwert ist dann $f'(x_0)$.

Da f eine umkehrbare, also eineindeutige, Funktion ist, gilt für $x_n \neq x_0$ stets $f(x_n) \neq f(x_0)$.

Folglich können wir die reziproke Folge $\left(\frac{x_n - x_0}{f(x_n) - f(x_0)}\right)$ bilden.

Setzen wir $f(x_n) = y_n$ und $f(x_0) = y_0$, so ist $x_n = \overline{f}(y_n)$ und $x_0 = \overline{f}(y_0)$. Unsere Folge nimmt dann die Form $\left(\frac{\overline{f}(y_n) - \overline{f}(y_0)}{y_n - y_0}\right)$ an. Wegen der Stetigkeit von f an der Stelle x_0 folgt aus $x_n \to x_0$ aber $f(x_n) \to f(x_0)$, also $y_n \to y_0$. Da $\overline{f}$ an der Stelle $f(x_0) = y_0$ differenzierbar ist, ergibt sich $\frac{\overline{f}(y_n) - \overline{f}(y_0)}{y_n - y_0} \to \overline{f}'(y_0) = \overline{f}'(f(x_0))$. Nach Voraussetzung ist $\overline{f}'(f(x_0))$ von null verschieden, also konvergiert auch die reziproke Folge $\left(\frac{y_n - y_0}{\overline{f}(y_n) - \overline{f}(y_0)}\right) = \left(\frac{f(x_n) - f(x_0)}{x_n - x_0}\right)$, und zwar gegen $\frac{1}{\overline{f}'(f(x_0))}$.

66. Geben Sie für folgende Funktionen f die Umkehrfunktion $\overline{f}$ sowie $D(f)$ und $D(\overline{f})$ an. Ermitteln Sie $f'(x)$ und $D(f')$.

a) $f(x) = \sqrt[4]{x}$ **b)** $f(x) = x^{0,2}$ **c)** $f(x) = \sqrt[3]{2x - 1}$

d) $f(x) = \sqrt[3]{x + 2} - 1$ **e)** $f(x) = \frac{1}{2}x + 3$ **f)** $f(x) = x^3$

67. Zeigen Sie, dass man die im obigen Satz formulierte Regel aus der Kettenregel gewinnen kann, sofern man die Differenzierbarkeit von f und $\overline{f}$ voraussetzt.

Wir können jetzt die Regel zur Differenziation einer Potenzfunktion für beliebige rationale Exponenten beweisen.

68. a) Zeigen Sie, dass die Funktion $f(x) = x^{\frac{1}{n}} = \sqrt[n]{x}$ $(n \in \mathbb{N},\ n \geq 2)$ für alle $x > 0$ differenzierbar ist und $f'(x) = \frac{1}{n}x^{\frac{1}{n}-1}$.

b) Differenzieren Sie die Potenzfunktion $f(x) = x^{\frac{m}{n}}$ $(m, n \in \mathbb{N};\ m > 1,\ n \geq 2)$ mithilfe der Kettenregel.

c) Überlegen Sie, was für den Beweis folgender Aussage noch zu zeigen ist:
Ist r eine beliebige rationale Zahl, so ist die Funktion $f(x) = x^r$ für alle $x > 0$ differenzierbar und es ist $f'(x) = rx^{r-1}$.

d) Vervollständigen Sie den Beweis der Aussage von c).

69.* Differenzieren Sie die Funktion $f(x) = \sqrt[3]{x^2}$ $(x \in \mathbb{R})$. Beachten Sie: Die Umformung $\sqrt[3]{x^2} = x^{\frac{2}{3}}$ ist nicht korrekt, denn $x^{\frac{2}{3}}$ ist im Gegensatz zu $\sqrt[3]{x^2}$ für $x < 0$ nicht erklärt.

70. Leiten Sie die folgenden Funktionen ab. Welche Regeln benutzen Sie?

a) $f(x) = \sqrt[3]{x+1}$ **b)** $f(x) = -x \cdot \sqrt[4]{3x}$ **c)** $f(x) = 3x^2 \cdot \sqrt[5]{x^3}$

d) $f(x) = (2x-1)^{-\frac{1}{3}}$ **e)** $f(x) = \sqrt[3]{\sqrt{x}}$ **f)** $f(x) = \sqrt[3]{1 + \sqrt[3]{1+\sqrt{x}}}$

g) $f(x) = \dfrac{1}{\sqrt[4]{(x-2)^3}}$ **h)** $f(x) = \sqrt[3]{\dfrac{1}{x}}$ **i)** $f(x) = \dfrac{x^2}{\sqrt{x^{\frac{1}{5}}}}$

71. Ermitteln Sie die Gleichung der Tangente an f in x_0.

a) $f(x) = \sqrt[3]{2x-1},\ x_0 = 1$ **b)** $f(x) = \sqrt[3]{2x} - 1,\ x_0 = \sqrt{2}$

72. **a)** Ermitteln Sie den Definitionsbereich der Funktion $f(x) = \sqrt{\dfrac{x}{1+x}}$.

b) Geben Sie die Umkehrfunktion $\overline{f}$ von f und deren Definitionsbereich an.

c) Berechnen Sie die Ableitung von f und von $\overline{f}$.

73. Berechnen Sie jeweils die Ableitung der folgenden Funktion, indem Sie zunächst die Ableitung der Umkehrfunktion berechnen.

a) $f(x) = \sqrt[4]{2x-5},\ x > \dfrac{5}{2}$ **b)** $f(x) = \sqrt[5]{0{,}5x + 1{,}2},\ x > -2{,}4$

c) $f(x) = \sqrt[10]{x-1},\ x > 1$ **d)** $f(x) = \sqrt[4]{ax+b},\ n \in \mathbb{N}\ (n > 1),\ x > -\dfrac{b}{a}$

74. Ermitteln Sie die 1. Ableitung der folgenden Funktionen.

a) $y = 3x^{\frac{2}{3}} - 2x^{\frac{5}{2}} + x^{-3}$ **b)** $y = (2x + x\sqrt[4]{x^3})^2$

c) $y = \dfrac{1}{\sqrt[5]{(x-a)^3}}$ $(a \in \mathbb{R})$ **d)** $y = (3x^{-2} + x^{\frac{1}{3}})^4$

Differenziationsregeln	**Beispiel**	
$c' = 0\ (c \in \mathbb{R})$	$f(x) = 5$	$f'(x) = 0$
$(cf)' = cf'$	$f(x) = 3x^2$	$f'(x) = 3 \cdot (2x)$
$(u+v)' = u' + v'$	$f(x) = x^2 + 6x$	$f'(x) = 2x + 6$
$(uv)' = u'v + uv'$	$f(x) = x^2\sqrt{x}$	$f'(x) = 2x \cdot \sqrt{x} + x^2 \cdot \dfrac{1}{2\sqrt{x}}$
$\left(\dfrac{u}{v}\right)' = \dfrac{u'v - uv'}{v^2}$	$f(x) = \dfrac{x^3}{x^2-1}$	$f'(x) = \dfrac{3x^2 \cdot (x^2-1) - x^3 \cdot 2x}{(x^2-1)^2}$
$[g(h(x))]' = g'(h(x)) \cdot h'(x)$	$f(x) = \sqrt{1-x^2}$	$f'(x) = \dfrac{1}{2\sqrt{1-x^2}} \cdot (-2x)$
$(x^r)' = rx^{r-1}\ (r \in \mathbb{Q})$	$f(x) = x^{-\frac{3}{2}}$	$f'(x) = -\dfrac{3}{2}x^{-\frac{5}{2}}$
(Beachte: Der Definitionsbereich hängt von r ab.)		

3 Höhere Ableitungen

Die 1. Ableitung der Funktion f mit $f(x) = x^4$ ist die Funktion f' mit $f'(x) = 4x^3$. f' ist wiederum eine differenzierbare Funktion; deren Ableitung wird die zweite Ableitung von f genannt und mit f'' bezeichnet. Im Beispiel gilt also $f''(x) = 12x^2$. Man sagt, f ist zweimal differenzierbar.
Ganz analog erhält man den Begriff der dritten oder allgemein der **Ableitung n-ter Ordnung**, kurz auch **n-te Ableitung** genannt.
Für $n = 3$ ist die Bezeichnung f''', für $n \geq 4$ die Bezeichnung $f^{(n)}$ üblich.
Im Beispiel ist $f'''(x) = 24x$, $f^{(4)}(x) = 24$ und für $n \geq 5$ gilt $f^{(n)}(x) = 0$.

1. Berechnen Sie die ersten drei Ableitungen von f:

a) $f(x) = 7x^4 - 3x^2 + 3$ **b)** $f(x) = -\sqrt{3}x^2 + 17x + 1$ **c)** $f(x) = (2x+3)^5$

d) $f(x) = \frac{2}{x}$ **e)** $f(x) = \sqrt{x}$ **f)** $f(x) = \frac{3x-4}{5}$

g) $f(x) = (x^2 - 2)(x^2 + 3)$ **h)** $f(x) = (x-1)(x-2)(x-3)$ **i)** $f(x) = \sqrt{x+3}$

2. Berechnen Sie die 2. Ableitung von f an der Stelle x_0:

a) $f(x) = (x^3 - 1)^3,\ x_0 = 2$ **b)** $f(x) = 3x^2 \cdot \sqrt{x},\ x_0 = 4$

c) $f(x) = \frac{x^2 + 5x - 7}{2x^2 + x + 10},\ x_0 = -1$ **d)** $f(x) = \frac{x-1}{x^2+1},\ x_0 = 1$

e) $f(x) = x + \sqrt{x},\ x_0 = 2$ **f)** $f(x) = \sqrt[3]{1-x},\ x_0 = 0$

3. Ermitteln Sie für die folgenden Funktionen $f^n(x)$ und $f^{(n)}(x)$ $(n \geq 1)$:

a) $f(x) = x^2$ **b)** $f(x) = \frac{1}{x}$ **c)** $f(x) = \sqrt{x}$

4. Gewinnen Sie durch mehrmaliges Differenzieren von f eine Vermutung für die n-te Ableitung und beweisen Sie Ihre Vermutung durch vollständige Induktion:

a) $f(x) = \frac{1}{1-x}$ **b)** $f(x) = \frac{1}{1+x}$

c) $f(x) = \frac{1}{(x-3)^2}$ **d)** $f(x) = \frac{x+1}{x-1}$

5. Geben Sie alle quadratischen Funktionen an, die die folgenden Bedingungen erfüllen:

a) $f(0) = 2,\ f'(0) = 3,\ f''(0) = 4$ **b)** $f(1) = 1,\ f'(1) = 0,\ f''(1) = 2$

c) $f'(3) = 4,\ f''(3) = -8$ **d)** $f(2) = 0,\ |f'(2)| = 1,\ f''(2) = -2$

e) $f(0) = 6,\ f(2) = 0,\ f'(3) = -f'(5)$ **f)** $f'(3) = f'(5)$

6. Zeigen Sie, dass es genau eine ganzrationale Funktion dritten Grades mit den angegebenen Bedingungen gibt:

a) $f(0) = 1,\ f'(0) = -1,\ f''(0) = 4,\ f'''(0) = 6$

b) $f(1) = 5,\ f'(0) = 1,\ f''(-1) = 2,\ f'''(3) = 6$

c) $f(1) = -5,\ f'(0) = -1,\ f''(-1) = -2,\ f'''(3) = -6$

d) $f(0) = -4,\ f'\left(\frac{1}{2}\right) = 0,\ f''(-1) = 8,\ f'''(0) = 6$

7. Geben Sie die n-te Ableitung der Funktion $f(x) = (ax+b)^n$ an.

8. Bilden Sie von den folgenden Funktionen jeweils die Ableitungen, die die angegebene Bedingung erfüllen:

a) $y = \frac{1}{8}x^4 - 2x^3 + 7x - 0{,}2$; alle nicht verschwindenden Ableitungen.

b) $y = 0{,}1x^2 - 0{,}01x + 0{,}001$; diejenige Ableitung, die eine Konstante ungleich null ist.

c) $y = \frac{3}{4} - 5x^2 + \frac{1}{6}x^5 + \frac{2}{3}x^7$; alle Ableitungen gerader Ordnung, die nicht verschwinden.

d) $y = \left(\frac{1}{2}x - 2\right)\left(\frac{1}{3}x - 3\right)\left(\frac{1}{4}x - 4\right)$; alle Ableitungen ungerader Ordnung, die nicht verschwinden.

e) $y = (0{,}1x^2 - 0{,}05)^2$; die Ableitung, die eine lineare Funktion ist.

f) $y = (-2x^2 + 3x)^2$; diejenige Ableitung, die eine quadratische Funktion ist.

9. Wie heißt von folgenden unecht gebrochenrationalen Funktionen diejenige Ableitung, die als erste eine echt gebrochenrationale Funktion ist?
Können Sie im voraus angeben, für welche Ableitung das zutrifft?

a) $f(x) = \frac{5 - x^2}{3x - 6}$ **b)** $f(x) = \frac{x^3 - 2x + 1}{2x^3 - 5}$

c) $f(x) = x + \frac{x}{x^2 + 2}$ **d)** $f(x) = \frac{x^3 - 27}{x^2}$

10. Die Funktionen u und v seien an der Stelle x_0 zweimal differenzierbar. Berechnen Sie die zweite Ableitung der Funktion f mit $f(x) = u(x) \cdot v(x)$ an der Stelle x_0.

11. $f \circ g$ sei die Verkettung zweier zweimal differenzierbarer Funktionen f und g. Ermitteln Sie die zweite Ableitung von $f \circ g$.

12. Berechnen Sie den Anstieg der 1. Ableitung von f an der Stelle x_0:

a) $f(x) = \frac{x^2 - 3}{x - 2}$, $x_0 = -1$ **b)** $f(x) = \frac{x - 4}{2 - x}$, $x_0 = -3$

c) $f(x) = 4x + \frac{1}{x^2 + 1}$, $x_0 = 0$ **d)** $f(x) = 5\sqrt{x}(x + 2)$, $x_0 = 4$

13. Zeigen Sie, dass die zweite Ableitung von f keine Nullstellen hat:

a) $f(x) = x^4 + x^2$ **b)** $f(x) = \sqrt{x}$ **c)** $f(x) = -\frac{3}{x^5}$

14. Bilden Sie von den folgenden Funktionen die 2., 3., 5. und 10. Ableitung an den Stellen $x_0 = 1$, $x_1 = -2$, $x_2 = -\frac{1}{5}$, $x_3 = 0{,}1$ und $x_4 = \sqrt{3}$.

a) $y = \frac{1}{120}x^5 - \frac{1}{24}x^4$ **b)** $y = 0{,}02x^{10} + 0{,}01x^5 - x^2 + 4$

15. Berechnen Sie die 1. und 2. Ableitung folgender Funktionen und geben Sie jeweils den Definitionsbereich von f, von f' und von f'' an.

a) $f(x) = \frac{1}{\sqrt{1 - x^2}}$ **b)** $f(x) = \sqrt[3]{1 - x^2}$ **c)** $f(x) = \frac{1}{\sqrt[4]{1 - x}}$

4 Vermischte Aufgaben und Ergänzungen

Ableitung und Tangente

1. An die folgenden Funktionen sollen Tangenten mit dem Anstieg m_1 bzw. m_2 gelegt werden. Berechnen Sie die Koordinaten der Berührungspunkte:

a) $y = x^4;\ m_1 = -\frac{1}{2};\ m_2 = 4$
b) $y = x^5;\ m_1 = 80;\ m_2 = \frac{4}{5}$
c) $y = x^{-3};\ m_1 = 3;\ m_2 = -\frac{3}{16}$
d) $y = 3\sqrt{x};\ m_1 = \frac{1}{3};\ m_2 = 3$

2. An die folgenden Funktionen sollen Tangenten mit dem Anstieg m gelegt werden. An welchen Stellen ist das möglich?

a) $f(x) = (x-1)^3;\ m = 6$
b) $f(x) = (x^2-1)(x^2+1);\ m = -8$
c) $f(x) = \sqrt{2x+3};\ m = 1$
d) $f(x) = \sqrt{2x+3};\ m = -1$

3. An die folgenden Funktionen sind Tangenten zu legen, die die x-Achse unter dem Winkel α bzw. die y-Achse unter dem Winkel β schneiden. Welche Koordinaten haben die Berührungspunkte?

a) $y = x^{-4};\ \alpha = 75°$
b) $f(x) = x^3 + 3x^2 + 2x,\ \alpha = 45°$
c) $f(x) = 2x^2 + 1,\ \alpha = 30°$
d) $f(x) = \sqrt{4x-3},\ \alpha = 120°$
e) $y = \frac{x^2-1}{x+3};\ \alpha = 0°$
f) $f(x) = \frac{x^2+x+14}{x+2},\ \alpha = 135°$
g) $f(x) = \frac{x^2-3}{2x},\ \beta = 135°$
h) $f(x) = \frac{x-0{,}5\sqrt{3}}{x+0{,}5\sqrt{3}},\ \alpha = 60°,\ \beta = 120°$

4. Gegeben ist die Funktion f mit $f(x) = 3x^3 + kx^2 - 3$.

a) Für welche Zahl k schneidet die Tangente an f an der Stelle -1 die x-Achse unter einem Winkel von 45°?

b) Für welche Zahlen k existiert im Intervall $(0; 1)$ eine Tangente an f, die parallel zur x-Achse verläuft?

5. Ermitteln Sie eine ganzrationale Funktion f dritten Grades, so dass die Tangente an f an der Stelle 3 die x-Achse unter einem Winkel von 30° schneidet.

6. a) Welchen Anstieg hat die Funktion $f_n(x) = \frac{1}{x^n}$ $(n \in \mathbb{N},\ n \geq 1)$ an der Stelle 1?

b) Wie verändert sich die Lage der Tangente mit wachsendem n?

c) Für jedes $n \geq 1$ schneidet die Tangente an f_n an der Stelle 1 die x-Achse an einer Stelle a_n. Entnehmen Sie einer grafischen Darstellung eine Vermutung über die Konvergenz der Folge (a_n). Bestätigen Sie Ihre Vermutung rechnerisch.

7. f sei eine auf $\mathbb{R}$ definierte, differenzierbare Funktion. Überprüfen Sie die folgenden Gleichungen und korrigieren Sie sie gegebenenfalls:

a) $f'(t) = \lim\limits_{k \to 0} \frac{f(t+k) - f(t)}{k}$
b) $f'(k) = \lim\limits_{t \to 0} \frac{f(k) - f(t)}{k - t}$
c) $f'(x_0) = \lim\limits_{x_0 \to x} \frac{f(x_0) - f(x)}{x_0 - x}$
d) $f'(5) = \lim\limits_{x \to 0} \frac{f(x+5) - f(5)}{x}$

8. Im Einkommenssteuergesetz wird festgelegt, welche Steuer für ein zu versteuerndes Einkommen zu zahlen ist. Mit den Bezeichnungen x für das Einkommen (Jahreseinkommen) und $f(x)$ für die zu zahlende Einkommenssteuer lassen sich diese Festlegungen (etwas vereinfacht) durch die folgende Funktion f beschreiben[1] (vgl. Kap. A, Seite 8):

$$f(x) = \begin{cases} 0 & \text{für } 0 \leq x < 12096 \\ 86{,}63\left(\frac{x - 12042}{10000}\right)^2 + 2590\left(\frac{x - 12042}{10000}\right) & \text{für } 12096 \leq x < 55728 \\ 151{,}94\left(\frac{x - 55674}{10000}\right)^2 + 3346\left(\frac{x - 55674}{10000}\right) + 12949 & \text{für } 55728 \leq x \leq 120042 \\ 0{,}53x - 22842 & \text{für } x \geq 120042 \end{cases}$$

a) Skizzieren Sie den Graphen der Funktion f.

b) Wie ist die Aussage zu verstehen, dass f „fast stetig" ist?

c) Unter dem Steuersatz versteht man den zu zahlenden prozentualen Steuerbetrag. Berechnen Sie jeweils den Steuersatz für ein Jahreseinkommen von 30000 bzw. 70000 DM.

d) Interpretieren Sie den Steuersatz als Anstieg einer Sekante des Graphen von f.

e) Berechnen Sie den jeweiligen Steuersatz nach einer Gehaltserhöhung um 5% bei einem ursprünglichen Einkommen von 30000 bzw. 70000 DM.

f) Berechnen Sie für die obigen Einkommen den Steuersatz für die Gehaltserhöhung, d.h. berechnen Sie, wie viel Prozent des Gehaltszuwachses in die zu zahlende Steuer eingehen.

g) Interpretieren Sie den Steuersatz für die Gehaltserhöhung als Anstieg einer Sekante des Graphen von f.

h) Unter dem Spitzensteuersatz wird die Ableitung der Funktion f verstanden. Berechnen Sie den Spitzensteuersatz bei einem Einkommen von 30000 bzw. 70000 DM und geben Sie eine anschauliche Erklärung dieses Begriffes.

9. Gegeben sei der in Bild 12 dargestellte Körper, bei dem Grund- und Deckfläche parallel sind. Mit x werde die Höhe eines Teilkörpers bezeichnet, der aus dem ursprünglichen Körper durch einen zu Grund- und Deckfläche parallelen Schnitt entsteht. $f(x)$ sei das Volumen dieses Teilkörpers. Welche geometrische Interpretation ergibt sich im Falle der Differenzierbarkeit von f für die Ableitung $f'(x)$?

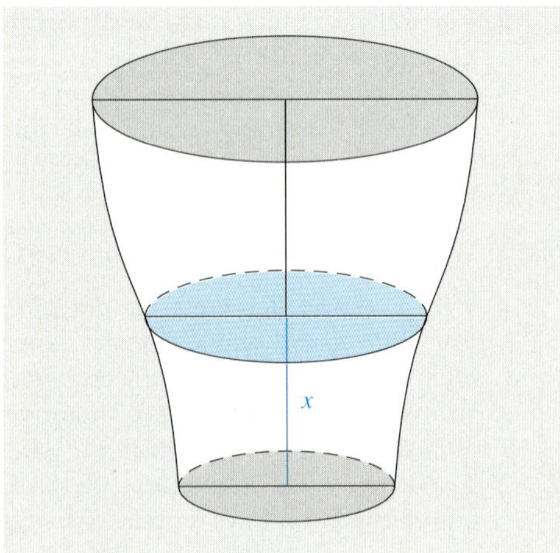

12

[1] Stand 1996, ohne Berücksichtigung ergänzender Bestimmungen

10. Eine Funktion f habe folgende Eigenschaft: Es gibt eine Zahl m, so dass für jedes $\varepsilon > 0$ eine Umgebung U von x_0 existiert, in der der Graph von f „zwischen" den Geraden g_1 und g_2 verläuft (Bild 13). g_1 und g_2 seien die Geraden durch den Punkt $P_0(x_0; f(x_0))$ mit dem Anstieg $m - \varepsilon$ bzw. $m + \varepsilon$.

a) Geben Sie für diese anschauliche Erklärung eine analytische Beschreibung mithilfe von Ungleichungen.

b) Zeigen Sie, dass f in x_0 differenzierbar ist und $f'(x_0) = m$ gilt.

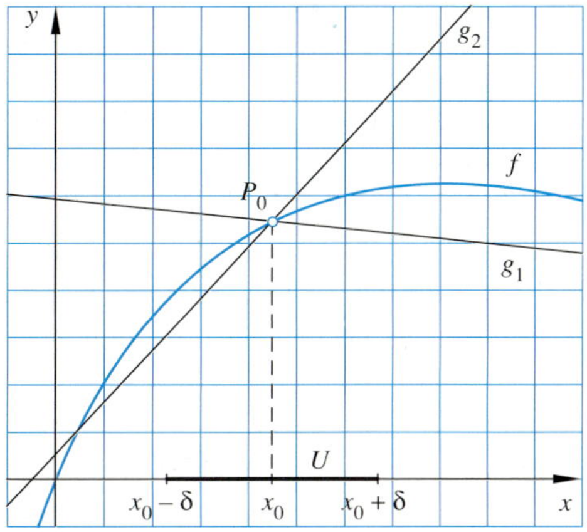

13

11. Es sei $f(x) = x^2$ und $g(x) = \sqrt{x}$.

a) An welcher Stelle hat g denselben Anstieg wie f an der Stelle 0,6?

b) Berechnen Sie den Schnittpunkt der Tangente an f an der Stelle 3 mit der Tangente an g an der Stelle 9. Können Sie vor der Rechnung eine Aussage über die Koordinaten dieses Schnittpunktes treffen?

12. Berechnen Sie die Koordinaten des Berührungspunktes für jede Tangente an die Funktion f durch den Punkt P.

a) $f(x) = x^2$; $P(0; -1)$ **b)** $f(x) = x^2$; $P(0; -2)$ **c)** $f(x) = ax^2$ $(a \neq 0)$; $P(0; -1)$

d) $f(x) = x^2$; $P(-1; -1)$ **e)** $f(x) = \sqrt{x}$; $P(0; 1)$ **f)** $f(x) = \sqrt{x}$; $P(-1; 1)$

g) $f(x) = \sqrt{x}$; $P(2; 2)$ **h)** $f(x) = \frac{1}{x}$; $P(1; -1)$ **i)** $f(x) = \frac{1}{x}$; $P(\sqrt{3}; \frac{\sqrt{3}}{3})$

13. a) Geben Sie eine ausführliche Formulierung für eine Differenziationsregel an, die man mit der Kurzform $(f^n)' = n \cdot f^{n-1} \cdot f'$ beschreiben kann.

b) Interpretieren Sie diese Regel als Spezialfall der Kettenregel.

c) Führen Sie einen Beweis dieser Regel ohne Verwendung der Kettenregel.

14. Finden Sie jeweils verschiedene Möglichkeiten, f zu differenzieren.

a) $f(x) = (x + 1)^3$ **b)** $f(x) = x \cdot \sqrt{x}$ **c)** $f(x) = \sqrt{\frac{2}{x^4}}$

d) $f(x) = (x^2 - 3x)(2 - 7x)$ **e)** $f(x) = \frac{3}{(5x^3 - 1)^2}$ **f)** $f(x) = \frac{x + 1}{\sqrt{x}}$

15. Ist f eine an der Stelle x_0 differenzierbare Funktion, so nennt man die Gerade durch den Punkt $P_0(x_0; f(x_0))$, die senkrecht zur Tangente an f in x_0 verläuft, die **Normale** zu f in x_0. Ermitteln Sie jeweils eine Gleichung der Normalen.

a) $f(x) = x^2$, $x_0 = 2$ **b)** $f(x) = 3\sqrt{x}$, $x_0 = 1$ **c)** $f(x) = (x^3 - 4x)^2$, $x_0 = -3$

d) $f(x) = \frac{x^2 - 3}{1 - x}$, $x_0 = 0$ **e)** $f(x) = -x^3$, $x_0 = 0$ **f)** $f(x) = \sqrt[3]{x^4}$, $x_0 = -2$

16. Zeigen Sie, dass die Tangente im Scheitelpunkt der Parabel $y = ax^2 + bx + c$ $(a, b, c \in \mathbb{R},\ a \neq 0)$ den Anstieg null hat, während jede andere Tangente einen von null verschiedenen Anstieg hat.

17. Gegeben ist die Funktion $f(x) = x^2 - 6x + 7$.

a) Skizzieren Sie den Graphen der Funktion.

b) Betrachten Sie die Tangenten der Funktion in ihren Nullstellen x_1 und x_2. Äußern Sie eine Vermutung über die Anstiege beider Tangenten und über den Schnittpunkt.

c) Bestätigen Sie Ihre Vermutung rechnerisch.

18.* Verallgemeinern Sie die Ergebnisse von Aufgabe 17.

a) Betrachten Sie eine beliebige quadratische Funktion mit zwei Nullstellen.

b) Ersetzen Sie die Nullstellen durch symmetrisch zur Parabelachse gelegene Stellen x_1 und x_2.

Schnittwinkel und Berührungspunkte

Wenn sich die Graphen zweier differenzierbarer Funktionen f_1 und f_2 in einem Punkt $P(x_0; f_1(x_0)) = P(x_0; f_2(x_0))$ schneiden, so versteht man unter dem Schnittwinkel der Graphen dieser Funktionen an der Stelle x_0 den Schnittwinkel der Tangenten an f_1 und f_2 in x_0 (Bild 14).

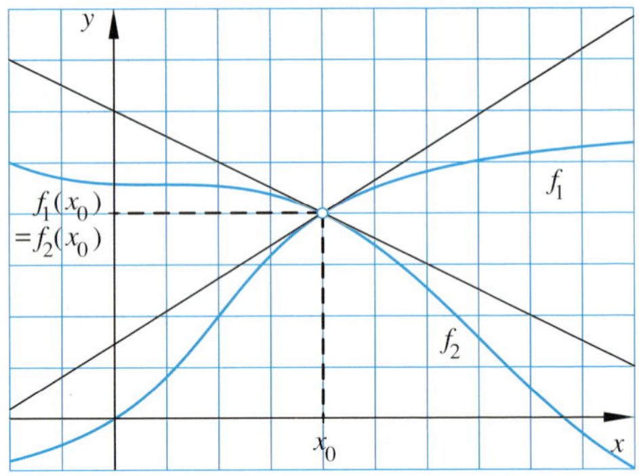

14

19. Berechnen Sie die Schnittpunkte der Graphen der Funktionen f_1 und f_2 und die zugehörigen Schnittwinkel:

a) $f_1(x) = x^2$; $f_2(x) = -0{,}5x^2 + 1{,}5x$

b) $f_1(x) = x^3 + 2x - 1$; $f_2(x) = 4x^3 + 3x^2 - x - 1$

c) $f_1(x) = x^2 - 2x - 1$; $f_2(x) = 3x + 4$ **d)** $f_1(x) = \sqrt{6x - 2}$; $f_2(x) = \frac{2}{x}$

20. a) Bestimmen Sie eine nach unten geöffnete Parabel, die mit der Parabel $y = x^2$ genau den Punkt $P(2; 4)$ gemeinsam hat.

b) Berechnen Sie für beide Parabeln den Anstieg an der Stelle 2. Deuten Sie das Ergebnis geometrisch.

Haben zwei an der Stelle x_0 differenzierbare Funktionen an dieser Stelle eine gemeinsame Tangente, so sagt man, dass sich die beiden Funktionen an dieser Stelle **berühren**.

21. a) Bestimmen Sie zwei Parabeln, die sich an der Stelle 0 berühren.

b) Zeigen Sie, dass sich die Funktionen $y = x^3$, $y = x^4$ und $y = -x^3$ an der Stelle 0 berühren.

c) Bestimmen Sie drei quadratische Funktionen, die sich im Punkt $P(1; 1)$ berühren.

d) Zeigen Sie, dass es genau eine Normalparabel gibt, die die Funktion $y = \sqrt{x}$ an der Stelle 1 berührt.

e) Es sei $f_1(x) = \frac{1}{x}$ $(x > 0)$ und $f_2(x) = \frac{1}{x}$ $(x < 0)$. Verschieben Sie den Graphen von f_2 um zwei Einheiten nach rechts und um zwei Einheiten nach oben. Zeigen Sie durch Rechnung, dass die neue Funktion f_1 berührt.

22. **a)** Es seien f und g Funktionen, die sich an der Stelle x_0 berühren.

Zeigen Sie, dass $\lim\limits_{x \to x_0} \frac{f(x) - g(x)}{x - x_0} = 0$ ist.

b) Es seien f und g in einer Umgebung von x_0 definierte Funktionen.

Es sei $f(x_0) = g(x_0)$, g sei in x_0 differenzierbar und es gelte $\lim\limits_{x \to x_0} \frac{f(x) - g(x)}{x - x_0} = 0$.

Zeigen Sie: f und g berühren sich an der Stelle x_0.

c) In b) werde anstelle von $\lim\limits_{x \to x_0} \frac{f(x) - g(x)}{x - x_0} = 0$ nur die Existenz des Grenzwertes $\lim\limits_{x \to x_0} \frac{f(x) - g(x)}{x - x_0}$ vorausgesetzt.

Welche Folgerung lässt sich für die Funktion f ziehen?

Die Approximationseigenschaft der Tangente

23. Es sei f eine an der Stelle x_0 differenzierbare Funktion; die Tangente an f in x_0 werde durch $t(x)$ beschrieben. Dann ist die Differenz $f(x) - t(x)$ der Fehler, den man begeht, wenn man für ein Argument x den Funktionswert $f(x)$ durch den Wert $t(x)$ ersetzt (Bild 15).

a) Zeigen Sie: $\lim\limits_{x \to x_0} (f(x) - t(x)) = 0$.

b) Zeigen Sie, dass für jede lineare Funktion l mit $l(x_0) = f(x_0)$ gilt: $\lim\limits_{x \to x_0} (f(x) - l(x)) = 0$.

c) Versuchen Sie anschaulich zu erklären, was die Tangentenfunktion t (d.h. die lineare Funktion t mit dem Anstieg $f'(x_0)$ und $t(x_0) = f(x_0)$) gegenüber jeder anderen in b) betrachteten linearen Funktion auszeichnet.

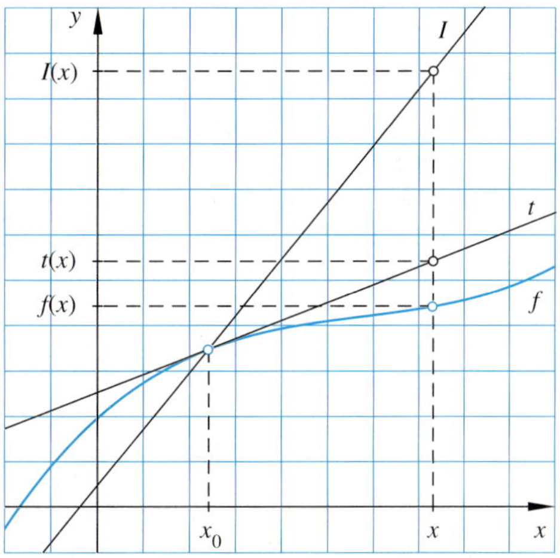

15

24. Es sei $f(x) = x^2$, $x_0 = 1$. Ferner sei l die lineare Funktion mit dem Anstieg m ($m \in \mathbb{R}$) und $l(1) = 1$.

a) Berechnen Sie den Grenzwert $\lim\limits_{x \to 1} \frac{f(x) - l(x)}{x - 1}$.

b) Wodurch unterscheidet sich die Tangente an f in x_0 von allen anderen linearen Funktionen durch den Punkt $P_0(x_0; f(x_0))$?

25. Es sei f differenzierbar in x_0 und t die Tangentenfunktion zu f in x_0. Beweisen Sie:

a) $\lim\limits_{x \to x_0} \frac{f(x) - t(x)}{x - x_0} = 0$.

b) t ist die einzige derartige lineare Funktion, d.h. für jede von t verschiedene lineare Funktion l mit $l(x_0) = f(x_0)$ gilt nicht: $\lim\limits_{x \to x_0} \frac{f(x) - l(x)}{x - x_0} = 0$.

Der in Aufgabe 25 betrachtete Sachverhalt wird **Approximationseigenschaft der Tangente** genannt.

Bezeichnen wir die Differenz $f(x) - t(x)$, also den bei Ersetzung von $f(x)$ durch $t(x)$ begangenen Fehler, mit $r(x)$, dann gilt $f(x) = t(x) + r(x)$. Bei Annäherung von x an die Stelle x_0 geht dieser Fehler nicht nur gegen null (das gilt auch für jede andere lineare Funktion l mit $l(x_0) = f(x_0)$), der Fehler geht sogar noch bei Division durch $x - x_0$ gegen null. Die Differenz $x - x_0$ geht aber ebenfalls gegen null, d.h. $r(x)$ wird noch „schneller klein" als $x - x_0$ – und das zeichnet die Tangentenfunktion aus.

Von allen linearen Funktionen ist die Tangenfunktion diejenige, die f an der Stelle x_0 am besten approximiert. Kommt man der Stelle x_0 sehr nahe, so wird der Fehler $r(x)$ schließlich vernachlässigbar klein und aus der Gleichung $f(x) = t(x) + r(x)$ erhält man die Näherungsformel $f(x) \approx t(x)$.

Beispiel: Es ist $\sqrt{3{,}8}$ zu berechnen.

Wir setzen $f(x) = \sqrt{x}$ und $x_0 = 4$. Für Zahlen x, die in der Nähe von x_0 liegen gilt $f(x) \approx \frac{1}{2\sqrt{x_0}}(x - x_0) + \sqrt{x_0}$, also $f(x) \approx \frac{1}{4}(x - 4) + 2 = \frac{x}{4} + 1$.

Für $x = 3{,}8$ erhalten wir $f(x) = \sqrt{3{,}8} \approx 1{,}95$.

Anmerkung: Offen bleibt zunächst, wie groß der Fehler des Näherungswertes ist. Sicher ist nur, dass der Fehler umso kleiner wird, je kleiner der Abstand von x und x_0 ist.

26. **a)** Bestätigen Sie die Gleichung $\lim\limits_{x \to x_0} \frac{f(x) - t(x)}{x - x_0} = 0$ für das obige Beispiel.

b) Wie könnte der Näherungswert 1,95 weiter verbessert werden?

27. **a)** Berechnen Sie Näherungswerte für die Zahlen $\sqrt{15}$, $\sqrt{50}$ und $\sqrt{105}$.

b) Warum sind die in a) erhaltenen Näherungswerte größer als die wahren Werte?

c) Ermitteln Sie jeweils eine Umgebung von 4 und 100, in der das Verfahren benutzt werden darf, wenn der Fehler kleiner als ein Hundertstel sein soll.
Begründen Sie vor der Rechnung, dass für 100 eine größere solche Umgebung existiert als für 4.

28. Berechnen Sie einen Näherungswert für die folgenden Zahlen.

a) $\sqrt[3]{30}$ **b)** $\sqrt[4]{15}$ **c)** $30^{0,6}$

29. Begründen Sie die folgende Näherungsformel: Ist $|x|$ klein, so gilt $\sqrt[3]{1 + x} \approx 1 + \frac{x}{3}$.

30. Es sei $f(x) = x^2$. Wie groß kann eine Umgebung U von 3 höchstens gewählt werden, so dass bei Ersetzung von f durch die Tangentenfunktion der Fehler stets kleiner als ε ist?

a) $\varepsilon = 1$ **b)** $\varepsilon = \frac{1}{10}$ **c)** $\varepsilon = \frac{1}{100}$

31. Ermitteln Sie eine Näherungsformel für Zahlen x, die nahe bei $x_0 = 0$ liegen.

a) $f(x) = \frac{1}{1 + x}$ **b)** $f(x) = \frac{1}{\sqrt[4]{1 + x}}$

32. Leiten Sie für $a > 0$ die Näherungsformel $\sqrt[n]{a^n + x} \approx a + \frac{x}{n \cdot a^{n-1}}$ her.

5 Über Minima und Maxima von Funktionen

Minimale und maximale Funktionswerte

1. Untersuchen Sie, ob die folgenden Funktionen in den angegebenen Intervallen ein Maximum und ein Minimum haben. Ermitteln Sie gegebenenfalls diese Funktionswerte und die Stellen, an denen sie angenommen werden:

a) $f(x) = x^2 - 4x + 2$; $I_1 = [1; 4]$, $I_2 = [-3; 1]$, $I_3 = [1; 3]$, $I_4 = (1; 3)$, $I_5 = [0; 5)$

b) $f(x) = \frac{3}{x}$; $I_1 = \left[\frac{1}{2}; 4\right]$, $I_2 = \left(\frac{1}{2}; 4\right)$, $I_3 = [-3; 3]$, $I_4 = [-2; 0]$

c) $f(x) = x^3 + c$ $(c \in \mathbb{R})$; $I_1 = [-1; 1]$, $I_2 = [0; 5]$, $I_3 = [0; 5)$

d) $f(x) = (x-2)^4$; $I_1 = [0; 5]$, $I_2 = [0; 4]$

Hinweis: Überlegen Sie, wie man den Graphen einer Funktion g mit $g(x) = f(x + a)$ $(a \in \mathbb{R})$ erhält, wenn der Graph der Funktion f bekannt ist.

e) $f(x) = cx + d$ $(c, d \in \mathbb{R})$, $I = [a; b]$ $(a, b \in \mathbb{R})$

Beispiel: Wie müssen die Abmessungen eines rechteckigen Zwingers gewählt werden, wenn eine Seite des Zwingers von einer Mauer begrenzt wird, die anderen drei Seiten mit einer Rolle Maschendraht der Länge 32 m eingezäunt werden und dabei die Zwingerfläche möglichst groß sein soll?

Wir bezeichnen die Seitenlängen des Rechtecks mit a bzw. b (Bild 16). Wir müssen untersuchen, für welche Werte von a und b das Produkt $A = ab$ seinen maximalen Wert erreicht. Die Zahlen a und b müssen der Bedingung $2a + b = 32$ genügen; damit lässt sich A in Abhängigkeit von a darstellen: $A = f(a) = a(32 - 2a)$; dabei ist $a > 0$ und $2a < 32$, also $a < 16$. Es bleibt zu ermitteln, an welcher Stelle die quadratische Funktion f mit $f(a) = -2a^2 + 32a$ im Intervall $(0; 16)$ ihr Maximum annimmt.

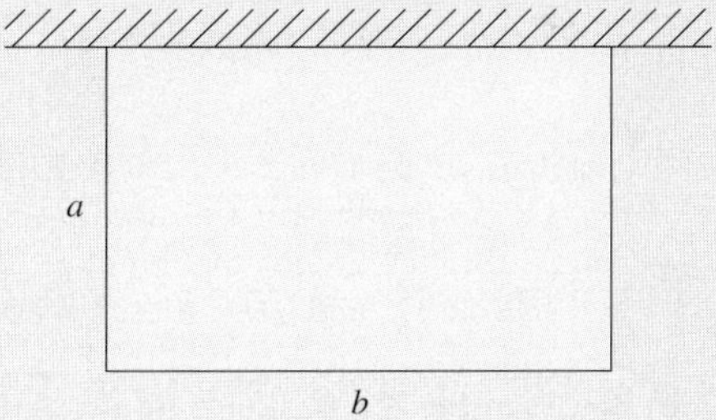

16

2. Wie sind a und b im obigen Beispiel zu wählen?

3. Aus einem 1 m langen Draht soll ein Kantenmodell eines Quaders gebastelt werden. Dabei soll eine Kantenlänge 10 cm betragen. Wie müssen die anderen Kantenlängen gewählt werden, damit ein möglichst großes Volumen erreicht wird?

Häufig lässt sich die Ermittlung von Maximum oder Minimum einer Funktion auf die Betrachtung einer einfacheren Funktion zurückführen.

4. Es sei g eine in einem Intervall $[a; b]$ definierte Funktion. Für alle $x \in [a; b]$ gelte $g(x) \geq 0$. Es sei f die durch $f(x) = \sqrt{g(x)}$ in $[a; b]$ definierte Funktion. Begründen Sie, dass sich die Ermittlung des Maximums von f in $[a; b]$ auf die Ermittlung des Maximums von g in $[a; b]$ zurückführen lässt.

5. Ermitteln Sie das Maximum von f in $[a; b]$.

a) $f(x) = \sqrt{\frac{4}{3x^2 - 5}}$; $a = 2$, $b = 8$ **b)** $f(x) = \sqrt{-x^2 + 13x - 30}$; $a = 4$, $b = 10$

6. Nehmen Sie zu folgender Aussage Stellung: Die Funktion f nehme im Intervall $[a; b]$ an der Stelle x_0 ihr Maximum M an. Dann nimmt die Funktion g mit $g(x) = c \cdot f(x)$ $(c \in \mathbb{R})$ in $[a; b]$ an derselben Stelle x_0 ihr Maximum an, dieses ist $c \cdot M$.

7. Es sei f eine im Intervall I definierte Funktion; für alle $x \in I$ gelte $f(x) > 0$. $f(x_1)$ sei das Minimum, $f(x_2)$ das Maximum von f in I. Was kann man über Minimum und Maximum von g in I sagen?

a) $g(x) = \sqrt{f(x)}$ **b)** $g(x) = f(x) + c$ $(c \in \mathbb{R})$ **c)** $g(x) = -(f(x))^2$

d) $g(x) = \frac{1}{f(x)}$ **e)** $g(x) = \sqrt{\frac{1}{f(x)}}$ **f)** $g(x) = -\frac{1}{\sqrt[3]{f(x)}}$

g) $g(x) = h(f(x))$, wobei h eine streng monoton wachsende Funktion ist.

8. Berechnen Sie Maximum und Minimum folgender Funktionen im Intervall I.

a) $f(x) = \sqrt{3x - 5}$, $I = [2; 8]$ **b)** $f(x) = \sqrt{|x|}$, $I = [-3; 2]$

c) $f(x) = \frac{3}{-x^2 + 2x + 4}$, $I = [0; 3]$ **d)** $f(x) = \frac{1}{x^2 + 3}$, $I = [0; 5]$

e) $f(x) = \sqrt{2x} \cdot \sin x$, $I = [0; \frac{\pi}{2}]$ **f)** $f(x) = \cos(x^3 - 1)$, $I = [0; 2\pi]$

9. Gegeben sei ein Quadrat $ABCD$. Es sei A_1 ein Punkt der Seite $\overline{AB}$, B_1 ein Punkt von $\overline{BC}$, C_1 ein Punkt von $\overline{CD}$ und D_1 ein Punkt von $\overline{DA}$.

a) Zeigen Sie: Werden die Punkte A_1, B_1, C_1, D_1 so gewählt, dass die Strecken $\overline{AA_1}, \overline{BB_1}, \overline{CC_1}$ und $\overline{DD_1}$ dieselbe Länge haben, so ist auch das Viereck $A_1B_1C_1D_1$ ein Quadrat.

b) Beweisen Sie die Umkehrung der Aussage a).

c) Für welche Punkte A_1, B_1, C_1, D_1 erhält man das Quadrat mit minimalem Umfang? Hinweis: Bezeichnen Sie die Seitenlänge des Quadrates $ABCD$ mit a und die Länge der Strecke $\overline{AA_1}$ mit x. Stellen sie dann den Umfang des Quadrates $A_1B_1C_1D_1$ in Abhängigkeit von x dar.

10. a) Für welche Zahl z nimmt der Term $z^2 - 4z$ seinen kleinsten Wert an?

b) Nutzen Sie das Ergebnis von a) zur Ermittlung des Minimums von $f(x) = x^4 - 4x^2 - 3$ im Intervall $[0; 20]$.

11. Einem Halbkreis mit dem Radius r ist ein Rechteck einzubeschreiben (Bild 17). Welchen maximalen Flächeninhalt kann man erreichen?

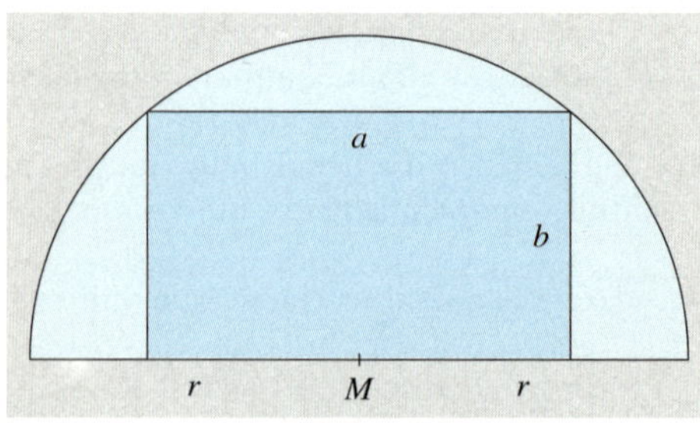

17

Lokale Extremwerte

Beispiel: Gegeben ist die Funktion f mit $f(x) = kx^2$ $(k > 0)$. Den Graphen dieser Funktion in einem Intervall $[-a; a]$ $(a > 0)$ nennt man ein Parabelsegment. Diesem Parabelsegment werde entsprechend Bild 18 ein Rechteck einbeschrieben. Bei Rotation des Segments um die y-Achse entsteht ein Rotationsparaboloid, aus dem einbeschriebenen Rechteck wird ein einbeschriebener Zylinder. Welche Rechteckfläche und welches Zylindervolumen sind maximal erreichbar?
Die Fläche A des Rechtecks ist
$A = 2x(f(a) - f(x)) = 2x(ka^2 - kx^2)$
$= 2k(a^2x - x^3)$; $(0 \leq x \leq a)$.
Für das Zylindervolumen V erhält man
$V = \pi x^2(f(a) - f(x)) = \pi x^2(ka^2 - kx^2)$
$= k\pi(a^2x^2 - x^4)$; $(0 \leq x \leq a)$.

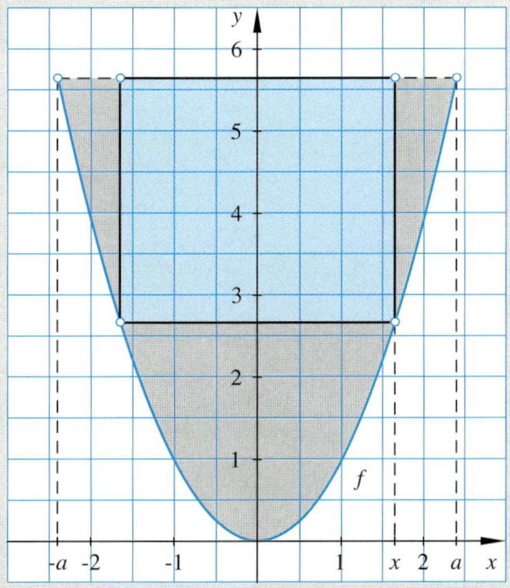

18

Ein konstanter positiver Faktor beeinflusst das Maximum einer Funktion, nicht aber die Stelle, an der dieses angenommen wird. Für die Lösung des Problems genügt es demnach zu untersuchen, an welchen Stellen des Intervalls $[0; a]$ die Funktionen g mit $g(x) = a^2x - x^3$ bzw. h mit $h(x) = a^2x^2 - x^4$ ihr Maximum erreichen.
Interessanterweise ist hier das räumliche Problem einfacher als das ebene. Zwar ist h eine ganzrationale Funktion 4. Grades und g eine Funktion 3. Grades, aber durch Setzen von $z = x^2$ lässt sich h auf eine quadratische Funktion zurückführen.

12. Ermitteln Sie im obigen Beispiel, für welchen Wert von x die Funktion h und damit V maximal werden. Wie groß ist das maximale Volumen?

13. Setzen Sie im obigen Beispiel $a = 3$, skizzieren Sie den Graphen von g in $[0; a]$ und ermitteln Sie aus der grafischen Darstellung näherungsweise den Wert von x, für den die Funktion g ihr Maximum annimmt. Haben Sie eine Vermutung, wie man die Stelle berechnen kann?

Im Beispiel ist das gesuchte Maximum der Funktion g gleichzeitig ein **lokales Maximum**.

DEFINITION Die Funktion f hat an der Stelle x_0 ein **lokales Maximum** genau dann, wenn es eine Umgebung U von x_0 gibt mit $U \subseteq D(f)$, so dass für alle $x \in U$ gilt: $f(x) \leq f(x_0)$.

Bemerkungen:
1. Analog definiert man „lokales Minimum“ einer Funktion.
2. Hat eine Funktion f in x_0 ein lokales Maximum oder ein lokales Minimum, so sagt man auch: f hat in x_0 ein **lokales Extremum** oder einen **lokalen Extremwert**. x_0 heißt dann **lokale Extremstelle**; der lokale Extremwert ist der zugehörige Funktionswert $f(x_0)$.

Beispiel: Die Funktion $f(x) = x^2 - 4x + 5$ hat an der Stelle 2 ein lokales Minimum (Bild 19a). Die Funktion g mit $g(x) = \cos x$ und $D(g) = [-2\pi; 2\pi]$ hat an der Stelle 0 ein lokales Maximum und an den Stellen $-\pi$ sowie π jeweils ein lokales Minimum (Bild 19b).

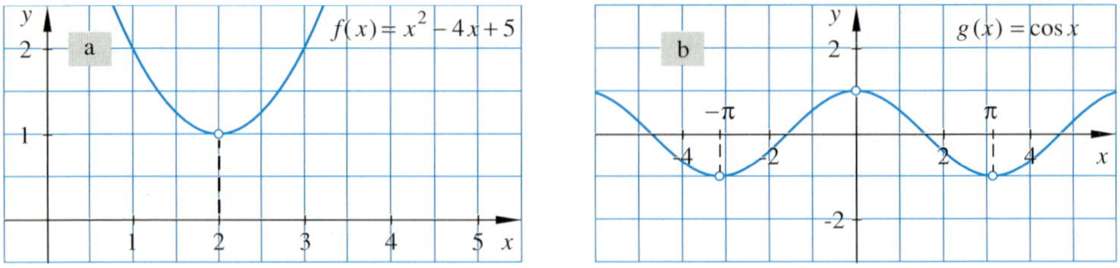

19

14. Geben Sie alle lokalen Extremstellen der folgenden Funktionen an.
Welche der Funktionen haben ein Maximum bzw. ein Minimum und wo nimmt die jeweilige Funktion ihr Maximum bzw. Minimum an?

a) $f(x) = 3x^2 - 4$ **b)** $f(x) = ax^2 + bx + c$ $(a, b, c \in \mathbb{R},\ a \neq 0)$ **c)** $f(x) = c$ $(c \in \mathbb{R})$
d) $f(x) = x^n$ $(n \in \mathbb{N},\ n > 0)$ **e)** $f(x) = |x|$ **f)** $f(x) = \sin x$
g) $f(x) = \sqrt{x}$ **h)** $f(x) = \sqrt{|x|}$ **i)** $f(x) = x^3 - x^2$

Eine Funktion kann mehrere lokale Maxima haben, aber stets höchstens ein Maximum. Um den Unterschied zwischen einem lokalen Maximum einer Funktion und ihrem Maximum hervorzuheben, wird das Maximum auch als **globales** Maximum bezeichnet. Entsprechendes gilt für die Minima.

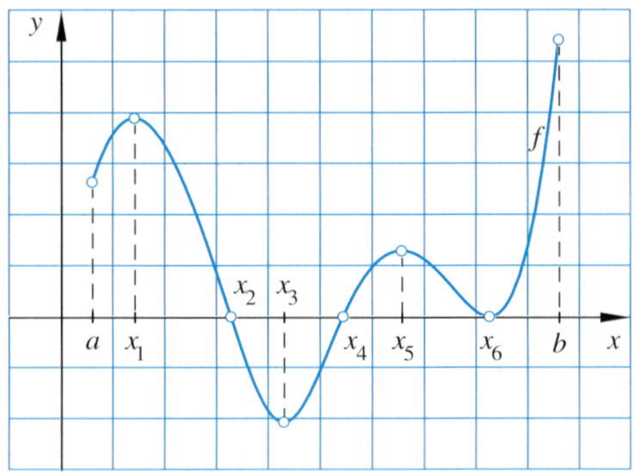

20

15. Welche lokalen und globalen Extremwerte hat die Funktion f in Bild 20 im Intervall I?

a) $I = [a; b]$ **b)** $I = (a; b)$ **c)** $I = [a; x_6]$ **d)** $I = (a; x_6)$
e) $I = [x_2; x_4]$ **f)** $I = [x_2; x_4)$ **g)** $I = [x_4; x_6]$ **h)** $I = [x_3; x_6]$

Viele mathematische und praktische Probleme führen zu der Aufgabe, das Maximum oder das Minimum einer Funktion in einem bestimmten Intervall zu ermitteln. Bei einem solchen **Extremwertproblem** interessieren stets die globalen Extremwerte (bzw. die Stellen, an denen diese angenommen werden). In vielen Fällen ist aber das gesuchte globale Extremum gleichzeitig ein lokales. Es gilt der folgende Satz:

SATZ 1 Die Funktion f sei auf dem abgeschlossenen Intervall I definiert und habe in I ein Maximum, welches an der Stelle x_0 angenommen werde.
Dann ist x_0 entweder ein Randpunkt von I oder x_0 ist eine lokale Extremstelle von f.

Kennt man die lokalen Extremstellen einer Funktion f im Intervall $[a; b]$, so findet man nach diesem Satz die globalen Extremwerte von f (sofern solche existieren), indem man die lokalen Extremwerte mit $f(a)$ und $f(b)$, den Funktionswerten in den **Randpunkten a und b**, vergleicht.

Berechnung lokaler Extremstellen; eine notwendige Bedingung

Von quadratischen Funktionen wissen wir, dass an einer lokalen Extremstelle die Ableitung verschwindet (vgl. Aufgabe 16, Abschnitt 4). Geometrisch zeigt sich das im horizontalen Verlauf der Tangente an dieser Stelle. Es ist zu erwarten, dass dieser Zusammenhang auf andere Funktionen übertragbar ist.

16. Berechnen Sie für die Funktion g mit $g(x) = a^2x - x^3$ im Falle von $a = 3$ die Nullstellen der Ableitung.
Vergleichen Sie mit Ihrer Näherungslösung von Aufgabe 13.

Der folgende Satz ist ein wesentliches Hilfsmittel für die Berechnung lokaler Extremstellen.

SATZ 2 Es sei f eine in x_0 differenzierbare Funktion.
Wenn f an der Stelle x_0 ein lokales Extremum hat, so gilt $f'(x_0) = 0$.

Beweis: Wir führen den Beweis für den Fall, dass f in x_0 ein lokales Maximum hat.

Das bedeutet, es gibt eine Umgebung U von x_0, so dass für alle $x \in U$ die Ungleichung $f(x) \leq f(x_0)$ erfüllt ist. Da f in x_0 differenzierbar ist, gilt für jede im Definitionsbereich von f verlaufende und gegen x_0 konvergierende Folge (x_n), deren Glieder von x_0 verschieden sind:

$$\lim_{n \to \infty} \frac{f(x_n) - f(x_0)}{x_n - x_0} = f'(x_0).$$

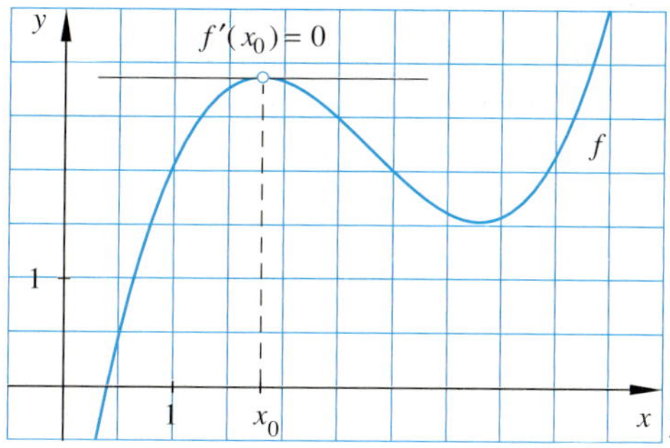

21

Wir wählen nun eine Folge (x_n), die in U verläuft und von links gegen x_0 konvergiert, d.h. wir setzen $x_n < x_0$ für alle n voraus. Dann gelten für alle n die Ungleichungen $x_n - x_0 < 0$ und $f(x_n) - f(x_0) \leq 0$. Daraus folgt $\frac{f(x_n) - f(x_0)}{x_n - x_0} \geq 0$ für alle n. Der Grenzwert einer Folge mit nichtnegativen Gliedern kann nicht negativ sein, also gilt $f'(x_0) \geq 0$.
Eine entsprechende Betrachtung für eine von rechts gegen x_0 konvergierende Folge (x_n) ergibt $f'(x_0) \leq 0$. Da gleichzeitig $f'(x_0) \geq 0$ und $f'(x_0) \leq 0$ gilt, ist $f'(x_0) = 0$.

17. Führen Sie den Beweis für den Fall, dass f in x_0 ein lokales Minimum hat.

18. Zeigen Sie am Beispiel der Funktion $f(x) = x^3$, dass die Umkehrung des obigen Satzes nicht richtig ist, d.h. dass aus dem Verschwinden der Ableitung an einer Stelle x_0 nicht auf das Vorliegen eines lokalen Extremums in x_0 geschlossen werden darf.

Ist f eine differenzierbare Funktion und ist $f'(x_0) \neq 0$, so kann f nach obigem Satz an der Stelle x_0 kein lokales Extremum haben. Man sagt, die Bedingung $f'(x_0) = 0$ ist eine **notwendige Bedingung** für das Vorhandensein eines lokalen Extremums an der Stelle x_0.
Aus $f'(x_0) = 0$ folgt aber nicht, dass x_0 eine lokale Extremstelle von f ist: Man sagt, die Bedingung ist **nicht hinreichend**.

In vielen Fällen gestattet dieses Kriterium dennoch die Lösung eines Extremwertproblems.

Beispiel: Es ist das Maximum der Funktion g mit $g(x) = a^2x - x^3$ $(a > 0)$ im Intervall $[0; a]$ zu ermitteln (vgl. Beispiel S. 143).

1. Lösungsmöglichkeit:
Es ist $g(0) = g(a) = 0$. Für $0 < x < a$ gilt $g(x) > 0$ (warum?). Das gesuchte Maximum von g wird daher im Inneren des Intervalles angenommen und ist somit gleichzeitig ein lokales Maximum. Da g differenzierbar ist, muss an der gesuchten Stelle die Ableitung g' verschwinden. In $[0; a]$ existiert aber genau eine Nullstelle von g', nämlich $x_0 = \frac{a}{\sqrt{3}}$.
Folglich ist das die gesuchte Stelle; das Maximum von g in $[0; a]$ ist
$g\left(\frac{a}{\sqrt{3}}\right) = a^2 \cdot \frac{a}{\sqrt{3}} - \left(\frac{a}{\sqrt{3}}\right)^3 = \frac{a^3}{\sqrt{3}} - \frac{a^3}{3\sqrt{3}} = \frac{2a^3}{3\sqrt{3}} = \frac{2\sqrt{3}}{9}a^3$.

2. Lösungsmöglichkeit:
Das Maximum von g ist entweder $g(0)$ oder $g(a)$ oder ist ein lokales Maximum und wird dann, da g differenzierbar ist, an einer Nullstelle von g' angenommen. Einzige Nullstelle von g' in $[0; a]$ ist $x_0 = \frac{a}{\sqrt{3}}$. Der Vergleich der drei Funktionswerte $g(0)$, $g(x_0)$ und $g(a)$ führt zur Lösung der Aufgabe.

19. Vergleichen Sie die beiden Lösungsmöglichkeiten. Worin unterscheiden sie sich?

20. Berechnen Sie Minimum und Maximum von f im Intervall $[a; b]$
a) $f(x) = x^3 - 3x^2 + 2x;\ a = 0,\ b = 1$ **b)** $f(x) = x^3 - 3x^2 + 2x;\ a = 0,\ b = 3$
c) $f(x) = x + \frac{1}{x};\ a = \frac{1}{10},\ b = 4$ **d)** $f(x) = x + \frac{1}{x};\ a = -5,\ b = -2$

21. Die Funktion $f(x) = x + \frac{d}{x}$ $(d > 0)$ sei für alle $x > 0$ definiert.
a) Zeigen Sie, dass f' genau eine Nullstelle x_0 hat.
b) Zeigen Sie, dass für jedes $x > 0$ mit $x \neq x_0$ die Ungleichung $f(x) > f(x_0)$ gilt.

22. Gegeben ist die Funktion f mit $f(x) = x^2(x - 1)$.
a) Zeigen Sie: f' hat die Nullstellen $x_1 = 0$ und $x_2 = \frac{2}{3}$.
b) Ermitteln Sie eine Umgebung U von x_1, so dass für alle $x \in U$ $(x \neq 0)$ die Ungleichung $f(x) < 0$ gilt. Was heißt das für die Stelle x_1?
c) Zeigen Sie, dass f an der Stelle x_2 ein lokales Minimum hat, indem Sie das Minimum von f im Intervall $[0; 1]$ berechnen.

23. Ermitteln Sie die lokalen Extremstellen der Funktion f. Entscheiden Sie jeweils, ob es sich um ein lokales Minimum oder um ein lokales Maximum handelt.
a) $f(x) = x^3 - 3x^2 - 3x$ **b)** $f(x) = x^4 - 2x^2$ **c)** $f(x) = 3x^5 - 20x^3$

Wie die Aufgaben 21 bis 23 zeigen, ist es mit den bisherigen Mitteln unter Umständen recht aufwendig zu entscheiden, ob eine Nullstelle der Ableitung einer Funktion f eine lokale Extremstelle von f ist. In der folgenden Lerneinheit werden hinreichende Kriterien für die Berechnung lokaler Extremstellen erarbeitet.

6 Sätze über differenzierbare Funktionen

Satz von Rolle[1] und Mittelwertsatz

SATZ 1 (Satz von Rolle) Es sei f eine im abgeschlossenen Intervall $[a;b]$ stetige und im offenen Intervall $(a;b)$ differenzierbare Funktion mit $f(a) = f(b) = 0$.

Dann existiert eine Zahl ξ mit $a < \xi < b$ mit der Eigenschaft $f'(\xi) = 0$.

Bemerkung: Der Satz von Rolle ist eine so genannte Existenzaussage, es wird nur behauptet, dass eine gewisse Zahl ξ existiert, jedoch nichts darüber gesagt, an welcher Stelle von $(a;b)$ eine solche Zahl liegt.

1. Beweisen Sie den Satz von Rolle.
Anleitung: Unterscheiden Sie zwei Fälle:
1. f ist in $[a;b]$ konstant.
2. f ist in $[a;b]$ nicht konstant.
Im zweiten Fall unterscheiden Sie erneut zwei Fälle:
2.1. f hat in $[a;b]$ positive Funktionswerte.
2.2. f hat in $[a;b]$ keine positiven Funktionswerte.

2. Belegen Sie durch Beispiele, dass man im Satz von Rolle nicht formulieren kann: Es existiert genau eine Zahl ξ mit $a < \xi < b$ und $f'(\xi) = 0$.

a) Skizzieren Sie den Graphen einer Funktion in einem Intervall $[a;b]$, so dass genau zwei bzw. genau drei derartige Stellen existieren.

b) Geben Sie eine ganzrationale Funktion f dritten Grades an mit $f(0) = f(5) = 0$, so dass f' in (0;5) zwei Nullstellen hat.

c) Ermitteln Sie eine Funktion f und ein Intervall $[a;b]$, in dem f die Voraussetzungen des Satzes von Rolle erfüllt und f' drei Nullstellen hat.

3. Der Satz von Rolle kann etwas allgemeiner formuliert werden, indem man statt $f(a) = f(b) = 0$ nur $f(a) = f(b)$ fordert. Beweisen Sie diese Behauptung durch Zurückführung auf den schon bewiesenen Satz. Führen Sie dazu eine Hilfsfunktion h ein (Bild 22).

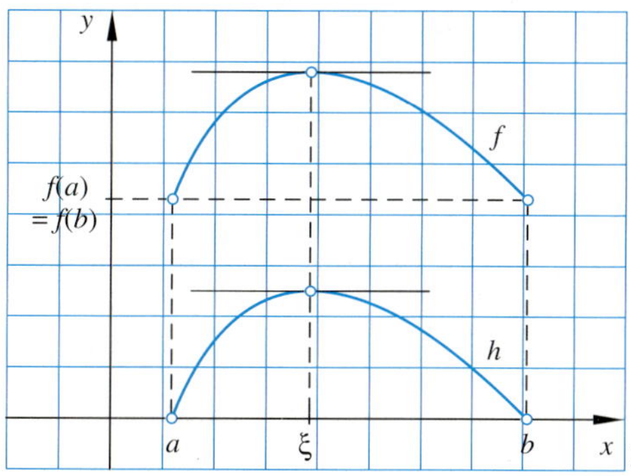

22

4. **a)** Es sei f eine beliebige quadratische Funktion. Zeigen Sie, dass die Sekante von f in einem beliebigen Intervall $[a;b]$ parallel zur Tangente an f an der Stelle ξ verläuft, wobei ξ der Mittelpunkt von $[a;b]$ sei.

b) Nutzen Sie das Ergebnis von Aufgabe a) zur Konstruktion der Tangente an eine quadratische Funktion an einer beliebigen Stelle.

[1] Rolle, Michel, französischer Mathematiker (1652 bis 1719)

5. Untersuchen Sie für die folgenden Funktionen, ob es im Intervall $[a;b]$ eine Stelle ξ gibt, an der die Tangente an f parallel zur Sekante in $[a;b]$ verläuft.

a) $f(x) = \sqrt{x}$, $[a;b] = [1;4]$ **b)** $f(x) = x^3$, $[a;b] = [-3;3]$

Der folgende Satz ist eine Verallgemeinerung des Satzes von Rolle.

> **SATZ 2 (Mittelwertsatz)** Es sei f eine im abgeschlossenen Intervall $[a;b]$ stetige und im offenen Intervall $(a;b)$ differenzierbare Funktion.
> Dann existiert eine Zahl ξ mit $a < \xi < b$ mit der Eigenschaft $f'(\xi) = \dfrac{f(b) - f(a)}{b - a}$.

6. Beweisen Sie den Mittelwertsatz. Anleitung:

a) Stellen Sie die Gleichung für die lineare Funktion g auf, deren Graph Sekante von f in $[a;b]$ ist.

b) Zeigen Sie, dass die Hilfsfunktion H mit $H(x) = f(x) - g(x)$ die Voraussetzungen des Satzes von Rolle erfüllt.

c) Nach dem Satz von Rolle existiert dann ein $\xi \in (a;b)$ mit $H'(\xi) = 0$. Zeigen Sie, dass mit dieser Zahl ξ die Behauptung des Mittelwertsatzes für f erfüllt ist.

d) Veranschaulichen Sie die Betrachtung durch Skizzieren der Funktionen f, g und H in einem Intervall $[a;b]$.

7. Zeigen Sie, dass der Satz von Rolle ein Spezialfall des Mittelwertsatzes ist.

8. Interpretieren Sie den Mittelwertsatz für die Weg-Zeit Funktion einer Bewegung.

9.* Es sei f eine an der Stelle ξ differenzierbare Funktion. Kann man stets ein Intervall $[a;b]$ mit $\xi \in (a;b)$ finden, so dass $f'(\xi) = \dfrac{f(b) - f(a)}{b - a}$ gilt?

10. Die Ableitung einer auf $\mathbb{R}$ konstanten Funktion f ist die Funktion f' mit $f'(x) = 0$ für alle $x \in \mathbb{R}$.

a) Formulieren Sie die Umkehrung dieser Aussage.

b) Beweisen Sie diese Umkehrung. Wenden Sie dazu für eine Funktion, deren Ableitung überall verschwindet, den Mittelwertsatz auf ein beliebiges Intervall $[a;b]$ an.

11. a) Geben Sie eine Funktion f mit der Ableitung $f'(x) = 4x$ für alle $x \in \mathbb{R}$ an. Finden Sie weitere Funktionen mit derselben Ableitung.

b) Benutzen Sie das Ergebnis von Aufgabe 11a) zum Beweis folgender Aussage:
Es seien f und g über $\mathbb{R}$ differenzierbare Funktionen. Für alle $x \in \mathbb{R}$ gelte $f'(x) = g'(x)$. Dann existiert ein $c \in \mathbb{R}$, so dass für alle $x \in \mathbb{R}$ gilt: $f(x) = g(x) + c$.

12. Es sei f eine für alle reellen Zahlen definierte Funktion. Überprüfen Sie die folgenden Aussagen. Begründen bzw. widerlegen Sie diese.

a) Ist die Funktion f im Intervall $[a;b]$ differenzierbar und gilt $f(a) = f(b)$, so existiert ein $\xi \in [a;b]$ mit $f'(\xi) = 0$.

b) Ist die Funktion f im Intervall $(a;b)$ differenzierbar und gilt $f(a) = f(b)$, so existiert ein $\xi \in (a;b)$ mit $f'(\xi) = 0$.

Zusammenhänge zwischen Monotonieeigenschaften und Ableitung einer Funktion

Wir wenden uns nun wieder der Untersuchung lokaler Extremstellen zu. In vielen Fällen trifft man an einer lokalen Extremstelle x_0 einer Funktion f auf folgende Situation: In einer linksseitigen Umgebung von x_0 wächst die Funktion f streng monoton, während sie in einer rechtsseitigen Umgebung von x_0 streng monoton fällt (Bild 23). Offenbar kann man daraus schließen, dass an der Stelle x_0 ein lokales Maximum vorliegt. Entsprechendes gilt für lokale Minima. Die geometrische Bedeutung der Ableitung als Tangentenanstieg legt die Vermutung nahe, dass es einen Zusammenhang zwischen Monotonie und Ableitung gibt.

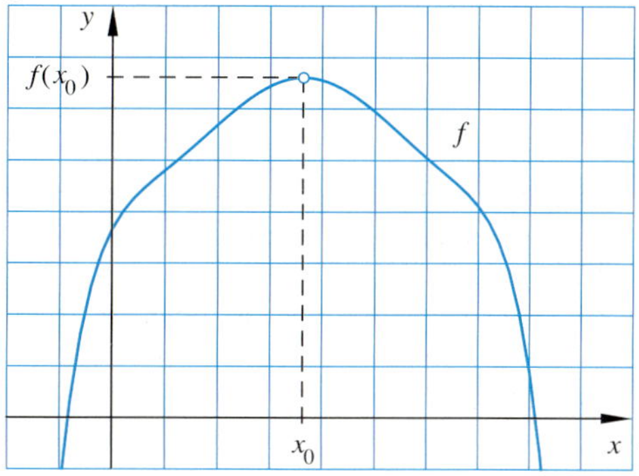

23

13. a) Welches Monotonieverhalten zeigt die Funktion f in Bild 24 im Intervall $[a; b]$?

b) Was können Sie über $f'(x_0)$ für eine beliebige Stelle $x_0 \in [a; b]$ sagen?

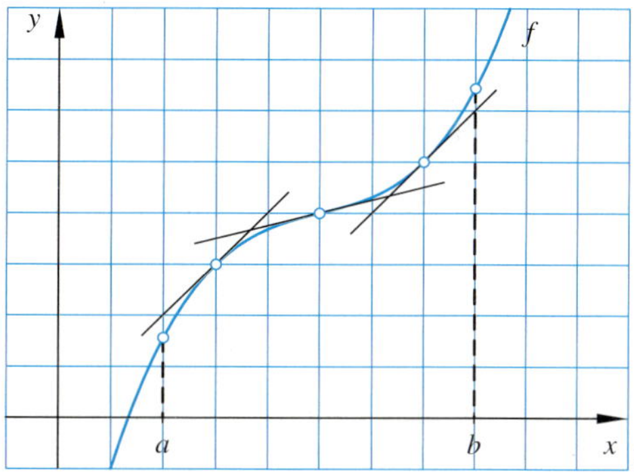

24

14. Die Funktion f sei im Intervall I streng monoton wachsend und an der Stelle $x_0 \in I$ differenzierbar.
(x_n) sei eine beliebige gegen x_0 konvergierende Folge ($x_n \neq x_0$, $x_n \in I$ für alle n).

a) Begründen Sie: Für alle n gilt $\frac{f(x_n) - f(x_0)}{x_n - x_0} > 0$.

b) Welche Folgerung erhalten Sie für den Grenzwert $\lim\limits_{n \to \infty} \frac{f(x_n) - f(x_0)}{x_n - x_0} = f'(x_0)$?

c) Zeigen Sie durch ein Beispiel, dass die Folgerung $f'(x_0) > 0$ falsch ist.

15. Zeigen Sie: Ist eine differenzierbare Funktion f in einem Intervall I streng monoton fallend, so gilt für alle $x \in I$: $f'(x) \leq 0$.

Im folgenden Satz wird umgekehrt von der Ableitung einer Funktion auf deren Monotonieverhalten geschlossen.

SATZ 3 (Monotoniesatz) f sei eine in einem Intervall I differenzierbare Funktion.
Dann gilt: a) Ist $f'(x) > 0$ für alle $x \in I$, so wächst f in I streng monoton.
b) Ist $f'(x) < 0$ für alle $x \in I$, so fällt f in I streng monoton.

Beweis: Wir beweisen die Aussage a).
Es seien $x_1, x_2 \in I$ mit $x_1 < x_2$ beliebige Argumente von f. Wir müssen $f(x_1) < f(x_2)$ zeigen. f erfüllt im Intervall $[x_1; x_2]$ die Voraussetzungen des Mittelwertsatzes. Folglich existiert ein $\xi \in (x_1; x_2)$ mit $f'(\xi) = \frac{f(x_2) - f(x_1)}{x_2 - x_1}$. Aus $f'(\xi) > 0$ und $x_2 - x_1 > 0$ folgt $f(x_2) - f(x_1) > 0$.

16. a) Beweisen Sie die Aussage b) des Satzes.

b) Welche Folgerung kann man über das Monotonieverhalten einer Funktion f ziehen, wenn man $f'(x) \geq 0$ für alle $x \in I$ (bzw. $f'(x) \leq 0$ für alle $x \in I$) voraussetzt?

Beispiel: Welche lokalen Extremstellen hat die Funktion $f(x) = \frac{1}{3}x^3 - x^2 - 3x + 2$?

Es ist $f'(x) = x^2 - 2x - 3$. Die Nullstellen von f' sind $x_1 = -1$ und $x_2 = 3$. Nur diese Stellen kommen als lokale Extremstellen infrage. Der Graph von f' ist eine nach oben geöffnete Parabel. Daraus folgern wir: Für alle $x < -1$ und für alle $x > 3$ gilt $f'(x) > 0$; für alle x mit $-1 < x < 3$ gilt $f'(x) < 0$. Demnach ist f in den Bereichen $x < -1$ bzw. $x > 3$ streng monoton wachsend, im Intervall $(-1; 3)$ hingegen streng monoton fallend. Aus dieser Betrachtung ergibt sich: f hat an der Stelle x_1 ein lokales Maximum und an der Stelle x_2 ein lokales Minimum.

17. Berechnen Sie die lokalen Extremwerte der Funktion f im obigen Beispiel und skizzieren Sie den Graphen im Intervall $[-2; 4]$.

18. Versuchen Sie, die lokalen Extremstellen für die Funktion im obigen Beispiel zu ermitteln, ohne den zuvor bewiesenen Satz zu benutzen. Inwiefern erleichtert der Satz das Auffinden der lokalen Extremstellen?

Berechnung lokaler Extremstellen; eine hinreichende Bedingung

Mithilfe des Monotoniesatzes lässt sich das folgende hinreichende Kriterium für die Existenz lokaler Extremstellen beweisen.

SATZ 4 Die Funktion f sei differenzierbar in einer Umgebung U der Stelle x_0. Für alle $x \in U$ mit $x < x_0$ gelte $f'(x) > 0$; für alle $x \in U$ mit $x > x_0$ gelte $f'(x_0) < 0$. Dann hat f an der Stelle x_0 ein lokales Maximum.

Bemerkung: Für die im Satz genannte Eigenschaft der Ableitung sagt man auch: f' wechselt an der Stelle x_0 das Vorzeichen (Bild 25b).

19. a) Beweisen Sie den obigen Satz. Warum muss die Differenzierbarkeit an der Stelle x_0 vorausgesetzt werden?

b) Formulieren und beweisen Sie ein hinreichendes Kriterium für die Existenz eines lokalen Minimums von f in x_0.

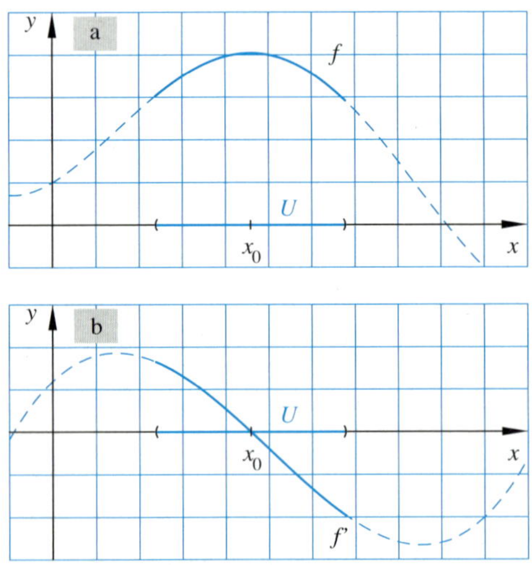

25

20. Untersuchen Sie das Monotonieverhalten folgender Funktionen und ermitteln Sie die lokalen Extremstellen.

a) $f(x) = \frac{1}{3}x^3 + x^2 - 2x$ **b)** $f(x) = x^4 + 2x^3$ **c)** $f(x) = x + \frac{4}{x}$

d) $f(x) = \sqrt{x} - x$ **e)** $f(x) = -\sqrt{x} - x$ **f)** $f(x) = \frac{x^2 + 1}{x^2 - 1}$

21. **a)** Zeigen Sie durch ein Beispiel, dass folgende Aussage falsch ist.
f sei in einer Umgebung U von x_0 definiert. Für alle $x \in U$ mit $x \neq x_0$ sei f differenzierbar und es gelte $f'(x) < 0$ für $x < x_0$ sowie $f'(x) > 0$ für $x > x_0$. Dann hat f in x_0 ein lokales Minimum.

b) Was muss man zusätzlich voraussetzen, damit die Aussage unter a) wahr wird?

22. Gegeben ist die Funktion $f(x) = \frac{1}{2}x^4 + \frac{2}{3}x^3 - 2x^2$.

a) Berechnen Sie die Nullstellen von f.

b) Ermitteln Sie die Linearfaktorzerlegung der Ableitung von f.

c) Ermitteln Sie die Monotonieeigenschaften, die lokalen Extremstellen sowie die zugehörigen Extremwerte.

d) Skizzieren Sie den Graphen der Funktion. Wählen Sie dabei das Intervall so, dass sich die wesentlichen Eigenschaften von f im Bild widerspiegeln.

23. **a)** Zeigen Sie, dass die Funktion $f(x) = 3x^4 - 4x^3 - 12x^2 + 24x$ an der Stelle 1 ein lokales Minimum hat.

b) Zeigen Sie, dass die Ableitung der Funktion
$f(x) = \frac{2}{3}x^6 - \frac{28}{5}x^5 + \frac{81}{4}x^4 - \frac{142}{3}x^3 + 80x^2 - 75x + 2$ an der Stelle 1 verschwindet.
Können Sie entscheiden, ob f dort eine lokale Extremstelle hat?

Berechnung lokaler Extremwerte; eine weitere hinreichende Bedingung

24. Beschreiben Sie das Monotonieverhalten der Ableitung einer quadratischen Funktion in einer Umgebung des Scheitelpunktes. Welche Folgerung ergibt sich für die zweite Ableitung?

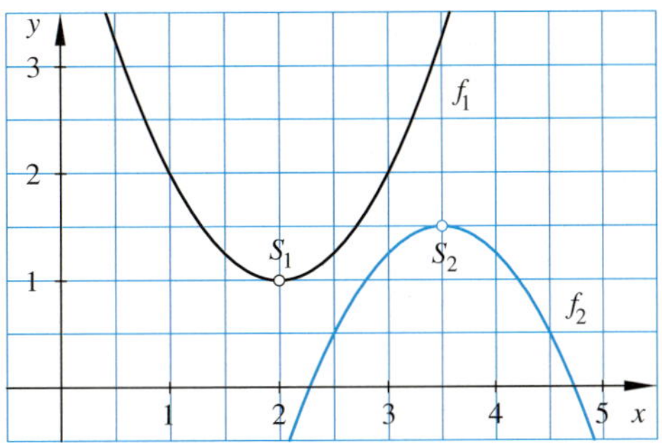

26

Im folgenden Satz wird umgekehrt von Eigenschaften der 2. Ableitung einer Funktion f auf Eigenschaften von f geschlossen.

SATZ 5 f sei eine an der Stelle x_0 zweimal differenzierbare Funktion; f'' sei an der Stelle x_0 stetig und es gelte $f'(x_0) = 0$. Dann gilt:
a) Wenn $f''(x_0) < 0$, so hat f an der Stelle x_0 ein lokales Maximum.
b) Wenn $f''(x_0) > 0$, so hat f an der Stelle x_0 ein lokales Minimum.

Beweis: Wir beweisen a). Wir benutzen dabei folgende, anschaulich einleuchtende Aussage (vgl. Aufgabe 26):
Ist eine Funktion f stetig an der Stelle x_0 und gilt $f(x_0) < 0$, so gibt es eine Umgebung U von x_0, in der f nur negative Funktionswerte annimmt. Diese Aussage wenden wir auf die Funktion f'' an (vgl. Bild 29) und erhalten:
Da f'' an der Stelle x_0 stetig ist, folgt aus $f''(x_0) < 0$: Es existiert eine Umgebung U von x_0, so dass $f''(x) < 0$ für alle $x \in U$ gilt. Dann fällt die Funktion f' streng monoton in U und mit $f'(x_0) = 0$ ergibt sich: $f'(x) > 0$ für alle $x \in U$ mit $x < x_0$, d.h. in diesem Bereich wächst f streng monoton, und $f'(x) < 0$ für alle $x \in U$ mit $x > x_0$, d.h. in diesem Bereich fällt f streng monoton.

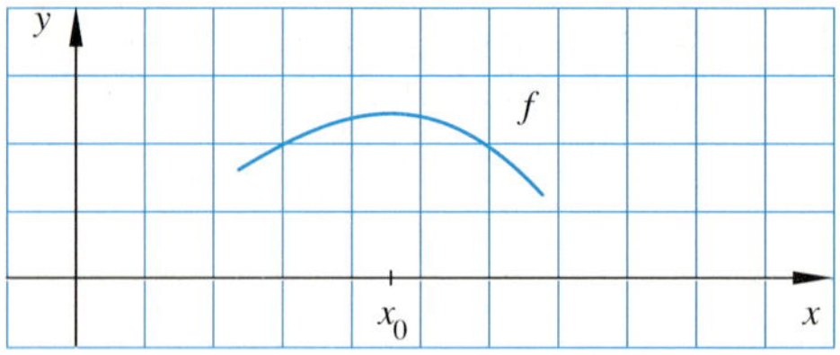

27

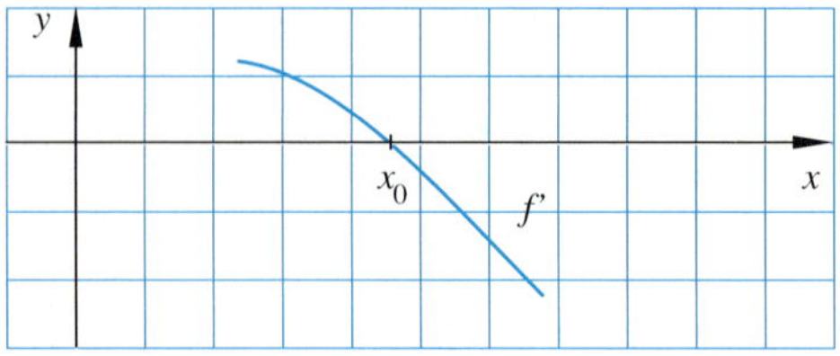

28

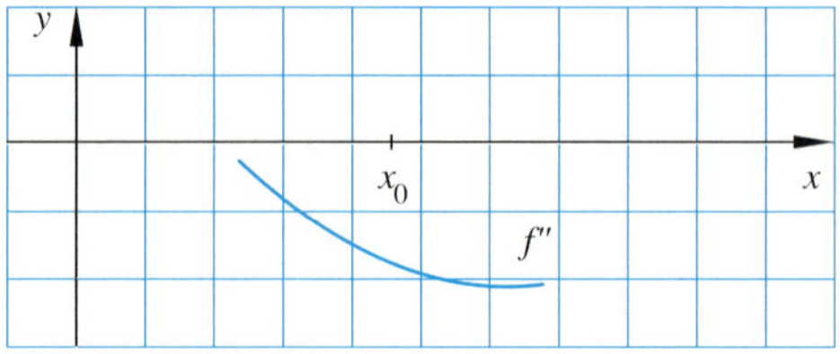

29

25. Beweisen Sie die Aussage b) des Satzes.

26.*a) Studieren Sie den Beweis der folgenden Aussage.
Die Funktion f sei stetig an der Stelle a und es gelte $f(a) < 0$. Dann gibt es eine Umgebung U von a, so dass $f(x) < 0$ für alle $x \in U$ gilt.
Angenommen, es gibt keine solche Umgebung U von a. Dann gibt es in jeder Umgebung U von a ein Argument x mit $f(x) \geq 0$. In der Umgebung $U_0 = (a-1; a+1)$ finden wir ein x_0 mit $f(x_0) \geq 0$.
Nun wählen wir die Umgebung
$U_1 = \left(a - \frac{|a-x_0|}{2}; a + \frac{|a-x_0|}{2}\right)$;
in U_1 existiert ein x_1 mit $f(x_1) \geq 0$.
In der Umgebung
$U_2 = \left(a - \frac{|a-x_1|}{2}, a + \frac{|a-x_1|}{2}\right)$ finden wir ein x_2 mit $f(x_2) \geq 0$.

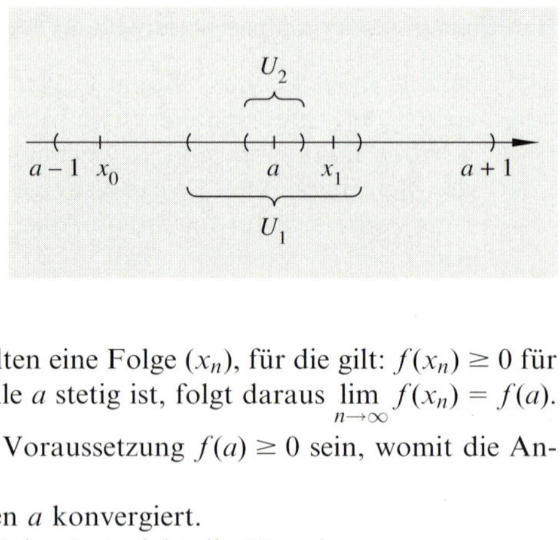

30

In dieser Weise setzen wir fort und erhalten eine Folge (x_n), für die gilt: $f(x_n) \geq 0$ für alle n und $\lim\limits_{n\to\infty} x_n = a$. Da f an der Stelle a stetig ist, folgt daraus $\lim\limits_{n\to\infty} f(x_n) = f(a)$.
Dann müsste aber im Widerspruch zur Voraussetzung $f(a) \geq 0$ sein, womit die Annahme widerlegt ist.

b) Begründen Sie, dass die Folge (x_n) gegen a konvergiert.

c) Warum können zur Konstruktion der Folge (x_n) nicht die Umgebungen $U_1 = (a - |a-x_0|; a + |a-x_0|)$, $U_2 = (a - |a-x_1|; a + |a-x_1|)$ usw. gewählt werden?

d) Ein wesentlich kürzerer Beweis ist mit der auf Seite 91 angegebenen Stetigkeitsdefinition möglich. Versuchen Sie, einen solchen Beweis zu führen.

27. Die Bedingung $f''(x_0) \neq 0$ ist kein notwendiges Kriterium dafür, dass x_0 lokale Extremstelle ist.
Belegen Sie diese Aussage durch Beispiele Ihnen bekannter Funktionen.

28. Bearbeiten Sie die Aufgaben 22 und 23 noch einmal mithilfe des neuen Kriteriums.

29. Ermitteln Sie die lokalen Extremstellen folgender Funktionen. Nutzen Sie verschiedene Möglichkeiten zur Entscheidung, ob an einer Nullstelle der 1. Ableitung ein lokales Extremum vorliegt:

a) $f(x) = x^3 - 13x + 27$
b) $f(x) = 2x^4 - 32x^2 - 10$
c) $f(x) = \frac{1}{2}x^4 - 2x^3 + 3x^2 - 2x$
d) $f(x) = x^3 - 6x^2 + 12x - 3$
e) $f(x) = x^4 + 4x$
f) $f(x) = \sqrt{x^2 + 1}$
g) $f(x) = \frac{x^3}{1 - x}$
h) $f(x) = \frac{x^2 - 1}{x^2 + 1}$
i) $f(x) = |x^3 - 4x|$
j) $f(x) = -6x^7 + 32$

30. Ermitteln Sie alle lokalen Extremstellen von f:

a) $f(x) = x^4 + 1$
b) $f(x) = (x - 1)^3$
c) $f(x) = (x + 2)^3 x^4$
d) $f(x) = (x - 3)^4$
e) $f(x) = x^5 - 15x^3$
f) $f(x) = (x^3 - 1)(x^3 + 1)$

Weitere Aufgaben

31. Zeigen Sie, dass die Ableitung der Funktion $f(x) = \frac{x}{1 - x^2}$ stets positiv ist, aber die Funktion dennoch nicht streng monoton wächst. Woran liegt das? Beschreiben Sie das Monotonieverhalten von f.

32. **a)** Geben Sie eine Bedingung für die Zahlen a und b an, so dass die Funktion f mit $f(x) = ax^3 + bx$ streng monoton wächst.
b) Zeigen Sie: Sind a, b und c negative Zahlen, so fällt die Funktion f mit $f(x) = ax^5 + bx^3 + cx$ streng monoton.
c) Gilt auch die Umkehrung der Aussage von b)?

33. Beschreiben Sie die Monotonieeigenschaften folgender Funktionen:

a) $f(x) = (x - 4)^2$
b) $f(x) = x^3 - 3x + 1$
c) $f(x) = \frac{3}{2 + x^2}$
d) $f(x) = \frac{-2}{\sqrt[4]{x^2 + 1}}$

34. Für welche Zahlen a hat f an der Stelle x_0 ein lokales Extremum? Handelt es sich um ein lokales Maximum oder um ein lokales Minimum?

a) $f(x) = -x^4 + 2ax^3 - ax^2,\ x_0 = -1$
b) $f(x) = \sqrt{ax^2 + x},\ x_0 = 1$
c) $f(x) = \frac{a}{x} + x,\ x_0 = -2$
d) $f(x) = \frac{ax - 1}{x^2 + 1},\ x_0 = 3$

35. Ermitteln Sie eine Bedingung für die Koeffizienten a, b, c, d der Funktion $f(x) = ax^3 + bx^2 + cx + d$, so dass f keine lokalen Extremstellen besitzt.

36.*a) Beweisen Sie: Ist die Funktion f an der Stelle x_0 differenzierbar und gilt $f'(x_0) > 0$, so existiert eine Umgebung U von x_0, so dass für alle $x \in U$ gilt:
Wenn $x < x_0$, so $f(x) < f(x_0)$; wenn $x > x_0$, so $f(x) > f(x_0)$.

b) Benutzen Sie die Aussage a) zum Nachweis, dass man aus den Bedingungen $f'(x_0) = 0$ und $f''(x_0) < 0$ auch ohne die Stetigkeit von f'' an der Stelle x_0 auf das Vorliegen eines lokalen Maximums von f in x_0 schließen kann.

37. Geben Sie jeweils eine ganze rationale Funktion f dritten Grades an, die die geforderte Bedingung erfüllt.

a) Die Ableitung von f ist die Funktion f' mit $f'(x) = (x-1)(x+1)$.

b) f hat an der Stelle 3 ein lokales Maximum und an der Stelle 6 ein lokales Minumum.

c) f hat die lokalen Extremstellen -2 und 4 und der Graph von f geht durch $P(1;1)$.

38. a) Beweisen Sie: Die Funktion f sei in einer Umgebung U von x_0 zweimal differenzierbar und es sei $f'(x_0) = f''(x_0) = 0$. Wenn f'' an der Stelle x_0 ein lokales Maximum (Minimum) hat, so hat auch f in x_0 ein lokales Maximum (Minimum).
Hinweis: Orientieren Sie sich am Beweis von Satz 5.

b) Beweisen Sie: Die Funktion f sei an der Stelle x_0 dreimal differenzierbar; f''' sei an der Stelle x_0 stetig und es sei $f'(x_0) = f''(x_0) = 0$ sowie $f'''(x_0) \neq 0$.
Dann hat f an der Stelle x_0 kein lokales Extremum.
Hinweis: Zeigen Sie, dass f im Falle von $f'''(x_0) > 0$ in einer Umgebung von x_0 streng monoton wächst und im Falle von $f'''(x_0) < 0$ streng monoton fällt.

c) Die Funktion f sei an der Stelle x_0 n-mal differenzierbar ($n \geq 2$); $f^{(n)}$ sei stetig an der Stelle x_0 und es sei $f'(x_0) = f''(x_0) = \ldots = f^{(n-1)}(x_0) = 0$ sowie $f^{(n)}(x_0) \neq 0$.
Welche Folgerung können Sie über die Funktion f an der Stelle x_0 ziehen?

39. Ermitteln Sie die lokalen Extremstellen der folgenden Funktionen.

a) $f(x) = (x+2)^4$ **b)** $f(x) = x^9 - x^6 + x^3$ **c)** $f(x) = x^5(x-1)^3$

40. Die Funktion f sei der Quotient zweier differenzierbarer Funktionen u und v.
Es seien g und h die durch $g(x) = u'(x)v(x) - u(x)v'(x)$ bzw. $h(x) = v^2(x)$ definierten Funktionen.
Zeigen Sie: Ist $f'(x_0) = 0$, so gilt entweder gleichzeitig $f''(x_0) = 0$ und $g'(x_0) = 0$ oder $f''(x_0)$ und $g'(x_0)$ haben dasselbe Vorzeichen.

41. Nutzen Sie das Ergebnis von Aufgabe 40 zur Berechnung der lokalen Extremstellen der folgenden Funktionen.

a) $f(x) = \dfrac{x^2-4}{x^2-5}$ **b)** $f(x) = \dfrac{x^2-3}{3x+4}$ **c)** $f(x) = \dfrac{4x^3+x}{3x^2-x}$

42. a) Es sei x eine reelle Zahl mit $0 < x < 1$. Zeigen Sie: $1 - x < \dfrac{1}{1+x}$.
Betrachten Sie dazu die Funktion $f(x) = \dfrac{1}{1+x}$ im Intervall $[0;1]$. Untersuchen Sie, welche Werte die Ableitung von f annimmt. Benutzen Sie dann den Mittelwertsatz.

b) Berechnen Sie den Fehler, den man bei Ersetzung von $\dfrac{1}{1+x}$ durch $1-x$ begeht (vgl. Aufgabe 31, S. 140).

c) Berechnen Sie näherungsweise (durch $\dfrac{1}{1+x} \approx 1-x$) $\dfrac{1}{1{,}02}$ bzw. $\dfrac{1}{1{,}05}$ und geben Sie den Fehler an.

7 Extremwertprobleme

Beispiel: Von allen geraden Kreiskegeln, deren Mantellinien $s = 12$ cm lang sind, wird derjenige mit dem größten Volumen gesucht. Es sind die Höhe h, der Grundkreisradius r und das Volumen V dieses Kegels zu berechnen.

Das Volumen des Kegels ist $V = \frac{1}{3}\pi r^2 h$.

Mithilfe des Satzes von Pythagoras erhalten wir einen Zusammenhang zwischen r, h und s (Bild 31):
es ist $s^2 = h^2 + r^2$.
Diese Beziehung ermöglicht es uns, das Volumen in Abhängigkeit von nur einer Variablen darzustellen:

$$V = \frac{1}{3}\pi(s^2 - h^2)h = \frac{1}{3}\pi(144 - h^2)h$$
$$= \frac{1}{3}\pi(144h - h^3).$$

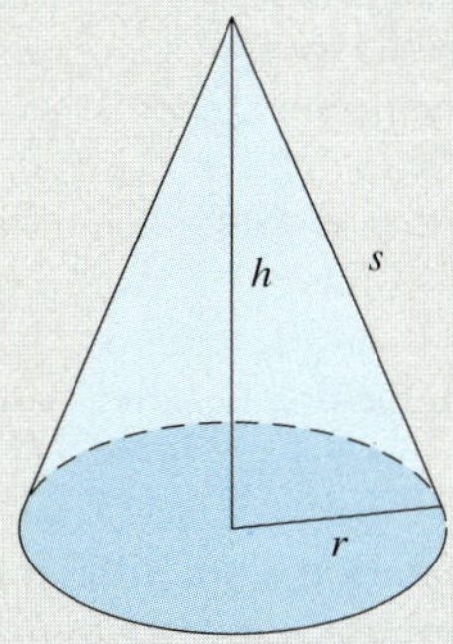

31

(Wir rechnen mit Maßzahlen.) Das Volumen wird maximal, wenn der Faktor $144h - h^3$ seinen maximalen Wert erreicht, wobei h Werte zwischen 0 und s annehmen kann. Damit lautet unsere Aufgabe jetzt: An welcher Stelle des Intervalls $(0; 12)$ nimmt die Funktion f mit $f(h) = 144h - h^3$ ihr Maximum an?

Die Ableitung von f ist $f'(h) = 144 - 3h^2$. Die Gleichung $144 - 3h^2 = 0$ hat die Lösungen $\pm 4\sqrt{3}$. Im Intervall $(0; 12)$ existiert demnach genau eine Nullstelle von f', nämlich $h_0 = 4\sqrt{3}$. Im **abgeschlossenen** Intervall $[0; 12]$ nimmt f an der Stelle h_0 das Maximum an, denn es ist $f(0) = f(12) = 0$ und $f(4\sqrt{3}) = 144 \cdot 4\sqrt{3} - (4\sqrt{3})^3 = 144 \cdot 4\sqrt{3} - (4\sqrt{3})^2 \cdot 4\sqrt{3} = 144 \cdot 4\sqrt{3} - 48 \cdot 4\sqrt{3} > 0$. Dann nimmt aber f auch im **offenen** Intervall $(0; 12)$ an derselben Stelle das Maximum an.

Wir berechnen r und V für $h = 4\sqrt{3}$. Es ist $r^2 = s^2 - h^2 = 96$, also $r = 4\sqrt{6}$. Für das Volumen ergibt sich $V = \frac{1}{3}\pi r^2 h = \frac{1}{3}\pi \cdot 96 \cdot 4\sqrt{3} = 128\pi \cdot \sqrt{3}$. Bei der Formulierung des Ergebnisses orientieren wir uns hinsichtlich der Genauigkeit an der Aufgabenstellung: Der gesuchte Kegel hat eine Höhe von 6,9 cm, einen Grundkreisradius von 9,8 cm und ein Volumen von 696,5 cm^3.

1. **a)** Warum ist es im obigen Beispiel günstiger, das Volumen in Abhängigkeit von h anstelle in Abhängigkeit von r darzustellen?
b) Überzeugen Sie sich durch Rechnung davon, dass man dasselbe Resultat erhält, wenn man V in Abhängigkeit von r darstellt.

2. **a)** Begründen Sie, dass die folgende Aussage falsch ist:
Die Funktion f nehme im Intervall $[a; b]$ ihr Maximum an der Stelle x_0 an. Dann nimmt f auch in $(a; b)$ an der Stelle x_0 das Maximum an.
b) Unter welcher zusätzlichen Bedingung ist die Aussage in a) wahr?
* **c)** Vertauschen Sie in a) die Rolle von $[a; b]$ und $(a; b)$. Ist die neue Aussage richtig?

3. **a)** Skizzieren Sie eine Funktion f in einem Intervall I mit folgenden Eigenschaften: f hat in I genau ein lokales Maximum und f hat in I ein Maximum, welches mit dem lokalen Maximum übereinstimmt.

b) Die Funktion f sei differenzierbar im Intervall I. An der Stelle $x_0 \in I$ existiere ein lokales Maximum. Ferner existiere eine Zahl $x_1 \in I$ mit $f(x_1) > f(x_0)$.
Begründen Sie: Zwischen x_0 und x_1 existiert eine Stelle x_2 mit $f'(x_2) = 0$.

c) Die Funktion f sei differenzierbar im Intervall I und habe an der Stelle $x_0 \in I$ ein lokales Maximum. x_0 sei einzige Nullstelle von f' in I.
Begründen Sie: $f(x_0)$ ist das Maximum von f in I.

Auf die Situation in Aufgabe 3c) trifft man häufig bei der Bearbeitung von Extremwertaufgaben.

4. Nutzen Sie das Ergebnis von Aufgabe 3c) zur Berechnung des Maximums der Funktion f mit $f(h) = 144h - h^3$ im Intervall $(0; 12)$ (vgl. Beispiel auf Seite 155).

5. Die Funktion f sei differenzierbar im Intervall $[a; b]$. An der Stelle $x_0 \in (a; b)$ nehme die Funktion ihr Minimum an. Ferner sei x_0 einzige Nullstelle von f'.

a) Beschreiben Sie zwei verschiedene Wege, wie man das Minimum von f in $[a; b]$ finden kann.

b) Unter welchen Umständen könnte der eine Weg, unter welchen Umständen der andere Weg günstiger sein?

6. **a)** Aus einem quadratischen Stück Blech mit der Seitenlänge 90 cm soll ein oben offener Kasten hergestellt werden, indem an den Ecken gleiche Quadrate herausgeschnitten und die entstehenden Ränder nach oben gebogen werden. Welches maximale Volumen kann ein solcher Kasten haben?

b) Lösen Sie Aufgabe a) für eine beliebige Seitenlänge a des Bleches.

7. Aus einem Baumstamm (der der Einfachheit halber mit durchgängig gleich großem kreisförmigen Querschnitt angenommen wird) soll ein Balken mit rechteckigem Querschnitt von möglichst großer Tragfähigkeit geschnitten werden. Die Tragfähigkeit ist proportional zur Balkenbreite und zum Quadrat der Balkenhöhe. In welchem Verhältnis müssen Breite und Höhe des Balkens zueinander stehen?

8. Welcher Punkt des Graphen von $f(x) = \sqrt{x}$ hat vom Punkt $P(2; 0)$ den kleinsten Abstand? Wie groß ist dieser Abstand?

9. **a)** Entlang einer geradlinig verlaufenden Straße befindet sich eine Telefonleitung. Von einer Stelle der Straße aus soll ein Anschluss nach zwei Punkten A und B verlegt werden. Wo sollte die Verzweigung erfolgen (Bild 32)?

b) Lösen Sie Aufgabe a) auch ohne Hilfsmittel der Differenzialrechnung.

c) Lösen Sie die Aufgabe für beliebige Werte von a, b, c.

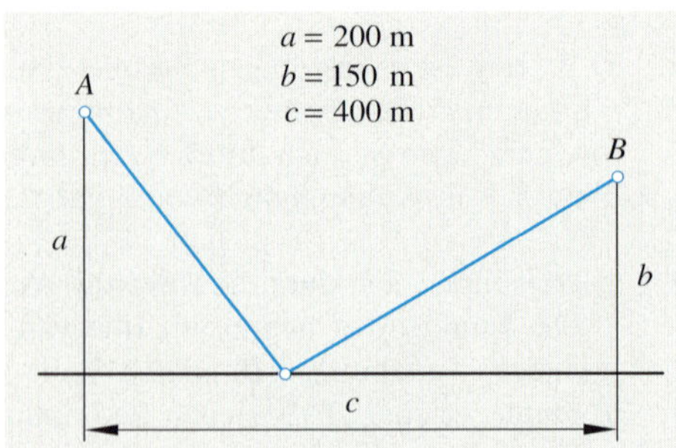

32

10. Einem Trapez soll ein Rechteck so einbeschrieben werden, dass eine Rechteckseite parallel zu den beiden parallelen Seiten des Trapezes verläuft (Bild 33). Welcher maximale Flächeninhalt ist erreichbar?
Hinweis: Berechnen Sie den Flächeninhalt des Trapezes und stellen Sie diesen als Summe der Flächeninhalte der drei Teilfiguren dar. Gewinnen Sie daraus einen Zusammenhang zwischen x und y.

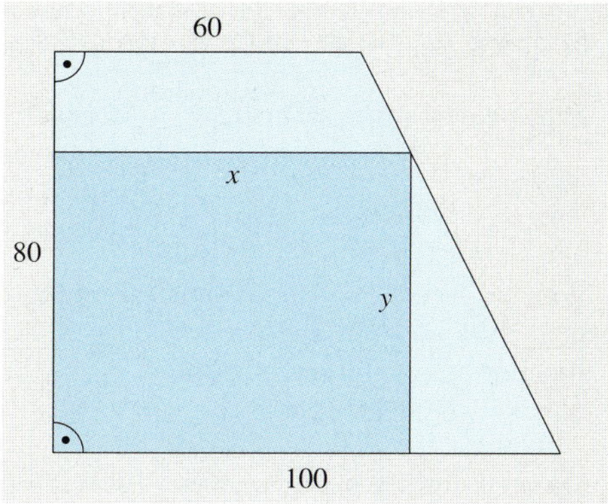

33

11. Aus einem Kreis soll ein Sektor herausgeschnitten und daraus ein Kegel geformt werden. Bei welchem Zentriwinkel des Sektors erhält man den Kegel mit dem größten Volumen?

12. a) Bestätigen Sie die im Beispiel auf Seite 158 angegebenen Resultate durch die entsprechenden Rechnungen und Begründungen.

b) Zeigen Sie, dass die Beziehung $h_0 = 2r_0$ nicht nur näherungsweise, sondern genau gilt.

c) Zeigen Sie: Die Oberfläche eines Zylinders mit gegebenem Volumen V ist genau dann am kleinsten, wenn ein Schnitt entlang der Zylinderachse ein Quadrat ergibt.

ZUSAMMENFASSUNG

Lokale Extrema

Voraussetzung: f ist eine differenzierbare Funktion

Notwendiges Kriterium für „x_0 ist lokale Extremstelle von f“:
$f'(x_0) = 0$

Hinreichende Kriterien für „x_0 ist lokale Extremstelle von f“:
a) f' wechselt an der Stelle x_0 das Vorzeichen.
oder
b) $f'(x_0) = 0$ und $f''(x_0) \neq 0$

Maximum und Minimum einer Funktion f in einem Intervall I

Häufige Fälle für differenzierbare Funktionen sind:

1. f' hat in I genau eine Nullstelle x_0. Hat f in x_0 ein lokales Maximum (lokales Minimum), so ist $f(x_0)$ das Maximum (Minimum) von f in I.
2. Ist I ein abgeschlossenes Intervall, so nimmt f das Maximum (Minimum) am Rand von I an oder das Maximum (Minimum) ist gleichzeitig ein lokales Maximum (Minimum).

Strategie zur Lösung von Extremwertaufgaben

allgemeine Lösungsschritte	**Beispiel:** Welche Abmessungen muss eine zylindrische Konservendose mit einem Fassungsvermögen von 1 l haben, damit zu ihrer Herstellung möglichst wenig Blech verbraucht wird?
Welche Größe soll maximal bzw. minimal werden?	Der Oberflächeninhalt der Dose muss minimal werden.
Beschreibung dieser Größe durch eine Gleichung	$A_0 = 2\pi r^2 + 2\pi rh$ (r ist der Grundkreisradius, h die Höhe des Zylinders)
Darstellung der maßgeblichen Größe in Abhängigkeit von einer Variablen	$V = \pi r^2 h$ (V ist das Volumen des Zylinders) $h = \frac{1000}{\pi r^2}$ (Einheit: cm) $A_0 = 2(\pi r^2 + 1000r^{-1})$
Welche Funktion muss extremal werden? In welchem Intervall?	$f(r) = \pi r^2 + 1000r^{-1}$, $I = (0; \infty)$
Wo nimmt f in I das Maximum bzw. Minimum an?	$f'(r) = 2\pi r - 1000r^{-2}$ Einzige Nullstelle von f' in I ist $r_0 = \sqrt[3]{\frac{500}{\pi}}$. $f''(r) = 2\pi + 2000r^{-3} > 0$ für alle $r > 0$. f nimmt an der Stelle r_0 das Minimum an.
Angabe der Resultate (Wonach wird gefragt: Extremstelle? Extremwert?)	Abmessungen der Dose: $r_0 \approx 5{,}4$ cm; $h_0 = \frac{1000}{\pi r_0^2} \approx 10{,}8$ cm

Aufgaben zur Berechnung von Extremwerten

13. Es soll ein Sportplatz, bestehend aus einem möglichst großen rechteckigen Spielfeld und einer 400-m-Laufbahn, angelegt werden. Das zur Verfügung stehende Gelände lässt aber höchstens eine Spielfeldbreite von 50 m zu. Wie ist der Sportplatz anzulegen? Welchen Flächeninhalt hat das Spielfeld?

14. Beweisen Sie, dass von allen Rechtecken mit dem gleichen Umfang U das Quadrat mit der Seitenlänge $\frac{U}{4}$ den größten Flächeninhalt hat.

15. Ermitteln Sie die maximale Höhe eines Gegenstandes, der mit einer Anfangsgeschwindigkeit v_0 senkrecht nach oben geworfen wird.
(Das Weg-Zeit-Gesetz für den senkrechten Wurf nach oben lautet $s(t) = v_0 t - \frac{g}{2}t^2$. Der Luftwiderstand bleibt unberücksichtigt.)

16. Aus einem 4,80 m langen Winkeleisen soll das Kantengerüst für ein Aquarium hergestellt werden. Die Kanten der Bodenfläche sollen im Verhältnis 2:3 stehen. Welche Abmessungen muss das Aquarium haben, damit sein Volumen möglichst groß wird?

17. Welcher Kreiszylinder hat bei gegebener Oberfläche A_0 das größte Volumen? Berechnen Sie das Verhältnis von Grundkreisradius und Höhe.

18.* Berechnen Sie den Flächeninhalt des Rechtecks in Bild 34.

19. a) Es sei n eine natürliche Zahl. Zerlegen Sie n so in eine Summe zweier natürlicher Zahlen a und b, dass deren Produkt maximal ist.

b) Lösen Sie die Aufgabe a) für den Fall, dass n, a und b reelle Zahlen sind.

20. Warum können die Funktionen $f(x) = \frac{x-1}{x+1}$ und $g(x) = \frac{1}{\sqrt{x+1}}$ keine lokalen Extremwerte haben?

21. Wie viele lokale Extremstellen kann eine ganzrationale Funktion n-ten Grades haben?

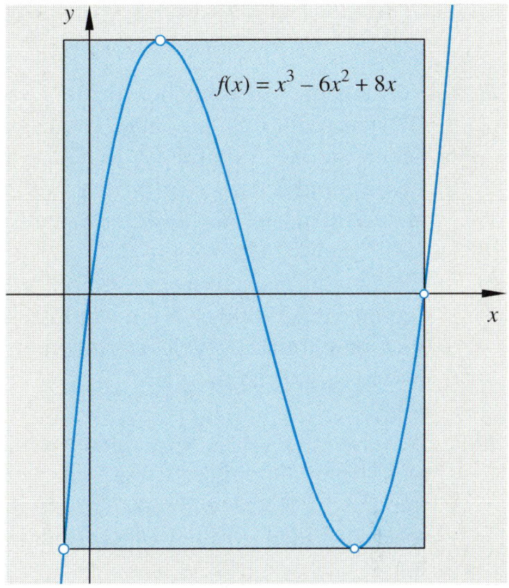

34

22. a) Zeigen Sie, dass die Funktion $f(x) = x^3 + bx$ für $b > 0$ keine lokalen Extremstellen besitzt.

b) Geben Sie eine Bedingung für die Zahlen a und b an, so dass die Funktion $f(x) = ax^3 + bx$ keine lokalen Extremstellen besitzt.

23. a) Die Funktion $f(x) = ax^3 + bx^2 + cx + d$ habe an der Stelle 0 ein lokales Maximum. Welche Folgerung können Sie über die Koeffizienten a, b, c, d ziehen?

b) Die Funktion $f(x) = x^3 + bx^2 + cx$ habe lokale Extrema an den Stellen 0 und 2. Ermitteln Sie b und c.

c) Die Funktion $f(x) = x^3 + bx^2 + cx$ habe lokale Extrema an den Stellen 4 und -4. Ermitteln Sie b und c.

24. An welcher Stelle des Intervalles I nimmt die Funktion f ihr Maximum an?

a) $f(x) = -x^4 + 3x^3 - 10x^2,\ I = (-1; 3)$

b) $f(x) = \frac{1}{5}x^5 - x^3 + 2x,\ I = \left[0; \frac{3}{2}\right]$

c) $f(x) = x^3 - 8x^2 + 19x - 12,\ I = [0; 5]$

d) $f(x) = x^5 - 5x^3 + 5x,\ I = [1; 3]$

25. a) Zeigen Sie, dass sich die Graphen der Funktionen $f(x) = x^4$ und $g(x) = 4x - 5$ nicht schneiden.
Hinweis: Weisen Sie nach, dass die Funktion d mit $d(x) = f(x) - g(x)$ ein positives Minimum hat.

b) Für welche $a \in \mathbb{R}$ schneiden sich die Graphen von $f(x) = x^4$ und $g(x) = 4x - a$?

26. Zeigen Sie, dass die folgenden Gleichungen keine Lösungen haben:

a) $x^4 + 3 = x^3 + x + 1$

b) $x^4 + 2 = 2x^3$

27. Ein Wasserbehälter besteht aus einem auf der Spitze stehenden Kreiskegel mit aufgesetztem Kreiszylinder. Der Zylinder soll eine Höhe von 2 m, die Mantellinie des Kegels eine Länge von 6 m haben. Welches Fassungsvermögen ist im Höchstfall möglich?

28. a) Von einem 3 m breiten Flur geht rechtwinklig ein zweiter Flur der Breite 2 m ab. Lässt sich ein 6,50 m langes Rohr waagrecht von einem Flur in den anderen tragen?

***b)** Lösen Sie die Aufgabe für beliebige Flurbreiten.

***c)** Lösen Sie die Aufgabe für den Fall, dass beide Flure die gleiche Breite haben, auch ohne Hilfsmittel der Differenzialrechnung.

29. Einem gleichschenkligen Dreieck ist entsprechend Bild 35 ein Rechteck einzubeschreiben. Welcher maximale Flächeninhalt ist möglich?

30. Beweisen Sie, dass von allen rechtwinkligen Dreiecken mit gleicher Summe der Kathetenlängen das gleichschenklige den größten Flächeninhalt hat.

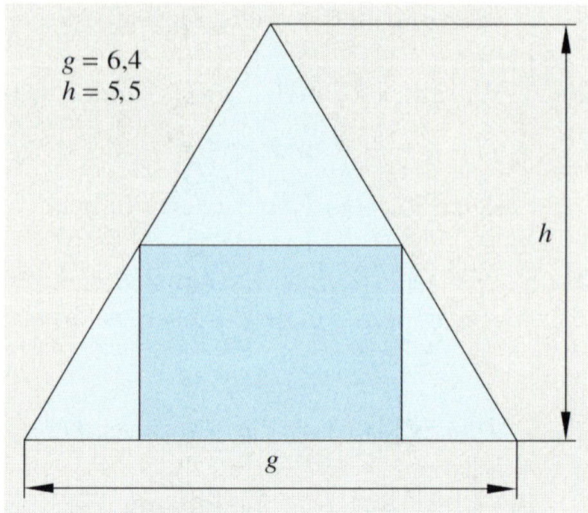

35

31. Die Breite eines Quaders soll halb so groß wie seine Länge sein. Welche Abmessungen muss der Quader haben, damit bei vorgegebenem Volumen der Oberflächeninhalt minimal wird?

32. Der Flächeninhalt eines Rechtecks soll 1 m^2 betragen. Keine Seite des Rechtecks soll länger als 2 m sein. Für welche Seitenlängen hat ein solches Rechteck maximalen Umfang?

33. Es sei $f(x) = x^{-1}$. Für jedes $x_0 > 0$ bildet die Tangente an f an der Stelle x_0 mit den Koordinatenachsen ein Dreieck.

a) Zeigen Sie, dass der Flächeninhalt dieses Dreiecks unabhängig von x_0 ist.

b) Untersuchen Sie, ob eine entsprechende Aussage auch für das Volumen des Kegels gilt, der durch Rotation des Dreiecks um die y-Achse entsteht.

34. Untersuchen Sie die Problemstellungen von Aufgabe 33 für die Funktion

$f(x) = \frac{c}{x^2}$ $(c > 0)$.

35. Einem geraden Kreiskegel mit der Höhe 12 cm und dem Grundkreisradius 4 cm soll ein quadratisches geraden Prisma maximalen Volumens einbeschrieben werden. Berechnen Sie die Kantenlängen, das Volumen und den Oberflächeninhalt des Prismas.

8 Krümmung und Symmetrie von Funktionen

Krümmung und Symmetrie von Funktionen

1. Gegeben ist die Funktion f mit $f(x) = \frac{1}{6}x^3 - \frac{7}{4}x^2 + 5x$ und $D(f) = [0; 6]$.
a) Ermitteln Sie die Nullstellen von f.
b) Berechnen Sie die lokalen Extremstellen und die zugehörigen lokalen Extremwerte.
c) Skizzieren Sie den Graphen von f.
d) Beschreiben Sie das Krümmungsverhalten der Funktion. Wo etwa ändert sich das Krümmungsverhalten?

Kann man das Krümmungsverhalten einer Funktion beschreiben, ohne den Graphen zu zeichnen? Kann man insbesondere auch berechnen, wo der Graph einer Funktion von Rechts- zu Linkskrümmung (oder umgekehrt) übergeht? Zur Beantwortung dieser Fragen ist zunächst eine Präzisierung der Begriffe „Linkskrümmung" und „Rechtskrümmung" erforderlich.

2. a) Skizzieren Sie eine in einem Intervall I differenzierbare, linksgekrümmte Funktion f.
b) Versuchen Sie den Begriff „linksgekrümmt" zu präzisieren. Legen Sie dazu an mehreren Stellen in I die Tangente an f und beschreiben Sie die gegenseitige Lage von Tangente und Funktionsgraph.

DEFINITION f sei eine im Intervall I differenzierbare Funktion.
f heißt in I **linksgekrümmt** genau dann, wenn für alle $x_0 \in I$ gilt:
Für alle $x \in I$ mit $x \neq x_0$ ist $f(x) > f'(x_0)(x - x_0) + f(x_0)$ (Bild 36).

Bemerkungen:
1. Analog definiert man Rechtskrümmung.
2. Wir haben den Begriff der Krümmung damit nur für differenzierbare Funktionen definiert. Die Differenzierbarkeit sei im Weiteren stets vorausgesetzt, wenn von links- oder rechtsgekrümmten Funktionen die Rede ist.

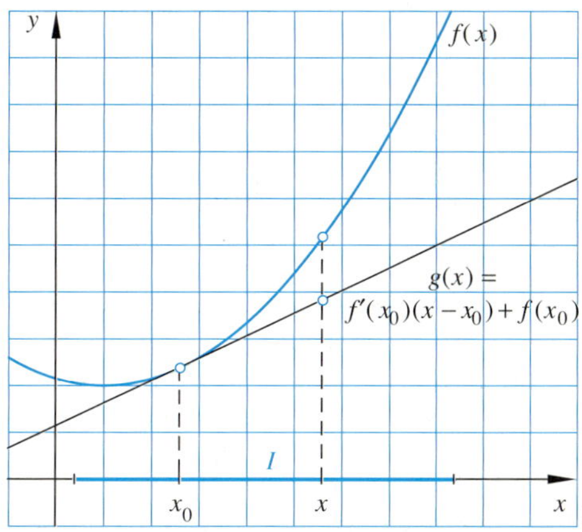

36

3. Zeigen Sie mithilfe der Definition, dass die Funktion $f(x) = x^2$ im gesamten Definitionsbereich linksgekrümmt ist.

4. Welches Krümmungsverhalten hat die Funktion f?
Beschreiben Sie das Krümmungsverhalten zunächst vom Graphen der Funktion ausgehend. Bestätigen Sie dann Ihre Anschauung rechnerisch mithilfe der Definition.

5. Welches Krümmungsverhalten hat die Funktion f? Bestätigen Sie Ihre Anschauung rechnerisch.
a) $f(x) = \sqrt{x}$ **b)** $f(x) = \frac{1}{x}$ **c)** $f(x) = -\sqrt{x}$

6. Die Funktion f sei im Intervall I linksgekrümmt, es sei $x_0 \in I$.
Dann gilt: Für jedes $x \in I$ mit $x < x_0$ ist der Anstieg der Sekante von f im Intervall $[x; x_0]$ kleiner als der Anstieg der Tangente an f in x_0 und für jedes $x \in I$ mit $x > x_0$ ist der entsprechende Sekantenanstieg größer als der Tangentenanstieg in x_0.

a) Veranschaulichen Sie die Behauptung geometrisch.
b) Bestätigen Sie die Behauptung für $f(x) = -\sqrt{x}$ für $x_0 = 8$ und $I = (0; \infty)$.
c) Beweisen Sie die Behauptung.

Zusammenhänge zwischen Krümmung und Ableitung

7. a) Zeigen Sie, dass die Ableitung einer in einem Intervall I linksgekrümmten Funktion streng monoton wächst.
Anleitung: Wählen Sie Zahlen $x_1, x_2 \in I$ mit $x_1 < x_2$ und betrachten Sie die beiden sich damit aus der Krümmungsdefinition ergebenden Ungleichungen.
b) Formulieren Sie die Umkehrung der Aussage von a).

SATZ 1 Die Funktion f besitze im Intervall I eine streng monoton wachsende Ableitung. Dann ist f in I linksgekrümmt.

Beweis: Wir müssen zeigen, dass f in I die Definition der Linkskrümmung erfüllt, d.h. dass für alle $x, x_0 \in I$ mit $x \neq x_0$ die Ungleichung $f(x) > f'(x_0)(x - x_0) + f(x_0)$ erfüllt ist.

Es seien also $x, x_0 \in I$ beliebig gewählt, es sei zunächst $x < x_0$. Auf das Intervall $[x; x_0]$ wenden wir den Mittelwertsatz an, d.h. es existiert eine Zahl ξ mit $x < \xi < x_0$, so dass $f'(\xi) = \dfrac{f(x_0) - f(x)}{x_0 - x}$. Da f' streng monoton wächst, folgt aus $\xi < x_0$ nun $f'(\xi) < f'(x_0)$, also $\dfrac{f(x_0) - f(x)}{x_0 - x} < f'(x_0)$. Umstellen dieser Ungleichung ergibt die Behauptung.
Analog verfährt man im Fall $x > x_0$.

8. a) Ergänzen Sie den Beweis durch die Betrachtung des Falles $x > x_0$.
b) Führen Sie den entsprechenden Beweis auch für den Fall, dass f eine in I streng monoton fallende Ableitung hat.

9. Beschreiben Sie das Krümmungsverhalten von f, indem Sie die Ableitung auf Monotonie untersuchen.

a) $f(x) = x^2$ **b)** $f(x) = x^3$ **c)** $f(x) = x^4 - x$
d) $f(x) = \dfrac{1}{x}$ **e)** $f(x) = \sqrt{x}$ **f)** $f(x) = -\sqrt{x}$

10. a) Beweisen Sie, dass die Funktion $f(x) = \frac{1}{11}x^{11} + \frac{3}{5}x^5 + x$ streng monoton wächst.
b) Begründen Sie mithilfe von a), dass die Funktion g mit $g(x) = \frac{1}{132}x^{12} + \frac{1}{10}x^6 + \frac{1}{2}x^2$ im gesamten Definitionsbereich linksgekrümmt ist.
c) Formulieren Sie eine hinreichende Bedingung für Links- bzw. Rechtskrümmung einer Funktion f in einem Intervall I.
d) Untersuchen Sie, ob Ihr gefundenes Kriterium notwendig ist.

SATZ 2 Die Funktion f sei im Intervall I zweimal differenzierbar. Dann gilt:
a) Ist $f''(x) > 0$ für alle $x \in I$, so ist f in I linksgekrümmt.
b) Ist $f''(x) < 0$ für alle $x \in I$, so ist f in I rechtsgekrümmt.

11. **a)** Beweisen Sie den Satz.
b) Widerlegen Sie durch Beispiele die Umkehrungen der Aussagen a) und b) des Satzes.

12. Untersuchen Sie das Krümmungsverhalten der folgenden Funktionen.
a) $f(x) = -x^3 + 6x^2 + 15x + 10$ **b)** $f(x) = x^4 + x^3 + x^2 + x + 1$
c) $f(x) = \frac{1}{4}x^4 - \frac{1}{3}x^3 - \frac{1}{2}x^2 + x - 3$ **d)** $f(x) = \frac{3}{5}x^5 + 3x^4 - 2x^3 - 18x^2$
e) $f(x) = (2x-4)^8$ **f)** $f(x) = \frac{x}{1-x^2}$ **g)** $f(x) = \frac{x^2+3}{x^2-3}$
h) $f(x) = (x+3)\sqrt{x+1}$ **i)** $f(x) = \frac{1}{5}x^5 - \frac{2}{3}x^4 - 2x^3 + x + 1$

13. **a)** Welches Krümmungsverhalten hat eine lineare Funktion?
b) Nehmen Sie zu der Frage Stellung, ob ein Kreis rechts- oder linksgekrümmt ist.

14. Geben Sie jeweils zwei Funktionen an, die die folgenden Bedingungen erfüllen.
a) f ist in $\mathbb{R}$ rechtsgekrümmt.
b) f ist im Bereich $x < 1$ rechtsgekrümmt und im Bereich $x > 1$ linksgekrümmt.
c) f ist im Bereich $x < 0$ linksgekrümmt, im Intervall $(0; 3)$ rechtsgekrümmt und im Bereich $x > 3$ linksgekrümmt.
d) f ist im Bereich $x < 0$ rechtsgekrümmt, im Intervall $(0; 3)$ linksgekrümmt und im Bereich $x > 3$ rechtsgekrümmt.
e) f ändert das Krümmungsverhalten an vier Stellen.
f) f ist im Bereich $x > 0$ rechtsgekrümmt und f ist keine rationale Funktion.
g) f ist für $x < 0$ linksgekrümmt und f ist für $x > 0$ linksgekrümmt, aber f ist nicht in $\mathbb{R}$ linksgekrümmt.

15.* Die Funktion f sei im Intervall I linksgekrümmt.
a) Veranschaulichen Sie durch eine Skizze die beiden folgenden Aussagen:
1. In jedem Teilintervall $[x_1; x_2]$ von I verläuft die Sekante von f oberhalb des Graphen.
2. Für jedes $x \in (x_1; x_2)$ $(x_1; x_2 \in I)$ ist der mittlere Anstieg von f im Intervall $[x_1; x]$ kleiner als im Intervall $[x_1; x_2]$.

b) Drücken Sie die Aussagen 1 und 2 mithilfe von Ungleichungen aus und zeigen Sie, dass beide Aussagen gleichwertig sind.
Anmerkung: Zwei Aussagen A und B heißen gleichwertig oder logisch äquivalent, wenn aus der Aussage A die Aussage B und umgekehrt aus der Aussage B die Aussage A folgt.
c) Beweisen Sie die Aussage 2.
Anleitung: Betrachten Sie die den Sekantenanstieg in $[x_1; x]$ für $x \in [x_1; x_2]$ beschreibende Funktion g. Zeigen Sie, dass g streng monoton wächst, indem Sie nachweisen, dass die Ableitung von g stets positiv ist. Nutzen Sie dazu das Ergebnis von Aufgabe 6.

Wendepunkte

Ändert eine Funktion f an einer Stelle x_0 ihr Krümmungsverhalten, d.h. geht f von Rechts- zu Linkskrümmung über oder umgekehrt, so nennt man x_0 eine **Wendestelle** von f und den Punkt $P(x_0; f(x_0))$ einen **Wendepunkt** von f. Ist f an der Stelle x_0 differenzierbar, heißt die Tangente an f in x_0 **Wendetangente**, ist überdies noch $f'(x_0) = 0$, spricht man von einer **horizontalen Wendetangente**.

Beispiele:

1. Die Funktion $f(x) = x^3 - 3x^2 + 3x$ hat den Wendepunkt $P(1; 1)$. Die zugehörige Wendetangente verläuft horizontal (Bild 37).
2. Die Funktion $f(x) = \frac{1}{4}x^4 - x^3$ hat die Wendestellen $x_1 = 0$ und $x_2 = 2$. Die Wendetangente zu x_1 ist die x-Achse; die Wendetangente zu x_2 hat die Gleichung $y = -4x+4$ (Bild 38).

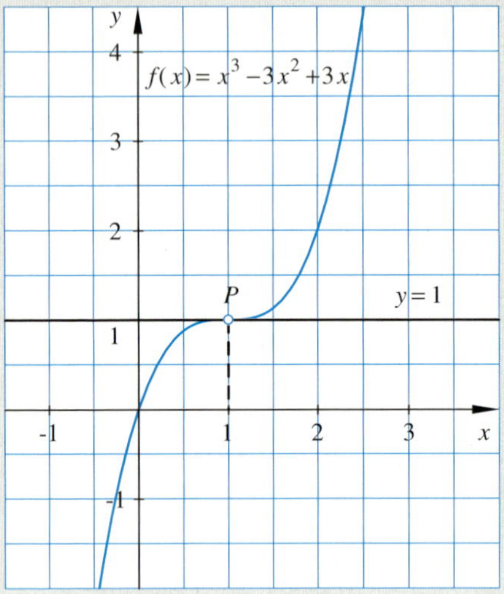

37

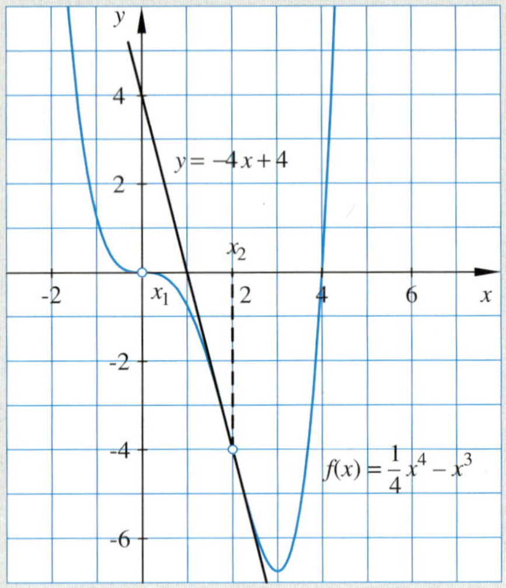

38

16. Bestätigen Sie durch Rechnung die in den Beispielen angegebenen Ergebnisse.

17. a) Zeigen Sie am Beispiel der Funktion $f(x) = \begin{cases} \sqrt{x} & \text{für } x \geq 0 \\ -\sqrt{-x} & \text{für } x \leq 0 \end{cases}$, dass eine Funktion an einer Wendestelle nicht differenzierbar sein muss.

b) Bilden Sie die Umkehrfunktion von f. Welche Wendestellen hat diese?

Ist x_0 eine Wendestelle der Funktion f, so heißt das nach obiger Erklärung, dass Zahlen a, b mit $a < x_0 < b$ existieren, so dass f in $(a; x_0)$ und in $(x_0; b)$ unterschiedliches Krümmungsverhalten aufweist. Daraus ergibt sich folgender Satz:

SATZ 3 Die Funktion f sei in einer Umgebung von x_0 zweimal differenzierbar. Dann gilt: Ist x_0 eine Wendestelle von f, so ist x_0 eine lokale Extremstelle von f'.

18. a) Beweisen Sie den Satz.

***b)** Gilt auch die Umkehrung? Begründen Sie Ihre Aussage.

19. Nach dem vorangegangenen Satz ist „x_0 ist lokale Extremstelle von f'“ eine notwendige Bedingung für „x_0 ist Wendestelle von f“. Welche notwendige Bedingung ergibt sich daraus für das Vorliegen eines Wendepunktes an der Stelle x_0, falls f in x_0 zweimal differenzierbar ist?

Wir können nun Wendestellen in analoger Weise wie lokale Extremstellen berechnen.

> **SATZ 4** f sei eine an der Stelle x_0 dreimal differenzierbare Funktion, f''' sei an der Stelle x_0 stetig. Dann gilt:
> Wenn $f''(x_0) = 0$ und $f'''(x_0) \neq 0$, so ist x_0 eine Wendestelle von f.

20. a) Beweisen Sie obigen Satz. Sehen Sie sich dazu noch einmal den Beweis des entsprechenden Kriteriums für lokale Extremstellen (S. 152) an.

b) Was kann man zusätzlich über das Krümmungsverhalten einer Funktion f aussagen, wenn man unter den Bedingungen des Satzes nicht nur $f'''(x_0) \neq 0$, sondern zusätzlich $f'''(x_0) > 0$ bzw. $f'''(x_0) < 0$ weiß?

21. Zeigen Sie durch Beispiele, dass die Bedingung $f'''(x_0) \neq 0$ nicht notwendig für das Vorliegen eines Wendepunktes an der Stelle x_0 ist.

22.*a) Zeigen Sie, dass auf die Stetigkeitsforderung im Satz verzichtet werden kann (vgl. dazu Aufgabe 36*, Abschnitt 6).

b) Was ist an dem folgenden Schluss nicht korrekt?
Aus den Voraussetzungen des Satzes ergibt sich, dass x_0 eine lokale Extremstelle von f' und demnach eine Wendestelle von f ist.

23. Beweisen Sie das folgende hinreichende Kriterium für die Existenz eines Wendepunktes einer Funktion f an der Stelle x_0:
Die Funktion f sei in einer Umgebung von x_0 zweimal differenzierbar. Wenn f'' an der Stelle x_0 das Vorzeichen wechselt, so ist x_0 eine Wendestelle von f.

24. Ermitteln Sie die Wendepunkte der folgenden Funktionen:

a) $f(x) = x^3 - 6x^2 + 13x - 8$ **b)** $f(x) = -(x-4)^4$

c) $f(x) = \frac{1}{20}x^5 - \frac{1}{4}x^4 + 2x^2 + x$ **d)** $f(x) = \begin{cases} x^2 & \text{für } x \leq 0 \\ \sqrt{x} & \text{für } x \geq 0 \end{cases}$

e) $f(x) = x + \sqrt{x}$ **f)** $f(x) = x^2 + \sqrt{x}$ **g)** $f(x) = \frac{x}{1+x^2}$

h) $f(x) = \frac{1}{1+x^2}$ **i)** $f(x) = \sqrt{|x|}$ **j)** $f(x) = 3(x+3)^5 - 1$

25. Ermitteln Sie für jede Wendetangente von f eine Gleichung:

a) $f(x) = -\frac{1}{8}x^3 - \frac{3}{4}x^2$ **b)** $f(x) = 30x^5 + 70x^4 + 40x^3 + 1$

c) $f(x) = x^3 - 13x - 27$ **d)** $f(x) = 2x^4 - 32x^2 - 10$

26. Ermitteln Sie für jede Wendetangente von f eine Gleichung:

a) $f(x) = -x^4 + 3x^3 - \frac{15}{8}x^2 + x - 1$ **b)** $f(x) = x^2 + \frac{1}{x}$

27. Gegeben ist die Funktion $f(x) = ax^3 + bx^2 + cx + d$ $(a, b, c, d \in \mathbb{R})$.

a) Es sei $a = 1$. Welche Bedingung müssen die Koeffizienten b, c, d erfüllen, wenn 3 eine Wendestelle von f sein soll?

b) Geben Sie drei Möglichkeiten für a und b an, so dass 1 Wendestelle von f ist.

c) Ermitteln Sie eine Bedingung für a und b, so dass -4 Wendestelle von f ist.

d) Ermitteln Sie eine Bedingung für a, b, c, so dass 1 lokale Extremstelle von f ist.

e) Geben Sie Zahlen a, b, c, d an, so dass -4 Wendestelle und 1 lokale Extremstelle von f ist.

f) Geben Sie Zahlen a, b, c, d an, so dass -4 Wendestelle und 1 lokale Minimumstelle von f ist.

28. Geben Sie, falls möglich, jeweils eine ganzrationale Funktion f dritten Grades an, die den folgenden Bedingungen genügt.

a) f hat genau einen Wendepunkt, und zwar an der Stelle 5.

b) f hat an der Stelle 5 einen Wendepunkt und an der Stelle 1 einen lokalen Extremwert.

c) f hat die Wendestelle 3, die Stellen 0 und 6 sind lokale Extremstellen.

d) f hat die Wendestelle 3, die zugehörige Wendetangente hat den Anstieg 1, 0 und 6 sind lokale Extremstellen.

e) f hat die Wendestelle 3, die zugehörige Wendetangente hat den Anstieg 1, 0 und 6 sind lokale Extremstellen und 5 ist lokales Minimum.

f) f hat die Wendestelle 3, die zugehörige Wendetangente hat den Anstieg 1, 0 und 6 sind lokale Extremstellen, 5 ist lokales Minimum, 1 ist Nullstelle von f.

29. a) Zeigen Sie, dass es keine ganzrationale Funktion dritten Grades gibt, für die 0 und 3 lokale Extremstellen sind und 1 Wendestelle ist.

b) Eine ganzrationale Funktion dritten Grades habe die Wendestelle 0 und die lokale Extremstelle e. Welche zweite lokale Extremstelle hat die Funktion? Beweisen Sie Ihre Vermutung.

***c)** Eine ganzrationale Funktion dritten Grades habe die Wendestelle x_0 und die lokale Extremstelle $x_0 - q$ $(q \in \mathbb{R},\ q \neq 0)$. Zeigen Sie, dass auch $x_0 + q$ lokale Extremstelle ist.

Symmetrieeigenschaften von Funktionen

Grundlegende Eigenschaften gerader bzw. ungerader Funktionen finden Sie in Kapitel A, Seite 33ff.

30. a) Geben Sie je drei Beispiele für gerade bzw. ungerade Funktionen an.

b) Differenzieren Sie diese Funktionen. Zu welcher Vermutung kommen Sie?

31. Zeigen Sie:

a) Ist f eine gerade differenzierbare Funktion, so ist f' ungerade.

b) Ist f eine ungerade differenzierbare Funktion, so ist f' gerade.

c) Die Umkehrung von b) ist falsch.

Die Aussage „Für alle $x \in D(f)$ gilt: $-x \in D(f)$ und $f(x) = f(-x)$“ ist eine **analytische** Beschreibung, die Aussage „Der Graph von f liegt symmetrisch zur y-Achse“ eine **geometrische** Beschreibung eines Sachverhalts.
Eine Funktion ist genau dann gerade, wenn ihr Graph symmetrisch zur y-Achse liegt. Entsprechend ist eine Funktion genau dann ungerade, wenn ihr Graph punktsymmetrisch zum Koordinatenursprung liegt. Wir werden im Weiteren auch kurz von Symmetrieeigenschaften einer Funktion sprechen. Ist eine Funktion weder gerade noch ungerade, so kann sie selbstverständlich dennoch Symmetrieeigenschaften haben.

32. Beschreiben Sie die Symmetrieeigenschaften folgender Funktionen.

a) $f(x) = (x-4)^2$ **b)** $f(x) = x^2 - 8x + 16$ **c)** $f(x) = x^2 + 5x - 3$
d) $f(x) = -x^3 + 1$ **e)** $f(x) = (x+1)^3$ **f)** $f(x) = |x+2|$
g) $f(x) = x^4 - x^2$ **h)** $f(x) = x^5 - x^3 + 2x$ **i)** $f(x) = -x^7 + x^3 - 4x$
j) $f(x) = \frac{1}{x}$ **k)** $f(x) = \frac{1}{x-2}$ **l)** $f(x) = \frac{1}{x-2} - 3$ **m)** $f(x) = \frac{x-1}{x-2}$

33. Erklären Sie, wie man im Falle einer ganzrationalen Funktion aus der Funktionsgleichung ablesen kann, ob die Funktion gerade bzw. ungerade oder weder gerade noch ungerade ist.

34. Geben Sie eine geometrische Interpretation der folgenden Eigenschaften einer Funktion f.

a) $f(1+x) = f(1-x)$ für alle $x \in D(f)$
b) $f(1+x) = -f(1-x)$ für alle $x \in D(f)$
c) $f(x) - 1 = -f(-x) + 1$ für alle $x \in D(f)$

35. Beschreiben Sie die folgenden Symmetrieeigenschaften analytisch.

a) Der Graph von f liegt symmetrisch zur Geraden mit der Gleichung $x = a$ ($a \in \mathbb{R}$).
b) Der Graph von f liegt punktsymmetrisch zum Punkt $P(2;0)$.
***c)** Der Graph von f liegt punktsymmetrisch zum Punkt $P(a;b)$ ($a, b \in \mathbb{R}$).

36. Für die Funktion f gelte $f(3+x) = f(3-x)$ für alle $x \in \mathbb{R}$ und f sei differenzierbar an der Stelle 3. Berechnen Sie $f'(3)$.

37. Der Graph der Funktion $f(x) = x^{-1}$ werde um vier Einheiten in Richtung der Abszissenachse und anschließend um vier Einheiten in Richtung der Ordinatenachse verschoben. Welche Funktionsgleichung gehört zu dem erhaltenen Graphen? Welche Symmetrieeigenschaft hat die neue Funktion?

38. Es sei f eine gerade (ungerade) Funktion und x_0 eine Wendestelle von f. Die Funktion gehe an der Stelle x_0 von Links- zu Rechtskrümmung über.

a) Beschreiben Sie das Krümmungsverhalten von f an der Stelle $-x_0$.
b) Beweisen Sie Ihre Aussage.

39. a) Es seien f eine gerade und g eine ungerade Funktion. Untersuchen Sie, ob die Summe $f + g$ bzw. das Produkt $f \cdot g$ gerade oder ungerade ist. Beweisen Sie Ihre Aussage.
b) Untersuchen Sie in gleicher Weise die Summe sowie das Produkt zweier gerader bzw. ungerader Funktionen.

9 Weitere Eigenschaften von Funktionen – Kurvendiskussionen

Erste Beispiele

Ziel einer Kurvendiskussion ist es, sich einen Überblick über die wichtigsten Eigenschaften einer Funktion zu verschaffen und den Graphen zu zeichnen. Zu den Charakteristika einer Funktion gehören insbesondere **Nullstellen**, **lokale Extrema** und **Krümmungsverhalten**, aber auch **Symmetrieeigenschaften**, eventuell vorhandene **Unstetigkeitsstellen**, **Periodizität**, **Asymptoten**. Es ist von Fall zu Fall zu entscheiden, welche Eigenschaften für die jeweilige Funktion relevant sind.

Beispiel: Es ist eine Kurvendiskussion für die Funktion f mit $f(x) = \frac{1}{2}x^4 + \frac{2}{3}x^3 - 2x^2 + \frac{5}{6}$ und $D(f) = [-3; 2]$ durchzuführen.

• Nullstellen

Die Nullstellen von f sind die Lösungen der Gleichung $\frac{1}{2}x^4 + \frac{2}{3}x^3 - 2x^2 + \frac{5}{6} = 0$ im Intervall $[-3; 2]$. Multiplikation mit 6 ergibt die leichter zu übersehende Gleichung $3x^4 + 4x^3 - 12x^2 + 5 = 0$; eine Lösung ist $x_1 = 1$. Durch Ausführen der Polynomdivision $(3x^4 + 4x^3 - 12x^2 + 5) : (x - 1)$ erhält man $3x^4 + 4x^3 - 12x^2 + 5 = (x-1)(3x^3 + 7x^2 - 5x - 5)$. Der zweite Faktor verschwindet für $x = 1$; wir können erneut den Linearfaktor $x - 1$ ausklammern. Wiederum durch Polynomdivision erhält man $3x^3 + 7x^2 - 5x - 5 = (x-1)(3x^2 + 10x + 5)$. Die Lösungen der Gleichung $3x^2 + 10x + 5 = 0$ sind $x_2 = \frac{-5 + \sqrt{10}}{3} \approx -0{,}61$ und $x_3 = \frac{-5 - \sqrt{10}}{3} \approx -2{,}72$. Die Funktion f hat die Nullstellen $x_1 = 1$, $x_2 \approx -0{,}61$ und $x_3 \approx -2{,}72$.

• Lokale Extrema

Da f differenzierbar ist, können lokale Extrema nur an Nullstellen von f' auftreten. Es ist $f'(x) = 2x^3 + 2x^2 - 4x = 2x(x^2 + x - 2)$. Die Nullstellen von f' sind $x_4 = 0$, $x_5 = 1$ und $x_6 = -2$. Zur Entscheidung, ob diese Stellen lokale Extremstellen sind, kann die zweite Ableitung von f herangezogen werden. Es ist $f''(x) = 6x^2 + 4x - 4$; man findet $f''(0) < 0$, $f''(1) > 0$ und $f''(-2) > 0$. f hat demnach an den Stellen 1 und -2 lokale Minima und an der Stelle 0 ein lokales Maximum. Die lokalen Minima sind $f(1) = 0$ und $f(-2) = -4{,}5$, das lokale Maximum ist $f(0) = \frac{5}{6}$.

• Krümmungsverhalten, Wendepunkte

Da f zweimal differenzierbar ist, können Wendestellen nur Nullstellen von f'' sein. Die Lösungen der Gleichung $f''(x) = 6x^2 + 4x - 4 = 0$ sind $x_7 = \frac{-1 + \sqrt{7}}{3} \approx 0{,}55$ und $x_8 = \frac{-1 - \sqrt{7}}{3} \approx -1{,}22$. Um zu überprüfen, ob an diesen Stellen Wendepunkte vorliegen, kann die dritte Ableitung von f herangezogen werden. Es ist $f'''(x) = 12x + 4$; f''' hat die einzige Nullstelle $-\frac{1}{3}$, weshalb $f'''(x_7) \neq 0$ und $f'''(x_8) \neq 0$ gilt. Folglich sind x_7 und x_8 Wendestellen von f. Die zugehörigen Funktionswerte sind $f(x_7) \approx 0{,}39$ und $f(x_8) \approx -2{,}23$.

Wir berechnen noch die Funktionswerte in den Randpunkten des Definitionsbereiches; es ist $f(-3) \approx 5{,}33$ und $f(2) \approx 6{,}17$. Aus den ermittelten Eigenschaften von f erhält man eine recht gute Vorstellung vom Verlauf des Graphen.

1. Zeichnen Sie den Graphen der Funktion aus dem vorangegangenen Beispiel.

2. Begründen Sie, dass man für die Funktion im obigen Beispiel die Wendestellen auch ohne Verwendung der dritten Ableitung ermitteln kann.

3. Führen Sie für die folgenden Funktionen eine Kurvendiskussion durch:

a) $f(x) = \frac{1}{4}(x^3 - x^2 - 6x)$, $D(f) = [-3; 4]$

b) $f(x) = -\frac{1}{24}x^3 + \frac{1}{8}x + \frac{3}{4}$, $D(f) = [-2; 4]$

c) $f(x) = x^4 - 3x^3 + x^2 + 3x - 2$, $D(f) = \left[-\frac{3}{4}; \frac{5}{2}\right]$

Bei jeder Kurvendiskussion sollten auch Zweckmäßigkeitsüberlegungen eine Rolle spielen. Beispielsweise ist es sinnvoll, bei einer ganzrationalen Funktion die Bestätigung einer Nullstelle der zweiten Ableitung als Wendestelle der Funktion mithilfe der dritten Ableitung zu versuchen. Bei anderen Funktionen werden die Funktionsgleichungen für die höheren Ableitungen immer komplizierter und es empfiehlt sich, auch andere Entscheidungsmöglichkeiten einzubeziehen.

Beispiel: Die Funktion f mit $f(x) = x\sqrt{9 - x^2}$ ist zu diskutieren.

- Definitionsbereich

f ist definiert für alle $x \in \mathbb{R}$ mit $9 - x^2 \geq 0$, d.h. für alle $x \in \mathbb{R}$ mit $x^2 \leq 9$ bzw. $|x| \leq 3$. Es ist $D(f) = [-3; 3]$.

- Nullstellen

Die Nullstellen von f sind $x_1 = 0$, $x_2 = -3$ und $x_3 = 3$.

- Symmetrieeigenschaften

Der Term $\sqrt{9 - x^2}$ liefert für entgegengesetzte Argumente $x = x_0$ und $x = -x_0$ denselben Wert; nach Multiplikation mit x unterscheiden sich die Funktionswerte $f(x_0)$ und $f(-x_0)$ nur durch das Vorzeichen. f ist also eine ungerade Funktion.

- Lokale Extrema

f ist differenzierbar im Intervall $(-3; 3)$, es ist $f'(x) = \sqrt{9 - x^2} + x \cdot \frac{-2x}{2\sqrt{9 - x^2}} = \frac{9 - 2x^2}{\sqrt{9 - x^2}}$.

f' verschwindet an den Stellen $x_4 = -\frac{3}{2}\sqrt{2} \approx -2{,}12$ und $x_5 = \frac{3}{2}\sqrt{2} \approx 2{,}12$;

nur an diesen Stellen können lokale Extremwerte vorliegen.

Das Vorzeichen von $f'(x)$ wird vom Zähler $9 - 2x^2$ bestimmt, da der Nenner $\sqrt{9 - x^2}$ stets positiv ist. Die Parabel $p(x) = 9 - 2x^2$ ist nach unten geöffnet, nimmt also zwischen ihren Nullstellen x_4 und x_5 positive Werte an.

Wir erhalten:
Es ist $f'(x) < 0$ für $x < x_4$ und für $x > x_5$; in diesen Bereichen fällt die Funktion f streng monoton. Für $x_4 < x < x_5$ ist $f'(x) > 0$; hier wächst f streng monoton.
Daraus ergibt sich, dass f an der Stelle x_4 ein lokales Minimum und an der Stelle x_5 ein lokales Maximum hat. Das lokale Minimum ist

$$f(x_4) = f\left(-\frac{3}{2}\sqrt{2}\right) = -\frac{3}{2}\sqrt{2} \cdot \sqrt{9 - \frac{9}{2}} = -\frac{3}{2}\sqrt{2} \cdot \sqrt{\frac{9}{2}} = -\frac{3}{2}\sqrt{2} \cdot \frac{3}{\sqrt{2}} = -4{,}5.$$

Da f ungerade ist und $x_5 = -x_4$, folgt $f(x_5) = -f(x_4) = 4{,}5$.

• Krümmungsverhalten, Wendepunkte

Im Intervall $(-3, 3)$ ist f zweimal differenzierbar. Es ist

$$f''(x) = \frac{-4x\sqrt{9-x^2} - (9-2x^2)\cdot\frac{-2x}{2\sqrt{9-x^2}}}{\left(\sqrt{9-x^2}\right)^2} = \frac{\frac{-4x(9-x^2)+x(9-2x^2)}{\sqrt{9-x^2}}}{\left(\sqrt{9-x^2}\right)^2} = \frac{x(2x^2-27)}{\left(\sqrt{9-x^2}\right)^3}.$$

Die Gleichung $x(2x^2 - 27) = 0$ hat die Lösungen 0 und $\pm\sqrt{13{,}5}$; davon liegt nur 0 im Intervall $(-3; 3)$, d.h. 0 ist einzige Nullstelle von f''.

Für $x < 0$ ist $f''(x) > 0$, folglich ist f' streng monoton wachsend und f linksgekrümmt.

Für $x > 0$ ist $f''(x) < 0$, folglich ist f' streng monoton fallend und f rechtsgekrümmt; 0 ist Wendestelle von f.

Um genauer zeichnen zu können, kann man noch einige ausgewählte Funktionswerte berechnen, in diesem Falle etwa $f(1)$ und $f(-1)$. Es ist $f(1) = \sqrt{8} \approx 2{,}83$ und $f(-1) = -f(1) \approx -2{,}83$.

Bild 39 zeigt den Graphen von f.

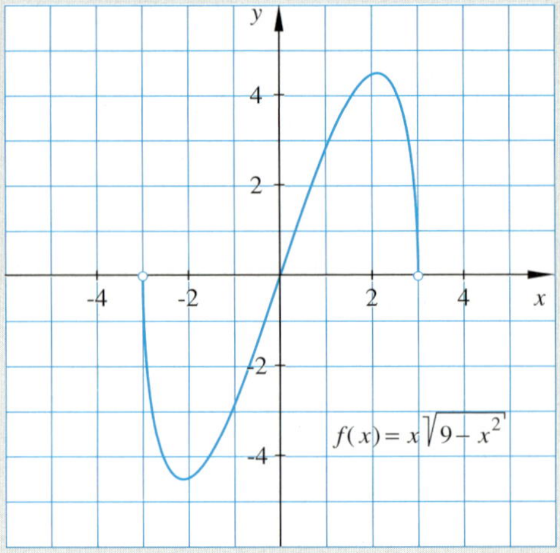

39

4. Bestätigen Sie im obigen Beispiel mithilfe der zweiten bzw. dritten Ableitung, dass x_4 und x_5 lokale Extremstellen sind und 0 Wendestelle ist. Worin sehen Sie Vor- oder Nachteile der verschiedenen Vorgehensweisen?

5. Führen Sie für die folgenden Funktionen eine Kurvendiskussion durch:

a) $f(x) = \frac{1}{2}\sqrt{16 - x^2}$ **b)** $f(x) = -3x\sqrt{4x - x^2}$ **c)** $f(x) = \sqrt{x^2(25 - x^2)}$

6. Welche Eigenschaften der in den beiden Beispielen und in den Aufgaben 3 und 5 diskutierten Funktionen ermöglichen es, den gesamten Graphen der jeweiligen Funktion (und nicht nur einen Ausschnitt) zu zeichnen?

Verhalten im Unendlichen

7. a) Es sei (a_n) die für alle $n \in \mathbb{N}$ durch $a_n = \frac{3n^2 - 2n}{2n^2 + 3}$ definierte Zahlenfolge.

Beweisen Sie: $\lim\limits_{n\to\infty} a_n = \frac{3}{2}$.

b) Es sei f die für alle $x \in \mathbb{R}$ durch $f(x) = \frac{3x^2 - 2x}{2x^2 + 3}$ definierte Funktion. Es sei (x_n) die Folge der natürlichen Zahlen. Beschreiben Sie das Verhalten der Folge $(f(x_n))$ für $n \to \infty$.

c) Es sei (x_n) eine beliebige Folge mit der Eigenschaft $x_n \to \infty$. Zeigen Sie, dass für die Folge $(f(x_n))$ gilt: $(f(x_n)) \to \frac{3}{2}$.

Für die in Aufgabe 7c) für die Funktion f durchgeführte Betrachtung ist die Redeweise üblich, dass man das Verhalten von f für unbeschränkt wachsende Argumente oder kurz das Verhalten von f im Unendlichen untersucht.

DEFINITION Es sei f eine Funktion, S und c seien reelle Zahlen. f sei für alle $x > S$ definiert.
Die Zahl c heißt **Grenzwert der Funktion f für $x \to \infty$** genau dann, wenn für jede Folge (x_n) ($x_n \in D(f)$ für alle n) gilt: wenn $x_n \to \infty$, so $f(x_n) \to c$.
Bezeichnung: $\lim\limits_{x \to \infty} f(x) = c$

Bemerkungen:
1. Analog definiert man $\lim\limits_{x \to -\infty} f(x) = c$.
2. Gilt für eine Funktion f gleichzeitig $\lim\limits_{x \to \infty} f(x) = c$ und $\lim\limits_{x \to -\infty} f(x) = c$, so schreibt man dafür $\lim\limits_{x \to \pm\infty} f(x) = c$.

Beispiel: Für die Funktion $f(x) = \frac{3x^2 - 2x}{2x^2 + 3}$ gilt $\lim\limits_{x \to \pm\infty} f(x) = \frac{3}{2}$. Geometrisch zeigt sich dieses Verhalten von f im Unendlichen darin, dass der Graph von f die (waagerechte) Asymptote $y = \frac{3}{2}$ hat (Bild 40).

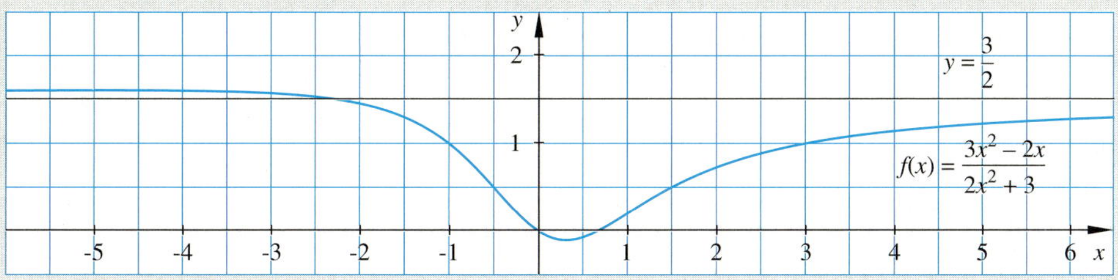

40

Die Grenzwertsätze für Funktionen gelten auch für Grenzwerte im Unendlichen. Der Beweis erfolgt durch Rückführung auf die Grenzwertsätze für Folgen.

8. **a)** Beweisen Sie: Ist $\lim\limits_{x \to \infty} f(x) = c$ und $\lim\limits_{x \to \infty} g(x) = d$, so existiert auch $\lim\limits_{x \to \infty} (f(x) + g(x))$ und es gilt $\lim\limits_{x \to \infty} (f(x) + g(x)) = c + d$.

b) Formulieren und beweisen Sie auch die entsprechenden Grenzwertsätze für das Produkt und den Quotienten zweier Funktionen.

Beispiel: Das Verhalten von $f(x) = \frac{5x^2 - 3x}{x^2 + 2x - 4}$ im Unendlichen ist zu untersuchen.
Für $x \neq 0$ ist $f(x) = \frac{5 - \frac{3}{x}}{1 + \frac{2}{x} - \frac{4}{x^2}}$. Anwendung von Grenzwertsätzen und Benutzung von $\lim\limits_{x \to \pm\infty} \frac{1}{x} = 0$ führen zum Ergebnis $\lim\limits_{x \to \pm\infty} f(x) = 5$.

9. Begründen Sie das Ergebnis $\lim\limits_{x \to \pm\infty} f(x) = 5$ im Beispiel auf S. 171 ausführlich.

10. Beschreiben Sie das Verhalten der folgenden Funktionen im Unendlichen.

a) $f(x) = -\frac{1}{x}$ **b)** $f(x) = \frac{3}{x^2}$ **c)** $f(x) = \frac{2x-3}{x+1}$

d) $f(x) = \frac{x^3 - x + 1}{2x^3 - x^2}$ **e)** $f(x) = \frac{ax+b}{cx+d}$ $(a, b, c, d \in \mathbb{R},\ a \neq 0,\ c \neq 0)$

f) $f(x) = \frac{3x^2 - x}{4x^3 + 1}$ **g)** $f(x) = \frac{c}{\sqrt{x}}$ $(c \in \mathbb{R})$ **h)** $f(x) = \frac{3x^2 - 2x}{x+3}$

11. Diskutieren Sie die folgenden Funktionen. Untersuchen Sie dabei auch das Verhalten der Funktionen für unbeschränkt wachsende bzw. fallende Argumente.

a) $f(x) = \frac{x^2 - 1}{x^2 + 1}$ **b)** $f(x) = \frac{x}{1 + x^2}$ **c)** $f(x) = \frac{x^2 + 2}{x^2 + 3}$

12. a) Beschreiben Sie anschaulich das Verhalten der Funktion $f(x) = x^3$ ($f(x) = x^2 + \frac{1}{x}$; $f(x) = ax + b$ $(a, b \in \mathbb{R})$) im Unendlichen.

b) Es sei (a_n) die für alle $n \in \mathbb{N}$ durch $a_n = \frac{n^2 + 2n}{3n + 6}$ definierte Zahlenfolge.

Beweisen Sie: $\lim\limits_{n \to \infty} a_n = \infty$.

c) Es sei f die für alle $x \in \mathbb{R}$ durch $f(x) = \frac{x^2 + 2x}{3x + 6}$ definierte Funktion. Es sei (x_n) eine beliebige Folge reelle Zahlen ($x_n \neq -2$ für alle n).
Zeigen Sie: Wenn $x_n \to \infty$, so $f(x_n) \to \infty$.

13. Definieren Sie die folgenden Beschreibungen des Verhaltens einer Funktion f im Unendlichen.

a) $\lim\limits_{x \to \infty} f(x) = \infty$ **b)** $\lim\limits_{x \to -\infty} f(x) = \infty$

c) $\lim\limits_{x \to -\infty} f(x) = -\infty$ **d)** $\lim\limits_{x \to \pm\infty} f(x) = -\infty$

Anmerkung: Es handelt sich hierbei nicht um Grenzwerte, denn ein Grenzwert ist immer eine Zahl. Man spricht jedoch von **uneigentlichen Grenzwerten**.

14. Es sei $\lim\limits_{x \to \infty} f(x) = \infty$ und $\lim\limits_{x \to \infty} g(x) = c$ $(c \neq 0)$. Was lässt sich über $\lim\limits_{x \to \infty} (f(x) \cdot g(x))$ sagen? Beweisen Sie Ihre Behauptung.

Beispiel: Das Verhalten der ganzrationalen Funktion
$f(x) = a_n x^n + a_{n-1} x^{n-1} + \ldots + a_1 x + a_0$ $(n \in \mathbb{N};\ a_n,\ a_{n-1},\ \ldots,\ a_1,\ a_0 \in \mathbb{R},\ a_n \neq 0)$ im Unendlichen ist zu untersuchen.

Für $x \neq 0$ ist $f(x) = x^n\left(a_n + \frac{a_{n-1}}{x} + \ldots + \frac{a_1}{x^{n-1}} + \frac{a_0}{x^n}\right)$.

Es ist $\lim\limits_{x \to \pm\infty} \left(a_n + \frac{a_{n-1}}{x} + \ldots + \frac{a_1}{x^{n-1}} + \frac{a_0}{x^n}\right) = a_n$. Das Verhalten von f im Unendlichen hängt damit nur vom Verhalten der Funktion $y = x^n$ und vom Vorzeichen von a_n ab.

15. Diskutieren Sie das Verhalten einer ganzrationalen Funktion im Unendlichen in Abhängigkeit von n und a_n. Notieren Sie die Ergebnisse in Form einer Tabelle entsprechend dem nachfolgenden Muster. Geben Sie für jeden Fall ein Beispiel an.

n	gerade		ungerade	
a_n	$a_n > 0$	$a_n < 0$	$a_n > 0$	$a_n < 0$
$\lim\limits_{x\to\infty} f(x)$				
$\lim\limits_{x\to-\infty} f(x)$				
Beispiel				

16. Ermitteln Sie $\lim\limits_{x\to\infty} f(x)$ und $\lim\limits_{x\to-\infty} f(x)$.

a) $f(x) = -4x^3 + 3x^2 - 1$
b) $f(x) = 17x^4 + 2x^3 - x + 4$
c) $f(x) = 1{,}25x^{51} + 2000x^{47} - x^{10}$
d) $f(x) = -5x^{10} - 7x^5 + x$

17. Begründen Sie, dass eine ganzrationale Funktion ungeraden Grades stets mindestens eine Nullstelle hat.

18. Führen Sie für die folgenden Funktionen eine Kurvendiskussion durch:

a) $f(x) = x^3 - 3x^2 - 9x$
b) $f(x) = (x-2)(x^2 + 2x + 3)$
c) $f(x) = x^3 - 6x^2 + 9x$
d) $f(x) = 2x^3 + 6x + 8$
e) $f(x) = \frac{1}{2}x^4 + \frac{2}{3}x^3 - 2x^2$
f) $f(x) = \frac{1}{2}x^4 - 3x^2 + 4$

19. Untersuchen Sie die Gültigkeit der folgenden Aussagen.

a) Wenn $\lim\limits_{x\to\infty} f(x) = \infty$ und $\lim\limits_{x\to\infty} g(x) = c$ $(c \in \mathbb{R})$, so $\lim\limits_{x\to\infty} (f(x) + g(x)) = \infty$.
b) Wenn $\lim\limits_{x\to\infty} f(x) = \infty$ und $\lim\limits_{x\to\infty} g(x) = c$ $(c \in \mathbb{R})$, so $\lim\limits_{x\to\infty} (f(x) \cdot g(x)) = \infty$.
c) Wenn $\lim\limits_{x\to\infty} f(x) = -\infty$ und $\lim\limits_{x\to\infty} g(x) = -\infty$, so $\lim\limits_{x\to\infty} (f(x) \cdot g(x)) = \infty$.

20. Geben Sie jeweils eine Funktion f mit $\lim\limits_{x\to\infty} f(x) = \infty$ und eine Funktion g mit $\lim\limits_{x\to\infty} g(x) = 0$ an, so dass die angegebene Bedingung erfüllt ist.

a) $\lim\limits_{x\to\infty} (f(x) \cdot g(x)) = 0$
b) $\lim\limits_{x\to\infty} (f(x) \cdot g(x)) = \infty$
c) $\lim\limits_{x\to\infty} (f(x) \cdot g(x)) = 10$
d) $\lim\limits_{x\to\infty} (f(x) \cdot g(x)) = -\infty$

21. Ermitteln Sie $\lim\limits_{x\to\infty} f(x)$, $\lim\limits_{x\to\infty} g(x)$ und $\lim\limits_{x\to\infty} (f(x) \cdot g(x))$.

a) $f(x) = x^2,\ g(x) = \frac{1}{x}$
b) $f(x) = x^2,\ g(x) = -\frac{1}{x}$
c) $f(x) = -3x^3 + 1,\ g(x) = \frac{2}{x^3}$
d) $f(x) = 3x^2 + x,\ g(x) = -x^3$

22. Geben Sie Beispiele für Funktionen an, die im Unendlichen keinen (eigentlichen) Grenzwert und auch keinen uneigentlichen Grenzwert haben.

23. Untersuchen Sie folgende Funktionen für unbeschränkt wachsende bzw. fallende Argumente:

a) $f(x) = \dfrac{2x^3 + 4x - 1}{x^2 + 3}$ **b)** $f(x) = \dfrac{2x^2 - 4x + 1}{3x^2 - 3}$

c) $f(x) = \dfrac{x^5 + x^4 - 2x^2}{-x^6 + x^4}$ **d)** $f(x) = \dfrac{-5x^4 + 3x^3 - x}{2x^2 + x}$

e) $f(x) = \dfrac{ax^4 - x^2}{x^3 - 1}$ $(a \in \mathbb{R})$ **f)** $f(x) = \dfrac{ax^3 + 5x}{bx^2 + 4}$ $(a, b \in \mathbb{R})$

24. Diskutieren Sie das Verhalten einer beliebigen rationalen Funktion

$$f(x) = \frac{a_n x^n + a_{n-1}x^{n-1} + \ldots + a_1 x + a_0}{b_m x^m + b_{m-1}x^{m-1} + \ldots + b_1 x + b_0} \quad (a_n, \ldots, a_0, b_m, \ldots, b_0 \in \mathbb{R},\ a_n \neq 0,\ b_m \neq 0)$$

im Unendlichen.
Anleitung:

- Klammern Sie (für $x \neq 0$) im Zähler den Faktor x^n und im Nenner den Faktor x^m aus.
- Betrachten Sie dann die Fälle $n = m$, $n < m$ und $n > m$.
- Notieren Sie für den Fall $n > m$ die Ergebnisse in Form einer Tabelle nach dem folgenden Muster.
- Geben Sie für jeden Fall ein Beispiel an.

$n - m$	gerade		ungerade	
$\frac{a_n}{b_m}$	$\frac{a_n}{b_m} > 0$	$\frac{a_n}{b_m} < 0$	$\frac{a_n}{b_m} > 0$	$\frac{a_n}{b_m} < 0$
$\lim\limits_{x \to \infty} f(x)$				
$\lim\limits_{x \to -\infty} f(x)$				
Beispiel				

25. Beschreiben Sie das Verhalten der folgenden Funktionen im Unendlichen:

a) $f(x) = -x^9 + \dfrac{1 - x^2}{x^4 - 3}$ **b)** $f(x) = 2x^2 + \dfrac{1 - x^4}{x^2}$

c) $f(x) = x^2 + \dfrac{1 - x^4}{x^2}$ **d)** $f(x) = 2x^3 + 1 - \dfrac{2x^5 - 2x^3}{x^2 - 1}$

26. Zerlegen Sie die Funktion f in eine Summe aus einer ganzrationalen Funktion g und einer echt gebrochenrationalen Funktion r. Wie zeigt sich die Eigenschaft $\lim\limits_{x \to \pm\infty} r(x) = 0$ der Funktion r in der grafischen Darstellung von f?
(Beachten Sie $r(x) = f(x) - g(x)$.)

a) $f(x) = \dfrac{x^2 + 2x - 5}{x + 4}$ **b)** $f(x) = \dfrac{4x^3 + 6x^2 + 3x - 4}{2x^2 + 1}$

c) $f(x) = \dfrac{2x^2 - 7x - 15}{x - 5}$ **d)** $f(x) = \dfrac{2x^3 - 5x^2 - 2x + 5}{x^2 - 3}$

27. Es sei f eine beliebige Funktion, g eine Gerade mit der Gleichung $g(x) = ax + b$ $(a, b \in \mathbb{R})$. Definieren Sie: „g ist Asymptote von f“.

Beispiel: Welche Asymptote hat die Funktion $f(x) = \frac{2x^3 - 4x^2 + 3}{4x^2 + 2}$?

Dividiert man $2x^3 - 4x^2 + 3$ durch $4x^2 + 2$ mit Rest, erhält man

$f(x) = \frac{1}{2}x - 1 - \frac{x-5}{4x^2+2}$.

Mit $g(x) = \frac{1}{2}x - 1$ erhält man

$f(x) - g(x) = -\frac{x-5}{4x^2+2}$

und damit $\lim\limits_{x \to \pm\infty} (f(x) - g(x)) = 0$.

Die Gerade $g(x) = \frac{1}{2}x - 1$ ist Asymptote von f (Bild 41).

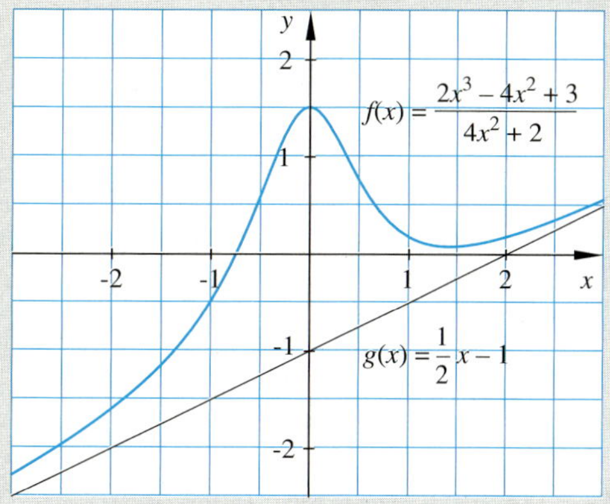

41

28. Ermitteln Sie die Asymptoten der folgenden Funktionen:

a) $f(x) = \frac{3x^3 - x^2 + 17x - 4}{x^2 + 5}$ **b)** $f(x) = \frac{1 - x^2}{x^2 + 1}$ **c)** $f(x) = \frac{(x-3)^3}{3(x^2+3)}$

d) $f(x) = \frac{x^2 + x - 12}{x - 3}$ **e)** $f(x) = \frac{x^3 - 6x + 5}{x^6 + 6}$ **f)** $f(x) = \frac{4x^3}{x^2 - 6x + 14}$

29. Warum können die in Bild 42a-c grafisch dargestellten Funktionen keine rationalen Funktionen sein?

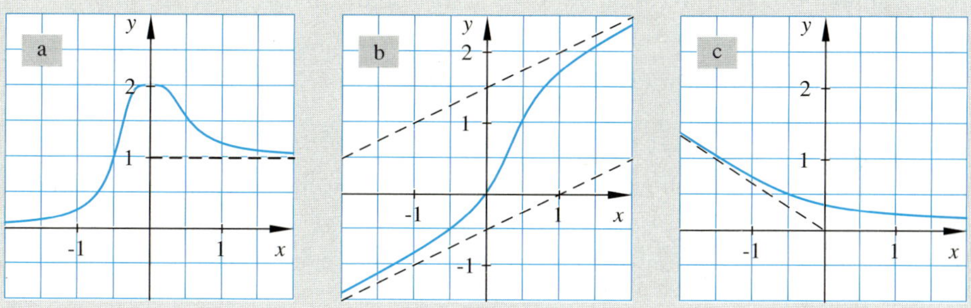

42

30.*a) Bestimmen Sie die Asymptoten von $f(x) = \frac{x^2}{x-1}$.

b) Wo ist der Fehler in folgender Überlegung?

Für $x > 0$ ist $f(x) = \frac{x}{1 - \frac{1}{x}}$; für $x \to \infty$ gilt $\frac{1}{x} \to 0$, also $f(x) \approx x$. Folglich ist die Gerade $y = x$ Asymptote von f.

31. Geben Sie je zwei Beispiele für Funktionen an, für die die Gerade g Asymptote ist.

a) $g(x) = 3$ **b)** $g(x) = 7x + 1$ **c)** $g(x) = -x$

Polstellen von Funktionen

32. Gegeben seien die Funktionen $f_1(x) = \frac{1}{x^2}$ und $f_2(x) = \frac{1}{x-1}$.

a) Welche Polstellen haben f_1 und f_2?

b) Beschreiben Sie das Verhalten der Funktionswerte von f_1 und f_2 bei Annäherung des Argumentes an die jeweilige Polstelle.

c) Skizzieren Sie die Graphen beider Funktionen.

33. a) Definieren Sie $\lim\limits_{x \to x_0} f(x) = \infty$ und $\lim\limits_{\substack{x \to x_0 \\ x > x_0}} f(x) = -\infty$.

b) Wie spiegelt sich eine Polstelle x_0 einer rationalen Funktion f in der grafischen Darstellung wider?

34. (a_n) und (b_n) seien Folgen mit $a_n \to a$ $(a \in \mathbb{R})$ und $b_n \to 0$.

a) Zeigen Sie: Wenn $a > 0$ und $b_n > 0$ für alle n, so gilt $\frac{a_n}{b_n} \to \infty$.

b) Welche weiteren zu a) analogen Aussagen lassen sich formulieren?

Beispiel: Das Verhalten der Funktion $f(x) = \frac{x+1}{x^3 - 4x^2 + 4x}$ bei Annäherung an die Polstellen ist zu beschreiben.

Es ist $f(x) = \frac{u(x)}{v(x)}$ mit $u(x) = x + 1$ und $v(x) = x^3 - 4x^2 + 4x$. Es ist x_p Polstelle von f falls $u(x_p) \neq 0$ und $v(x_p) = 0$ gilt. Nun ist $v(x) = x(x^2 - 4x + 4) = x(x-2)^2$.
Die Funktion v hat die Nullstellen $x_1 = 0$ und $x_2 = 2$.
Die Funktion u verschwindet nur für $x = -1$, also sind 0 und 2 Polstellen von f.

Wir untersuchen zuerst das Verhalten von f bei Annäherung an die Polstelle 2.
Es sei dazu (x_n) eine beliebige Folge mit den Eigenschaften $x_n \to 2$ und $x_n \neq 2$ für alle n.
Zu betrachten ist nun die Folge $(f(x_n))$. Es ist $f(x_n) = \frac{u(x_n)}{v(x_n)} = \frac{x_n + 1}{x_n(x_n - 2)^2}$, also $u(x_n) \to 3$ und $v(x_n) \to 0$. Um eine Aussage über den Quotienten $\frac{u(x_n)}{v(x_n}$ treffen zu können, benötigen wir eine Aussage über das Vorzeichen von $v(x_n)$. Wir können $x_n > 0$ für alle n voraussetzen, denn uns interessiert das Verhalten von f bei Annäherung an 2. Dann gilt wegen $(x_n - 2)^2 > 0$ für alle n auch $v(x_n) > 0$ für alle n.
Damit erhalten wir $f(x_n) \to \infty$, d.h. es gilt $\lim\limits_{x \to 2} f(x) = \infty$.

Wir untersuchen jetzt das Verhalten von f bei Annäherung an die Polstelle 0.
Zu betrachten ist die Folge $(f(x_n))$ für eine gegen null konvergierende Folge (x_n) $(x_n \neq 0$ für alle $n)$.
Dann gilt $u(x_n) \to 1$ und $v(x_n) \to 0$. Das Vorzeichen von $v(x_n) = x_n(x_n - 2)^2$ hängt von x_n ab, d.h. davon, ob wir uns von links oder von rechts der Stelle 0 nähern. Es sind zwei Betrachtungen erforderlich.
Es sei (x_n) eine Folge mit den Eigenschaften $x_n \to 0$ und $x_n < 0$ für alle n.
Dann gilt $u(x_n) \to 1$, $v(x_n) \to 0$ und $v(x_n) < 0$ für alle n. Daraus folgt $f(x_n) \to -\infty$ und damit $\lim\limits_{\substack{x \to 0 \\ x < 0}} f(x) = -\infty$. Eine analoge Betrachtung ergibt $\lim\limits_{\substack{x \to 0 \\ x > 0}} f(x) = \infty$.

35. Es sei f die Funktion mit $f(x) = \frac{x+1}{x^3 - 4x^2 + 4x}$.

a) Nutzen Sie die im obigen Beispiel gewonnenen Ergebnisse über das Verhalten von f an den Polstellen zu einer groben Skizzierung des Funktionsgraphen. Beziehen Sie in Ihre Überlegungen auch die Nullstelle von f und das Verhalten im Unendlichen ein.

b) Was lässt sich über Anzahl, Art und ungefähre Lage lokaler Extremstellen sagen? Welches Krümmungsverhalten kann man vermuten?

c) Gewinnen Sie eine genauere Darstellung des Funktionsgraphen, indem Sie die lokalen Extremwerte berechnen.

d) Zeigen Sie, dass f genau einen Wendepunkt hat und berechnen Sie diesen.

36. Zeigen Sie:
Ist x_0 eine Polstelle der rationalen Funktion $f(x) = \frac{u(x)}{v(x)}$, so gilt $\lim\limits_{x \to x_0} |f(x)| = \infty$.
Anmerkung: Danach hängt das Verhalten von f bei Annäherung an die Polstelle x_0 nur vom Vorzeichen der Funktionswerte $f(x)$ ab.

37. Ermitteln Sie die Polstellen der Funktion f und untersuchen Sie das Verhalten von f bei Annäherung an diese Stellen:

a) $f(x) = \frac{-3}{x+1}$ **b)** $f(x) = \frac{x^2-4}{1-x^2}$ **c)** $f(x) = \frac{x^2-4}{(1-x)^2}$

d) $f(x) = \frac{x^3-3x+2}{x^2}$ **e)** $f(x) = \frac{x^2-3}{x^3-x}$ **f)** $f(x) = \frac{x}{x^3-1}$

g) $f(x) = \frac{x^2-4}{(1-x)^2}$ **h)** $f(x) = \frac{x^2-2x}{1-x^2}$ **i)** $f(x) = \frac{x^3-2x^2-3x}{x^3-x^2-2x+2}$

38. Entwerfen Sie für die Funktionen in Aufgabe 37 eine grobe Skizze des Funktionsgraphen. Beachten Sie neben den Polstellen insbesondere das Verhalten im Unendlichen.

Beispiel: Die Funktion $f(x) = \frac{x^3}{6 - 2x^2}$ ist zu diskutieren.

Wir skizzieren den Lösungsweg ohne ausführliche Darstellung der Rechnungen.

• Nullstellen, Polstellen

Die Funktion $u(x) = x^3$ hat die einzige Nullstelle 0; diese ist auch Nullstelle von f. $v(x) = 6 - 2x^2$ hat die Nullstellen $-\sqrt{3}$ und $\sqrt{3}$; diese sind Polstellen von f. Für $x \to \sqrt{3}$ ist $x^3 > 0$. Für $x > \sqrt{3}$ gilt $x^2 > 3$, woraus $6-2x^2 < 0$ folgt und damit $\lim\limits_{\substack{x \to \sqrt{3} \\ x > \sqrt{3}}} f(x) = -\infty$.

Für $x < \sqrt{3}$ gilt $x^2 < 3$, woraus $6 - 2x^2 > 0$ folgt und damit $\lim\limits_{\substack{x \to \sqrt{3} \\ x < \sqrt{3}}} f(x) = \infty$.

In analoger Weise findet man $\lim\limits_{\substack{x \to -\sqrt{3} \\ x > -\sqrt{3}}} f(x) = -\infty$ und $\lim\limits_{\substack{x \to -\sqrt{3} \\ x < -\sqrt{3}}} f(x) = \infty$.

• Verhalten im Unendlichen

Aus der Funktionsgleichung ist $\lim\limits_{x \to \infty} f(x) = -\infty$ und $\lim\limits_{x \to -\infty} f(x) = \infty$ ersichtlich. Eine genauere Aussage ermöglicht die Umformung von $f(x)$ mittels Polynomdivision. Es ist $f(x) = -\frac{1}{2}x + \frac{3x}{6-2x^2}$; die Gerade $y = -\frac{1}{2}x$ ist Asymptote von f.

- Lokale Extrema

Es ist $f'(x) = \frac{-2x^2(x^2-9)}{(6-2x^2)^2}$. Die Nullstellen von f' sind 0, 3 und -3. Ferner ist ersichtlich: Für $x < -3$ und $x > 3$ gilt $f'(x) < 0$, für $-3 < x < 3$ $(x \neq 0)$ gilt $f'(x) > 0$. Demnach ist f im Bereich $x < -3$ streng monoton fallend, im Intervall $(-3; 3)$ streng monoton wachsend und im Bereich $x > 3$ wiederum streng monoton fallend. An der Stelle -3 hat f ein lokales Minimum und an der Stelle 3 ein lokales Maximum. Das lokale Minimum ist $f(-3) = \frac{9}{4}$; das lokale Maximum ist $f(3) = -\frac{9}{4}$. 0 ist keine lokale Extremstelle von f.

- Wendestellen, Krümmungsverhalten

Es ist $f''(x) = \frac{24x(x^2+9)}{(6-2x^2)^3}$. Einzige Nullstelle von f'' ist 0. Nun ist $f''(x) < 0$ für $-\sqrt{3} < x < 0$; in diesem Bereich ist folglich f' streng monoton fallend und damit f rechtsgekrümmt. Für $0 < x < \sqrt{3}$ ist $f''(x) > 0$; hier ist f linksgekrümmt. 0 ist damit Wendestelle von f. Ferner gilt $f''(x) > 0$ für $x < -\sqrt{3}$; hier ist f linksgekrümmt. Für $x > \sqrt{3}$ ist $f''(x) < 0$; hier ist f rechtsgekrümmt.
Bild 43 zeigt den Graphen von f.

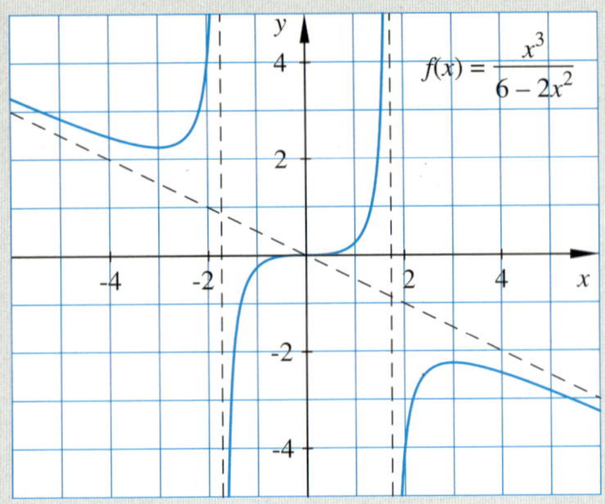

43

39. Führen Sie für die folgenden Funktionen eine Kurvendiskussion durch.

a) $f(x) = \frac{x^2+4}{1-x^2}$ **b)** $f(x) = \frac{x^2+1}{x^2-1}$ **c)** $f(x) = \frac{x^2+4x+3}{x^2}$

d) $f(x) = \frac{x}{1-x^2}$ **e)** $f(x) = \frac{x^3}{x^2-4}$ **f)** $f(x) = \frac{x^3-8}{4x}$

g) $f(x) = \frac{4x-2}{x^2}$ **h)** $f(x) = \frac{x^2+3}{x-1}$ **i)** $f(x) = \frac{1-x^2}{x^2-4x+4}$

Aufgaben

40. Geben Sie eine Funktion f mit folgenden Bedingungen an.
a) 2 und -3 sind Polstellen von f **b)** 5 ist Polstelle und $f(x) > 0$ für alle $x \in \mathbb{R}$

41. a) Ermitteln Sie die lokalen Extremstellen der Funktion $f(x) = \frac{x}{a} + \frac{a}{x}$ $(a \neq 0)$.
b) Beschreiben Sie das Krümmungsverhalten von f.
c) Welche Asymptoten hat f?
d) Skizzieren Sie den Graphen für $a = 2$ und für $a = -0{,}5$.

42. Die Funktion f sei der Quotient aus den Funktionen u und v. Die Stelle x_0 sei sowohl Nullstelle von u als auch von v.
Zeigen Sie durch Beispiele, dass bei Annäherung an die Stelle x_0 unterschiedliches Verhalten von f auftreten kann. In welchem Zusammenhang haben Sie diese Situation bereits untersucht?

43. Untersuchen Sie, wie viele Lösungen die Gleichung $x^3 - 6x^2 + 9x + a = 0$ ($a \in \mathbb{R}$) hat. Diskutieren Sie dazu die Funktion $f(x) = x^3 - 6x^2 + 9x + a$.

44. Es sei $P(x; f(x))$ ein Punkt des Graphen von $f(x) = 3x + 2$.

a) Ermitteln Sie den Anstieg der Geraden durch die Punkte P und $Q(2; 0)$.

b) Welchen Grenzwert hat dieser Anstieg für $x \to \infty$?

45. Begründen Sie, dass die folgenden Funktionen keine Asymptoten besitzen. Wie kann man dennoch das Verhalten im Unendlichen näher charakterisieren?

a) $f(x) = \dfrac{x^4 + 4x^2 + 1}{x^2 + 1}$ **b)** $f(x) = \dfrac{x^5 + 2x^3 + 1}{x^2 + 2}$

46. Widerlegen Sie jeweils durch ein Beispiel die folgenden Aussagen.

a) Fällt eine differenzierbare Funktion f im Intervall I streng monoton, so ist $f'(x) < 0$ für alle $x \in I$.

b) Eine ganzrationale Funktion hat eine Nullstelle mehr als lokale Extremstellen.

c) Eine ganzrationale Funktion hat mindestens eine Wendestelle.

d) Hat die Funktion f genau eine Nullstelle und gilt $\lim\limits_{x \to \infty} f(x) = \infty$, so gilt $\lim\limits_{x \to -\infty} f(x) = -\infty$.

e) Gilt $\lim\limits_{x \to \infty} f(x) = \infty$ und $\lim\limits_{x \to -\infty} f(x) = -\infty$ so hat f mindestens eine Nullstelle.

47. Die Bilder 44a bis d zeigen die Graphen der Funktionen $f_1(x) = \dfrac{3x^5 - 2x^3 - 7x^2}{x^4 + 2x^2 + 2}$,

$f_2(x) = -x^5 + x^4 - 3x^2 - 1$, $f_3(x) = \dfrac{3x^5 - 2x^3 - 7x^2}{x^4 - 2x^2 - 2}$, $f_4(x) = \dfrac{3x^5 - 2x^3 - 7x^2}{4x^5 - x^4 - 3x^2 - 1}$.

Entscheiden Sie, welcher Graph zu welcher Funktion gehört.

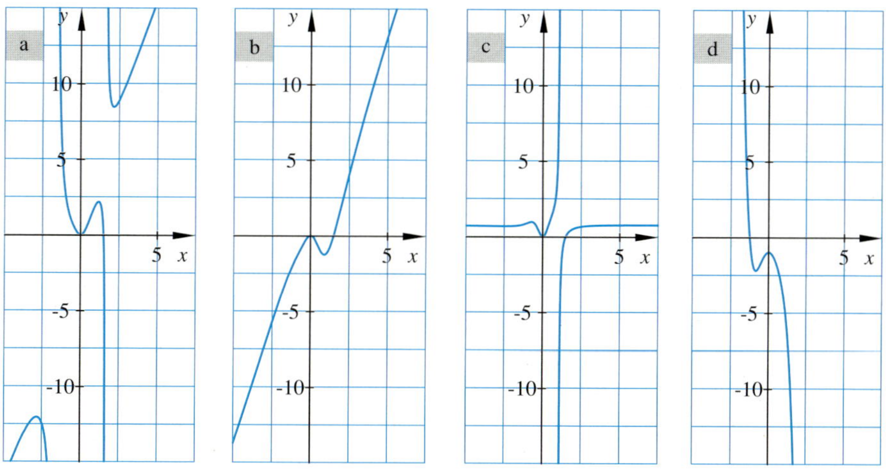

44

48. Begründen Sie, dass die x-Achse Asymptote der Funktion $f(x) = \dfrac{\sin x}{x}$ ist. Wodurch unterscheidet sich die Annäherung des Graphen von f an die Asymptote von den bisherigen Beispielen?

ZUSAMMENFASSUNG

Diskussion einer Funktion *f*

Eigenschaften	Kriterien, Hinweise
Nullstellen	Lösungen der Gleichung $f(x) = 0$
Polstellen	x_p ist Polstelle von $f(x) = \frac{u(x)}{v(x)}$, falls $u(x) \neq 0$ und $v(x) = 0$. Es gilt $\lim\limits_{x \to x_p} \lvert f(x) \rvert = \infty$, die Gerade $x = x_p$ ist Asymptote von f. $\lim\limits_{x \to x_p} f(x)$ hängt vom Vorzeichen von $f(x)$ für $x \to x_p$ ab.

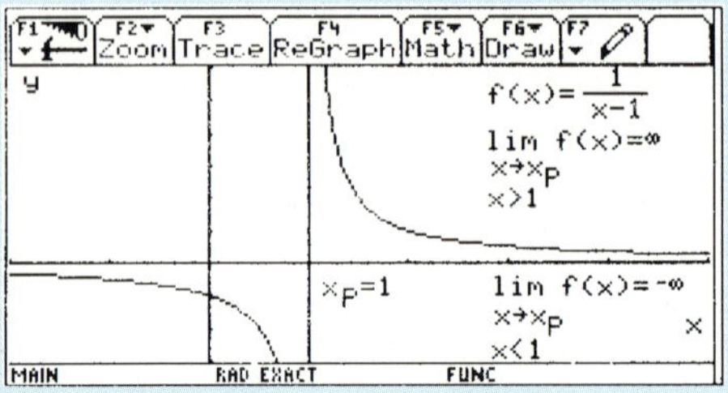

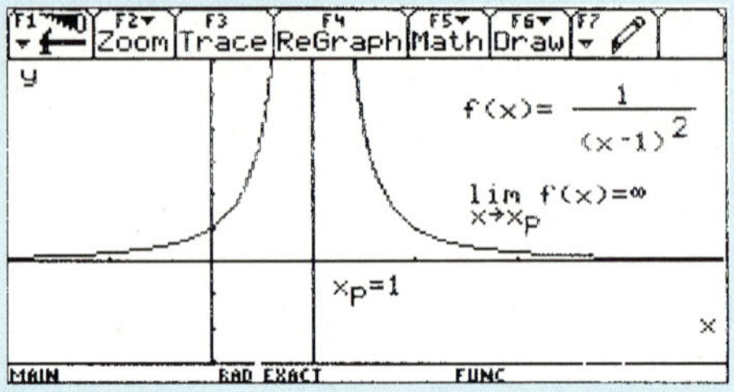

Lokale Extrema	Siehe Übersicht S. 157
Krümmungs-eigenschaften,	Voraussetzung: f ist zweimal differenzierbar – f ist im Intervall I linksgekrümmt, falls $f''(x) > 0$ für alle $x \in I$. – f ist im Intervall I rechtsgekrümmt, falls $f''(x) < 0$ für alle $x \subset I$.
Wendestellen	Notwendiges Kriterium für „x_0 ist Wendestelle von f“: $f''(x_0) = 0$ Hinreichendes Kriterien für „x_0 ist Wendestelle von f“: a) f'' wechselt an der Stelle x_0 das Vorzeichen oder b) $f''(x_0) = 0$ und $f'''(x_0) \neq 0$
Verhalten im Unendlichen	Die Gerade $y = c$ ist Asymptote von f, falls $\lim\limits_{x \to \infty} f(x) = c$.

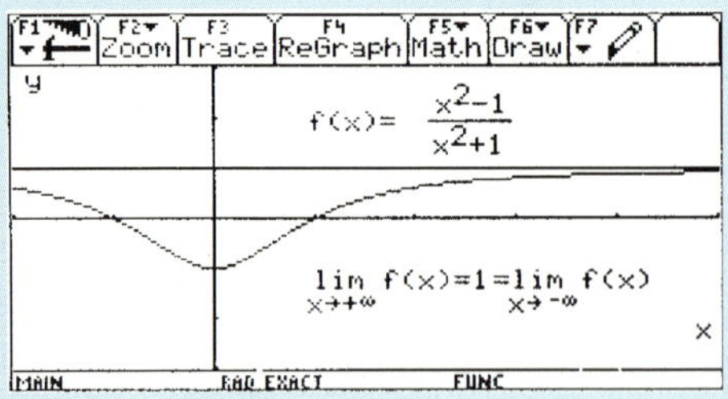

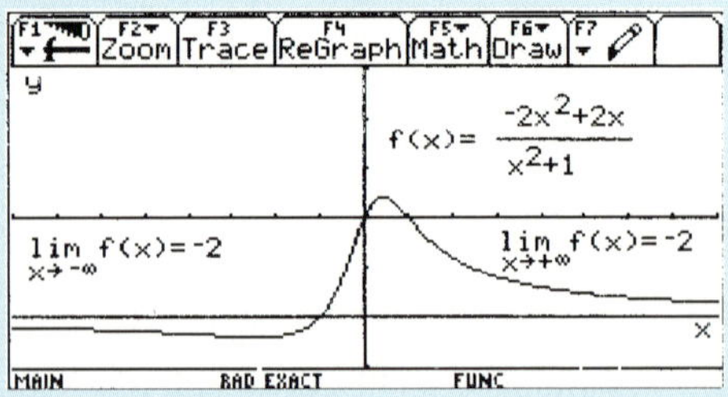

10 Kurvendiskussion mithilfe von Computer bzw. Taschenrechner (ein Ausblick)

Programmierbare Taschenrechner sowie Personalcomputer mit entsprechenden mathematischen Programmen bieten die Möglichkeit, Graphen von Funktionen auf dem Bildschirm zu erzeugen. Um diese Möglichkeit zu nutzen, heißt es zunächst, sich mit dem zur Verfügung stehenden Gerät bzw. dem zur Verfügung stehenden Programm vertraut zu machen, da es hinsichtlich Arbeitsweise und Bedienung beträchtliche Unterschiede gibt. In den nachfolgenden Beispielen ist mit einem Computer-Algebra-System (CAS) gearbeitet worden.

minus1.0ptAufforderung an das System, den Graphen zu zeichnen, erscheint auf dem Bildschirm Bild 45. Das CAS prüft nicht,
wie wir es bei einer Kurvendiskussion tun, wo wesentliche Eigenschaften des Graphen erkennbar werden, sondern verwendet zunächst eine Standardeinstellung und zeichnet den Teil des Graphen, der in diesem Bereich liegt. Offensichtlich fehlt in Bild 45 ein Teil des Graphen, der einen lokalen Maximumpunkt enthält; durch eine Veränderung des Maßstabes erhält man dann Bild 46, das den charakteristischen Kurvenverlauf zeigt. In Bild 45 ist im Punkt $P(1;1)$ ein kleines Kreuz zu erkennen. Dieses lässt sich auf dem Bildschirm horizontal und vertikal verschieben. In jeder Position gibt das System die Koordinaten dieses Kreuzes an. Positioniert man das Kreuz auf die betreffenden Punkte des Graphen, erhält man sehr einfach Näherungswerte zum Beispiel für Nullstellen oder lokale Extrema. Für den lokalen Minimumpunkt erhält man auf diese Weise aus der Darstellung in Bild 45: $x = 0{,}5625$, $y = 0{,}7187$. Die Genauigkeit lässt sich verbessern, indem man den interessierenden Ausschnitt des Graphen vergrößert. Die Darstellung in Bild 47 ergibt die Werte $x = 0{,}5563$ und $y = 0{,}7205$.

– Berechnen Sie zum Vergleich diese lokale Extremstelle und das zugehörige lokale Minimum in der Genauigkeit, die Ihr Taschenrechner ermöglicht.

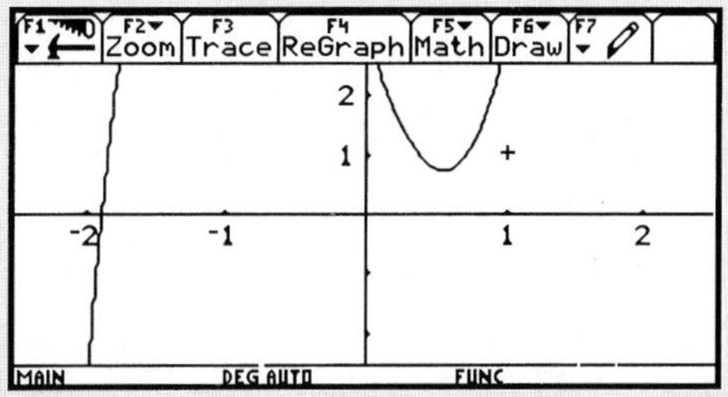

45

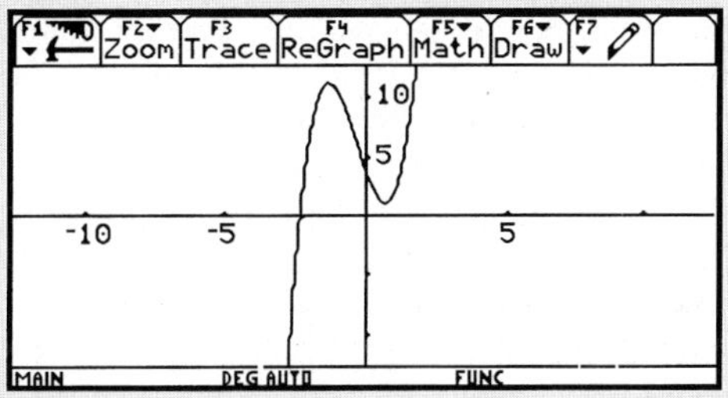

46

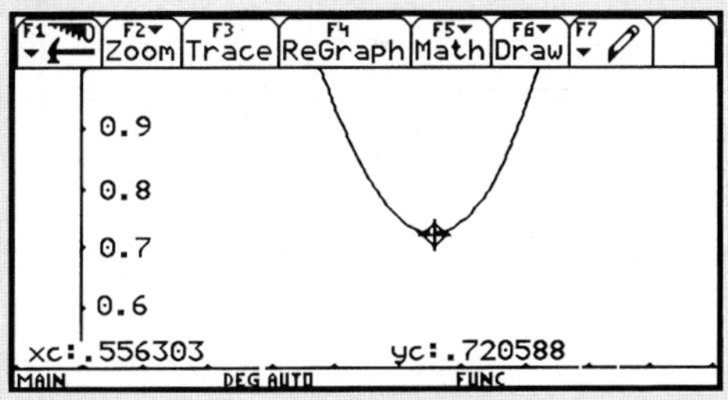

47

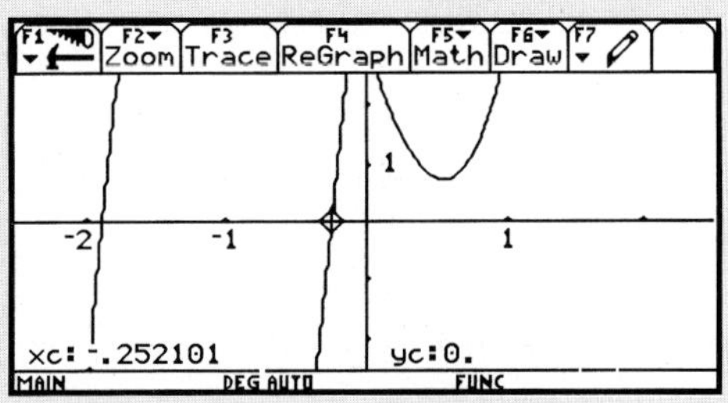

48

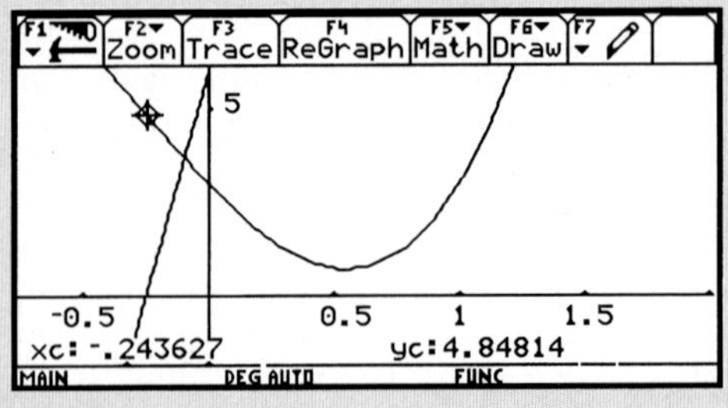

49

Die Koordinaten des Wendepunktes sind in Bild 46 auf diese Weise nur recht grob zu erhalten. Fordert man das CAS auf, in Bild 45 zusätzlich die 2. Ableitung $y = 24x + 6$ zu zeichnen, erhält man Bild 48. Die Gerade $y = 24x + 6$ und die x-Achse haben einen gut erkennbaren Schnittpunkt, auf den man nun das Kreuz bewegt. Jetzt wird der Maßstab verändert, so dass der Wendepunkt ins Bild kommt und das Kreuz nach oben verschoben, bis es den Graphen erreicht. Vergrößert man noch einen Ausschnitt des Graphen um den Wendepunkt (Bild 49), erhält man $x = -0{,}243627$ und $y = 4{,}84814$.

– Ermitteln Sie die genauen Koordinaten des Wendepunktes.

Beispiel 2: Es sei $y = 7x^4 + 102x^3 - 54x^2 - 5x$.

Das CAS liefert als Graph der Funktion das Bild 50. Nach einer ersten Veränderung des Maßstabes (Bild 51) ist das lokale Minimum im Bild. Es müssen aber wegen $\lim\limits_{x \to -\infty} y = \infty$ ein weiteres lokales Minimum sowie eine weitere Nullstelle existieren. Nach erneuter Maßstabsänderung (Bild 52) ist die Nullstelle im Bild, der charakteristische Verlauf der Kurve rechts vom immer noch nicht im Bildausschnitt liegenden lokalen Minimum aber kaum noch erkennbar. Eine für beide Koordinatenachsen unterschiedliche Maßstabsänderung (Bild 53) bringt schließlich das Minimum ins Bild, allerdings auf Kosten eines Informationsverlustes an anderer Stelle des Graphen.

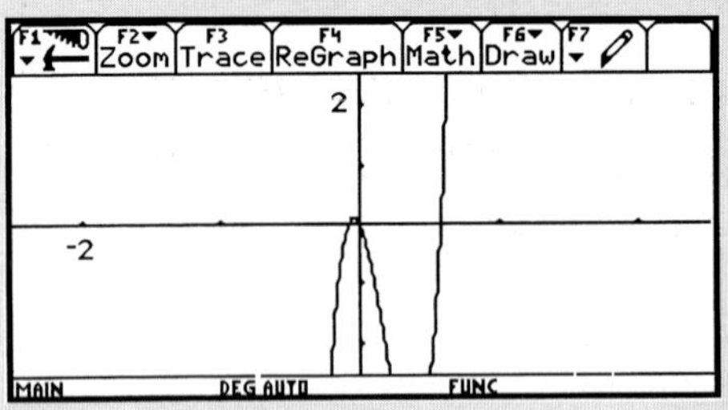

50

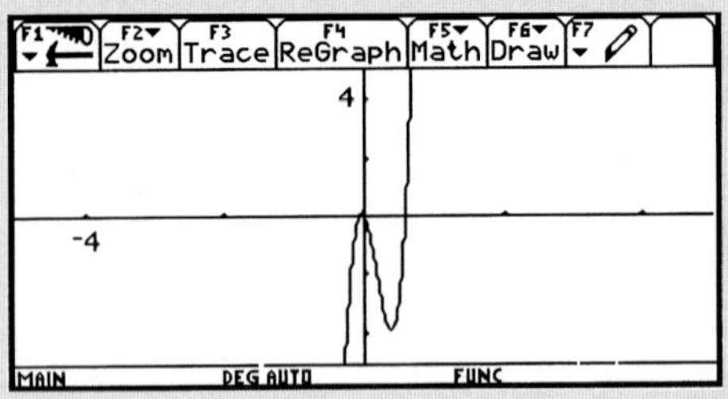

51

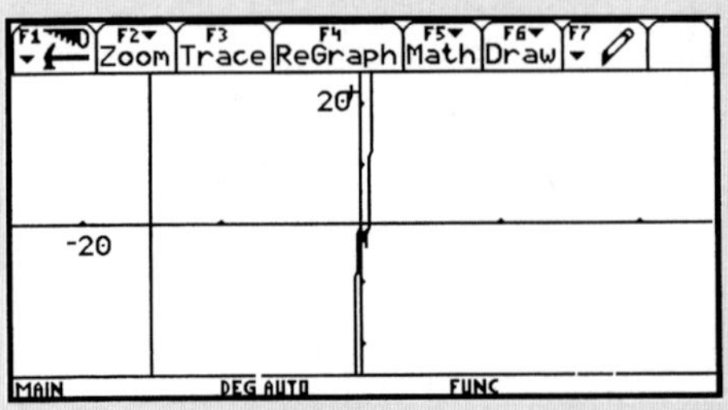

52

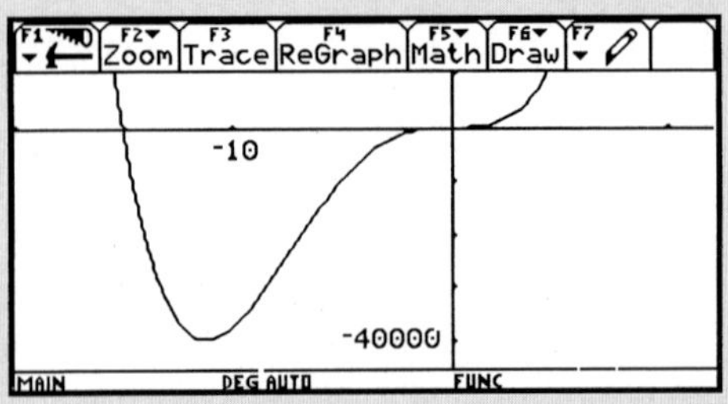

53

1. Bild 54 zeigt den Graphen der Funktion $y = 2x^5 - x^4 + x^3 - x^2 + 3x - 1$. Entscheiden Sie, ob außerhalb des Bildes noch Nullstellen der Funktion liegen.

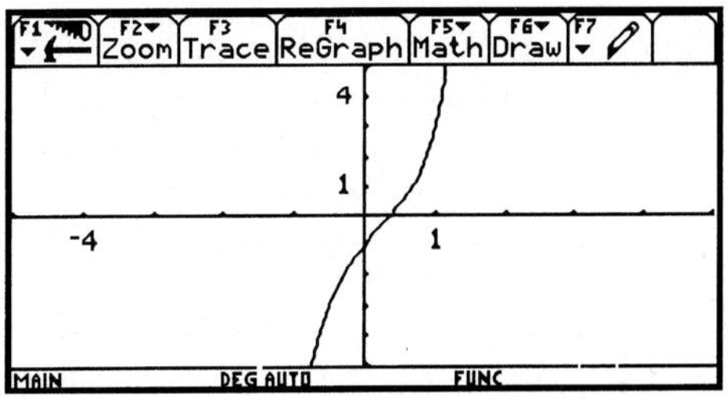

54

2. Bild 55 zeigt den Graphen der Funktion $f(x) = x^5 + 3x^4 + x^3 - x^2 + 3x - 1$ sowie den Graphen der Ableitung von f. Begründen Sie, dass alle lokalen Extrema von f innerhalb des Bildes liegen.

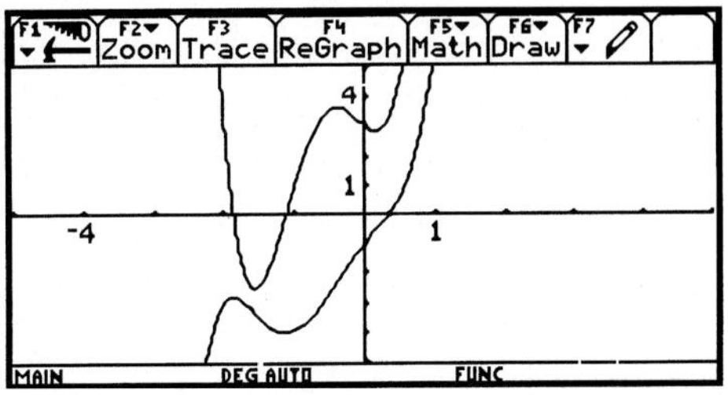

55

3. Bild 56 zeigt den Graphen von $y = x^5 + 4x^4 - 10x^3 - 5x^2 + x - 3$. Was lässt sich über fehlende charakteristische Teile des Graphen sagen?

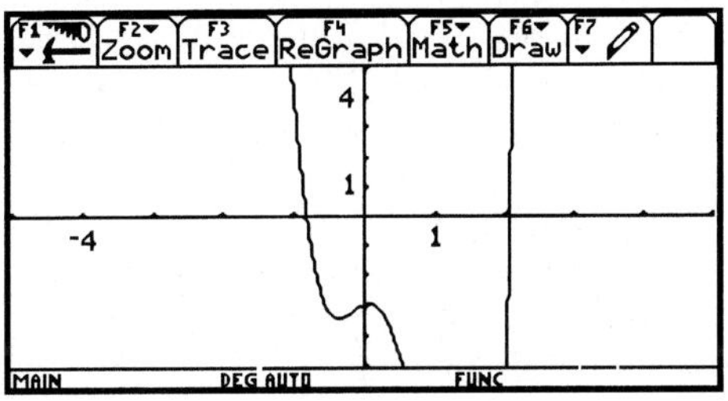

56

4. Bild 57 zeigt den Graphen von

$$y = \frac{3x^4 + 5x^2 + 7x}{x^3 - 2x^2 - 5x + 3}.$$

Was lässt sich über fehlende charakteristische Teile des Graphen sagen?

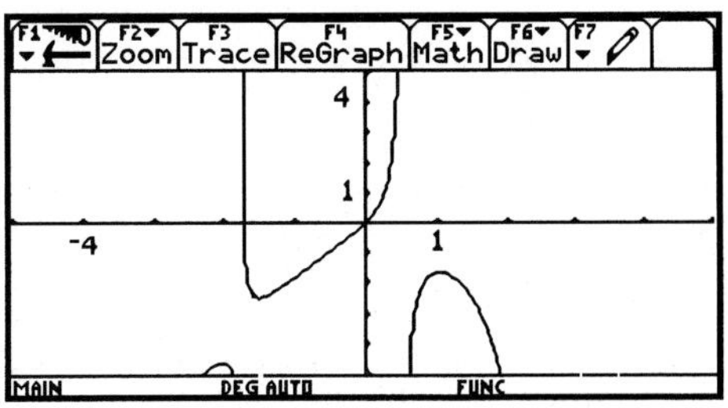

57

5. Nutzen Sie einen grafikfähigen Taschenrechner.

a) Informieren Sie sich darüber, welche Möglichkeiten Ihnen dieser grafikfähige Taschenrechner bereitstellt, um Funktionen grafisch darzustellen. Geben Sie einige Funktionsgleichungen ein und analysieren Sie die jeweilige Darstellung auf dem Bildschirm.

b) Vollziehen Sie die Beispiele auf den Seiten 181 und 182 mit dem grafikfähigen Taschenrechner nach.

c) Diskutieren Sie Vor- und Nachteile des grafikfähigen Taschenrechners.

11 Näherungsweises Lösen von Gleichungen

Viele Aufgaben dieses Buches, beispielsweise die Berechnung von Nullstellen, lokalen Extrema oder Wendepunkten führen auf eine genaue (oft ganzzahlige oder rationale) Lösung. In der Praxis ist diese Situation allerdings eher untypisch. An die Stelle einer exakten Lösung tritt eine Näherungslösung, die einer geforderten Genauigkeit genügt.

1. Gegeben ist die Funktion $f(x) = 3x^2 + x - 2$.
a) Begründen Sie, dass f im Intervall $[0; 1]$ eine Nullstelle z hat.
b) Begründen Sie mithilfe der Ableitung von f, dass es in diesem Intervall nicht mehr als eine Nullstelle gibt.
c) Berechnen Sie einen Näherungswert für z, der höchstens $\frac{1}{100}$ vom genauen Wert abweicht. (Ermitteln Sie ein Intervall der Länge $\frac{1}{100}$, in welchem z liegt.)

2. Es sei f die in Aufgabe 1 gegebene Funktion.
a) Ermitteln Sie die Gleichung der Tangente an f an der Stelle $x_0 = 1$.
b) Berechnen Sie die Nullstelle x_1 dieser Tangente.
c) Ermitteln Sie die Gleichung der Tangente an f an der Stelle x_1 und die Nullstelle x_2 dieser Tangente.
d) Was lässt sich bei Fortsetzung dieses Verfahrens vermuten? Veranschaulichen Sie den Sachverhalt durch Skizzieren des Graphen von f und der beiden Tangenten.

Das Verfahren aus Aufgabe 2 wird **Newtonsches Iterationsverfahren** oder kurz **Newtonverfahren** genannt.
Es basiert darauf, dass eine differenzierbare Funktion in einer Umgebung einer Stelle x durch die Tangente an dieser Stelle approximiert wird. Iteration bedeutet in diesem Falle, dass ausgehend von einem ersten Näherungswert x_0 ein zweiter Näherungswert x_1 berechnet wird, ausgehend von x_1 ein Näherungswert x_2 usw. Es entsteht eine Folge, die (unter bestimmten Voraussetzungen) gegen die gesuchte Nullstelle z konvergiert (Bild 58).

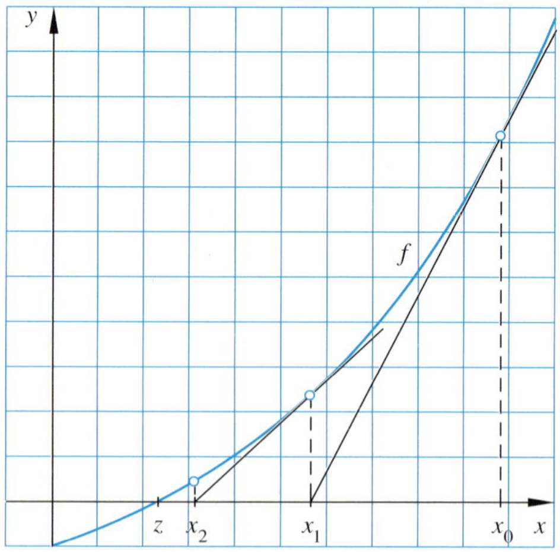

58

3. Zeigen Sie, dass sich im Newtonverfahren der Näherungswert x_{n+1} aus x_n für alle $n \in \mathbb{N}$ nach der Vorschrift $x_{n+1} = x_n - \frac{f(x_n)}{f'(x_n)}$ ergibt.

Beispiel: Es sind die Nullstellen der Funktion $f(x) = x^4 - 2x^3 - 2$ näherungsweise zu berechnen.
Es ist $f(0) = -2 < 0$ und $f(3) = 25 > 0$. Folglich hat f eine Nullstelle z_1 im Intervall $[0; 3]$. Wegen $\lim\limits_{x \to -\infty} f(x) = \infty$ hat f wenigstens eine weitere Nullstelle.

Aus $f(-1) = 1 > 0$ ergibt sich die Existenz einer Nullstelle z_2 im Intervall $[-1;0]$. Zwischen zwei Nullstellen einer ganzrationalen Funktion existiert immer ein lokales Extremum. Die Funktion f hat aber nur ein lokales Extremum (siehe Aufgabe 4); weitere Nullstellen existieren demnach nicht. Wir berechnen einen Näherungswert für z_1.

Wir starten mit $x_0 = 3$. Nach dem Newtonverfahren ist $x_1 = x_0 - \frac{f(x_0)}{f'(x_0)} = 3 - \frac{f(3)}{f'(3)}$.

Die Ableitung von f ist $f'(x) = 4x^3 - 6x^2$, also $f'(3) = 54$. Bei Rundung auf fünf Nachkommastellen ergibt sich $x_1 \approx 2{,}53704$.

Die nächsten Schritte des Verfahrens führen auf die Werte:

$x_2 \approx 2{,}28349$,

$x_3 \approx 2{,}19932$,

$x_4 \approx 2{,}19042$,

$x_5 \approx 2{,}19033$,

$x_6 \approx 2{,}19033$,

Die Zahl x_5 ist schon ein recht guter Näherungswert für die Nullstelle z_1, es ist $f(x_5) \approx 0{,}0000272$.

4. **a)** Berechnen Sie einen Näherungswert für die Nullstelle z_2 im obigen Beispiel. Starten Sie mit $x_0 = -1$.

b) Berechnen Sie die lokalen Extremstellen und die Wendestellen von f und skizzieren Sie den Graphen.

c) Für welche Startwerte x_0 führt das Newtonverfahren zur Nullstelle z_1, für welche x_0 zu z_2? Welche x_0 sind als Startwert nicht möglich?

d) Veranschaulichen Sie in der grafischen Darstellung jeweils für $x_0 = 1$ und für $x_0 = 2$ die ersten Schritte des Newtonverfahrens.

Hat eine differenzierbare Funktion f in einem Intervall $[a;b]$ genau eine Nullstelle z, so ist, wie Aufgabe 4 zeigt, damit noch nicht gesichert, dass das Newtonverfahren für jeden Startwert $x_0 \in [a;b]$ die Berechnung von z gestattet. Die Folge (x_n) kann auch gegen eine außerhalb von $[a;b]$ gelegene Nullstelle von f konvergieren. Weitere Möglichkeiten zeigen die Bilder 59 und 60.

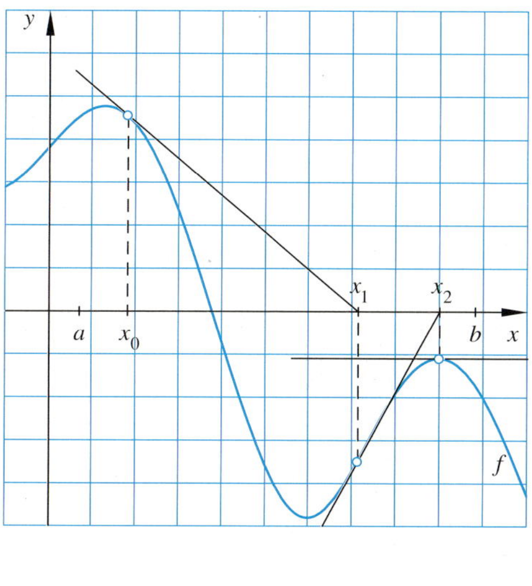

59

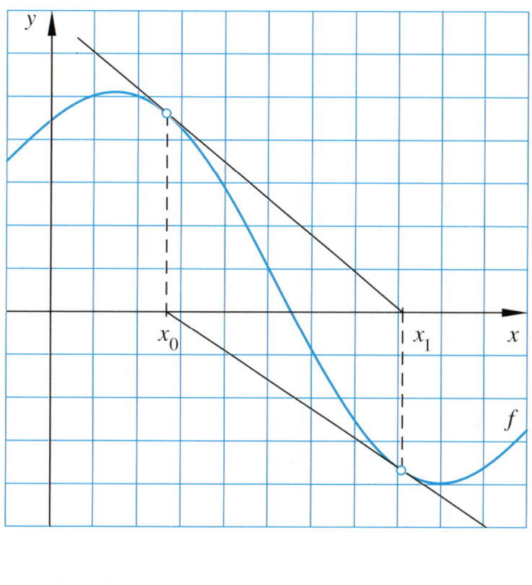

60

5. Erklären Sie für die in den Bildern 59 und 60 dargestellten Funktionen, was bei Anwendung des Newtonverfahrens mit dem Startwert x_0 passiert.

Im folgenden Satz werden hinreichende Bedingungen angegeben, unter denen das Newtonverfahren zum Ziel führt.

SATZ (Newtonverfahren) Die Funktion f sei im Intervall $[a, b]$ zweimal differenzierbar. Es sei $f(a) < 0$ und $f(b) > 0$, ferner sei $f'(x) > 0$ und $f''(x) > 0$ für alle $x \in [a; b]$.

Dann hat f in $[a; b]$ genau eine Nullstelle z und die Folge (x_n) mit $x_0 = b$ und $x_{n+1} = x_n - \frac{f(x_n)}{f'(x_n)}$ für alle $n \in \mathbb{N}$ konvergiert gegen z (Bild 61).

Anmerkung: Anstelle von b kann auch jeder Startwert zwischen z und b gewählt werden.

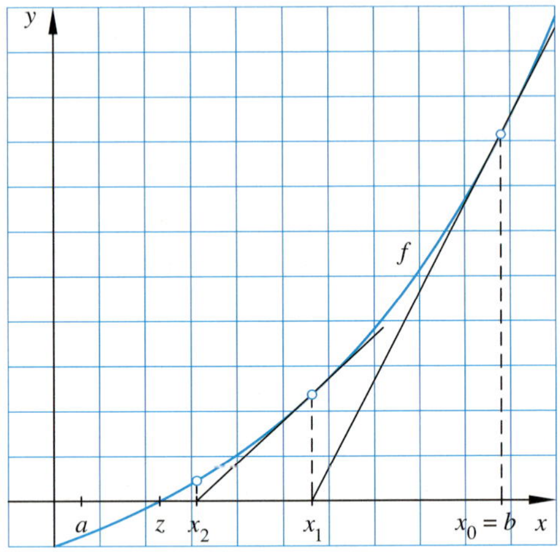

61

Beweis: Eine Nullstelle z existiert aufgrund des Zwischenwertsatzes.
Wegen $f'(x) > 0$ für alle $x \in [a; b]$ ist f streng monoton wachsend in $[a; b]$; folglich existiert keine weitere Nullstelle in diesem Intervall.
Wir zeigen jetzt, dass die Folge (x_n) streng monoton fällt und z eine untere Schranke von (x_n) ist.

Aus $f(x_0) > 0$ und $f'(x_0) > 0$ folgt
$x_1 = x_0 - \frac{f(x_0)}{f'(x_0)} < x_0$.
Wir wenden den Mittelwertsatz auf das Intervall $[z; x_0]$ an:
Es existiert ein $\xi \in (z; x_0)$ mit
$f'(\xi) = \frac{f(x_0) - f(z)}{x_0 - z}$.
Umstellen dieser Gleichung nach z und Berücksichtigung von $f(z) = 0$ ergibt $z = x_0 - \frac{f(x_0)}{f'(\xi)}$.
Wegen $f''(x) > 0$ für alle $x \in [a, b]$ ist f' streng monoton wachsend, also $f'(\xi) < f'(x_0)$.
Daraus folgt $\frac{1}{f'(\xi)} > \frac{1}{f'(x_0)}$, $-\frac{1}{f'(\xi)} < -\frac{1}{f'(x_0)}$ und damit $x_0 - \frac{f(x_0)}{f'(\xi)} < x_0 - \frac{f(x_0)}{f'(x_0)}$, also $z < x_1$. Da nun x_1 zwischen z und x_0 liegt, ist $f(x_1) > 0$.

In gleicher Weise erhält man jetzt $z < x_2 < x_1$, daraus $z < x_3 < x_2$ usw.

Es bleibt noch $\lim\limits_{n \to \infty} x_n = z$ zu zeigen.

Da (x_n) streng monoton fällt und beschränkt ist, ist (x_n) konvergent, es sei $\lim\limits_{n \to \infty} x_n = v$.
Nun betrachten wir die Funktion g mit $g(x) = x - \frac{f(x)}{f'(x)}$ im Intervall $[z; b]$. Die Funktion g ist stetig, aus $\lim\limits_{n \to \infty} x_n = v$ folgt dann $\lim\limits_{n \to \infty} g(x_n) = g(v)$. Es ist aber $g(x_n) = x_{n+1}$, also auch $\lim\limits_{n \to \infty} g(x_n) = v$. Daraus schließen wir $g(v) = v$, d.h. $v - \frac{f(v)}{f'(v)} = v$. Es folgt $f(v) = 0$, was nur für $v = z$ möglich ist.

6. Für die im obigen Satz genannten Voraussetzungen über das Vorzeichen von $f(a)$ und $f(b)$ sowie von $f'(x)$ und $f''(x)$ gibt es drei weitere, zur Situation im Satz analoge Möglichkeiten. Formulieren Sie diese Möglichkeiten und veranschaulichen Sie sie jeweils in einer Skizze. Welcher Startwert ist jeweils zu wählen?

7. Es sei $f(x) = x^3 - 3x + 1$.

a) Überprüfen Sie im Intervall $[1; 2]$ die Voraussetzungen des obigen Satzes. Inwiefern sind diese nicht vollständig erfüllt? Warum kann trotzdem $x_0 = 2$ gewählt werden?

b) Berechnen Sie die Nullstelle von f in $[1; 2]$.

8. Berechnen Sie die Nullstellen von f.

a) $f(x) = 2x^3 - 3x + 4$ **b)** $f(x) = x^3 - 5x^2 + 2x + 1$

c) $f(x) = x^4 - x^3 - 1$ **d)** $f(x) = -2x^4 + x^2 - 3x + 5$

9. Lösen Sie folgende Gleichungen.

a) $x^4 - 3x = 2$ **b)** $\sqrt{x} + x^2 = 1$

10. Es sei $a > 1$ eine beliebige reelle Zahl. Mithilfe des Heronverfahrens kann man $\sqrt{a}$ wir folgt berechnen: Man wählt $x_0 = a$ und berechnet nach der Vorschrift $x_{n+1} = \frac{1}{2}\left(x_n + \frac{a}{x_n}\right)$ für alle $n \in \mathbb{N}$ einige Glieder der dadurch definierten Folge (x_n). Diese Folge konvergiert gegen $\sqrt{a}$.

a) Zeigen Sie: $\lim\limits_{n \to \infty} x_n = \sqrt{a}$.

Anleitung: Wenden Sie auf die Funktion $f(x) = x^2 - a$ im Intervall $[1; a]$ das Newtonverfahren an.

b) Zeigen Sie, dass im Heronverfahren als Startwert auch $x_0 = 1$ gewählt werden kann.

c) Berechnen Sie $\sqrt{5}$ mithilfe des Heronverfahrens und mithilfe des Einschachtelungsprinzips. Vergleichen Sie die Anzahl der erforderlichen Rechenschritte, um gleiche Genauigkeit zu erreichen.

·11. Im sogenannten modifizierten Newtonverfahren wird der Näherungswert x_{n+1} aus x_n berechnet, indem anstelle der Tangente an f in x_n die Parallele zur Tangente in x_0 durch den Punkt $P(x_n; f(x_n))$ betrachtet wird (Bild 62).

a) Zeigen Sie, dass sich bei diesem Verfahren der Näherungswert x_{n+1} aus x_n für alle $x \in \mathbb{N}$ nach der Vorschrift $x_{n+1} = x_n - \frac{f(x_n)}{f'(x_0)}$ errechnen lässt.

b) Welchen Vorteil gegenüber dem Newtonverfahren erkennen Sie? Welcher Nachteil ist dem Bild zufolge zu erwarten?

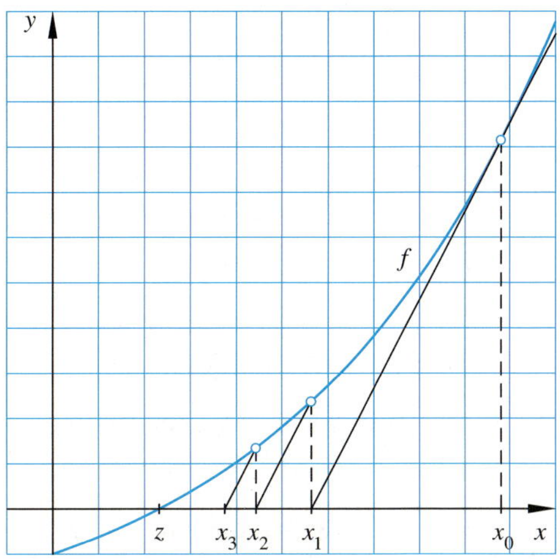

62

12 Vermischte Aufgaben

1. Es sei $f(x) = x^2$ und $g(x) = \sqrt{x}$.

a) Ermitteln Sie ein Intervall $[a; b]$, in dem f den mittleren Anstieg 2 hat und ein Intervall $[c; d]$, in dem g den mittleren Anstieg 2 hat.

b) Finden Sie eine Zahl m und Intervalle $[a; b]$ sowie $[c; d]$, so dass gilt: f hat in $[a; b]$ und g hat in $[c; d]$ den mittleren Anstieg m und $b - a > d - c$.

2. Welcher Punkt des Graphen von $f(x) = x^2$ hat von der Geraden mit der Gleichung $y = 4x - 8$ den kleinsten Abstand?

3. Die Tangente an den Kreis mit der Gleichung $x^2 + y^2 = r^2$ $(r > 0)$ in einem Punkt $P(x_0; y_0)$ des Kreises wird durch die Gleichung $xx_0 + yy_0 = r^2$ beschrieben.

a) Leiten Sie diese Gleichung mit Hilfsmitteln der Differenzialrechnung her.

b) Leiten Sie diese Gleichung her ohne Hilfsmittel der Differenzialrechnung zu benutzen.

4. Es sei $f(x) = \sqrt{x}$ und $P(x_0; f(x_0))$ ein Punkt des Graphen von f $(x_0 > 0)$. Ferner sei t die Tangente an f im Punkt P und g die zu t orthogonale Gerade durch P.

a) Wo schneidet die Gerade g die x-Achse?

b) Skizzieren Sie den Graphen von f und nutzen Sie das Ergebnis von a) zur Konstruktion der Tangente an f an der Stelle x_0 $(x_0 > 0)$.

5. Finden Sie eine Konstruktion der Tangente an die Funktion f an einer beliebigen Stelle, indem Sie zuerst die Nullstelle der Tangente berechnen.

a) $f(x) = \frac{1}{x}$ **b)** $f(x) = x^2$

6. Es sei $f(x) = x^2$. Ermitteln Sie diejenige Zahl x_0, für die gilt: Die Tangente an f an der Stelle x_0 ist orthogonal zur Tangente an f an der Stelle 2.

7. a) Für jede Zahl $x \in (0; 10)$ bilden die Punkte $P_1(x; 0)$, $P_2(10; 0)$, $P_3(10; \sqrt{x})$ und $P_4(x; \sqrt{x})$ ein Rechteck. Für welches x_1 erhält man das Rechteck mit maximalem Flächeninhalt?

b) Bei Rotation des Rechtecks $P_1P_2P_3P_4$ umd die x-Achse entsteht ein Zylinder. Für welches x_2 erhält man den Zylinder mit maximalem Volumen? Begründen Sie vor der Rechnung, dass x_2 größer als x_1 ist.

c) Für welches x_3 erhält man bei Rotation des Rechtecks um die y-Achse den Rotationskörper mit maximalem Volumen? Begründen Sie vor der Rechnung, dass x_3 kleiner als x_1 ist.

8. Es sei $f(x) = ax^5 - bx^3 + cx$ $(a, b, c \in \mathbb{R},\ a > 0,\ b > 0)$. Zeigen Sie, dass f drei Wendepunkte hat und dass diese auf einer Geraden liegen.

9. Die Funktion f sei zweimal differenzierbar. Für eine Zahl $x_0 \in D(f)$ gelte $f(x_0) > 0$, $f'(x_0) = 0$ und $f''(x_0) > 0$.
Zeigen Sie mithilfe der 1. und 2. Ableitung der Funktion f^2, dass f^2 an der Stelle x_0 ein lokales Minimum hat.

10. Beschreiben Sie die Monotonieeigenschaften der Funktion $f(x) = (x-a)^8$ $(a \in \mathbb{R})$.

11. Zeigen Sie, dass die Graphen der Funktionen $f(x) = (x+3)^3$ und $g(x) = x^3 - 6x^2 + 20$ punktsymmetrisch zum Wendepunkt von f bzw. g liegen.

12. Untersuchen Sie das Verhalten von f bei Annäherung an die Polstelle x_0.

a) $f(x) = \dfrac{a}{x - x_0}$ $(a \neq 0)$

b) $f(x) = \dfrac{a}{(x - x_0)^k}$ $(a \neq 0;\ k \in \mathbb{N},\ n > 0)$

c) $f(x) = \dfrac{u(x)}{(x - x_0) \cdot v(x)}$ (u und v stetig in x_0, $u(x_0) \neq 0$, $v(x_0) \neq 0$)

13. Die Funktionen f und g seien differenzierbar im Intervall $[a;b]$. Für alle $x \in [a;b]$ sei $f'(x) > g'(x)$. Ferner sei $f(a) = g(a)$.
Zeigen Sie: $f(x) > g(x)$ für alle $x \in [a;b]$. Hinweis: Zeigen Sie, dass die Funktion h mit $h(x) = f(x) - g(x)$ streng monoton wächst.

a) Die Funktion f sei differenzierbar im Intervall $[a;b]$ und es sei $f'(x) < 2$ für alle $x \in [a;b]$. Wie groß kann $f(b)$ höchstens sein?

b) Die Funktion f sei differenzierbar im Intervall $[a;b]$. Es sei $|f'(x)| < 2$ für alle $x \in [a;b]$ und es gelte $f(a) = f(b)$. Welche Folgerung kann man über das Minimum und das Maximum von f in $[a;b]$ ziehen?

c) Beweisen Sie die folgende Verallgemeinerung von a):
Die Funktionen f und g seien differenzierbar im Intervall $[a;b]$. Für alle $x \in [a;b]$ sei $f'(x) > g'(x)$. Dann gilt für alle $x \in [a;b]$ die Ungleichung: $f(x) - f(a) > g(x) - g(a)$.

d) Beweisen Sie die Ungleichung: $\sqrt{b} - \sqrt{a} < b - a$ für $1 \leq a < b$.

14. Beweisen Sie die folgende Verallgemeinerung des Mittelwertsatzes:
Es seien f und g im abgeschlossenen Intervall $[a;b]$ stetige und im offenen Intervall $(a;b)$ differenzierbare Funktionen. Für alle $x \in (a;b)$ sei $g'(x) \neq 0$.
Dann existiert eine Zahl $\xi \in (a;b)$ mit der Eigenschaft $\dfrac{f'(\xi)}{g'(\xi)} = \dfrac{f(b) - f(a)}{g(b) - g(a)}$.
Anleitung: Zeigen Sie, dass die Funktion F mit
$F(x) = f(x) - \dfrac{f(b) - f(a)}{g(b) - g(a)}(g(x) - g(a)) - f(a)$
die Voraussetzungen des Satzes von Rolle (vgl. S. 147) erfüllt.

15.* Beweisen Sie: Die Funktionen f und g seien im abgeschlossenen Intervall $[a;b]$ stetig und im offenen Intervall $(a;b)$ differenzierbar. Für alle $x \in (a;b)$ sei $g'(x) \neq 0$ und es sei $f(a) = g(a) = 0$. Wenn der Grenzwert $\lim\limits_{\substack{x \to a \\ x > a}} \dfrac{f'(x)}{g'(x)}$ existiert, so existiert auch der Grenzwert $\lim\limits_{\substack{x \to a \\ x > a}} \dfrac{f(x)}{g(x)}$ und beide Grenzwerte stimmen überein.
Wenden Sie dazu den Satz aus Aufgabe 14 auf das Intervall $[a;x]$ für $x \in (a;b)$ an.

16.* Berechnen Sie folgende Grenzwerte. Benutzen Sie das Ergebnis von Aufgabe 15.

a) $\lim\limits_{x \to 1} \dfrac{x^2 - 1}{x^3 - 1}$

b) $\lim\limits_{x \to 3} \dfrac{\sqrt{x} - \sqrt{3}}{\sqrt{x - 3}}$

13 Stammfunktionen

1. Gegeben sind jeweils zwei Funktionen f und F. Stellen Sie einen Zusammenhang zwischen der Funktion f und F in der nebenstehenden Tabelle her.

2. Gilt für $f(x) = 2x + 3$ und $F(x) = x^2 + 3x$ auch die Beziehung wie für f und F in der Tabelle?

f	F
$f(x) = 4$	$F(x) = 4x$
$f(x) = 2x$	$F(x) = x^2$
$f(x) = 3x + 1$	$F(x) = \frac{3}{2}x^2 + x$
$f(x) = x^2$	$F(x) = \frac{1}{3}x^3$

In der Differenzialrechnung ist es eine wichtige Aufgabe, für eine gegebene Funktion f ihre Ableitung f' zu finden. Nun geht es um die Umkehraufgabe: Zu einer Funktion f wird eine Funktion F gesucht, für die $F' = f$ gilt.

Die Ergebnisse der folgenden Überlegungen werden dann später in der Integralrechnung angewendet.

Stammfunktion *F* einer Funktion *f*

Die Beziehung zwischen den betrachteten Funktionen f und F in Aufgabe 1 führt zu der folgenden Definition:

DEFINITION Seien f und F in einem Intervall I definiert und F in I differenzierbar. Ist $F'(x) = f(x)$ für jedes $x \in I$, so heißt F eine **Stammfunktion** von f im Intervall I.

3. Zeigen Sie, dass F jeweils eine Stammfunktion von f ist und geben Sie an, in welchem Intervall I die Funktion F differenzierbar ist.

a) $f(x) = 3x^2 + x;\ F(x) = x^3 + \frac{x^2}{2}$

b) $f(x) = \frac{1}{2\sqrt{x}};\ F(x) = \sqrt{x}$

c) $f(x) = x^2 + \sqrt{2}x - 1;\ F(x) = \frac{1}{3}x^3 + \frac{1}{2}\sqrt{2}x - 1$

d) $f(x) = 1;\ F(x) = x + 7$

e) $f(x) = \sqrt[3]{x^2};\ F(x) = \frac{3}{5}\sqrt[3]{x^5}$

f) $f(x) = \frac{1}{x^2};\ F(x) = -\frac{1}{x}$

g) $f(t) = at + v_0;\ F(t) = \frac{a}{2}t^2 + v_0 t + s_0$

h) $f(t) = -\frac{2}{t^3} + 2;\ F(t) = \frac{1}{t^2} + 2t$

4. Ermitteln Sie, falls möglich, für folgende Funktionen je eine Stammfunktion. Geben Sie jeweils an, in welchem Intervall I die Funktion F differenzierbar ist.

a) $f(x) = 4x$

b) $f(x) = -2x + 1$

c) $f(x) = x^2 - 3x + 4$

d) $f(x) = ax + b\ (a, b \in \mathbb{R})$

e) $f(x) = \frac{1}{x};\ x > 0$

f) $f(x) = 3x^2$

g) $f(x) = ax^2 + bx + c\ (a, b, c \in \mathbb{R})$

h) $f(x) = x^3$

i) $f(x) = x^3 - 2x + 1$

j) $f(x) = \sqrt{x}$

k) $f(x) = \frac{1}{x^2}$

l) $f(x) = \frac{1}{\sqrt{x}}$

5. **a)** Zeigen Sie, dass die Funktionen $F_1(x) = x^2 - 2x$, $F_2(x) = (x-1)^2 + 2$ und $F_3(x) = x^2 - 2x + \pi$ Stammfunktionen ein und derselben Funktion f sind. Geben Sie f an.

b) Skizzieren und vergleichen Sie den Graphen der Funktionen F_1, F_2 und F_3.

c) Geben Sie drei weitere Stammfunktionen der Funktion f an.

d) Zeigen Sie: Wenn F eine Stammfunktion von f im Intervall I ist, dann ist die Funktion $F + c$ für jede reelle Zahl c ebenfalls eine Stammfunktion von f.

SATZ 1 Existiert zu einer gegebenen Funktion f in einem Intervall I eine Stammfunktion F, so ist auch $F + c$ ($c \in \mathbb{R}$) eine Stammfunktion von f.

6. **a)** Welche Konsequenzen hat Satz 1 für die Anzahl der Stammfunktionen F einer Funktion f?

b) Geben Sie zu der Funktion $f(x) = x^3$ drei Stammfunktionen an.

7. **a)** Seien F_1 und F_2 Stammfunktionen der Funktion f über einem Intervall I. Berechnen Sie die Ableitung der Funktion $F = F_1 - F_2$. Gehen Sie dabei von selbst gewählten Beispielen aus und verallgemeinern Sie.

b) Welche Konsequenzen hat das Ergebnis von a) für die Funktion $F = F_1 - F_2$?

SATZ 2 Wenn F_1 und F_2 Stammfunktionen einer Funktion f über einem Intervall I sind, so gibt es eine Zahl $c \in \mathbb{R}$ derart, dass $F_2(x) = F_1(x) + c$ für alle $x \in I$ ist.

8. Wählen Sie eine konstante Funktion, eine lineare Funktion, eine quadratische Funktion und eine Funktion dritten Grades und geben Sie jeweils alle Stammfunktionen dieser Funktionen an.

9. Die Funktionen f mit $f(x) = x^n$, $x \in \mathbb{R}$, $n \in \mathbb{N}$, $n > 0$ heißen Potenzfunktionen mit natürlichem Exponenten.

a) Ermitteln Sie für $n = 1, 2, 3$ und 7 jeweils alle Stammfunktionen von f.

b) Verallgemeinern Sie Ihre Ergebnisse aus a) für beliebige Potenzfunktionen mit natürlichem Exponenten.

c) Geben Sie die allgemeine Form einer ganzrationalen Funktion 5. Grades an. Welche Stammfunktionen gehören zu diesem Polynom?

10. Die Funktionen f mit $f(x) = x^{-n}$, $x \in \mathbb{R}$, $x \neq 0$, $n \in \mathbb{N}$ heißen Potenzfunktionen mit negativem ganzzahligem Exponenten.

a) Geben Sie für drei Beispiele solcher Funktionen Stammfunktionen an.

b) Prüfen Sie, ob auch für diese Funktionen das in Aufgabe 10b) gefundene Ergebnis angewendet werden kann. Begründen Sie Ihre Entscheidung.

11. Die Funktionen f mit $f(x) = x^{\frac{m}{n}} = \sqrt[n]{x^m}$, $x \geq 0$, $m, n \in \mathbb{N}$, $n > 0$ heißen Potenzfunktionen mit gebrochen rationalem Exponenten.

a) Geben Sie für drei Beispiele solcher Funktionen Stammfunktionen an.

b) Prüfen Sie, ob auch für diese Funktionen das in Aufgabe 10b) gefundene Ergebnis angewendet werden kann. Begründen Sie Ihre Entscheidung.

Beispiel: $F_1(x) = \frac{3x}{1+2x}$ und $F_2(x) = -\frac{3}{2(1+2x)}$ sind Stammfunktionen von $f(x) = \frac{3}{(1+2x)^2}$. Nach der Quotientenregel ergibt sich:

$$F_1'(x) = \frac{3(1+2x) - 3x \cdot 2}{(1+2x)^2} = \frac{3+6x-6x}{(1+2x)^2} = \frac{3}{(1+2x)^2} \text{ und}$$

$$F_2'(x) = -\frac{0 \cdot 2(1+2x) - 3 \cdot 2 \cdot 2}{4(1+2x)^2} = \frac{12}{4(1+2x)^2} = \frac{3}{(1+2x)^2}.$$

Nach Satz 2 unterscheiden sich die Stammfunktionen einer Funktion nur um eine Konstante. Das ist auch in diesem Beispiel der Fall, denn es gilt:

$$F_1(x) - F_2(x) = \frac{3x}{1+2x} - \left(-\frac{3}{2(1+2x)}\right) = \frac{6x+3}{2(1+2x)} = \frac{3(2x+1)}{2(1+2x)} = \frac{3}{2}.$$

12. Zeigen Sie, dass F_1 und F_2 Stammfunktionen ein und derselben Funktion f sind.

a) $F_1(x) = 6x^3 + 3x^2 - 4x - 2$; $F_2(x) = (2x-2)(3x^2+1) + 9x^2 - 6x$

b) $F_1(x) = -\frac{1}{x^2+1}$; $F_2(x) = \frac{1}{x^2+1} + 1$ **c)** $F_1(x) = \frac{31x^2 - 2}{7(2x^2+1)}$; $F_2(x) = \frac{3x^2-1}{2x^2+1}$

d) $F_1(x) = -\frac{x^3 - 2x^2 - 20x + 1}{(x+2)^2}$; $F_2(x) = x + 6 + \frac{25}{(x+2)^2}$

Einige Regeln zum Auffinden von Stammfunktionen

In der folgenden Tabelle sind F bzw. G Stammfunktionen von f bzw. g.

Allgemein		**Beispiele**	
Funktion	Stammfunktion	Funktion	Stammfunktion
(1) $f(x) = x^n$, $n \in \mathbb{Q}$; $n \neq -1$; $x > 0$	$F(x) = \frac{1}{n+1}x^{n+1} + c$; $c \in \mathbb{R}$	$f(x) = x^3$; $g(x) = -x^{-4}$; $x > 0$	$F(x) = \frac{1}{4}x^4 + c$; $c \in \mathbb{R}$; $G(x) = \frac{1}{3} \cdot \frac{1}{x^3} + c$; $c \in \mathbb{R}$
(2) $s(x) = f(x) + g(x)$	$S(x) = F(x) + G(x)$	$s(x) = \frac{1}{2\sqrt{x}} + \frac{1}{x^2}$; $x > 0$	$S(x) = \sqrt{x} - \frac{1}{x} + c$; $c \in \mathbb{R}$
(3) $p(x) = a \cdot f(x)$; $a \in \mathbb{R}$	$P(x) = a \cdot F(x)$; $a \in \mathbb{R}$	$p(x) = 6\sqrt{x}$;	$P(x) = 6 \cdot \frac{2}{3}\sqrt{x^3} + c$; $c \in \mathbb{R}$

13. **a)** Geben Sie die Regeln der obigen Tabelle mit eigenen Worten an.

b) Bestätigen Sie durch Rechnung, dass in den Beispielen die Stammfunktionen korrekt angegeben sind.

14. **a)** Wählen Sie drei ganzrationale Funktionen und geben Sie für diese Funktionen unter Benutzung der Regeln (1), (2) und (3) aus der obigen Tabelle alle Stammfunktionen an.

b) Geben Sie für eine ganzrationale Funktion n-ten Grades alle Stammfunktionen an.

Zusammenhang zwischen Differenzieren und dem Bilden von Stammfunktionen

15. **a)** Sprechen Sie mithilfe der untenstehenden Übersicht über den Zusammenhang zwischen dem Differenzieren und dem Bilden von Stammfunktionen.
b) Wählen Sie eine Funktion F und geben Sie Funktionen f und f' an.
c) Wählen Sie eine Funktion f und geben Sie Funktionen F und f' an.
d) Wählen Sie eine Funktion f' und geben Sie Funktionen f und F an.

Gegeben sei eine differenzierbare Funktion f. Durch das **Differenzieren** wird der Funktion f die Ableitungsfunktion f' zugeordnet. Durch das **Bilden von Stammfunktionen** wird der Funktion f die Menge der Stammfunktionen $F + c$ zugeordnet.

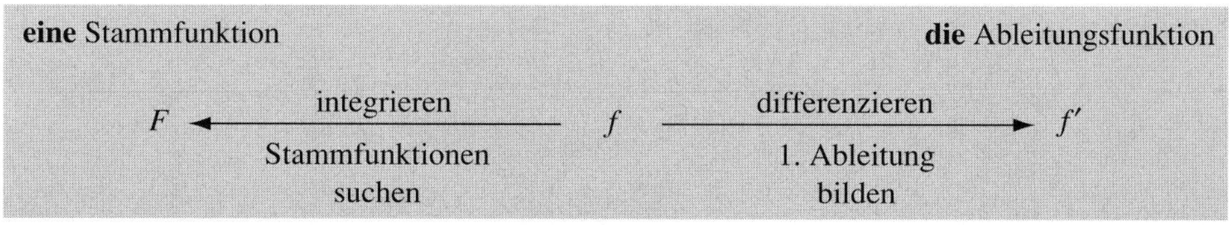

Der hier grafisch dargestellte Zusammenhang kann verbal folgendermaßen beschrieben werden:

Bildet man von einer Funktion f zunächst eine Stammfunktion F und leitet diese dann ab, so ergibt sich wieder f.

Bildet man von einer Funktion f zunächst ihre Ableitung f' und bildet davon eine Stammfunktion, so ergibt sich eine Funktion, die sich höchstens um eine Konstante von f unterscheidet.

Sehr knapp ausgedrückt, kann man sagen: Das Bilden von Stammfunktionen und das Differenzieren verhalten sich zueinander wie Umkehroperationen.

16. **a)** Gegeben sei f mit $f(x) = 2x^3 + \frac{1}{x} - \sqrt{3}$. Ermitteln Sie die Ableitung f' und f''.
b) Gegeben sei die zweite Ableitung f'' mit $f''(x) = 4x^3 - 5x + 1$ einer Funktion f. Geben Sie eine Funktion f' an, die f'' als Ableitung besitzt.
c) Geben Sie möglichst drei Funktionen f mit dieser zweiten Ableitung an.
d) Beschreiben Sie allgemein die Beziehung zwischen f'' und f' bzw. zwischen f' und f mithilfe des Begriffs „Stammfunktion".

17. Ermitteln Sie eine Funktion f, die den gegebenen Bedingungen genügt.

a) $f'(x) = \frac{x}{2} + 6;\ f(1) = 4$
b) $f''(x) = 4;\ f(0) = 2;\ f(1) = 0$
c) $f'(x) = \frac{x}{2};\ f(0) = 2$
d) $f'(x) = \frac{1}{2\sqrt{x}};\ f(1) = 1$
e) $f'(x) = \frac{x^2}{2};\ f(1) = 5$
f) $f''(x) = 7;\ f'(1) = 0;\ f(0) = 1$

18. Gegeben sei die Funktion f' mit $f'(x) = 3x^3 - 4x + 1$.
a) Geben Sie zu f' diejenige Funktion f an, für die $f(-1) = 2$ gilt.
b) An welchen Stellen hat f an Anstieg 1?

E

Einführung in die Integralrechnung

1 Flächeninhalt und bestimmtes Integral

Berechnen von Flächeninhalten

1. Berechnen Sie den Flächeninhalt der Figuren, die in den Bildern 1 bis 4 im Maßstab 1:10 dargestellt sind. (Hinweis: Die gekrümmten Linien sind Teile von Kreisen.)

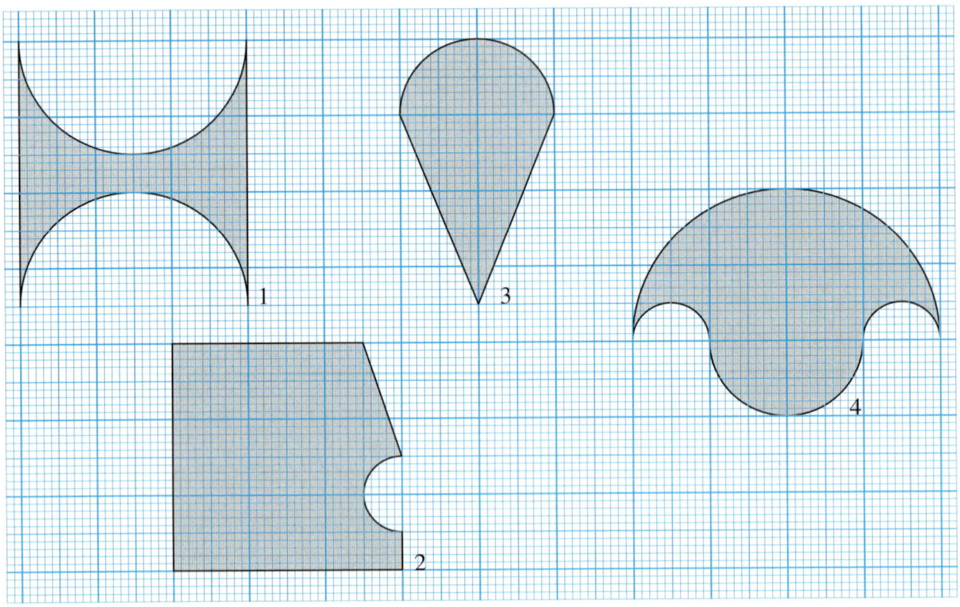

Kreise sind die bisher einzigen krummlinig begrenzten Figuren, deren Flächeninhalte wir mithilfe einer Formel ($A = \pi r^2$) berechnen können.

2. **a)** Zeichnen Sie einen Kreis mit dem Radius $r = 5$ cm auf Millimeterpapier. Ermitteln Sie näherungsweise den Flächeninhalt dieses Kreises, indem Sie zum einen alle Quadrate mit der Seitenlänge 1 cm auszählen, die vollständig innerhalb des Kreises liegen und zum anderen die Quadrate auszählen, die nötig sind, um den Kreis gerade zu überdecken.

b) Gehen Sie wie in a) vor und benutzen Sie dabei Quadrate mit 0,5 cm Seitenlänge.

c) Werten Sie die Genauigkeit der in a) und b) beschriebenen Methode. Welches Ergebnis erhalten Sie mithilfe der Flächeninhaltsformel für den Kreis?

3. a) Ermitteln Sie für die in Bild 5 dargestellte Figur mithilfe der Methode aus Aufgabe 2 einen Näherungswert für den Flächeninhalt.

b) Welche Beziehung besteht zwischen dem Flächeninhalt aller einbeschriebenen Quadrate (Quadrate, die innerhalb der Figur liegen) und dem Flächeninhalt aller umschreibenden Quadrate (Quadrate, die zum Überdecken der Figur nötig sind) und dem wirklichen Flächeninhalt?

c) Wie wirkt sich eine Verkleinerung der Seitenlänge der Quadrate aus?

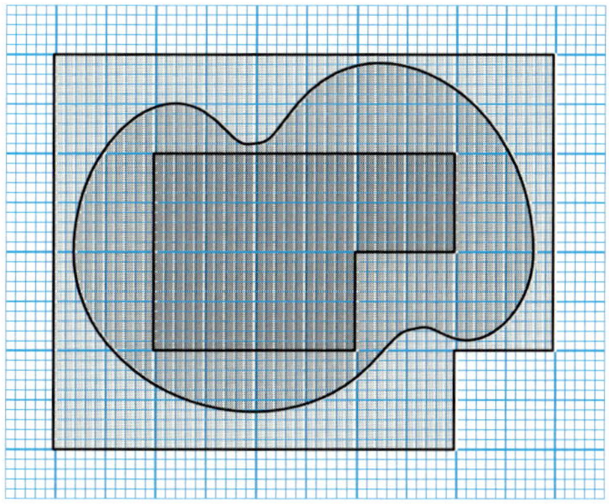

5

4. a) Zeichnen Sie die Graphen der folgenden Funktionen jeweils in ein Koordinatensystem. Arbeiten Sie dabei auf Millimeterpapier und wählen Sie als 1 Längeneinheit (LE) eine Länge von 5 cm: $f(x) = 5$; $g(x) = 3x$; $h(x) = 0{,}25x + 3$; $k(x) = x^2$; $l(x) = x^2 + 2$; $m(x) = (x-1)^2 + 3$.

b) Markieren Sie die Punktmenge, die von dem Graphen der Funktion, der x-Achse, der y-Achse und der Parallelen zur y-Achse durch den Punkt $(1; 0)$ begrenzt wird. Wir sprechen in diesem Fall auch von der **Punktmenge unter dem Graphen der Funktion** im Intervall $[0; 1]$.

c) Berechnen Sie (falls es nicht genau möglich ist, näherungsweise) den Flächeninhalt der in b) beschriebenen Punktmenge.
Hinweis: Für eine Näherungslösung hilft Ihnen die Methode aus Aufgabe 2.

d) Geben Sie, falls möglich, eine Formel zur Berechnung der in b) genannten Punktmengen für alle b aus dem Intervall $[0; b]$, $b \in \mathbb{R}$ an. Für welche der Funktionen ist dies noch nicht möglich? Begründen Sie.

5. a) Berechnen Sie näherungsweise den Flächeninhalt A der Punktmenge M aus Bild 6.
Hinweis: Berechnen Sie dazu die Flächeninhalte der eingezeichneten Figuren.

b) Berechnen Sie näherungsweise den Flächeninhalt A der Punktmengen M aus Bild 7 bis 9. Hinweis: Orientieren Sie sich an dem Vorgehen in a).

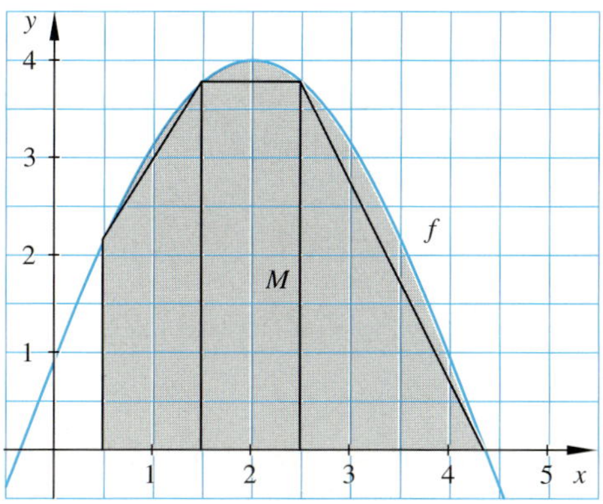

6

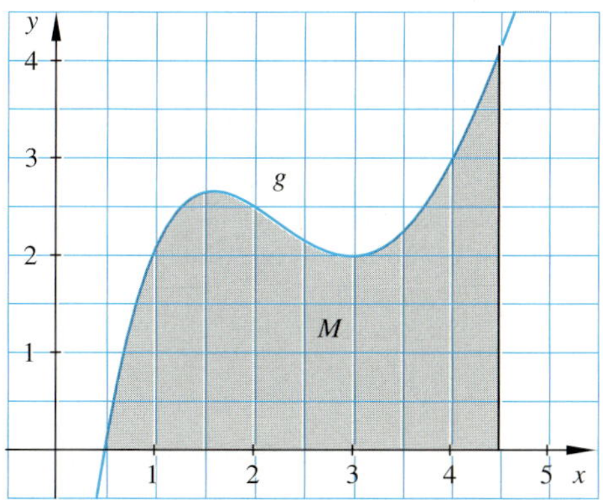

7

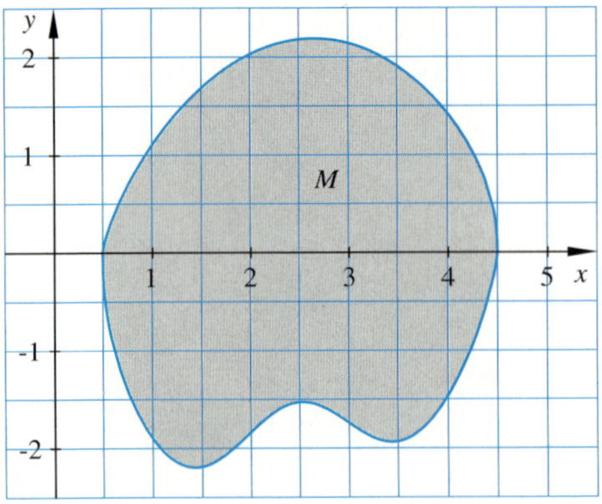

8

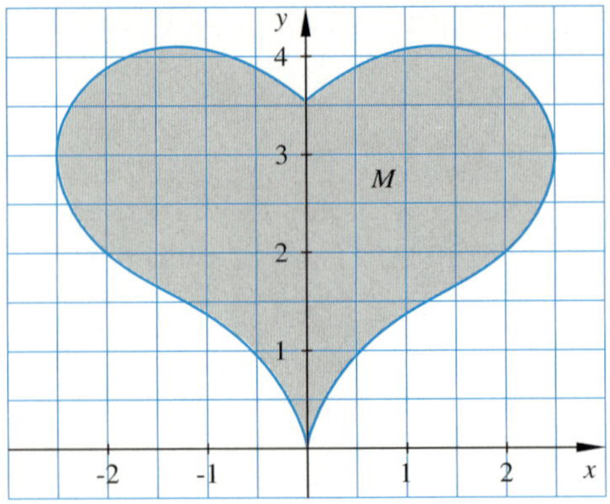

9

6. Die in Aufgabe 5 erhaltenen Näherungswerte für den Flächeninhalt A der jeweiligen Punktmenge M waren kleiner als der wirkliche Flächeninhalt A. Ermitteln Sie nun Näherungswerte, die größer als A sind, indem Sie M vollständig mit solchen Teilfiguren überdecken, deren Flächeninhalt Sie berechnen können.

Berechnen eines Flächeninhalts mithilfe eines Grenzwertes

Beispiel: Es ist der Flächeninhalt A der Punktmenge M unter der Parabel mit $f(x) = \frac{1}{8}x^2 + 1$ im Intervall $[0; 4]$ zu ermitteln.

Bei Anwendung der in Aufgabe 2 beschriebenen Methode erhält man für den Flächeninhalt A der Punktmenge M mithilfe von Einheitsquadraten einen Näherungswert, der zwischen 5 Flächeneinheiten (FE) und 10 FE liegt.
Anstelle der Quadrate können auch andere Figuren, deren Flächeninhalt man kennt, zur Ermittlung des Flächeninhalts A herangezogen werden.
Zur Vereinfachung der Rechnung arbeitet man oft mit Rechtecken (Streifen), deren Seiten zu den Koordinatenachsen parallel sind (siehe Bild 10). Dazu wird das Intervall $[0; 4]$ in 2^n ($n \in \mathbb{N}$) gleich lange Teilintervalle[1] zerlegt und der Flächeninhalt von bestimmten Rechtecken berechnet.

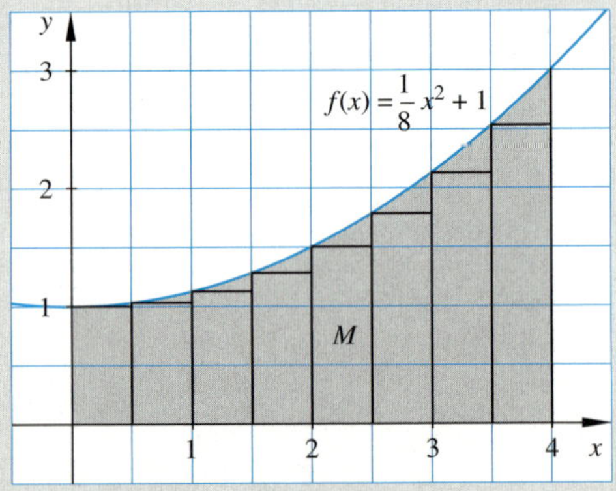

10

Es interessieren
1. die größten Rechtecke, die in dem betreffenden Teilintervall noch vollständig innerhalb von M liegen (siehe Bild 11) und
2. die kleinsten Rechtecke, die in dem betreffenden Teilintervall M vollständig überdecken (siehe Bild 12).

[1] Das Verfahren funktioniert auch für Teilintervalle unterschiedlicher Länge, ist also nicht an **äquidistante** (lateinisch: gleiche Abstände aufweisende) Teilungen gebunden.

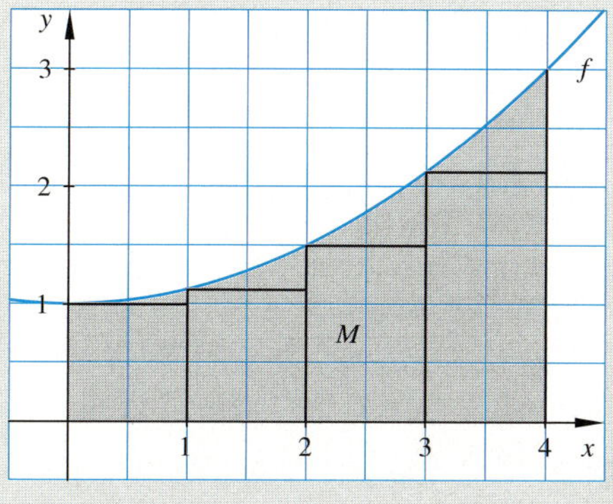

11

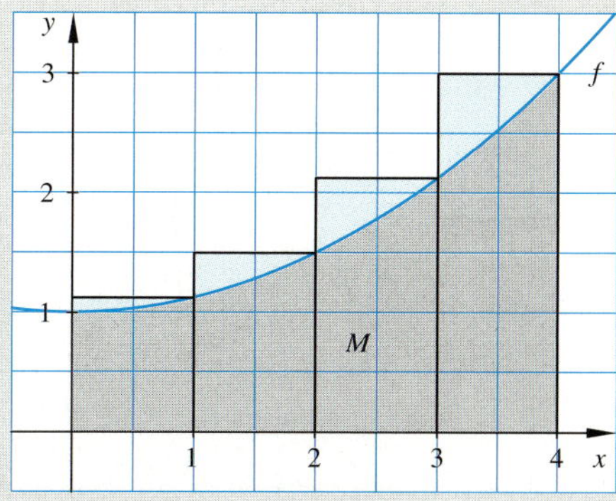

12

In beiden Fällen ist die Breite der Rechtecke identisch mit der Länge des Teilintervalls. Die Höhe der Rechtecke ist für den ersten Fall der jeweils kleinste Funktionswert von f in dem Teilintervall, im zweiten Fall der jeweils größte Funktionswert von f in dem Teilintervall (vgl. die Bilder 11 und 12). Dieses Vorgehen wird nach ihrem Erfinder als **Streifenmethode des Archimedes** bezeichnet (Archimedes von Syrakus, griechischer Mathematiker und Philosoph, um 285 v. Chr. bis 212 v. Chr.).

Wir sehen und jetzt einige Teilungen an.

Für $\boldsymbol{n} = \mathbf{1}$ (siehe Bild 13):
Es entstehen die zwei Teilintervalle [0; 2] und [2; 4]. Jedes der Teilintervalle hat die Länge 2. Als Summe U_1 der Flächeninhalte der größten Rechtecke, die vollständig in M enthalten sind, ergibt sich:

$$U_1 = 2 \cdot f(0) + 2 \cdot f(2)$$
$$= 2\left(\frac{1}{8} \cdot 0^2 + 1\right) + 2\left(\frac{1}{8} \cdot 2^2 + 1\right).$$

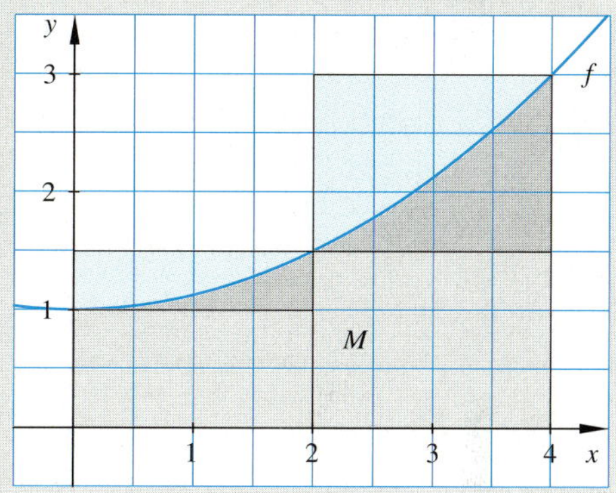

13

Als Summe O_1 der Flächeninhalte der kleinsten Rechtecke, die gerade M überdecken, ergibt sich:

$$O_1 = 2 \cdot f(2) + 2 \cdot f(4) = 2\left(\frac{1}{8} \cdot 2^2 + 1\right) + 2\left(\frac{1}{8} \cdot 4^2 + 1\right).$$

Damit ist $U_1 = 5 \leq A \leq 10 = O_1$. Der Flächeninhalt A liegt zwischen 5 FE und 10 FE.

Für $\boldsymbol{n} = \mathbf{2}$ (siehe Bilder 11 und 12): Es entstehen die vier Teilintervalle [0; 1], [1; 2], [2; 3] und [3; 4]. Jedes der Teilintervalle hat die Länge 1.
Als Summe U_2 ergibt sich:

$$U_2 = 1 \cdot (f(0) + f(1) + f(2) + f(3)) = 1 \cdot \left(1 + \frac{9}{8} + \frac{3}{2} + \frac{17}{8}\right) = \frac{23}{4}.$$

Als Summe O_2 ergibt sich: $O_2 = 1 \cdot (f(1) + f(2) + f(3) + f(4)) = 1 \cdot \left(\frac{9}{8} + \frac{3}{2} + \frac{17}{8} + 3\right) = \frac{31}{4}.$

Damit ist $U_2 = 5{,}75 \leq A \leq 7{,}75 = O_2$. Der Flächeninhalt liegt zwischen 5,75 FE und 7,75 FE.
Erhöht man die Anzahl der Teilintervalle, kann man die Näherungswerte für A verbessern.

7. Setzen Sie den im Beispiel beschriebenen Prozess für $n = 3$ und $n = 4$ fort.
a) Wie lang ist jeweils jedes Teilintervall?
b) Berechnen Sie die Zahlen U_3, O_3, U_4 und O_4.
c) Beurteilen Sie die erhaltenen Näherungswerte für A.
d) Die Zahlen $U_1, U_2, U_3, \ldots$ werden **Untersummen** und die Zahlen $O_1, O_2, O_3, \ldots$ werden **Obersummen** genannt. Geben Sie eine Erklärung für diese Bezeichnungen an.

Beispiel: (Fortsetzung des Beispiels auf S. 197)

Wir setzen nun den im Beispiel begonnenen Prozess fort. Dafür wird das Intervall $[0;4]$ in 2^n gleich lange **Teilintervalle** zerlegt. Jedes Intervall hat dann die Länge $\frac{4}{2^n}$. Als Untersumme U_n der Flächeninhalte der größten Rechtecke, die in M enthalten sind, ergibt sich:

$$\begin{aligned}U_n &= \frac{4}{2^n}\left(f(0) + f\left(1\cdot\frac{4}{2^n}\right) + f\left(2\cdot\frac{4}{2^n}\right) + \ldots + f\left((2^n-1)\frac{4}{2^n}\right)\right)\\ &= \frac{4}{2^n}\left(1 + \frac{1}{8}\left(1\cdot\frac{4}{2^n}\right)^2 + 1 + \frac{1}{8}\left(2\cdot\frac{4}{2^n}\right)^2 + 1 + \ldots + \frac{1}{8}\left((2^n-1)\frac{4}{2^n}\right)^2 + 1\right)\\ &= \frac{4}{2^n}\left(2^n + \frac{1}{8}\cdot\frac{16}{2^{2n}}(1^2 + 2^2 + \ldots + (2^n-1)^2\right) = 4 + \frac{8}{2^n\cdot 2^{2n}}(1^2 + 2^2 + \ldots + (2^n-1)^2)\\ &= 4 + \frac{8}{2^n\cdot 2^{2n}}\cdot\frac{1}{6}(2^n-1)(2^n)(2^{n+1}-1)^1 = 4 + \frac{4}{3}\cdot\frac{(2^n-1)(2^{n+1}-1)}{2^{2n}}.\end{aligned}$$

Analog ergibt sich als Obersumme O_n der Flächeninhalte der kleinsten Rechtecke, die M überdecken:

$$\begin{aligned}O_n &= \frac{4}{2^n}\left(f(1\cdot\frac{4}{2^n}) + f\left(2\cdot\frac{4}{2^n}\right) + \ldots + f\left(2^n\cdot\frac{4}{2^n}\right)\right)\\ &= \frac{4}{2^n}\left(\frac{1}{8}\left(1\cdot\frac{4}{2^n}\right)^2 + 1 + \frac{1}{8}\left(2\cdot\frac{4}{2^n}\right)^2 + 1 + \ldots + \frac{1}{8}\left(2^n\cdot\frac{4}{2^n}\right)^2 + 1\right)\\ &= \frac{4}{2^n}\left(2^n + \frac{1}{8}\cdot\frac{16}{2^{2n}}(1^2 + 2^2 + \ldots + 2^{2n})\right) = 4 + \frac{8}{2^n\cdot 2^{2n}}(1^2 + 2^2 + \ldots + 2^{2n})\\ &= 4 + \frac{8}{2^{2n}}\cdot\frac{1}{6}(2^n+1)(2^{n+1}+1) = 4 + \frac{4}{3}\cdot\frac{(2^n+1)(2^{n+1}+1)}{2^{2n}}.\end{aligned}$$

Damit gilt:

$$U_n = 4 + \frac{4}{3}\cdot\frac{(2^n-1)(2^{n+1}-1)}{2^{2n}} \leq A \leq 4 + \frac{4}{3}\cdot\frac{(2^n+1)(2^{n+1}+1)}{2^{2n}} = O_n.$$

Bemerkung:
Obwohl O_n und U_n Flächeninhalte sind, werden manchmal nur die Maßzahlen betrachtet. Daher wird auf die Angabe FE verzichtet.

8. **a)** Durchdenken Sie das obige Beispiel und begründen Sie die einzelnen Umformungen.
b) Wie ändern sich die Zahlen U_n bzw. O_n im obigen Beispiel wenn n größer wird?
c) Was spricht dafür, dass die Folgen (U_n) und (O_n) konvergieren?

---

[1] Hier wurde die Formel $\sum_{i=1}^{n} i^2 = 1^2 + 2^2 + \ldots + n^2 = \frac{n(n+1)(2n+1)}{6}$ für die Summe der ersten n Quadratzahlen benutzt.

Nun zeigt sich, dass die Folgen (U_n) und (O_n) für $n \to \infty$ gegen ein und denselben Grenzwert konvergieren.

$$\lim_{n\to\infty} U_n = \lim_{n\to\infty}\left(4 + \frac{4}{3}\cdot\frac{(2^n-1)(2^{n+1}-1)}{2^{2n}}\right) = \lim_{n\to\infty}\left(4 + \frac{4}{3}\cdot\frac{2^{2n+1}-2^n-2^{n+1}+1}{2^{2n}}\right)$$

$$= \lim_{n\to\infty} 4 + \lim_{n\to\infty}\frac{4}{3}\cdot\lim_{n\to\infty}\left(2 - \frac{1}{2^n} - \frac{2}{2^n} + \frac{1}{2^{2n}}\right) = 4 + \frac{4}{3}\cdot 2 = \frac{20}{3}.$$

$$\lim_{n\to\infty} O_n = \lim_{n\to\infty}\left(4 + \frac{4}{3}\cdot\frac{(2^n+1)(2^{n+1}+1)}{2^{2n}}\right) = \lim_{n\to\infty}\left(4 + \frac{4}{3}\cdot\frac{2^{2n+1}+2^n+2^{n+1}+1}{2^{2n}}\right)$$

$$= \lim_{n\to\infty} 4 + \lim_{n\to\infty}\frac{4}{3}\cdot\lim_{n\to\infty}\left(2 + \frac{1}{2^n} + \frac{2}{2^n} + \frac{1}{2^{2n}}\right) = 4 + \frac{4}{3}\cdot 2 = \frac{20}{3}.$$

Wir erhalten somit $A = \frac{20}{3}$ FE als Flächeninhalt der Punktmenge M unter dem Graphen der Funktion f mit $f(x) = \frac{1}{8}x^2 + 1$ im Intervall $[0; 4]$.

9. **a)** Geben Sie für das obige Beispiel die Differenzen $D_n = O_n - U_n$ für $n = 1$, 2 und 3 an. Wie ändert sich D_n mit wachsendem n? Führen Sie eine Grenzwertbetrachtung für $n \to \infty$ durch. Deuten Sie die Folge (D_n) geometrisch.

b) Wie fällt der Vergleich zwischen irgendeiner Untersumme und dem Flächeninhalt A der Punktmenge M aus?

c) Wie fällt der Vergleich zwischen irgendeiner Obersumme und dem Flächeninhalt A der Punktmenge M aus?

d) Wie verändern sich die Flächeninhalte der der Punktmenge M einbeschriebenen Vielecksflächen mit wachsender Anzahl der Teilintervalle?

e) Wie verändern sich die Flächeninhalte der die Punktmenge M überdeckenden Vielecksflächen bei wachsender Anzahl der Teilintervalle?

10. Berechnen Sie mit der Streifenmethode des Archimedes näherungsweise den Flächeninhalt der Punktmenge unter dem Graphen der jeweiligen Funktion in dem angebebenen Intervall $[a; b]$. Aus n ergibt sich dabei mit 2^n die Anzahl der Teilintervalle. Veranschaulichen Sie sich die jeweilige Situation.

$f(x) = x^2$; $[0; 2]$; $n = 2$ $\quad$ $g(x) = \frac{1}{4}x + 3$; $[0; 4]$; $n = 3$ $\quad$ $h(x) = x^2 + 1$; $[0; 1]$; $n = 2$

$i(x) = x^3 + 1$; $[0; 1]$; $n = 2$ $\quad$ $k(x) = x^2$; $[1; 2]$; $n = 2$ $\quad$ $l(x) = \frac{1}{4}x + 3$; $[1; 4]$; $n = 3$

11. **a)** Ermitteln Sie den Flächeninhalt der in Aufgabe 10 beschriebenen Punktmengen durch einen Grenzprozess. (Hinweis: Für die Summe der ersten n Kubikzahlen gilt:
$1^3 + 2^3 + 3^3 + \ldots + (n-1)^3 + n^3 = \left(\frac{n(n+1)}{2}\right)^2$.)

b) Für welche der in Aufgabe 10 genannten Funktionen kann der gewünschte Flächeninhalt elementar berechnet werden?

12. Gegeben sei die Funktion $f(x) = x$.

a) Skizzieren Sie den Graphen der Funktion und markieren Sie die Punktmenge, die durch den Graphen von f, die x-Achse und die Geraden $x = 2$ und $x = 7$ begrenzt wird.

a) Berechnen Sie den Flächeninhalt dieser Punktmenge mit einer elementaren Flächeninhaltsformel und mit der Streifenmethode von Archimedes.

13. Gegeben seien die Graphen der Funktionen f_1 bis f_6 (vgl. die Bilder 14 bis 19).

a) Beschreiben Sie jeweils den Verlauf der Graphen der Funktionen. Geben Sie jeweils den Definitionsbereich und den Wertebereich der Funktionen an.

b) Skizzieren Sie die Graphen der Funktionen. Schraffieren Sie (falls möglich) die Punktmenge, die vom Graphen der jeweiligen Funktion, der Abszissenachse und den Parallelen zur Ordinatenachse durch die Intervallenden a und b begrenzt wird.

c) Für welche in b) betrachteten Punktmengen lässt sich ein Flächeninhalt nach der Streifenmethode von Archimedes berechnen, für welche nicht? Begründen Sie Ihre Aussagen.

d) Für welche der Funktionen f_1 bis f_6 gilt, dass sie in jedem abgeschlossenen Teilintervall sowohl einen kleinsten als auch einen größten Funktionswert aufweisen?

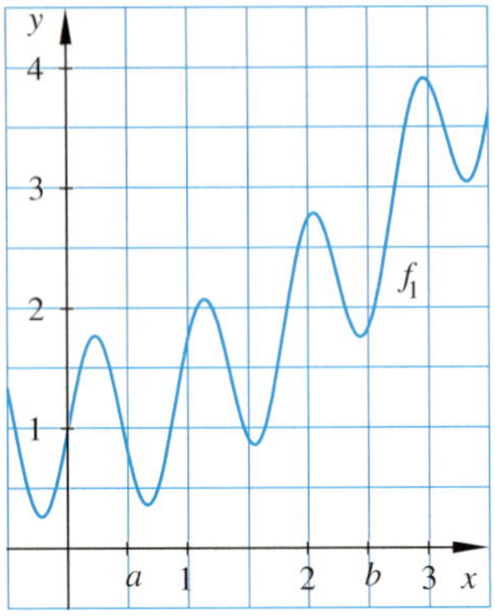

14

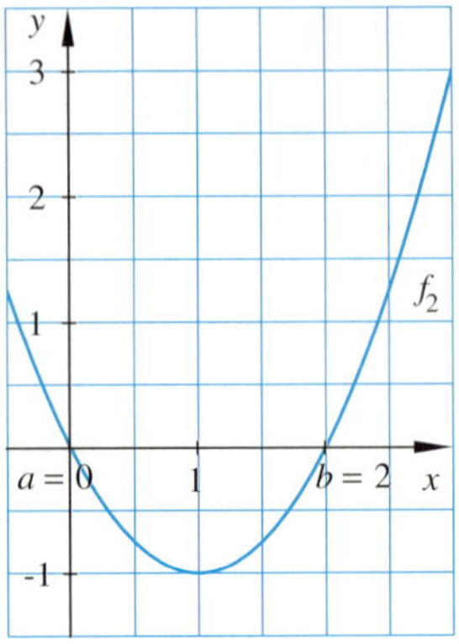

15

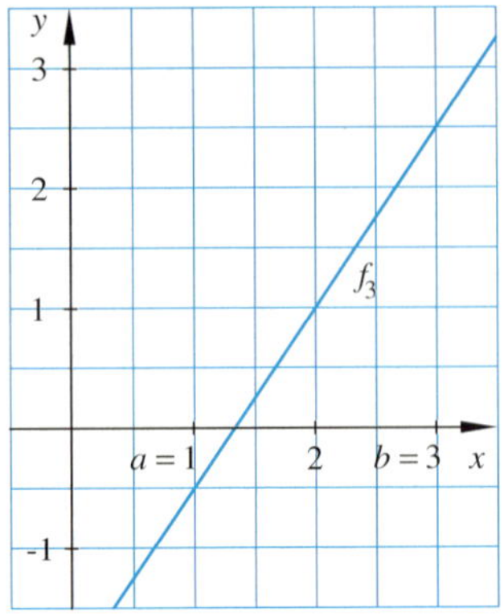

16

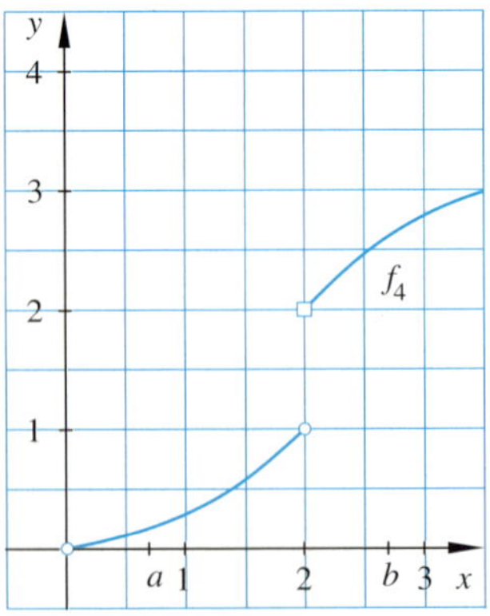

17

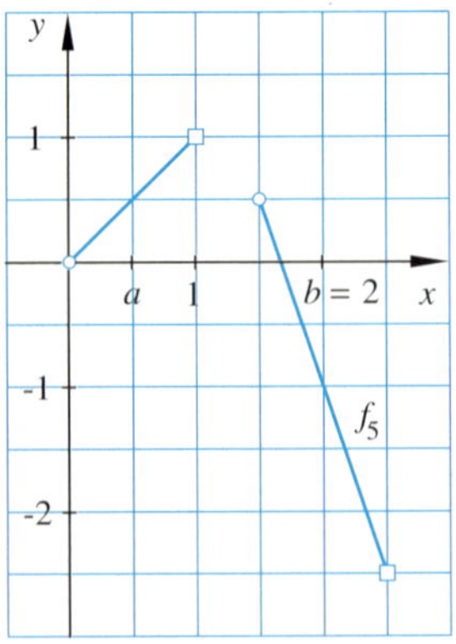

18

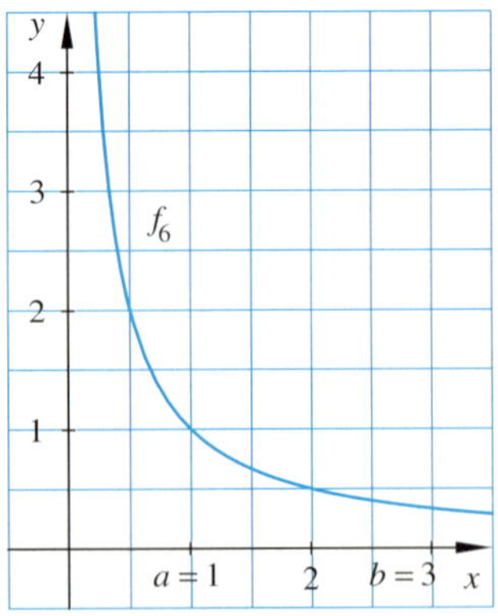

19

14. Anstelle der fortlaufenden Intervallhalbierung (vgl. das Beispiel auf den Seiten 196 bis 199) kann das zugrunde liegende Intervall $[a; b]$ auch in n gleich lange Teilintervalle zerlegt werden. Jedes Teilintervall hat dann eine Länge von $\frac{b-a}{n}$.

a) Bestimmen Sie auf diese Art den Flächeninhalt A der Punktmenge M unter der Parabel mit $f(x) = x^2$ im Intervall $[0; 1]$, sowie in den Intervallen $[0; 4]$ und $[1; 4]$.

***b)** Zu welchem Ergebnis kommen Sie für $f(x) = x^2$ im Intervall $[a; b]$?

15. Welche Gemeinsamkeiten und welche Unterschiede weisen die bisher besprochenen Intervallzerlegungsmethoden (1. fortlaufende Halbierung der vorhandenen Intervalle, 2. Zerlegung in n gleich lange Teilintervalle) auf?

16. a) Berechnen Sie für die in Aufgabe 10 genannten Funktionen und Intervalle unter Verwendung der Zerlegung des Intervalls in n gleich lange Teilintervalle jeweils den Flächeninhalt der Punktmenge zwischen den Graphen und der Abszissenachse.

b) Warum ist es nicht überraschend, dass jetzt zwar manchmal andere Obersummen bzw. Untersummen entstehen, die Endergebnisse aber übereinstimmen?

In den vorangegangenen Beispielen haben wir versucht, den Flächeninhalt von Punktmengen, die zwischen dem Graphen einer Funktion und der Abszissenachse liegen, zu berechnen. Wir werden nun die gewonnenen Ergebnisse verallgemeinern. Zunächst stellt sich die Frage, welche Eigenschaften eine Funktion haben muss, damit der Flächeninhalt nach der Streifenmethode des Archimedes berechnet werden kann.

Nach einer Zerlegung des Intervalls, auf dem die jeweilige Funktion betrachtet wird, werden Ober- und Untersumme gebildet. Damit das möglich ist, verlangen wir:

Sei f eine im Intervall $[a; b]$ definierte Funktion, die in jedem abgeschlossenen Teilintervall von $[a; b]$ einen kleinsten und einen größten Funktionswert hat.

Zur Vermeidung weiterer Schwierigkeiten fordern wir zusätzlich:
Sei $f(x) \geq 0$ für alle $x \in [a; b]$.

Betrachtet man nun eine Folge von Zerlegungen des Intervalls $[a; b]$ z.B. durch fortlaufende Halbierung, so können Folgen von Untersummen und Folgen von Obersummen gebildet werden, deren Grenzwert interessieren. Sind diese Grenzwerte gleich, so stellen wir fest:

Man berechnet den **Flächeninhalt** A der Punktmenge, die vom Graphen der Funktion f, der Abszissenachse und den Parallelen zur Ordinatenachse durch die Intervallenden a und b begrenzt wird, indem man den gemeinsamen Grenzwert der Folgen von Untersummen (U_n) und der Folgen von Obersummen (O_n) berechnet.

$$A = \lim_{n \to \infty} U_n = \lim_{n \to \infty} O_n$$

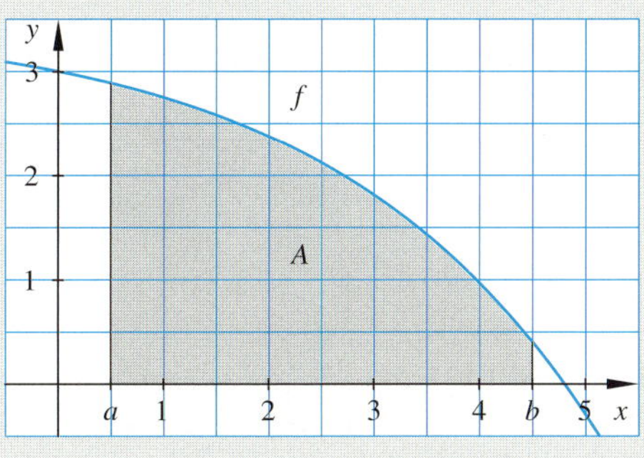

20

n	U_n	O_n
1	1,5995	11,5505
2	5,0441	10,0196
3	6,0572	9,3742
10	7,3534	8,3485
100	7,8145	7,9140

21

Sind beide Grenzwerte nicht gleich oder existiert mindestens einer der Grenzwerte nicht, so kann der Punktmenge kein Flächeninhalt zugeordnet werden.

Definition des bestimmten Integrals

Die Überlegungen, die eine neue Möglichkeit zur Berechnung von Flächeninhalten ergaben, führen auch zu einem wichtigen mathematischen Begriff, der vielfältige Anwendungen in der Mathematik und den Naturwissenschaften hat.

17. Stellen Sie eine Vermutung darüber an, für welche der Funktionen f_1 bis f_6 aus Aufgabe 13 die Grenzwerte $\lim_{n\to\infty} U_n$ und $\lim_{n\to\infty} O_n$ existieren und gleich sind.

18. Bild 15 zeigt die Funktion f mit $f(x) = x^2 - 2x$.
Zerlegen Sie schrittweise das Intervall [0; 2] in gleich lange Teilintervalle und berechnen Sie $\lim_{n\to\infty} U_n$ und $\lim_{n\to\infty} O_n$.

Das Ergebnis von Aufgabe 18 zeigt, dass auch für Funktionen mit negativen Funktionswerten die Grenzwerte $\lim_{n\to\infty} U_n$ und $\lim_{n\to\infty} O_n$ existieren und gleich sein können. Wir nutzen diese Situation für die folgende Definition.

DEFINITION f sei eine im Intervall $[a; b]$ definierte Funktion, die in jedem abgeschlossenen Teilintervall von $[a; b]$ einen kleinsten und einen größten Funktionswert hat.

Haben die Folge der Untersummen (U_n) und die Folge der Obersummen (O_n) einen gemeinsamen Grenzwert, d.h. gilt $\lim_{n\to\infty} U_n = \lim_{n\to\infty} O_n$, so heißt dieser gemeinsame Grenzwert das **bestimmte Integral der Funktion *f* im Intervall [*a*; *b*]**.

Das bestimmte Integral von f im Intervall $[a;b]$ wird durch $\int_a^b f(x)\mathrm{d}x$ bezeichnet.

Man spricht: „Integral von f von $x\,\mathrm{d}x$ in den Grenzen von a bis b".

Dabei nennt man a und b die Integrationsgrenzen, $f(x)$ den Integranden und x die Integrationsvariable. Das Zeichen $\int$ ist ein stilisiertes S und erinnert an die Summenbildung, die zum bestimmten Integral geführt hat.

Das oben definierte bestimmte Integral heißt auch **Riemannintegral**, zu Ehren des deutschen Mathematikers Bernhard Riemann (1826–1866).

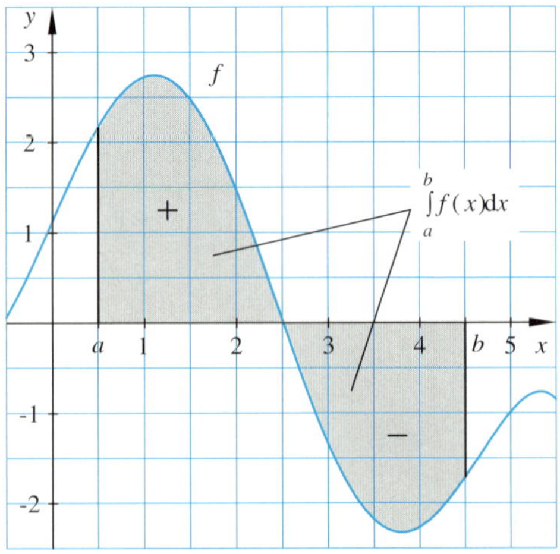

22

Bemerkungen:
1. Das Riemannintegral ist hier nicht für den allgemeinsten Fall definiert worden. Die Forderung, dass f in jedem Teilintervall von $[a;b]$ einen kleinsten und einen größten Funktionswert haben soll, kann abgeschwächt werden zu der Forderung, dass f auf $[a;b]$ beschränkt ist.
   Für unsere Zwecke fällt diese Einschränkung aber nicht ins Gewicht.

2. Das Intervall $[a; b]$ kann auf sehr verschiedene Weisen zerlegt werden. Wir haben nur zwei Zerlegungsmöglichkeiten diskutiert, die fortwährende Intervallhalbierung bzw. die Zerlegung in n gleich lange Teilintervalle. Wichtig ist nur, dass die Längen der Teilintervalle in der Folge der Zerlegungen „klein genug“ werden.
3. Für die Existenz des bestimmten Integrals einer Funktion f auf dem Intervall $[a; b]$ ist nach Definition das Verhalten der Folgen der Untersummen und der Folgen der Obersummen entscheidend. Beide Folgen müssen konvergieren und die Grenzwerte müssen gleich sein. Ohne Beweis sei hier mitgeteilt, dass für beschränkte Funktionen die Grenzwerte $\lim\limits_{n\to\infty} U_n$ und $\lim\limits_{n\to\infty} O_n$ immer existieren. Zwischen den genannten Grenzwerten besteht immer die Beziehung: $\lim\limits_{n\to\infty} U_n \leq \lim\limits_{n\to\infty} O_n$. Im Falle der Gleichheit existiert das bestimmte Integral.
4. Wie die Bezeichnung „bestimmtes Integral“ vermuten lässt, gibt es noch ein „unbestimmtes Integral“, das wir auch noch kennenlernen werden.

19. Schreiben Sie die Integrale mithilfe des Integralzeichens.

a) Das bestimmte Integral der Funktion $f(x) = 2x^2$ im Intervall $[1; 3]$.
b) Das bestimmte Integral der Funktion f mit $f(x) = 2x + 1$ im Intervall $[-1; 5]$.
c) Das bestimmte Integral der Funktion $f(t) = t^2$ im Intervall $[0{,}1; 0{,}4]$.
d) Das bestimmte Integral von $A(a) = a^2$ im Intervall $[c; d]$.

20. Bestätigen Sie mithilfe des Beispiels auf den Seiten 196 bis 199 die Wahrheit der folgenden Aussagen.

a) $\int\limits_0^4 \left(\frac{1}{8}x^2 + 1\right)\mathrm{d}x = \frac{20}{3}$ **b)** $\int\limits_0^2 \left(\frac{1}{8}x^2 + 1\right)\mathrm{d}x = \frac{7}{3}$ **c)** $\int\limits_0^{10} \left(\frac{1}{8}x^2 + 1\right)\mathrm{d}x = \frac{155}{3}$

21. Überprüfen Sie, ob die folgenden Behauptungen wahr sind. Nutzen Sie dafür auch Skizzen. Korrigieren Sie gegebenenfalls die Fehler. Welche bestimmten Integrale geben auch Flächeninhalte an?

a) $\int\limits_0^4 \left(\frac{1}{4}x + 3\right)\mathrm{d}x = 10$ **b)** $\int\limits_0^4 (x - 2)\mathrm{d}x = 0$ **c)** $\int\limits_1^4 (1{,}5x - 8)\mathrm{d}x = -\frac{51}{4}$

d) $\int\limits_0^1 x^2\mathrm{d}x = \frac{1}{3}$ **e)** $\int\limits_0^2 x^2\mathrm{d}x = \frac{8}{3}$ **f)** $\int\limits_0^1 (-x^2)\mathrm{d}x = -\frac{1}{3}$

g) $\int\limits_0^2 (-x^2)\mathrm{d}x = -\frac{8}{3}$ **h)** $\int\limits_0^a x^2\mathrm{d}x = \frac{a^3}{3}\ (a > 0)$ **i)** $\int\limits_0^a (-x^2)\mathrm{d}x = -\frac{a^3}{3}\ (a > 0)$

j) $\int\limits_0^b 1\mathrm{d}x = b\ (b > 0)$ **k)** $\int\limits_0^1 (2x - 3)\mathrm{d}x = -2{,}5$ **l)** $\int\limits_{-1}^1 2\mathrm{d}x = 3{,}9$

m) $\int\limits_0^4 (x - 2)\mathrm{d}x = 0$ **n)** $\int\limits_0^4 (x - 4)\mathrm{d}x = 8$ **o)** $\int\limits_0^5 x^2\mathrm{d}x = -\frac{125}{3}$

22. Äußern Sie sich zu den folgenden Feststellungen:

a) Das bestimmte Integral einer Funktion f über einem Intervall $[a; b]$ ist der Grenzwert einer Folge von Obersummen.
b) Das bestimmte Integral einer Funktion f lässt sich durch endlich viele Rechteckflächen approximieren („approximieren“ kommt aus dem Lateinischen und bedeutet soviel wie annähern).

2 Eigenschaften des bestimmten Integrals einer Funktion

Die Berechnung des bestimmten Integrals einer Funktion über die Grenzwerte der Folgen von Unter- bzw. Obersummen ist oft sehr mühsam. Daher werden jetzt einige Eigenschaften des bestimmten Integrals erarbeitet, die zu einfacheren Berechnungsmöglichkeiten führen.

Es gibt Funktionen, für die das bestimmte Integral nicht existiert (vgl. mit dem Beispiel auf Seite 205), aber für zwei große Mengen von Funktionen ist die Existenz des bestimmten Integrals gesichert.

Das bestimmte Integral einer monotonen Funktion

SATZ 1 Wenn f eine im Intervall $[a; b]$ **monotone** Funktion ist, so existiert $\int_a^b f(x)\mathrm{d}x$.

Beweis (für streng monoton wachsende Funktionen):
Es sei f eine im Intervall $[a; b]$ streng monoton wachsende Funktion.

(1) Für eine beliebige natürliche Zahl n wird das Intervall $[a; b]$ in 2^n gleich lange Teilintervalle $[x_{i-1}; x_i]$ $(i = 1, 2, \ldots 2^n)$ zerlegt. Jedes dieser Intervalle hat dann die Länge $\frac{b-a}{2^n}$.

(2) Da f streng monoton wächst, befindet sich in jedem Teilintervall am linken Intervallende der kleinste und am rechten Intervallende der größte Funktionswert.

(3) Als Untersumme ergibt sich nun $U_n = f(x_0) \cdot \frac{b-a}{2^n} + f(x_1) \cdot \frac{b-a}{2^n} + \ldots + f(x_{2^n-1}) \cdot \frac{b-a}{2^n}$.

Als Obersumme ergibt sich $O_n = f(x_1) \cdot \frac{b-a}{2^n} + f(x_2) \cdot \frac{b-a}{2^n} + \ldots + f(x_{2^n}) \cdot \frac{b-a}{2^n}$.

(4) Das Integral $\int_a^b f(x)\mathrm{d}x$ existiert nach Definition genau dann, wenn $\lim\limits_{n\to\infty} U_n = \lim\limits_{n\to\infty} O_n$ ist.

Wir bilden die Differenz der beiden Summen und erhalten:

$O_n - U_n = \frac{b-a}{2^n}(f(x_{2^n}) - f(x_0))$, denn alle anderen Summanden heben sich gegenseitig auf. Nun ist $x_0 = a$ und $x_{2^n} = b$. Damit ergibt sich $O_n - U_n = \frac{b-a}{2^n}(f(b) - f(a))$.

Da a, b, $f(a)$ und $f(b)$ fest stehende Zahlen sind, ist die Folge $(O_n - U_n)$ eine Nullfolge.

Wir können feststellen: Wenn die Folgen (O_n) und (U_n) konvergieren, so haben sie den gleichen Grenzwert. Die Folgen (O_n) und (U_n) konvergieren in der Tat, was hier nur mitgeteilt werden kann. Damit ist Satz 1 für streng monoton wachsende Funktionen bewiesen.

Bemerkung: Im Schritt (3) des Beweises von Satz 1 können die Ober- und Untersummen nur gebildet werden, weil in jedem Teilintervall jeweils der größte und der kleinste Funktionswert existieren. Das unterstreicht die Bedeutung dieser Voraussetzung für Funktionen, für die bestimmte Integrale berechnet werden sollen.

1. Beweisen Sie Satz 1 für streng monoton fallende Funktionen.

2. Überzeugen Sie sich davon, dass die Überlegungen aus dem Beweis von Satz 1 auf montone Funktionen, die nicht streng monoton sind, übertragen werden können.

Das bestimmte Integral einer stetigen Funktion

Da für stetige Funktionen, die auf abgeschlossenen Intervallen betrachtet werden, der Satz vom Minimum/Maximum gilt (siehe Satz 2 auf Seite 99), existiert für solche Funktionen auch in jedem Teilintervall sowohl ein größter als auch ein kleinster Funktionswert. Daher können immer Ober- bzw. Untersummen gebildet werden. Da die entsprechenden Folgen auch alle gegen die gleiche Zahl konvergieren gilt Satz 2.

SATZ 2 Wenn f eine im Intervall $[a; b]$ **stetige** Funktion ist, so existiert $\int\limits_a^b f(x)\mathrm{d}x$.

Auf einen Beweis von Satz 2 wird wegen der mathematischen Schwierigkeiten verzichtet.

3. Für welche der in den Bildern 14 bis 19 auf Seite 200 dargestellten Funktionen können Sie jetzt entscheiden, ob in dem jeweils angegebenen Intervall das bestimmte Integral existiert?

Das bestimmte Integral existiert nicht immer

Beispiel: Für die Funktion f mit $f(x) = \begin{cases} 1 & \text{falls } x \text{ eine rationale Zahl ist} \\ 0 & \text{falls } x \text{ eine irrationale Zahl ist} \end{cases}$

existiert das bestimmte Integral über dem Intervall $[0; 1]$ nicht[1].

In jedem Teilintervall von $[0; 1]$ gibt es sowohl rationale als auch irrationale Zahlen. Damit ist in jedem Teilintervall 0 der kleinste und 1 der größte Funktionswert. Sei nun das Intervall $[0; 1]$ in n Teilintervalle zerlegt.

Da in jedem Summanden der Untersumme U_n der kleinste Funktionswert 0 als Faktor enthalten ist, ist jede Untersumme 0. Damit ist auch $\lim\limits_{n \to \infty} U_n = 0$.

Da in jedem Summanden der Obersumme O_n der größte Funktionswert 1 als Faktor enthalten ist, ist jede Obersumme gleich der Länge des Intervalls, also 1. Damit ist auch $\lim\limits_{n \to \infty} O_n = 1$.

Wegen $\lim\limits_{n \to \infty} U_n \neq \lim\limits_{n \to \infty} O_n$ existiert das bestimmte Integral $\int\limits_0^1 f(x)\mathrm{d}x$ nicht.

4. **a)** Entscheiden Sie, ob für die Dirichlet-Funktion das bestimmte Integral über dem Intervall $[1; 2]$ existiert. Hinweis: Durchdenken Sie das vorangehende Beispiel.
b) Begründen Sie, dass es kein Intervall geben kann, über dem das bestimmte Integral für die Dirichlet-Funktion existiert.
c) Ist die Dirichlet-Funktion monoton? Begründen Sie Ihre Entscheidung.
d) Ist die Dirichlet-Funktion stetig? Begründen Sie Ihre Entscheidung.

---

[1] Diese Funktion wird zu Ehren des deutschen Mathematikers Peter Gustav Lejeune Dirichlet (1805–1859) Dirichlet-Funktion genannt.

5. Gegeben sei die Funktion f mit $f(x) = \frac{1}{x}$ auf dem Intervall $[1; 2]$.

a) Zeichnen Sie den Graphen von f. Wählen Sie als eine Längeneinheit (LE) 10 cm.

b) Begründen Sie, dass das bestimmte Integral $\int_1^2 \frac{1}{x}\mathrm{d}x$ existiert. Wie groß ist es?

c) Begründen Sie, dass $\int_1^2 \frac{1}{x}\mathrm{d}x \geq 0{,}1$ und $\int_1^2 \frac{1}{x}\mathrm{d}x \leq 1$ ist.

d) Ermitteln Sie für das bestimmte Integral $\int_1^2 \frac{1}{x}\mathrm{d}x$ bessere Näherungswerte als 0,1 bzw. 1.

e) Geben Sie für $\int_1^2 \frac{1}{x}\mathrm{d}x$ einen Näherungswert an, der um weniger als 0,1 vom wahren Wert abweicht.

Durch die Aufgabe 5 wird eine Situation illustriert, die in der Integralrechnung häufig auftritt. Man weiß zwar, dass das bestimmte Integral einer Funktion auf einem abgeschlossenen Intervall mit endlicher Länge existiert, aber es gelingt nicht, den genauen Wert des Integrals anzugeben. In einem solchen Fall werden dann Näherungsverfahren eingesetzt, die oft ausreichend genaue Näherungswerte für das Integral liefern.
Für die Funktion in Aufgabe 5 werden Sie allerdings noch eine Möglichkeit der genauen Berechnung des bestimmten Integrals mithilfe der natürlichen Logarithmusfunktion kennenlernen (vgl. Kapitel F, Seite 270).

6. Begründen Sie, dass folgende bestimmte Integrale existieren.

a) $\int_2^3 \frac{1}{x}\mathrm{d}x$ **b)** $\int_{\frac{\pi}{6}}^{\frac{\pi}{3}} \sin x\mathrm{d}x$ **c)** $\int_0^4 \sqrt{x}\mathrm{d}x$ **d)** $\int_{-2}^2 (x^3 - 2x)\mathrm{d}x$

7. a) Welche der bestimmten Integrale in Aufgabe 6 können Sie schon berechnen?

b) Woran liegt es, dass Sie nicht alle Integrale berechnen können?

8. Gegeben sei die Funktion f mit $f(x) = \begin{cases} \frac{1}{2}x + 1 & \text{für } -1 \leq x \leq 2 \\ x + 1 & \text{für } 2 < x \leq 4 \end{cases}$.

a) Skizzieren Sie den Graphen dieser Funktion.

b) Begründen Sie, dass $\int_{-1}^4 f(x)\mathrm{d}x$ existiert und berechnen Sie das bestimmte Integral.

9. Auf dem Intervall $[0; 3]$ ist die Funktion $f(x) = \begin{cases} 1 & \text{für } 0 \leq x \leq 1 \\ 2 & \text{für } 1 < x < 2 \\ 1 & \text{für } 2 \leq x \leq 3 \end{cases}$ definiert.

a) Stellen Sie die Funktion in einem Koordinatensystem dar.

b) Begründen Sie, dass f weder monoton wachsend noch monoton fallend ist.

c) Begründen Sie, dass die Funktion nicht stetig ist.

d) Entscheiden Sie, ob das bestimmte Integral $\int_0^3 f(x)\mathrm{d}x$ existiert.

10.* Die in den beiden Sätzen auf den Seiten 204 und 205 genannten Bedingungen sind hinreichend für die Existenz des bestimmten Integrals. Belegen Sie durch zwei Beispiele, dass diese Bedingungen nicht notwendig sind.

11. Sei f eine Funktion, für die das bestimmte Integral über dem Intervall $[a; b]$ existiert. Äußern Sie sich über den Wahrheitsgehalt der folgenden Aussagen.

a) Jede Obersumme ist eine Summe von unendlich vielen Produkten.

b) Jede Untersumme ist eine Summe von endlich vielen Produkten.

c) Die Summanden einer Obersumme sind Flächeninhalte von Recktecken.

d) Jede Obersumme ist ein Näherungswert für den Flächeninhalt zwischen Graph der Funktion und der x-Achse in dem betreffenden Intervall.

e) Jede Obersumme ergibt eine Zahl, die kleiner als das bestimmte Integral ist.

f) Jede Untersumme ergibt einen Wert, der kleiner ist als der Flächeninhalt zwischen Graph der Funktion und der x-Achse in dem betreffenden Intervall.

***g)** Mit wachsender Anzahl der Teilintervalle wird die Differenz zwischen Obersumme O_n und Untersumme U_n immer kleiner. Die Intervalle $[U_n; O_n]$ ergeben eine Intervallschachtelung für das bestimmte Integral von f über $[a; b]$.

Erweiterung des Integralbegriffs

Bisher ist das Integral $\int_a^b f(x)\,\mathrm{d}x$ nur für $a < b$ erklärt. Es ist aber mit Blick auf spätere Anwendungen sinnvoll, das Integral auch für $a = b$ und für $a > b$ zur Verfügung zu haben.

12. a) Machen Sie einen Vorschlag zur Erklärung von $\int_b^b f(x)\,\mathrm{d}x$.

Hinweis: Illustrieren Sie $\int_a^b f(x)\,\mathrm{d}x$ für eine von Ihnen gewählte Funktion f und Zahlen a und b, die sich nur wenig voneinander unterscheiden. Was passiert, wenn b näher an a heranrückt?

b) Machen Sie einen Vorschlag zur Erklärung von $\int_a^b f(x)\,\mathrm{d}x$ mit $a > b$.

Hinweis: Stellen Sie eine Beziehung zu $\int_b^a f(x)\,\mathrm{d}x$ her.

DEFINITION Seien a, b reelle Zahlen mit $a \geq b$ und f eine auf dem Intervall $[b; a]$ definierte Funktion, für die das bestimmte Integral über diesem Intervall existiert. Dann wird festgelegt:

(1) $\int_a^a f(x)\,\mathrm{d}x = 0$

(2) $\int_a^b f(x)\,\mathrm{d}x = -\int_b^a f(x)\,\mathrm{d}x$

13. Berechnen Sie die bestimmten Integrale.

a) $\int_1^{-2} 0\,\mathrm{d}x$

b) $\int_0^{-2} x\,\mathrm{d}x$

c) $\int_0^0 (x+1)^2\,\mathrm{d}x$

d) $\int_1^1 (x^2 + 2x - 7)\,\mathrm{d}x$

e) $\int_4^0 (ax + b)\,\mathrm{d}x$

f) $\int_1^{-1} x^2\,\mathrm{d}x$

g) $\int_1^{-1} x\,\mathrm{d}x + \int_{-1}^1 x\,\mathrm{d}x$

h) $\int_{-2}^1 -2x\,\mathrm{d}x$

i) $\int_1^{-2} 2x\,\mathrm{d}x$

j) $\int_1^1 \frac{1}{x}\,\mathrm{d}x$

k) $\int_{-2t}^{2t} \frac{1}{y}\,\mathrm{d}x \; (y \neq 0)$

l) $\int_2^{-4} (a^2 + b^2)\,\mathrm{d}a$

Additivität des bestimmten Integrals

14. Gegeben sei die Funktion $f(x) = 3x^2$

a) Berechnen Sie die Integrale $\int_1^2 f(x)\mathrm{d}x$, $\int_2^5 f(x)dx$ und $\int_1^5 f(x)dx$.

b) Vergleichen Sie die Ergebnisse aus a) miteinander und stellen Sie eine Beziehung zwischen den Integralen her.

c) Prüfen Sie, ob die in b) gefundene Beziehung auch für andere geeignete Intervalle gilt.

d) Versuchen Sie Ihr Ergebnis aus b) zu begründen.

e) Welche Argumente sprechen dafür, dass sich das Ergebnis aus b) auf andere Funktionen übertragen lässt?
Nutzen Sie Bild 23.

f) An welche Eigenschaft von Flächeninhalten erinnert die gefunde Beziehung?

SATZ 3 (Additivität des bestimmten Integrals)
Es seien a, b und c reelle Zahlen und f eine auf dem Intervall $[a; c]$ stetige Funktion. Weiterhin sei $b \in [a; c]$.

Dann gilt:

$$\int_a^b f(x)dx + \int_b^c f(x)dx = \int_a^c f(x)dx$$

Im Bild 23 ist der Sachverhalt von Satz 3 veranschaulicht. Auf einen Beweis wird verzichtet.

Bemerkung: Satz 3 gilt nicht nur für stetige Funktionen, sondern für alle Funktionen, deren bestimmtes Integral in den entsprechenden Intervallen existiert. Für unsere Zwecke ist die Einschränkung auf stetige Funktionen nicht wesentlich.

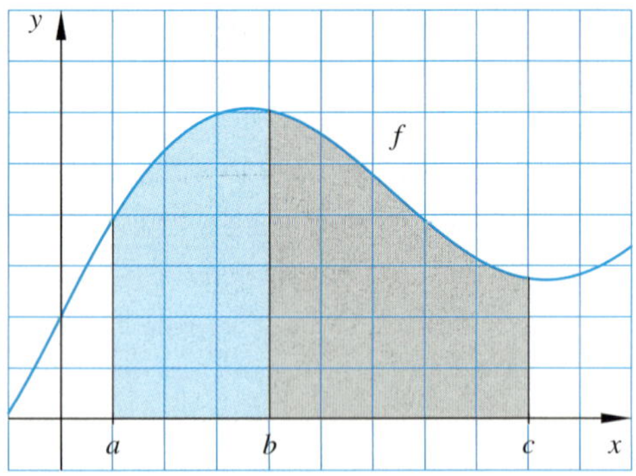

23

15. Gegeben sei die Funktion f mit $f(x) = (x - 2{,}5)^2$ $(x \in \mathbb{R})$.

a) Berechnen Sie die Integrale $\int_{-1}^2 (x - 2{,}5)^2 dx$, $\int_2^3 (x - 2{,}5)^2 dx$ und $\int_{-1}^3 (x - 2{,}5)^2 dx$.

b) Berechnen Sie die Integrale $\int_{-1}^0 f(x)dx$, $\int_0^2 f(x)dx$, $\int_3^5 f(x)dx$, $\int_0^3 f(x)dx$ und $\int_{-1}^5 f(x)dx$ möglichst geschickt.

16. Sei f eine auf dem Intervall $[a; b]$ stetige Funktion. Begründen Sie, dass Satz 3 auch auf die Summen $\int_a^a f(x)dx + \int_a^b f(x)dx$ und $\int_a^b f(x)dx + \int_b^a f(x)dx$ angewendet werden kann.

Mittelwertsatz der Integralrechnung

17. Wie lauten die Voraussetzungen und die Behauptung des Mittelwertsatzes der Differenzialrechnung? Welche Anwendungen kennen Sie für diesen Satz?

Auch in der Integralrechnung gibt es einen Mittelwertsatz mit wichtigen Anwendungen.

18. a) Skizzieren Sie den Graphen einer stetigen Funktion, die in einem Intervall $[a; b]$ ($a > 0$) nur positive Funktionswerte hat. Schraffieren Sie die Punktmenge M, die sich zwischen dem Graphen von f und dem Intervall $[a; b]$ befindet.

b) Markieren Sie den kleinsten und den größten Funktionswert der Funktion f in $[a; b]$.

c) Skizzieren Sie ein Rechteck R_1, dessen Höhe dem kleinsten Funktionswert und dessen Breite der Intervalllänge entspricht. Welchen Flächeninhalt hat das Rechteck R_1?

d) Skizzieren Sie ein Rechteck R_2, dessen Höhe dem größten Funktionswert und dessen Breite der Intervalllänge entspricht. Welchen Flächeninhalt hat das Rechteck R_2?

e) Stellen Sie eine Beziehung zwischen den in e) errechneten Flächeninhalten und dem Integral $\int_a^b f(x)dx$ her.

f) Zeichnen Sie eine zur x-Achse parallele Gerade nach Augenmaß so, dass die Fläche unterhalb der Geraden, die nicht zu M gehört, gleich groß wie die Fläche oberhalb der Geraden ist, die zwar zu R_2, aber nicht zu M gehört.

g) Durch die in f) gezeichnete Gerade entsteht ein weiteres Rechteck R, das genauso breit wie R_1 und R_2 ist, dessen Höhe jedoch zwischen den Höhen von R_1 und R_2 liegt.

Welche Beziehung besteht zwischen dem Rechteck R und dem Integral $\int_a^b f(x)dx$.

Die Überlegungen zu Aufgabe 18 können zu dem folgenden Satz verallgemeinert werden:

SATZ 4 (Mittelwertsatz der Integralrechnung)
Wenn f eine auf dem Intervall $[a; b]$ stetige Funktion ist, dann existiert eine Zahl c mit $a \leq c \leq b$ für die gilt: $\int_a^b f(x)dx = f(c) \cdot (b - a)$.

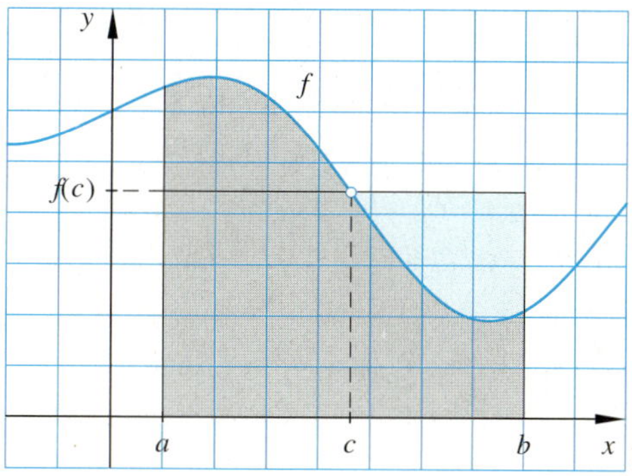

24

Beweis (für Funktionen, die nur positive Funktionswerte haben):

Sei f eine auf dem Intervall stetige Funktion, die nur positive Funktionswerte aufweist.

(1) Da f stetig ist, gilt in $[a; b]$ der Satz vom Maximum (siehe Satz 3, Seite 99). Sei $x_1 \in [a; b]$ eine Zahl derart, dass $f(x_1)$ das Minimum von f auf dem Intervall ist. Sei $x_2 \in [a; b]$ eine Zahl derart, dass $f(x_2)$ das Maximum von f auf dem Intervall ist.
Es gilt (*):
$$f(x_1)(b-a) \leq \int_a^b f(x)dx \leq f(x_2)(b-a).$$

▶

(2) Nach Division der Ungleichung (*) durch $(b-a)$ ergibt sich $f(x_1) \leq \frac{1}{b-a} \int\limits_a^b f(x)dx \leq f(x_2)$.

(3) Da f stetig im Intervall $[a;b]$ ist, gilt dort der Zwischenwertsatz (siehe Satz 2, Seite 98), das heißt jede Zahl zwischen $f(x_1)$ und $f(x_2)$ ist selbst ein Funktionswert.

Damit existiert eine Zahl $c \in [a;b]$ mit $f(c) = \frac{1}{b-a} \int\limits_a^b f(x)dx$. Multiplikation dieser Gleichung mit $(b-a)$ ergibt die Behauptung.

Bemerkung:
Der Mittelwertsatz der Integralrechnung ist ein reiner Existenzsatz. Damit ist die Existenz einer Zahl gesichert. Es ergibt sich aber aus dem Beweis kein Hinweis darauf, wie eine solche Zahl c gefunden werden kann.

19. **a)** Durchdenken Sie den Beweis für den Mittelwertsatz der Integralrechnung und formulieren Sie ihn mit Ihren Worten.

b) Wie kann der Beweis für Funktionen geführt werden, die nicht nur positive Funktionswerte aufweisen?

***c)** Kann auf die Voraussetzung, dass f in einem Intervall stetig ist, verzichtet werden?

d) Berechnen Sie das Integral $\int\limits_{-1}^{1} x^2\,dx$ und ermitteln Sie eine Zahl $c \in [-1;1]$, deren Existenz in Satz 4 behauptet wird.

Bestimmte Integrale mit variabler oberer Integrationsgrenze

Während durch die Sätze 1 und 2 auf den Seiten 204 und 205 die Existenz des bestimmten Integrals für viele Funktionen geklärt ist, ist ihre Berechnung bisher noch eine mühsame Sache. Entweder begnügt man sich mit (von Computern berechneten) Näherungswerten oder man berechnet gewisse Grenzwerte. Für viele bestimmte Integrale gibt es aber eine einfache Methode zur Berechnung. Dafür schaffen wir uns jetzt die Voraussetzungen.

Beispiel: Für die Funktion f mit $f(x) = 4$; $x \in [0;3]$ soll für einige Elemente x von $[0;3]$ das bestimmte Integral $\int\limits_0^x f(t)dt$[1] berechnet werden.

Da die Funktion f über jedem abgeschlossenen Teilintervall von $[0;3]$ stetig ist, existiert wegen Satz 2 für jedes dieser Teilintervalle das bestimmte Integral.

So ergibt sich z.B. für $x = 1$ das Teilintervall $[0;1]$. Zerlegt man dieses Intervall z.B. in n gleich lange Teilintervalle, so stellt man fest, dass in jedem Teilintervall die Zahl 4 der kleinste Funktionswert ist. Bildet man die Untersummen U_n, so ergibt sich $U_n = \frac{1}{n} \cdot 4 + \frac{1}{n} \cdot 4 + \ldots + \frac{1}{n} \cdot 4$. Die Untersumme enthält n Summanden. Also ist $U_n = n \cdot \frac{1}{n} \cdot 4$ und damit auch $\lim\limits_{n \to \infty} U_n = 4$. Daher ist $\int\limits_0^1 4\,dt = 4$.

[1] Damit keine Missverständnisse aufkommen, können wir die Integrationsvariable nicht auch mit x bezeichnen. Wir haben deshalb t gewählt.

Für $x = 2$ erhält man bei gleicher Zerlegung wie eben (siehe Bild 25) die Untersumme

$$U_n = \frac{2}{n} \cdot 4 + \frac{2}{n} \cdot 4 + \ldots + \frac{2}{n} \cdot 4$$

mit der Konsequenz $\lim\limits_{n \to \infty} U_n = 8$.

Daher ist $\int\limits_0^2 4dt = 8 = 4 \cdot 2$.

Für $x = 0$ ergibt sich $\int\limits_0^0 4\,dt = 0$.

Für jedes $x \in [0; 3]$ gilt entsprechend

$$\int\limits_0^x 4\,dt = 4x.$$

Bemerkung: Dieses Ergebnis erhält man natürlich auch, wenn man den Flächeninhalt eines Rechtecks mit der Höhe 4 LE und der Breite x LE berechnet.

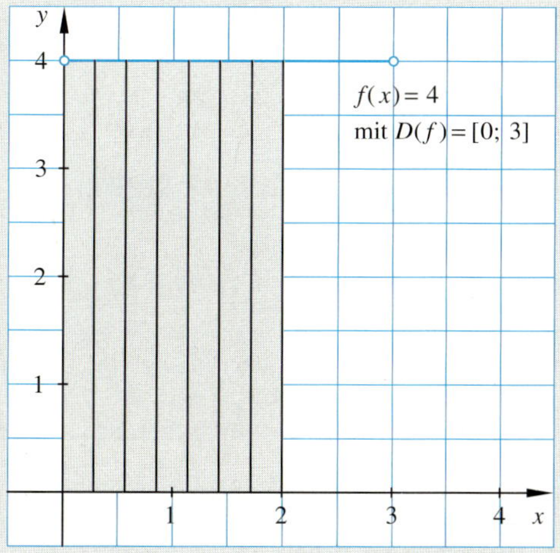

25

20. **a**) Geben Sie für die Ausführungen im vorangegangenen Beispiel Begründungen an.
b) Berechnen Sie die jeweiligen bestimmten Integrale mithilfe von Obersummen.
c) Warum stimmen die Ergebnisse in b) mit den Ergebnissen im Beispiel überein?

21. Gegeben sei die Funktion $f(t) = 2t$ auf dem Intervall $[0; 3]$.
a) Berechnen Sie die bestimmten Integrale $\int\limits_0^1 2t\,dt$, $\int\limits_0^2 2t\,dt$ und $\int\limits_0^x 2t\,dt$ für $x \in [0; 3]$.
b) Veranschaulichen Sie Ihre Ergebnisse aus a) in einer Skizze.
c) Bestätigen Sie das Ergebnis für $\int\limits_0^x 2t\,dt$ mithilfe Ihrer Kenntnisse über den Flächeninhalt von Dreiecken.
d) Ermitteln Sie die Zahl b, für die gilt $\int\limits_0^b 2t\,dt = 6{,}25$.

22. Gegeben sei die Funktion f mit $f(x) = \frac{1}{2}x + 1$ auf dem Intervall $[0; 5]$.
a) Berechnen Sie $\int\limits_0^b \left(\frac{1}{2}t + 1\right)dt$ für zwei Zahlen b aus dem Intervall $[0; 5]$.
b) Deuten Sie die Ergebnisse aus a) mithilfe von Bild 26 als Flächeninhalte.
c) Geben Sie eine Formel an, nach der man $\int\limits_0^x \left(\frac{1}{2}t + 1\right)dt$ für $x \in [0; 5]$ berechnen kann.

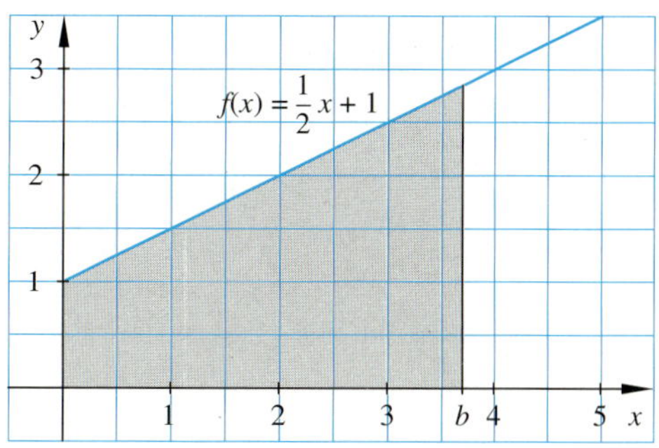

26

23. Berechnen Sie die folgenden Integrale für alle x aus den angegebenen Intervallen. Hinweis: Nutzen Sie die Ergebnisse der Aufgaben 20, 21 und 22.

a) $\int\limits_0^x c\,dt \quad (c > 0;\; x \in [0; 100])$

b) $\int\limits_0^x at\,dt \quad (a > 0;\; x \in [0; 100])$

c) $\int\limits_0^x (at + b)dt \quad (a, b > 0; x \in [0; 100])$

d) $\int\limits_0^x at\,dt \quad (a < 0; x \in [0; 100])$

e) $\int\limits_a^x c\,dt \quad (c > 0; 0 < a < 100; x \in [a; 100])$

f) $\int\limits_a^x bt\,dt \quad (b > 0;\; 0 < a < 100;\; x \in [a; 100])$

24. Gegeben sei f mit $f(x) = x^2$ für $x \in [0; 10]$.

a) Berechnen Sie $\int\limits_0^b t^2\,dt$ für alle natürlichen Zahlen b, die in dem Intervall $[0; 10]$ liegen.
Erkennen Sie eine Gesetzmäßigkeit?

b) Geben Sie möglichst genau die Zahl b an, die für $\int\limits_0^b t^2\,dt = 10$ gilt.

Durch die Überlegungen in dem Beispiel auf den Seiten 210 und 211 und in den Aufgaben 21 bis 24 wird die Definition einer Funktion F angeregt, die in enger Beziehung zu der Funktion f steht.

Sei f eine auf einem Intervall $[a; b]$ stetige Funktion. Dann existiert das bestimmte Integral $\int\limits_a^x f(t)\,dt$ für alle $x \in [a; b]$. Nun kann die Funktion F mit $F(x) = \int\limits_a^x f(t)\,dt$, die für alle $x \in [a; b]$ definiert ist, betrachtet werden. F ist eine Funktion, deren Argumente obere Integrationsgrenzen von bestimmten Integralen sind. Man spricht daher auch vom **bestimmten Integral als Funktion der oberen Integrationsgrenze**.

Für das Beispiel auf den Seiten 210 und 211 gilt dann: $F(x) = \int\limits_0^x 4\,dt = 4x$.

25. Geben Sie für die Funktion f in Aufgabe 21 die Funktion F mit $F(x) = \int\limits_0^x f(t)\,dt$ an, indem Sie das bestimmte Integral $\int\limits_0^x f(t)\,dt$ berechnen.
Welchen Definitionsbereich hat F? In welcher Beziehung stehen f und F zueinander?

26. Geben Sie für die Funktionen f in den Aufgaben 22 und 24 jeweils die Funktion F mit $F(x) = \int\limits_0^x f(t)\,dt$ an. Welchen Definitionsbereich hat die Funktion F? Berechnen Sie jeweils das Integral. In welcher Beziehung stehen f und F zueinander?

27. Geben Sie für die Funktionen f in den Aufgaben 22 und 24 jeweils die Funktion F mit $F(x) = \int\limits_1^x f(t)\,dt$ an. Welchen Definitionsbereich hat die Funktion F? Berechnen Sie jeweils das Integral. In welcher Beziehung stehen f und F zueinander?

Weitere Erkenntnisse über Stammfunktionen

Zwischen den Funktionen f und F in den Aufgaben 21, 22 und 24 besteht die Beziehung, dass F jeweils eine Stammfunktion von f ist. Diese Beziehung gilt nicht nur für die genannten Funktionen.

SATZ 5 Sei f eine auf dem Intervall $[a;b]$ stetige Funktion.

Dann ist die Funktion F mit $F(x) = \int_a^x f(t)\,dt$ auf dem Intervall $[a;b]$ differenzierbar und es gilt $F' = f$.

Beweis:

(1) Da f auf $[a;b]$ stetig ist, existiert wegen Satz 2 für jedes $x \in [a;b]$ das bestimmte Integral $\int_a^x f(t)\,dt$. Damit ist die Funktion F auf $[a;b]$ definiert.

(2) Sei nun $x_0 \in (a;b)$. Zum Nachweis der Differenzierbarkeit der Funktion F an der Stelle x_0 wird zunächst der Differenzenquotient $\frac{F(x) - F(x_0)}{x - x_0}$ gebildet und umgeformt.

Nach Definition der Funktion F ergibt sich $\frac{F(x) - F(x_0)}{x - x_0} = \frac{\int_a^x f(t)dt - \int_a^{x_0} f(t)dt}{x - x_0}$.

(3) Wegen Satz 3 können die Integrale zu einem Integral zusammengefasst werden. Für $x > x_0$ erhält man

$$\frac{\int_a^x f(t)dt - \int_a^{x_0} f(t)dt}{x - x_0} = \frac{\int_{x_0}^x f(t)dt}{x - x_0}$$

(siehe Bild 27).

(4) Die Anwendung von Satz 4 auf die Funktion f im Intervall $[x_0; x]$ ergibt

$$\frac{\int_{x_0}^x f(t)dt}{x - x_0} = \frac{f(c)(x - x_0)}{x - x_0} \text{ für ein } c \in [x_0; x].$$

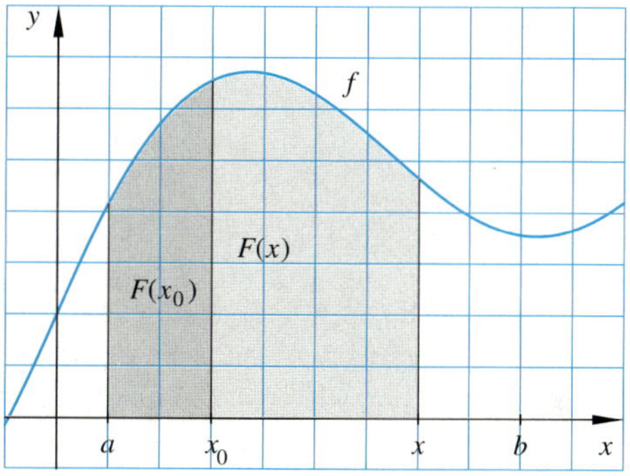

27

(5) Die bisherigen Umformungen des Differenzenquotienten ergeben somit $\frac{F(x) - F(x_0)}{x - x_0} = f(c)$. Nun wird der Grenzwert $\lim\limits_{x \to x_0} \frac{F(x) - F(x_0)}{x - x_0}$ untersucht, wobei die Annäherung wegen $x > x_0$ von rechts erfolgt. Es gilt $\lim\limits_{x \to x_0} \frac{F(x) - F(x_0)}{x - x_0} = \lim\limits_{x \to x_0} f(c) = f(x_0)$, denn c befindet sich zwischen x und x_0 und wegen der Stetigkeit von f stimmt der Grenzwert an einer Stelle mit dem Funktionswert an dieser Stelle überein.

(6) Für $x < x_0$ erhält man ein entsprechendes Ergebnis.

Damit ist die Differenzierbarkeit der Funktion F an einer beliebigen Stelle x_0 im Inneren des Intervalls $[a;b]$ bewiesen. Entsprechend zeigt man, dass F auch für $x = a$ und $x = b$ einseitig differenzierbar ist.

28. a) Überzeugen Sie sich davon, dass die Voraussetzungen der im Beweis von Satz 5 benutzten Sätze 2, 3 und 4 erfüllt sind.

b) Führen Sie den Beweis für $x < x_0$ durch.

Durch Satz 5 ist geklärt, dass die dort definierte Funktion F auf dem Intervall $[a; b]$ eine Stammfunktion der Funktion f ist. Damit ergibt sich aus Satz 5 als unmittelbare Folgerung:

SATZ 6 Wenn f in $[a; b]$ **stetig** ist, so besitzt f in $[a; b]$ eine Stammfunktion.

Wegen Satz 6 ist für eine große Klasse von Funktionen die Existenz von Stammfunktionen gesichert. Es bleibt dann immer noch die (manchmal schwierige, wenn nicht sogar unmögliche(!)) Aufgabe für eine Funktion f eine Stammfunktion F anzugeben.

Bisher haben wir nur Funktionen betrachtet, die eine Stammfunktion besitzen. Es gibt allerdings auch Funktionen, für die das nicht zutrifft.

Beispiel: Die Funktion f mit $f(x) = \begin{cases} 1 & \text{für } 0 \leq x \leq 1 \\ 2 & \text{für } 1 < x \leq 2 \end{cases}$ (siehe Bild 28) besitzt auf dem Intervall $[0; 2]$ keine Stammfunktion.

Die Funktion F mit $F(x) = \int_0^x f(t)dt,\ x \in [0; 2]$ gibt den Flächeninhalt der Punktmenge zwischen dem Graphen von f und der Abszissenachse im Intervall $[0; x]$, $x \in [0; 2]$ an.

Es ist $F(x) = \int_0^x 1\,dt = x \quad \text{für } 0 \leq x \leq 1$

und $F(x) = \int_0^x f(t)dt = 1 + \int_1^x 2\,dt = 1 + (2x - 2) \quad \text{für } 1 < x \leq 2.$

Damit ergibt sich $F(x) = \begin{cases} x & \text{für } 0 \leq x \leq 1 \\ 2x + 1 & \text{für } 1 < x \leq 2 \end{cases}$ (siehe Bild 29).

F ist für $x \in [0; 1)$ differenzierbar. Es gilt $F'(x) = 1 = f(x)$.
F ist auch für $x \in (1; 2]$ differenzierbar und es gilt $F'(x) = 2 = f(x)$.
F ist aber an der Stelle 1 nicht differenzierbar. Damit kann nicht für alle $x \in [0; 2]$ gelten $F' = f$.

F ist also keine Stammfunktion von f. Eine andere Funktion kommt aber nicht als Stammfunktion infrage.

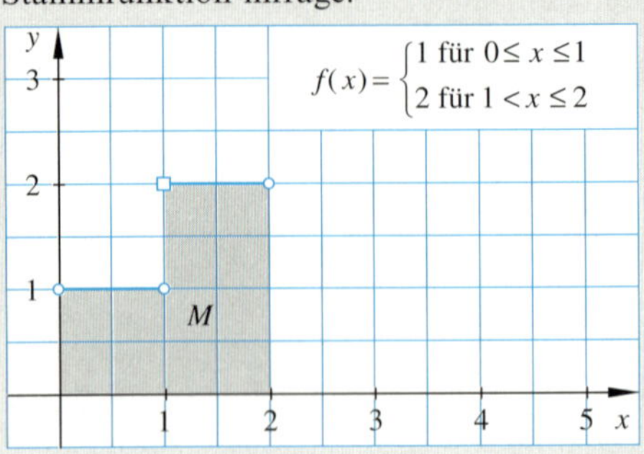

28

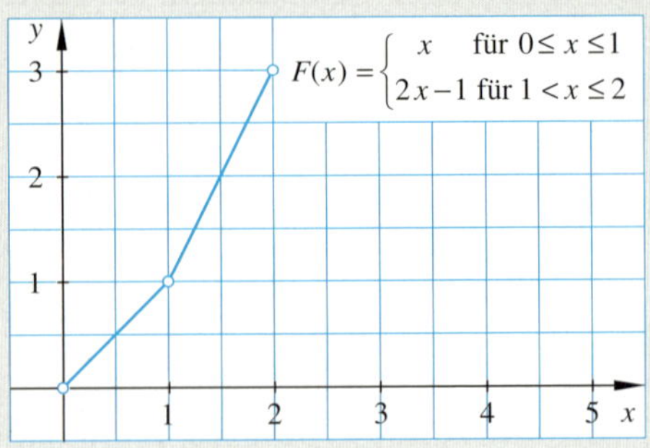

29

29. Durchdenken Sie das vorangeganene Beispiel und beantworten Sie die folgenden Fragen.

a) Berechnen Sie den Flächeninhalt über dem Intervall $[0; x]$ auf elementare Weise. Hinweis: Nutzen Sie die Fallunterscheidung $0 \leq x \leq 1$ und $1 < x \leq 2$.

b) Vergleichen Sie Ihr Ergebnis aus a) mit den Ergebnissen aus dem Beispiel.

c) Wie kann man nachweisen, dass die Funktion F an der Stelle $x = 1$ nicht differenzierbar ist?

d) Woran erkennt man im Bild 29, dass F nicht überall im Intervall $[0; 2]$ differenzierbar ist?

e) Warum kann keine andere Funktion F Stammfunktion von f sein.?

f) Die Funktion f ist im betrachteten Intervall nicht stetig. Kann es auch eine auf einem Intervall stetige Funktion geben, die keine Stammfunktion besitzt?

30. Gegeben sie die Funktion f mit $f(x) = \begin{cases} 2 & \text{für } -1 \leq x < 0 \\ 0 & \text{für } x = 0 \\ 1 & \text{für } 0 < x \leq 1 \end{cases}$.

a) Geben Sie die Funktion F an, die im Intervall $[-1; 1]$ den Flächeninhalt zwischen dem Graphen von f und der x-Achse beschreibt.

b) Stellen Sie die Funktion F grafisch dar.

c) Welche Eigenschaften hat F?

d) Berechnen Sie den Flächeninhalt elementar.

31. Entscheiden Sie, ob die Funktion f auf dem angegebenen Intervall I eine Stammfunktion besitzt. Geben Sie – falls möglich – eine Stammfunktion F von f an.

a) $f(x) = 3x + 10;\ [1; 5]$

b) $f(x) = mx + n\ (m, n \in \mathbb{R});\ [a; b]$

c) $f(x) = x^2 + 1;\ [-1; 1]$

d) $f(x) = ax^2\ (a \in \mathbb{R});\ [0; 100]$

e) $f(x) = x^3 + 2;\ [0; 3]$

f) $f(x) = \frac{1}{x};\ [1; 10]$

g) $f(x) = \frac{2}{x^2};\ [-1; 1]$

h) $f(x) = \frac{2}{x^2};\ [1; 2]$

i) $f(x) = \begin{cases} \frac{1}{2}x + 3 & \text{für } 0 \leq x \leq 2 \\ \frac{1}{2}x + 5 & \text{für } 2 < x \leq 4 \end{cases}$

j) $f(x) = \begin{cases} \frac{1}{2}x + 3 & \text{für } 0 \leq x \leq 2 \\ 2x & \text{für } 2 < x \leq 4 \end{cases}$

k) $f(x) = \begin{cases} -\frac{1}{5}x + 1 & \text{für } x \in [0; 6];\ x \neq 5 \\ 0 & \text{für } x = 5 \end{cases}$

l) $f(x) = \begin{cases} -\frac{1}{5}x + 1 & \text{für } x \in [0; 6];\ x \neq 5 \\ 4 & \text{für } x = 5 \end{cases}$

32. Begründen Sie, dass jede auf einem Intervall $[a; b]$ differenzierbare Funktion f dort eine Stammfunktion besitzt.

33. Wahr oder falsch? Begründen Sie.

a) Es gibt streng monoton fallende Funktionen, die eine Stammfunktion besitzen.

b) Alle monoton wachsenden Funktionen besitzen eine Stammfunktion.

c) Es gibt monoton fallende Funktionen, die keine Stammfunktion besitzen.

3 Hauptsatz der Differenzial- und Integralrechnung

Berechnung von bestimmten Integralen mithilfe von Stammfunktionen

Wie wir bereits festgestellt haben, kann für stetige Funktionen das bestimmte Integral bzw. der Flächeninhalt unter dem Graphen für ein Intervall $[a; b]$ häufig mithilfe von Stammfunktionen bestimmt werden. Wir werden jetzt einen Satz erarbeiten, der in vielen Fällen zu einer bequemen Berechnung von bestimmten Integralen genutzt werden kann.

Für die Flächeninhalte A, A_1 und A_2 in Bild 30 gilt z.B.:

$$\int_a^b f(x)dx = \int_0^b f(x)dx - \int_0^a f(x)dx.$$

Da f stetig ist, ist F mit $F(x) = \int_0^x f(t)dt$ eine Stammfunktion von f (siehe Satz 5, Seite 213).

Also ist

$$\int_a^b f(x)dx = F(b) - F(a).$$

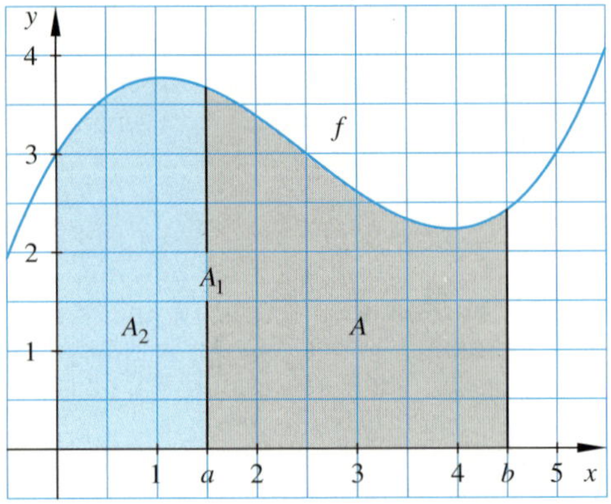

30

Beispiel: Gegeben sei die Funktion f mit $f(x) = \frac{1}{5}x + 2$. Gesucht ist der Flächeninhalt der Punktmenge unter dem Graphen der Funktion f im Intervall $[2; 10]$ (siehe Bild 31).

Die Funktion f ist über $\mathbb{R}$ stetig, also auch im Intervall $[2; 10]$.

Mit $F(x) = \frac{1}{10}x^2 + 2x$ existiert auch eine Stammfunktion F von f.

Für die Flächeninhalte gilt $A = A_1 - A_2$.

Daher ist: $\int_2^{10} \left(\frac{1}{5}x + 2\right)dx$

$= \int_0^{10} \left(\frac{1}{5}x + 2\right)dx - \int_0^2 \left(\frac{1}{5}x + 2\right)dx$ oder

auch $\int_2^{10} \left(\frac{1}{5}x + 2\right)dx = F(10) - F(2)$.

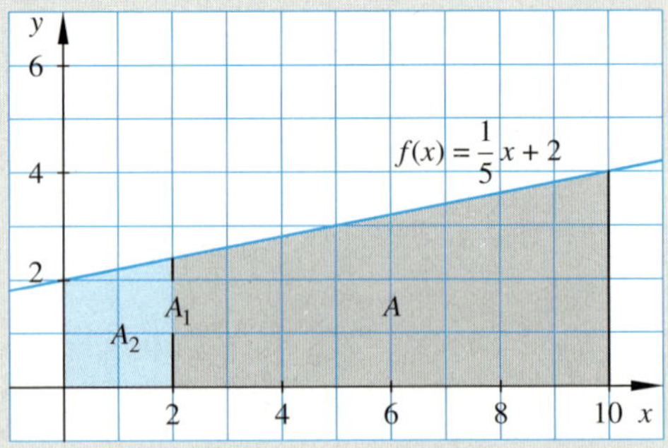

31

Wegen $\int_2^{10} \left(\frac{1}{5}x + 2\right)dx = \left(\frac{1}{10} \cdot 10^2 + 2 \cdot 10\right) - \left(\frac{1}{10} \cdot 2^2 + 2 \cdot 2\right) = 30 - 4{,}4 = 25{,}6$ ist $A = 25{,}6$ FE.

Da die betrachtete Punktmenge trapezförmig ist, kann der Flächeninhalt auch elementar berechnet werden. Es gilt: $A = \frac{f(2) + f(10)}{2} \cdot (10 - 2)\,\text{FE} = \frac{2{,}4 + 4}{2} \cdot 8\,\text{FE} = 25{,}6\,\text{FE}$.

1. **a)** Wählen Sie für das vorangehende Beispiel zwei andere Stammfunktionen F_1 und F_2 von f. Überzeugen Sie sich davon, dass das Ergebnis auch bei Verwendung dieser Stammfunktionen unverändert bleibt.

b) Zeigen Sie, dass das Ergebnis im vorangehenden Beispiel unabhängig von der Wahl der Konstanten c in der Stammfunktion F ist.

Das Beispiel auf Seite 216 ist als Anwendung der Integralrechnung nicht besonders überzeugend, denn der Flächeninhalt konnte ja bequem mit einer elementaren Formel berechnet werden. Im folgenden Beispiel ist das nicht mehr der Fall.

Beispiel: Gegeben sei die Funktion f mit $f(x) = \frac{1}{8}x^2 + 1$. Gesucht ist der Flächeninhalt der Punktmenge unter dem Graphen von f im Intervall $[1; 3]$.

Die Funktion f ist über $\mathbb{R}$ stetig. Die Funktion F mit $F(x) = \frac{1}{24}x^3 + x$ ist eine Stammfunktion von f. Es gilt $\int_1^3 f(x)dx = \int_0^3 f(x)dx - \int_0^1 f(x)dx$ bzw. $\int_1^3 f(x)dx = F(3) - F(1)$.

Wegen $F(3) = \frac{3^3}{24} + 3 = \frac{33}{8}$ und $F(1) = \frac{1^3}{24} + 3 = \frac{73}{24}$ ist $\int_1^3 \left(\frac{1}{8}x^2 + 1\right)dx = \frac{33}{8} - \frac{73}{24} = \frac{13}{12}$.

2. **a)** Stellen Sie die Funktion f aus dem obigen Beispiel im Intervall $[0; 3]$ grafisch dar. Durchdenken Sie das Beispiel anhand Ihrer grafischen Darstellung.

b) Berechnen Sie die Integrale $\int_0^2 \left(\frac{1}{8}x^2 + 1\right)dx$, $\int_1^8 \left(\frac{1}{8}x^2 + 1\right)dx$ und $\int_2^6 \left(\frac{1}{8}x^2 + 1\right)dx$ nach dem Muster im obigen Beispiel.

Hauptsatz der Differenzial- und Integralrechnung

Wir haben an den vorangegangenen Beispielen gesehen, dass die Berechnung von bestimmten Integralen mithilfe von Stammfunktionen wesentlich einfacher sein kann als über die Grenzwerte von Ober- bzw. Untersummen.

Diese Erleichterung gilt für viele Funktionen. Allerdings müssen für Funktionen f, für die das bestimmte Integral so berechnet werden kann, zwei Voraussetzungen erfüllt sein:
1. f muss stetig sein.
2. Man muss eine Stammfunktion F von f kennen.

Es gilt der folgende Satz, der für die Differenzial- und Integralrechnung von größter Bedeutung ist:

SATZ (Hauptsatz der Differenzial- und Integralrechnung)
Ist f eine im Intervall $[a; b]$ stetige Funktion und F irgendeine Stammfunktion von f, so ist $\int_a^b f(x)dx = F(b) - F(a)$.

Beweis:

(1) Die Funktion F_a mit $F_a(x) = \int_a^x f(t)dt$ ist auf dem Intervall $[a;b]$ nach Satz 5 eine Stammfunktion von f.

(2) Stammfunktionen einer Funktion f unterscheiden sich nach Satz 2 auf Seite 191 nur durch eine Konstante voneinander.

(3) Ist F irgendeine Stammfunktion von f, so muss es eine reelle Zahl c derart geben, dass (*) $F(x) = F_a(x) + c$ für alle $x \in [a;b]$ ist.

(4) Setzt man in Gleichung (*) $x = a$, so ergibt sich $F(a) = \int_a^a f(t)dt + c$. Dies hat wegen $\int_a^a f(t)dt = 0$ zur Folge, dass $c = F(a)$ ist.

(5) Setzt man in Gleichung (*) $x = b$ und berücksichtigt das Ergebnis aus (4), so erhält man $F(b) = \int_a^b f(t)dt + F(a)$. Daraus folgt die Behauptung des Hauptsatzes.

Bemerkungen:

1. Der Hauptsatz der Differenzial- und Integralrechnung stellt die Verbindung zwischen Differenzial- und Integralrechnung her. Zur Berechnung von bestimmten Integralen einer Funktion f (einer Aufgabe der Integralrechnung) werden Stammfunktionen F benutzt. Leitet man F ab (eine Aufgabe der Differenzialrechnung) so ergibt sich die Funktion f.
2. Für die Differenz $F(b) - F(a)$ schreibt man oft $\left[F(x)\right]_a^b$.

   Für das bestimmte Integral aus dem Beispiel auf Seite 217 ergibt sich mit dieser Schreibweise: $\int_1^3 \left(\frac{1}{8}x^2 + 1\right)dx = \left[\frac{x^3}{24} + x\right]_1^3 = \left(\frac{3^3}{24} + 3\right) - \left(\frac{1^3}{24} + 3\right) = \frac{99}{24} - \frac{73}{24} = \frac{13}{12}$.

3. **a)** Wo wurden die Voraussetzungen des Hauptsatzes im Beweis benutzt?
b) Überzeugen Sie sich davon, dass die Voraussetzungen der im Beweis des Hauptsatzes benutzen Sätze auch erfüllt sind.

4. Berechnen Sie für die folgenden Funktion f und die jeweils angegebenen Intervalle unter Verwendung des Hauptsatzes der Differenzial- und Integralrechnung das bestimmte Integral $\int_a^b f(x)dx$.

a) $f(x) = x - 1;\ [0;1]$ **b)** $f(x) = 2x + 5;\ [1;3]$ **c)** $f(x) = 0{,}5x + 2;\ [-3;3]$

d) $f(x) = \frac{1}{3}x - \frac{1}{6}x;\ [-1;2]$ **e)** $f(x) = -1{,}5x - 0{,}3;\ [0;0{,}5]$ **f)** $f(x) = -5;\ \left[\frac{1}{6};\frac{1}{3}\right]$

g) $f(x) = x^2 - 1;\ [0;5]$ **h)** $f(x) = \frac{3}{4}x^2 - 1;\ [1;5]$ **i)** $f(x) = 6x^2;\ [-4;1]$

j) $f(x) = \frac{1}{3}x^3 - x;\ [0;1]$ **k)** $f(x) = x^3 + 1;\ [-3;2]$ **l)** $f(x) = 0{,}5x^4;\ [-5;0]$

m) $f(x) = \sqrt{x};\ [0;10]$ **n)** $f(x) = \sqrt{2x+5};\ [-1;3]$ **o)** $f(x) = \frac{1}{x^3} - \frac{1}{x^2};\ [2;4]$

p) $f(x) = \frac{8x^3 - 12x^2}{4x^2};\ [1;4]$ **q)** $f(x) = \frac{4x^2 + 12x + 9}{4x + 6};\ [0;2]$ **r)** $f(x) = \frac{\sqrt{3x^5}}{x^2};\ [5;6]$

s) $f(x) = x^5 + \sqrt{x};\ [0;10]$ **t)** $f(x) = \frac{2}{5}\sqrt[3]{x};\ [10;100]$ **u)** $f(x) = \sqrt[3]{x^2};\ [1;2]$

5. Berechnen Sie für die folgenden Funktionen f und die jeweils angegebenen Intervalle unter Verwendung des Hauptsatzes das bestimmte Integral $\int_a^b f(x)dx$.

a) $f(x) = 5x + 3;\ [a; b]\ (0 < a < b)$ **b)** $f(x) = -3x + \frac{1}{4};\ [a; b]\ (a < 0 < b)$

c) $f(x) = ax + b;\ [c; d]\,(a,b,c,d \in \mathbb{R};\ c < d)$ **d)** $f(x) = ax + b;\ [c; d]\,(a, b, c, d, \in \mathbb{R};\ c > d)$

e) $f(x) = 3x^2 + 2x - 4;\ [a; b]\ (0 < a < b)$ **f)** $f(x) = \frac{3}{7}x^2 + \frac{2}{7}x - \frac{3}{7};\ [a; b]\ (0 < a < b)$

g) $f(x) = ax^2 + bx + c;\ [1; 2]\ (a, b, c \in \mathbb{R})$ ***h)** $f(x) = ax^3 + bx + c;\ [0; d]\ (a, b, c, d \in \mathbb{R})$

Der Flächeninhalt einer Punktmenge ist stets positiv oder null, auf keinen Fall ist er negativ. Das Integral einer Funktion f kann dagegen auch negativ sein. Zum Beispiel gilt:

$$\int_0^2 \left((x-2)^2 - 3\right)dx = \int_0^2 (x^2 - 4x + 1)dx = \left[\frac{1}{3}x^3 - 2x^2 + x\right]_0^2 = \frac{1}{3} \cdot 2^3 - 2 \cdot 2^2 + 2 = -\frac{10}{3}.$$

6. **a)** Skizzieren Sie die Funktion f mit $f(x) = (x-2)^2 - 3$. Kennzeichnen Sie die Punktmenge zwischen dem Graphen von f und der Abszissenachse im Intervall $[0; 2]$.

b) Versuchen Sie zu erklären, warum $\int_0^2 \left((x-2)^2 - 3\right)dx$ negativ ist.

c) Prüfen Sie, ob ihre Erklärung auch für die Lösungen der Aufgabe 4 zutreffend ist.

d) Geben Sie drei Intervalle $[a; b]$ derart an, dass $\int_a^b \left((x-2)^2 - 3\right)dx$ negativ ist.

e) Geben Sie drei Intervalle $[a; b]$ derart an, dass $\int_a^b \left((x-2)^2 - 3\right)dx$ positiv ist.

f) Geben Sie ein Intervall $[a; b]$ derart an, dass $\int_a^b \left((x-2)^2 - 3\right)dx = 0$ ist.

7. Einige bestimmte Integrale in Aufgabe 4 haben eine negative Zahl als Ergebnis. Skizzieren Sie in diesem Fall die Funktion f in dem angegebenen Intervall. Geben Sie eine Erklärung dafür an, dass das bestimmte Integral negativ ist.

8. Berechnen Sie die folgenden bestimmten Integrale. Achten Sie auf die Integrationsvariable.

a) $\int_1^2 ((x+2)^2 + 3t)\mathrm{d}x$ **b)** $\int_1^2 ((x+2)^2 + 3t)\mathrm{d}t$

c) $\int_1^2 ((t+2)^2 + 3x)\mathrm{d}t$ **d)** $\int_1^2 ((t+2)^2 + 3x)\mathrm{d}x$

9. Die Funktion f sei auf $[a; b]$ stetig.
Es ist $\int_a^b f(x+d)\mathrm{d}x = \int_{a+d}^{b+d} f(x)\mathrm{d}x\ (a, b, d \in \mathbb{R})$.

a) Veranschaulichen Sie sich diesen Sachverhalt mithilfe von quadratischen und kubischen Funktionen.

b) Beweisen Sie die genannte Beziehung.

4 Einige weitere Integrationsregeln für bestimmte Integrale

Für das Berechnen von bestimmten Integralen gibt es weitere Regeln, die die Arbeit häufig erleichtern.

1. Gegeben seien die Funktionen f und g mit $f(x) = x^2$ und $g(x) = 2x$.

a) Berechnen Sie $\int\limits_0^4 f(x)\mathrm{d}x$.

b) Berechnen Sie $\int\limits_0^4 g(x)\mathrm{d}x$.

c) Bilden Sie die Funktion h mit $h(x) = f(x) + g(x)$. Berechnen Sie $\int\limits_0^4 h(x)\mathrm{d}x$.

d) Vergleichen Sie die Ergebnisse von a), b) und c) miteinander. Was stellen Sie fest?

e) Versuchen Sie Ihr Ergebnis aus d) zu begründen.

f) Welche Argumente sprechen dafür, dass sich das Ergebnis aus d) auch auf weitere Funktionen übertragen lässt?

2. Gegeben seien die Funktionen f, g und h mit $f(x) = x^2$, $g(x) = 2x^2$ und $h(x) = 0{,}5x^2$.

a) Berechnen Sie $\int\limits_0^1 f(x)\mathrm{d}x$. **b)** Berechnen Sie $\int\limits_0^1 g(x)\mathrm{d}x$. **c)** Berechnen Sie $\int\limits_0^1 h(x)\mathrm{d}x$.

d) Vergleichen Sie die Ergebnisse aus a) und b) miteinander.

e) Vergleichen Sie die Ergebnisse aus a) und c) miteinander.

f) Verallgemeinern Sie Ihre Ergebnisse aus d) und e) durch Veränderung der Intervalle.

g) Verallgemeinern Sie Ihre Ergebnisse aus d) und e) durch Veränderung eines Faktors.

3. Gegeben seien die Funktionen f und k mit $f(x) = x^2$ und $k(x) = c \cdot f(x)$, $c \in \mathbb{R}$, $c \neq 0$.

a) Berechnen Sie $\int\limits_0^1 k(x)\mathrm{d}x$ und $c \cdot \int\limits_0^1 f(x)\mathrm{d}x$. Vergleichen Sie die Ergebnisse.

b) Zu welcher Vermutung kommen Sie, wenn Sie die bestimmten Integrale für die Funktionen f und k jeweils im Intervall $[a; b]$ betrachten?

Die in den Aufgaben 1 bis 3 für einige stetige Funktionen gefundenen Beziehungen gelten allgemein. Damit ergibt sich der folgende Satz:

SATZ 1 Sind f und g in $[a; b]$ stetige Funktionen, so gilt:

a) $\int\limits_a^b (f(x) + g(x))\mathrm{d}x = \int\limits_a^b f(x)\mathrm{d}x + \int\limits_a^b g(x)\mathrm{d}x$

b) $\int\limits_a^b c \cdot f(x)\mathrm{d}x = c \cdot \int\limits_a^b f(x)\mathrm{d}x$ für jede reelle Zahl c.

4. **a)** Formulieren Sie die Aussagen von Satz 1 mit eigenen Worten.

b) Beweisen Sie Satz 1.
Hinweis: Verwenden Sie den Hauptsatz der Differenzial- und Integralrechnung.

c) Überzeugen Sie sich davon, dass die Behauptung (b) in Satz 1 auch für $c = 0$ gilt.

5. Berechnen Sie die folgenden Integrale. Versuchen Sie zur Erleichterung der Rechnung zuvor Satz 1 anzuwenden.

a) $\int\limits_{-2}^{1} \left(2x^3 - \frac{4}{3}x^2 - 5\right)\mathrm{d}x$ **b)** $\int\limits_{0}^{2} \left(\frac{1}{3}x^2 + 2x - 1\right)\mathrm{d}x$

c) $\int\limits_{1}^{3} (x+1)^2\mathrm{d}x + \int\limits_{1}^{3} (x^3 - x^2 + 2x)\mathrm{d}x - \int\limits_{1}^{3} (x^3 + x^2 - 4x - 1)\mathrm{d}x$

d) $\int\limits_{2}^{3} [(x-3)(x^2-4)]\mathrm{d}x$ **e)** $\int\limits_{2}^{5} (3 - t^2 + t^3)dt + \int\limits_{2}^{5} (4 + t^2 - 2t^3)dt$

f) $\int\limits_{0}^{3} (9x^2 - 18x + 36)\mathrm{d}x$ **g)** $\int\limits_{0}^{4} (5x-4)^7\mathrm{d}x$

h) $2\int\limits_{5}^{6} x^2\mathrm{d}x - \int\limits_{5}^{6} 2x^2\mathrm{d}x$ **i)** $\int\limits_{1}^{2} \sqrt{x}\,\mathrm{d}x + 3\int\limits_{2}^{3} \sqrt{x}\,\mathrm{d}x$

j) $3\int\limits_{1}^{2} (5\sqrt{x} - 4x)\mathrm{d}x + \int\limits_{1}^{2} (15\sqrt{x} + 8x)\mathrm{d}x - \int\limits_{1}^{2} 30\sqrt{x}\,\mathrm{d}x - \int\limits_{1}^{2} 4x\,\mathrm{d}x$

6. Berechnen Sie die folgenden Integrale. Hinweis: Manchmal hilft eine Umformung.

a) $\int\limits_{1}^{4} \frac{5x^5 - 3x^3 - 4}{3}\mathrm{d}x$ **b)** $\int\limits_{0}^{3} \frac{7(5x^2 - 5x + 5t)}{5}dt \ (x \in \mathbb{R})$

c) $\int\limits_{1}^{2} \frac{x^2+1}{x^2}\mathrm{d}x$ **d)** $\int\limits_{0}^{1} (a_2x^2 + a_1x + a_0)\mathrm{d}x \ (a_0, a_1, a_2 \in \mathbb{R})$

e) $\int\limits_{1}^{2} \frac{w}{z^4}dz \ (w \in \mathbb{R})$ **f)** $\int\limits_{1}^{2} \frac{w}{z^4}dw \ (z \in \mathbb{R})$

g) $\int\limits_{0}^{1} \frac{z}{\sqrt{x+1}}dz \ (x > -1)$ **h)** $\int\limits_{-2}^{3} \frac{x^2+5}{x^4}\mathrm{d}x + \int\limits_{-2}^{3} \left(\frac{4}{x^2} - \frac{3}{x^4}\right)\mathrm{d}x$

i) $\int\limits_{2}^{3} (5x^2 - 15x + 45)\mathrm{d}x$ **j)** $\int\limits_{0}^{3} \frac{2t+6}{t-3}\mathrm{d}t$

7. Vergleichen Sie die folgenden Integrale:

a) $5\int\limits_{1}^{5} 5x\,\mathrm{d}x,\ \int\limits_{1}^{5} 25x\,\mathrm{d}x$ **b)** $\int\limits_{1}^{5} (6x-3)\mathrm{d}x,\ 3\int\limits_{1}^{5} 2x\,\mathrm{d}x$

c) $\int\limits_{1}^{5} (6x+3)\mathrm{d}x,\ \int\limits_{1}^{10} 2x\,\mathrm{d}x$ **d)** $\int\limits_{-2}^{2} (x^2+2)\mathrm{d}x,\ 2\int\limits_{-2}^{2} \left(\frac{1}{2}x^2 + 1\right)\mathrm{d}x$

e) $\int\limits_{1}^{5} 25x\,\mathrm{d}x,\ \int\limits_{1}^{4} 30x\,\mathrm{d}x$ **f)** $-2\int\limits_{1}^{5} x^2\,\mathrm{d}x,\ \int\limits_{1}^{6} 2x^2\,\mathrm{d}x$

g) $\int\limits_{2}^{t} (12x+9)\mathrm{d}x,\ \int\limits_{2}^{t} ((3x-3)^2 - 9x^2)\mathrm{d}x$ **h)** $\int\limits_{0}^{1} (ax - a^2x^2)\mathrm{d}x,\ a\int\limits_{0}^{1} (x - ax^2)\mathrm{d}x \ (a \in \mathbb{R})$

i) $\int\limits_{1}^{2} (a+b)^2\mathrm{d}a,\ \int\limits_{1}^{2} (e+b)^2\mathrm{d}e \ (b \in \mathbb{R})$ **j)** $3\int\limits_{2}^{3} \left(\frac{5}{x^2} + \sqrt{x}\right)\mathrm{d}x,\ 2\int\limits_{3}^{4} \left(\frac{1}{5}x^2 + \frac{1}{2\sqrt{x}}\right)\mathrm{d}x$

k) $4\int\limits_{0}^{1} \left(2y^2 + \frac{1}{2}ay\right)\mathrm{d}y,\ 4\int\limits_{0}^{1} \left(2z^2 + \frac{1}{2}az\right)\mathrm{d}z \ (a \in \mathbb{R})$

Berechnung bestimmter Integrale mit partieller Integration

Wir nutzen jetzt die Produktregel (siehe Kapitel D, Seite 121) für die Ableitung des Produktes zweier Funktionen um die **Regel der partiellen Integration** kennenzulernen.

Wenn f und g zwei differenzierbare Funktionen sind, dann ist die Funktion $f \cdot g$ auch differenzierbar und es gilt $(f \cdot g)'(x) = f'(x) \cdot g(x) + f(x) \cdot g'(x)$ für alle $x \in \mathbb{R}$, für die sowohl die Funktion f als auch die Funktion g differenzierbar ist.
Damit ist die Funktion $f \cdot g$ eine Stammfunktion der Funktion $f' \cdot g + f \cdot g'$.

Sei nun $[a; b]$ ein Intervall. Wenn die Funktionen f und g dort differenzierbar und die Funktionen f' und g' dort stetig sind, so ist die Funktion $f' \cdot g + f \cdot g'$ im Intervall $[a; b]$ stetig. Daher kann auf diese Funktion der Hauptsatz der Differenzial- und Integralrechnung angewendet werden. Es ergibt sich:

$$\int_a^b (f'(x) \cdot g(x) + f(x) \cdot g'(x))\mathrm{d}x = \left[f(x) \cdot g(x)\right]_a^b.$$

Wendet man nun Satz 1a) an, so erhält man

$$\int_a^b f'(x) \cdot g(x)\mathrm{d}x + \int_a^b f(x) \cdot g'(x)\mathrm{d}x = \left[f(x) \cdot g(x)\right]_a^b.$$

Daraus folgt Satz 2:

SATZ 2 (Regel der partiellen Integration für bestimmte Integrale)
Sind f und g zwei Funktionen, die auf $[a; b]$ differenzierbar sind und deren Ableitung f' und g' auf $[a; b]$ stetig sind, so gilt:

$$\int_a^b f'(x) \cdot g(x)\mathrm{d}x = \left[f(x) \cdot g(x)\right]_a^b - \int_a^b f(x) \cdot g'(x)\mathrm{d}x.$$

Die Regel der partiellen Integration hilft manchmal, wenn ein Produkt zu integrieren ist. Die Integration wird dabei nur partiell (d. h. teilweise) ausgeführt, es entsteht ein neues Integral, das vielleicht einfacher zu lösen ist.

Beispiel: Es ist das bestimmte Integral $\int_1^{10} x\sqrt{x-1}\,\mathrm{d}x$ zu berechnen.

Mit $f'(x) = \sqrt{x-1} = (x-1)^{\frac{1}{2}}$ und $g(x) = x$ ergibt sich $f(x) = \frac{2}{3}\sqrt{(x-1)^3}$ und $g'(x) = 1$. Dabei wurde zur Berechnung von f die Regel (1) für das Finden von Stammfunktionen von Seite 192 angewendet. Nach Satz 2 gilt (wieder unter Verwendung der oben genannten Regel (1)):

$$\int_1^{10} x\sqrt{x-1}\,\mathrm{d}x = \left[x \cdot \frac{2}{3}\sqrt{(x-1)^3}\right]_1^{10} - \int_1^{10} \frac{2}{3}\sqrt{(x-1)^3}\,\mathrm{d}x$$

$$= 10 \cdot \frac{2}{3}\sqrt{9^3} - 0 - \left[\frac{2}{5} \cdot \frac{2}{3}\sqrt{(x-1)^5}\right]_1^{10} = 180 - 0 - \frac{324}{5} + 0 = \frac{576}{5}.$$

Setzt man dagegen $f'(x) = x$ und $g(x) = \sqrt{x-1}$, so ergibt sich $f(x) = \frac{x^2}{2}$ und $g'(x) = \frac{1}{2\sqrt{x-1}}$.

Damit erhält man nach der Regel der partiellen Integration

$$\int_1^{10} x\sqrt{x-1}\,dx = \left[\frac{x^2}{2}\sqrt{x-1}\right]_1^{10} - \int_1^{10} \frac{x^2}{2} \cdot \frac{1}{2\sqrt{x-1}}\,dx.$$

Das neu auftretende Integral ist komplizierter als das Ausgangsintegral. Dieser Ansatz ist offenbar nicht zweckmäßig.

Manchmal ist die Regel der partiellen Integration mehrfach anzuwenden, um zu einem Erfolg zu kommen.

Beispiel: Es ist das bestimmte Integral $\int_1^{10} x^2\sqrt{x-1}\,dx$ zu berechnen.

Setzt man $f'(x) = \sqrt{x-1} = (x-1)^{\frac{1}{2}}$ und $g(x) = x^2$, so ergibt sich $f(x) = \frac{2}{3}\sqrt{(x-1)^3}$ und $g'(x) = 2x$. Daher ist nach der Regel der partiellen Integration

$$\int_1^{10} x^2\sqrt{x-1}\,dx = \left[x^2 \cdot \frac{2}{3}\sqrt{(x-1)^3}\right]_1^{10} - \int_1^{10} 2x \cdot \frac{2}{3}\sqrt{(x-1)^3}\,dx.$$

Auf das neu entstandene Integral wird wiederum Satz 2 angewendet.

Mit $f'(x) = \frac{2}{3}\sqrt{(x-1)^3} = \frac{2}{3}(x-1)^{\frac{3}{2}}$ und $g(x) = 2x$ ergibt sich $f(x) = \frac{2}{5} \cdot \frac{2}{3}\sqrt{(x-1)^5}$ und $g'(x) = 2$.

Daher ist $\int_1^{10} 2x \cdot \frac{2}{3}\sqrt{(x-1)^3}\,dx = \left[2x \cdot \frac{2}{5} \cdot \frac{2}{3}\sqrt{(x-1)^5}\right]_1^{10} - \int_1^{10} 2 \cdot \frac{2}{5} \cdot \frac{2}{3}\sqrt{(x-1)^5}\,dx.$

Mit $\int_1^{10} 2 \cdot \frac{2}{5} \cdot \frac{2}{3}\sqrt{(x-1)^5}\,dx = \left[2 \cdot \frac{2}{7} \cdot \frac{2}{5} \cdot \frac{2}{3}\sqrt{(x-1)^7}\right]_1^{10}$ ergibt sich insgesamt

$$\int_1^{10} x^2\sqrt{x-1}\,dx =$$

$$\left[x^2 \cdot \frac{2}{3}\sqrt{(x-1)^3}\right]_1^{10} - \left[2x \cdot \frac{2}{5} \cdot \frac{2}{3}\sqrt{(x-1)^5}\right]_1^{10} + \left[2 \cdot \frac{2}{7} \cdot \frac{2}{5} \cdot \frac{2}{3}\sqrt{(x-1)^7}\right]_1^{10} =$$

$$1800 - 1296 + 2 \cdot \frac{2}{7} \cdot \frac{2}{5} \cdot \frac{2}{3} \cdot 729 \cdot 3 = 837\frac{9}{35}.$$

8. Berechnen Sie folgende bestimmte Integrale.

a) $\int_0^1 x\sqrt{x+1}\,dx$ **b)** $\int_{-1}^0 x\sqrt{x+3}\,dx$ **c)** $\int_2^3 x\sqrt{x-1}\,dx$

d) $\int_1^2 x^2\sqrt{x+5}\,dx$ **e)** $\int_{-5}^5 \frac{1}{2}x^2\sqrt{x+5}\,dx$ **f)** $\int_2^3 x^2\sqrt{x-1}\,dx$

g) $\int_{-1}^1 2x\sqrt{x+1}\,dx$ **h)** $\int_2^3 x^2\sqrt{x-2}\,dx$ **i)** $\int_2^3 ax\sqrt{x-1}\,dx$ $(a \in \mathbb{R})$

j) $\int_{-1}^1 (x^2+x)\sqrt{x+1}\,dx$ **k)** $\int_2^3 (x^2-2x)\sqrt{x-1}\,dx$ **l)** $\int_1^2 x^3\sqrt{x-1}\,dx$

Bemerkung: Berechnungen von bestimmten Integralen mithilfe der Regel der partiellen Integration werden noch im Kapitel F behandelt.

Die Methode der partiellen Integration führt nicht immer zum Erfolg. Eine andere nützliche Regel ist die **Substitutionsregel**.

Berechnung bestimmter Integrale mithilfe der Substitutionsregel

Zur Herleitung der Substitutionsregel nutzen wir die Kettenregel (siehe Kap. D, Seite 126) für die Ableitung der Verkettung zweier Funktionen.

Wenn F und g zwei differenzierbare Funktionen sind, dann ist die Funktion $F \circ g$ auch differenzierbar und es gilt $(F \circ g)'(x) = F'(g(x)) \cdot g'(x)$ für alle $x \in \mathrm{D}(g)$ und alle $g(x) \in \mathrm{D}(F)$, für die sowohl die Funktion F als auch die Funktion g differenzierbar ist.
Damit ist die Funktion $F \circ g$ eine Stammfunktion der Funktion $(F' \circ g) \cdot g'$.

Sei nun $[a; b]$ ein Intervall, über dem die Funktion f stetig ist, und g eine Funktion, deren Ableitung stetig ist
über dem Intervall $[g(a); g(b)]$ falls $g(a) < g(b)$ bzw.
über dem Intervall $[g(b); g(a)]$ falls $g(a) > g(b)$.

Dann sind die Voraussetzungen des Hauptsatzes der Differenzial- und Integralrechnung erfüllt. Es gilt:

$$\int_a^b f(g(x)) \cdot g'(x)\mathrm{d}x = \left[F(g(x))\right]_a^b = F(g(b)) - F(g(a)).$$

Substituiert[1] man in $\left[F(g(x))\right]_a^b = F(g(b)) - F(g(a))$ nun $g(x)$ durch u, so ergibt sich Satz 3.

SATZ 3 (Substitutionsregel für bestimmte Integrale)
Sei f eine auf dem Intervall $[a; b]$ stetige Funktion. Sei g eine auf dem Intervall $[g(a); g(b)]$ bzw. auf dem Intervall $[g(b); g(a)]$ differenzierbare Funktion, deren Ableitung stetig ist.
Dann gilt:

$$\int_a^b f(g(x)) \cdot g'(x)\mathrm{d}x = \int_{g(a)}^{g(b)} f(u)du.$$

Beispiel: Es ist das bestimmte Integral $\int_0^2 2x\sqrt{x^2+1}\,\mathrm{d}x$ zu berechnen.
Setzt man $f(u) = \sqrt{u}$ und $u = g(x) = x^2 + 1$, so ist $2x\sqrt{x^2+1} = g'(x) \cdot f(g(x))$.
Damit ist der Integrand ein Produkt der Verkettung von f und g und der Ableitung der inneren Funktion g.

Die Funktion f wird auf dem Intervall $[0; 2]$ betrachtet. Wegen $g(0) = 1$ und $g(2) = 5$ wird die Funktion g auf dem Intervall $[1; 5]$ betrachtet. Die Funktionen f und g erfüllen auf den entsprechenden Intervallen die Voraussetzungen von Satz 3, denn f ist eine stetige Funktion, g ist als quadratische Funktion differenzierbar und g' ist eine lineare Funktion, also stetig.

Dann ist $\int_1^5 \sqrt{u}\,du = \left[\frac{2}{3}u^{\frac{3}{2}}\right]_1^5 = \frac{2}{3}5^{\frac{3}{2}} - \frac{2}{3}1^{\frac{3}{2}} = \frac{2}{3}\sqrt{5^3} - \frac{2}{3}\sqrt{1^3} = \frac{10}{3}\sqrt{5} - \frac{2}{3} \approx 6{,}79.$

[1] „substituieren“ kommt aus dem Lateinischen und bedeutet: ersetzen, einsetzen, austauschen.

Manchmal kann die Substitutionsregel erst nach einer Umformung angewendet werden. Z. B. ergibt sich in $\int_1^2 \sqrt{3x+1}\,dx$ für die Substitution $f(u) = \sqrt{u}$ und $u = g(x) = 3x + 1$ die Ableitung $g'(x) = 3$. Trotzdem kann mit der Substitutionsregel gearbeitet werden. Wegen Satz 1b) gilt nämlich $\int_1^2 \sqrt{3x+1}\,dx = \frac{1}{3}\int_1^2 3\sqrt{3x+1}\,dx$.

9. Berechnen Sie die folgenden Integrale.

a) $\int_0^1 5\sqrt{5x+1}\,dx$ **b)** $\int_2^5 6x\sqrt{3x^2-5}\,dx$

c) $\int_0^6 100\sqrt{10x+4}\,dx$ **d)** $\int_0^1 (6x+1)\sqrt{3x^2+x}\,dx$

e) $\int_0^1 (15x^2-1)\sqrt{5x^3-x}\,dx$ **f)** $\int_0^1 b\sqrt{ax+1}\,dx \ (a, b \in \mathbb{R})$

10. Sei f eine auf dem Intervall $[a; b]$ stetige Funktion und F eine Stammfunktion von f. Berechnen Sie das Integral $\int_a^b f(cx+d)\,dx \ (c, d \in \mathbb{R})$.

11. Berechnen Sie die folgenden Integrale möglichst auf zwei verschiedene Weisen.

a) $\int_0^1 (x-2)^3\,dx$ **b)** $\int_0^1 (2x+5)^3\,dx$ **c)** $\int_a^b (2x+3)^4\,dx \ (a, b \in \mathbb{R})$

d) $\int_1^2 (5x-4)^7\,dx$ **e)** $\int_1^2 (ax+b)^3\,dx$ **f)** $\int_1^2 (ax+b)^n\,dx \ (a, b \in \mathbb{R};\ n \in \mathbb{N})$

12. Berechnen Sie die folgenden Integrale. Welche Integrationsregeln haben Sie verwendet?

a) $\int_0^4 \sqrt{3x+5}\,dx$ **b)** $\int_1^2 (5x-4)^{-2}\,dx$ **c)** $\int_{-2}^2 8\cdot\sqrt[4]{3x+6}\,dx$

d) $\int_0^1 \sqrt{5t+1}\,dt$ **e)** $\int_{-1}^1 \left(\frac{1}{4}x+1\right)^4 dx$ **f)** $\int_{-1}^1 \sqrt[3]{(2z+3)^2}\,dz$

g) $\int_0^1 \sqrt{3x+2}\,dx - \int_0^1 \sqrt{3x+2}\,dx + \int_0^1 x\,dx$ **h)** $\int_2^3 (x-4)^2 dx + \int_2^3 (2x^2-16x+32)dx$

i) $\int_0^2 (x+2)^2\,dx + \int_2^3 (x^2+4x+4)\,dx$ **j)** $\int_2^4 \sqrt{2x}\,dx + \int_4^5 \sqrt{2x}\,dx + \int_5^2 \sqrt{2x}\,dx$

k) $\int_1^5 (5x^3-10x)dx + 2\int_5^6 (x^3-2x)dx + \int_6^8 (3x^3-6x)dx$

l) $\int_{-2}^1 \left(\frac{3}{x^4}+2\right)dx - \int_2^1 \left(\frac{3}{x^4}+2x\right)dx + \int_2^5 \left(\frac{3}{x^2}+2x\right)dx$

m) $\int_2^4 5\sqrt{2x+1}\,dx - \int_2^4 2\sqrt{2x+1}\,dx + \int_4^5 3\sqrt{2x+1}\,dx - \int_6^5 3\sqrt{2x+1}\,dx + 2\int_6^7 \sqrt{2x+1}\,dx$

5 Das unbestimmte Integral einer Funktion

1. Im folgenden sind jeweils zwei Funktionen f und g gegeben. Dabei tritt ein Parameter t auf. Bestimmen Sie den Parameter so, dass g eine Stammfunktion von f ist.

a) $f(x) = tx^2 + tx - 5;\ g(x) = 2x^3 + 3x^2 - 5x$
b) $f(x) = 2x^3 - 6x^2 + 14x + 7;\ g(x) = 0{,}5x^4 - 2x^3 + tx^2 + tx$
c) $f(x) = 10x + 5;\ g(x) = tx^2 + tx + 5$

Im Kapitel D, Seite 190 ff. haben wir Stammfunktionen kennengelernt. Es ist üblich, für eine im Intervall I definierte Funktion f die Menge aller Stammfunktionen von f in I das **unbestimmte Integral dieser Funktion** zu nennen.

Das **unbestimmte Integral** einer Funktion f wird mit $\int f(x)\mathrm{d}x$ bezeichnet.

2. **a)** Wie viele Stammfunktionen F einer Funktion f muss man kennen, um das unbestimmte Integral von f beschreiben zu können?
b) Gibt es stetige Funktionen, die keine Stammfunktionen besitzen?

Beispiel: Sei f die Funktion mit $f(x) = x^2$. Ihr unbestimmtes Integral schreibt man $\int x^2\mathrm{d}x = \frac{1}{3}x^3 + c\ (c \in \mathbb{R})$.

Achtung: Diese Schreibweise für unbestimmte Integrale ist zwar üblich, sie ist aber nicht besonders zweckmäßig. Es wird so nicht deutlich, dass das unbestimmte Integral einer Funktion eine Menge von Funktionen ist.

Man muss die Begriffe „Stammfunktion einer Funktion" und „unbestimmtes Integral einer Funktion" klar unterscheiden.

Für die Funktion f mit $f(x) = x^2$ ist die Funktion F_1 mit $F_1(x) = \frac{1}{3}x^3$ **eine** Stammfunktion und die Funktion F_2 mit $F_2(x) = \frac{1}{3}x^3 - 2$ **eine andere** Stammfunktion, aber das unbestimmte Integral $\int x^2\,\mathrm{d}x$ ist die **Menge aller Stammfunktionen** F mit $F(x) = \frac{1}{3}x^3 + c$, wobei c eine beliebige reelle Zahl ist.

3. Worin unterscheiden sich die Lösungen der folgenden Aufgaben?
a) Geben Sie eine Stammfunktion der Funktion f auf dem Intervall $[a; b]$ an.
b) Geben Sie das unbestimmte Integral der Funktion f auf dem Intervall $[a; b]$ an.

4. Geben Sie zu der Funktion f das unbestimmte Integral an.

a) $f(x) = (x-3)^2$ **b)** $f(x) = 3x^5 - 4x^2 + 7$ **c)** $f(r) = \pi r^2$
d) $f(x) = 3x^2 - 2$ **e)** $f(x) = 5\sqrt{7x}$ **f)** $f(t) = \sqrt{3}\,t^2$
g) $f(x) = 2 + \frac{5}{x^2}$ **h)** $f(x) = -\frac{2}{x^3}$ **i)** $f(x) = \sqrt{2x+1}$
j) $f(x) = \sqrt[3]{x^2}$ **k)** $f(x) = ax + b\ (a, b \in \mathbb{R})$ **l)** $f(x) = x^2 + x^{-2}$
m) $f(x) = \frac{1}{3}x^3 + \frac{3}{x^3}$ **n)** $f(z) = \frac{1}{4}z^{-5}$ **o)** $f(t) = \sqrt[3]{t+2}$

5. **a)** Formulieren Sie eine Regel für die Ableitung eines Produktes, wobei ein Faktor eine reelle Zahl und der andere Faktor eine differenzierbare Funktion ist.

b) Nutzen Sie Ihr Ergebnis aus a) um eine Regel für das unbestimmte Integral eines Produkts aus einer Zahl und einer Funktion zu formulieren.

6. Wir haben eine Regel kennengelernt, mit der die Summe zweier differenzierbarer Funktionen f und g abgeleitet werden kann.
Nach dieser Summenregel gilt:
$(f+g)'(x) = f'(x) + g'(x)$ für alle $x \in \mathbb{R}$ für die sowohl die Funktion f als auch die Funktion g differenzierbar ist. Damit ist die Funktion $f+g$ eine Stammfunktion von der Funktion $f'+g'$. Geben Sie eine Regel für das unbestimmte Integral der Summe von zwei Funktionen an.

Unterschied zwischen bestimmtem und unbestimmtem Integral einer Funktion

Wir haben nun mit dem bestimmten Integral und dem unbestimmten Integral zwei verschiedene Begriffe kennengelernt, die durch den Hauptsatz der Differenzial- und Integralrechnung miteinander verbunden sind.

7. **a)** Berechnen Sie $\int_0^2 2\,\mathrm{d}x$. Ermitteln Sie das unbestimmte Integral $\int 2\,\mathrm{d}x$.

b) Berechnen Sie das bestimmte Integral $\int_0^2 2x\,\mathrm{d}x$. Berechnen Sie $\int 2x\,\mathrm{d}x$.

c) Berechnen Sie das unbestimmte Integral $\int 3x^2\,\mathrm{d}x$. Ermitteln Sie das Integral $\int_0^2 3x^2\,\mathrm{d}x$.

d) Berechnen Sie das bestimmte Integral $\int_0^5 4x^3\,\mathrm{d}x$. Berechnen Sie das Integral $\int 4x^3\,\mathrm{d}x$.

e) Entscheiden Sie: Ist das bestimmte Integral $\int_a^b f(x)\mathrm{d}x$ eine Zahl, eine Funktion oder eine Menge von Funktionen?

f) Entscheiden Sie: Ist das unbestimmte Integral $\int f(x)\mathrm{d}x$ eine Zahl, eine Funktion oder eine Menge von Funktionen?

8. Worin unterscheiden sich die Lösungen der folgenden Aufgaben?

a) Geben Sie das bestimmte Integral der Funktion f auf dem Intervall $[a;b]$ an.

b) Geben Sie das unbestimmte Integral der Funktion f auf dem Intervall $[a;b]$ an.

Die Berechnung bestimmter Integrale bzw. die Angabe unbestimmter Integrale führt, falls sie möglich ist, zu verschiedenen mathematischen Objekten:

Das bestimmte Integral einer Funktion f in einem Intervall $[a;b]$ ist eine reelle Zahl c.
Schreibweise: $\int_a^b f(x)\mathrm{d}x = c$.

Das unbestimmte Integral einer Funktion f ist eine Menge von unendlich vielen Funktionen.
Schreibweise: $\int f(x)\mathrm{d}x = F(x) + c \;(c \in \mathbb{R})$.

9. Geben Sie für f jeweils das unbestimmte Integral und die 1. Ableitung f' an.

a) $f(x) = 5x^7 - 3x^4 + 1$ **b)** $f(x) = 3\sqrt{x} - \frac{1}{x^5};\ x > 0$

c) $f(t) = (2t - 3)^2$ **d)** $f(a) = \sqrt[3]{7a - 4};\ a > \frac{4}{7}$

e) $f(x) = (3x + 2a)^3;\ a \in \mathbb{R}$ **f)** $f(x) = \frac{2}{\sqrt{x}} + \frac{1}{x^2};\ x > 0$

10. a) Formulieren Sie eine Regel für die partielle Integration unbestimmter Integrale.
b) Geben Sie Voraussetzungen für die Funktionen f und g an, damit die Regel der partiellen Integration angewendet werden kann.

11. Geben Sie für die Funktionen f jeweils eine Stammfunktion und das unbestimmte Integral an.

a) $f(x) = x\sqrt{x + 1}$ **b)** $f(x) = x\sqrt{x - 1}$ **c)** $f(x) = x^2\sqrt{x + 5}$

12. a) Formulieren Sie eine Substitutionsregel für unbestimmte Integrale.
b) Geben Sie Voraussetzungen für die Funktionen f und g an, damit die Substitutionsregel angewendet werden kann.

13. Geben Sie für die Funktion f jeweils eine Stammfunktion und das unbestimmte Integral an.

a) $f(x) = 8x\sqrt{4x^2 - 5}$ **b)** $f(x) = 10\sqrt{5x + 1}$ **c)** $f(x) = 5\sqrt{10x + 10}$

14.*a) Nutzen Sie die Quotientenregel für differenzierbare Funktionen, um eine Integrationsregel für unbestimmte Integrale zu formulieren.
b) Warum hat die in a) gefundene Regel ihrer Meinung nach keinen Eingang in die mathematische Literatur gefunden?

15. Geben Sie zu jeder der folgenden Funktionen das unbestimmte Integral an. Welche Regeln haben Sie jeweils verwendet?

a) $f(x) = 7x^4 + 3x^{-2};\ x > 0$ **b)** $f(x) = -3x^{-3};\ x > 0$

c) $f(x) = 2\sqrt{x} - x;\ x > 0$ **d)** $f(x) = x^2 + \frac{1}{x^3};\ x > 0$

e) $f(x) = (7x + 2)^8$ **f)** $g(x) = n \cdot x^{n-1};\ n \in \mathbb{N},\ n \neq 0$

g) $g(x) = ax^2 + bx + c;\ a, b, c \in \mathbb{R};\ a > 0$ **h)** $t(z) = \sqrt{5z - 4};\ z > 1$

i) $f(x) = \sqrt{a} - 3x^2 + 4a\sqrt{x};\ a > 0;\ x > 0$ **j)** $s(t) = (3t - a)^4;\ a \in \mathbb{R}$

16. Ermitteln Sie eine Stammfunktion F von f, die folgenden Bedingungen genügt.

a) $f(x) = 3;\ F(0{,}5) = 7$ **b)** $f(x) = \frac{3}{5}x^2 - 0{,}2x + 1;\ F(0) = 0$

c) $f(x) = x - \sqrt{5};\ F(\sqrt{2}) = -3\sqrt{7}$ **d)** $f(x) = \frac{1}{2\sqrt{x}} + \frac{1}{4}x^2;\ F(1) = 2$

e) $f(x) = x^3 + 2;\ F(-4) = 5$ **f)** $f(a) = ab + 2;\ F(b) = \frac{1}{2}b^3$

g) $f(x) = \frac{3}{4}x - \frac{3}{4};\ F\left(\frac{3}{4}\right) = \frac{3}{4}$ **h)** $f(m) = \sqrt[3]{8m - 8};\ m > 1;\ F(0) = 2$

6 Uneigentliche Integrale

Bei der Berechnung bestimmter Integrale hatte das Integrationsintervall $[a; b]$ bisher immer eine endliche Länge. Nun werden wir versuchen, Funktionen über Intervallen zu integrieren, die keine endliche Länge haben.

Beispiele: Für die folgenden Funktionen soll untersucht werden, ob der Punktmenge M zwischen dem Graphen von f, der x-Achse und der Geraden $x = 1$ eine Zahl als Flächeninhalt zugeordnet werden kann.

a) Man betrachte die Funktion f mit $f(x) = \frac{1}{x^2}$ (siehe Bild 32a).

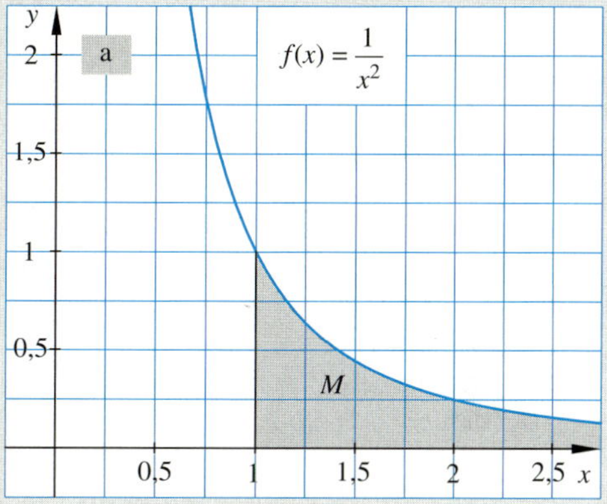

Wegen $\lim\limits_{x \to \infty} \frac{1}{x^2} = 0$ ist die x-Achse eine waagerechte Asymptote für den Graphen von f.

Sei nun $t > 1$ eine beliebige Zahl.

Dann kann das bestimmte Integral $\int\limits_1^t \frac{1}{x^2}\,dx$ berechnet werden. Es ist

$\int\limits_1^t \frac{1}{x^2}\,dx = \left[-\frac{1}{x}\right]_1^t = -\frac{1}{t} + 1$. Je größer t gewählt wird, um so weniger beeinflusst t das Ergebnis.

Es gilt sogar $\lim\limits_{t \to \infty} \left(-\frac{1}{t} + 1\right) = 1$.

Der Punktmenge kann somit die Zahl 1 als Flächeninhalt zugeordnet werden.

b) Man betrachte die Funktion f mit $f(x) = \frac{1}{\sqrt{x}}$ (siehe Bild 32b).

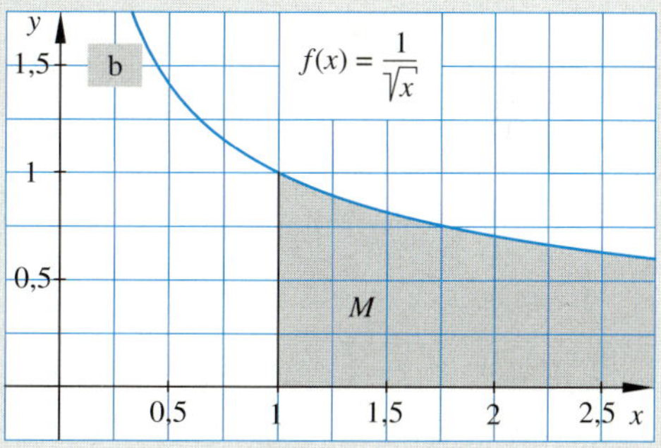

32

Die Situation ist durchaus vergleichbar mit der aus dem vorangegangenen Beispiel. Wiederum betrachten wir die Funktion auf einem Intervall, das unendlich lang ist. Die x-Achse ist ebenfalls eine waagerechte Asymptote für den Graphen der Funktion. Das Ergebnis fällt trotzdem völlig anders aus.

Für $t > 1$ ergibt sich $\int\limits_1^t \frac{1}{\sqrt{x}}\,dx = \left[2\sqrt{x}\right]_1^t = 2\sqrt{t} - 2$.

Je größer t gewählt wird, um so mehr beeinflusst t das Ergebnis. Es gilt sogar $\lim\limits_{t \to \infty} (2\sqrt{t} - 2) = \infty$. Hier wird der Punktmenge unter der Kurve sinnvollerweise kein Flächeninhalt zugeordnet.

Wir verallgemeinern jetzt die Situation aus den beiden vorangegangenen Beispielen:
Sei a eine reelle Zahl und f eine Funktion, die auf dem Intervall $[a;\infty)$ definiert ist.

Für jede Zahl $t \in [a;\infty)$ existiere das Integral $\int_a^t f(x)\,\mathrm{d}x$. Nun wird der Grenzwert $\lim\limits_{t\to\infty} \int_a^t f(x)\,\mathrm{d}x$ untersucht:

Gibt es eine Zahl g mit $\lim\limits_{t\to\infty} \int_a^t f(x)\,\mathrm{d}x = g$, so sagt man:

Das **uneigentliche Integral** $\int_a^\infty f(x)\,\mathrm{d}x$ **existiert** und es gilt $\int_a^\infty f(x)\,\mathrm{d}x = g$.

Gibt es keinen Grenzwert, so sagt man: Das **uneigentliche Integral** $\int_a^\infty f(x)\mathrm{d}x$ **existiert nicht**.

1. **a)** Vergleichen Sie die Funktionen aus den beiden vorangegangenen Beispielen auf dem Intervall $[1;\infty)$ miteinander.
b) Setzen Sie den Verlauf der Graphen in Beziehung zu den verschiedenen Ergebnissen bezüglich der uneigentlichen Integrale.
c) Geben Sie eine weitere Funktion an, für die auf dem Intervall $[1;\infty)$ kein uneigentliches Integral existiert.
d) Geben Sie eine weitere Funktion an, für die auf dem Intervall $[1;\infty)$ ein uneigentliches Integral existiert.

2. Erklären Sie für eine Funktion f, die auf einem Intervall $(-\infty;a]$ definiert ist, das uneigentliche Integral $\int_{-\infty}^a f(x)\mathrm{d}x$.

3. Entscheiden Sie, ob die gegebenen uneigentlichen Integrale existieren. Geben Sie im Falle der Existenz den Wert des Integrals an.

a) $\int_1^\infty \frac{1}{x^3}\,\mathrm{d}x$ **b)** $\int_0^\infty \frac{3}{4}x^3\,\mathrm{d}x$ **c)** $\int_2^\infty \frac{2}{\sqrt{x^3}}\,\mathrm{d}x$

d) $\int_{-\infty}^{-1} \frac{1}{x^2}\,\mathrm{d}x$ **e)** $\int_{-\infty}^{-1} \frac{1}{\sqrt{-x}}\,\mathrm{d}x$ **f)** $\int_{10}^\infty \frac{1}{5x^2}\,\mathrm{d}x$

4.* Betrachtet werden Potenzfunktionen f mit $f(x) = x^n$ ($n \in \mathbb{Q}$) auf dem Intervall $[1;\infty)$.
a) Wählen Sie jeweils ein $n \in \mathbb{Q}$ aus den folgenden Intervallen $[-2;-1]$, $[-1;0]$, $[0;1]$, $[1;2]$ und entscheiden Sie, ob das Integral $\int_1^\infty x^n\mathrm{d}x$ existiert.
b) Treffen Sie begründete Aussagen über die Existenz des uneigentlichen Integrals $\int_1^\infty f(x)\mathrm{d}x$ in Abhängigkeit von n.
Unterscheiden Sie die drei Fälle $n \geq 0$, $-1 < n < 0$ und $n < -1$.
c) Geben Sie ein möglichst großes n derart an, dass das Integral $\int_1^\infty f(x)\mathrm{d}x$ existiert.
d) Geben Sie ein möglichst kleines n derart an, dass das Integral $\int_1^\infty f(x)\mathrm{d}x$ nicht existiert.

Das bestimmte Integral ist nur für Funktionen erklärt, die in jedem Teilintervall ihres Definitionsbereiches einen kleinsten und einen größten Funktionswert haben (siehe Seite 198). Daraus folgt sofort, dass für nicht beschränkte Funktionen das bestimmte Integral nicht erklärt ist.
In den folgenden Beispielen betrachten wir Funktionen, die nicht beschränkt sind.

Beispiele:

a) Es wird untersucht, ob für die Funktion f mit $f(x) = \frac{1}{x^2}$ auf dem Intervall [0; 1] (siehe Bild 33) ein bestimmtes Integral sinnvoll gebildet werden kann.

Für jede Zahl t mit $0 < t < 1$ gilt
$\int_t^1 \frac{1}{x^2}\mathrm{d}x = \left[-\frac{1}{x}\right]_t^1 = -1 + \frac{1}{t}$.
Je kleiner t gewählt wird, desto größer ist der Einfluss von t auf das Ergebnis. Es gilt sogar $\lim\limits_{t\to 0}\left(-1 + \frac{1}{t}\right) = \infty$. Daher kann das bestimmte Integral von f auf dem Intervall [0; 1] nicht sinnvoll gebildet werden.

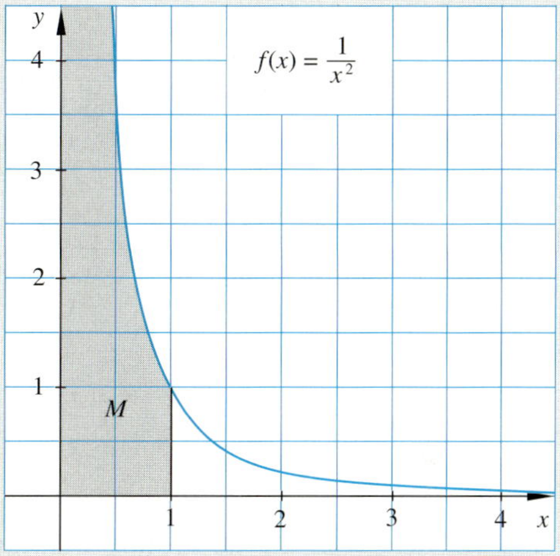

33

b) Es wird untersucht, ob für die Funktion f mit $f(x) = \frac{1}{\sqrt{x}}$ auf dem Intervall [0; 1] ein bestimmtes Integral sinnvoll gebildet werden kann (siehe auch Bild 32b).

Für jede Zahl t mit $0 < t < 1$ gilt $\int_t^1 \frac{1}{\sqrt{x}}\,\mathrm{d}x = \left[2\sqrt{x}\right]_t^1 = 2 - 2\sqrt{t}$. Je kleiner t gewählt wird, um so weniger beeinflusst t das Ergebnis. Es gilt sogar $\lim\limits_{t\to 0}(2 - 2\sqrt{t}) = 2$.
Damit ist $\int_0^1 \frac{1}{\sqrt{x}}\,\mathrm{d}x = 2$.

Wir verallgemeinern jetzt die Situation aus den beiden vorangegangenen Beispielen:
Sei f eine Funktion, die auf einem Intervall $(a;b]$ definiert ist und nach oben nicht beschränkt ist. Für jede Zahl $t \in (a;b]$ existiere das Integral $\int_t^b f(x)\mathrm{d}x$. Nun wird der Grenzwert $\lim\limits_{t\to a}\int_t^b f(x)\mathrm{d}x$ untersucht:
Gibt es eine Zahl g mit $\lim\limits_{t\to a}\int_t^b f(x)\mathrm{d}x = g$, so sagt man:

Das **uneigentliche Integral** $\int_a^b f(x)\mathrm{d}x$ **existiert** und es gilt $\int_a^b f(x)\mathrm{d}x = g$.

Gibt es keinen Grenzwert, so sagt man: Das **uneigentliche Integral** $\int_a^b f(x)\mathrm{d}x$ **existiert nicht.**

5. Skizzieren Sie den Verlauf einiger Funktionen, die die oben getroffenen Voraussetzungen zur Definition des uneigentlichen Integrals erfüllen. Erstellen Sie eine solche Skizze auch für die entsprechende Definition auf Seite 230.

6. **a)** Geben Sie eine Funktion f an, die auf einem Intervall $[a; b)$ nach oben unbeschränkt ist.

b) Erklären Sie für eine nach oben unbeschränkte Funktion f, die auf einem Intervall $[a; b)$ definiert ist, das uneigentliche Integral $\int_a^b f(x)\mathrm{d}x$.

7. **a)** Geben Sie eine Funktion f an, die auf einem Intervall $[a; b)$ nach unten unbeschränkt ist.

b) Erklären Sie für eine nach unten unbeschränkte Funktion f, die auf einem Intervall $[a; b)$ definiert ist, das uneigentliche Integral $\int_a^b f(x)\mathrm{d}x$.

8. Entscheiden Sie, ob die gegebenen uneigentlichen Integrale existieren. Geben Sie im Falle der Existenz den Wert des Integrals an.

a) $\int_0^1 \frac{1}{x^5}\,\mathrm{d}x$ **b)** $\int_0^1 \frac{3}{4x^2}\,\mathrm{d}x$ **c)** $\int_0^2 \frac{3}{\sqrt{x}}\,\mathrm{d}x$

d) $\int_{-1}^0 \frac{1}{x^4}\,\mathrm{d}x$ **e)** $\int_{-2}^0 \frac{3}{\sqrt{-x}}\,\mathrm{d}x$ **f)** $\int_0^3 \frac{1}{2\sqrt[3]{x^4}}\,\mathrm{d}x$

9. Versuchen Sie, das uneigentliche Integral $\int_a^b f(x)\mathrm{d}x$ für eine Funktion f zu erklären, die im Inneren des Intervalls eine Unendlichkeitsstelle, also z. B. eine Polstelle aufweist?

10. Berechnen Sie, falls möglich, folgende Integrale.

a) $\int_{-1}^1 \frac{5}{x^2}\,\mathrm{d}x$ **b)** $\int_{-2}^1 \frac{1}{x^3}\,\mathrm{d}x$ **c)** $\int_{-10}^2 \frac{100}{3x^4}\,\mathrm{d}x$

d) $\int_{-1}^1 \frac{1}{x^{10}}\,\mathrm{d}x$ **e)** $\int_{-1}^1 \frac{2}{\sqrt[3]{x^4}}\,\mathrm{d}x$ **f)** $\int_{-1}^1 \frac{5}{\sqrt[3]{x^2}}\,\mathrm{d}x$

11. **a)** Vergleichen Sie die Funktionen aus den vorangegangenen Beispielen auf Seite 231 auf dem Intervall $(0; 1]$ miteinander.

b) Setzen Sie den Verlauf der Graphen in Beziehung zu den verschiedenen Ergebnissen bezüglich der uneigentlichen Integrale.

c) Geben Sie eine weitere Funktion an, für die auf dem Intervall $(0; 1]$ kein uneigentliches Integral existiert.

d) Geben Sie eine weitere Funktion an, für die auf dem Intervall $(0; 1]$ ein uneigentliches Integral existiert.

Die Ergebnisse dieses Abschnittes haben gezeigt, dass man unter gewissen Voraussetzungen auch für Funktionen, die nicht auf endlich langen Intervallen definiert sind bzw. nicht beschränkt sind, ein bestimmtes Integral sinnvoll bilden kann. Daher kann manchmal Punktmengen, die keine endliche Ausdehnung haben, ein Flächeninhalt zugeordnet werden. Damit ist durch die uneigentlichen Integrale auch der Flächeninhaltsbegriff erweitert worden.

7 Vermischte Aufgaben

1. Geben Sie für die folgenden Funktionen f das unbestimmte Integral an.
Hinweis: Vereinfachen Sie zunächst die Funktionsterme.

a) $f(y) = \frac{3y^5 - 2y^4 - 3}{2y^3}$; $y \neq 0$ **b)** $f(x) = \frac{7x^2 - 14x}{7x^4}$; $x \neq 0$

c) $f(c) = \frac{4c^2 + 8c + 4}{2c + 2}$; $c \neq -1$ **d)** $f(x) = \frac{2x^4 - 7x^3 - 2x - 2}{2x + 1}$; $x \neq -\frac{1}{2}$

e) $f(x) = \frac{8x^2 + 8x + 2}{4x + 2}$; $x \neq -\frac{1}{2}$ **f)** $f(a) = \frac{2 - 9a^2}{-(\sqrt{2} - 3a)}$; $a \neq \frac{1}{3}\sqrt{2}$

g) $f_t(z) = \frac{tz^4 - z^3}{tz^2}$; $z \neq 0$ * **h)** $f_t(z) = \frac{tz^4 + t^2z^3 + 3tz^3 + 3t^2z^2 + 7z + 7t}{t + z}$; $t \neq -z$

2. Sind F_1 und F_2 Stammfunktionen ein und derselben Funktion f? Geben Sie, falls Ihre Antwort positiv ist, die Funktion f an.

a) $F_1(x) = \frac{2x}{1 - 3x}$; $F_2(x) = \frac{2}{3(1 - 3x)}$ **b)** $F_1(x) = \frac{x}{1 - 2x}$; $F_2(x) = \frac{2x}{1 + 2x}$

c) $F_1(x) = \frac{31x^2 - 2}{7(2x^2 + 1)}$; $F_2(x) = \frac{3x^2 - 1}{2x^2 + 1}$ **d)** $F_1(x) = -\frac{1}{x^2 + 1}$; $F_2(x) = \frac{x^2}{x^2 + 1}$

e) $F_1(x) = \frac{x^3 - 2x^2 - 20x + 1}{(x + 2)^2}$; $F_2(x) = x + 6 + \frac{25}{(x + 2)^2}$

f) $F_1(x) = \frac{2x}{1 - 3x}$; $F_2(x) = \frac{2}{3(1 - 3x)}$

3. Im folgenden ist entweder eine Funktion f oder ihre Ableitung f' oder eine ihrer Stammfunktionen F gegeben. Geben Sie jeweils die anderen Funktionen an.

a) $f(x) = 2\sqrt{x} + \frac{4}{x^2}$; $x > 0$ **b)** $f'(x) = \sqrt{x} + \frac{1}{x^3}$, $x > 0$; $f(1) = \frac{1}{6}$; $F(1) = \frac{23}{30}$

c) $F(x) = \frac{2x + 3}{x + 1}$; $x \neq -1$ **d)** $F(x) = \sqrt{7x + 2}$; $x > -\frac{2}{7}$

e) $f'(x) = 7$; $f(3) = 20$; $F(2) = 16$ **f)** $f(x) = \frac{9x^2 - 3}{3x + \sqrt{3}}$; $x \neq -\frac{1}{3}\sqrt{3}$; $F(\sqrt{3}) = \frac{3}{2}$

g) $f(x) = \sqrt[3]{x} - (2x + 1)^5$; $x > 0$ **h)** $f'(x) = \frac{7x^4 - 3x}{7x} + \sqrt{x}$; $x > 0$

4. Es sind jeweils zwei Funktionen f und g gegeben. Bestimmen Sie den auftretenden Parameter t so, dass g eine Stammfunktion von f ist. Geben Sie das unbestimmte Integral $\int f(x)\mathrm{d}x$ an.

a) $f(x) = tx^2 - x$; $g(x) = 2x^3 - \frac{x^2}{2}$ **b)** $f(x) = \frac{1}{2}x^3 + 2x + 1$; $g(x) = \frac{1}{8}x^4 + tx^2 + x$

c) $f(x) = tx - 2$; $g(x) = 5$ **d)** $f(x) = \frac{1}{4\sqrt{x}}$; $g(x) = \sqrt{tx}$

e) $f(x) = \frac{24}{x^t}$; $g(x) = \frac{-6}{x^4}$ **f)** $f(x) = -\frac{10x}{x^4 + 10x^2 + 25}$; $g(x) = \frac{5}{x^2 + t}$

5. Gegeben sei die Funktion f mit $f(x) = x^3 - x + 2$. Prüfen Sie, ob es jeweils eine Stammfunktion F der Funktion f mit der genannten Eigenschaft gibt.

a) $F(-1) = \frac{9}{4}$ ist das Minimum von F.

b) Der Punkt $W\left(\frac{1}{3}\sqrt{3};\ -\frac{2}{3}\sqrt{3}\right)$ ist ein Wendepunkt von F.

c) Der Anstieg von F ist für $x = 2$ identisch mit dem Anstieg von f.

d) Die Funktion F hat eine Nullstelle bei $x_0 = 2$.

e) Der Graph von F schneidet die Ordinatenachse in $(0; -2)$.

f) Der Graph von F schneidet die Ordinatenachse unter einem Winkel von 45°.

6. Berechnen Sie die folgenden Integrale. Vereinfachen Sie zuvor.

a) $\int_2^4 3\sqrt{x}\,\mathrm{d}x + \int_2^4 (2x^2 + 3)\mathrm{d}x - \int_2^4 \sqrt{x}\,\mathrm{d}x + \int_2^4 (x^2 - 3)\mathrm{d}x$

b) $\int_1^2 \sqrt[3]{8x}\,\mathrm{d}x - 2\int_1^2 \sqrt[3]{8x}\,\mathrm{d}x + \int_1^2 (2x + 3)\mathrm{d}x + \int_2^5 (2x + 3)\mathrm{d}x$

c) $\int_2^5 (5x^2 - 15x)\mathrm{d}x - \int_2^5 (-x^2 + 3x)\mathrm{d}x + 6\int_2^5 (x^2 - 3x)\mathrm{d}x$

d) $\int_2^1 \frac{4x^3 - 5x^2}{x^2}\,\mathrm{d}x - \int_1^2 \frac{4x^4 - 5x^3}{x^3}\,\mathrm{d}x + \int_1^2 \frac{16x^2 - 40x + 25}{4x - 5}\,\mathrm{d}x$

e) $3\int_1^2 \frac{4x^3 + 2x^2 - 2}{x^2}\,\mathrm{d}x - \int_1^2 \frac{12x^3 + 6x^2 - 6}{x^2}\,\mathrm{d}x - \int_1^2 (24x + 12)\mathrm{d}x - 6\int_1^2 \frac{2}{x^2}\,\mathrm{d}x$

f) $5\int_0^2 \frac{6x^2 + 17x + 12}{3x + 4}\mathrm{d}x + 5\int_2^3 (2x + 3)\mathrm{d}x - \int_0^3 (10x + 15)\mathrm{d}x + \int_3^6 x^4\mathrm{d}x$

7. Berechnen Sie die unbestimmten Integrale. Welche Regeln haben Sie verwendet?

a) $\int \sqrt[5]{3x}\,\mathrm{d}x$

b) $\int \frac{4x^2 - 1}{2x + 1}\,\mathrm{d}x$

c) $\int \frac{2x^2 + 5}{2x^2}\,\mathrm{d}x$

d) $\int \sqrt{2x + 5}\,\mathrm{d}x$

e) $\int (5x^2 + 7)^8 \cdot x\,\mathrm{d}x$

f) $\int 3x^2\sqrt{5x^3 - 2}\,\mathrm{d}x$

g) $\int \frac{8y^8 - 6y^4 + 4}{2y^2}\,\mathrm{d}y$

h) $\int \frac{2x^4 + x^3 - 4x^2 - 2x}{2x + 1}$

8. Gegeben sei die Funktionenschar f_t mit $f_t(x) = t(x^3 - x^2)$; $t \in \mathbb{R}$, $t > 0$.

a) Geben Sie das unbestimmte Integral $\int f_t(x)\mathrm{d}x$ an.

b) Berechnen Sie das bestimmte Integral $\int_0^1 f_t(x)\mathrm{d}x$.

c) Für welche Stammfunktion F_t von f_t ist $\int_0^2 f_t(x)\mathrm{d}x = 1$?

d) Geben Sie den Parameter t so an, dass gilt: $\int_0^2 f_t(x)\mathrm{d}x = 5$.

9. Geben Sie die Funktionsgleichung einer Funktion f zweiten Grades mit den folgenden Eigenschaften an:

a) (1) f hat an der Stelle $x = -\sqrt{2}$ ein Extremum.
(2) Die zweite Ableitung dieser Funktion nimmt an jeder Stelle x den Wert $2\sqrt{2}$ an.
(3) Es gilt $\int_0^1 f(x)\mathrm{d}x = 2$.

b) (1) Der Graph von f schneidet die Ordinatenachse in $(0; -5)$ unter einem Winkel von 45°.
(2) Es gilt $\int_2^4 f(x)\mathrm{d}x = 10$.

10. Gegeben ist die Funktionenschar f_t mit $f_t(x) = (x-t)^2 - t;\ t \geq 0$.

a) Zeichen Sie die Graphen von f_t für $t = 0$; $t = 1$; $t = 2$ und $t = 3$.

b) Auf welcher Linie liegen die Scheitelpunkte der Graphen aus a)?

c) Für welches t gilt $\int_0^1 ((x-t)^2 - t)\mathrm{d}x = 5$?

d) Für welches t nimmt das Integral $\int_0^1 f_t(x)\mathrm{d}x$ ein Extremum an?

11. Berechnen Sie jeweils k.

a) $\int_0^k x\,\mathrm{d}x = 6$ **b)** $\int_k^3 (x^3 - 2x)\mathrm{d}x = 0{,}25$ **c)** $\int_1^k x^{-2}\,\mathrm{d}x = \frac{1}{2}$

d) $\int_0^1 kx\,\mathrm{d}x = 0{,}2$ **e)** $\int_0^1 (x^2 + k)\mathrm{d}x = 1$ **f)** $\int_0^1 (kx + k)\mathrm{d}x = 1$

g) $\int_0^k (x+1)\mathrm{d}x = 6$ **h)** $\int_1^k \left(1 + \frac{1}{x^2}\right)\mathrm{d}x = 2$ **i)** $\int_0^k \sqrt{x}\,\mathrm{d}x = 6$

12.*a) Überzeugen Sie sich davon, dass die Stetigkeit der Funktion f im Mittelwertsatz der Integralrechnung (Satz 4, Seite 209) eine wesentliche Voraussetzung ist. Untersuchen Sie dafür das bestimmte Integral der Funktion f mit $f(x) = \begin{cases} x & \text{für } x \neq 0{,}5 \\ 1 & \text{für } x = 0{,}5 \end{cases}$ auf dem Intervall $[0; 1]$.

b) Im Mittelwertsatz der Integralrechnung lautet die Behauptung: Dann existiert eine Zahl c mit $a \leq c \leq b$ für die gilt $\int_a^b f(x)\mathrm{d}x = f(c)(b-a)$.

Kann die Behauptung verstärkt werden zu:

Dann existiert genau eine Zahl c mit $a \leq c \leq b$ für die gilt $\int_a^b f(x)\mathrm{d}x = f(c)(b-a)$?

13. a) Wählen Sie drei Funktionen f und drei Intervalle $[a; b]$ mit der Eigenschaft, dass $\int_a^b f(x)\mathrm{d}x = 0$ ist.

b) Begründen Sie, dass Sie Ihre Beispiele richtig ausgewählt haben.

14. Geben Sie, falls möglich, jeweils zwei Beispiele für Funktionen f mit folgenden Eigenschaften an. Begründen Sie Ihre Entscheidung.

a) f hat auf dem Intervall $[a; b]$ von null verschiedene Funktionswerte und $\int_a^b f(x)\mathrm{d}x = 0$.

b) f ist auf dem Intervall $[a; b]$ monoton fallend, alle Funktionswerte sind positiv und $\int_a^b f(x)\mathrm{d}x > 0$.

c) f hat auf dem Intervall $[a; b]$ nicht nur positive Funktionswerte und $\int_a^b f(x)\mathrm{d}x > 0$.

d) f hat auf dem Intervall $[a; b]$ auch positive Funktionswerte und $\int_a^b f(x)\mathrm{d}x < 0$.

e) f hat auf dem Intervall $[a; b]$ nur positive Funktionswerte und $\int_a^b f(x)\mathrm{d}x < 0$.

f) f ist auf dem Intervall $[a; b]$ stetig, alle Funktionswerte sind positiv und $\int_a^b f(x)\mathrm{d}x = 0$.

15. Gegeben sei die Funktion f mit $f(x) = -x^2 + 4x - 2$.

a) Skizzieren Sie den Graphen von f im Intervall $[1; 3]$.

b) Berechnen Sie das bestimmte Integral $\int_1^3 f(x)\mathrm{d}x$.

c) Interpretieren Sie das Ergebnis in b) geometrisch.

d) Ein Rechteck mit der Breite 2 LE habe das Ergebnis aus b) als Flächeninhalt. Welche Höhe hat das Rechteck?

e) Zeichnen Sie das Rechteck aus d) so in Ihre Skizze ein, dass eine Seite des Rechtecks auf der Abszissenachse im Intervall $[1; 3]$ verläuft und alle anderen Punkte des Rechtecks im 1. Quadranten liegen.

f) Wie oft schneidet die Rechteckseite, die parallel zur Abszissenachse verläuft, den Graphen von f?

g) Berechnen Sie die Koordinaten der in f) gefundenen Schnittpunkte.

h) Setzen Sie die Ergebnisse dieser Aufgabe in Beziehung zum Mittelwertsatz der Integralrechnung (Satz 4, Seite 209).

16. Berechnen Sie die folgenden bestimmten Integrale.

a) $\int_a^b \frac{1}{x^2}\,\mathrm{d}x \; (0 < a < b)$ **b)** $\int_a^b \frac{1}{x^2}\,\mathrm{d}x \; (a = b)$ **c)** $\int_a^b \frac{1}{x^2}\,\mathrm{d}x \; (0 > a > b)$

d) $\int_0^a 5\sqrt[3]{x}\,\mathrm{d}x \; (a > 0)$ **e)** $\int_0^a 5\sqrt[3]{x}\,\mathrm{d}x \; (a = 0)$ **f)** $\int_0^a 5\sqrt[3]{-x}\,\mathrm{d}x \; (a < 0)$

17. Lösen Sie die folgenden Gleichungen:

a) $\int_0^4 8\sqrt[5]{x^3}\,\mathrm{d}x - a\int_0^4 (2x - 5)\mathrm{d}x + 3\int_0^4 \left(ax^2 + \frac{1}{3}x\right)\mathrm{d}x = 18 \quad (a \in \mathbb{R})$

b) $\int_0^5 \left(\int_2^4 (ay^4 - 2y)\mathrm{d}y\right)\mathrm{d}y = 932 \quad (a \in \mathbb{R})$

18. Im Bild 34 ist die Funktion $f(x) = x^3 + 3x^2 + 3x + 1$ im Intervall $[-2; 1]$ dargestellt.

a) Geben Sie alle Zahlen $t \in [-2; 1]$ derart an, dass $\int_{-2}^{t} f(x)\mathrm{d}x$ negativ ist.

b) Geben Sie alle Zahlen $t \in [-2; 1]$ derart an, dass $\int_{-2}^{t} f(x)\mathrm{d}x = 0$ ist.

c) Geben Sie alle Zahlen $t \in [-2; 1]$ derart an, dass $\int_{-2}^{t} f(x)\mathrm{d}x$ positiv ist.

d) Geben Sie eine Zahl $t \in [-2; 1]$ derart an, dass $\int_{-2}^{t} f(x)\mathrm{d}x = 2\int_{t}^{1} f(x)\mathrm{d}x$ ist.

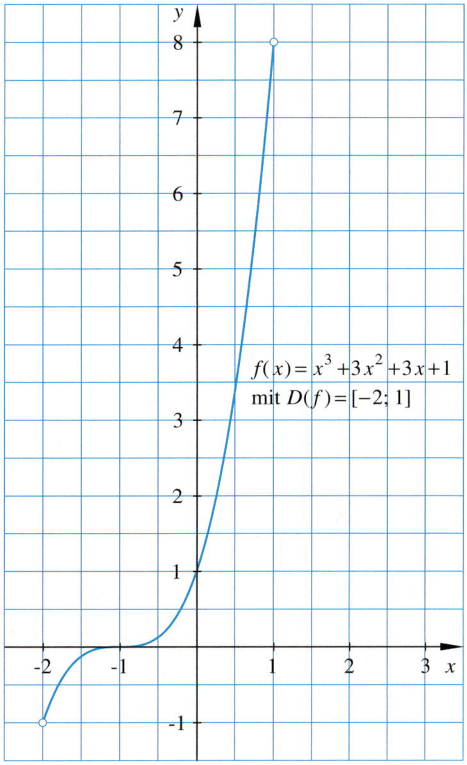

34

19. Gegeben sei die Funktion f mit $f(x) = 2x^2 + 1$.

a) Berechnen Sie für $a > 0$ die Integrale $\int_{-a}^{0} f(x)\mathrm{d}x$, $\int_{0}^{a} f(x)\mathrm{d}x$ und $\int_{-a}^{a} f(x)\mathrm{d}x$.

b) Stellen Sie einen Zusammenhang zwischen den in a) berechneten Integralen her.

c) Welche Eigenschaften der Funktion f ist Ursache für den in b) ermittelten Zusammenhang zwischen den Integralen?

20. Gegeben sei die Funktion f mit $f(x) = x^5$.

a) Berechnen Sie für $a > 0$ die Integrale $\int_{-a}^{0} f(x)\mathrm{d}x$, $\int_{0}^{a} f(x)\mathrm{d}x$ und $\int_{-a}^{a} f(x)\mathrm{d}x$.

b) Stellen Sie einen Zusammenhang zwischen den in Aufgabenteil a) berechneten Integralen her.

c) Welche Eigenschaft der Funktion f ist Ursache für den in b) ermittelten Zusammenhang zwischen den Integralen?

21. Gegeben sei die Funktion f mit $f(x) = x^2 - 1$, $x \in \mathbb{R}$.

a) Zeichnen Sie den Graphen der Funktion f und den Graphen derjenigen Stammfunktion F von f, der die Ordinatenachse an der Stelle 2 schneidet.

b) Bestimmen Sie die Funktionsgleichung derjenigen Stammfunktion F von f, die bei $x_0 = -3$ eine Nullstelle hat.

c) Zu welchen Stammfunktionen F von f gehört das Paar $(c; c)$, $c \in \mathbb{R}$?

d) Berechnen Sie das unbestimmte Integral $\int f(x)\mathrm{d}x$.

e) Berechnen Sie das bestimmte Integral $\int_{-2}^{2} f(x)\mathrm{d}x$. Interpretieren Sie das Ergebnis geometrisch.

8 Berechnung von Flächeninhalten

Flächeninhalte von Punktmengen, die nicht nur oberhalb der Abszissenachse liegen

1. Gegeben ist die Funktion f mit $f(x) = x^3 + 2x^2 - x - 2$ (siehe Bild 35).

a) Durch die beiden Nullstellen der Funktion f ist ein Intervall $[x_1; x_2]$ gegeben.
Berechnen Sie den Flächeninhalt der Punktmenge unter dem Graphen von f in diesem Intervall.

b) Berechnen Sie den Flächeninhalt der Punktmenge unter dem Graphen der Funktion im Intervall $[1; 2]$.

c) Wie liegen die in a) und b) betrachteten Punktmengen bezüglich der Abszissenachse?

d) Welche Lage zur Abszissenachse können die interessierenden Punktmengen überhaupt haben? Geben Sie für jeden der drei Fälle ein Beispiel an.

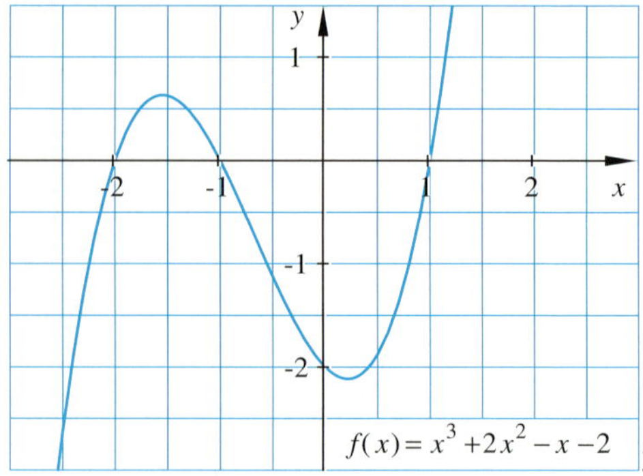

35

Beispiel: Gegeben sei die Funktion f mit $f(x) = x^2 - 4x + 3$; $x \in \mathbb{R}$.
Es ist der Flächeninhalt der Punktmenge P zu berechnen, der von der Abszissenachse und der Parabel $f(x) = x^2 - 4x + 3$ eingeschlossen wird (vgl. Bild 36).

Die Parabel und die Abszissenachse schließen zwischen den beiden Nullstellen die Punktmenge P ein, deren Flächeninhalt gesucht ist. Daher werden als erstes die Nullstellen der Funktion f berechnet. Es ergibt sich
$x_{1/2} = 2 \pm \sqrt{1}$, also $x_1 = 3$; $x_2 = 1$.

Die Nullstellen werden als Integrationsgrenzen für das zu berechnende Integral $\int_a^b f(x)\mathrm{d}x$ eingesetzt.

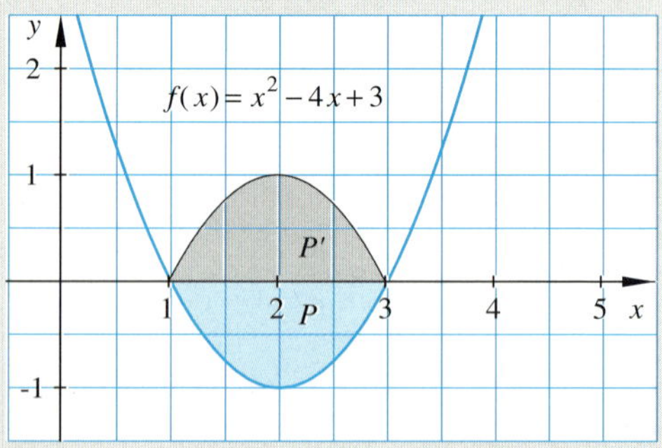

36

Das Integral $\int_1^3 (x^2 - 4x + 3)\mathrm{d}x$ ist nun negativ (nämlich $-\frac{4}{3}$) und kommt deshalb für den Flächeninhalt von P nicht infrage.

Durch Spiegelung an der Abszissenachse wird die Punktmenge P in die Punktmenge P' überführt (vgl. Bild 36). Diese liegt oberhalb der Abszissenachse.

Bei der Spiegelung geht der Graph von $f(x) = x^2 - 4x + 3$ in den Graphen von $g(x) = -f(x) = -(x^2 - 4x + 3)$ über.

Die Punktmengen P und P' sind kongruent und haben deshalb denselben Flächeninhalt.

Der Inhalt von P' ist

$A_{P'} = \int_1^3 -\left(x^2 - 4x + 3\right)\mathrm{d}x = -\int_1^3 \left(x^2 - 4x + 3\right)\mathrm{d}x = -\left(-\frac{4}{3}\right) = \frac{4}{3}$ und damit ist auch

$A_P = \frac{4}{3}$. Der Flächeninhalt der Punktmenge P ist also $A_P = \left|\int_1^3 \left(x^2 - 4x + 3\right)\mathrm{d}x\right|$.

2. Gegeben ist die Funktion f mit $f(x) = x^3 + 2x^2 - x - 2$ (siehe Bild 35). Berechnen Sie den Flächeninhalt der Punktmenge, die zwischen dem Graphen von f und dem jeweiligen Intervall auf der Abszissenachse liegt.

a) $[-1; 1]$ **b)** $[-2; 1]$ **c)** $[1; 2]$ **d)** $[-2{,}5; 1{,}5]$

Soll der Flächeninhalt einer Punktmenge, die auf einem Intervall $[a; b]$ von der Abszissenachse und dem Graphen einer Funktion f begrenzt wird, berechnet werden, so muss zunächst die Lage dieser Punktmenge zur Abszissenachse geprüft werden.

1. Fall: Die Punktmenge liegt oberhalb der Abszissenachse.

Dann gilt für ihren Flächeninhalt: $A = \int_a^b f(x)\mathrm{d}x$.

2. Fall: Die Punktmenge liegt unterhalb der Abszissenachse.

Dann gilt für ihren Flächeninhalt: $A = \left|\int_a^b f(x)\mathrm{d}x\right|$.

3. Fall: Die Punktmenge liegt teilweise unterhalb und teilweise oberhalb der Abszissenachse. Dann müssen **alle** Nullstellen im Integrationsintervall gefunden werden.

Sei x_0 einzige Nullstelle der Funktion f in $[a; b]$.

Dann gilt: $A = \left|\int_a^{x_0} f(x)\mathrm{d}x\right| + \left|\int_{x_0}^b f(x)\mathrm{d}x\right|$.

Existieren n Nullstellen im Inneren des Integrationsintervalls, so sind $n + 1$ Integrale zu berechnen und auszuwerten.

Ist der Graph einer Funktion f eine der Begrenzungen einer Punktmenge, so bezeichnen wir die Funktion f manchmal auch als **Randfunktion.**

3. Skizzieren Sie die Graphen der folgenden Funktionen und berechnen Sie jeweils den Flächeninhalt der Punktmenge, die durch den Graphen der Randfunktion f, die Abszissenachse und die Geraden $x = a$ und $x = b$ begrenzt wird.

a) $f(x) = \frac{1}{2}x + 2;\ a = -2;\ b = 1$ **b)** $f(x) = -x^2 + 2;\ a = -1;\ b = 1$

c) $f(x) = \frac{1}{x} - 3;\ a = 2;\ b = 5$ **d)** $f(x) = 2\sqrt{2x - 8};\ a = 4;\ b = 6$

e) $f(x) = x^2 + 4x + 4;\ a = 3;\ b = 0$ **f)** $f(x) = x^3 + 3x;\ a = -\sqrt{2};\ b = -\sqrt{2}$

g) $f(x) = \frac{1}{2}x^2 + 1;\ a = -3;\ b = 3$ **h)** $f(x) = \sqrt[3]{x + 7};\ a = 0;\ b = 5$

4. Berechnen Sie den Flächeninhalt der Punktmenge, die der Graph der Funktion f mit der Abszissenachse einschließt:

a) $f(x) = -x^2 + 2x + 5$ **b)** $f(x) = (x-2)^2 - 7$ **c)** $f(x) = x^3 + 2x^2 - 3x$
d) $f(x) = -x^3 - x^2$ **e)** $f(x) = \sqrt{8x} - 2x;\ x \geq 0$ **f)** $f(x) = x^2 - \sqrt{x};\ x \geq 0$
g) $f(x) = x^4 - 2x^2 - 2$ **h)** $f(x) = x^5 - 4x^3,\ x \leq 0$ **i)** $f(x) = -|x| + 2$

5. Berechnen Sie den Flächeninhalt der Punktmenge zwischen dem Graphen von f und dem Intervall $[a; b]$ auf der Abszissenachse. Welcher der auf Seite 239 genannten Fälle liegt jeweils vor?

a) $f(x) = \frac{1}{2}x - 5;\ [1;4]$ **b)** $f(x) = 2;\ [-3;3]$ **c)** $f(x) = 2x - 3;\ [0;3]$
d) $f(x) = |x| + 1;\ [-1;2]$ **e)** $f(x) = -x^2;\ [2;3]$ **f)** $f(x) = -x^2 + 1;\ [-2;-1]$

6. **a)** Warum kommt bei der Berechnung eines Flächeninhalts mithilfe eines bestimmten Integrals eine negative Zahl nicht als Ergebnis infrage?
b) Warum ist es für die Berechnung des Flächeninhalts unter dem Graphen einer Funktion wichtig, ob die Funktion in dem betrachteten Intervall Nullstellen hat?
c) Welche Konsequenzen kann es haben, wenn man eine Nullstelle der Funktion f in dem betreffenden Intervall unberücksichtigt lässt?

7. **a)** Begründen Sie mithilfe der Definition des bestimmten Integrals einer Funktion f auf einem Intervall $[a; b]$ die Aussagen des Satzes auf dieser Seite.
b) Erläutern Sie die Bedeutung dieses Satzes für die Berechnung von Flächeninhalten mithilfe der Integralrechnung.

SATZ Sei f eine auf dem Intervall $[a; b]$ definierte Funktion, für die das Integral $\int_a^b f(x)\mathrm{d}x$ existiert. Dann gilt:
a) Wenn $f(x) \geq 0$ für alle $x \in [a; b]$ ist, so ist auch $\int_a^b f(x)\mathrm{d}x \geq 0$.
b) Wenn $f(x) \leq 0$ für alle $x \in [a; b]$ ist, so ist auch $\int_a^b f(x)\mathrm{d}x \leq 0$.

8. Gegeben seien zwei Funktionen f und g, für die die Integrale $\int_a^b f(x)\mathrm{d}x$ und $\int_a^b g(x)\mathrm{d}x$ existieren. Es soll die folgende Aussagen untersucht werden.
Wenn $f(x) \geq g(x)$ für alle $x \in [a;b]$, so ist $\int_a^b f(x)\mathrm{d}x \geq \int_a^b g(x)\mathrm{d}x$.
a) Wählen Sie sich zwei Funktionen f und g, die die genannten Eigenschaften haben, und stellen Sie diese Funktionen in einem gemeinsamen Koordinatensystem dar.
b) Entnehmen Sie dem Ergebnis von a) Argumente für die Richtigkeit der Behauptung.
c) Warum ist durch die Ergebnisse von a) und b) die Aussage nicht bewiesen?
d) Beweisen Sie die genannte Aussage. (Hinweis: Neben obigem Satz kann auch der auf Seite 220 genannte Satz 1 nützlich sein.)
***e)** Versuchen Sie Funktionen f und g zu finden, die zeigen, dass die folgende Aussage falsch ist: Wenn $f(x) \geq g(x)$ für alle $x \in [a;b]$, so ist $\int_a^b f(x)\mathrm{d}x > \int_a^b g(x)\mathrm{d}x$.

9. Berechnen Sie den Flächeninhalt der in den Bildern 37 bis 40 markierten Punktmengen der Randfunktionen f, g, h und k mit $f(x) = mx+n$, $g(x) = ax^2+c$, $h(x) = x^3+bx^2$ und $k(x) = x^3 + \mathrm{d}x$.

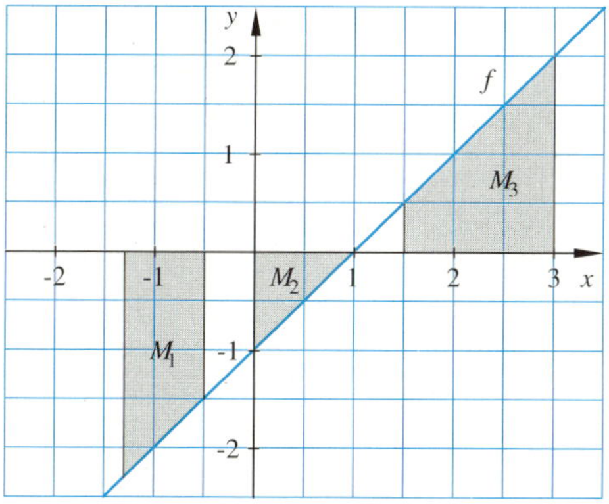

37

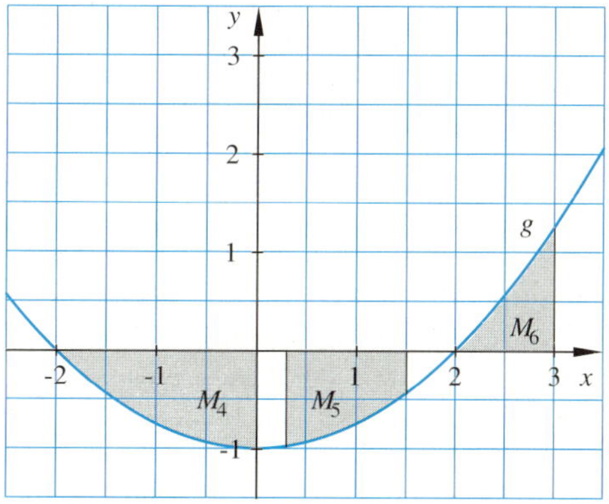

38

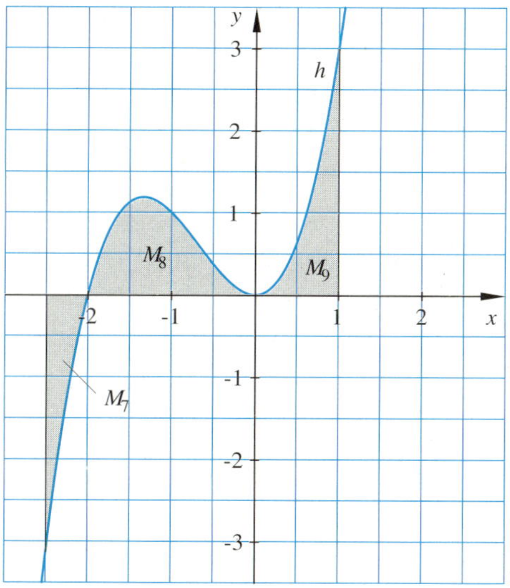

39

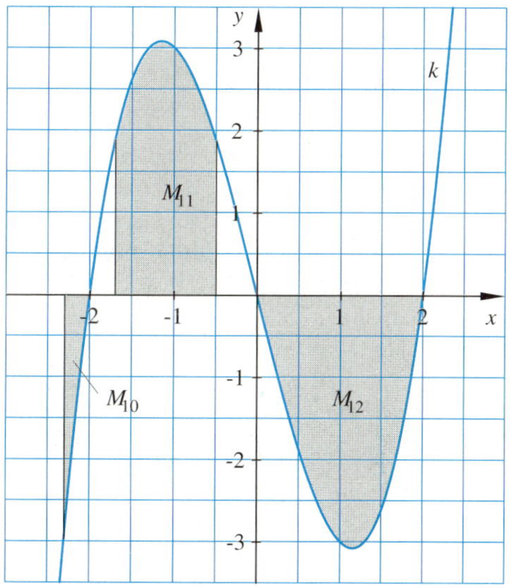

40

10. Gegeben seien quadratische Funktionen f_a mit $f_a(x) = x^2 + 2ax$ $(a \neq 0)$.

a) Zeigen Sie, dass alle Parabeln einen gemeinsamen Punkt haben. Geben Sie die Koordinaten dieses Punktes an.

b) Skizzieren Sie die Graphen von f_1, f_2 und f_3 in einem gemeinsamen Koordinatensystem. Berechnen Sie jeweils den Flächeninhalt, den der Graph mit der Abszissenachse einschließt.

c) Für welche a schließt die Parabel mit der Abszissenachse eine Fläche von a FE ein?

11. Gegeben sei die Funktionenschar f_m mit $f_m(x) = mx + m$ $(m \in \mathbb{R}; m \neq 0)$.
Für welche Parameter m schließen die Gerade und die Koordinatenachsen eine Fläche von 5 FE ein?

12. **a)** Ermitteln Sie für die Funktion f mit $f(x) = x^3 - 5x^2 + 8x - 4$ alle Nullstellen.
b) Berechnen Sie den Flächeninhalt der Punktmenge zwischen dem Graphen von f und der Abszissenachse im Intervall [0; 3].
c) Woran liegt es, dass die bestimmten Integrale über benachbarten Teilintervallen nicht immer unterschiedliche Vorzeichen haben?

13. Gegeben sei der Graph der Funktion f mit $f(x) = x^3 - 0{,}35x^2 - 1{,}35x$, $x \in \mathbb{R}$ (vgl. Bild 41).
a) Berechnen Sie die Nullstellen von f.
b) Begründen Sie, dass die Punktmenge A_3 oberhalb der Abszissenachse liegt.
c) Berechnen Sie den Flächeninhalt der Punktmenge, die vom Graphen der Funktion f, der Abszissenachse und den Geraden $x = -1$ und $x = 2$ begrenzt wird.

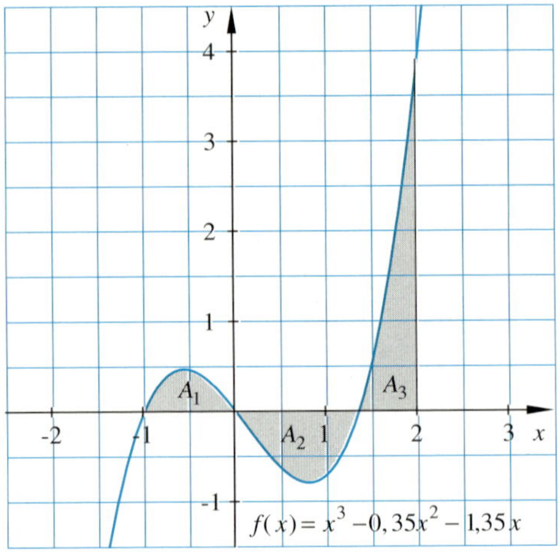

41

Flächeninhalte von Punktmengen, die zwischen den Graphen von Funktionen liegen

14. Im Bild 42 sind die Funktionen $f(x) = -0{,}5x^2 + 2x + 3$ und $g(x) = 0{,}5x + 1$ grafisch dargestellt. Die Graphen der Funktionen schneiden sich zweimal.
a) Berechnen Sie die Koordinaten der Schnittpunkte.
b) Berechnen Sie den Flächeninhalt der Punktmenge, die von den Graphen von f und g umschlossen wird.

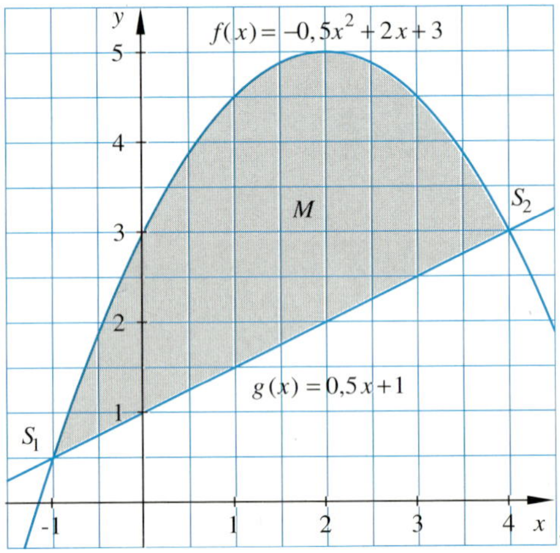

42

15. **a)** Berechnen Sie für die Parabel aus Aufgabe 13 die Koordinaten des Scheitelpunktes und die Nullstellen.
b) Verschieben Sie die Graphen der Funktionen f und g aus Aufgabe 13 um 3 Einheiten nach oben bzw. um 6 Einheiten nach unten. Fertigen Sie eine Skizze an. Geben Sie Funktionsgleichungen für die so entstandenen Funktionen f_3 und g_3 bzw. f_6 und g_6 an.
c) Welche Aussagen über die Flächeninhalte der von den Graphen von f_3 und g_3 bzw. von f_6 und g_6 eingeschlossenen Punktmengen können Sie treffen? Begründen Sie.
d) Übertragen Sie das Vorgehen aus Aufgabe 13 auf die Berechnung des Flächeninhalts der Punktmenge zwischen den Graphen von f_3 und g_3 bzw. f_6 und g_6 und bestätigen Sie so mithilfe einer Rechnung Ihre Aussage aus c).
e) Warum sind die Nullstellen der Funktionen für den Flächeninhalt ohne Bedeutung?

Die Ergebnisse der Aufgaben 14 und 15 führen zu folgendem allgemein gültigen Vorgehen für die Berechnung des Flächeninhalts einer Punktmenge, die von den Graphen zweier Funktionen begrenzt wird.

Berechnung des Flächeninhalts einer Punktmenge, die von den Graphen zweier Funktionen *f* und *g* begrenzt wird.

Allgemein:	**Beispiel:**
Zwei Funktionen f und g sind gegeben.	$f(x) = (x-1)^2$ und $g(x) = -x^2 + 5$
Berechnen der Schnittstellen a und b (bzw. aller weiteren Schnittstellen) der beiden Graphen von f und g als Integrationsgrenzen.	$x^2 - 2x + 1 = -x^2 + 5$ $2x^2 - 2x - 4 = 0$ $x^2 - x - 2 = 0$
Lösen der Gleichung $f(x) = g(x)$.	$x_{1/2} = \frac{1}{2} \pm \sqrt{\frac{1}{4} + \frac{8}{4}}$ $x_1 = 2;\ x_2 = -1$ $a = -1;\ b = 2$
Berechnen des Flächeninhalts A der eingeschlossenen Punktmenge mithilfe des bestimmten Integrals $A = \left\lvert \int_a^b \left(f(x) - g(x)\right) dx \right\rvert$ FE.	$\left\lvert \int_{-1}^{2} \left(f(x) - g(x)\right) dx \right\rvert$ $= \left\lvert \int_{-1}^{2} \left((x^2 - 2x + 1) - (-x^2 + 5)\right) dx \right\rvert$ $= \left\lvert \left[\frac{2}{3}x^3 - x^2 - 4x\right]_{-1}^{2} \right\rvert$ $= \left\lvert \left(\frac{16}{3} - \frac{12}{3} - \frac{24}{3}\right) - \left(-\frac{2}{3} - \frac{3}{3} + \frac{12}{3}\right) \right\rvert$ $= 9$, also $A = 9$ FE.

16. **a)** Berechnen Sie die Integrale $\int_{-1}^{2} \left(g(x) - f(x)\right) dx$ und $\int_{-1}^{2} \left(f(x) - g(x)\right) dx$ für die Funktionen f und g aus der Übersicht.

b) Vergleichen Sie Ihre Ergebnisse von a) mit dem Ergebnis von $\left\lvert \int_{-1}^{2} \left(f(x) - g(x)\right) dx \right\rvert$. Was stellen Sie fest?

c) Welche Konsequenzen ziehen Sie aus Ihrem Vergleich für die Berechnung von Flächeninhalten zwischen Funktionsgraphen?

17. Skizzieren Sie die Graphen der Funktionen f und g. Berechnen Sie den Flächeninhalt der Punktmengen, die von den beiden Graphen der Funktionen f und g eingeschlossen werden.

a) $f(x) = x^2 - 1$
$g(x) = -x^2 + 5{,}5$

b) $f(x) = (x + 1)^2$
$g(x) = 4x^2$

c) $f(x) = x^4$
$g(x) = 2x^2 + 1$

18. Berechnen Sie den Flächeninhalt der Punktmengen, die von der Abszissenachse und den beiden Graphen der Funktionen f und g eingeschlossen werden.

a) $f(x) = -2x + 7$, $g(x) = \sqrt{2x - 1}$
b) $f(x) = 2x + 3$, $g(x) = -x + 8$
c) $f(x) = x^3$, $g(x) = -x + 10$

19. Berechnen Sie den Flächeninhalt der Punktmenge, die von den Graphen der Funktionen f und g und den Geraden $x = a$ und $x = b$ begrenzt wird. (Hinweis: Prüfen Sie stets, ob es in dem vorgegebenen Intervall Nullstellen gibt. Begründen Sie, dass Sie keine Nullstelle übersehen haben).

a) $f(x) = -3x + 1;\ g(x) = -2;\ a = -2;\ b = 2$
b) $f(x) = (x + 3)^2 - 1;\ g(x) = 2;\ a = -5;\ b = -3$
c) $f(x) = x^3;\ g(x) = -x^2 + 3;\ a = 0;\ b = -1$
d) $f(x) = x^3;\ g(x) = -x^2 + 3;\ a = -1;\ b = 2$
e) $f(x) = x^4 - 1;\ g(x) = x^3;\ a = -1;\ b = 2$
f) $f(x) = \frac{1}{x^2};\ g(x) = \sqrt{x};\ a = 3;\ b = 4$

20. Gegeben seien die Funktionen f_m und g mit $f_m(x) = m\sqrt{x}$ und $g(x) = \frac{x}{(x-1)^2}$.

a) Berechnen Sie den Flächeninhalt der Punktmenge, die von den Graphen der Funktionen f_1 und g im Intervall $2 \leq x \leq 5$ begrenzt wird.
b) Für welche Intervalle gibt es keine Flächeninhalte für Punktmengen zwischen den beiden Graphen von f_1 und g? Geben Sie mindestens zwei solcher Intervalle an und begründen Sie Ihre Entscheidung.
c) Für welches m hat die Punktmenge unter dem Graphen der Funktion f_m im Intervall $[1; 4]$ einen Flächeninhalt von 14 FE?
d) Berechnen Sie den Inhalt der Punktmenge unter dem Graphen der Funktion f_{-1} im Intervall $[1; 4]$.
e) Wie muss die obere Integrationsgrenze t in $\int_1^t f_{-1}(x)\mathrm{d}x$ gewählt werden, damit sich der Inhalt der Punktmenge gegenüber dem Ergebnis von d) verdoppelt?
f) Welche lineare Funktion l mit $l(x) = ax + b$ mit der Nullstelle $x = 2$ halbiert den Inhalt der Punktmenge zwischen Abszissenachse und Graphen der Funktion f_{-1} im Intervall $[0; 4]$?

21. Gegeben sei die Funktionenschar f_t mit $f_t(x) = x^2 + tx + \frac{9}{4};\ t \geq 0$.

a) Zeichnen Sie die Graphen der Funktionen für $t = 0$, $t = 2$; $t = 3$ und $t = 4$ in ein und dasselbe Koordinatensystem.
b) Beschreiben Sie den Einfluss des Parameters t auf den Verlauf des Graphen der Funktion f_t.
c) Geben Sie eine Gleichung für die Kurve an, auf der die Scheitelpunkte der in a) gezeichneten Graphen liegen. Diese Kurve heißt **Ortskurve** der Scheitelpunkte.
d) Berechnen Sie den Flächeninhalt der Punktmenge zwischen der Ortskurve der Scheitelpunkte und dem Graphen der Funktion f_3.
e) Geben Sie den Flächeninhalt der Punktmenge zwischen der Ortskurve der Scheitelpunkte und dem Graphen von $f_t(x)$ in Abhängigkeit von t an.
Für welches t existiert eine solche Punktmenge nicht?
f) Für welches t ist der Flächeninhalt der Punktmenge zwischen den in d) genannten Kurven 120 FE?

22. Gegeben seien die Funktionen f_m und g mit $f_m(x) = mx + 5$ und $g(x) = \frac{5}{x^2}$; $x \neq 0$.

a) Skizzieren Sie die Graphen der Funktionen f_1, f_{-2}, f_{-4} und g.

b) Berechnen Sie den Flächeninhalt der Punktmenge, die der Graph der Funktion g im Intervall $[2; 5]$ mit der x-Achse einschließt.

c) Berechnen Sie den Flächeninhalt der Punktmenge, die der Graph der Funktion g mit der Abszissenachse im Intervall $[2; n]$; $n > 2$ einschließt. Welche Aussage über die Maßzahl des Flächeninhalts können Sie für $n \to \infty$ machen?

d) Berechnen Sie den Flächeninhalt der Punktmenge, die von den Graphen der Funktionen $f_{-\frac{2}{3}}$ und g eingeschlossen wird.

***e)** Für welche m berührt der Graph von f_m den Graphen von g?

***f)** Für welche m schließen die Graphen von f_m und g eine Fläche ein, die doppelt so groß ist wie das Ergebnis aus d)?
Hinweis: Systematischen Probieren hilft.

***g)** Für welches m ist der Flächeninhalt der Punktmenge zwischen den Graphen von f_m und g 5 FE?
Hinweis: Systematisches Probieren hilft.

23. Gegeben sei die Funktion
$f(x) = (x + 3)^2(x - 3)^2 = x^4 - 18x^2 + 81$.

a) Skizzieren Sie den Graphen der Funktion im Intervall $-4 \leq x \leq 4$.

b) Berechnen Sie den Flächeninhalt der Punktmenge, den der Graph der Funktion im Intervall $[0; 4]$ mit der Abszissenachse einschließt.

c) Berechnen Sie den Flächeninhalt der Punktmenge, den der Graph der Funktion mit der Abszissenachse einschließt.

d) Die Tangente an den Graphen von f im Punkt $P(0; 81)$ und der Graph von f schließen eine Punktmenge ein.
Berechnen Sie ihren Flächeninhalt.

e) In welchem Verhältnis stehen die in c) und d) berechneten Flächeninhalte zueinander?

***f)** Welche Gerade g mit $g_m(x) = mx + 20$; $m > 0$ halbiert die in c) und d) berechneten Flächeninhalte?

24. Gegeben sei der Graph einer Funktion dritten Grades (vgl. Bild 43). Der Graph schließt mit der Abszissenachse zwischen den beiden negativen, ganzzahligen Nullstellen der Funktion eine Fläche von 5 FE ein.

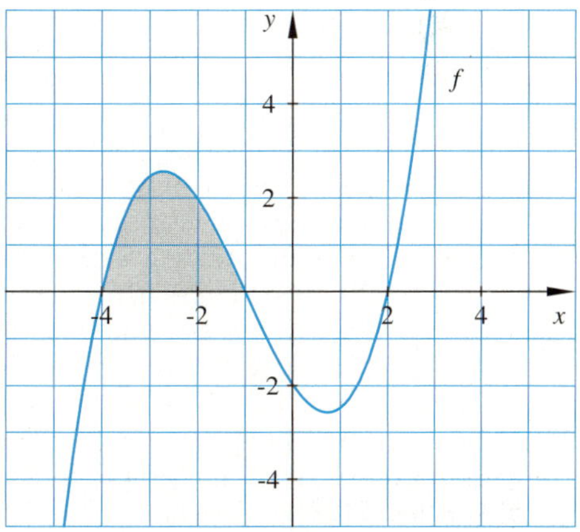

43

a) Geben Sie eine Funktionsgleichung für f an.

b) Welche Funktion g mit
$g(x) = x^3 + ax^2 + bx + c$
hat die gleichen Nullstellen wie f?

c) Berechnen Sie den Flächeninhalt der Fläche zwischen den beiden Graphen von f und g im Intervall $[-4; -1]$.

d) Vergleichen Sie den Flächeninhalt der Fläche zwischen den beiden Graphen von f und g im Intervall $[-1; 2]$ mit dem in Aufgabenteil c) berechneten Flächeninhalt.

25. a) Berechnen Sie das Fassungsvermögen des im Bild 44 dargestellten Körpers unter der Voraussetzung, dass die Kurve näherungsweise der Graph einer Funktion zweiten Grades ist.

b) Wie ändert sich das Volumen des Körpers, wenn (1) die Kante b halbiert wird, (2) die Kante a halbiert wird, (3) die Höhe h halbiert wird?

c) Bei welcher Wahl von b beträgt das Volumen $1920\ \text{m}^3$?

***d)** Geben Sie eine Formel für das Volumen des Körpers in Abhängigkeit von a, b und h an.

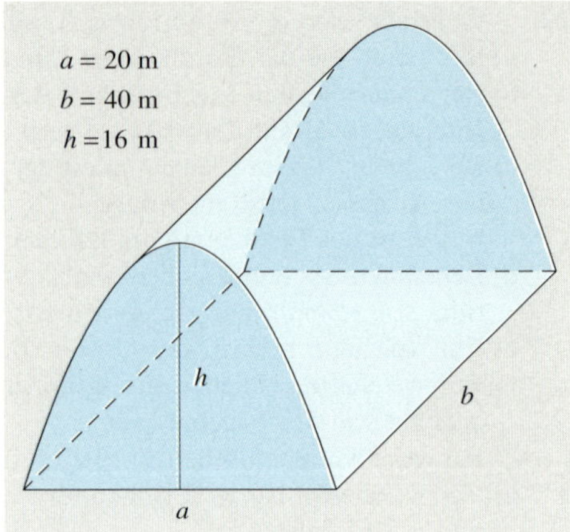

44

26. Gegeben seien die Funktionen f und g mit $f(x) = -x^2 + x$ und $g(x) = -2x - 4$.

a) Stellen Sie die Graphen der Funktionen f und g in einem gemeinsamen Koordinatensystem dar.

b) Berechnen Sie den Flächeninhalt der Punktmenge M, die von den beiden Graphen eingeschlossen wird.

c) Zeichnen Sie (nach Augenmaß) eine Parallele zur Abszissenachse in die grafische Darstellung aus a) so ein, dass die Punktmenge M in zwei gleich große Teile zerlegt wird. Versuchen Sie, Ihr Ergebnis durch eine Rechnung zu bestätigen.

d) Die Gerade h sei die Normale zum Graphen von g im Punkt $P(2;\, g(2))$. Geben Sie eine Gleichung für h an.

e) Berechnen Sie den Flächeninhalt der Punktmenge, die von dem Graphen von g, der Geraden h und der Ordinatenachse eingeschlossen wird.

27. Gegeben seien Funktionen f, g und h mit $f(x) = \frac{1}{4}x^2 + 4$, $g(x) = -\frac{3}{2}x + 8$ und $h(x) = \frac{1}{2}x + 6$.

a) Skizzieren Sie die Graphen der Funktionen f, g und h in einem gemeinsamen Koordinatensystem.

b) Berechnen Sie den Flächeninhalt der Punktmenge, die von den drei Graphen der Funktionen f, g und h eingeschlossen wird.
Hinweis: Die Punktmenge setzt sich zwar aus drei Teilmengen zusammen, es brauchen aber nur zwei Integrale berechnet zu werden.

c) Die Graphen der Funktionen f und g schneiden sich in den Punkten $S_1(x_1; y_1)$ und $S_2(x_2; y_2)$. Berechnen Sie den Flächeninhalt der Punktmenge, die von dem Graphen von f, der Abszissenachse und den Geraden $x = x_1$ und $x = x_2$ eingeschlossen wird.

28. Gegeben seien die Funktionen f und g mit $f(x) = (x+5)^2 - 1$ und $g(x) = (x+1)^2 - 5$.

a) Skizzieren Sie die Graphen von f und g in einem gemeinsamen Koordinatensystem.

b) Welchen Flächeninhalt hat die Fläche, die von den beiden Graphen von f und g und der Geraden h durch die Scheitelpunkte von f und g eingeschlossen wird?

c) Verschieben Sie die Gerade h um 2 LE nach oben. Es entsteht eine Gerade i. Berechnen Sie den Flächeninhalt der Punktmenge, die von den beiden Graphen von f und g und der Geraden i eingeschlossen wird.

9 Weitere Anwendungen der Integralrechnung

Über den Schwerpunkt einer Figur

Will man eine Scheibe auf einer Fingerspitze balancieren, muss man ihren **Schwerpunkt** finden.

Zur Berechnung des Schwerpunktes $S(x_s; y_s)$ von Punktmengen (vgl. z. B. Bild 45) findet man in Formelsammlungen die folgenden Formeln:

$x_s = \frac{1}{A}\int_a^b x f(x)\mathrm{d}x$ und $y_s = \frac{1}{2A}\int_a^b (f(x))^2\,\mathrm{d}x$.

Dabei ist $A = \int_a^b f(x)\mathrm{d}x$.

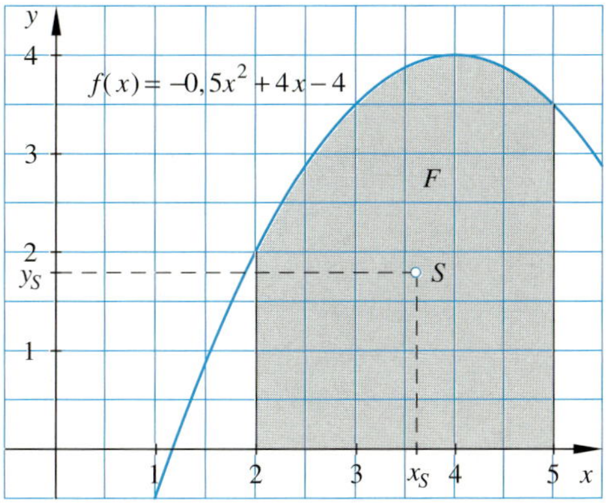

45

Beispiel: Der Schwerpunkt des im Bild 46 dargestellten Dreiecks wird berechnet.

Die Katheten des Dreiecks sind 4 LE bzw. 3 LE lang. Also ist $A = 6$ FE.

$\int_0^3 x f(x)\mathrm{d}x = \int_0^3 \left(-\frac{4}{3}x^2 + 4x\right)\mathrm{d}x = 6.$

$\int_0^3 \left(f(x)\right)^2\mathrm{d}x = \int_0^3 \left(\frac{16}{9}x^2 - \frac{32}{3}x + 16\right)\mathrm{d}x$

$= 16.$

Damit ergibt sich $x_s = 1$ und $y_s = \frac{4}{3}$.

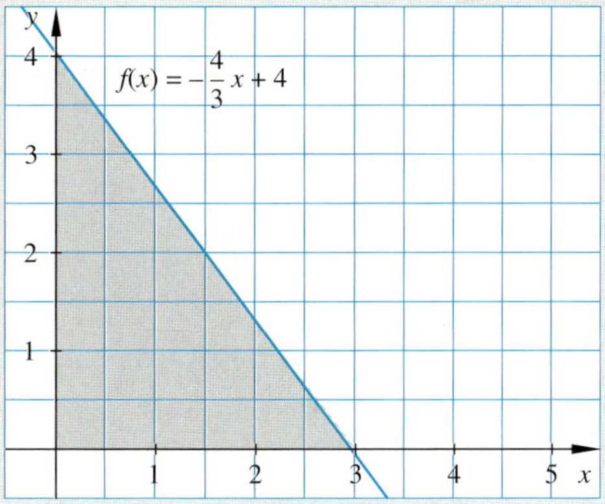

46

1. Prüfen Sie, ob der Schwerpunkt der markierten Punktmenge F im Bild 45 korrekt eingezeichnet worden ist.

2.* Bestimmen Sie a) experimentell und b) rechnerisch den Schwerpunkt eines gleichseitigen Dreiecks. (Hinweis: Wählen Sie eine günstige Lage des Koordinatensystems.)

3. Für die Punkte $P(x; y)$ eines Kreises mit dem Radius r und dem Mittelpunkt $(0; 0)$ gilt $x^2 + y^2 = r^2$.

a) Geben Sie eine Gleichung für die Funktion f an, die die y-Koordinaten der Kreispunkte in der oberen Halbebene in Abhängigkeit von der x-Koordinate beschreibt.

b) Berechnen Sie den Schwerpunkt der Halbkreisfläche oberhalb der x-Achse. (Hinweis: Ermitteln Sie den Flächeninhalt A des Halbkreises und die Koordinate x_S des Schwerpunktes ohne die Integralrechnung zu bemühen.)

4. Berechnen Sie den Schwerpunkt der in den Bildern 47a bis c dargestellten Punktmengen.

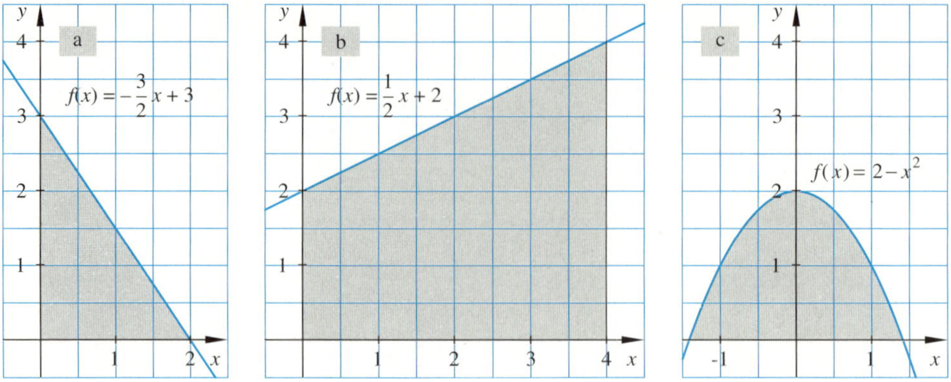

47

Die Arbeit als Wegintegral der Kraft

Auch der physikalische Begriff der **Arbeit** wird mithilfe des bestimmten Integrals beschrieben.

Wirkt an einem Körper längs eines Weges eine Kraft, so wird Arbeit verrichtet.
Wirkt eine konstante Kraft F in Richtung des Weges s, so ist die Arbeit W durch $W = F \cdot s$ definiert (siehe Bild 48).

Ändert sich die wirkende Kraft F längs des Weges s, so ist sie eine Funktion des Weges s. Die Arbeit W ist dann das Wegintegral der Kraft.

Sie ist definiert durch $W = \int_{s_1}^{s_2} F(s)\mathrm{d}s$ (siehe Bild 49).

Die Arbeit wird durch den Flächeninhalt der Punktmenge unter der Kurve beschrieben.

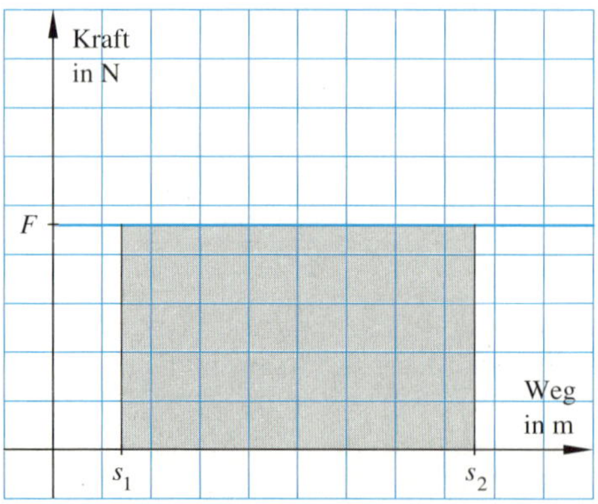

48

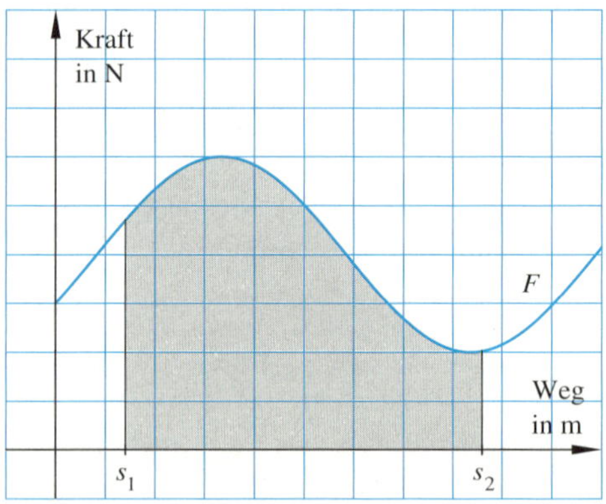

49

5. Welche Arbeit wird verrichtet, wenn ein Betonteil mit einer Masse von 150 kg senkrecht um 15 m angehoben wird?

6. Erläutern Sie, dass die Formel $W = F \cdot s$ ein Spezialfall der Formel $W = \int_{s_1}^{s_2} F(s)\mathrm{d}s$ ist.

Beispiel: Es ist die Arbeit zu berechnen, die verrichtet werden muss, um einen an einer Schraubenfeder befestigten Körper so zu bewegen, dass sich die Schraubenfeder dehnt (siehe Bild 50).

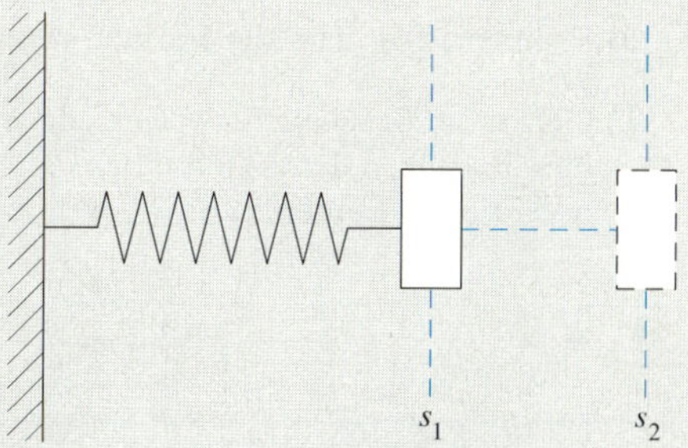

50

Wird der Körper von s_1 nach s_2 bewegt, so ist (im Elastizitätsbereich der Feder) die Kraft F, die der Zugkraft der Feder entgegenwirkt, direkt proportional zum zurückgelegten Weg s.

$F = k \cdot s$ (k ist die Federkonstante).

$$W = \int_{s_1}^{s_2} F(s)\mathrm{d}s = \int_{s_1}^{s_2} ks\mathrm{d}s = k \cdot \int_{s_1}^{s_2} s\mathrm{d}s = k \cdot \left[\frac{s^2}{2}\right]_{s_1}^{s_2} = \frac{k}{2}\left(s_2^2 - s_1^2\right)$$

7. Berechnen Sie die Arbeit, die bei der Dehnung einer Feder verrichtet wird, falls $k = 0{,}4\,\frac{\mathrm{N}}{\mathrm{cm}}$, $s_1 = 0$ cm und $s_2 = 12$ cm ist.

8.* Zwei Körper mit den Massen m_1 und m_2 ziehen sich nach dem Newtonschen Gravitationsgesetz im Abstand r mit der Kraft $F(r) = \gamma \cdot \frac{m_1 \cdot m_2}{r^2}$ an.

a) Informieren Sie sich über die Gravitationskonstante γ und die Einheiten der beteiligten Größen.

b) Erarbeiten Sie eine Formel, nach der die Arbeit W berechnet werden kann, die erforderlich ist, um eine Rakete mit der Masse m, die von der Erdoberfläche aus startet, auf den Abstand h von der Erdoberfläche zu bringen. (Hinweis: Dabei werden beide Massen als Massepunkte angenommen.)

Der Weg als Zeitintegral der Geschwindigkeit

Auch bei der Beschreibung von Bewegungsvorgängen kann das bestimmte Integral nützlich sein. Für die geradlinige gleichförmige Bewegung gilt: $s = v \cdot t$.

Im Bild 51 ist ein solches Geschwindigkeit-Zeit-Gesetz dargestellt.

Der Weg s, den ein Körper zum Zeitpunkt t zurückgelegt hat, lässt sich als Fläche unter der Kurve interpretieren. Ändert sich im Zeitintervall $[t_1; t_2]$ die Geschwindigkeit v, so gilt für den Weg: $s = \int_{t_1}^{t_2} v(t)\mathrm{d}t$.

Hier gilt: Der Weg ist das Zeitintegral der Geschwindigkeit.

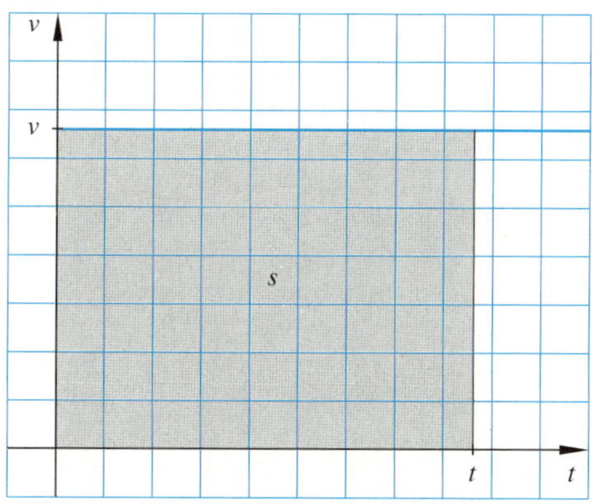

51

9. **a)** Erläutern Sie, dass die Formel $s = v \cdot t$ ein Spezialfall der Formel $s = \int_{t_1}^{t_2} v(t)\mathrm{d}t$ ist.

b) Geben Sie Beispiele für verschiedene Bewegungsvorgänge an, für die der Zusammenhang zwischen der Zeit und dem zurückgelegten Weg mithilfe der genannten Formeln beschrieben werden kann.

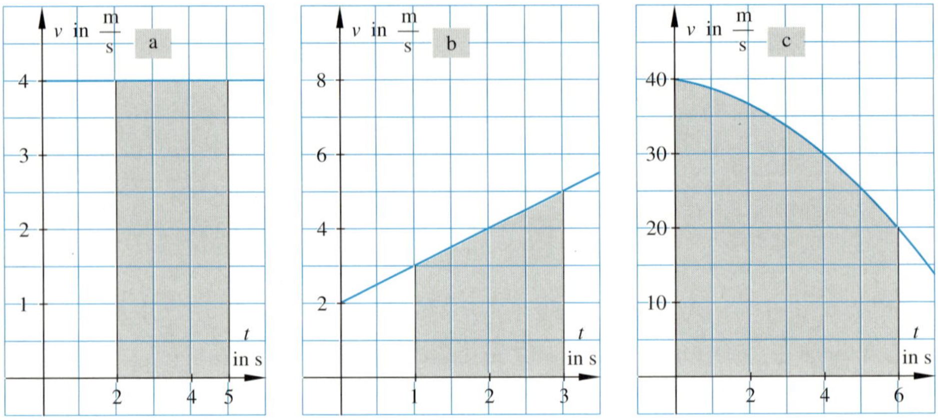

52

10. **a)** Ermitteln Sie aus den Diagrammen im Bild 52 den jeweils zurückgelegten Weg. Hinweis: Bestimmen Sie zunächst mittels einiger ausgewählter Wertepaare $[t; v]$ eine Funktionsgleichung für v in Abhängigkeit von t. Nehmen Sie zusätzlich für c) an, dass der abgebildete Teil der Kurve durch eine quadratische Funktion näherungsweise beschrieben wird.

b) Ermitteln Sie für Bild 52c für drei unterschiedliche Intervalle der Länge 3s den zurückgelegten Weg. Interpretieren Sie die Ergebnisse.

c) Ermitteln Sie für die Bilder 52a) bis c) den Weg der im Intervall [2; 3] zurückgelegt wird.
Interpretieren Sie die Ergebnisse.

d) Geben Sie jeweils für die drei Diagramme ein Intervall $[1; t]$ an, für das der zurückgelegte Weg 50 m beträgt.

11. Im Bild 53 ist der Fahrtenschreiber eines LKW abgebildet.

a) Welche Eintragungen können sie auf dem Fahrtenschreiber erkennen?

b) Versuchen Sie die Funktionsweise des Fahrtenschreibers zu erklären.

c) Sehen Sie einen Zusammenhang zur Integralrechnung?

53

Das bestimmte Integral und die Entladung eines Kondensators

Bei der Entladung eines Kondensators ändert sich mit der Zeit t auch die Stromstärke I. Stellt man die Stromstärke in Abhängigkeit von der Zeit dar, so gibt die Fläche unter der Kurve die bis zu diesem Zeitpunkt abgeflossene Ladung an. Die Ladung Q ist das Zeitintegral der elektrischen Stromstärke, also $Q = \int_{t_1}^{t_2} I(t)\mathrm{d}t$.

12. Für die Entladung eines Kondensators gelte $I(t) = 0{,}3t^4 \frac{\mathrm{A}}{\mathrm{s}^4}$.

a) Stellen Sie den Zusammenhang zwischen Stromstärke und Zeit im Intervall $[0; 6{,}5]$ in einem geeignet gewählten Koordinatensystem grafisch dar.

b) Welche Ladung fließt zwischen der 1. und 2. Sekunde, welche zwischen der 4. und 5. Sekunde?

Volumen von Rotationskörpern

Mithilfe der Integralrechnung können oft auch Rauminhalte von Körpern berechnet werden. Wir werden uns im Folgenden mit der Berechnung des Volumens solcher Rotationskörpern beschäftigen.
Lässt man z.B. eine Fläche um die x-Achse oder die y-Achse rotieren, so entsteht ein **Rotationskörper**.

13. a) Stellen Sie sich vor, dass die Graphen der Funktionen in den Bildern 54a–c über dem angegebenen Intervall um die x-Achse rotieren. Beschreiben Sie die jeweilig entstehenden Körper. Um welche Körper handelt es sich?

b) Berechnen Sie das Volumen des Rotationskörpers, der durch die Funktion f in Bild 54a bei Rotation um die x-Achse entsteht.

c) Stellen Sie sich vor, dass die in a) beschriebenen Körper durch Ebenen geschnitten werden, die senkrecht zur x-Achse verlaufen. Beschreiben Sie möglichst genau die Schnittfläche der Körper.

d) Stellen Sie sich vor, dass die Graphen der Funktionen in den Bildern 54a–c jeweils um die y-Achse rotieren. Beschreiben Sie die entstehenden Körper. Über welchem Intervall erfolgt die Rotation?

e) Bei welchen Funktionen entstehen bei Rotation der Graphen um die x-Achse als Rotationskörper gerade Kreiskegel bzw. gerade Kreiszylinder?

f) Nennen Sie Beispiele für in der Realität auftretende Rotationskörper.

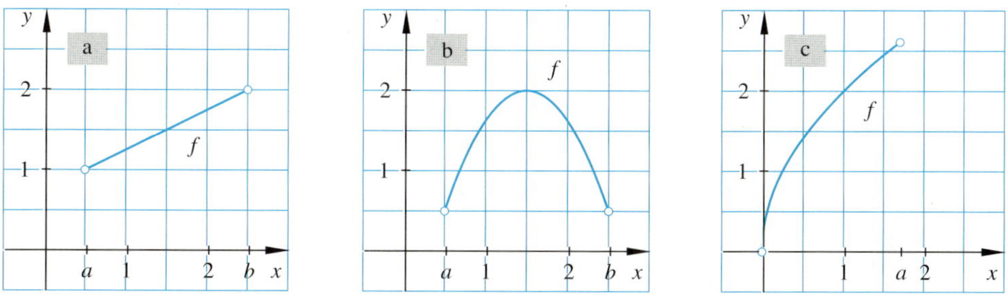

54

14. Im Bild 55 ist ein Rotationskörper abgebildet. Er wird von einigen Zylindern umschlossen.

a) Beschreiben Sie diese Zylinder möglichst genau.

b) In welcher Beziehung steht die Summe der Rauminhalte der Zylinder zum Volumen des Rotationskörpers?

c) Welche Radien haben möglichst große Zylinder, deren Höhe nicht verändert wird, die aber von dem Rotationskörper umschlossen werden?

d) In welcher Beziehung steht die Summe der Rauminhalte der Zylinder aus c) zum Volumen des Rotationskörpers?

e) Beschreiben Sie, wie man mithilfe der beschriebenen Zylinder immer bessere Näherungswerte für das Volumen des Rotationskörpers erhalten kann.

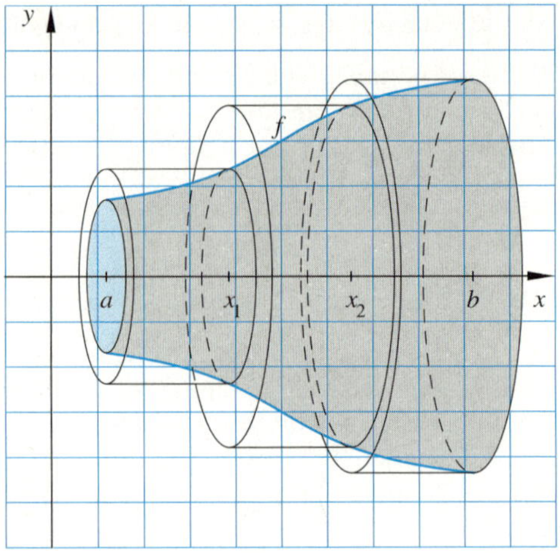

55

Die Überlegungen aus den Aufgaben 13 und 14 werden jetzt verallgemeinert.

Sei f eine auf einem Intervall $[a; b]$ stetige Funktion, die nur positive Funktionswerte besitzt. Das Intervall $[a; b]$ sei in n gleich lange Intervalle zerlegt. Jedes Teilintervall hat die Länge $\frac{b-a}{n}$. Der Graph von f rotiere über dem Intervall $[a; b]$ um die x-Achse. Es entsteht ein Rotationskörper K. Für jedes Teilintervall wird der größte Zylinder gebildet, der als Höhe die Länge des Teilintervalls $\frac{b-a}{n}$ hat und gerade noch so in den Rotationskörper hineinpasst. Der Radius des Zylinders ist der kleinste Funktionswert in dem Teilintervall. Bezeichnet man diesen Wert im i-ten Intervall mit $f(x_i)$, so ergibt sich als Summe der Rauminhalte aller dieser Zylinder:

$$S_n = \pi(f(x_1))^2\frac{b-a}{n} + \pi(f(x_2))^2\frac{b-a}{n} + \ldots + \pi(f(x_n))^2\frac{b-a}{n}.$$

Die Zahl S_n ist nun einerseits ein Näherungswert für das Volumen des Rotationskörpers K.
Andererseits handelt es sich um eine Untersumme für das Integral $\int_a^b \pi \cdot (f(x))^2\,dx$.

Dieses Integral existiert, weil mit der Funktion f auch die Funktion $f^2 = f \cdot f$ stetig ist. Damit ist durch das Integral das Volumen des Rotationskörpers K gegeben.

Es gilt der folgende Satz:

SATZ 1 Sei f eine auf einem Intervall $[a; b]$ stetige Funktion. Sei K der Rotationskörper, der durch Rotation des Graphen von f um die x-Achse entsteht.

Dann gilt für das Volumen V von K:

$$V = \pi\int_a^b (f(x))^2\,dx.$$

15. a) Durchdenken Sie die Ausführungen, die zu Satz 1 führten. Geben Sie Begründungen für die einzelnen Schritte an.

b) Überzeugen Sie sich davon, dass man mithilfe von Zylindern, die den Rotationskörper gerade umschließen, zum gleichen Ergebnis kommt.

c) Überzeugen Sie sich davon, dass die Einschränkung auf Funktionen mit positiven Funktionswerten nicht wesentlich ist.

Beispiel: Das Volumen des Körpers aus Aufgabe 13a), Bild 54c) wird berechnet.

Der Körper entsteht durch Rotation des Graphen der Funktion f mit $f(x) = 2\sqrt{x}$ im Intervall $[0; a]$ $(a > 0)$ um die x-Achse. Wegen Satz 1 ist das Integral $\pi \int_0^a (2\sqrt{x})^2 \, dx$ zu berechnen. Es ergibt sich $\pi \int_0^a (2\sqrt{x})^2 \, dx = \pi \int_0^a 4x \, dx = \pi \left[2x^2\right]_0^a = 2a^2\pi$. Der Körper hat ein Volumen von $2a^2\pi$ Volumeneinheiten (VE).

16. Berechnen Sie das Volumen der Körper, die durch Rotation des Graphen der Funktion f im angegebenen Intervall um die x-Achse entstehen.

a) $f(x) = 2;\ [1; 5]$

b) $f(x) = \sqrt{r^2 - x^2};\ [-r; r];\ r > 0$

c) $f(x) = x^2 + 1;\ [-1; 3]$

d) $f(x) = \frac{1}{x^2};\ [1; 2]$

e) $f(x) = \frac{r}{h}x;\ [0; h];\ h, r > 0$

f) $f(x) = 2x - 1;\ [0; 3]$

17. a) Beschreiben Sie die Körper, deren Volumen Sie in Aufgabe 16 berechnet haben.

b) Das Ergebnis der Aufgabe 16e) bestätigt die Ihnen schon bekannte Formel für das Volumen eines Kreiskegels. Gewinnen Sie auf entsprechende Weise die Volumenformel für einen Kreiskegelstumpf mit den Radien r_1 und r_2 und der Höhe h.

***c)** Das Ergebnis der Aufgabe 16b) bestätigt die Ihnen schon bekannte Formel für das Kugelvolumen. Gewinnen Sie auf entsprechende Weise eine Volumenformel für eine Kugelkappe mit dem Kugelradius r und der Höhe h.

18. Die Graphen der Funktionen f und g schneiden einander mehrmals. Damit schließen die Graphen ein Flächenstück ein. Dieses Flächenstück rotiert um die x-Achse. Beschreiben Sie den entstehenden Körper und berechnen Sie sein Volumen.

a) $f(x) = \sqrt{2x};\ g(x) = x$

b) $f(x) = \sqrt{25 - x^2};\ g(x) = 5 - x$

c) $f(x) = 0{,}5x^2;\ g(x) = 2x - 1{,}5$

d) $f(x) = x^3;\ g(x) = 4x$

SATZ 2 Sei f eine auf dem Intervall $[a; b]$ streng monoton wachsende und stetige Funktion. Sei $\overline{f}$ die Umkehrfunktion von f, die auf dem Intervall $[f(a); f(b)]$ definiert ist. Der Graph von f rotiere um die y-Achse.

Dann gilt für das Volumen V des entstehenden Rotationskörpers:

$$V = \pi \cdot \int_{f(a)}^{f(b)} (\overline{f}(y))^2 \, dy.$$

19. Übertragen Sie die Überlegungen zum Beweis von Satz 1 auf die Situation in Satz 2 und überzeugen Sie sich von der Richtigkeit der in Satz 2 genannten Volumenformel. Wie lautet die Formel für stetige Funktionen, die streng monoton fallend sind?

Beispiel: Das Volumen des Körpers wird berechnet, der bei Rotation des Graphen von f mit $f(x) = x^2 + 1$; $x \in [0; 5]$ um die y-Achse entsteht.

Die Funktion f ist streng monoton wachsend auf dem Intervall $[0; 5]$. Daher existiert ihre Umkehrfunktion $\bar{f}$. Wegen $f(0) = 1$ und $f(5) = 26$ ist $\bar{f}$ auf dem Intervall $[1; 26]$ definiert.

Eine Funktionsgleichung für $\bar{f}$ ergibt sich durch Umstellen der Gleichung $y = x^2 + 1$ nach x. Wegen $x = \sqrt{y-1}$ ergibt sich $\bar{f}(y) = \sqrt{y-1}$.

Wegen Satz 2 ist das Integral $\pi \cdot \int\limits_1^{26} (\sqrt{y-1})^2\, dy$ zu berechnen. Es ergibt sich

$$\pi \cdot \int\limits_1^{26} (\sqrt{y-1})^2\, dy = \pi \cdot \int\limits_1^{26} (y-1) dy = \left[\frac{y^2}{2} - y\right]_1^{26} = \left[(338 - 26) - \left(\frac{1}{2} - 1\right)\right] = 311{,}5.$$

Der Körper hat ein Volumen von 311,5 VE.

20. Gegeben ist eine Funktion f auf einem Intervall. Berechnen Sie das Volumen des Körpers, der durch Rotation des Graphen f um die y-Achse entsteht.

a) $f(x) = x^3$; $[0; 2]$

b) $f(x) = \sqrt{r^2 - x^2}$; $[0; r]$; $r > 0$

c) $f(x) = x^2 - 1$; $[1; 3]$

d) $f(x) = \frac{1}{\sqrt{x}}$; $[1; 2]$

e) $f(x) = \frac{r}{h}x$; $[0; h]$; $h, r > 0$

f) $f(x) = \sqrt{5x + 1}$; $[1; 3]$

21. Prüfen Sie, ob bei Rotation des Graphen von f um die x-Achse eine räumliche Punktmenge entsteht, der ein Rauminhalt zugesprochen werden kann.

a) $f(x) = \frac{1}{x}$; $[0; 3]$

b) $f(x) = \frac{1}{x}$, $[0{,}5; \infty]$

22. Prüfen Sie, ob bei Rotation des Graphen von f um die y-Achse eine räumliche Punktmenge entsteht, der ein Rauminhalt zugesprochen werden kann.

a) $f(x) = \frac{1}{x}$; $[0; 3]$

b) $f(x) = \frac{1}{x}$; $[0{,}5; \infty]$

23. Für jedes $t > 0$ ist die Funktion f_t mit $f_t(x) = \frac{2x^2 + tx + t}{x}$ $(x \neq 0)$ gegeben.

a) Untersuchen Sie die Funktion f_t auf ihr Verhalten an der Polstelle und ermitteln Sie die Gleichung der schiefen Asymptote.

b) Untersuchen Sie f_t auf Extrema.

c) Zeichnen Sie den Graphen von f_1 im Intervall $[-4; 4]$.

d) Die Punktmenge zwischen dem Graphen von f_t, der schiefen Asymptote y_t und der Geraden $x = \sqrt{\frac{t}{2}}$ im ersten Quadranten rotiere um die x-Achse.

Prüfen Sie, ob bei dieser Rotation für jedes t eine räumliche Punktmenge mit endlichem Volumen entsteht.

10 Numerische Integration

1. Gegeben sei die Funktion f mit $f(x) = \sqrt{3x^2 - 12}$, $|x| \geq 2$.

a) Zeichnen Sie den Graphen der Funktion in geeigneten Intervallen.

b) Prüfen Sie, ob das bestimmte Integral der Funktion im Intervall $[2;4]$ existiert. Begründen Sie Ihre Entscheidung.

c) Geben Sie einen möglichst guten Näherungswert für das bestimmte Integral $\int_2^4 f(x)\mathrm{d}x$ an. Beschreiben Sie, wie Sie zu Ihrem Ergebnis gekommen sind.

Die bisher behandelten Integrationsmethoden reichen nicht aus, um für **jede** Funktion f eine Stammfunktion zu bestimmen, falls f Stammfunktionen hat. In solchen Fällen kann der Hauptsatz der Differenzial- und Integralrechnung nicht angewendet werden.

Mithilfe der **numerischen Integration** können aber Näherungswerte für bestimmte Integrale $\int_a^b f(x)\mathrm{d}x$ berechnet werden. Dabei kann, wie bei den Näherungsverfahren zum Lösen von Gleichungen, jede erforderliche Genauigkeit erreicht werden, wenn man entsprechende Rechenhilfen benutzt.

Das Sehnen-Trapez-Verfahren

Gegeben sei eine Funktion f, die auf dem Intervall $[a;b]$ stetig und nichtnegativ ist.

Dann existiert das Integral $\int_a^b f(x)\mathrm{d}x$.

Es gilt $A = \int_a^b f(x)\mathrm{d}x$ für den Flächeninhalt A der Punktmenge unter dem Graphen von f im Intervall $[a;b]$.

Wir wählen eine äquidistante Zerlegung des Intervalls $[a;b]$ in n Intervalle $[x_i; x_{i+1}]$ $(i = 0, 1, \ldots, n-1)$.

Jedes dieser Intervalle hat die Länge $\frac{b-a}{n}$, $n \in \mathbb{N}$. Wir betrachten jetzt die Situation in einem Teilintervall $[x_i; x_{i+1}]$ $(i = 0, 1, \ldots, n-1)$

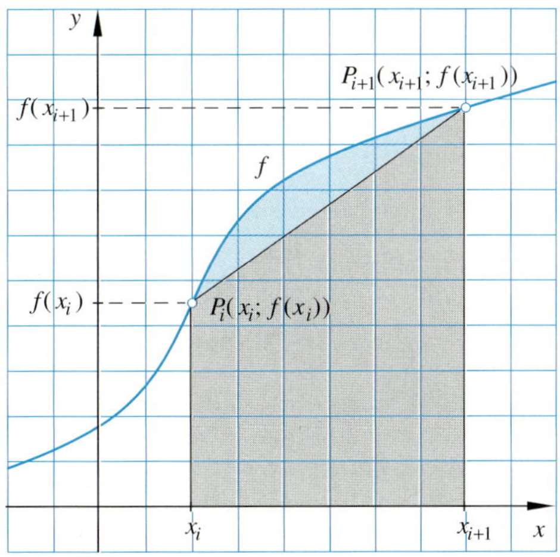

56

(siehe Bild 56). Verbindet man die Punkte P_i und P_{i+1}, die auf dem Graphen von f liegen, miteinander, so entsteht ein Trapez mit dem Flächeninhalt $A_i = \frac{f(x_i) + f(x_{i+1})}{2} \cdot \frac{b-a}{n}$.

Die Summe aller Trapezflächeninhalte über allen Teilintervallen liefert einen Näherungswert für den Flächeninhalt A der Punktmenge unter dem Graphen von f auf dem Intervall $[a;b]$. Es ist

$$\begin{aligned} A &\approx A_0 + A_1 + \ldots + A_{n-1} \\ &= \frac{1}{2} \cdot \frac{b-a}{n} \left[(f(x_0) + f(x_1)) + (f(x_1) + f(x_2)) + \ldots + (f(x_{n-1}) + f(x_n))\right] \\ &= \frac{b-a}{2n} \left[f(x_0) + 2f(x_1) + 2f(x_2) + \ldots + 2f(x_{n-1}) + f(x_n)\right]. \end{aligned}$$

Offensichtlich wird mit wachsendem n der Näherungswert für den Flächeninhalt immer besser. Allgemein gilt der folgende (hier ohne Beweis mitgeteilte) Satz:

SATZ Sei f eine Funktion, die im Intervall $[a;b]$ zweimal differenzierbar ist. Weiterhin sei auch f'' stetig.[1] Sei durch $x_0 = a; x_1; \ldots; x_{n-1}; x_n = b$ eine äquidistante Zerlegung des Intervalls $[a;b]$ gegeben.

Dann gilt: $\int_a^b f(x)\mathrm{d}x = \frac{b-a}{2n}[f(x_0) + 2f(x_1) + 2f(x_2) + \ldots + 2f(x_{n-1}) + f(x_n)] + D.$

D ist dabei ein Fehler, für dessen Abschätzung gilt:

$|D| \leq \frac{S}{12} \cdot \frac{(b-a)^3}{n^3}$, wobei S eine obere Schranke von $|f''|$ in $[a;b]$ ist.

2. Erarbeiten Sie sich mithilfe des Satzes das Sehnen-Trapez-Verfahren. Begründen Sie die einzelnen Schritte. Stellen Sie eine Beziehung zwischen den Rechtecken der Streifenmethode von Archimedes und den Trapezen des Sehnen-Trapez-Verfahrens her.

3. Gegeben ist die Funktion f mit $f(x) = \sqrt{x+1}$; $x \geq -1$.

a) Zeichnen Sie den Graphen von f für $-1 \leq x \leq 3$.

b) Berechnen Sie das bestimmte Integral $\int_{-1}^{3} f(x)\mathrm{d}x$ genau.

c) Zeichnen Sie die Trapeze nach dem Sehnen-Trapez-Verfahren für die Zerlegung $x_0 = -1$; $x_1 = 0$; $x_2 = 1$; $x_3 = 2$; $x_4 = 3$.

d) Berechnen Sie einen Näherungswert für $\int_{-1}^{3} f(x)\mathrm{d}x$ mithilfe der Trapeze aus c).

***e)** Wählen Sie eine Zerlegung des Intervalls so, dass der Fehler kleiner als 5% ausfällt.

4. Gegeben ist die Funktion f mit $f(x) = x^3 + 2x$.

a) Berechnen Sie das bestimmte Integral $\int_{1}^{4} f(x)\mathrm{d}x$ genau.

b) Berechnen Sie mithilfe einer Zerlegung in 8 gleich lange Intervalle einen Näherungswert für das Integral in a). Wie groß ist der prozentuale Fehler?

c) Wählen Sie eine Zerlegung des Intervalls so, dass der Fehler kleiner als 5% ausfällt.

5. Berechnen Sie für die Funktion f auf dem Intervall $[a;b]$ mithilfe des Sehnen-Trapez-Verfahrens für $n = 6$ einen Näherungswert für $\int_a^b f(x)\mathrm{d}x$.

a) $f(x) = \frac{1}{x^2} - 2$; $[1;2]$

b) $f(x) = \sqrt{1 + x^3}$; $[-1;2]$

c) $f(x) = \sqrt{16 - (3x+1)^2}$; $[-1;1]$

d) $f(x) = \frac{5}{x^2+1}$; $[0;3]$

6. Berechnen Sie das bestimmte Integral aus Aufgabe 1 mit einer Genauigkeit von 0,1 bzw. 0,01.

---

[1] Durch diese starken Voraussetzungen ist es möglich den Fehler des Näherungswertes abzuschätzen.

Die Simpsonregel

Ersetzt man die Sehnen im Sehnen-Trapez-Verfahren durch Parabelbögen (siehe Bild 57), so kann die gewünschte Genauigkeit schneller erreicht werden. Auf diese Weise gelangt man zur **Simpsonregel**[1].

Wenn n eine gerade Zahl ist, so gilt

$$\int_a^b f(x)\mathrm{d}x \approx \frac{1}{3} \cdot \frac{b-a}{n} \, [f(x_0) + 4f(x_1) + 2f(x_2) + 4f(x_3) + \ldots + 2f(x_{n-2}) + 4f(x_{n-1}) + f(x_n)].$$

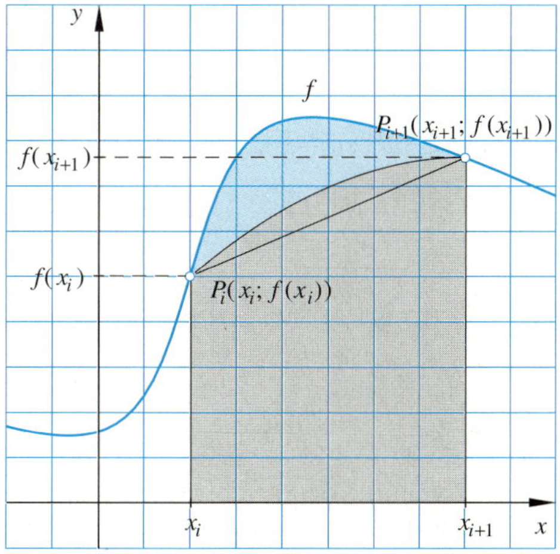

57

7. Berechnen Sie das bestimmte Integral aus Aufgabe 1 mithilfe der Simpsonregel mit einer Genauigkeit von 0,1 bzw. 0,01. Vergleichen Sie die jeweils notwendigen Werte für n mit den Werten aus Aufgabe 6.

8. a) Für $n = 2$ erhält man als Sonderfall der Simpson-Regel die Keplersche Fassregel[2]. Leiten Sie eine Formel für diese Regel her.

b) Berechnen Sie mit der in a) gefundenen Formel für die Keplersche Fassregel das bestimmte Integral aus Aufgabe 1.

9. Berechnen Sie das jeweilige bestimmte Integral mithilfe der angegebenen Näherungsverfahren. Wählen Sie $n = 5$ für das Sehnen-Trapez-Verfahren und $n = 6$ für die Simpsonregel.

a) $\int_2^4 \left(x^2 + \frac{1}{x^2}\right)\mathrm{d}x$; Sehnen-Trapez-Verfahren, Simpson-Regel, Keplersche Fassregel

b) $\int_0^2 \sqrt{5x^3 - 7}\,\mathrm{d}x$; Simpson-Regel

c) $\int_0^1 \sqrt[3]{3x^5 - 2x^2}\,\mathrm{d}x$; Sehnen-Trapez-Verfahren

d) $\int_2^3 \sqrt{(5x^2 - 7x)^3}\,\mathrm{d}x$; Keplersche Fassregel

e) $\int_{-2}^0 \frac{2x+3}{5x^2+1}\,\mathrm{d}x$; Keplersche Fassregel

---

[1] Diese Regel geht auf den britischen Mathematiker Thomas Simpson (1710–1761) zurück.

[2] Diese Regel entwickelte der deutsche Astronom, Physiker, Mathematiker und Philosoph Johannes Kepler (1571–1630), der beim Kauf von Wein in Fässern unter Verwendung dieser Regel den Händler kontrollierte.

F

Anwendung der Infinitesimalrechnung auf weitere Klassen von Funktionen

1 Die natürliche Exponential- und Logarithmusfunktion

In Kapitel B haben wir gesehen, dass viele Wachstums- und Zerfallsvorgänge mithilfe geometrischer Folgen beschrieben werden können. Das ungehinderte Bakterienwachstum und der radioaktive Zerfall sind Beispiele für derartige Prozesse in der Natur. Wird die Einschränkung des Definitionsbereiches auf natürliche Zahlen unterlassen, so ergeben sich als Verallgemeinerung der geometrischen Folgen Funktionen der Form $y = f(x) = ka^x$.

1. Choleravibrionen teilen sich im Schnitt alle 20 Minuten. Es wird angenommen, dass ein derartiges Wachstumsverhalten im Untersuchungszeitraum vorliegen soll. Mit N_0 wird die Anzahl der Bakterien zum Zeitpunkt $t_0 = 0$ bezeichnet. Die Anzahl der zum Zeitpunkt t (in Stunden) vorliegenden Bakterien wird mit $N(t)$ bezeichnet.

a) Die Anzahl N zum Zeitpunkt t kann durch eine Funktionsgleichung der Form $N(t) = N_0 a^t$ beschrieben werden. Ermitteln Sie a.

b) Eine Messung nach 1 Stunde hat ergeben, dass 4000 Bakterien vorliegen. Berechnen Sie N_0.

c) Berechnen Sie die Anzahl der Bakterien nach 15 Minuten, 45 Minuten sowie nach 2 Stunden und 2,5 Stunden.

d) Zu welchem Zeitpunkt liegen 150000 Bakterien vor?

e) Erörtern Sie die Annahme, dass das angenommene Wachstum unbegrenzt fortgesetzt werden kann.

2. Die Gesetzmäßigkeit des radioaktiven Zerfalls erlaubt es, näherungsweise das Alter z.B. von historischen Knochen- oder Holzfunden zu ermitteln. Verursacht durch die kosmische Strahlung wird in der Atmosphäre ständig radioaktives C14 gebildet. Es stellt sich ein gleich bleibendes Verhältnis C14 : C12 ein. Es beträgt in etwa $1 : 6{,}7 \cdot 10^{11}$. Die C14 Isotope gelangen in lebende Pflanzen durch Assimilation und in Tiere durch die Aufnahme pflanzlicher Nahrung. Ihre Anzahl steht demzufolge dort im gleichen Verhältnis zu den C12 Kernen wie in der Atmosphäre. Stirbt das Lebewesen, sinkt die Anzahl der C14-Kerne und damit auch der Anteil gegenüber den C12-Isotopen. Die Verringerung der Anzahl N erfolgt in Abhängigkeit von der Zeit nach dem Gesetz $N(t) = N_0 a^t$.

a) Bei einem 3560 Jahre alten Holzfund wurde festgestellt, dass nur noch 65% der anfänglichen C14-Isotope vorhanden sind. Berechnen Sie a (auf 6 Dezimalstellen genau) und die Halbwertszeit von C14.

b) In einem Knochenfund beträgt das Verhältnis C14 : C12 nur noch $1 : 12 \cdot 10^{11}$. Ermitteln Sie das Alter des Fundes.

c) Welches Verhältnis C14 : C12 ist in der Mumie Ramses II. (1224 v.Chr.) zu erwarten?

3. Können die folgenden Zusammenhänge mit einer linearen Funktion, einer quadratischen Funktion oder einer Funktion der Form $f(x) = ka^x$ beschrieben werden?

a) Für den Schweredruck p in einer Wassertiefe h gilt in etwa:

h in m	0	5	10	20	50	100	1000
p in bar	0	4,905	9,81	19,62	49,05	98,1	981

b) Für den Luftdruck p in einer Höhe h gilt in etwa:

h in m	0	1	2	3	5	10	15
p in bar	1,013	0,892	0,791	0,699	0,537	0,272	0,122

c) Für den von einem LKW beim Anfahren in der Zeit t zurückgelegten Weg s gilt bei einer konstanten Beschleunigung von 0,8 ms^{-1}:

t in s	0	1	2	3	5	10	15
s in m	0	0,4	1,6	3,6	10	40	90

4. Nennen Sie weitere Vorgänge, die durch geometrische Folgen oder Funktionen mit einer Gleichung der Form $f(x) = ka^x$ beschrieben werden können.

DEFINITION Es seien k ($k \neq 0$) und a ($a > 0$ und $a \neq 1$) reelle Zahlen. Funktionen mit Gleichungen der Form $y = f(x) = ka^x$ heißen **Exponentialfunktionen**.

Zunächst konzentrieren wir uns auf den Fall $k = 1$ und gelangen somit zu Funktionen mit Gleichungen der Form $y = a^x$.

5. Übertragen und vervollständigen Sie die Wertetabellen und stellen Sie die Funktionsgraphen in einem Koordinatensystem dar:

a)

x	−3	−1,5	0	0,5	1	1,5	2	3,5
$f(x) = 2^x$								

b)

x	−1	−0,5	−0,2	0	0,1	0,3	0,5	1	1,1
$f(x) = 10^x$									

c)

x	−1,5	0	0,5	1	1,5	2	3,5
$f(x) = 0{,}5^x$							

6. a) Begründen Sie, dass für alle x gilt: $a^x = b^{x \cdot \log_b a}$, wobei $a > 0$, $b > 0$ und $a, b \neq 1$.

b) Berechnen Sie die Werte der Funktion $f(x) = 1{,}5^x$ unter Verwendung der Taste 10^x Ihres Taschenrechners. Benutzen Sie nicht die Taste x^y.

x	−3	−2	−1	0	0,5	0,75	1	2	3	3,5	4
$1{,}5^x$											

7. Nennen Sie Eigenschaften der Exponentialfunktionen und deren Graphen. Gehen Sie dabei insbesondere auf folgende Gesichtspunkte ein:

- Definitionsbereich
- Wertebereich
- Monotonie
- Achsenschnittpunkte
- Symmetrie
- Verhalten im Unendlichen.

Führen Sie dabei, falls erforderlich, eine Fallunterscheidung bezüglich der Basen durch.

8. Gleichungen der Form (1), (2) oder (3) mit

(1) $f(x_1 + x_2) = f(x_1) + f(x_2)$
(2) $f(x_1 \cdot x_2) = f(x_1) + f(x_2)$
(3) $f(x_1 + x_2) = f(x_1) \cdot f(x_2)$

werden **Funktionalgleichungen** genannt. Gesucht werden dabei Funktionen f, die für alle Elemente x_1 und x_2 ihres Definitionsbereiches die jeweilige Gleichung erfüllen. Die Funktionen werden dann **Lösungen der Funktionalgleichungen** genannt.

a) Zeigen Sie, dass die Funktion $f_1(x) = 2x$ die Gleichung (1) erfüllt.

b) Weisen Sie nach, dass weder die Funktion f_1 noch die Funktion $f_2(x) = 2^x$ eine Lösung von Gleichung (2) ist.

c) Zeigen Sie, dass f_2 eine Lösung von Gleichung (3) ist.

d) Geben Sie verallgemeinernd eine möglichst große Menge von Lösungen der Gleichungen (1) und (3) an.

e) Welche Ihnen bekannte Funktionen sind Lösungen der Gleichungen (2)?

9. a) Mit einer Ausnahme geht durch jeden Punkt $P(x; y)$ mit $y > 0$ der Graph genau einer Exponentialfunktion a^x. Begründen Sie, dass es aber nur einen Punkt gibt, durch den Graphen von verschiedenen Exponentialfunktionen a^x verlaufen.

b) Geben Sie für jeden der folgenden Punkte an, von welcher Exponentialfunktion a^x der Graph durch diesen Punkt verläuft:

$Q(4; 81)$, $R(6; 8)$, $S\left(8; \frac{1}{81}\right)$, $T(\sqrt{2}; \sqrt{2})$

Hinweis: Spätestens bei T ist man gezwungen, nach a umzuformen.

Den bisherigen Überlegungen ist u. a. zu entnehmen:

- Die Graphen aller Exponentialfunktionen verlaufen durch den Punkt $P(0; 1)$. Die grafischen Darstellungen zeigen, dass sich in diesem Punkt die Funktionsgraphen aber durch ihren Anstieg unterscheiden.
- Alle Exponentialfunktionen a^x und b^x lassen sich durch einen konstanten Faktor im Exponenten aufgrund des Zusammenhanges $a^x = b^{x \cdot \log_b a}$ ineinander überführen. Das bedeutet, jede Exponentialfunktion lässt sich mit derselben von 1 verschiedenen Basis darstellen. Demzufolge ist es möglich, Aussagen über eine bestimmte Exponentialfunktion – insbesondere solche zur Differenziation und Integration – leicht auf andere Exponentialfunktionen zu übertragen.

Es ist wünschenswert, eine Bezugsfunktion a^x mit möglichst günstigen Eigenschaften zur Verfügung zu haben. Eine möglichst günstige Eigenschaft wäre z. B. eine einfache Ableitung.

Wir suchen also eine solche Bezugsfunktion. Dazu bilden wir zunächst allgemein den Differenzialquotienten der Funktion $f(x) = a^x$ an einer beliebigen Stelle x_0:

$$D(h) = \frac{f(x_0+h) - f(x_0)}{h} = \frac{a^{x_0+h} - a^{x_0}}{h} = \frac{a^{x_0} \cdot a^h - a^{x_0}}{h} = a^{x_0} \cdot \frac{a^h - 1}{h}$$

$$= f(x_0) \cdot \frac{a^h - 1}{h} = a^{x_0} \cdot f'(0).$$

Somit ist $f'(x_0) = f(x_0) \cdot f'(0)$. Die Ableitung von $f(x) = a^x$ erhält man also durch Multiplikation von $f(x)$ mit der Funktion an der Stelle 0.

Wenn die Ableitung an der Stelle 0 den Wert 1 annimmt, gilt $f(x) = f'(x)$.
Wir suchen jenes a, für das diese Gleichung erfüllt ist, also die Steigung der Tangente an der Stelle 0 genau 1 ist.

10. Es sei $x_0 = 0$.

a) Vereinfachen Sie den Differenzenquotienten für diesen speziellen Wert von x_0.

b) Berechnen Sie die Differenzenquotienten $D(h)$ an der Stelle $x_0 = 0$ für die in der Tabelle angegebenen Werte von h:

$f(x) = 2^x$

h	−0,1	−0,01	−0,001	0,001	0,01	0,1
$D(h)$ an der Stelle $x_0 = 0$						

$g(x) = 3^x$

h	−0,1	−0,01	−0,001	0,001	0,01	0,1
$D(h)$ an der Stelle $x_0 = 0$						

c) Was vermuten Sie jeweils über den Grenzwert $\lim\limits_{h \to 0} D(h)$?

d) Charakterisieren Sie möglichst genau, welche Bedeutung dieser Grenzwert besitzt.

Die Ergebnisse der Aufgabe 10 lassen annehmen, dass an der Stelle $x_0 = 0$ der Anstieg der Funktion 2^x kleiner als 1 und der Anstieg der Funktion 3^x größer als 1 ist. Also liegt es nahe zu vermuten, dass tatsächlich eine Basis existiert, so dass die zugehörige Exponentialfunktion an der Stelle $x_0 = 0$ genau den Anstieg 1 hat.
Zunächst nur als Abkürzung bezeichnen wir diese Basis – deren Existenz noch nicht gesichert ist – mit e.
Im Weiteren werden wir untersuchen, welche Bedingungen eine derartige Basis erfüllen muss. Diese Überlegung wird auf den Grenzwert zweier Zahlenfolgen führen. Dann werden wir zumindest exemplarisch begründen, dass der untersuchte Grenzwert die für die Zahl e geforderte Bedingung erfüllt.

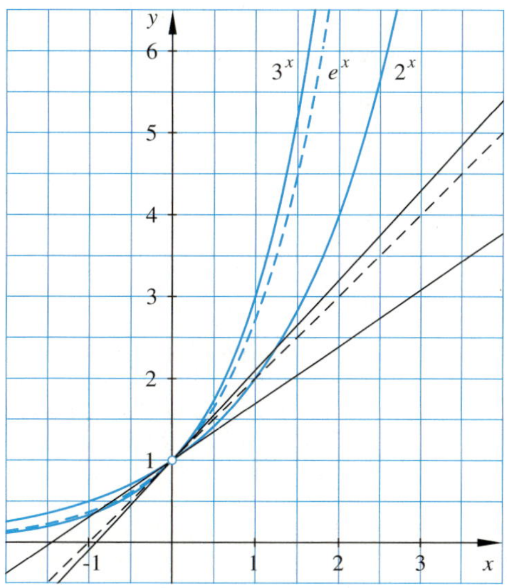

1

Soll unsere Bedingung erfüllt sein, so müsste für den Differenzialquotienten D(h) an der Stelle $x_0 = 0$ dann gelten:

$$\lim_{h\to 0} \frac{e^{x_0+h} - e^{x_0}}{h} = \lim_{h\to 0} \frac{e^h - 1}{h} = 1.$$

11. Kommentieren Sie die folgenden Schüleräußerungen.

Kristina: „Wenn $\lim\limits_{h\to 0} \frac{e^h - 1}{h} = 1$ ist, dann gilt für h mit kleinen absoluten Werten $\frac{e^h - 1}{h} \approx 1$."

Stefanie: „Dann kann man diese Gleichung nach e auflösen."

Katja: „Man erhält $e \approx (1 + h)^{\frac{1}{h}}$."

Sandra: „Da $h \to 0$, kann man beispielsweise die Folge $h_n = \frac{1}{n}$ für h einsetzen, denn das ist eine Nullfolge.

Die Überlegungen der Aufgabe 11 lassen es sinnvoll erscheinen, die Folge (a_n) mit $a_n = \left(1 + \frac{1}{n}\right)^n$ näher zu untersuchen, insbesondere daraufhin, ob der $\lim\limits_{n\to\infty} \left(1 + \frac{1}{n}\right)^n$ existiert. Um das Konvergenzkriterium für monotone und beschränkte Folgen anwenden zu können, soll zunächst die Monotonie und Beschränktheit der Folge gezeigt werden.

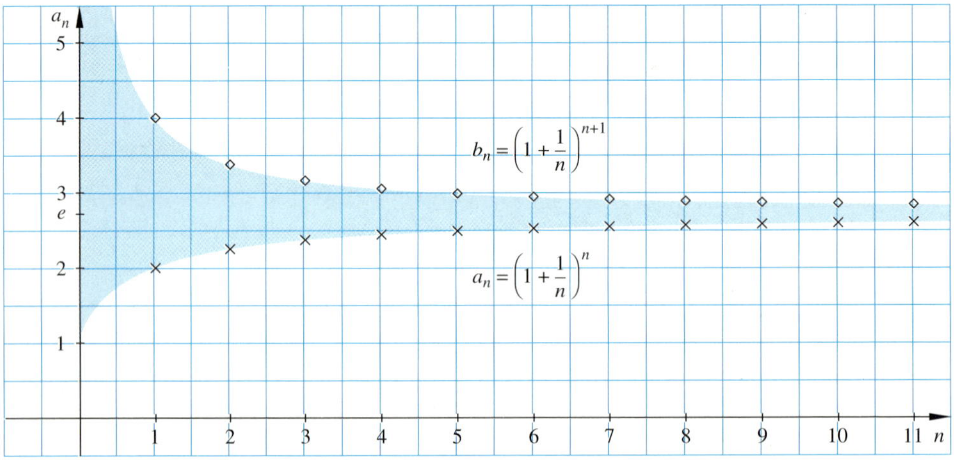

2

12. a) Begründen Sie die einzelnen Schritte der anschließenden Herleitung für $n > 1$.

$$a_n - a_{n-1} > 0 \Leftrightarrow \left(1 + \frac{1}{n}\right)^n - \left(1 + \frac{1}{n}\right)^{n-1} \Leftrightarrow \left(\frac{n+1}{n}\right)^n - \left(\frac{n}{n-1}\right)^{n-1} > 0$$

$$\Leftrightarrow \frac{(n+1)^n}{n^n} > \frac{n-1}{n} \cdot \frac{n^n}{(n-1)^n} \Leftrightarrow \frac{(n^2-1)^n}{(n^2)^n} > \frac{n-1}{n} \Leftrightarrow \left(1 - \frac{1}{n^2}\right)^n > 1 - \frac{1}{n}$$

Weisen Sie die Gültigkeit der letzten Aussage mithilfe der Bernoullischen Ungleichung nach.

b) Beweisen Sie, dass die Folge (b_n) mit $b_n = \left(1 + \frac{1}{n}\right)^{n+1}$ streng monoton fallend ist.

c) Zeigen Sie rechnerisch, dass für jedes $n > 0$ gilt: $b_n > a_n$.

d) Schlussfolgern Sie die Beschränktheit der beiden Folgen.

e) Begründen Sie, dass beide Folgen konvergent sind.

f) Weisen Sie nach, dass $\lim\limits_{n \to \infty} a_n = \lim\limits_{n \to \infty} = b_n$ gilt.

Es ist noch zu zeigen, dass die Zahl e, für die $\lim\limits_{h \to 0} \frac{e^h - 1}{h} = 1$ gilt, tatsächlich existiert und der gemeinsame Grenzwert der Folgen (a_n) und (b_n) – den wir vorläufig g nennen – und die Zahl e übereinstimmen. Es müsste also $\lim\limits_{h \to 0} \frac{g^h - 1}{h} = 1$ gelten. Dieser Zusammenhang wird hier nicht für eine beliebige Nullfolge, sondern nur für die spezielle Folge (b_n) mit $b_n = \frac{1}{n}$ gezeigt.

13. **a)** Begründen Sie die folgende Ungleichungskette.

$$\left(1 + \frac{1}{n}\right)^n \leq g \leq \left(1 + \frac{1}{n}\right)^{n+1} = b_n < b_{n-1} = \left(1 + \frac{1}{n-1}\right)^n$$

b) Zeigen Sie, dass daraus $1 \leq \frac{g^{\frac{1}{n}} - 1}{\frac{1}{n}} \leq \frac{n}{n-1}$ folgt.

c) Schlussfolgern Sie den Grenzwert $\lim\limits_{n \to \infty} \frac{g^{\frac{1}{n}} - 1}{\frac{1}{n}} = 1$.

Wir können unsere Ergebnisse somit zusammenfassen.

DEFINITION Die **Eulersche Zahl *e*** ist diejenige Zahl, für die gilt $e = \lim\limits_{n \to \infty} \left(1 + \frac{1}{n}\right)^n$.

Die Zahl e wurde nach dem Schweizer Mathematiker, Physiker und Astronomen LEONHARD EULER (1707–1783) benannt. Sie ist eine irrationale Zahl und besitzt in der gesamten Analysis eine überaus große Bedeutung.

14. Berechnen Sie die Zahl e so genau, dass sich die vierte Stelle nach dem Komma nicht mehr ändert. Benutzen Sie dabei gegebenenfalls, dass auch gilt: $e = \lim\limits_{n \to \infty} \left(1 + \frac{1}{n}\right)^{n+1}$.

DEFINITION Die Exponentialfunktion $f(x) = e^x$ mit der Zahl e als Basis heißt **natürliche Exponentialfunktion.**

Die Funktion f mit $y = f(x) = e^x$ ist streng monoton wachsend. Daraus folgt die Umkehrbarkeit dieser Funktion. Man erhält: $y = e^x \Leftrightarrow x = \log_e y$. Benennt man die Variablen um, so ergibt sich als Umkehrfunktion $\overline{f}$ zur Funktion f die Funktionen $\overline{f}(x) = \log_e x$.
Für $\log_e x$ schreibt man abkürzend $\ln x$.

DEFINITION Die Umkehrfunktion $\overline{f}$ der Funktion $f(x) = e^x$ ist die Funktion $\overline{f}(x) = \ln x$. Sie wird als **natürliche Logarithmusfunktion** bezeichnet.

15. Entwickeln Sie den Graphen der Funktion $\bar{f}(x) = \ln x$ aus dem Graphen der Funktion $f(x) = e^x$.

16. Schlussfolgern Sie aus Eigenschaften der Funktion e^x Eigenschaften der Funktion $\ln x$.

$f(x) = e^x$	$\bar{f}(x) = \ln x$
$D_{e^x} = \mathbb{R}$	
$W_{e^x} = \mathbb{R}^+$	
streng monoton wachsend	
Umkehrbarkeit	
$f(0) = 1$	
$\lim\limits_{x \to \infty} e^x = \infty$	
$\lim\limits_{x \to -\infty} e^x = 0$	
Anstieg des Funktionsgraphen wird immer steiler.	

17. Berechnen Sie die folgenden Logarithmen (ohne Verwendung von Tabelle und Taschenrechner).

a) $\ln e$ **b)** $\ln e^2$ **c)** $\ln e^k$ **d)** $\ln \frac{1}{e}$

e) $\ln \frac{1}{e^2}$ **f)** $\ln e^{-3}$ **g)** $\ln \sqrt{e}$ **h)** $\ln \sqrt[5]{e^2}$

18. Geben Sie die Lösungen der folgenden Gleichungen an.

a) $\ln x = 2$ **b)** $\ln x = 4$ **c)** $\ln x = \frac{1}{5}$

d) $\ln x = \frac{2}{7}$ **e)** $\ln x = -1$ **f)** $\ln x = -4$

g) $\ln x = -\frac{1}{3}$ **h)** $\ln x = -\frac{2}{5}$ **i)** $\ln x = \frac{1}{10}$

19. Lösen Sie die folgenden Gleichungen.

a) $e^x = 2$ **b)** $e^x = 52$ **c)** $e^{2x} = 3$

d) $e^{3x} = 10$ **e)** $e^x = \frac{1}{3}$ **f)** $e^x = \frac{1}{4}$

g) $xe^x = 0$ **h)** $x^2 e^x = 0$ **i)** $(x^2 - 2x)e^{2x} = 0$

j) $e^x \cdot \ln x = 0$ **k)** $e^x \sin x = 0$ **l)** $e^x \cdot (1 + \cos x) = 0$

20. Lösen Sie die folgenden Gleichungen.

a) $1 - \frac{4e^x}{e^x + 6} = 0$ **b)** $e^{-2x} - 2e^{-x} = 0$

c) $(\ln 2x)^2 - \ln(2x) = 0$ **d)** $x \ln x - 2x = 0$

e) $\ln(3 - e^{-x}) = 0$ **f)** $\sqrt{1 - e^{-x^2}} = 0$

21. In Bild 3 sind Graphen von Funktionen der Schar f_t mit $f_t(x) = t\mathrm{e}^x$ (in a) und g_t mit $g_t(x) = \mathrm{e}^{tx}$ (in b) gegeben.

a) Geben Sie für jede Funktionenschar an, für welche Werte von t die Funktionsgraphen dargestellt sind.

b) Welchen Einfluss auf den Funktionsgraphen hat jeweils der Parameter t?

c) Begründen Sie, dass alle Funktionen der beiden Scharen umkehrbar sind. Geben Sie die Gleichungen der Umkehrfunktion $\overline{f}_t$ und $\overline{g}_t$ an.
Welchen Definitionsbereich haben die Umkehrfunktionen?

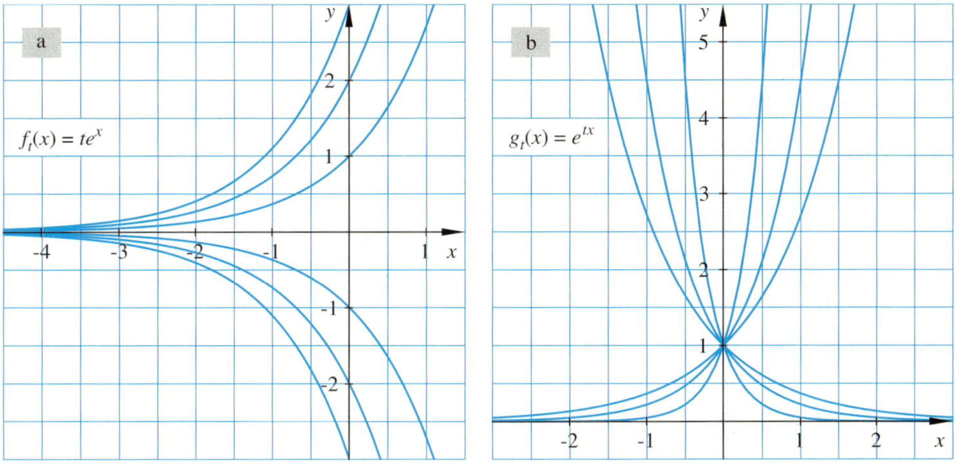

3

22. Weisen Sie nach, dass aus der Eigenschaft $\mathrm{e}^{x_1+x_2} = \mathrm{e}^{x_1} \cdot \mathrm{e}^{x_2}$ der natürlichen Exponentialfunktion die Eigenschaft $\ln(x_1 \cdot x_2) = \ln x_1 + \ln x_2$ des natürlichen Logarithmus folgt.

23. Zeigen Sie:

a) aus $\mathrm{e}^{-x} = \dfrac{1}{\mathrm{e}^x}$ folgt $\ln \dfrac{1}{x} = -\ln x \ (x > 0)$ und

b) aus $\mathrm{e}^{x_1 - x_2} = \dfrac{\mathrm{e}^{x_1}}{\mathrm{e}^{x_2}}$ folgt $\ln \dfrac{x_1}{x_2} = \ln x_1 - \ln x_2$.

24. Weisen Sie nach, dass gilt:
$\ln a^r = r \ln a$ für $a > 0$ und $a \neq 1$ sowie $r \in \mathbb{R}$.

25. Begründen Sie, dass die folgenden Funktionen umkehrbar sind. Ermitteln Sie jeweils eine Gleichung der Umkehrfunktion.

a) $f(x) = 2\mathrm{e}^{0{,}5x-1}$ **b)** $f(x) = 1 - \dfrac{2\mathrm{e}^x}{\mathrm{e}^x + 1}$

26. **a)** Zeigen Sie, dass die Funktion $f(x) = (\ln x)^2$ für $0 < x \leq 1$ umkehrbar ist und geben Sie eine Gleichung der Umkehrfunktion an.

b) Ist die Funktion auch in ihrem gesamten Definitionsbereich umkehrbar?
Begründen Sie Ihre Aussage.

2 Differenziation und Integration der Exponential- und Logarithmusfunktionen

1. Begründen Sie unter Verwendung der Ergebnisse der vorangegangenen Lerneinheit die Aussagen des nachfolgenden Satzes.

SATZ 1 Die Funktion f mit $f(x) = e^x$ ist an jeder Stelle ihres Definitionsbereiches differenzierbar und es gilt $(e^x)' = e^x$ für jedes x. Insbesondere ist $f'(0) = 1$.

Beispiele: Es sollen die Ableitungen der folgenden Funktionen berechnet werden.

a) $(x^4 e^{-2x})' = 4x^3 e^{-2x} + x^4 e^{-2x}(-2) = x^3 e^{-2x}(4 - 2x)$

b) $(\sqrt[3]{x^2} \cdot e^{-3x})' = \left(x^{\frac{2}{3}} \cdot e^{-3x}\right)' = \frac{2}{3}x^{-\frac{1}{3}} \cdot e^{-3x} + x^{\frac{2}{3}} \cdot e^{-3x} \cdot (-3) = e^{-3x}\left(\frac{2}{3\sqrt[3]{x}} - \sqrt[3]{x^2}\right)$

2. Ermitteln Sie jeweils die 1. Ableitung.

a) $f(x) = xe^x$ **b)** $f(x) = x^2 e^x$ **c)** $f(x) = 2x^3 e^x$
d) $f(x) = e^{2x}$ **e)** $f(x) = e^{5x}$ **f)** $f_t(x) = e^{2tx}$
g) $f(x) = e^{-2x}$ **h)** $f(x) = e^{-4x}$ **i)** $f_t(x) = e^{-3tx}$
j) $f(x) = x^2 e^{-x}$ **k)** $f(x) = \frac{x^3}{e^{2x}}$ **l)** $f(x) = \frac{e^{3x}}{x^2}$
m) $f(x) = \frac{x^2 + 1}{e^{2x} + 1}$ **n)** $f(x) = \frac{3e^{2x+3}}{1 - e^{0,5x}}$ **o)** $f(x) = \frac{e^{-0,1x+2}}{4x^2 + 2}$

3. Geben Sie jeweils die 1., 2. und 3. Ableitung an.

a) $f(t) = e^{-\frac{1}{2}t}$ **b)** $f(x) = e^{-3x}$
c) $f(z) = z^5 e^z$ **d)** $f(t) = 6e^{2-3t}$
e) $f_t(x) = e^{tx}$ **f)** $f_k(x) = e^{-kx}$
g) $f_t(x) = e^{-2t+1}$ **h)** $f_t(x) = xe^{3tx-2}$

4. Berechnen Sie die 1. Ableitung. Geben Sie jeweils den Definitionsbereich an.

a) $f(x) = e^x\sqrt{x}$ **b)** $f(x) = e^{2x}\sqrt[3]{x^2}$
c) $f(x) = \sqrt{-x} \cdot e^{-x}$ **d)** $f(x) = \frac{\sqrt{x}}{e^x}$
e) $f(x) = \frac{e^x}{\sqrt{x}}$ **f)** $f(x) = e^{\sqrt{x}}$
g) $f(x) = \sqrt{e^x}$ **h)** $f(x) = e^{\sqrt{x}} \cdot x^2$

5. Ermitteln Sie jeweils f' bzw. f_t'.

a) $f(x) = (xe^{-x})^3$ **b)** $f(x) = e^{(e^{3x})}$
c) $f(x) = e^{\frac{2x-e}{x}}$ **d)** $f(x) = \sqrt{e^{-x} + x^2 e^x}$
e) $f_t(x) = (x^2 e^{tx})^4$ **f)** $f_t(x) = \frac{1}{x^3 e^{-tx}}$
g) $f_t(x) = e^{tx(e^x - 1)}$ **h)** $f_t(x) = \frac{t^2 x^4}{e^{t^2 x} - x^2}$

6. Berechnen Sie $f'(1)$ und $f'(2)$.

a) $f(x) = \mathrm{e}^x - \mathrm{e} + \frac{\mathrm{e}}{x}$ **b)** $f(x) = x^3 - \mathrm{e}^{3x} + \mathrm{e}^{-3x} + \frac{1}{3x}$

7. Ermitteln Sie jeweils f_t' und f_t''.

a) $f_t(x) = t\mathrm{e}^{-2t^2x^2}$ **b)** $f_t(x) = x^2\mathrm{e}^{-2t^2x}$

8. Ermitteln Sie jeweils die Gleichung der Tangente an den Graphen der Funktion f im Punkt $B(x_0; f(x_0))$.

a) $f(x) = \mathrm{e}^x$, $B(0; f(0))$ **b)** $f(x) = \mathrm{e}^x$, $B(x_0; \mathrm{e})$
c) $f(x) = x\mathrm{e}^x$, $B(1; f(1))$ **d)** $f(x) = \mathrm{e} - \mathrm{e}^{-x}$, $B(-1; f(-1))$

9. Vom Punkt $P(1;2)$ aus soll die Tangente an den Graph der Funktion $f(x) = \mathrm{e}^x + 2$ gelegt werden. Berechnen Sie den Berührungspunkt (Bild 3).

10. Begründen Sie die strenge Monotonie der natürlichen Exponentialfunktion mithilfe ihrer 1. Ableitung.
Untersuchen Sie das Monotonieverhalten jeder Funktion f_t und g_t mit $f_t(x) = t\mathrm{e}^x$ und $g_t(x) = \mathrm{e}^{tx}$ mithilfe der 1. Ableitung.

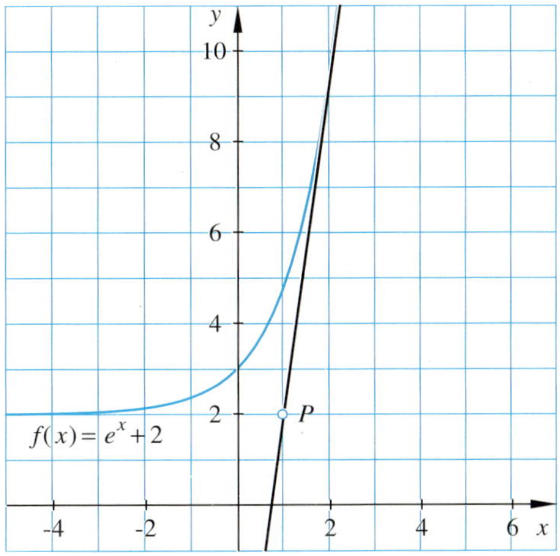

4

11. a) Gegeben sei die Funktion $f(x) = x\mathrm{e}^x$.
Zeigen Sie, dass für f', f'' und f''' gilt: $f^{(n)}(x) = (x+n)\mathrm{e}^x$. Beweisen Sie die Aussage $f^{(n)}(x) = (x+n)\mathrm{e}^x$ für alle $n \in \mathbb{N}$, $n > 1$ mittels vollständiger Induktion.

b) Gegeben sie die Funktion $f(x) = x\mathrm{e}^{-x}$.
Ermitteln Sie f', f'' und f''' und vermuten Sie eine allgemeine Aussage für $f^{(n)}$. Beweisen Sie diese mittels vollständiger Induktion.

12. Aufgrund der Ähnlichkeit vieler Eigenschaften mit den Funktionen sin und cos werden die Funktion $\mathrm{sh}(x) = \frac{\mathrm{e}^x - \mathrm{e}^{-x}}{2}$ und $\mathrm{ch}(x) = \frac{\mathrm{e}^x + \mathrm{e}^{-x}}{2}$ Sinushyperbolikus bzw. Kosinushyperbolikus bzeichnet. Beweisen Sie folgende Eigenschaften:

a) $(\mathrm{ch}\,x)^2 - (\mathrm{sh}\,x)^2 = 1$ **b)** $\mathrm{ch}(2x) = (\mathrm{ch}\,x)^2 + (\mathrm{sh}\,x)^2$ **c)** $\mathrm{sh}(2x) = 2\mathrm{ch}\,x\,\mathrm{sh}\,x$
d) $(\mathrm{ch}\,x)' = \mathrm{sh}\,x$ **e)** $(\mathrm{sh}\,x)' = \mathrm{ch}\,x$ **f)** $\mathrm{ch}(-x) = \mathrm{ch}\,x$

13. Schreiben Sie die Exponentialfunktionen jeweils in der Form $y = \mathrm{e}^{cx}$. Bilden Sie dann die 1. Ableitung.

a) $f(x) = 2^x$ **b)** $f(x) = 3^x$ **c)** $f(x) = 10^x$
d) $f(x) = \left(\frac{1}{2}\right)^x$ **e)** $f(x) = \left(\frac{1}{10}\right)^x$ **f)** $f(x) = 0{,}2^x$

SATZ 2 Für jede Exponentialfunktion $f(x) = a^x$ gilt $f(x) = a^x = e^{x \cdot \ln a}$.
Somit ist jede Exponentialfunktion auf dem gesamten Definitionsbereich differenzierbar und es gilt: $(a^x)' = a^x \cdot \ln a$.

14. Geben Sie f' und f'' unter Verwendung des vorhergehenden Satzes an.

a) $f(x) = 4^x$ **b)** $f(x) = 6^x$ **c)** $f(x) = 100^x$

d) $f(x) = \left(\frac{1}{3}\right)^x$ **e)** $f(x) = \left(\frac{1}{5}\right)^x$ **f)** $f(x) = 0{,}25^x$

15. Ermitteln Sie die 1. Ableitung.

a) $f(x) = 2^{5x}$ **b)** $f(x) = x^2 2^x$ **c)** $f(x) = \frac{3^x}{x^2}$ **d)** $f(x) = 2^{-x}$

e) $f(x) = 5^{-2x} \cdot x$ **f)** $f(t) = 3t + 3^t + t^3$ **g)** $f_t(x) = 2^{2tx}$ **h)** $f_t(x) = 2tx^2 \cdot 2^{tx}$

16. Zeigen Sie, dass $y = (\ln 4)x + 2 - \ln 4$ eine Gleichung der Tangente an den Graphen der Funktion $f(x) = 2^x$ im Punkt $B(1; f(1))$ ist.

17. Weisen Sie mithilfe der 1. Ableitung nach, dass jede Exponentialfunktion streng monoton ist.

18. Begründen Sie den folgenden Satz.

SATZ 3 Es ist $\int e^x \mathrm{d}x = e^x + c$ und allgemein $\int a^x \mathrm{d}x = \frac{1}{\ln a} a^x + c \; (a > 0; a \neq 1)$.

Beispiele: **a)** $\int e^{3x-2} \mathrm{d}x = \frac{1}{3} e^{3x-2} + c$ **b)** $\int_1^5 2^x \mathrm{d}x = \left[\frac{1}{\ln 2} 2^x\right]_1^5 = \frac{1}{\ln 2}(2^5 - 2^1) = \frac{30}{\ln 2}$

19. Geben Sie jeweils eine Stammfunktion an.

a) $f(x) = e^{3x}$ **b)** $f(x) = e^{-3x+2}$ **c)** $f(x) = 4e^{3x+5}$

d) $f(x) = \frac{1}{3} e^{2-6x}$ **e)** $f(x) = e^x + e^{-2x}$ **f)** $f(x) = x^4 + e^{4x} + \frac{x}{4}$

g) $f(x) = \frac{1}{e^{-4x}}$ **h)** $f(x) = e^{2x} - \frac{1}{e^{2x}}$ **i)** $f(x) = (1 - e^{-x})^2$

20. Berechnen Sie die folgenden Integrale.

a) $\int_{-1}^{1} e^x \mathrm{d}x$ **b)** $\int_{-1}^{1} e^{-x} \mathrm{d}x$ **c)** $\int_0^2 e^{3x} \mathrm{d}x$

d) $\int_{-2}^{-1} (1 + e^{-x} + e^{2x}) \mathrm{d}x$ **e)** $\int_{-1}^{+1} (e^x - e^{-x})^2 \mathrm{d}x$ **f)** $\int_0^1 \left(x + (e^{-3x})^2\right) \mathrm{d}x$

21. Ermitteln Sie die folgenden unbestimmten Integrale.

a) $\int 2^x \mathrm{d}x$ **b)** $\int 10^x \mathrm{d}x$ **c)** $\int 0{,}5^x \mathrm{d}x$

d) $\int (3^x + x^3) \mathrm{d}x$ **e)** $\int 3^{2x} \mathrm{d}x$ **f)** $\int 3 \cdot 10^{-2x} \mathrm{d}x$

22. Geben Sie jeweils eine Stammfunktion an.

a) $f(x) = \frac{1}{2}2^{5-3x}$ **b)** $f(x) = 3^{2x} - \frac{1}{3^{2x}}$ **c)** $f(x) = (1 + 10^{-x})^2$

23. Berechnen Sie die folgenden Integrale.

a) $\int_{-2}^{1} 5^x \mathrm{d}x$ **b)** $\int_{-2}^{3} 2^{-x} \mathrm{d}x$ **c)** $\int_{0}^{4} 2^{0,5x} \mathrm{d}x$

d) $\int_{-2}^{1} (10^x + 10^{-2x}) \mathrm{d}x$ **e)** $\int_{-1}^{1} (3^x - 3^{-x})^2 \mathrm{d}x$ **f)** $\int_{0}^{1} \left(x^2 + (2^{-x})^2\right) \mathrm{d}x$

In Kapitel E haben Sie das Verfahren der partiellen Integration kennengelernt. Es gilt $\int (u(x) \cdot v'(x)) \mathrm{d}x = u(x) \cdot v(x) - \int u'(x) \cdot v(x) \mathrm{d}x$.
Ist die Funktion u eine ganzrationale Funktion und $v'(x) = \mathrm{e}^x$ oder $v'(x) = \mathrm{e}^{-x}$, dann führt die partielle Integration auf ein Integral, in dem der Grad der ganzrationalen Funktion um 1 niedriger ist als zuvor, wohingegen der zweite Faktor gleich bleibt oder höchstens das Vorzeichen wechselt. Nach gegebenenfalls mehrfacher Anwendung des Verfahrens gelangt man somit zu einer Funktion mit bekannter Stammfunktion.

Beispiel: Es soll $\int x^2\mathrm{e}^{-x} \mathrm{d}x$ mittels zweifacher partieller Integration ermittelt werden.

Es ist $\int u(x)v'(x) \mathrm{d}x = u(x)v(x) = \int u'(x)v(x) \mathrm{d}x$

Wir setzen $u(x) = x^2$ und $v'(x) = \mathrm{e}^{-x}$.
Wir erhalten $u'(x) = 2x$ und $v(x) = -\mathrm{e}^{-x}$.

Somit ergibt sich $\int x^2\mathrm{e}^{-x} \mathrm{d}x = -x^2\mathrm{e}^{-x} - \int -2x\mathrm{e}^{-x} \mathrm{d}x$ und damit

(1) $\int x^2\mathrm{e}^{-x} \mathrm{d}x = -x^2\mathrm{e}^{-x} + 2\int x\mathrm{e}^{-x} \mathrm{d}x$.

Es ist nun $\int x\mathrm{e}^{-x} \mathrm{d}x$ zu ermitteln.

Wir setzen $u(x) = x$ und $v'(x) = \mathrm{e}^{-x}$.
Wir erhalten $u'(x) = 1$ und $v(x) = -\mathrm{e}^{-x}$.

Es ergibt sich (2) $\int x\mathrm{e}^{-x} \mathrm{d}x = -x\mathrm{e}^{-x} - \int -\mathrm{e}^{-x} \mathrm{d}x = -x\mathrm{e}^{-x} - \mathrm{e}^{-x} + k$.

Setzt man (2) in (1) ein, so erhalten wir:

$$\int x^2\mathrm{e}^{-x} \mathrm{d}x = -x^2\mathrm{e}^{-x} + 2(-x\mathrm{e}^{-x} - \mathrm{e}^{-x} + k) = \mathrm{e}^{-x}(-x^2 - 2x - 2)$$
$$= -\mathrm{e}^{-x}(x^2 + 2x + 2) + 2k, \text{ also}$$
$$\int x^2\mathrm{e}^{-x} \mathrm{d}x = -\mathrm{e}^{-x}(x^2 + 2x + 2) + c.$$

24. a) Begründen Sie die einzelnen Schritte des obigen Beispiels.
b) Bestätigen Sie die Richtigkeit des Ergebnisses im Beispiel durch Ableiten der ermittelten Stammfunktion.

25. Integrieren Sie die folgenden Funktionen mithilfe partieller Integration.

a) $f(x) = x\mathrm{e}^x$ **b)** $f(x) = x\mathrm{e}^{-x}$ **c)** $f(x) = 4x\mathrm{e}^{3x}$

d) $f(x) = x2^x$ **e)** $f(x) = x\mathrm{e}^{kx}$ **f)** $f(x) = x\mathrm{e}^{-kx}$

26. Ermitteln Sie die folgenden Integrale mittels mehrfacher partieller Integration.

a) $\int x^2 e^x \, dx$ **b)** $\int x^2 e^{-3x} \, dx$ **c)** $\int x^3 e^x \, dx$

d) $\int x^2 2^x \, dx$ **e)** $\int e^x \sin x \, dx$ **f)** $\int e^x \cos x \, dx$

Im vorherigen Abschnitt haben wir die Funktion $\overline{f}(x) = \ln x$ als Umkehrfunktion der Funktion $f(x) = e^x$ charakterisiert. Deshalb liegt es nahe, die 1. Ableitung der natürlichen Logarithmusfunktion mithilfe des in Kapitel D, Seite 131 hergeleiteten Zusammenhangs $\overline{f}'(y_0) = \frac{1}{f'(x_0)}$ zu ermitteln. In der entsprechenden Bezeichnung ist also $f(x_0) = e^{x_0}$ und $\overline{f}(y_0) = \ln y_0$.

27. a) Begründen Sie, dass die Funktion $f(x) = e^x$ die Voraussetzungen der Gleichung $\overline{f}'(y_0) = \frac{1}{f'(x_0)}$ erfüllt.

b) Begründen Sie die einzelnen Schritte der folgenden Herleitung:

$(e^x)' = e^x \Rightarrow (\ln y)' = \frac{1}{(e^x)'} = \frac{1}{e^x} = \frac{1}{y}$ für $y > 0 \Rightarrow (\ln x)' = \frac{1}{x}$ für $x > 0$.

> **SATZ 4** Die Funktion $f(x) = \ln x$ ist für alle $x > 0$ differenzierbar und es gilt $(\ln x)' = \frac{1}{x}$.

28. Geben Sie jeweils f' an. Untersuchen Sie, ob Stellen existieren, an denen f definiert, aber nicht differenzierbar ist.

a) $f(x) = \ln 3x$ **b)** $f_t(x) = \ln tx$ **c)** $f(x) = \ln(ax + b)$

d) $f(x) = \ln \frac{1-x}{1+x}$ **e)** $f(x) = (\ln x)^2$ **f)** $f(x) = \ln(x^2)$

g) $f(x) = \ln(3x - x^2)$ **h)** $f(x) = \ln\left(\frac{1}{x}\right)$ **i)** $f(x) = \ln\left(\frac{1}{x^2}\right)$

j) $f(x) = \frac{1}{(\ln x)^2}$ **k)** $f(x) = \ln\sqrt{x}$ **l)** $f(x) = \sqrt{\ln x}$

m) $f(x) = x^2 \ln x$ **n)** $f(x) = e^{2x} \ln x$ **o)** $f(x) = \sqrt{x} \ln x$

p) $f(x) = \frac{1}{x^3} \ln(4x - 2)$ **q)** $f(x) = (x^3 + 2x)\ln(2x)$ **r)** $f(x) = \sqrt{x^2 + 1}\ln(x^2 + 1)$

29. Nennen Sie jeweils den Definitionsbereich von f. Bilden Sie jeweils die 1. Ableitung.

a) $f(x) = \ln \frac{x^2 + 2x}{x^2 - 2x}$ **b)** $f(x) = \frac{\ln(x^2 + 2x)}{\ln(x^2 - 2x)}$

c) $f(x) = \frac{\ln(x^2 + t^2 x)}{\ln(x^2 - t^2 x)}$ **d)** $f(x) = \sqrt{\frac{\ln(x+1)}{\ln(x+2)}}$

e) $f(x) = \ln\sqrt{\frac{(x+1)}{(x+2)}}$ **f)** $f(x) = \sqrt{\ln\frac{(x+1)}{(x+2)}}$

30. Ermitteln Sie jeweils f_t'.

a) $f_t(x) = \ln(tx^2 + 1) + \ln(t^2 x + 1)$ **b)** $f_t(x) = \frac{\ln(tx^2 - t^2)}{\ln(t^2 x)}$

31. a) Begründen Sie, dass zu jeder Exponentialfunktion $y = f(x) = a^x$ mit $a > 1$ oder $0 < a < 1$ eine Umkehrfunktion $\bar{f}$ mit $\bar{f}(x) = \log_a x$ existiert.

b) Begründen Sie, dass für alle $x > 0$ gilt: $\log_a x = \dfrac{\ln x}{\ln a}$ für jede positive Basis $a \neq 1$.

c) Begründen Sie die Gültigkeit des nachfolgenden Satzes.

> **SATZ 5** Jede Logarithmusfunktion $f(x) = \log_a x = \dfrac{\ln x}{\ln a}$ $(x > 0,\ a > 0,\ a \neq 1)$ ist für jedes $x > 0$ differenzierbar und es gilt: $(\log_a x) = \dfrac{1}{x \cdot \ln a}$.

32. Berechnen Sie jeweils f' und f''.

a) $f(x) = \log_3 x$ **b)** $f(x) = \log_{\frac{1}{3}} x$ **c)** $f(x) = \lg x$

d) $f(x) = x^2 \cdot \log_2 x$ **e)** $f(x) = 2^x \cdot \log_2 x$ **f)** $f(x) = (\log_2 x)^2$

33. An welcher Stelle x_0 weist die Funktion $f(x) = \log_3 x$ den Anstieg 0,2 auf?

34. Ermitteln Sie jeweils eine Gleichung der Tangente an den Graph der Funktion f im Punkt $B(x_0; f(x_0))$.

a) $f(x) = 2^{-x};\ x_0 =$ **b)** $f(x) = \log_2 x;\ x_0 = 1$ **c)** $f(x) = \log_3 x;\ f(x_0) = 1$

35. Gegeben sei die Funktion f mit $f(x) = \ln x$. Bilden Sie die 1. bis 6. Ableitung von f und zeigen Sie, dass diese der Gesetzmäßigkeit $f^{(n)}(x) = (-1)^{n+1} \cdot (n-1)! \frac{1}{x^n}$ genügen. Weisen Sie die Allgemeingültigkeit mittels vollständiger Induktion nach.

Ein Ergebnis der bisherigen Untersuchungen besteht darin, dass die Funktion F mit $F(x) = \ln x$ für $x > 0$ eine Stammfunktion der Funktion f mit $f(x) = \frac{1}{x}$ ist. Für $x > 0$ ist also $\int \frac{1}{x}\,\mathrm{d}x = \ln x$.

36. Zeigen Sie, dass für die Funktion F mit $F(x) = \ln(-x)$ für $x < 0$ gilt: $F'(x) = \frac{1}{x}$.

Die beiden letztgenannten Aussagen kann man zum folgenden Satz zusammenfassen:

> **SATZ 6** Für alle $x \neq 0$ gilt: $\int \frac{1}{x}\,\mathrm{d}x = \ln|x| + c$.

Beispiele:

a) $\displaystyle\int_0^5 \frac{1}{3x+2}dx = \left[\frac{1}{3}\ln|3x+2|\right]_0^5 = \frac{1}{3}(\ln 17 - \ln 2) = \ln 8{,}5$

b) $\displaystyle\int_2^3 \frac{4x^2+6x-1}{2x} = \int_2^3 \left(\frac{4x^2}{2x} + \frac{6x}{2x} - \frac{1}{2x}\right)dx = \int_2^3 \left(2x + 3 - \frac{1}{2x}\right)dx$

$= [x^2 + 3x - \ln|2x|]_2^3 = (9 + 9 - \ln 6) - (4 + 6 - \ln 4) = 8 - \ln 1{,}5$

37. Berechnen Sie die folgenden Integrale:

a) $\int_2^{10} \frac{1}{x} dx$ **b)** $\int_1^{5} -\frac{1}{4x} dx$ **c)** $\int_2^{6} \frac{1}{3x-5} dx$

d) $\int_{-5}^{-4} \frac{5}{10x-8} dx$ **e)** $\int_0^{10} \frac{6}{12x+4} dx$ **f)** $\int_2^{6} \frac{5x^2-4x+6}{2x} dx$

g) $\int_1^{4} \frac{-x^3+x+4}{6x} dx$ **h)** $\int_3^{4} \frac{x}{x+1} dx$ **i)** $\int_5^{6} \frac{x}{x-1} dx$

38. Ermitteln Sie $\int \ln x \, dx$ mithilfe partieller Integration (Hinweis: $\int \ln x dx = \int 1 \cdot \ln x dx$).

39. Ermitteln Sie $\int \log_a x dx$.

ZUSAMMENFASSUNG

Funktionen mit Gleichungen der Form $y = ka^x$ $(a > 0;\ a \neq 1)$ heißen **Exponentialfunktionen**. Die Exponentialfunktion $y = e^x$ mit $e = \lim_{n\to\infty}\left(1+\frac{1}{n}\right)^n \approx 2{,}7183$ als Basis heißt **natürliche Exponentialfunktion**.

Jede andere Exponentialfunktion lässt sich durch den Zusammenhang $a^x = e^{x\ln a}$ auf die natürliche Exponentialfunktion zurückführen.

Jede Exponentialfunktion $f(x) = a^x$ besitzt eine Umkehrfunktion $\bar{f}(x) = \log_a x$.

Die Umkehrfunktion der Funktion $f(x) = e^x$ ist die Funktion $\bar{f}(x) = \ln x$.
Sie heißt natürliche Logarithmusfunktion.

Differenziation

Jede Exponentialfunktion ist auf dem gesamten Definitionsbereich differenzierbar.

Es gilt $(a^x)' = a^x \cdot \ln a$.

Insbesondere ist $(e^x)' = e^x$.

Jede Logarithmusfunktion ist auf dem gesamten Definitionsbereich differenzierbar.

Es gilt $(\log_a x)' = \frac{1}{x \ln a}$.

Insbesondere ist $(\ln x)' = \frac{1}{x}$.

Integration

Es ist $\int a^x \mathrm{d}x = \frac{1}{\ln a} a^x + c$ $(a > 0; a \neq 1)$.

Insbesondere gilt $\int e^x \mathrm{d}x = e^x + c$.

Es gilt weiterhin $\int \frac{1}{x} \mathrm{d}x = \ln |x|$.

Für jedes a $(a > 0;\ a \neq 1)$ ist

$\int \log_a x dx = \frac{1}{\ln a}(x \ln x - x) + c$.

Dabei ist $\int \ln x \mathrm{d}x = x \ln x - x$.

3 Kurvendiskussionen mit Exponential- und Logarithmusfunktionen

1. Geben Sie jeweils den Definitionsbereich der Funktion f an und ermitteln Sie – falls vorhanden – die Nullstellen.

a) $f(x) = xe^{2x}$ **b)** $f(x) = (x-1)e^{x-1}$

c) $f(x) = \frac{e^x}{x^2 - 2x}$ **d)** $f(x) = \frac{2x+4}{e^x}$

e) $f(x) = \sqrt{e^{-2x}(x^2-1)}$ **f)** $f(x) = e^{-2x}\sqrt{x^2-1}$

g) $f(x) = (x^2 + x)e^{2-x}$ **h)** $f(x) = \sin(x + \pi)e^{\sin x}$

2. Geben Sie jeweils den Definitionsbereich der Funktion f an und ermitteln Sie – falls vorhanden – die Nullstellen.

a) $f(x) = (x-2)\ln x$ **b)** $f(x) = (x^2 - 1)\ln x$

c) $f(x) = x^2 \ln x^2$ **d)** $f(x) = \ln\left(\frac{2x+4}{2x-4}\right)$

e) $f(x) = x\ln x - 2x$ **f)** $f(x) = \ln(4 - 2e^{-x})$

3. Berechnen Sie die Achsenabschnittpunkte der Graphen folgender Funktionen.

a) $f(x) = (x+2)e^{2x}$ **b)** $f(x) = (x+1)\ln(x+2)$

c) $f(x) = (x^2 - 4x)e^{-x} + 2x^2e^{-x}$ **d)** $f(x) = xe^{-x} - x^2e^{-x}$

e) $f(x) = \sqrt{\ln(2 - x^2)}$ **f)** $f(x) = \ln(6 - \sqrt{16 + x^2})$

g) $f(x) = e^{-x}\sin x$ **h)** $f(x) = e^x \cos\left(x - \frac{\pi}{2}\right)$

4. Untersuchen Sie die Graphen folgender Funktionen jeweils auf Achsensymmetrie bezüglich der y-Achse bzw. auf Punktsymmetrie zum Koordinatenursprung.

a) $f(x) = e^{\frac{1}{2}x^4}$ **b)** $f(x) = \frac{e^x - e^{-x}}{e^x + e^{-x}}$

c) $f(x) = \ln(|x| + 2)$ **d)** $f(x) = \frac{1}{\ln(x^2+1)}$

5. Ermitteln Sie die lokale Extrempunkte der folgenden Funktionen.

a) $f(x) = x^2e^{-2x}$ **b)** $f(x) = x^{-2}e^x$

c) $f(x) = e^x + e^{-x}$ **d)** $f(x) = x\ln x$

e) $f(x) = \ln(1 + x^2)$ **f)** $f(x) = 2(0{,}5x - \ln x)$

g) $f(x) = \frac{\ln(x^3)}{x}$ **h)** $f(x) = \frac{1-x}{e^x}$

6. Berechnen Sie – falls vorhanden – die Wendepunkte der folgenden Funktionen.

a) $f(x) = xe^x$ **b)** $f(x) = x^2e^x$

c) $f(x) = x\ln x$ **d)** $f(x) = x^2\ln x$

e) $f(x) = \frac{x}{e^x}$ **f)** $f(x) = \frac{e^x}{x}$

7. Weisen Sie nach, dass die folgenden Funktionen keine lokalen Extremstellen besitzen.

a) $f(x) = x^2 e^{2x}$ **b)** $f(x) = \ln\left(\frac{1+x}{1-x}\right)$

c) $f(x) = e^x - e^{-2x}$ **d)** $f(x) = \ln(e^{-x} + 1)$

8. Untersuchen Sie, für welche Werte des Parameters t die folgenden Funktionenscharen lokale Extrema besitzen.

a) $f_t(x) = (x^2 + 2x + 2t)e^{-x}$ **b)** $f_t(x) = (x^2 - 2t)e^{-2x}$

9. Ermitteln Sie die Wendepunkte der Graphen der folgenden Funktionen. Berechnen Sie den Anstieg der Wendetangente und geben Sie an, bei welchen der Wendepunkte die Tangente parallel zur x-Achse verläuft.

a) $f(x) = e^{\sqrt{x}}$ **b)** $f(x) = \ln(x^2 + 1) - x$

Bevor für einige Funktionen eine vollständige Kurvenuntersuchung dargestellt wird, soll auf eine Besonderheit hingewiesen werden, die im Zusammenhang mit Exponential- und Logarithmusfunktionen häufig auftritt.

10. a) Untersuchen Sie das Verhalten der Funktion $f(x) = x^2 e^x$ für $x \to +\infty$, indem Sie entsprechende Testwerte einsetzen.

b) Bestätigen Sie Ihr Ergebnis aus a), indem Sie für beide Teilfunktionen jeweils den uneigentlichen Grenzwert für $x \to +\infty$ ermitteln und daraus auf den Grenzwert des Produktes schließen.

Anders als für die Funktion f aus Aufgabe 9 führt für die Funktion $g(x) = \frac{e^x}{x^2}$ und $h(x) = \frac{x^2}{e^x}$ das Arbeiten mit den uneigentlichen Grenzwerten der Zähler- und Nennerfunktionen nicht zum Erfolg, da sowohl die Zähler- als auch die Nennerfunktionen jeweils gegen unendlich strebt. Gleichermaßen wäre ein Grenzwert nicht entscheidbar, wenn die Funktion im Zähler und im Nenner eines Quotienten jeweils gegen null streben würden.

11. Vermuten Sie für die Funktion g und h jeweils den $\lim\limits_{x \to \infty}$ mithilfe geeigneter Testwerte.

Um in beiden Fällen nicht auf eine Untersuchung mithilfe von Testwerten angewiesen zu sein, benutzt man zur Grenzwertermittlung die folgenden Regel von de l'Hospital:

SATZ (Regel von l'Hospital)

Die Funktionen z und n seien für alle $x > a$ differenzierbar, wobei a eine beliebige reelle Zahl ist. Es gelte $\lim\limits_{x \to \infty} z(x) = \lim\limits_{x \to \infty} n(x) = 0$ oder $\lim\limits_{x \to \infty} z(x) = \lim\limits_{x \to \infty} n(x) = \infty$.

Existiert der Grenzwert $\lim\limits_{x \to \infty} \frac{z'(x)}{n'(x)}$, so existiert auch der Grenzwert $\lim\limits_{x \to \infty} \frac{z(x)}{n(x)}$ und es gilt

$$\lim_{x \to \infty} \frac{z(x)}{n(x)} = \lim_{x \to \infty} \frac{z'(x)}{n'(x)}.$$

Analoge Aussagen gelten für die Grenzwerte $\lim\limits_{x \to -\infty}$, $\lim\limits_{x \to x_0}$, $\lim\limits_{\substack{x \to x_0 \\ x < x_0}}$ und $\lim\limits_{\substack{x \to x_0 \\ x > x_0}}$.

Beispiele:

a) Zu ermitteln ist $\lim\limits_{x\to\infty} \frac{x}{e^x}$. Es gilt $\lim\limits_{x\to\infty} x = \lim\limits_{x\to\infty} e^x = \infty$.

Nach der Regel von l'Hospital ist $\lim\limits_{x\to\infty} \frac{x}{e^x} = \lim\limits_{x\to\infty} \frac{(x)'}{(e^x)'} = \lim\limits_{x\to\infty} \frac{1}{e^x} = 0$.

b) Es sei $f(x) = x \cdot \ln x$. Zu berechnen ist $\lim\limits_{\substack{x\to 0\\ x>0}} x \cdot \ln x$.

$$\lim_{\substack{x\to 0\\ x>0}} x \cdot \ln x = \lim_{\substack{x\to 0\\ x>0}} \left(\frac{\ln x}{\frac{1}{x}}\right) = \lim_{\substack{x\to 0\\ x>0}} \frac{(\ln x)'}{\left(\frac{1}{x}\right)'} = \lim_{\substack{x\to 0\\ x>0}} \frac{\frac{1}{x}}{-\frac{1}{x^2}} = \lim_{\substack{x\to 0\\ x>0}} (-x) = 0.$$

c) Es ist zu untersuchen, ob der Grenzwert $\lim\limits_{x\to -\infty} x^2 e^{2x}$ existiert.

Es ist $\lim\limits_{x\to -\infty} x^2 e^{2x} = \lim\limits_{x\to -\infty} \frac{x^2}{e^{-2x}}$ mit $\lim\limits_{x\to -\infty} x^2 = +\infty$ und $\lim\limits_{x\to -\infty} e^{-2x} = +\infty$.

Nach der Regel von l'Hospital ist

$$\lim_{x\to -\infty} \frac{x^2}{e^{-2x}} = \lim_{x\to -\infty} \frac{(x^2)'}{(e^{-2x})'} = \lim_{x\to -\infty} \frac{2x}{-2e^{-2x}}.$$

Da $\lim\limits_{x\to -\infty} 2x = \lim\limits_{x\to -\infty} -2e^{-2x} = -\infty$ ist, wird die Regel von l'Hospital nochmals angewendet.

$$\lim_{x\to -\infty} \frac{2x}{-2e^{-2x}} = \lim_{x\to -\infty} \frac{(2x)'}{(-2e^{-2x})'} = \lim_{x\to -\infty} \frac{2}{4e^{-2x}} = 0.$$

Somit ist $\lim\limits_{x\to -\infty} x^2 e^{2x} = 0$.

12. Begründen Sie die einzelnen Schritte in den vorangegangenen Beispielen.

13. Ermitteln Sie folgende Grenzwerte.

a) $\lim\limits_{x\to\infty} x^2 e^{-2x}$ **b)** $\lim\limits_{x\to -\infty} (x+2) \cdot e^{3x}$ **c)** $\lim\limits_{\substack{x\to 0\\ x>0}} x^2 \cdot \ln x$

14. Untersuchen Sie jeweils das Verhalten der Funktionen im Unendlichen und an den Polstellen.

a) $f(x) = \frac{2e^x}{2 - e^x}$ **b)** $f(x) = \frac{\ln(4 + x^2)}{x}$

15. Inka: „Nach den bisherigen Beispielen vermute ich, dass sich die Funktion e^x gegen jede Potenzfunktion – und sei der Exponent noch so groß – durchsetzt."
Robert: „Aber jede Potenzfunktion setzt sich gegen die Funktion $\ln x$ durch."

a) Formulieren Sie die beiden Schüleraussagen mathematisch korrekt.

b) Beweisen Sie die Aussagen.

Beispiel: Für die Funktion f mit $f(x) = e^{1-x}(x^2 - 2)$ ist eine Kurvendiskussion auszuführen.

Definitionsbereich
Die Funktion f ist für alle reellen Zahlen definiert.

Nullstellen
$0 = e^{1-x}(x^2 - 2)$
$\Leftrightarrow 0 = e^{1-x} \vee 0 = (x^2 - 2)$
$0 = e^{1-x}$ ist nicht erfüllbar, denn $e^x \neq 0$ für alle x.
$0 = (x^2 - 2) \Leftrightarrow x_{1/2} = \pm\sqrt{2}$
Die Nullstellen sind $x_{N_1} = \sqrt{2}$ und $x_{N_2} = -\sqrt{2}$.

Verhalten im Unendlichen

$$\lim_{x\to+\infty} f(x) = \lim_{x\to+\infty} e^{1-x}(x^2 - 2) = \lim_{x\to+\infty} \frac{x^2 - 2}{e^{x-1}}.$$

Zur Grenzwertermittlung wird zweimal die Regel von l'Hospital verwendet.

$$\lim_{x\to+\infty} \frac{x^2 - 2}{e^{x-1}} = \lim_{x\to+\infty} \frac{(x^2 - 2)'}{(e^{x-1})'} = \lim_{x\to+\infty} \frac{2x}{e^{x-1}} = \lim_{x\to+\infty} \frac{(2x)'}{(e^{x-1})'} = \lim_{x\to+\infty} \frac{2}{e^{x-1}} = 0$$

Also gilt $\lim\limits_{x\to+\infty} f(x) = 0$.

$\lim\limits_{x\to-\infty} f(x) = \lim\limits_{x\to+\infty} e^{1-x}(x^2 - 2) = +\infty$, da sowohl der erste als auch der zweite Faktor gegen unendlich streben.

Symmetrie
Es gilt $f(-x) = e^{1+x}((-x)^2 - 2) = e^{1+x}(x^2 - 2)$.
Somit ist $f(-x) \neq f(x)$ und $f(-x) \neq -f(x)$. Der Graph der Funktion f ist also weder axialsymmetrisch zur y-Achse noch zentralsymmetrisch zum Koordinatenursprung.

Ableitungen
$f'(x) = -e^{1-x}(x^2 - 2) + e^{1-x} \cdot 2x = e^{1-x}(-x^2 + 2x + 2)$
$f''(x) = -e^{1-x}(-x^2 + 2x + 2) + e^{1-x}(-2x + 2) = e^{1-x}(x^2 - 4x)$
$f'''(x) = -e^{1-x}(x^2 - 4x) + e^{1-x}(2x - 4) = e^{1-x}(-x^2 + 6x + 4)$

Lokale Extrempunkte
Notwendige Bedeutung: $f'(x) = 0$
Hinreichende Bedeutung: $f'(x) = 0$ und $f''(x) \neq 0$
$0 = e^{1-x}(-x^2 + 2x + 2)$
$\Leftrightarrow 0 = e^{1-x} \quad \vee \quad 0 = (-x^2 + 2x + 2)$
$0 = e^{1-x}$ ist nicht erfüllbar, denn $e^x \neq 0$ für alle x.
$0 = -x^2 + 2x + 2 \Leftrightarrow 0 = x^2 - 2x - 2 \Leftrightarrow x_{1/2} = 1 \pm \sqrt{3}$

Die möglichen lokalen Extremstellen sind $x_{E_1} = 1 + \sqrt{3} \approx 2{,}73$ und $x_{E_2} = 1 - \sqrt{3} \approx -0{,}73$.

$$\begin{aligned} f''(1 + \sqrt{3}) &= e^{1-(1+\sqrt{3})}\left[(1 + \sqrt{3})^2 - 4(1 + \sqrt{3})\right] \\ &= e^{-\sqrt{3}}(1 + 2\sqrt{3} + 3 - 4 - 4\sqrt{3}) \\ &= -2\sqrt{3} \cdot e^{-\sqrt{3}} \end{aligned}$$

$\Rightarrow f''(1 + \sqrt{3}) < 0$

$f''(1-\sqrt{3}) = e^{1-(1-\sqrt{3})}\left[(1-\sqrt{3})^2 - 4(1-\sqrt{3})\right] = e^{\sqrt{3}}(1 - 2\sqrt{3} + 3 - 4 + 4\sqrt{3})$

$= 2\sqrt{3} \cdot e^{\sqrt{3}}$

$\Rightarrow f''(1+\sqrt{3}) > 0$

$f(1+\sqrt{3}) = e^{1-(1+\sqrt{3})}\left[(1+\sqrt{3})^2 - 2\right] = e^{-\sqrt{3}}(1 + 2\sqrt{3} + 3 - 2)$

$= 2(\sqrt{3}+1) \cdot e^{-\sqrt{3}} \approx 0{,}97$

$f(1-\sqrt{3}) = e^{1-(1-\sqrt{3})}\left[(1-\sqrt{3})^2 - 2\right] = e^{\sqrt{3}}(1 - 2\sqrt{3} + 3 - 2)$

$= 2(-\sqrt{3}+1) \cdot e^{\sqrt{3}} \approx -8{,}28$

Der Punkt $H(2{,}73;\ 0{,}97)$ ist Hochpunkt und der Punkt $T(-0{,}73;\ -8{,}28)$ ist Tiefpunkt des Graphen der Funktion f.

Wendepunkte

Notwendige Bedingung: $f''(x) = 0$

Hinreichende Bedingung:

$f''(x) = 0$ und $f'''(x) \neq 0$

$0 = e^{1-x}(x^2 - 4x)$

$\Leftrightarrow 0 = e^{1-x} \vee 0 = (x^2 - 4x)$

$0 = e^{1-x}$ ist nicht erfüllbar, denn $e^x \neq 0$ für alle x.

$0 = x^2 - 4x \Leftrightarrow x = 0 \vee x = 4$

Die möglichen Wendestellen sind $x_{W_1} = 0$ und $x_{W_1} = 4$.

$f'''(0) = -4e \neq 0$ und

$f'''(4) = e^{-3}(-16 + 24 + 4) = 12e^{-3} \neq 0$

$f(0) = -2e \approx -5{,}44$

$f(4) = 14e^{-3} \approx 0{,}70$

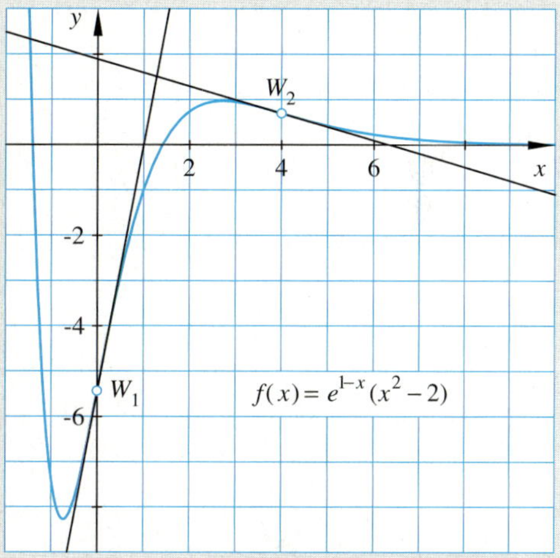

Die Punkte $W_1(0; -5{,}44)$ und $W_2(4; 0{,}70)$ sind die Wendepunkte des Graphen der 5
Funktion f.

$f'(0) = 2e \approx 5{,}44$

$f'(4) = -6e^{-3} \approx -3{,}00$

Die Wendetangente im Punkt W_1 hat den Anstieg $m_{W_1} \approx 5{,}44$ und die Wendetangente im Punkt W_2 den Anstieg $m_{W_2} \approx -3{,}00$.

16. Führen Sie für folgende Funktionen eine vollständige Kurvendiskussion durch. Zeichnen Sie unter Verwendung der ermittelten Ergebnisse die Graphen der Funktionen.

a) $f(x) = xe^{-x}$ **b)** $f(x) = x^2e^{-x}$

c) $f(x) = (x^2 + 2x)e^{-0{,}5x}$ **d)** $f(x) = (2x - x^2)e^x$

e) $f(x) = e^{-x^2}$ **f)** $f(x) = xe^{-(x^2+1)}$

17. Untersuchen Sie die folgenden Funktionenscharen. Geben Sie jeweils an, welche Eigenschaften vom Parameter t abhängig sind. Stellen Sie jeweils f_{-1} und f_1 grafisch dar.

a) $f_t(x) = (x + t)e^{t-x}$ **b)** $f_t(x) = \dfrac{e^x}{t + e^x}$

18. Der Graph der Funktion f mit $f(x) = \frac{1}{\sqrt{2\pi}} e^{-\frac{1}{2}x^2}$ heißt Gaußsche Glockenkurve.

Die Funktion f ist in der Wahrscheinlichkeitsrechnung von großer Bedeutung.

a) Weisen Sie nach, dass der Graph von f symmetrisch zur y-Achse verläuft.

b) Untersuchen Sie das Monotonieverhalten von f und schlussfolgern Sie das globale Maximum.

c) Zeigen Sie, dass der Funktionswert an beiden Wendestellen des Funktionsgraphen $\frac{1}{\sqrt{2\pi e}}$ ist.

d) Zeichnen Sie den Funktionsgraphen.

Beispiel: Gegeben sei die Funktionenschar f_t mit $f_t(x) = x \cdot \ln \frac{x^2}{t}$, mit $t \in \mathbb{R}$, $t > 0$.

Definitionbereich

$D_{f_t} = \{x \mid x \in \mathbb{R} \wedge x \neq 0\}$

Symmetrie

Es gilt $f_t(-x) = -x \cdot \ln \frac{(-x)^2}{t} = -x \ln \frac{x^2}{t} = -f_t(x)$.

Also verläuft der Graph von f_t für jedes t punktsymmetrisch zum Punkt $O(0;0)$.

Achsenschnittpunkte

$f_t(x) = 0 \Leftrightarrow x \cdot \ln \frac{x^2}{t} = 0$

$\Leftrightarrow x = 0 \;\vee\; \ln \frac{x^2}{t} = 0 \Leftrightarrow \ln \frac{x^2}{t} = 0$, da $0 \notin D_{f_t} \Leftrightarrow \frac{x^2}{t} = 1 \Leftrightarrow x_{1/2} = \pm\sqrt{t}$

Das bedeutet $N_1(\sqrt{t};0)$ und $N_2(-\sqrt{t};0)$ sind die Schnittpunkte mit der x-Achse.

$f_t(0)$ existiert für kein t. Somit hat kein Graph der Funktionenschar einen Schnittpunkt mit der y-Achse.

Verhalten für $x \to \infty$ und für $x \to 0$

$\lim\limits_{x\to+\infty} f_t(x) = \lim\limits_{x\to+\infty} x \cdot \ln \frac{x^2}{t} = +\infty$, da beide Faktoren gegen unendlich streben.

$\lim\limits_{x\to-\infty} f_t(x) = \lim\limits_{x\to-\infty} x \cdot \ln \frac{x^2}{t} = -\infty$, da der 1. Faktor gegen $-\infty$, der zweite aber gegen $+\infty$ strebt.

$\lim\limits_{x\to 0} f_t(x) = \lim\limits_{x\to 0} x \cdot \ln \frac{x^2}{t}$

Der Grenzwert wird mit der Regel von l'Hospital ermittelt, denn der erste Faktor strebt gegen null, der zweite hingegen gegen unendlich.

$$\lim_{x\to 0} x \cdot \ln \frac{x^2}{t} = \lim_{x\to 0} \frac{\ln \frac{x^2}{t}}{\frac{1}{x}} = \lim_{x\to 0} \frac{\left(\ln \frac{x^2}{t}\right)'}{\left(\frac{1}{x}\right)'} = \lim_{x\to 0} \frac{\frac{t \cdot 2x}{x^2 \cdot t}}{-\frac{1}{x^2}} = \lim_{x\to 0} -2x = 0$$

Also gilt $\lim\limits_{x\to 0} f_t(x) = 0$. Somit befindet sich bei $x_0 = 0$ eine hebbare Unstetigkeitsstelle.

Ableitungen

$f_t'(x) = \ln \frac{x^2}{t} + x \cdot \frac{t \cdot 2x}{x^2 \cdot t} = 2 + \ln \frac{x^2}{t}$ für alle $x \neq 0$

$f_t''(x) = \frac{t \cdot 2x}{x^2 \cdot t} = \frac{2}{x}$ für alle $x \neq 0$

$f_t'''(x) = -\frac{2}{x^2}$ für alle $x \neq 0$

Lokale Extrempunkte
Notwendige Bedingung: $f_t'(x) = 0$
Hinreichende Bedingung: $f_t'(x) = 0$ und $f_t''(x) \neq 0$
$0 = f_t'(x) \Leftrightarrow 0 = 2 + \ln \frac{x^2}{t} \Leftrightarrow -2 = \ln \frac{x^2}{t} \Leftrightarrow \mathrm{e}^{-2} = \frac{x^2}{t} \Leftrightarrow x = \frac{\sqrt{t}}{\mathrm{e}} \vee x = -\frac{\sqrt{t}}{\mathrm{e}}$.

Die möglichen lokalen Extremstellen sind $x_{E_1} = \frac{\sqrt{t}}{\mathrm{e}}$ und $x_{E_2} = -\frac{\sqrt{t}}{\mathrm{e}}$.

$f_t''\left(\frac{\sqrt{t}}{\mathrm{e}}\right) = \frac{2\mathrm{e}}{\sqrt{t}} > 0$, somit hat der Graph für jedes t an der Stelle $x_{E_1} = \frac{\sqrt{t}}{\mathrm{e}}$ einen Tiefpunkt.

Aufgrund der Punktsymmetrie befindet sich dann an der Stelle $x_{E_2} = -\frac{\sqrt{t}}{\mathrm{e}}$ jeweils ein Hochpunkt.
Es ist $f_t\left(\frac{\sqrt{t}}{\mathrm{e}}\right) = \frac{\sqrt{t}}{\mathrm{e}} \cdot \ln \frac{t}{\mathrm{e}^2 \cdot t} = -2\frac{\sqrt{t}}{\mathrm{e}}$ und
$f_t\left(-\frac{\sqrt{t}}{\mathrm{e}}\right) = -\frac{\sqrt{t}}{\mathrm{e}} \cdot \ln \frac{t}{\mathrm{e}^2 \cdot t} = 2\frac{\sqrt{t}}{\mathrm{e}}$.

Der Punkt $T_t\left(\frac{\sqrt{t}}{\mathrm{e}}; -2\frac{\sqrt{t}}{\mathrm{e}}\right)$ ist für jedes t Tiefpunkt des Graphen der Funktion f_t und der Punkt $H_t\left(-\frac{\sqrt{t}}{\mathrm{e}}; 2\frac{\sqrt{t}}{\mathrm{e}}\right)$ ist für jedes t Hochpunkt des Graphen der Funktion f_t.

Alle Hoch und Tiefpunkte liegen auf der Geraden $y = -2x$.

Wendepunkte
Notwendige Bedingung: $f_t''(x) = 0$
Hinreichende Bedingung:
$f_t''(x) = 0$ und $f_t'''(x) \neq 0$

Unabhängig von t ist $f_t''(x) \neq 0$ für alle x. Also besitzt kein Graph der Funktionsschar einen Wendepunkt, da die notwendige Bedingung nicht erfüllt ist.
Die Änderung des Krümmungsverhaltens der Kurven von einer Rechts- zu einer Linkskurve erfolgt an der Stelle $x_0 = 0$, an der f_t nicht definiert ist.

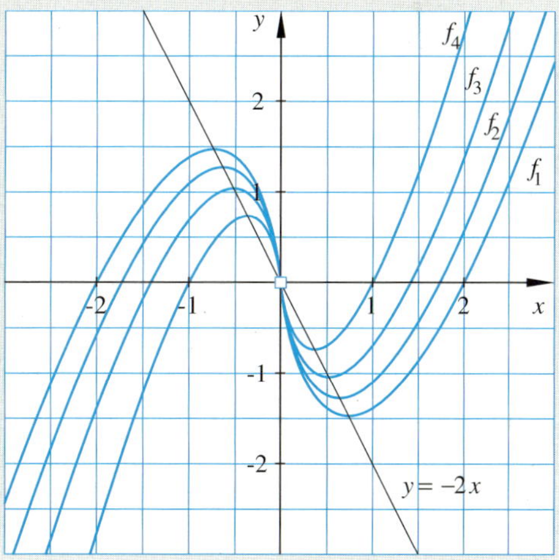

6

19. Führen Sie für folgende Funktionen eine vollständige Kurvendiskussion durch. Zeichnen Sie unter Verwendung der ermittelten Ergebnisse die Graphen der Funktionen.

a) $f(x) = x\,ln$ **b)** $f(x) = \ln(x^2 + 1)$

c) $f(x) = (\ln x)^2 - \ln x$ **d)** $f(x) = \ln(10 - x^2)$

20. Untersuchen Sie die folgenden Funktionenscharen.
Geben Sie jeweils an, welche Eigenschaften vom Parameter t abhängig sind.
Stellen Sie jeweils f_{-1} und f_1 grafisch dar.

a) $f_t(x) = \ln(x^2 + t)$ **b)** $f_t(x) = (\ln(tx))^2 - 2\ln(tx)$

21. Für $t \in \mathbb{R}$ sei die Funktionenschar f_t gegeben durch $f_t(x) = (x^2 + 2x + t)\cdot e^{-x}$ mit den zugehörigen Graphen K_t.

a) Zeigen Sie, dass das Verhalten von f_t für $x \to +\infty$ und für $x \to -\infty$ unabhängig von t ist.

b) Geben Sie die Achsenschnittpunkte von K_t in Abhängigkeit von t an.

c) Zeigen Sie, dass eine Funktion f_t genau dann Extrempunkte besitzt, wenn $t < 2$ ist.

d) Ermitteln Sie die Gleichung der Funktion g, auf deren Schaubild für $t < 2$ die Hochpunkte aller Graphen K_t liegen.
Untersuchen Sie, ob auch alle Tiefpunkte der Graphen K_t auf dem Bild der gleichen Funktion g liegen.

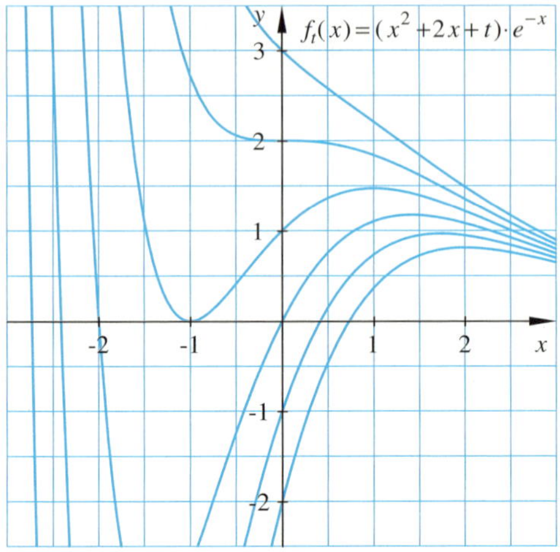

7

22. Für $t \in \mathbb{R}$, $t > 0$ sei die Funktionenschar f_t gegeben durch $f_t(x) = \dfrac{2t}{te^x + 1}$.
Deren Graphen werden K_t bezeichnet.

a) Geben Sie den maximalen Definitionsbereich von f_t und untersuchen Sie K_t auf Schnittpunkte mit den Koordinatenachsen.

b) Untersuchen Sie das Verhalten von f_t für $x \to +\infty$ und $x \to -\infty$.

c) Weisen Sie nach, dass keine Scharkurve einen Extrempunkt besitzt.

d) Geben Sie den Wertebereich von f_t an.

e) Berechnen Sie die Wendepunkte von K_t in Abhängigkeit von t. (Auf den Nachweis der hinreichenden Bedingung kann verzichtet werden.)

f) Zeigen Sie, dass für jede Funktion der Funktionenschar f_t die folgende Aussage gilt:
Für alle $d \in \mathbb{R}$ ist $f_t(-\ln t) - f_t(-\ln t - d) = f_t(-\ln t + d) - f_t(-\ln t)$.
Welche Besonderheit im Verlauf des Schaubildes K_t wurde damit nachgewiesen?

g) Weisen Sie nach, dass zwei Kurven der Schar keinen gemeinsamen Punkt haben.

h) Begründen Sie, dass jede Funktion f_t der Funktionenschar umkehrbar ist. Ermitteln Sie die Gleichung der Umkehrfunktion $\overline{f}_t$.

i) Zeichnen Sie die Graphen der Funktionen f_2 und $\overline{f}_2$ in ein und dasselbe Koordinatensystem.

23. Ein vollkommen biegsamer, schwerer, an zwei Punkten aufgehängter Faden nimmt die Form einer Kettenlinie an. Diese ist der Graph einer Funktion f_t mit einer Gleichung der Form $f_t(x) = \frac{t}{2}\left(e^{\frac{x}{t}} + e^{-\frac{x}{t}}\right)$, wobei $t > 0$ ist.

a) Zeigen Sie, dass der Graph von f_t für jedes t symmetrisch zur y-Achse verläuft.

b) Untersuchen Sie f_t auf lokale und globale Extrema.

c) Zeichnen Sie die Graphen der Funktionen f_1, f_2 und f_3.

d) Geben Sie die Gleichung einer quadratischen Funktion an, die an den Stellen $x_0 = 0$ und $x_1 = 1$ die gleichen Funktionswerte wie die Funktion f_1 hat und deren Graph ebenfalls axialsymmetrisch zur y-Achse verläuft. Vergleichen Sie die Anstiege der beiden Funktionen an der Stelle $x_1 = 1$.

24. Ein wesentliches Problem der Analysis besteht darin, nichtrationale Funktionen möglichst gut durch rationale Funktionen annähern zu können. Für die natürliche Exponentialfunktion gilt, dass der Wert e^x durch die Summe

$$1 + \frac{x}{1!} + \frac{x^2}{2!} + \frac{x^3}{3!} + \ldots + \frac{x^n}{n!} + \ldots$$

beliebig gut angenähert werden kann.

a) Zeigen Sie, dass der genannte Zusammenhang für die Funktion f mit $f(x) = e^x$ einen Spezialfall der allgemeineren Aussage

$$f(x_0 + h) \approx f(x_0) + \frac{f'(x_0)}{1!}h + \frac{f''(x_0)}{2!}h^2 + \frac{f'''(x_0)}{3!}h^3 + \ldots + \frac{f^{(n)}(x_0)}{n!}h^n + \ldots$$

darstellt.

(Hinweis: Die aufgeführte Näherung gilt nur für bestimmte Funktionen und auch dann nicht unbedingt für alle x)

b) Ermitteln Sie Näherungswerte für die Zahl e, indem Sie für n die Zahlen 1 bis 10

- in $\left(1 + \frac{1}{n}\right)^n$ und anschließend
- in $1 + \frac{x}{1!} + \frac{x^2}{2!} + \frac{x^3}{3!} + \ldots + \frac{x^n}{n!}$

einsetzen.

Vergleichen Sie die „Schnelligkeit" der Konvergenz der beiden Folgen.

c) Berechnen Sie mit

$$e^x \approx 1 + \frac{x}{1!} + \frac{x^2}{2!} + \frac{x^3}{3!} + \ldots + \frac{x^n}{n!} + \ldots$$

Näherungswerte für e^2, e^3 und e^4 sowie e^{-1} und e^{-2}.

25. Es sei $f(x) = \ln(x + 1)$.

a) Begründen Sie, dass

$$\ln 2 = \ln(1 + 1) \approx 0 + \frac{1}{1} - \frac{1}{2} + \frac{1}{3} - \frac{1}{4} + \frac{1}{5} - \frac{1}{6} + \frac{1}{7} \pm \ldots \text{ gilt.}$$

Berechnen Sie damit näherungsweise ln 2.

b) Wie kann analog ln 1,5 näherungsweise berechnet werden?

26. Entwickeln Sie ein Computerprogramm, mit dessen Hilfe die angegebenen Näherungsrechnungen aus den Aufgaben 24 und 25 ausgeführt werden können.

4 Flächenberechnungen und Extremwertprobleme mit Exponential- und Logarithmusfunktionen

1. Berechnen Sie den Inhalt der Fläche, die begrenzt wird durch den Graphen der Funktion f, die x-Achse sowie den Geraden $x = x_1$ und $x = x_2$.

a) $f(x) = e^x;\ x_1 = -1;\ x_2 = 3$ **b)** $f(x) = e^{-0{,}5x};\ x_1 = 0;\ x_2 = 4$

c) $f(x) = 10^x;\ x_1 = -2;\ x_2 = 4$ **d)** $f(x) = 2^{-x};\ x_1 = -4;\ x_2 = 4$

e) $f(x) = \frac{1}{x};\ x_1 = e;\ x_2 = e^2$ **f)** $f(x) = -\frac{2}{x};\ x_1 = e;\ x_2 = 2e$

2. Berechnen Sie jeweils den Inhalt der markierten Fläche.

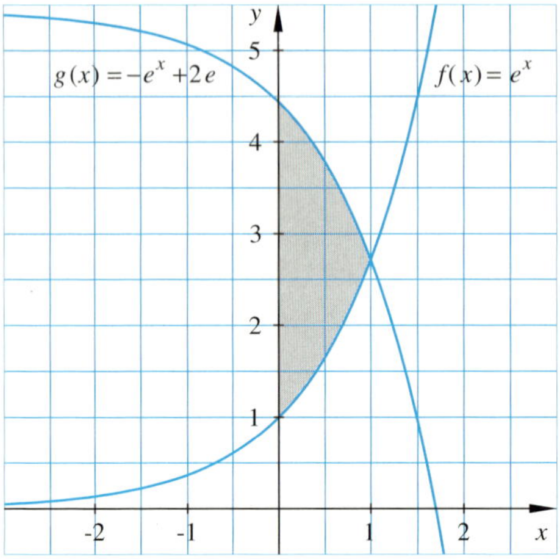

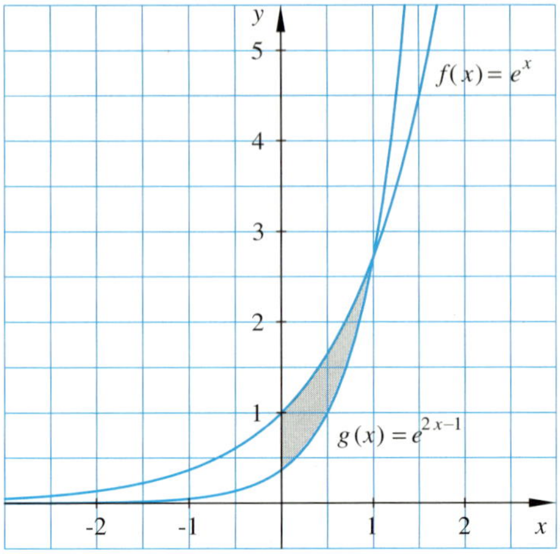

8

Beispiel: Es soll untersucht werden, ob der ins Unendliche reichenden markierten Fläche eine endliche Maßzahl zugeordnet werden kann.

Dazu ist zu ermitteln, ob das uneigentliche Integral

$$\int_0^\infty f(x)dx = \int_0^\infty 4x^2 e^{-x} dx$$
$$= \lim_{u\to\infty} \int_0^u 4x^2 e^{-x} dx \text{ existiert.}$$

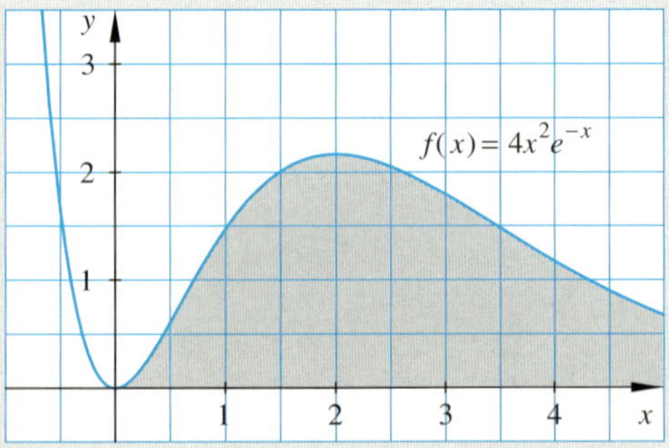

9

Aus F2 ist bekannt, dass die Funktion F mit $F(x) = -4e^{-x}(x^2 + 2x + 2)$ eine Stammfunktion der gegebenen Funktion f ist.

Somit gilt

$$A = \lim_{u\to\infty} \int_0^u 4x^2 e^{-x} dx = \lim_{u\to\infty} \left[-4e^{-x}(x^2 + 2x + 2)\right]_0^u$$
$$= \lim_{u\to\infty} \left(-4e^{-u}(u^2 + 2u + 2) - (-8)\right) = 8$$

Der betrachteten Fläche kann also der Inhalt 8 FE zugeordnet werden.

3. Begründen Sie die Grenzwertbildung im vorigen Beispiel mithilfe des Satzes von l'Hospital.

4. Weisen Sie nach, dass den markierten Flächen endliche Maßzahlen zugeordnet werden können.

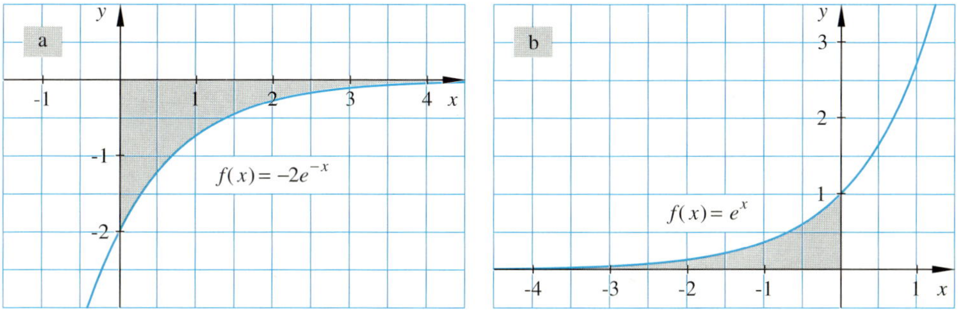

10

5. Der Graph der Funktion f mit $f(x) = (x^2 + 2x)\mathrm{e}^{-x}$ und die x-Achse begrenzen zwei Flächen. Die eine Fläche liegt im 3. Quadranten, die andere liegt im 1. Quadranten und reicht bis ins Unendliche.
Weisen Sie nach, dass auch die Fläche im ersten Quadranten eine endliche Maßzahl besitzt und die Inhalte beider Flächen gleich sind.

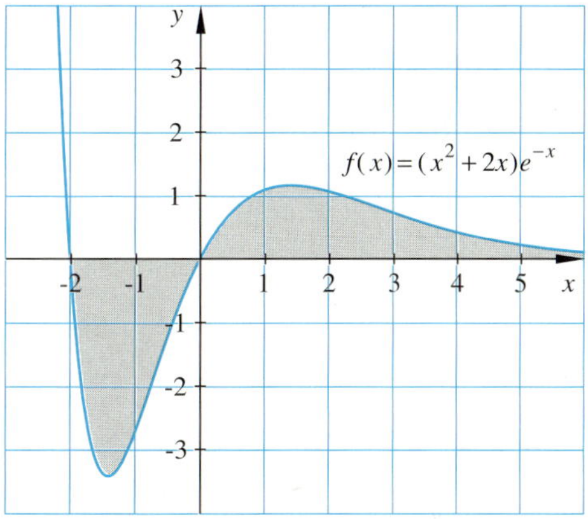

11

6. Auf Seite 281 wurde der Begriff Kettenlinie als Graph einer Funktion der Form $f_t(x) = \frac{t}{2}\left(\mathrm{e}^{\frac{x}{t}} + \mathrm{e}^{-\frac{x}{t}}\right)$ $(t > 0)$ definiert.

a) Berechnen Sie den von t abhängigen Inhalt A_t der Fläche, die eingeschlossenen wird von den Geraden $x_1 = -2$ und $x_2 = 2$, der x-Achse und dem Graphen der Funktion f_t.

b) Ermitteln Sie den Wert von t, für den $A_t = 4\left(\mathrm{e} - \frac{1}{\mathrm{e}}\right)$ ist.

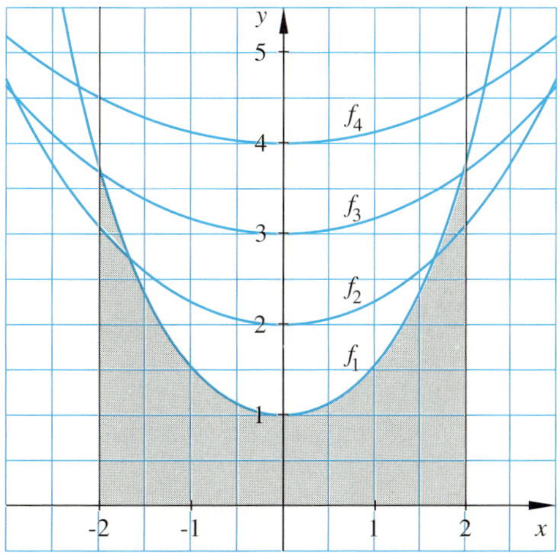

12

7.* Gegeben sei die Funktion f mit $f(x) = x \ln(x^2)$ (Bild 13).

a) Geben Sie den Definitionsbereich von f an, begründen Sie die Symmetrie des Funktionsgraphen und ermitteln Sie die Nullstellen.

b) Ermitteln Sie eine Stammfunktion F der Funktion f mittels Integration durch Substitution.

c) Berechnen Sie den Inhalt der beiden markierten Flächen. Beachten Sie, dass eine Grenzwertbildung erforderlich ist.

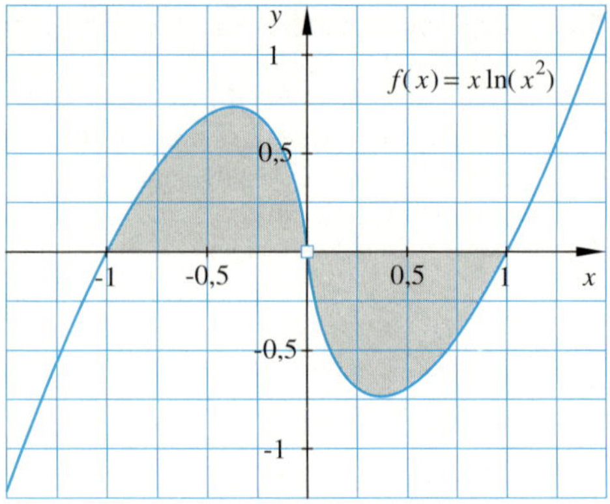

13

8.* Gegeben sei die Funktion f mit $f(x) = x \ln x$ (Bild 14).

a) Geben Sie den Definitionsbereich von f an und berechnen Sie den Schnittpunkt mit der x-Achse.

b) Ermitteln Sie eine Stammfunktion durch partielle Integration.

c) Berechnen Sie den Inhalt der markierten Fläche. Beachten Sie, dass eine Grenzwertbildung erforderlich ist.

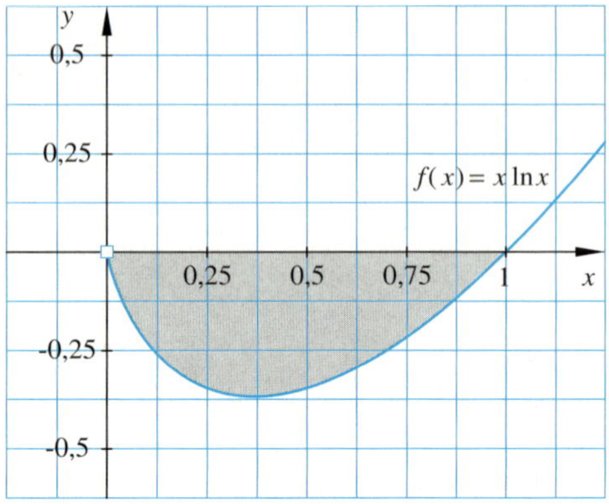

14

Beispiel: Gegeben seien die Funktionen f mit $f(x) = e^{x-2}$ und g mit $g(x) = x - 2$. Parallel zur y-Achse verlaufende Geraden $x = k$ schneiden die Funktionsgraphen in den Punkten P_k und Q_k. Zu ermitteln ist derjenige Wert von k, für den der Abstand zwischen P_k und Q_k minimal ist.

Zielfunktion

$$d(k) = f(k) - g(k) = e^{k-2} - (k-2)$$
$$= e^{k-2} - k + 2$$

Ermittlung lokaler Extremstellen

$d'(k) = e^{k-2} - 1$ und $d''(k) = e^{k-2}$

$d'(k) = 0 \Leftrightarrow e^{k-2} - 1 = 0 \Leftrightarrow k = 2.$

$d''(2) = 1 > 0$

Also liegt für $k = 2$ ein lokales Minimum vor. Es ist gleichzeitig globales Minimum. Der minimale Abstand beträgt demnach 1 LE.

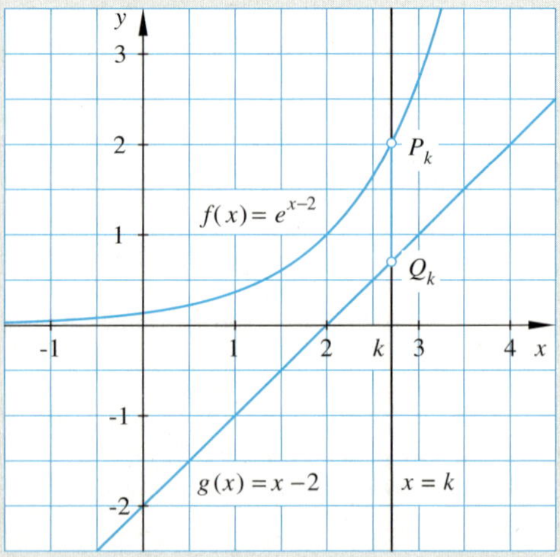

15

9. Begründen Sie die Aussagen des vorangegangenen Beispiels.

10. Gegeben seien die Funktion f mit $f(x) = e^{x-4}$ und die Funktionenschar g_t mit $g_t(x) = x + t$. Parallel zur y-Achse verlaufende Geraden $x = k$ schneiden für jedes t die Graphen der Funktionen f und g_t. Der Abstand der Schnittpunkte werde mit $d(k)$ bezeichnet.

a) Ermitteln Sie für $t = -5$, für welche Gerade $x = k$ der Abstand $d(k)$ minimal wird.

b) Untersuchen Sie für welche Werte von t die Graphen von f und g_t keinen, genau einen bzw. zwei gemeinsame Punkte haben. Im letzteren Fall werden die Abszissen der Schnittpunkte mit x_{t_1} und x_{t_2} benannt.

c) Zeigen Sie: Haben die Graphen von f und g_t zwei gemeinsame Punkte, so nimmt der Abstand $d(k)$ auf dem Intervall $[x_{t_1}; x_{t_2}]$ stets an der gleichen Stelle sein globales Maximum an. Geben Sie das Maximum in Abhängigkeit von t an.

Beispiel: Gegeben sei die Funktion f mit $f(x) = e^{2-x}$. $P(u; f(u))$ sei ein beliebiger Punkt auf dem Graphen von f. Die Parallele zur y-Achse durch P schneidet die x-Achse im Punkt B. Es ist zu ermitteln, für welchen Wert von u das rechtwinklige Dreieck OBP einen maximalen Inhalt besitzt.

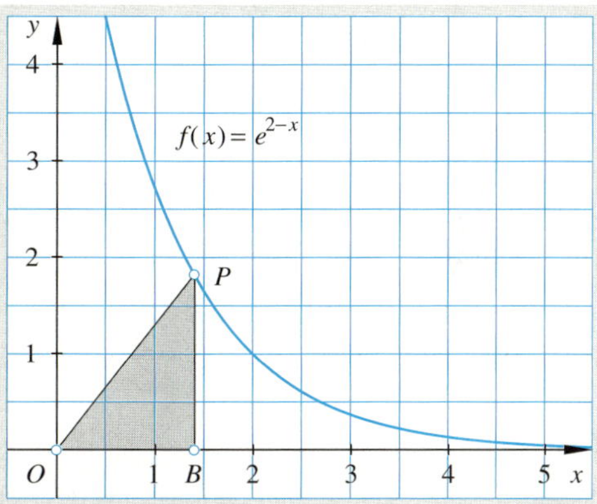

Zielfunktion:
$A(u) = \frac{u \cdot f(u)}{2} = \frac{u \cdot e^{2-u}}{2}$

Ermittlung lokaler Extremstellen: 16

$A'(u) = \frac{1}{2}(e^{2-u} - ue^{2-u}) = \frac{1}{2}e^{2-u}(1-u)$ und $A''(u) = \frac{1}{2}e^{2-u}(u-2)$

$A'(u) = 0 \Leftrightarrow \frac{1}{2}e^{2-u}(1-u) = 0 \Leftrightarrow u = 1$ und $A''(1) = -0{,}5e < 0$

Also nimmt der Flächeninhalt für $u = 1$ ein lokales Maximum an. Es ist gleichzeitig globales Maximum. Der maximale Dreiecksinhalt beträgt $A(1) = 0{,}5e$.

11. Gegeben sei die Funktion f mit $f(x) = e^{4-x}$. $P(u; f(u))$ sei ein beliebiger Punkt auf dem Graphen von f. Die Parallele zur y-Achse durch P schneidet die x-Achse im Punkt B und die Parallele zur x-Achse schneidet die y-Achse im Punkt D.
Für welchen Wert von u wird der Inhalt des Rechtecks $OBPD$ extremal?
Handelt es sich um ein Minimum oder um ein Maximum?

12. Gegeben seien die Funktionen f und g mit $f(x) = x^{-1}$ und $g(x) = x^{-2}$. Achsenparallele Rechtecke $OBPD$ seien analog zu Aufgabe 11 festgelegt.

a) Zeigen Sie für die Funktion f, dass der Rechteckinhalt von u unabhängig ist.

b) Zeigen Sie für die Funktion g, dass der Rechteckinhalt weder einen kleinsten noch einen größten Wert annimmt.

c) Es sei $I = [0{,}5; 2]$.
Geben Sie das globale Maximum und Minimum des Rechteckinhaltes für die Funktion g auf I an.

5 Wachstumsfunktionen

In den Natur- und Wirtschaftswissenschaften ist es häufig erforderlich, Wachstums- und Zerfallsprozesse zu untersuchen. Als Wachstum bzw. Zerfall betrachtet man die momentane Änderung des Bestandes zu einem bestimmten Zeitpunkt. Ausgehend von grundlegenden Annahmen über den Verlauf der Prozesse werden Funktionen zu deren mathmatischen Beschreibung gesucht. Mithilfe der ermittelten Funktionen lassen sich dann Voraussagen zum weiteren Verlauf der Vorgänge treffen, wobei stets berücksichtigt werden muss, dass der aufgefundene Zusammenhang nur für bestimmte Zeiträume gelten kann.
Die Funktionen werden häufig als Funktionen der Zeit t angegeben. Die Definitionsbereiche für Wachstumsprozesse sind somit Zeitintervalle.
Die Grundannahmen für Wachstumsprozesse führen auf Gleichungen, in denen die Ableitung einer Funktion auftritt. Gleichungen dieser Art heißen wegen des Auftretens der Ableitungen **Differenzialgleichungen**. Lösungen derartiger Gleichunge sind Funktionen, die die gestellte Bedingung erfüllen.

Lineares Wachstum

Die Annahme, dass das Wachstum zu jedem Zeitpunkt gleich groß, also **linear** ist, führt zu der Gleichung $f'(t) = k$, wobei k eine konstante Größe ist.
Integriert man die Funktionen auf beiden Seiten der Gleichung, so erhält man
$\int f'(t)dt = \int k\,\mathrm{d}t$ und somit $f(t) = kt + c$.
Setzt man $t = 0$, ergibt sich als Bedeutung der Konstanten c der Zusammenhang $f(0) = c$.
Als Lösungen der Differenzialgleichung $f'(t) = k$ wurden also die Funktionen f mit $f(t) = kt + f(0)$ ermittelt.

1. **a)** Kommentieren Sie: „Die obige Herleitung hat keine neuen Erkenntnisse ergeben, denn es war schon zuvor bekannt, dass lineare Funktionen ein konstantes Wachstum aufweisen."
b) Nennen Sie Vorgänge, bei denen eine Größe linear anwächst.

Natürliches Wachstum

Für viele Wachstumsprozesse kann von der Annahme ausgegangen werden, dass der Zuwachs proportional zum schon vorhandenen Bestand ist. Solche Prozesse werden als **natürliches Wachstum** bezeichnet. Die genannte Annahme führt auf die Differenzialgleichung $f'(t) = kf(t)$, wobei k wiederum eine konstante Größe ist.

2. Kommentieren Sie die einzelnen Schritte der nachfolgenden Überlegung.

Für das ungestörte Wachstum einer Bakterienkultur gilt $N'(t) = kN(t)$. Dabei gibt $N(t)$ die Anzahl der zum Zeitpunkt t vorhanden Bakterien an.
Es folgt $k = \frac{N'(t)}{N(t)}$ und somit $\int k\,\mathrm{d}t = \int \frac{N'(t)}{N(t)} dt$.

Die Integration ergibt: $kt + c_1 = \ln|N(t)| + c_2$ und damit $kt + c = \ln|N(t)|$.
Also ist: $N(t) = \mathrm{e}^{kt+c} = \mathrm{e}^c\mathrm{e}^{kt}$.
Für $t = 0$ erhält man: $N(0) = \mathrm{e}^c\mathrm{e}^0 = \mathrm{e}^c$.
Somit sind die Funktionen: $N(t) = N(0)\mathrm{e}^{kt}$ Lösungen der Differenzialgleichung $N'(t) = kN(t)$.

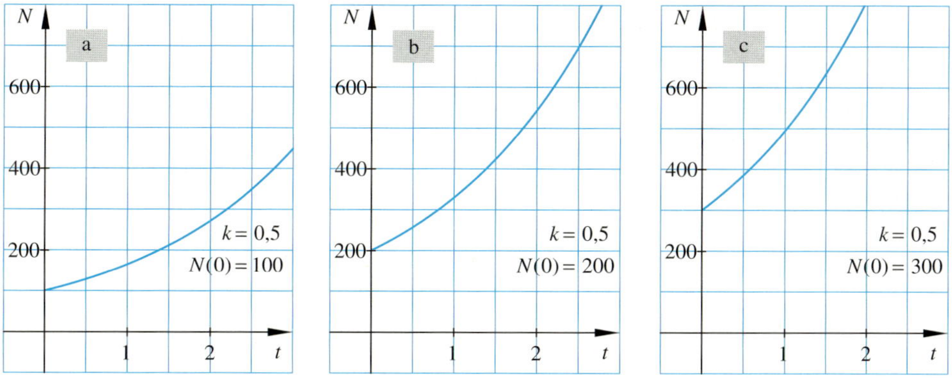

17

Die Lösung $N(t) = N(0)e^{kt}$ lässt erkennen, dass die Konstante k eine Einheit besitzen muss, denn das Produkt kt im Exponenten von e^{kt} muss einheitenfrei sein. Der Zahlenwert von k ist dann abhängig von der gewählten Einheit für k.

3. Welche Einheit kann k besitzen?

4. Häufig wird das Bakterienwachstum charakterisiert durch die Angabe der Verdopplungszeit, also der Zeit, nach der sich durchschnittlich die Anzahl der Bakterien verdoppelt hat. Ermitteln Sie eine Wachstumsgleichung für eine Bakterienkultur mit einer Verdopplungszeit $t_D = 20$ min.

5. Leiten Sie den Zusammenhang $t_D = \frac{\ln 2}{k}$ her.

6. Rn-220[1] besitzt die Halbwertszeit $t_H = 55$ s. Ermitteln Sie den Wert für k in der entsprechenden Wachstumsgleichung $N(t) = N(0)e^{kt}$.

7. Leiten Sie einen Zusammenhang zwischen der Halbwertszeit t_H und der Konstanten k her.

8. Für China und Indien wurden folgende Einwohnerzahlen ermittelt bzw. vermutet:

Jahr	1993	2000
China	1,178 Mrd.	1,255 Mrd.
Indien	0,898 Mrd.	1,022 Mrd.

Setzen Sie für die Entwicklung in beiden Ländern natürliches Wachstum voraus. Es gelte also jeweils $N(t) = N_0 e^{kt}$.

a) Berechnen Sie den Wert von k für beide Länder.

b) Wie hoch wäre die Einwohnerzahl in den beiden Ländern im Jahr 2025, wenn sich die Bevölkerungszahl weiterhin dem Wachstumsgesetz entsprechend erhöhen würde?

c) In welchem Jahr hätten beiden Länder unter den genannten Voraussetzungen die gleiche Einwohnerzahl?

d) Diskutieren Sie die Annahme des natürlichen Wachstums.

[1] Rn-220 ist ein radioaktives Isotop des Elementes Radon.

9. Wird ein Kondensator der Kapazität C über einen Widerstand R entladen, so genügt die am Widerstand anliegende Spannung der Gleichung $u(t) = U_0 e^{-\frac{1}{RC}t}$.

a) Zeigen Sie zunächst, dass $\frac{u'(t)}{u(t)} = -\frac{1}{RC}$ ist.
Schlussfolgern Sie daraus den Zusammenhang $u(t) = U_0 e^{-\frac{1}{RC}t}$.

b) Es sei $R = 250\,k\Omega$ und $C = 200\,\mu F$. Nach welcher Zeit beträgt die Spannung nur noch 25%, wann nur noch 0,25% des Anfangswertes?

c) Es sei $R = 250\,k\Omega$.
Der Wert der Spannung sei nach 25 s auf 10% des Ausgangswertes gesunken. Berechnen Sie C.

d) Für mehrere Kondensatoren unterschiedlicher Kapazität wurde eine Entladungskurve aufgenommen (Bild 18). Es ist jeweils $R = 250\,k\Omega$ und $U_0 = 100\,V$.
Ordnen Sie zunächst die Kondensatoren in der Reihenfolge ihrer Kapazität. Berechnen Sie dann näherungsweise die Kapazitäten unter Verwendung von Wertepaaren, die Sie zuvor der grafischen Darstellung entnommen haben.

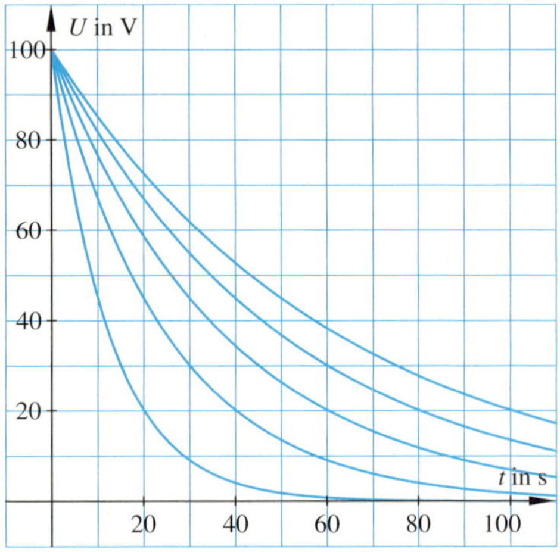

18

10. Der tropische Regenwald gehört zu den gefährdetsten Lebensräumen unserer Umwelt. Im Jahr 1990 wurden von 1700 ha geschlossenen Primärwald 1,05% vernichtet. Geben Sie Prognosen für die Entwicklung des Regenwaldbestandes (geschlossener Primärwald) an:

- unter Annahme, dass die Vernichtung gleich bleibend linear erfolgt;
- unter der Annahme, dass der Bestand einer Gleichung der Form $A(t) = A(0)e^{kt}$ genügt.

Vergleichen Sie Ihre Ergebnisse mit aktuellen Zahlen.

Beschränktes Wachstum

11. Diskutieren Sie, ob die folgenden Vorgänge mithilfe des natürlichen Wachstums bzw. Zerfalls adäquat beschrieben werden können.

a) Stromstärke beim Einschalten eines Reihenstromkreises mit einem Widerstand R und einer Spule der Induktivität L (Bild 19).

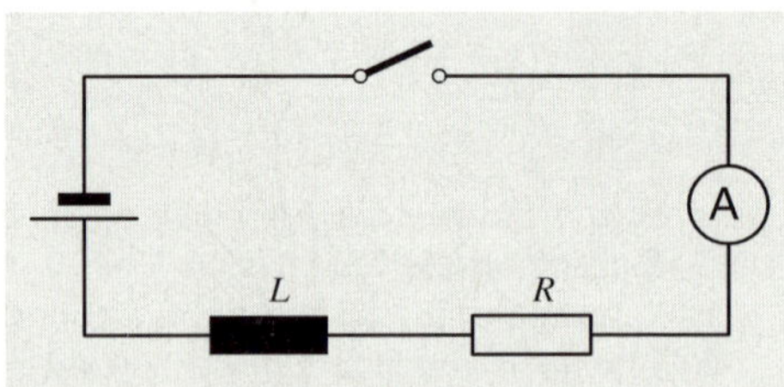

19

b) Temperaturabnahme eines heißen Körpers in einer kälteren Umgebung mit konstanter Temperatur.

c) Geschwindigkeit eines Fallschirmspringers, sofern der Schirm unmittelbar nach dem Absprung geöffnet wird.

In den Beispielen aus Aufgabe 1 nähert sich eine Größe einem Grenzwert G an. Geht man davon auss, dass das Wachstum proportional ist zur Differenz zwischen dem Wert G und dem Momentanwert, so führt dies auf die Differenzialgleichung $f'(t) = k(G - f(t))$.
Ein solches Wachstumsmodell heißt **beschränktes Wachstum**.

Beispiel: Es wird für den in Aufgabe 11a beschriebenen Stromkreis die funktionale Beschreibung des Stromstärkeverlaufes ermittelt.

Wird davon ausgegangen, dass das Wachstum der Stromstärke proportional zur Differenz der momentanen Stromstärke zur maximal möglichen Stromstärke verläuft, so ergibt sich bei einer angelegten Spannung U_0 die Differenzialgleichung

$i'(t) = k\left(\frac{U_0}{R} - i(t)\right)$, wobei $\frac{U_0}{R}$ die maximal erreichbare Stromstärke ist.

Die Bedeutung der Konstanten k ergibt sich aus Betrachtung für die Spannung im Stromkreis.

Es ist $u(t) = U_0 + U_{ind}$, wobei U_{ind} die durch die Spule induzierte Spannung ist.
Dabei gilt: $U_{ind} = -L \cdot i'(t)$ (Selbstinduktion im elektromagnetischen Feld, siehe entsprechendes Physikbuch).

Mit $R = \frac{u(t)}{i(t)}$ folgt $u(t) = R \cdot i(t) = U_0 - L \cdot i'(t)$,

und somit $i'(t) = \frac{U_0 - R \cdot i(t)}{L} = \frac{R}{L}\left(\frac{U_0}{R} - i(t)\right)$.

Zur Lösung der Differenzialgleichung kann umgeformt werden zu

$$\frac{i'(t)}{\frac{U_0}{R} - i(t)} = \frac{R}{L} \quad \text{bzw.} \quad \frac{i'(t)}{i(t) - \frac{U_0}{R}} = -\frac{R}{L}.$$

Integriert man beide Seiten, so gelangt man über

$$\ln\left(i(t) - \frac{U_0}{R}\right) + c_1 = -\frac{R}{L}t + c_2 \quad \text{bzw.} \quad \ln\left(i(t) - \frac{U_0}{R}\right) = -\frac{R}{L}t + c$$

zu $i(t) - \frac{U_0}{R} = \mathrm{e}^{-\frac{R}{L}t} \cdot \mathrm{e}^c$.

Setzt man $t = 0$, so ergibt sich $\mathrm{e}^c = -\frac{U_0}{R}$, da $i(0) = 0$ ist.

Demnach gilt $i(t) = \frac{U_0}{R} - \frac{U_0}{R}\mathrm{e}^{-\frac{R}{L}t}$ und somit $i(t) = \frac{U_0}{R}\left(1 - \mathrm{e}^{-\frac{R}{L}t}\right)$.

12. Berechnen Sie, wie viel Prozent der maximalen Stromstärke $\frac{U_0}{R}$ die Stromstärke zu den Zeitpunkten $t_1 = \frac{L}{R}$, $t_2 = 2\frac{L}{R}$ und $t_3 = 3\frac{L}{R}$ beträgt.

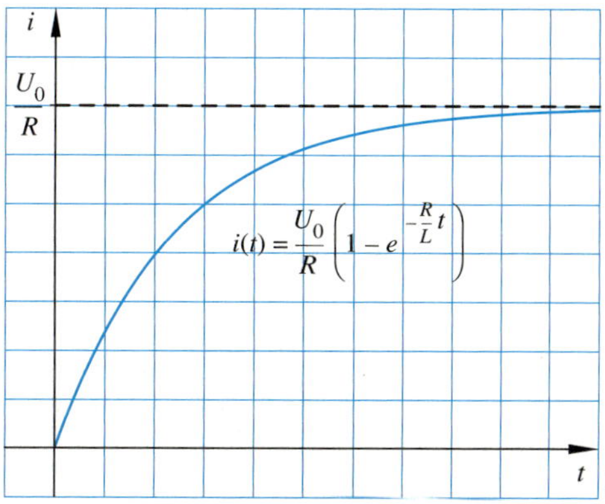

20

13. Lösen Sie die Differenzialgleichung $f'(t) = k(G - f(t))$ mit den konstanten Größen k und G. Dabei sei $f(0) = 0$.

14. Öffnet sich der Schirm eines Fallschirmspringers unmittelbar nach dem Absprung, so kann davon ausgegangen werden, dass auf ihn nicht nur die der Fallbeschleunigung entsprechende Kraft mg wirkt, sondern auch ein Luftwiderstand F_L, der annähernd proportional zur momentanen Geschwindigkeit ist.
Somit gilt $F = ma(t) = mg - cv(t)$, wobei der Proportionalitätsfaktor abhängig ist von den Eigenschaften des Fallschirms.

a) Zeigen Sie, dass Funktionen der Form $v(t) = \frac{mg}{c}\left(1 - e^{-\frac{c}{m}t}\right)$ dem oben genannten Sachverhalt entsprechen.
Berücksichtigen Sie dabei, dass $a(t) = v'(t)$ gilt.

b) Welche Einheit muss die Konstante c besitzen?

c) Geben Sie eine Gleichung für die maximale Geschwindigkeit $v_{\max}$ des Fallschirmspringers an.

d) Es sei $v_{\max} = 5\ \text{ms}^{-1}$ und $m = 100$ kg.
Berechnen Sie c. Stellen Sie für die gegebenen Werte den Verlauf der Funktion $v(t)$ grafisch dar. Lesen Sie aus der grafischen Darstellung ab, nach welcher Zeit der Springer seine maximale Geschwindigkeit annähernd erreicht hat.

15. In den bisherigen Beispielen und Aufgaben war der Anfangswert stets 0.
Zeigen Sie, dass die Differenzialgleichung $f'(t) = k(G - f(t))$ Lösungen der Form $f(t) = G - ce^{-kt}$ besitzt mit c = konstant.

16. a) In Bild 21a sind die Funktionen $f_1(t) = 100 - 20e^{-0{,}5t}$, $f_2(t) = 100 - 60e^{-0{,}5t}$ und $f_3(t) = 100 - 90e^{-0{,}5t}$ dargestellt. Ordnen Sie jeder Funktion den entsprechenden Graphen zu. Begründen Sie die Entscheidung.

b) In Bild 21b sind die Funktionen $g_1(t) = 100 - 80e^{-0{,}3t}$, $g_2(t) = 100 - 80e^{-0{,}5t}$ und $g_3(t) = 100 - 80e^{-0{,}8t}$ dargestellt. Ordnen Sie jeder Funktion den entsprechenden Graphen zu. Begründen Sie die Entscheidung.

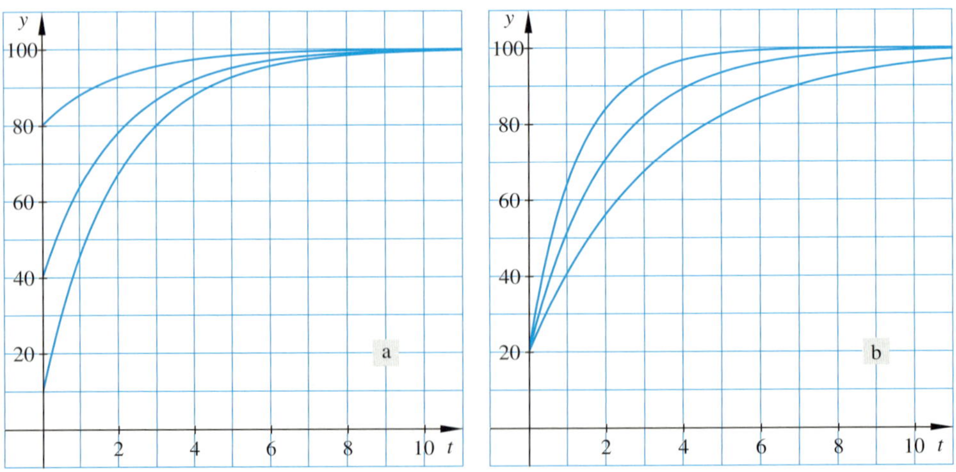

21

Logistisches Wachstum

Bei der Untersuchung von Vorgängern, die mithilfe des natürlichen Wachstums beschrieben wurden, ist mehrfach festgestellt worden, dass die Anwendung dieses mathematischen Modells nur für einen bestimmten Zeitraum Anwendung finden kann. Betrachtet man das Wachstum einer Bakterienkolonie, so wird nach einer gewissen Zeit die Anzahl so groß sein, dass aufgrund der durch die Umgebung gegebenen Bedingungen keine Vermehrung mehr nach dem Gesetz des natürlichen Wachstums erfolgen kann. Vielmehr wird die Anzahl ähnlich wie beim beschränkten Wachstum einem maximalen Wert entgegenstreben.
Andererseits kann das Modell des beschränkten Wachstums allein den Vorgang nicht adäquat beschreiben, da in der Anfangsphase annähernd ein natürliches Wachstum vorliegt.
Dieser Überlegung kann man durch folgenden Ansatz gerecht werden:
Es soll einerseits $N'(t) \sim N(t)$ – wie beim natürlichen Wachstum – und andererseits $N'(t) \sim G - N(t)$ – wie beim beschränkten Wachstum – gelten. Daraus ergibt sich $N'(t) \sim N(t)(G - N(t))$ und somit die Differenzialgleichung $N'(t) = kN(t)(G - N(t))$, wobei G der Maximalwert ist.
Eine Funktion, die diese Differenzialgleichung erfüllt wird **logistische Funktion** genannt.

17. Es wird eine das Bakterienwachstum beschreibende Funktion untersucht. Dabei wird davon ausgegangen, dass logistisches Wachstum vorliegt.

a) Weisen Sie durch Differenziation nach, dass Funktionen N der Form

$$N(t) = \frac{cG}{c + \mathrm{e}^{-kGt}}$$

die Differenzialgleichung $N'(t) = kN(t)(G - N(t))$ erfüllen.

b) Es sei $N(0) = 100$, $N(2) = 398$ und $N(4) = 1583$, wobei t in Stunden angegeben wird. Zeigen Sie, dass die Funktion N mit

$$N(t) = \frac{100{,}01}{0{,}0001 + \mathrm{e}^{-0{,}6908t}}$$

die genannten Werte annimmt.

c) Welche maximale Anzahl von Bakterien ist zu erwarten?

d) Welche inhaltliche Bedeutung hat G? Berechnen Sie für die angegebene Funktion c und k.

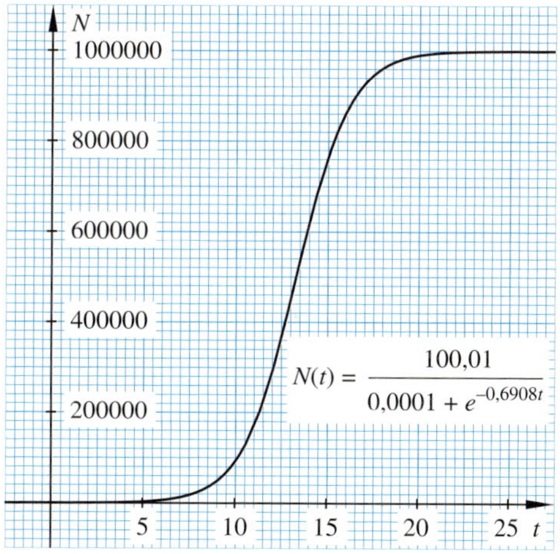

22

e) Nach welcher Zeit sind 50%, 90% bzw. 99% des Endbestandes erreicht?
Der Graph der Funktion N ist in Bild 22 dargestellt.
Vergleichen Sie Ihre Ergebnisse mit den entsprechenden Werten in der grafischen Darstellung.

f) Lesen Sie aus der grafischen Darstellung näherungsweise den Zeitpunkt des maximalen Wachstums ab.
Geben Sie an, wie dieser Zeitpunkt berechnet werden könnte.

ZUSAMMENFASSUNG

	lineares Wachstum	natürliches Wachstum
Grundannahme des Modells	$f'(t) = \text{konstant}$	$f'(t) \sim f(t)$
Differenzialgleichung	$f'(t) = k$	$f'(t) = kf(t)$
Lösungen der Differenzialgleichung	$f(t) = kt + c$	$f(t) = f(0)\mathrm{e}^{kt}$
Weitere Anwendungen des Modells	• Berechnung von verbrauchs-abhängigen Preisen bei festem Grundpreis	• Zinseszins • Abnahme des Luftdrucks

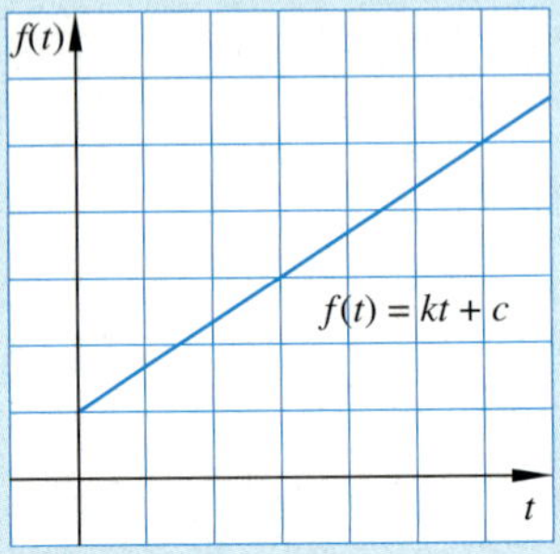

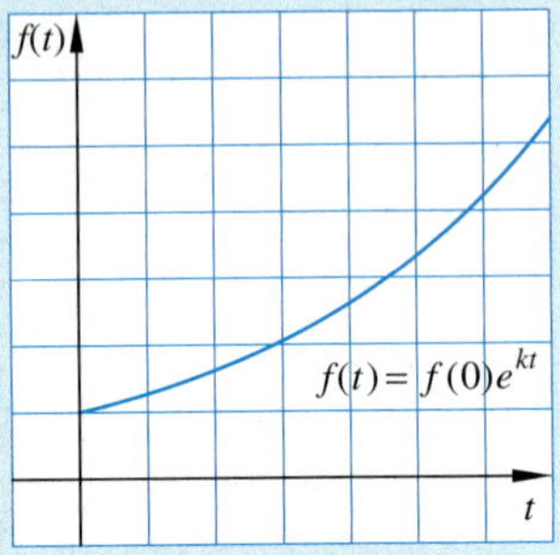

	beschränktes Wachstum	logistisches Wachstum
Grundannahme des Modells	$f'(t) \sim G - f(t)$	$f'(t) \sim f(t)$ und $f'(t) \sim G - f(t)$
Differenzialgleichung	$f'(t) = k(G - f(t))$	$f'(t) = kf(t)(G - f(t))$
Lösungen der Differenzialgleichung	$f(t) = G - c\mathrm{e}^{-kt}$	$f(t) = \dfrac{cG}{c + \mathrm{e}^{-kGt}}$
Weitere Anwendungen des Modells	• Verkaufszahlen eines neuen Artikels • Lösung von Zucker in Wasser	• Entwicklung einer Population der Fruchtfliege Drosophila • Autokatalytische Prozesse

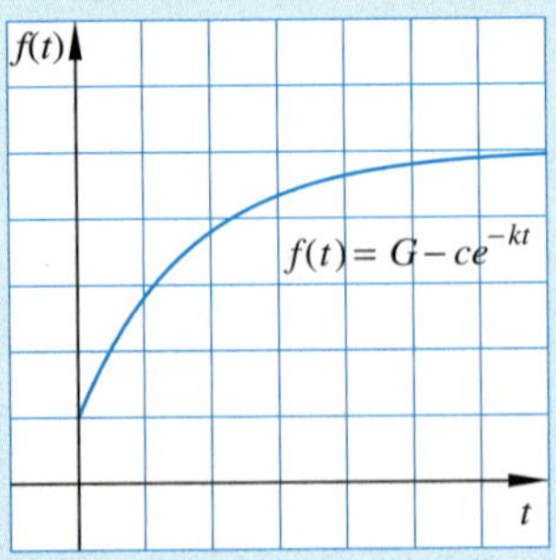

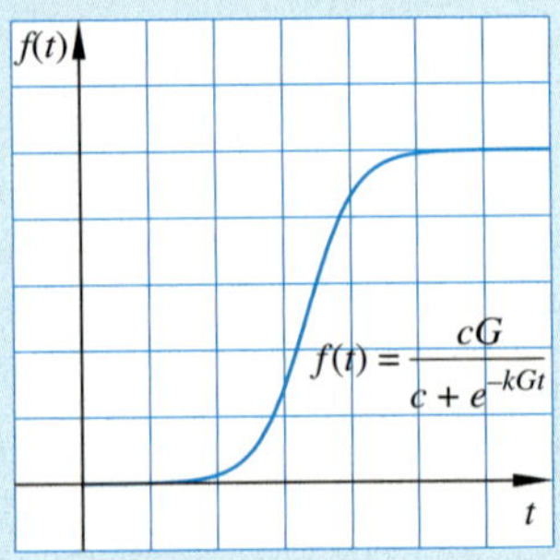

6 Wiederholung von Eigenschaften der Winkelfunktionen

Für die Beschreibung periodischer Vorgänge in Natur und Technik spielen die Winkelfunktionen **(trigonometrische Funktionen)** eine große Rolle. In den folgenden Lerneinheiten werden zunächst Eigenschaften von Winkelfunktionen wiederholt und Methoden zur Lösung von Gleichungen, in denen auch Winkelfunktionen vorkommen, besprochen.
Sodann werden die Winkelfunktionen differenziert und Stammfunktionen einiger Winkelfunktionen ermittelt. Die gewonnenen Erkenntnisse werden bei Kurvendiskussionen, Lösen von Extremwertaufgaben und bei Flächenberechnungen angewendet.

Bei der Definition der Winkelfunktionen werden die Argumente als Winkelmaße interpretiert. Die Größe von Winkeln wird vor allem mithilfe der Einheiten **Grad** (1°) und **Radiant** (1 rad) angegeben. Das Gradmaß wird definiert, indem man dem Winkel, den zwei senkrecht aufeinander stehende Geraden bilden, die Größe 90° zuweist. Betrachtet man einen gegebenen Winkel als Zentriwinkel im Einheitskreis, kann die Länge des zum Zentriwinkel gehörenden Kreisbogens als Maß für den Winkel genommen werden.
Dem Winkel von 90° entspricht dann die Länge des Viertelkreisbogens mit dem Radius 1. Man bezeichnet diese Winkelgröße mit Radiant (rad).[1]

1. α sei eine Winkelgröße, die in Grad angegeben ist, $\hat{\alpha}$ dieselbe Winkelgröße, aber im Bogenmaß angegeben. Begründen Sie die Beziehung $\hat{\alpha} : \pi = \alpha : 180°$.

2. Wandeln Sie die angegebenen Größen in das Bogenmaß bzw. in das Gradmaß um.

a) 21°; 72°; 270°; 800°; −122°
b) 46°; −280°; 450°; 10°; −100°
c) 2; 3,5; −2,5; 1; $\frac{\pi}{2}$
d) 0,1; 10; $\frac{5\pi}{6}$; −3,2; 5π

3. Geben Sie eine Definition der Sinus- und der Kosinusfunktion mit Bezug auf das Bild 23 an.

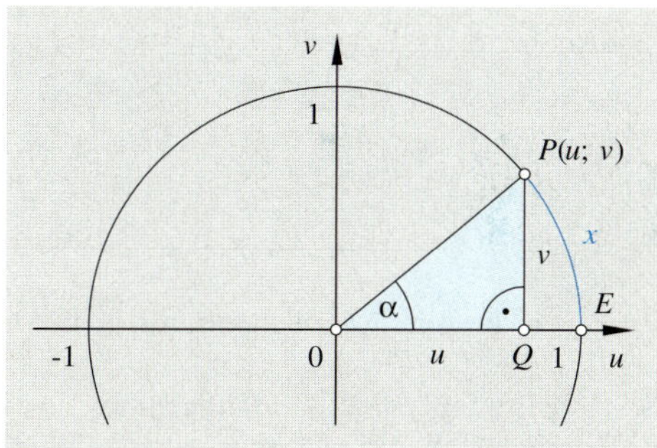

23

Die Funktionen sin und cos ordnen reellen Zahlen wieder reelle Zahlen zu. Das wird besonders deutlich, wenn man bei der Definition der Funktionen von einem Kreis mit dem Radius 1 ausgeht. Ist x der Zahlenwert der Länge des Kreisbogens $\widehat{EP}$ (vgl. Bild 23) und damit ein Maß für den Winkel α, so ist $\sin x = v$ und $\cos x = u$.
Der Zahlenwert der Länge des Einheitskreises beträgt 2π. Deshalb kann nur jede reelle Zahl x mit $0 \leq x \leq 2\pi$ der Zahlenwert der Länge eines Kreisbogens auf dem Einheitskreis sein.

Ist x eine reelle Zahl, die nicht zwischen 0 und 2π liegt, so gibt es genau eine ganze Zahl k und genau eine reelle Zahl $\overline{x}$ derart, dass $x = k \cdot 2\pi + \overline{x}$ und $0 \leq \overline{x} \leq 2\pi$.
Es gilt dann $\sin x = \sin \overline{x}$ und $\cos x = \cos \overline{x}$.

Die Funktionen sin und cos sind also periodisch mit der kleinsten positiven Periode 2π.

[1] Wenn keine Missverständnisse zu befürchten sind, lässt man bei der Angabe eines Winkels im Bogenmaß die Bezeichnung „rad“ weg.

4. Ermitteln Sie folgende Funktionswerte:

a) $\sin 0{,}7$ **b)** $\sin 5$ **c)** $\cos 1$ **d)** $\cos(-4)$ **e)** $\sin(-\pi)$
f) $\sin 57°$ **g)** $\sin 316°$ **h)** $\sin(-236°)$ **i)** $\cos 165°$ **j)** $\cos(-274°)$

Beispiel: Es sind alle Argumente x zu ermitteln, für die $\sin x = 0{,}7142$ ist.
Mit einem Taschenrechner erhält man $x = 0{,}79548$ rad. Die meisten gebräuchlichen Taschenrechner geben nur eine Lösung an, nämlich jene aus dem Intervall $\left(-\frac{\pi}{2}; \frac{\pi}{2}\right]$.
Mithilfe der Quadrantenbeziehungen und der Periodizität der Sinusfunktion kann man daraus alle Lösungen erhalten.
Es ist $x_1 = 0{,}79548 + g \cdot 2\pi$ und $x_2 = (\pi - 0{,}79548) + g \cdot 2\pi$ $(g \in \mathbb{Z})$.

5. Beschreiben Sie die Symmetrieeigenschaften der Funktionsgraphen von sin und cos.

6. Entnehmen Sie die Quadrantenbeziehungen für die Sinus- und die Kosinusfunktion aus einem Tafelwerk und begründen Sie sie mit Bezug auf das Bild 24.

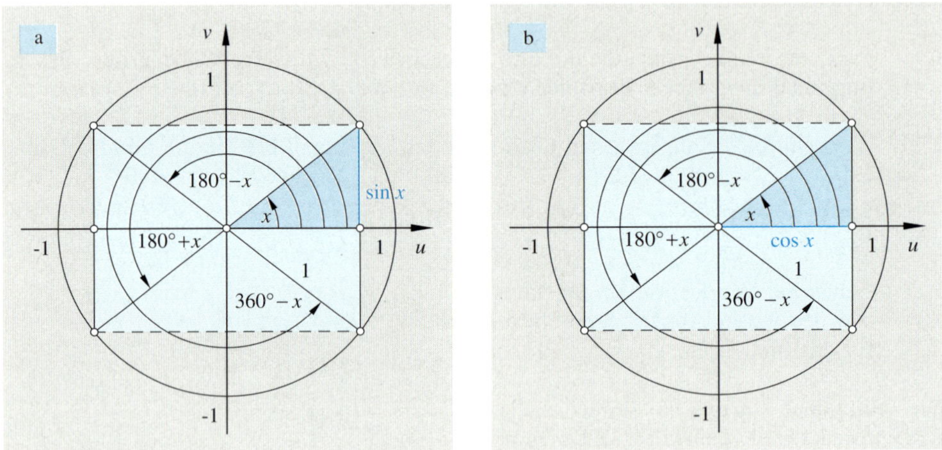

24

7. Geben Sie die Lösungen aus dem vorhergehenden Beispiel im Gradmaß an.

8. Ermitteln Sie alle Lösungen x:

a) $\sin x = 0{,}3245$ **b)** $\sin x = -0{,}8991$ **c)** $\cos x = 0{,}6970$ **d)** $\cos x = -0{,}5789$

9. Begründen Sie, dass sich die Definition $\tan x = \frac{\sin x}{\cos x}$ für alle $x \neq (2k+1)\frac{\pi}{2}$ mit den Erklärungen der Funktion sin, cos und tan am rechtwinkligen Dreieck verträgt.

10. Ermitteln Sie folgende Funktionswerte:

a) $\tan 34°$ **b)** $\tan 279°$ **c)** $\tan(-231°)$ **d)** $\tan(-0{,}192)$ **e)** $\tan 23{,}02$

11. Ermitteln Sie x:

a) $\tan x = 0{,}784$ **b)** $\tan x = 4{,}78$ **c)** $\tan x = -7{,}05$ **d)** $\tan x = -0{,}036$

12. Stellen Sie in Übersichten Eigenschaften (Definitionsbereich, Wertebereich, kleinste positive Periode, Monotonieverhalten im Intervall $[0; 2\pi]$, Symmetrie, Nullstellen) der Funktionen sin, cos und tan zusammen und zeichnen Sie die Graphen der Funktion.

Die vielen Eigenschaften der Winkelfunktionen sind aber nicht alle gleichermaßen typisch in dem Sinne, dass nur die Winkelfunktionen über diese Eigenschaften verfügen. So gibt es viele Funktionen, die sich hinsichtlich der Periodizität, der Monotonie, der Nullstellen und der Extrempunkte genauso verhalten wie die Sinusfunktion. Eine solche Funktion ist z. B. die im Bild 25 dargestellte Funktion.

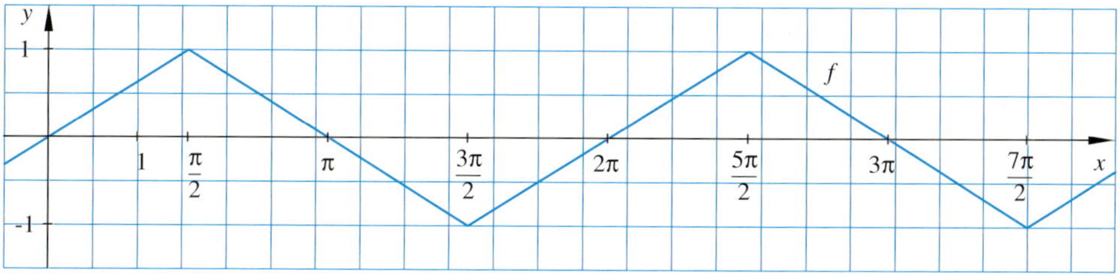

25

Die genannten Eigenschaften können deshalb nicht als typisch für die Sinusfunktion angesehen werden. Dagegen sind die Eigenschaften

(1) $\sin(x_1 - x_2) = \sin x_1 \cdot \cos x_2 - \sin x_2 \cdot \cos x_1$ für alle $x_1, x_2 \in \mathbb{R}$ und
(2) $\cos(x_1 - x_2) = \cos x_1 \cdot \cos x_2 + \sin x_1 \cdot \sin x_2$ für alle $x_1, x_2 \in \mathbb{R}$

für die Funktionen sin und cos typisch in dem Sinne, dass die Funktionen sin und cos die einzigen stetigen, nicht konstanten Funktionen sind, die (1) und (2) erfüllen, wenn man noch verlangt, dass die kleinste positive Nullstelle π bzw. $\frac{\pi}{2}$ ist.

Wenn wir von den Funktionen sin und cos nichts weiter wüssten als die eben genannten Eigenschaften, so könnten wir alle weiteren Eigenschaften der Funktionen sin und cos aus nur diesen Kenntnissen herleiten.

13. Zeigen Sie unter alleiniger Verwendung der Eigenschaften (1) und (2), dass die folgenden Eigenschaften gelten:
a) $\sin 0 = 0$ (Hinweis: Setzen Sie in (1) $x_1 = x_2$.)
b) sin ist eine ungerade Funktion. (Hinweis: Vertauschen Sie in (1) x_1 und x_2.)
c) cos ist eine gerade Funktion. (Hinweis: Vertauschen Sie in (2) x_1 und x_2.)

14. Leiten Sie aus (1) und (2) je eine Formel für $\sin(x_1 + x_2)$ und für $\cos(x_1 + x_2)$ her.

15. Begründen Sie, dass für alle reellen Zahlen x die Beziehung $\sin^2 x + \cos^2 x = 1$ gilt. (Hinweis: Nutzen Sie Bild 26 für die Begründung.)

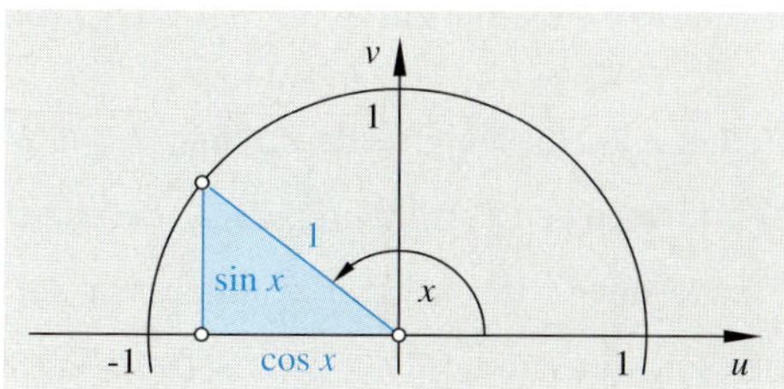

26

Funktionen wie $a \sin x$ und $\sin(bx)$ treten z. B. beim Beschreiben von mechanischen Schwingungen sowie bei periodischen Vorgängen im Wechselstromkreis auf. So wird der Momentanwert der Wechselspannung U in Abhängigkeit von der Zeit t durch die Funktion $U = U_{\max} \cdot \sin(\omega t)$ angegeben. Im Weiteren sollen einige Fälle solcher Funktionen wiederholt werden.
Wir betrachten zunächst Funktionen $f(x) = a \cdot \sin(bx + c)$. Im Fall $a = 1$, $b = 1$ und $c = 0$ erhalten wir die Sinusfunktion.

Fall 1: a beliebig reell, $a \neq 0$, $b = 1$, $c = 0$: $f(x) = a \cdot \sin x$

16. Skizzieren Sie die Graphen der Funktionen $f_1(x) = \sin x$, $f_2(x) = \frac{1}{2} \cdot \sin x$ und $f_3(x) = -2 \cdot \sin x$ in einem Koordinatensystem im Intervall $[0; 2\pi]$ und vergleichen Sie die Eigenschaften der drei Funktionen.

Der Faktor a bewirkt eine Streckung ($|a| > 1$) bzw. eine Stauchung ($|a| < 1$) des Graphen der Sinusfunktion in Richtung der y-Achse. Im Falle $a < 0$ kommt noch eine Spiegelung des Graphen an der x-Achse hinzu.

Fall 2: $a = 1$, b beliebig reell, $b \neq 0$, $c = 0$: $f(x) = \sin(bx)$

17. Skizzieren Sie die Graphen der Funktionen $f_1(x) = \sin x$, $f_2(x) = \sin(2x)$, $f_3(x) = \sin\left(\frac{1}{2}x\right)$ und $f_4(x) = \sin(-2x)$ in einem Koordinatensystem im Intervall $[0; 2\pi]$. Fertigen Sie dazu Wertetabellen an. Vergleichen Sie die Eigenschaften der Funktionen.

Im Falle $|b| > 1$ bewirkt die Konstante b eine Stauchung, im Falle $|b| < 1$ eine Streckung der Sinuskurve in Richtung der x-Achse. Ist $b < 0$, kommt zur Stauchung bzw. Streckung noch eine Spiegelung der Sinuskurve an der y-Achse hinzu.

Fall 3: $a = 1$, $b = 1$, c beliebig reell, $c \neq 0$: $f(x) = \sin(x + c)$

18. Skizzieren Sie die Graphen der Funktionen $f_1(x) = \sin x$, $f_2(x) = \sin\left(x + \frac{\pi}{4}\right)$ und $f_3(x) = \sin\left(x - \frac{\pi}{4}\right)$ in einem Koordinatensystem im Intervall $[0; 2\pi]$. Fertigen Sie dazu Wertetabellen an. Vergleichen Sie die Eigenschaften der Funktion.

Ist $c > 0$ erhalten wir den Graphen von f, indem wir den Graphen von $f(x) = \sin x$ um c in Richtung der negativen x-Achse verschieben. Ist $c < 0$ erhalten wir den Graphen von f, indem wir die Sinuskurve um $|c|$ in Richtung der positiven x-Achse verschieben.

Fall 4: a, b, c beliebig reelle Zahlen, $a \neq 0$, $b \neq 0$: $f(x) = a \cdot \sin(bx + c)$

Wir formen den Term, durch den f definiert ist, folgendermaßen um: $f(x) = a \cdot \sin\left[b\left(x + \frac{c}{b}\right)\right]$.
Nun können wir schrittweise, indem wir auf die Fälle 1 bis 3 zurückgreifen, aus dem Verlauf der Sinusfunktion $f(x) = \sin x$ auf den Verlauf von $f(x) = a \cdot \sin\left[b\left(x + \frac{c}{b}\right)\right]$ schließen. Die Vorgehensweise erläutern wir im folgenden Beispiel.

Beispiel: Skizzieren Sie den Graphen der Funktion $f(x) = 3\sin\left(2x - \frac{\pi}{2}\right)$.

Es handelt sich um eine Funktion der Form $f(x) = a\sin(bx + c)$. In diesem speziellen Fall ist $a = 3$, $b = 2$ und $c = -\frac{\pi}{2}$. Auf die Form $f(x) = a\sin\left[b\left(x + \frac{c}{b}\right)\right]$ gebracht lautet die zu betrachtende Funktion: $f(x) = 3\sin\left[2\left(x - \frac{\pi}{4}\right)\right]$.

Ausgangsfunktion	$f(x) = \sin x$	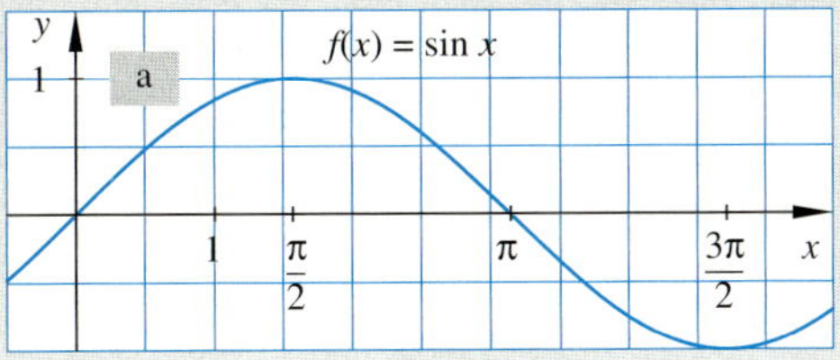	27
Verschiebung in Richtung der x-Achse	$f(x) = \sin\left(x + \frac{c}{b}\right)$	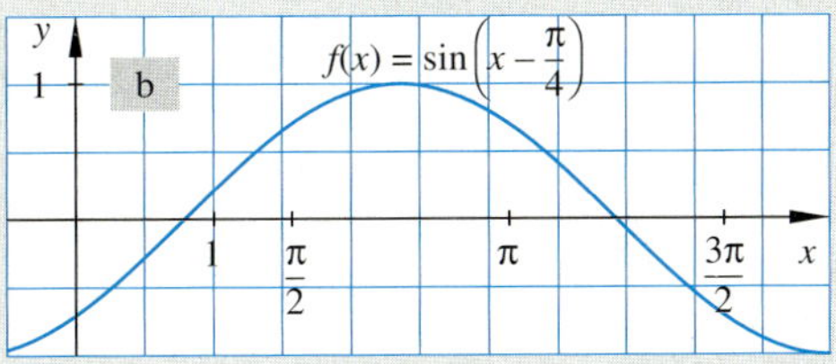	28
Dehnung in Richtung der x-Achse und bei $b < 0$ nach Spiegelung an der y-Achse	$f(x) = \sin\left[b\left(x + \frac{c}{b}\right)\right]$	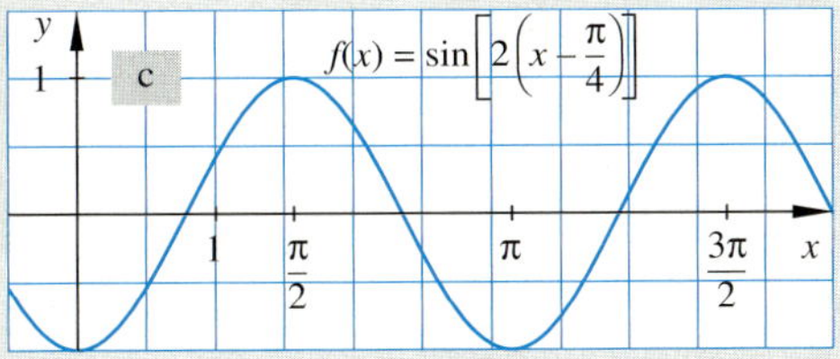	29
Dehnung in Richtung der y-Achse und bei $a < 0$ noch Spiegelung an der x-Achse (Eine Dehnung kann eine Streckung oder Stauchung sein.)	$f(x) =$ $a \cdot \sin\left[b\left(x + \frac{c}{b}\right)\right]$	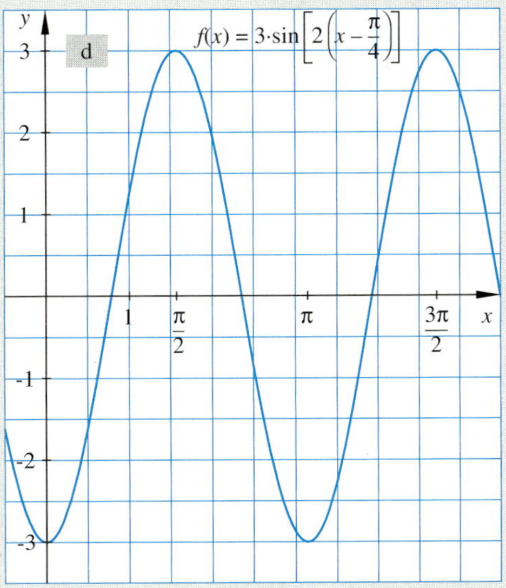	30

19. Welche kleinste positive Periode hat die Funktion $f(x) = 3 \cdot \sin\left[2\left(x - \frac{\pi}{4}\right)\right]$?

Auch die Funktion $f(x) = a \cdot \sin(bx + c)$ ist periodisch. Wir wollen überlegen, welche Veränderungen der kleinsten Periode durch die Konstanten a, b und c bewirkt werden.

Weder eine Streckung oder Stauchung des Graphen in Richtung der y-Achse noch eine Verschiebung des Graphen in Richtung der x-Achse kann die Periode verändern. Infolge der unter Fall 1 und Fall 3 durchgeführten Überlegungen erhalten wir, dass die Konstanten a und c die Periode der Funktion nicht beeinflussen. Lediglich die Konstante b bewirkt sich auf die kleinste Periode aus. Deshalb genügt es hier, den Fall $f(x) = \sin(bx)$ zu betrachten. Wir können sogar noch $b > 0$ voraussetzen, da eine Spiegelung des Graphen an der y-Achse die Periode ebenfalls nicht verändert.

Angenommen, die kleinste Periode von f mit $f(x) = \sin(bx)$ sei die reelle Zahl p.
Dann gilt für alle x:
$f(x + p) = f(x)$, also $\sin[b(x + p)] = \sin(bx)$, woraus $\sin(bx + bp) = \sin(bx)$ folgt.
Die kleinste Periode von sin ist 2π, also gilt $bp = 2\pi$ und damit $p = \frac{2\pi}{b}$.
Die kleinste Periode der Funktion $f(x) = \sin(bx)$ und damit auch der Funktion
$f(x) = a \cdot \sin(bx + c)$ ist die positive Zahl $p = \frac{2\pi}{|b|}$.
Die Ergebnisse bezüglich $f(x) = a \cdot \sin(bx + c)$ können auf Funktionen $f(x) = a \cdot \cos(bx + c)$ übertragen werden, nur ist dann von der Kosinusfunktion auszugehen.

20. Ermitteln Sie die kleinste Periode der folgenden Funktionen.

a) $f(x) = 4 \cdot \sin(3x - 2)$
b) $f(x) = 4 \cdot \sin\left(\frac{1}{2}x + \pi\right)$
c) $f(x) = \frac{1}{2} \cdot \sin\left(-5x - \frac{\pi}{2}\right)$
d) $f(x) = 0{,}5 \cdot \cos\left(\frac{1}{3}x - \frac{\pi}{3}\right)$
e) $f(x) = -2 \cdot \cos(-4x - \pi)$
f) $f(x) = 1{,}5 \cdot \cos\left(\frac{1}{2}x - \frac{\pi}{4}\right)$

21. Skizzieren Sie die Graphen der folgenden Funktionen im Intervall $[0; 4\pi]$.
Geben Sie jeweils die kleinste positive Periode der Funktion an.

a) $f(x) = \sin(3x)$
b) $f(x) = \cos(2x)$
c) $f(x) = \cos\left(\frac{1}{2}x\right)$
d) $f(x) = \sin(-2x)$
e) $f(x) = \cos\left(-\frac{1}{2}x\right)$
f) $f(x) = \sin\left(\frac{1}{3}x\right)$

22. Skizzieren Sie die Graphen der Funktionen und ermitteln Sie die kleinste Periode.

a) $f(x) = 2 \cdot \sin(2x + 2)$
b) $f(x) = \sin\left(-x + \frac{\pi}{2}\right)$
c) $f(x) = 0{,}5 \cdot \cos\left(\frac{1}{2}x + \frac{\pi}{2}\right)$
d) $f(x) = 2 \cdot \cos\left(3x - \frac{\pi}{4}\right)$
e) $f(x) = -2 \cdot \cos\left(\frac{1}{3}x - \pi\right)$
f) $f(x) = 4 \cdot \sin(x + \pi)$

23. Skizzieren Sie die Graphen der folgenden Funktionen im Intervall $[0; 4\pi]$.

a) $f(x) = 4 \cdot \sin\left(\frac{1}{2}x + \pi\right)$
b) $f(x) = \sin(2x) + 2\cos x$
c) $f(x) = \sin(3x) + 3\cos x$

7 Das Lösen goniometrischer Gleichungen

1. Ermitteln Sie Lösungen der folgenden Gleichungen.

a) $\cos(3x) = 1$ **b)** $1 - \sin(2x) = 0$ **c)** $4\sin x = 2$

Die Anwendung der Methoden der Differenzial- und Integralrechnung beim Untersuchen von Winkelfunktionen erfordert auch das Lösen von Gleichungen, in denen die Variable als Argument von Winkelfunktionen vorkommt. Solche Gleichungen nennt man **goniometrische Gleichungen**. Wir werden uns deshalb zunächst mit Lösungsmethoden für diese Gleichungen befassen. Dabei konzentrieren wir uns auf drei Typen solcher Gleichungen:

1. Gleichungen mit nur einer Winkelfunktion.
2. Gleichungen mit zwei Winkelfunktionen desselben Arguments,
3. Gleichungen mit zwei Winkelfunktionen verschiedenen Arguments.

Die folgenden Beispiele zeigen die prinzipielle Vorgehensweise beim Lösen von Gleichungen der genannten Typen.

Beispiel: Es sind die Lösungen der Gleichung $\cos x - \sin^2 x = 0$ im Intervall $[0; 2\pi]$ zu ermitteln.

Wegen $\sin^2 x = 1 - \cos^2 x$ können wir die Gleichung so umformen, dass in ihr nur noch Potenzen von $\cos x$ auftreten:
$\cos^2 x + \cos x - 1 = 0$.
Das ist eine quadratische Gleichung in $\cos x$. Setzen wir $\cos x = z$, erhalten wir:
$z^2 + z - 1 = 0$.
Die Lösungen dieser quadratischen Gleichung sind
$z_{1/2} = -\frac{1}{2} \pm \frac{1}{2}\sqrt{5}$, also $z_1 = -\frac{1}{2} + \frac{1}{2}\sqrt{5}$ und $z_2 = -\frac{1}{2} - \frac{1}{2}\sqrt{5}$.
Nun sind die einfachen goniometrischen Gleichungen $\cos x = -\frac{1}{2} + \frac{1}{2}\sqrt{5}$ und $\cos x = -\frac{1}{2} - \frac{1}{2}\sqrt{5}$ zu lösen.
Bei der ersten Gleichung erhalten wir mithilfe eines Taschenrechners $x_1 = 0{,}90455$[1]. Das ist eine Lösung im ersten Quadranten. Mithilfe der Quadrantenbeziehung $\cos(2\pi - x) = \cos x$ finden wir noch eine Lösung im vierten Quadranten, nämlich $x_2 = 2\pi - 0{,}90455 = 5{,}37864$.
Die zweite Gleichung hat wegen $\left|-\frac{1}{2} - \frac{1}{2}\sqrt{5}\right| > 1$ keine Lösungen.
Als Probe setzen wir die erhaltenen Ergebnisse in die Ausgangsgleichung ein:
Es ist $\cos 0{,}90455 - \sin^2 0{,}90455 = 1{,}2029 \cdot 10^{-5}$
und $\cos 5{,}37864 - \sin^2 5{,}37864 = 2{,}12043 \cdot 10^{-5}$.

Wir erhalten zwar nicht null wie gefordert, doch sind die Abweichungen von null so gering, dass wir die Ergebnisse als Lösungen der Gleichung akzeptieren können.

Die Gleichung $\cos x - \sin^2 x = 0$ hat im Intervall $[0; 2\pi]$ die Lösungen
$x_1 = 0{,}90455$ ($x_1 = 51{,}83°$) und $x_2 = 5{,}37864$ ($x_2 = 308{,}17°$).

---

[1] Genau genommen müsste man hier „$x_1 \approx 0{,}90455$" schreiben.
Wir schreiben im weiteren auch dann „=" statt „≈" wenn das Ergebnis durch Runden entstanden ist.

Beispiel: Es sind alle Lösungen der Gleichung $2\sin x + 2\sin(2x) = 0$ zu ermitteln.

Zunächst dividieren wir die Gleichung durch 2 und erhalten
(1) $\sin x + \sin(2x) = 0$.

In dieser Gleichung treten sowohl x als auch $2x$ als Argument der Sinusfunktion auf. Wir wollen die Gleichung so umformen, dass nur noch x als Argument auftritt. Das gelingt mithilfe der Doppelwinkelformel $\sin(2x) = 2\sin x\cos x$. Aus Gleichung (1) wird
(2) $\sin x + 2\sin x\cos x = 0$.

Die linke Seite der Gleichung (2) kann in ein Produkt zerlegt werden:
(3) $\sin x(1 + 2\cos x) = 0$.

Wir wissen: Ein Produkt ist genau dann 0, wenn wenigstens einer der Faktoren 0 ist. Damit erhalten wir
(4) $\sin x = 0$ oder
(5) $1 + 2\cos x = 0$.
Lösungen der Gleichung (4) sind alle ganzzahligen Vielfachen von π, also $x_1 = k \cdot \pi$, $k \in \mathbb{Z}$.

Um die Gleichung (5) zu lösen, formen wir sie noch äquivalent um: $\cos x = -\frac{1}{2}$.
Lösungen sind im zweiten und dritten Quadranten zu finden: $x_2 = \frac{2}{3}\pi$ und $x_3 = \frac{4}{3}\pi$.
Unter Beachtung der Periodizität der Kosinusfunktion erhalten wir:
$x_2 = \frac{2}{3}\pi + k \cdot 2\pi$ und $x_3 = \frac{4}{3}\pi + k \cdot 2\pi$.
Durch Einsetzen der Ergebnisse können wir unsere Rechnung kontrollieren:

x_1: $2\sin(k \cdot \pi) + 2\sin(2k \cdot \pi) = 2 \cdot 0 + 2 \cdot 0 = 0$

x_2: $2\sin\left(\frac{2}{3}\pi + k \cdot 2\pi\right) + 2\sin\left(2\left[\frac{2}{3}\pi + k \cdot 2\pi\right]\right) = 2\sin\left(\frac{2}{3}\pi\right) + 2\sin\left(\frac{4}{3}\pi\right)$

Wegen $\sin(2\pi - x) = -\sin x$ ist

$2\sin\left(\frac{2}{3}\pi\right) + 2\sin\left(\frac{4}{3}\pi\right) = 2\sin\left(\frac{2}{3}\pi\right) - 2\sin\left(\frac{2}{3}\pi\right) = 0.$

x_3: Analog zur Probe zu x_2 ergibt sich 0.

2. Führen Sie die Probe zum vorangehenden Beispiel für x_3 durch.

3. Geben Sie die Lösungen zum vorangehenden Beispiel im Gradmaß an.

4. Lösen Sie die Gleichung des vorangehenden Beispiels grafisch, indem Sie die Funktion $f(x) = 2\sin x + 2\sin(2x)$ im Intervall $[0; 2\pi]$ grafisch darstellen und die Nullstellen der Funktion aus der grafischen Darstellung ablesen.

Grafikfähige Taschenrechner bzw. Computer mit entsprechender Software gestatten eine schnelle Erstellung des Graphen einer Funktion in einem vorgegebenen Intervall. Man braucht lediglich die Funktionsgleichung und das Intervall einzugeben. Besteht noch die Möglichkeit, den Cursor auf der Kurve zu bewegen und werden die Koordinaten des Cursors angegeben, kann man die Nullstellen einer Funktion bzw. Schnittpunktkoordinaten zweier Graphen häufig mit ausreichender Genauigkeit ablesen.

Beispiel: Die Lösungen der Gleichung $\cos x - \sin^2 x = 0$ im Intervall $[0; 2\pi]$ sollen grafisch ermittelt werden.

Mithilfe eines grafikfähigen Taschenrechners stellen wir die Funktion $f(x) = \cos x - \sin^2 x$ im Intervall $[0; 2\pi]$ grafisch dar. Der Taschenrechner zeigt uns eine Darstellung wie Bild 31.

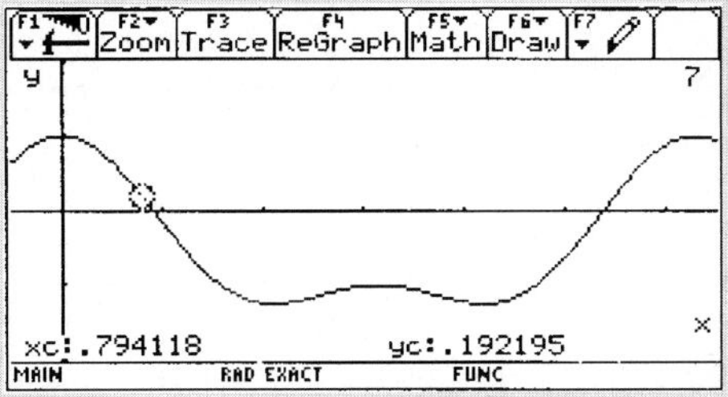

31

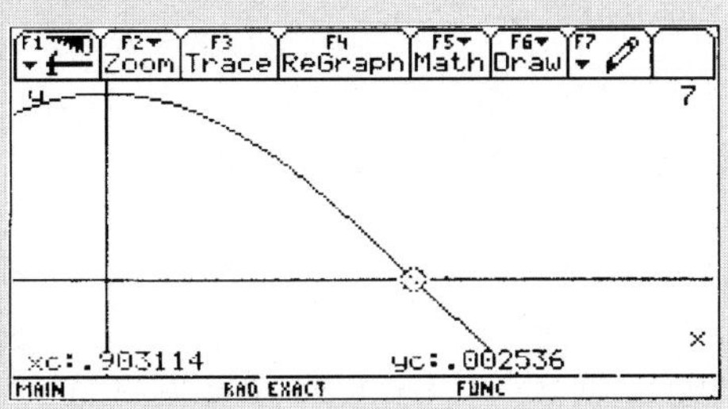

32

Man erkennt deutlich zwei Nullstellen der Funktion im angegebenen Intervall. Mit der ZOOM-Taste können wir einen Bildausschnitt vergrößern und damit die Ablesegenauigkeit erhöhen. Wenden wir die ZOOM-Funktion zweimal an, um eine Vergrößerung der Darstellung in einer Umgebung der Nullstelle bei 0,9 zu erhalten, ergibt sich z.B. ein Bildausschnitt wie in Bild 32. Mit der TRACE-Taste lassen wir den Cursor zur Nullstelle wandern und lesen ab: $x_1 = 0{,}9031$. Entsprechend ermitteln wir die zweite Lösung der Gleichung: $x_2 = 5{,}3787$.

5. Lösen Sie die folgenden Gleichungen:

a) $\cos\left(x + \frac{\pi}{3}\right) = 1$ **b)** $\sin\left(x - \frac{\pi}{6}\right) = \frac{\sqrt{2}}{2}$ **c)** $\tan(2x) = 1$

d) $\sin\left(\frac{\pi}{4} + x\right) = 0$ **e)** $\cos\left(\frac{\pi}{18} + x\right) = \frac{\sqrt{3}}{2}$ **f)** $\sin\left(\frac{\sqrt{2}}{2} - x\right) = 0{,}5$

6. Ermitteln Sie jeweils alle Lösungen der Gleichung, die im Intervall $[0; 2\pi]$ liegen:

a) $3\sin x = 4\cos x$ **b)** $1 + \sin(2x) = 0$ **c)** $2\cos(2x) = 0$

d) $\sin x + 2\cos x \cdot \sin x = 0$ **e)** $\sin x - \sin^2 x = 0$ **f)** $2\cos^2 x = \sin^2 x$

g) $\cos^2 x - 2\sin^2 x = 0$ **h)** $e^{\sin x} \cdot \cos x = 0$ **i)** $\sin x \cdot e^{\cos x} = 0$

Beispiel: Es sind alle Lösungen der Gleichung $\sin x = \cos(2x)$ zu ermitteln.

In der Gleichung treten zwei Winkelfunktionen mit zwei voneinander verschiedenen Argumenten auf, nämlich die Funktionen sin und cos und die Argumente x und $2x$.
Wir versuchen die Gleichung so umzuformen, dass letztlich nur noch **eine** Winkelfunktion und **ein** Argument vorkommen. Der Versuch gelingt mithilfe der Doppelwinkelformel $\cos(2x) = 1 - 2\sin^2 x$.
Setzt man dann $\sin x = z$, erhält man eine quadratische Gleichung in z.
Als Lösungen ergeben sich $x_1 = \frac{\pi}{6} + k \cdot 2\pi$, $x_2 = \frac{5\pi}{6} + k \cdot 2\pi$, $x_3 = \frac{4\pi}{3} + k \cdot 2\pi$ $(k \in \mathbb{Z})$.

7. **a)** Bestätigen Sie durch Rechnung die im Beispiel angegebenen Lösungen der Gleichung $\sin x = \cos(2x)$.

b) Geben Sie die Lösungen der Gleichung $\sin x = \cos(2x)$ im Intervall $[-\pi; \pi]$ im Gradmaß an.

8. Lösen Sie folgende Gleichungen:

a) $\sin x \cdot \cos x = 0{,}4$

b) $2\sin^2 x + 3\sin x - 2 = 0$

c) $\tan x - \frac{\sin^2 x}{\cos x} = \frac{2}{3\cos x}$

d) $4\cos^2 x - 2\sin x = 2$

e) $2\sin x + \sin(2x) = 0$

f) $4 \cdot \cos(2x) + 4 \cdot \cos(4x) = 0$

g) $\sin(2x) = \tan x$

h) $\sin^2 x + \cos(2x) = -1$

9. Eine goniometrische Gleichung kann man auch lösen, wenn man die Gleichung als Gleichsetzung zweier Funktionsterme auffasst. Stellt man beide Funktionen im selben Koordinatensystem grafisch dar, ergeben die Abszissen der Schnittpunkte die Lösungen der Gleichung. Probieren Sie es aus.

a) $\sin x = \cos x$

b) $\sin 2x - \cos x = 0$

ZUSAMMENFASSUNG

Die wichtigsten Schritte beim Lösen goniometrischer Gleichungen:

Rechnerisches Lösen:

- Wenn in der Gleichung verschiedene Argumente (z.B. x und $2x$) auftreten, dann die Gleichung so umformen, dass nur noch ein Argument vorkommt (z.B. durch Anwenden der Doppelwinkelformel).
- Wenn mehrere Winkelfunktionen auftreten, dann durch Anwenden von Beziehungen zwischen den Winkelfunktionen (z.B. $\sin^2 x + \cos^2 x = 1$ oder $\tan x = \frac{\sin x}{\cos x}$) die Gleichung so umformen, dass nur noch eine Winkelfunktion vorkommt.
- Falls man eine quadratische Gleichung in $\sin x$ (oder $\cos x$ oder $\tan x$) erhält, setze man $\sin x = z$ (bzw. $\cos x = z$ bzw. $\tan x = z$) und löse die quadratische Gleichung in z.
- Einfache goniometrische Gleichungen wie $\sin x = 0{,}7$ löst man mit dem Taschenrechner.

Grafisches Lösen:

Zuerst forme man die Gleichung äquivalent so um, dass auf der rechten Seite der Gleichung die Zahl Null steht. Die linke Seite der sich ergebenden Gleichung fassen wir als Funktionsterm auf, stellen die Funktion grafisch dar und lesen die Nullstellen der Funktion aus der grafischen Darstellung ab. Die Nullstellen sind dann die Lösungen der ursprünglichen Gleichung.

Besonders einfach gelingt die grafische Darstellung mit einem grafikfähigen Taschenrechner oder einem entsprechenden Computerprogramm.

8 Differenziation und Integration der Winkelfunktionen

Die Anwendung der Methoden der Differenzial- und Integralrechnung auf die Winkelfunktionen setzt deren Differenzierbarkeit und Integrierbarkeit voraus. In dieser Lerneinheit sollen nun die Winkelfunktionen auf Differenzierbarkeit und Integrierbarkeit untersucht werden.

1. Formen Sie die Terme mithilfe des Additionstheorems für die Sinusfunktion um:

a) $\sin(\alpha + \beta)$ **b)** $\sin\left(\alpha + \frac{\pi}{2}\right)$ **c)** $\sin(x_0 + h)$

2. Bild 33 zeigt den Graphen der Sinusfunktion im Intervall $[0; 2\pi]$. Wir nehmen einmal an, dass die Sinusfunktion differenzierbar sei. Dann gibt es an jeder Stelle eine Tangente an den Graphen. Im Bild ist an ausgewählten Stellen eine Tangente eingezeichnet. Lesen Sie den Anstieg der Tangenten an den ausgewählten Stellen ab und tragen Sie die Werte in eine Tabelle ein mit dem Kopf

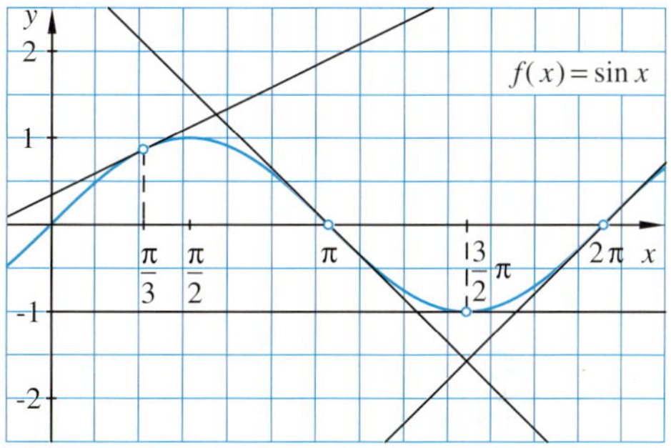

33

x	Anstieg der Tangente an der Stelle x

.

Vergleichen Sie die Wertetabelle mit einer Wertetabelle der Kosinusfunktion.

3. **a)** Bilden Sie den Differenzenquotienten der Funktion sin an einer beliebigen Stelle x_0.
b) Formen Sie den Differenzenquotienten mithilfe des Additionstheorems der Sinusfunktion um.

Bildet man den Grenzwert des Differenzenquotienten der Sinusfunktion an der Stelle x_0 für $h \to 0$, so erhält man $\lim\limits_{h\to 0} \frac{\sin x_0 \cdot \cos h + \sin h \cdot \cos x_0 - \sin x_0}{h}$. Da $\sin x_0$ und $\cos x_0$ konstant sind (d.h. nicht von h abhängig sind), gilt nach den Grenzwertsätzen für Funktionen:

$$\lim_{h\to 0} \frac{\sin x_0 \cdot \cos h + \sin h \cdot \cos x_0 - \sin x_0}{h} = \sin x_0 \cdot \lim_{h\to 0} \frac{\cos h - 1}{h} + \cos x_0 \cdot \lim_{h\to 0} \frac{\sin h}{h}.$$

Es bleibt also zu untersuchen, ob die Grenzwerte $\lim\limits_{h\to 0} \frac{\cos h - 1}{h}$ und $\lim\limits_{h\to 0} \frac{\sin h}{h}$ existieren und es sind diese gegebenfalls zu ermitteln.

4. **a)** Untersuchen Sie, wie sich der Term $\frac{\cos h - 1}{h}$ bei Annäherung von h an null verhält, indem Sie die Terme für folgende Werte von h mit dem Taschenrechner berechnen: 0,1; 0,05; 0,01; 0,005; 0,001; 0,0001.
b) Führen Sie die gleiche Untersuchung für den Term $\frac{\sin h}{h}$ durch.

Wie die in Aufgabe 4 errechneten Werte vermuten lassen, gilt $\lim\limits_{h\to 0} \frac{\cosh - 1}{h} = 0$ und $\lim\limits_{h\to 0} \frac{\sin h}{h} = 1$.

Wir wollen nun die Vermutungen beweisen. Zunächst wenden wir uns dem Grenzwert $\lim\limits_{x\to 0} \frac{\sin x}{x}$ zu.

Aus dem Bild 34 entnehmen wir, dass die Fläche des Dreiecks OAP kleiner ist als die des zum Zentriwinkel x gehörenden Kreissektors OEP und diese wiederum kleiner als die des Dreiecks OEB.

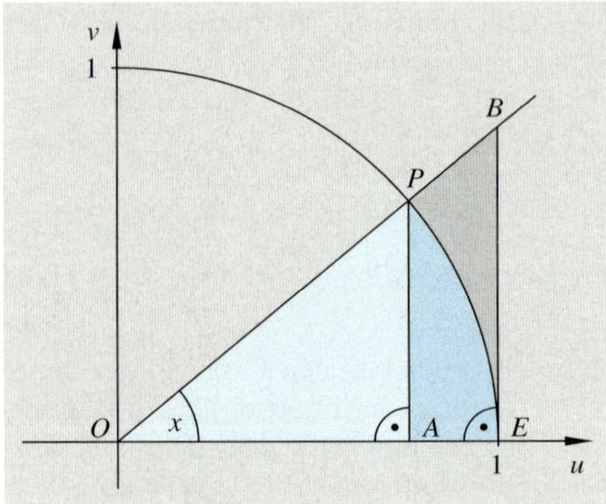

34

Die Inhalte der drei Flächen hängen nur vom Radius des Kreises und dem Winkel x ab. Der Radius des Kreises ist hier 1.

Es sind $A_{\Delta OAP} = \frac{1}{2}\sin x \cdot \cos x$, $A_{\text{Kreissektor } OEP} = \pi r^2 \frac{x}{2\pi} = \frac{x}{2}$ und $A_{\Delta OEB} = \frac{\sin x}{2\cos x}$.

Daraus ergibt sich die Doppelungleichung $\frac{1}{2}\sin x \cdot \cos x < \frac{x}{2} < \frac{\sin x}{2\cos x}$.

Sie gilt mit Bezug auf das Bild 34 zumindest für alle x mit $0 < x < \frac{\pi}{2}$. Da alle an der Ungleichung beteiligten Terme positiv sind, kann man die folgenden Umformungen vornehmen:

$$\frac{1}{2}\sin x \cdot \cos x < \frac{x}{2} < \frac{\sin x}{2\cos x} \quad \Big| \cdot \frac{2}{\sin x}$$

$$\cos x < \frac{x}{\sin x} < \frac{1}{\cos x} \quad \Leftrightarrow \quad \frac{1}{\cos x} < \frac{\sin x}{x} < \cos x \ (*).$$

5. **a)** Begründen Sie die oben angegebenen Beziehungen für die Inhalte der drei Flächen. (Hinweis: Beachten Sie, dass aus dem zweiten Strahlensatz $\overline{OA} : \overline{OE} = \overline{AP} : \overline{EB}$ folgt und dass $\overline{OA} = \cos x$, $\overline{OE} = 1$ und $\overline{AP} = \sin x$ ist.)

b) Zeigen Sie, dass die Doppelungleichung (*) auch für alle x aus dem Intervall $-\frac{\pi}{2} < x < 0$ gilt.

(Hinweis: Beachten Sie, dass $\sin(-x) = -\sin x$ und $\cos(-x) = \cos x$.)

Die Doppelungleichung (*) gilt für alle x in einer Umgebung von 0 mit Ausnahme von 0. Damit können wir zum Grenzwert an der Stelle 0 übergehen. Im Grenzfall geht eventuell „<" in „≤" über.

Aus (*) wird dann $\lim\limits_{x\to 0} \frac{1}{\cos x} \leq \lim\limits_{x\to 0} \frac{\sin x}{x} \leq \lim\limits_{x\to 0} \cos x$.

Nun ist aber die Kosinusfunktion eine stetige Funktion und $\cos 0 \neq 0$, also ist auch $\frac{1}{\cos x}$ an der Stelle 0 stetig. Demzufolge gilt $\lim\limits_{x\to 0} \frac{1}{\cos x} = \frac{1}{\cos 0} = 1$ und $\lim\limits_{x\to 0} = \cos x = \cos 0 = 1$.

Aus der Ungleichung wird $1 \leq \lim\limits_{x\to 0} \frac{\sin x}{x} \leq 1$.

Für den gesuchten Grenzwert $\lim\limits_{x\to 0} \frac{\sin x}{x}$ erhalten wir somit $\lim\limits_{x\to 0} \frac{\sin x}{x} = 1$ bzw. $\lim\limits_{h\to 0} = \frac{\sin h}{h} = 1$.

6. **a)** Begründen Sie, dass $\lim\limits_{h\to 0} \sin\frac{h}{2} = 0$.

b) Beweisen Sie, dass $\lim\limits_{h\to 0} \frac{\cos h - 1}{h} = 0$

(Hinweis: Beachten Sie folgende Umformungen: $\cos h - 1 = \cos\left(\frac{h}{2} + \frac{h}{2}\right) - 1$

$= \cos^2\frac{h}{2} - \sin^2\frac{h}{2} - 1 = \cos^2\frac{h}{2} - \sin^2\frac{h}{2} - \left(\sin^2\frac{h}{2} + \cos^2\frac{h}{2}\right) = -2\sin^2\frac{h}{2}$

und $\frac{2\sin^2\frac{h}{2}}{h} = \sin\frac{h}{2} \cdot \frac{\sin\frac{h}{2}}{\frac{h}{2}}$.)

Für den Differenzialquotienten der Sinusfunktion an der Stelle x_0 erhält man damit

$$\lim_{h\to 0} \frac{\sin x_0 \cdot \cos h + \sin h \cdot \cos x_0 - \sin x_0}{h} = \sin x_0 \cdot \lim_{h\to 0} \frac{\cos h - 1}{h} + \cos x_0 \cdot \lim_{h\to 0} \frac{\sin h}{h} = \cos x_0.$$

SATZ 1 Die Sinusfunktion ist an jeder Stelle x differenzierbar und es gilt: $(\sin x)' = \cos x$.

7. Ermitteln Sie die erste Ableitung folgender Funktionen:

a) $f(x) = 4\sin(5x + 4{,}5)$
b) $f(x) = -3{,}5\sin(x^2 + 2)$
c) $f(x) = \sin(6x^3 + 6{,}1x - 2)$
d) $f(x) = x \cdot \sin x$
e) $f(x) = x^2\sin(2x - 1)$
f) $f(x) = \sin^2 x$

8. Begründen Sie, dass $y = [3\cos 5] \cdot x + \sin 5$ die Gleichung der Tangente an den Graph der Funktion $f(x) = \sin(3x + 5)$ im Punkt $P_0(0; f(0))$ ist.

Bei der Untersuchung der Differenzierbarkeit der Kosinusfunktion können wir uns auf die Darstellung der Kosinusfunktion durch die Sinusfunktion stützen. Es ist $\cos x = \sin\left(\frac{\pi}{2} - x\right)$ für alle x. Durch Anwendung der Kettenregel finden wir für die Ableitung der Kosinusfunktion: $(\cos x)' = \cos\left(\frac{\pi}{2} - x\right) \cdot (-1) = -\cos\left(\frac{\pi}{2} - x\right)$.

Wegen $\cos\left(\frac{\pi}{2} - x\right) = \sin x$ erhalten wir $(\cos x)' = -\sin x$.

9. Beweisen Sie mithilfe der Quotientenregel, dass $f(x) = \tan x$ eine differenzierbare Funktion ist und für alle x aus dem Definitionsbereich von tan gilt: $(\tan x)' = \frac{1}{\cos^2 x}$.

10. Erklären Sie, weshalb man in Formelsammlungen auch die folgende Beziehung findet: $(\tan x)' = 1 + \tan^2 x$.

SATZ 2 Die Funktionen cos und tan sind an allen Stellen ihres Definitionsbereiches differenzierbar und es gilt:

$(\cos x)' = -\sin x \qquad (\tan x)' = \frac{1}{\cos^2 x} = 1 + \tan^2 x$

11. Differenzieren Sie folgende Funktionen:

a) $f(x) = 2\cos(x+5)$ **b)** $f(x) = \cos x^2$ **c)** $f(x) = 23 \cdot \cos(23x - 24)$

d) $f(x) = 3\cos^2 x$ **e)** $f(x) = e^{\cos x}$ **f)** $f(x) = \sqrt{\cos x}$

g) $f(x) = 4\tan(x+2)$ **h)** $f(x) = -2\tan(x^2+1)$ **i)** $f(x) = \tan^2 x$

12. Ermitteln Sie jeweils die erste Ableitung:

a) $f(x) = \frac{\sin x}{x}$ **b)** $f(x) = e^x \cdot \cos x$ **c)** $f(x) = \sqrt{\sin x}$

d) $f(x) = 1 - \sin^2 x$ **e)** $f(x) = \sin\sqrt{x}$ **f)** $f(x) = x \cdot \cos x - x$

g) $f(x) = \sin(\ln x)$ **h)** $f(x) = \frac{x}{\sin x}$ **i)** $f(x) = e^{x \cdot \cos x}$

13. a) Berechnen Sie die erste, zweite, dritte und vierte Ableitung der Funktionen $f(x) = \sin x$ und $g(x) = \cos x$. Was stellen Sie fest?
b) Geben Sie die sechste Ableitung von $f(x) = \sin x$ an.
c) Geben Sie die neunte Ableitung von $g(x) = \cos x$ an.

14. a) Ermitteln Sie alle Zahlen x, für die $(\sin x)' = 1$ gilt.
b) Ermitteln Sie alle Stellen x, an denen der Anstieg des Graphen der Sinusfunktion gleich null ist.

15. Ermitteln Sie jeweils eine Gleichung der Tangente an den Graphen von f im Punkt $P(x_0; f(x_0))$:

a) $f(x) = 1 - \sin^2 x;\ x_0 = 0$ **b)** $f(x) = \sin(\ln x);\ x_0 = 1$

c) $f(x) = 0{,}2 \cdot \tan x;\ x_0 = 0{,}4$ **d)** $f(x) = 0{,}5 \cdot \cos(2x);\ x_0 = \frac{\pi}{2}$

e) $f(x) = \cos\left(2x - \frac{\pi}{4}\right);\ x_0 = \frac{\pi}{8}$ **f)** $f(x) = 0{,}7 \cdot \sin(2x - 1);\ x_0 = -1{,}2$

16. Ermitteln Sie die zweite Ableitung der folgenden Funktionen.
a) $f(x) = 2x \cdot \sin x$ **b)** $f(x) = 0{,}5x \cdot \cos^2 x$ **c)** $f(x) = x^2 \cdot \sin x$
d) $f(x) = \sin x \cdot \cos x$ **e)** $f(x) = \tan x$ **f)** $f(x) = e^{\cos x}$

17. Berechnen Sie für die Funktion f die erste Ableitung an der Stelle x_0.
a) $f(x) = 2x \cdot \sin(0{,}5x);\ x_0 = 34{,}2$ **b)** $f(x) = x \cdot \sin(x^2);\ x_0 = -5{,}1$

c) $f(x) = 0{,}5x \cdot \sin\left(4x - \frac{\pi}{4}\right);\ x_0 = \frac{\pi}{8}$ **d)** $f(x) = 3x \cdot \tan(2x);\ x_0 = \frac{\pi}{4}$

e) $f(x) = \frac{3}{2}x^2 \cdot \cos\left(\frac{\pi}{2} - x\right);\ x_0 = 1$ **f)** $f(x) = \cos(4x) \cdot \sin\frac{\pi}{2};\ x_0 = \frac{\pi}{4}$

18. Ermitteln Sie von folgenden Funktionen die erste Ableitung.

a) $f(x) = \sqrt{\sin x^2}$ **b)** $f(x) = \sin\sqrt{x^2+1}$ **c)** $f(x) = \tan^2 x$

d) $f(x) = \tan x^2$ **e)** $f(x) = 1 + \tan^2 x$ **f)** $f(x) = \sin^2 x + \sin x^2$

g) $f(x) = \sin^2\frac{x}{2} - \cos^2 2x$ **h)** $f(x) = \frac{\sin x + \cos x}{\sin x - \cos x}$ **i)** $f(x) = \frac{\cos x}{x}$

19. Ermitteln Sie jeweils die erste und zweite Ableitung folgender Funktionen.

a) $f(x) = a \cdot \sin(bx + c)$ **b)** $f(x) = a \cdot \sin x + b \cdot \cos x$ **c)** $f(x) = a \cdot \tan(bx)$

20. Ermitteln Sie jeweils den Koeffizienten k, für den die Summe $f''(x) + k \cdot f(x)$ gleich null wird.

a) $f(x) = \sin x$ **b)** $f(x) = \sin(bx)$ **c)** $f(x) = a \cdot \sin x$

d) $f(x) = a \cdot \sin(bx)$ **e)** $f(x) = a \cdot \cos x$ **f)** $f(x) = a \cdot \sin x + b \cdot \cos x$

Wir wenden uns nun der Integration der Funktionen sin und cos zu. Es soll z. B. der Flächeninhalt der im Bild 35 blau gerasterten Punktmenge berechnet werden. Dazu sind die Integrale

$\int\limits_0^{\pi} \sin x dx$ und $\int\limits_0^{\frac{\pi}{2}} \cos \frac{x}{2} dx$ auszuwerten. Wenn wir je eine Stammfunktion der Sinus- und der Kosinusfunktion kennen, sind die Integrale leicht mithilfe des Hauptsatzes der Differenzial- und Integralrechnung zu berechnen.

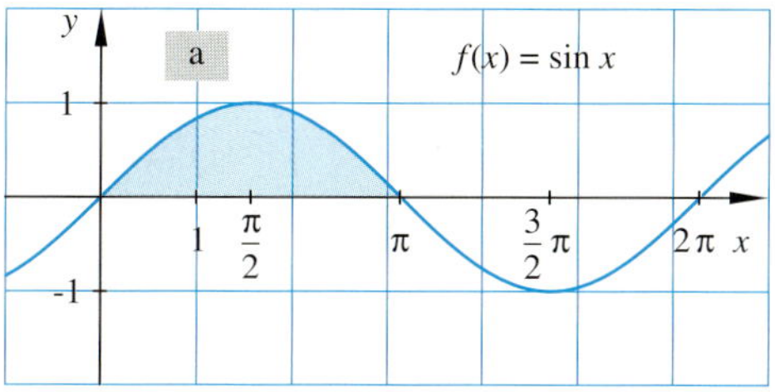

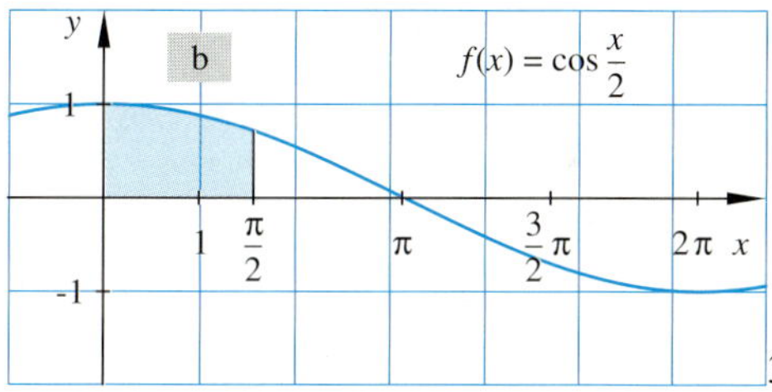

35

Den Sätzen 1 und 2 entnehmen wir sofort, dass $F(x) = -\cos x$ eine Stammfunktion von $f(x) = \sin x$ und $F(x) = \sin x$ eine Stammfunktion von $f(x) = \cos x$ ist.

SATZ 3 Es ist $\int \sin x \, dx = -\cos x + c$ und $\int \cos x \, dx = \sin x + c$.

21. Berechnen Sie den Flächeninhalt der im Bild 35 blau gerasterten Flächen.

22. Geben Sie jeweils drei Stammfunktionen zu folgenden Funktionen an.

a) $f(x) = \sin\left(x + \frac{\pi}{4}\right)$ **b)** $f(x) = \cos\left(x - \frac{\pi}{4}\right)$ **c)** $f(x) = \sin\left(2x - \frac{\pi}{2}\right)$

d) $f(x) = \cos(2x)$ **e)** $f(x) = \sin \frac{x}{2}$ **f)** $f(x) = 2\cos x - 3 \cdot \sin x$

23. Berechnen Sie die folgenden bestimmten Integrale.

a) $\int\limits_0^{\frac{\pi}{2}} \sin x \, dx$ **b)** $\int\limits_{-\frac{\pi}{2}}^{\frac{\pi}{2}} \cos x \, dx$ **c)** $\int\limits_{-\pi}^{\pi} \sin x \, dx$ **d)** $\int\limits_0^1 (\cos x - \sin x) dx$

24. Berechnen Sie die folgenden unbestimmten Integrale.

a) $\int x \cdot \cos x \, dx$ **b)** $\int x^2 \cdot \sin x \, dx$ **c)** $\int \cos^2 x \, dx$

d) $\int \frac{1}{\sqrt{x}} \cdot \sin \sqrt{x} \, dx$ **e)** $\int x \cdot \sin(1 - x^2) dx$ **f)** $\int x \cdot \cos x^2 \, dx$

9 Kurvendiskussionen unter Einbeziehung von Winkelfunktionen

Neben rationalen Funktionen, Wurzelfunktionen, Exponential- und Logarithmusfunktionen treten bei der Beschreibung von Vorgängen in Natur und Technik auch Winkelfunktionen auf, i.a. immer dort, wo periodische Vorgänge beschrieben werden. Wir werden nun auch Methoden der Differenzialrechnung bei der Untersuchung des Verlaufs von Winkelfunktionen nutzen.

Beispiel: Es ist zu ermitteln, unter welchen Winkel die Tangente an den Graphen der Funktion $f(x) = 2 \cdot \sin \frac{x}{2}$ im Punkt $P\left(\frac{\pi}{2}; f\left(\frac{\pi}{2}\right)\right)$ die x-Achse schneidet.

Dem Bild 35 entnehmen wir, dass der gesuchte Schnittwinkel dem Anstiegswinkel der Tangente entspricht. Der Anstieg der Tangente ist aber gleich der ersten Ableitung der Funktion an der entsprechenden Stelle $\frac{\pi}{2}$.

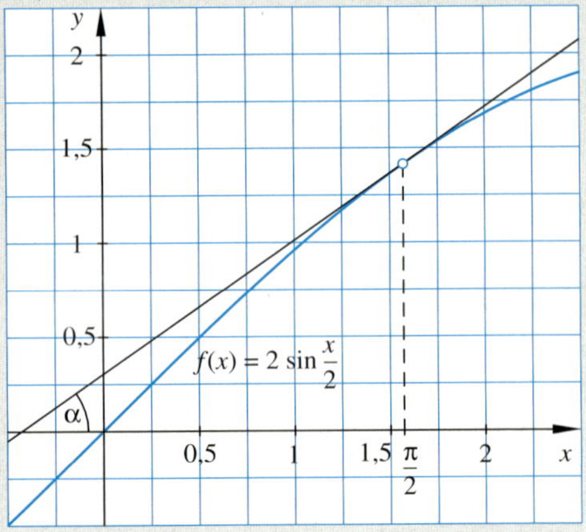

36

Daraus ergibt sich der folgende Lösungsweg: Zuerst ermitteln wir die Ableitung von f. Dann errechnen wir $f'\left(\frac{\pi}{2}\right)$. Schließlich ermitteln wir den Winkel α, für den $\tan \alpha = f'\left(\frac{\pi}{2}\right)$ gilt.

Es ist
$f'(x) = 2 \cdot \left(\cos \frac{x}{2}\right) \cdot \frac{1}{2} = \cos \frac{x}{2}$.

Weiter erhalten wir
$f'\left(\frac{\pi}{2}\right) = \cos \frac{\pi}{4} = 0{,}70711$.

Nun suchen wir α mit $0° \leq \alpha \leq 180°$ und $\tan \alpha = 0{,}70711$. Es ist $\alpha = 35{,}3°$.
Die Tangente schneidet die x-Achse unter einem Winkel von 35,3°.

1. Unter welchem Winkel schneidet die Tangente an den Graphen von f im Punkt $P(x_0; f(x_0))$ die x-Achse?

a) $f(x) = \sin x;\ x_0 = \frac{\pi}{4}$

b) $f(x) = \sin(2x);\ x_0 = 0{,}1 \cdot \pi$

c) $f(x) = \cos x;\ x_0 = \frac{\pi}{3}$

d) $f(x) = 3 \cdot \cos \frac{x}{2};\ x_0 = 0{,}5$

e) $f(x) = \tan x;\ x_0 = \frac{\pi}{4}$

f) $f(x) = 2 \cdot \tan x;\ x_0 = -0{,}5$

Beispiel: Es ist die Funktion $f(x) = \sin 2x + 2\cos x$ im Intervall $[0; 2\pi]$ zu diskutieren.

Nullstellen: Es ist die Gleichung $\sin 2x + 2\cos x = 0$ zu lösen.
Unter Verwendung der Doppelwinkelformel für den Sinus erhalten wir
$2\sin x \cos x + 2\cos x = 0$.
Lösungen der Gleichung im Intervall $[0; 2\pi]$ sind $x_1 = \frac{\pi}{2}$ und $x_2 = \frac{3\pi}{2}$.

Lokale Extrema: Die erste Ableitung von f ist $f'(x) = 2\cos 2x - 2\sin x$.
Nullstellen dieser Funktion sind die Lösungen der Gleichung $2\cos 2x - 2\sin x = 0$.
Durch Umformen finden wir $\sin^2 x + \frac{1}{2}\sin x - \frac{1}{2} = 0$. Lösungen dieser Gleichung im Intervall $[0; 2\pi]$ sind $x_3 = \frac{\pi}{6}$, $x_4 = \frac{5}{6}\pi$ und $x_5 = \frac{3}{2}\pi$.
Um zu entscheiden, ob lokale Extrema an den errechneten Stellen vorliegen, ermitteln wir die zweite Ableitung von f.
Es ist $f''(x) = -4\sin 2x - 2\cos x$ und damit $f''\left(\frac{\pi}{6}\right) = -3\sqrt{3} < 0$ und

$$f''\left(\frac{5}{6}\pi\right) = 3\sqrt{3} > 0.$$

An der Stelle $\frac{\pi}{6}$ liegt ein lokales Maximum vor, es ist $f\left(\frac{\pi}{6}\right) = 2{,}598$.
An der Stelle $\frac{5}{6}\pi$ liegt ein lokales Minimum vor, es ist $f\left(\frac{5}{6}\pi\right) = -2{,}598$.
Wegen $f''\left(\frac{3}{2}\right) = 0$ können wir noch keine endgültige Aussage über die Stelle $\frac{3}{2}$ treffen.

Krümmungsverhalten, Wendepunkte: Da f zweimal differenzierbar ist, können Wendestellen nur Nullstellen der zweiten Ableitung sein.
Nullstellen der Funktion
$f''(x) = -8\sin x\cos x - 2\cos x$ im Intervall $[0; 2\pi]$
sind $x_6 = \frac{\pi}{2}$, $x_5 = \frac{3}{2}\pi$, $x_7 = 3{,}394$ und $x_8 = 6{,}031$.
Die dritte Ableitung von f ist an diesen Stellen verschieden von null, folglich liegen an diesen Stellen Wendestellen vor. So ist z. B. $f'''\left(\frac{3}{2}\pi\right) = 8 > 0$. Folglich geht f an dieser Stelle von einer Rechtskrümmung zu einer Linkskrümmung über.

Globale Extrema: Wegen $f(0) = 2$ und $f(2\pi) = 2$ sind die lokalen Extrema zugleich auch die globalen Extrema in dem angegebenen Intervall.

2. **a)** Fertigen Sie eine grafische Darstellung der Funktion $f(x) = \sin 2x + 2\cos x$ im Intervall $[0; 2\pi]$ an.
b) Bestätigen Sie durch Rechnung die Ergebnisse im vorangehenden Beispiel.

3. Führen Sie zu folgenden Funktionen f eine Kurvendiskussion im angegebenen Intervall I durch.
a) $f(x) = \sin x + \cos x$; $I = [-\pi; \pi]$
b) $f(x) = \cos x + 2\sin x$; $I = [0; \pi]$
c) $f(x) = \cos x - \sin x$; $I = [-\pi; \pi]$
d) $f(x) = \cos x - 2\sin x$; $I = [0; 2\pi]$

4. Untersuchen Sie mithilfe der ersten Ableitung den Monotonieverlauf der Funktion f im angegebenen Intervall I.
a) $f(x) = 2\sin x + 2\cos x$; $I = [0; \pi]$
b) $f(x) = \cos x + \sin x$; $I = [0; \pi]$
c) $f(x) = 2\cos x - \sin x$; $I = [-\pi; \pi]$
d) $f(x) = \cos x - \sin 2x$; $I = [0; 2\pi]$

5. Ermitteln Sie alle Stellen x, an denen der Graph der Funktion $f(x) = \sin x - 2\cos x$ eine Tangente hat, die parallel zur x-Achse verläuft.

Beispiel: Es ist der Verlauf der Funktion $f(x) = \cos^2 x - 0{,}25$ zu untersuchen.

Definitions- und Wertebereich: Da die Kosinusfunktion für alle reellen Zahlen definiert ist, hat auch f die Menge aller reellen Zahlen als Definitionsbereich. Der Wertebereich der Funktion f ist leicht zu übersehen, denn aus $-1 \leq \cos x \leq 1$ folgt $0 \leq \cos^2 x \leq 1$ und damit $-0{,}25 \leq \cos^2 x - 0{,}25 \leq 0{,}75$.
Da f differenzierbar ist und aus der Differenzierbarkeit die Stetigkeit folgt, ist f auch überall stetig und nimmt demzufolge auch jeden Wert zwischen $-0{,}25$ und $0{,}75$ an.
Der Wertebereich von f ist das Intervall $[-0{,}25; 0{,}75]$.

Nullstellen: Die Nullstellen von f sind die Lösungen der Gleichung
(1) $\cos^2 x - 0{,}25 = 0$ bzw. $\cos^2 x = 0{,}25$.
Äquivalent mit (1) ist
(2) $\cos x = 0{,}5$ oder (3) $\cos x = -0{,}5$
Die Lösungen von (2) sind $x_1 = \frac{\pi}{3} + k \cdot 2\pi$, $x_2 = \frac{5}{3}\pi + k \cdot 2\pi$, $k \in \mathbb{Z}$,
jene von (3) sind
$x_3 = \frac{2}{3}\pi + k \cdot 2\pi$, $x_4 = \frac{4}{3}\pi + k \cdot 2\pi$, $k \in \mathbb{Z}$.

Lokale Extrema: Wir ermitteln die Nullstellen der ersten Ableitung von f. Es ist
$f'(x) = -2 \cdot \cos x \cdot \sin x$.
$f'(x) = 0$ ist äquivalent mit $\cos x = 0$ oder $\sin x = 0$, woraus $x_5 = \frac{\pi}{2} + k \cdot \pi$ und $x_6 = 0 + k \cdot \pi$, $k \in \mathbb{Z}$ folgt.

Wegen $f''(x) = 2 \cdot \sin x \cdot \sin x - 2 \cdot \cos x \cdot \cos x$, $f''(x_5) = 2$ und $f(x_6) = -2$ liegt an den Stellen x_5 jeweils ein lokales Minimum und an den Stellen x_6 ein lokales Maximum vor. Es ist $f(x_5) = -0{,}25$ und $f(x_6) = 0{,}75$. Die lokalen Extrema sind damit zugleich auch globale Extrema.

Graph von f:

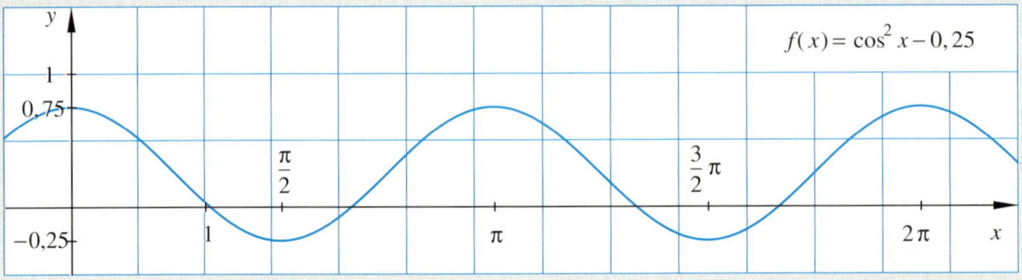

37

Wir tragen die bisher ermittelten Ergebnisse in ein Koordinatensystem ein. Diese Ergebnisse legen die Vermutung nahe, dass f die kleinste Periode π hat. Eine kleinere Periode kommt schon deshalb nicht in Frage, weil die lokalen Maximumstellen im Abstand von π aufeinander folgen.
Dass π Periode von f ist, folgt aus

$$f(x + \pi) = \cos^2(x + \pi) - 0{,}25 = \left[\cos(x + \pi)\right]^2 - 0{,}25$$
$$= \left[-\cos x\right]^2 - 0{,}25 = \cos^2 x - 0{,}25 = f(x)$$

Bild 37 zeigt den Graphen von f.

6. Untersuchen Sie den Verlauf der folgenden Funktionen (Definitionsbereich, Wertebereich, Nullstellen, Extrempunkte) und skizzieren Sie jeweils den Graphen der Funktion in einem geeigneten Intervall.

a) $f(x) = \sin^2 x + 2$ **b)** $f(x) = 1 - 2\sin x$

c) $f(x) = 3\cos x + 2$ **d)** $f(x) = \frac{1}{2}\sin^2 x - \cos x$

e) $f(x) = \cos^2 x - \sin x$ **f)** $f(x) = \cos x \cdot \sin x$

Beispiel: Es sollen die Nullstellen und Extrema der Funktion $f(x) = 2 \cdot \sin x + \sin(2x)$ berechnet und der Graph von f skizziert werden.

Da f eine periodische Funktion mit der Periode 2π ist, beschränken wir uns bei der Untersuchung der Funktion auf das Intervall $[0; 2\pi]$.

Nullstellen: Wegen $\sin(2x) = 2 \cdot \sin x \cdot \cos x$ kann die Gleichung $f(x) = 0$ zu $2 \cdot \sin x + 2 \cdot \sin x \cdot \cos x = 0$ bzw. $2 \cdot \sin x(1 + \cos x) = 0$ umgeformt werden. Nullstellen ergeben sich dann aus den Gleichungen $\sin x = 0$ und $\cos x = -1$, also $x_1 = 0$, $x_2 = \pi$, $x_3 = 2\pi$.

Lokale Extrema: Es ist $f'(x) = 2 \cdot \cos x + 2 \cdot \cos(2x)$. Die Gleichung $f'(x) = 0$ lässt sich unter Anwendung der Beziehung $\cos(2x) = 2 \cdot \cos^2 x - 1$ in eine quadratische Gleichung in $\cos x$ überführen. Lösungen sind $x_4 = \frac{\pi}{3}$, $x_5 = \pi$, $x_6 = \frac{5\pi}{3}$.

Mithilfe der zweiten Ableitung lässt sich zeigen, dass f an der Stelle x_4 ein lokales Maximum und an der Stelle x_6 ein lokales Minimum hat. Es ist $f(x_4) = 2{,}6$ und $f(x_6) = -2{,}6$. Da f stetig ist und im Intervall $(0; \pi)$ und im Intervall $(\pi; 2\pi)$ keine Nullstellen hat, kann an der Stelle π kein Extremum sein.

Als Graph von f ergibt sich Bild 38.

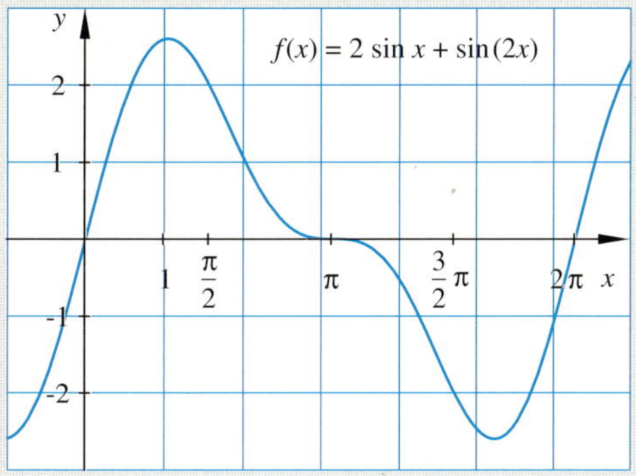

38

7. Arbeiten Sie das oben stehende Beispiel durch.

a) Begründen Sie die oben angegebenen Nullstellen von f.

b) Bestätigen Sie durch Lösen der Gleichung $f'(x) = 0$ die angegebenen möglichen Extremstellen von f.

c) Ermitteln Sie die zweite Ableitung von f und prüfen Sie die notwendige Bedingung für die möglichen Extremstellen nach.

d) Begründen Sie, dass die x-Achse Tangente an den Graph von f im Punkt $P(\pi; 0)$ ist.

8. Führen Sie eine Kurvendiskussion von f in einem geeigneten Intervall durch:

a) $f(x) = \frac{1}{4}(1 + \sin(2x))$ **b)** $f(x) = \frac{1}{2}\cos(2x)$ **c)** $f(x) = x + \sin x$

9. Die Bilder 39 und 40 zeigen Funktionen, deren Graphen mit einem Computerprogramm erstellt wurden. Diskutieren Sie die Funktionen anhand der Bilder.

a) $f(x) = 0{,}8\sin(2x) + 1{,}2\cos(3x)$

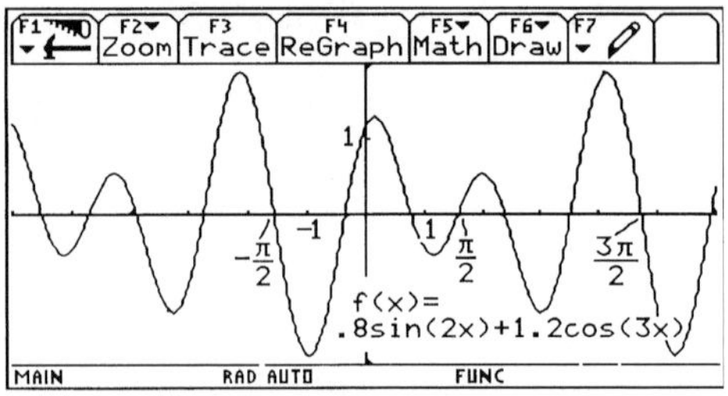

39

b) $f(x) = x^2\sin(2x) - x\cos x$

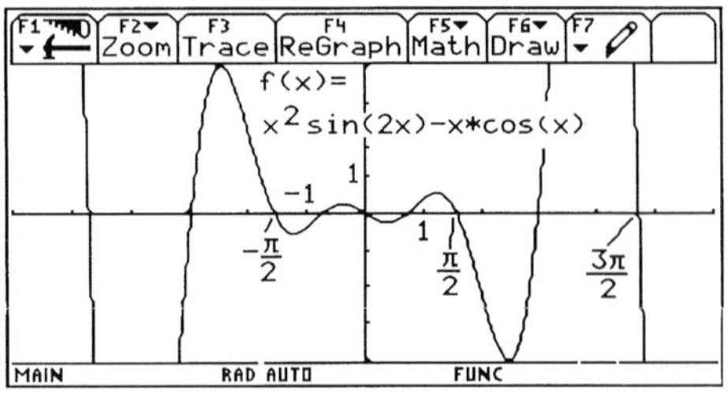

40

10. Untersuchen Sie den Verlauf der Funktion

$$f(x) = \begin{cases} 0 & \text{für } x = 0 \\ \sin\frac{1}{x} & \text{für } x \neq 0 \end{cases}$$

in der Nähe der Stelle 0 mit einem grafikfähigen Taschenrechner.
Zu welchem Ergebnis kommen Sie? Überprüfen Sie Ihr Ergebnis.

11. Untersuchen Sie den Verlauf der Funktion

$$f(x) = \frac{1}{8}x^2 + \sin\frac{x}{2}$$

mithilfe eines grafikfähigen Taschenrechners.
Beantworten Sie folgenden Fragen:

a) An welchem Stellen hat die Funktion lokale Extrema? Begründen Sie Ihre Antwort.

b) Ist $x = \pi$ eine Wendestelle der Funktion? Begründen Sie Ihre Antwort.

12. Gegeben sei die Funktion f mit $f(x) = 2\sin\left(3x + \frac{\pi}{6}\right)$.

a) Zeigen Sie, dass die Funktion g mit $g(x) = \sqrt{3}\sin 3x + \cos 3x$ äquivalent zu f ist.

b) Fassen Sie die beiden Summanden von $g(x)$ als jeweils eigene Funktionen $g_1(x)$ und $g_2(x)$ auf. Zeichnen Sie die Graphen der Funktionen $g_1(x)$ und $g_2(x)$ in ein und dasselbe Koordinatensystem.

- Gibt es einen Zusammenhang zwischen den Extrema von $g_1(x)$, $g_2(x)$ und $f(x)$?
- Gibt es einen Zusammenhang zwischen den Nullstellen von $g_1(x)$, $g_2(x)$ und $f(x)$?
- Zeichnen Sie zusätzlich $f(x)$ in das Koordinatensystem und zeigen Sie für drei Stellen in der grafischen Darstellung, dass $f(x) = g_1(x) + g_2(x)$.

10 Extremwertaufgaben unter Verwendung von Winkelfunktionen

1. Bild 41 zeigt ein Dreieck. Geben Sie $\sin\alpha$, $\sin\beta$, $\cos\alpha$, $\cos\beta$, $\tan\alpha$ und $\tan\beta$ in Abhängigkeit von a, b und h an. (Beachten Sie: p kann durch h und b, q durch h und a ausgedrückt werden.)

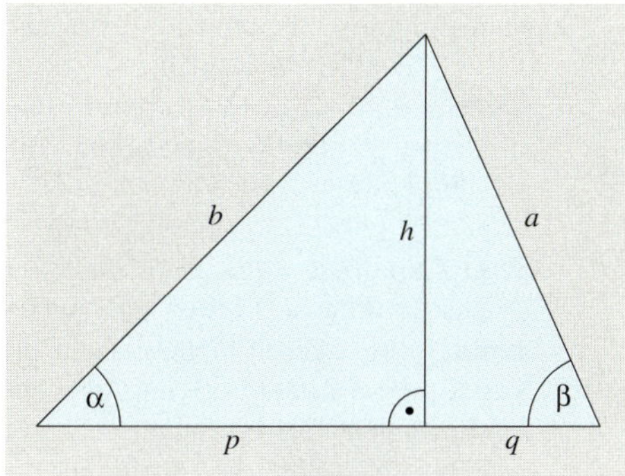

41

2. Wiederholen Sie anhand der Lernheit D5 das Vorgehen beim Lösen von Extremwertaufgaben.

3. Einem gleichschenkligen Dreieck werde an der Basis ein Halbkreis angesetzt (Bild 42). Die Schenkellänge des Dreiecks sei s. Der Winkel γ soll so gewählt werden, dass der Flächeninhalt der zusammengesetzten Figur möglichst groß wird.

a) Ermitteln Sie für einige Winkel γ jeweils den Flächeninhalt der Figur.

b) Geben Sie den Flächeninhalt als Funktion von γ an.

c) Bestätigen Sie, dass $\gamma = 147{,}5°$ die einzige Lösung der Gleichung $f'(\gamma) = 0$ im Intervall $0° < \gamma < 180°$ ist.

d) Ermitteln Sie die zweite Ableitung von f und bestätigen Sie, dass ein lokales Maximum vorliegt.

e) Wie groß ist der Flächeninhalt der Figur bei $s = 5$ cm und $\gamma = 147{,}5°$?

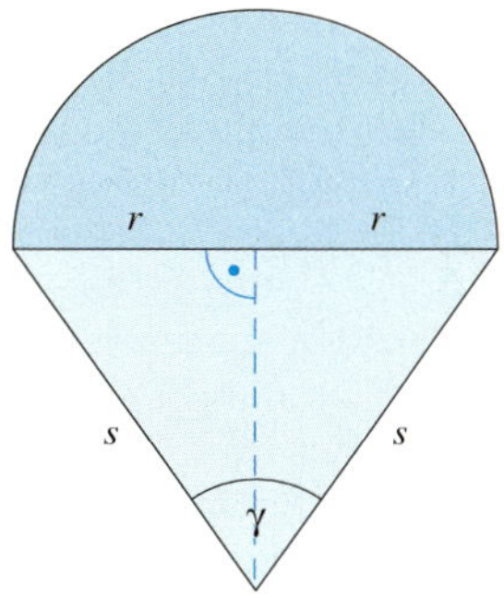

42

4. Gegeben ist ein Drachenviereck mit den Seiten a und b (Bild 43). Der Flächeninhalt des Drachenvierecks ist eine Funktion des Winkels γ.

a) Begründen Sie, warum es genügt, den Flächeninhalt des Dreiecks mit den Seiten a und b und dem von diesen Seiten eingeschlossenen Winkel γ zu betrachten.

b) Begründen Sie, dass für den Flächeninhalt A des Dreiecks gilt: $A = a \cdot b \cdot \sin\gamma$.

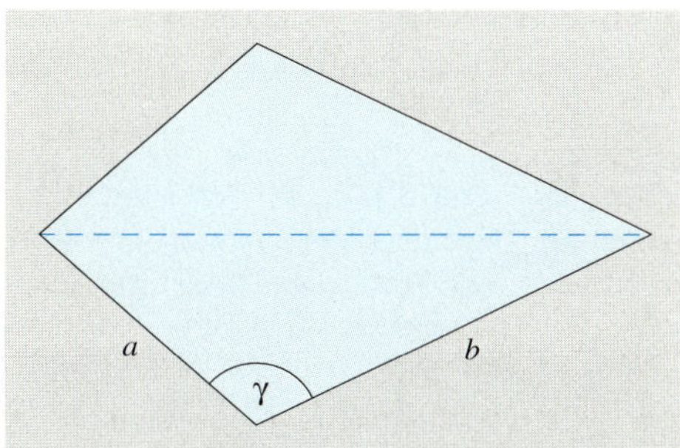

43

c) Berechnen Sie den Flächeninhalt des Drachenvierecks für drei selbst gewählte Winkel.

d) Für welchen Winkel γ ist der Flächeninhalt des Drachenvierecks am größten?

5. Aus drei Holzbrettern von je a cm Breite soll eine Wasserrinne mit trapezförmigem Querschnitt gebaut werden (Bild 44). Wie groß ist α zu wählen, damit die Wasserrinne eine möglichst große Wassermenge aufnehmen kann?

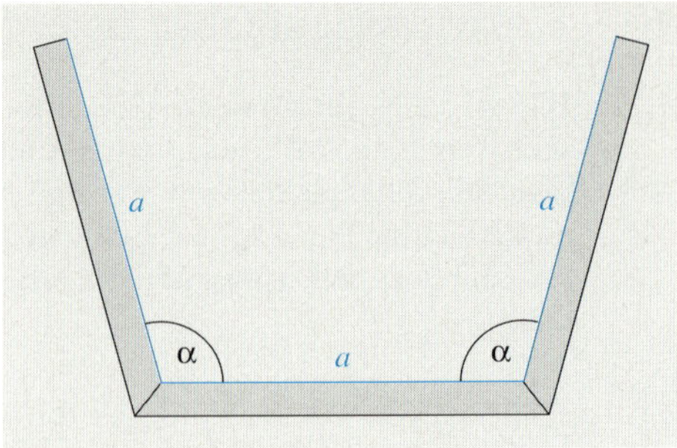

44

6. Beim Kanalbau wählt man meist ein gleichschenkliges Trapez als Querschnitt (Bild 45). Flächeninhalt des Kanalquerschnitts und Kanaltiefe sollen durch den Verwendungszweck vorgegeben sein. Da das Isolieren der vom Wasser benetzten Flächen besonders hohe Kosten verursacht, versucht man den Bau so zu gestalten, dass die zu isolierende Fläche möglichst klein wird. Wie groß wäre in diesem Fall der Winkel α zu wählen?

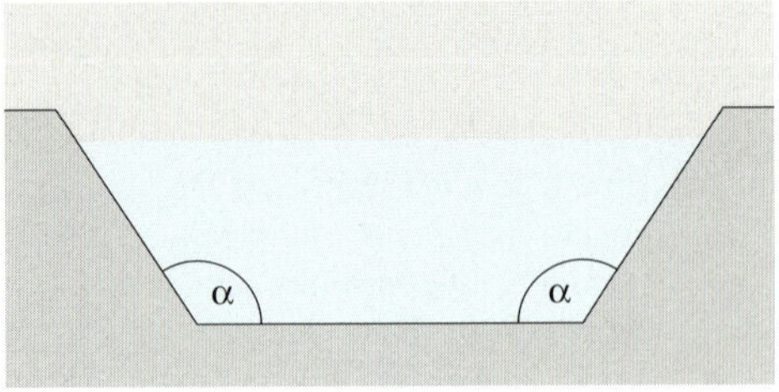

45

7. $ABCD$ sei ein Sehnenviereck im Kreis mit dem Radius 1 um den Koordinatenursprung O. D liege mit B auf einem Durchmesser. A habe die Koordinaten $(1;0)$, C die Koordinaten $(0;1)$. Der Winkel AOB sei φ. Für ihn gelte $0 < \varphi < \frac{\pi}{2}$ (Bild 46).

Für welchen Winkel φ ist der Flächeninhalt des Vierecks $ABCD$ am größten?

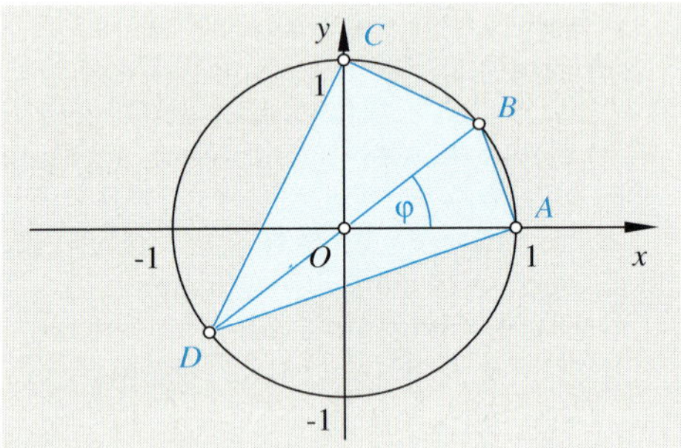

46

8. Arbeiten Sie das nachstehende Beispiel durch.

a) Leiten Sie die Gleichung (2) her, indem Sie r durch a und $\sin\varphi$ ausdrücken.

b) Bilden Sie f'.

c) Begründen Sie, dass $\varphi = 54{,}7°$ einzige Lösung der Gleichung $f'(\varphi) = 0$ im Intervall $0° < \varphi < 90°$ ist.

Beispiel: Eine Straße soll durch am Strassenrand stehende Lampen beleuchtet werden (Bild 47). Wir gehen davon aus, dass die Beleuchtungsstärke B im Punkt M dem Kosinus des Winkels φ proportional und dem Quadrat des Abstandes r von der Lichtquelle umgekehrt proportional ist. Wie hoch müsste man die Lampen anbringen, damit die Mitte der Straße möglichst hell beleuchtet wird?

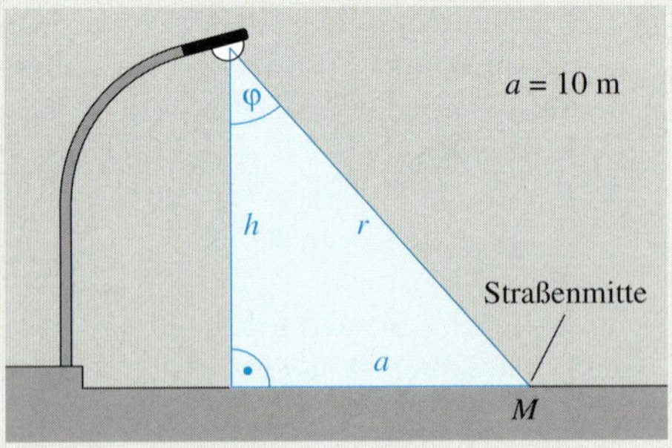

47

Ermitteln der Funktion: Es ist $B \sim \frac{1}{r^2} \cdot \cos\varphi$. Bezeichnen wir den Proportionalitätsfaktor, der insbesondere von der Lichtquelle abhängt, mit K, so gilt

(1) $B = K \cdot \frac{1}{r^2} \cdot \cos\varphi$.

Es treten auf der rechten Seite von (1) zwei Variable auf, nämlich r und φ. Es lässt sich aber r durch φ ausdrücken und wir erhalten:

(2) $B = f(\varphi) = \frac{K}{a^2} \cdot \sin^2\varphi \cdot \cos\varphi$.

Ermitteln lokaler Extremwerte von *f*: Es ist $f'(\varphi) = \frac{K}{a^2} \cdot \sin\varphi \cdot \left(2\cos^2\varphi - \sin^2\varphi\right)$.

Aus $f'(\varphi) = 0$ ergibt sich $\varphi = 54{,}7°$ als einzige Lösung im der Aufgabenstellung entsprechenden Intervall $0° < \varphi < 90°$.
Da f im Intervall $[0°; 90°]$ differenzierbar ist und $f(0°) = 0$ und $f(90°) = 0$ und $f(54{,}7°) > 0$ gilt, muss f an der Stelle $\varphi = 54{,}7°$ ein lokales Maximum haben, das zugleich auch globales Maximum von f ist.

Ermitteln der Höhe *h* für den errechneten Winkel von 54,7°: Wegen $\tan\varphi = \frac{a}{h} = \frac{10\,\text{m}}{h}$ ist $h = \frac{10\,\text{m}}{\tan\varphi}$. Für $\varphi = 54{,}7°$ erhalten wir dann $h \approx 7$ m.

Die Lampen müssten in einer Höhe von 7 m angebracht werden.

9. Über einem runden Tisch vom Durchmesser $d = 1$ m soll eine Arbeitsleuchte angebracht werden. In welcher Höhe h über der Tischmitte ist die Lampe zu befestigen, damit die Arbeitsplätze am Tischrand möglichst hell beleuchtet werden?

10. Eine Last mit der Gewichtskraft $\vec{G}$ soll auf einer horizontalen Straße mit dem Reibungskoeffizienten $\mu = 0{,}07$ fortbewegt werden. Welchen Winkel α muss die bewegende Kraft $\vec{F}$ mit der Horizontalen bilden, damit der die Reibung überwindende Teil der Kraft am kleinsten wird (Bild 48).
(Hinweis: Die Reibungskraft ist dem Betrag nach gleich $\mu(\vec{G} - \vec{F}_2)$ und sie wirkt der Kraft $\vec{F}_1$ entgegen.)

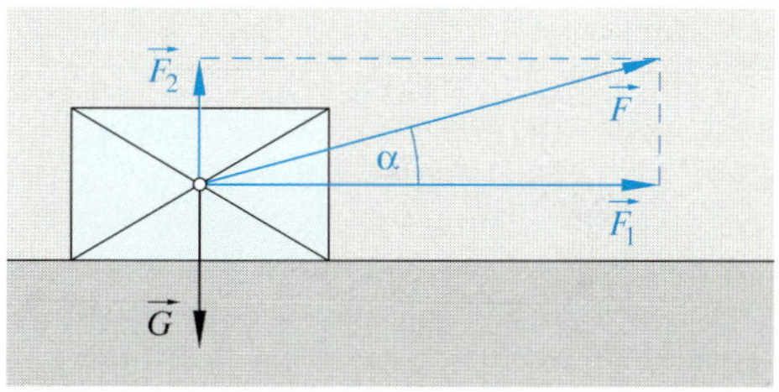

48

11. Beim Kugelstoßen verlässt die Kugel mit einer Anfangsgeschwindigkeit v_0 die Hand des Sportlers. Ihre weitere Bewegung setzt sich aus zwei Bewegungen zusammen, nämlich jener, die sich aus der Stoßkraft und jener, die sich aus der Schwerkraft ergibt. Unter welchem Winkel α soll der Sportler die Kugel wegstoßen, damit er eine möglichst große Weite erreicht? (Luftwiderstand und Anfangshöhe der Kugel lassen wir unberücksichtigt.)

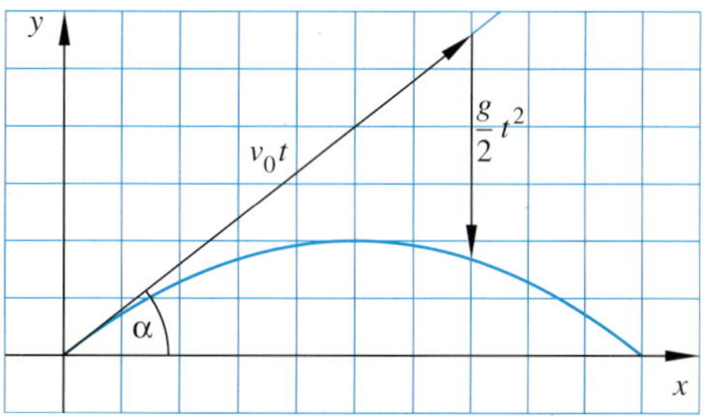

49

11 Flächenberechnungen unter Einbeziehung von Winkelfunktionen

In dieser Lerneinheit werden wir mithilfe der Integralrechnung den Flächeninhalt solcher Punktmengen ermitteln, die u.a. durch Graphen von Winkelfunktionen begrenzt werden.

1. Berechnen Sie den Inhalt jener Fläche, die durch die x-Achse und den Graphen der Sinusfunktion im Intervall $[0;\pi]$ begrenzt wird.

Beispiel: Es ist der Flächeninhalt derjenigen Fläche zu ermitteln, die vom Graphen der Kosinusfunktion, der x-Achse und den Geraden $x = 1$ und $x = 2$ begrenzt wird.

Zunächst müssen wir beachten, dass die Kosinusfunktion eine Nullstelle im Innern des Integrationsintervalls hat, nämlich $x_0 = \frac{\pi}{2}$. Im Intervall $\left(1; \frac{\pi}{2}\right)$ nimmt die Kosinusfunktion nur positive Werte, im Intervall $\left(\frac{\pi}{2}; 2\right)$ nur negative Werte an.

Deshalb ist $A = \int\limits_1^{\frac{\pi}{2}} \cos x\,\mathrm{d}x + \left|\int\limits_{\frac{\pi}{2}}^{2} \cos x\,\mathrm{d}x\right| = \left[\sin x\right]_1^{\frac{\pi}{2}} + \left|\left[\sin x\right]_{\frac{\pi}{2}}^{2}\right|$

$= \sin\frac{\pi}{2} - \sin 1 + \left|\sin 2 - \sin\frac{\pi}{2}\right| = \sin\frac{\pi}{2} - \sin 1 + \sin\frac{\pi}{2} - \sin 2 \approx 0{,}249.$

2. Berechnen Sie den Flächeninhalt derjenigen Fläche, die vom Graphen der Funktion f, der x-Achse und den Geraden $x = a$ und $x = b$ begrenzt wird. Beachten Sie eventuell vorhandene Nullstellen von f im Innern des Intervalls $[a; b]$.

a) $f(x) = \cos x;\ a = 0,\ b = 2\pi$

b) $f(x) = \sin x;\ a = \frac{\pi}{2},\ b = \frac{3\pi}{4}$

c) $f(x) = 3\sin x;\ a = -\frac{\pi}{4},\ b = \frac{\pi}{4}$

d) $f(x) = 4\cos x;\ a = 0,\ b = 2$

e) $f(x) = \sin x + \cos x;\ a = \frac{\pi}{4},\ b = \frac{\pi}{2}$

f) $f(x) = \sin x + 2\cos x;\ a = 0{,}5,\ b = 1{,}3$

3. Die Sinus- und die Kosinuskurve schneiden einander im Intervall $[0; 2\pi]$ in zwei Punkten $P_1(x_1; \sin x_1)$ und $P_2(x_2; \sin x_2)$. Berechnen Sie den Inhalt der Fläche, die von den beiden Kurven zwischen den Schnittpunkten eingeschlossen wird.

4. Berechnen Sie den Inhalt der Fläche, die von den Graphen der Funktionen f und g eingeschlossen wird.

a) $f(x) = 2\sin x;\ g(x) = \frac{4}{\pi}x$

b) $f(x) = \cos\frac{x}{2};\ g(x) = \frac{1}{\pi}x + 1$

Beispiel: Es ist eine Zahl a zu ermitteln, so dass die im Bild 50 gerasterte Fläche M den Inhalt $\sqrt{2}$ hat.

Die Abszisse des Schnittpunktes der Graphen von sin und cos im Intervall $\left[0; \frac{\pi}{2}\right]$ ist $\frac{\pi}{4}$. Deshalb gilt $A = \int\limits_{\frac{\pi}{4}}^{a} (\sin x - \cos x)\,\mathrm{d}x$.

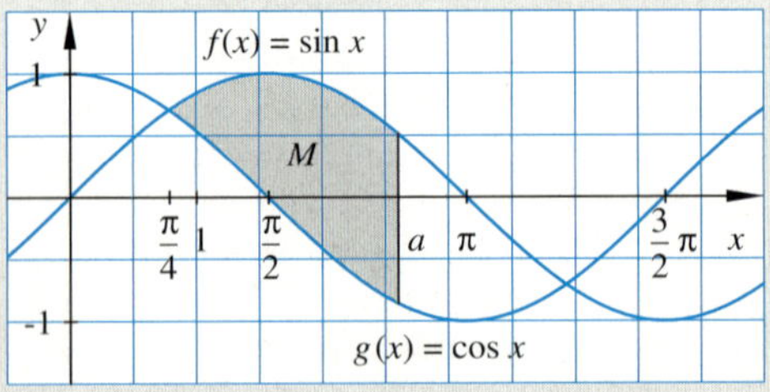

50

Wir berechnen das bestimmte Integral.

Es ist $\int\limits_{\frac{\pi}{4}}^{a}(\sin x - \cos x)\mathrm{d}x = \left[-\cos x - \sin x\right]_{\frac{\pi}{4}}^{a} = -\cos a - \sin a + \cos\frac{\pi}{4} + \sin\frac{\pi}{4}.$

Wegen $A = \sqrt{2}$ und $\cos\frac{\pi}{4} = \sin\frac{\pi}{4} = \frac{\sqrt{2}}{2}$ erhalten wir die Gleichung

$-\cos a - \sin a + \frac{\sqrt{2}}{2} + \frac{\sqrt{2}}{2} = \sqrt{2}$ und damit $\cos a + \sin a = 0$.

Lösung dieser Gleichung im Intervall $[0; \pi]$ ist $a = \frac{3\pi}{4}$.

Wählt man $a = \frac{3\pi}{4}$, so ist der Flächeninhalt von M gleich $\sqrt{2}$.

5. Ermitteln Sie eine reelle Zahl a, derart dass $\int\limits_{0}^{\pi}\sin x\mathrm{d}x = 0{,}4$ ist.

6. Berechnen Sie jeweils den Flächeninhalt der in den Bildern 51a bis f skizzierten Flächen.

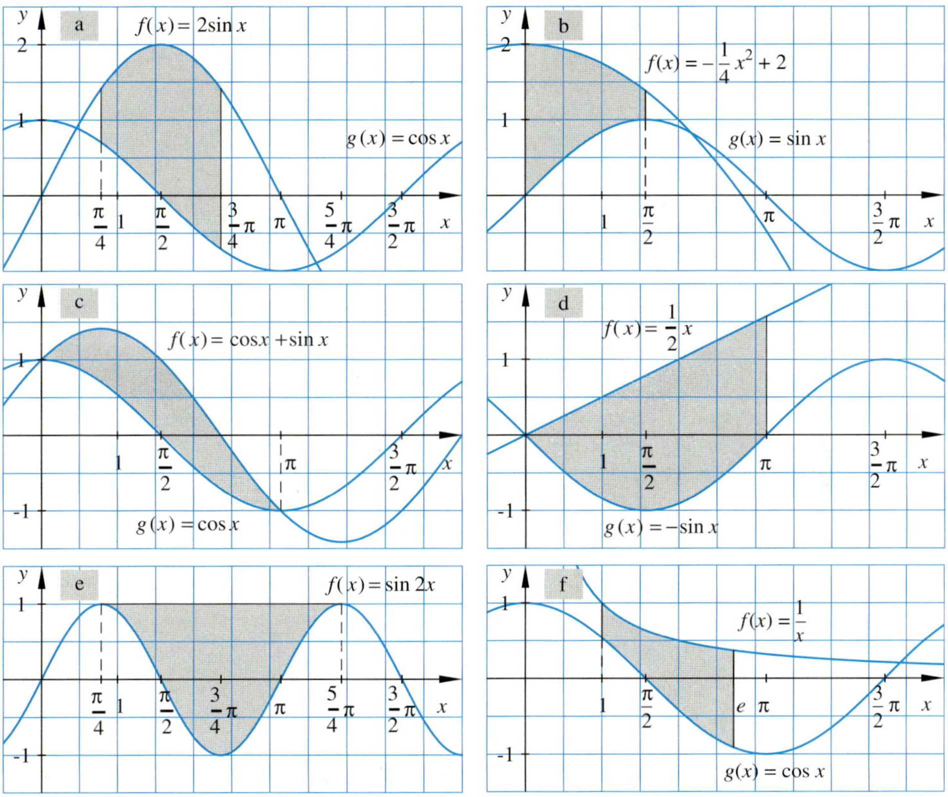

51

7. Ermitteln Sie das Volumen folgender Rotationskörper.

a) Der Graph der Sinusfunktion rotiere im Intervall von 0 bis π um die x-Achse.

b) Der Graph der Funktion f mit $f(x) = x \cdot \sqrt{\sin x}$ rotiere im Intervall $[0; 1]$ um die x-Achse.

12 Gedämpfte und ungedämpfte Schwingungen

1. Wiederholen Sie physikalische Grundbegriffe zur Beschreibung von Schwingungen (Auslenkung, Amplitude, Frequenz, Periodendauer).

2. Bauen Sie ein Pendel, indem Sie eine Schnur mit einem daran befestigten Gegenstand an eine Halterung hängen und schwingen lassen. Betrachten Sie die Auslenkung y des Gegenstandes von der Ruhelage in Abhängigkeit von der Zeit t. Skizzieren Sie den Graphen der Funktion $y = f(t)$ qualitativ (d.h. ohne Beachtung der konkreten Zahlenwerte) in einem geeigneten Koordinatensystem.

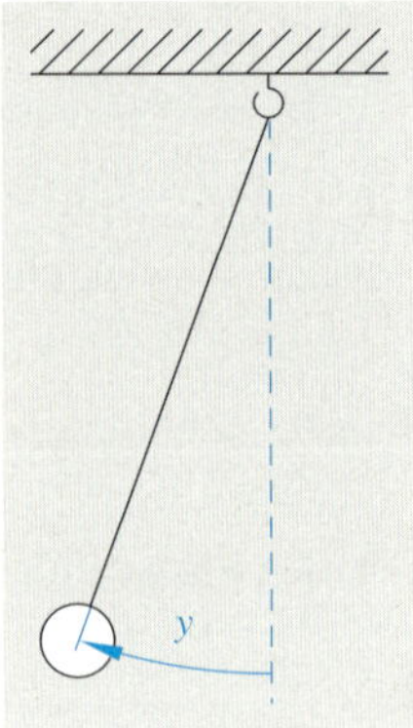

52

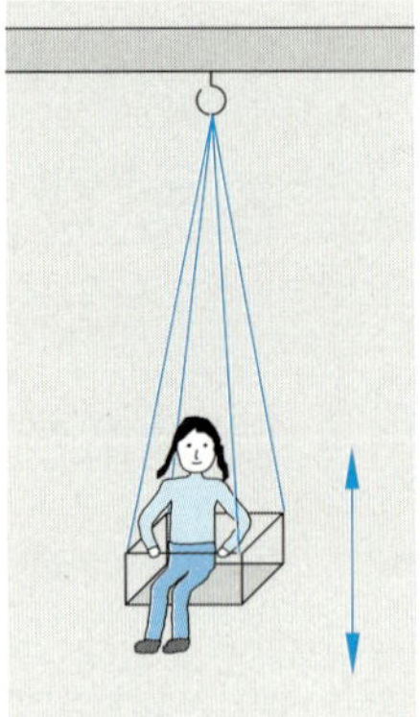

53

3. Der Kindersitz auf Bild 53 ist an Gummiseilen befestigt. Wird der Sitz aus der Ruhelage ausgelenkt, schwingt er einige Zeit hoch und runter. Die Höhe des Sitzes y ist eine Funktion der Zeit t. Skizzieren Sie den Graphen der Funktion qualitativ.

Vorgänge wie in den Aufgaben 2 und 3 beschrieben, werden mechanische Schwingungen genannt. Sie werden durch eine zur Gleichgewichtslage rücktreibende Kraft und die Trägheit des schwingenden Körpers verursacht.

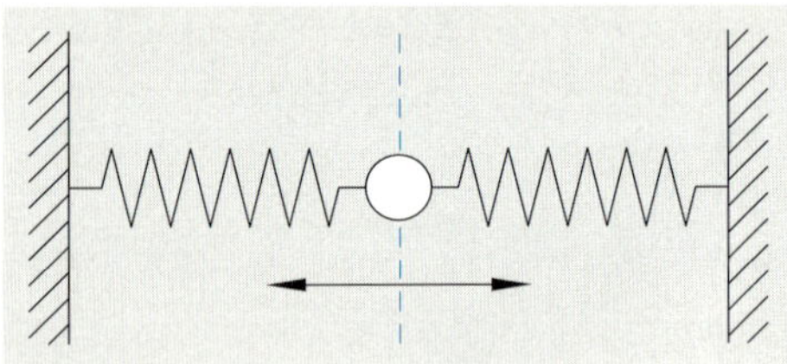

54

Betrachten wir z.B. einen Federschwinger wie in Bild 54, so ist die rücktreibende Kraft proportional zur Auslenkung s aus der Ruhelage (Hookesches Gesetz). Der Proportionalitätsfaktor wird Federkonstante D genannt. Es gilt also $F = -D \cdot s$ (Das Minuszeichen bringt zum Ausdruck, dass die Richtung der Kraft der Richtung der Auslenkung entgegengesetzt ist). Stellen wir nun die Auslenkung des schwingenden Körpers mit der Masse m als Funktion der Zeit dar, erhalten wir $s = f(t)$. Andererseits ist die Kraft, die auf dem Körper wirkt nach dem Grundgesetz der Mechanik $F = a \cdot m$, wobei a die Beschleunigung ist. Weiter ist aber $a = f''(t)$.[1] Wir erhalten daraus $m \cdot f''(t) = -D \cdot f(t)$ oder $m \cdot f''(t) + D \cdot f(t) = 0$ bzw.

$$(*) \quad f''(t) + \frac{D}{m} f(t) = 0.$$

Die Funktion f, die die Bewegung des Federschwingers beschreibt, muss also der Gleichung (*) genügen. In dieser Gleichung ist f eine Variable. Man sucht ja eine Funktion f, die dieser Gleichung genügt. Man nennt diese Gleichung eine **Differenzialgleichung**, weil neben f auch eine Ableitung von f vorkommt.

[1] Beschreibt f den zurückgelegten Weg als Funktion der Zeit ($s = f(t)$), so beschreibt f' die Geschwindigkeit und f'' die Beschleunigung als Funktion der Zeit.

4. Prüfen Sie, ob die angegebene Funktion f die Gleichung (*) erfüllt:

a) $f(t) = 2t + 1$ **b)** $f(t) = t^2$ **c)** $f(t) = \frac{1}{t}$

d) $f(t) = e^t$ **e)** $f(t) = \sin t$ **f)** $f(t) = \cos t$

5. **a)** Prüfen Sie, ob die Funktion $f(t) = a \sin t$ für einen geeigneten Parameter a die Gleichung (*) erfüllt.

b) Prüfen Sie, ob die Funktion $f(t) = \sin(b \cdot t)$ für einen geeigneten Parameter b die Gleichung (*) erfüllt.

Wir probieren, ob die Funktion $f(t) = \cos(b \cdot t)$ eine Lösung der Gleichung (*) ist. Es ist $f''(t) = -b^2 \cdot \cos(b \cdot t)$. Setzt man f und f'' in die Gleichung ein, erhält man $b^2 \cos(b \cdot t) + \frac{D}{m} \cos(b \cdot t) = 0$. Diese Gleichung ist dann erfüllt, wenn $b^2 = \frac{D}{m}$ bzw. $b = \sqrt{\frac{D}{m}}$ gilt. Die Funktion $f(t) = \cos\left(\sqrt{\frac{D}{m}} t\right)$ ist eine Lösung der Gleichung (*). Ganz entsprechend kann man nachweisen, dass auch $f(t) = \sin\left(\sqrt{\frac{D}{m}} t\right)$ eine Lösung der Gleichung (*) ist (Aufgabe 5b).

6. **a)** Zeigen Sie, dass die Funktion $f(t) = a \cdot \sin\left(\sqrt{\frac{D}{m}} t\right)$ mit $a \in \mathbb{R}$ eine Lösung der Gleichung (*) ist.

b) Zeigen Sie, dass die Funktion $f(t) = a \cdot \cos\left(\sqrt{\frac{D}{m}} t\right)$ mit $a \in \mathbb{R}$ eine Lösung der Gleichung (*) ist.

Wir wählen die Lösung

$$f(t) = a \cdot \cos\left(\sqrt{\frac{D}{m}} t\right)$$

der Gleichung (*) und erinnern uns, dass f die Bewegung des schwingenden Massestücks in Abhängigkeit von der Zeit beschreibt. Nunmehr können wir den Graphen der Funkion skizzieren. Wir wählen $a = 2$ cm und $\sqrt{\frac{D}{m}} = 3\ \text{s}^{-1}$. Das Bild 55 zeigt den Funktionsgraphen im Intervall $[0s; 8s]$.

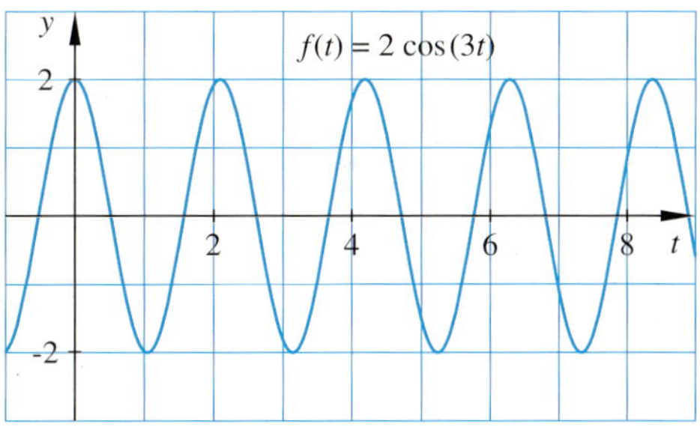

55

7. **a)** Skizzieren Sie den Graphen der Funktion $f(t) = a \cdot \sin\left(\sqrt{\frac{D}{m}} t\right)$ für den Fall, dass $a = 3$ cm und $\sqrt{\frac{D}{m}} = 2\ \text{s}^{-1}$.

b) Skizzieren Sie den Graphen der Funktion $f(t) = a \cdot \sin\left(\sqrt{\frac{D}{m}} t\right)$ für den Fall, dass $a = 4$ cm und $\sqrt{\frac{D}{m}} = 1\ \text{s}^{-1}$.

Wie haben bisher bei allen Überlegungen irgendwelche Reibungsverluste und Luftwiderstände außer Acht gelassen. Das hätte zur Folge, dass der schwingende Körper zeitlich unbegrenzt mit konstanter Amplitude schwingen würde. Man nennt eine solche Schwingung eine **ungedämpfte Schwingung**.

In der Realität treten aber immer Reibungsverluste auf, so dass die Amplitude der Schwingung mit zunehmender Zeit kleiner wird und irgendwann der Körper aufhört zu schwingen. Man sagt, die Schwingung wird gedämpft und spricht von einer **gedämpften Schwingung**.

Beispiel: Stellen Sie die Auslenkung eines Federschwingers in Abhängigkeit von der Zeit bei einer gedämpften Schwingung grafisch dar.

Die gedämpfte Schwingung eines Federschwingers werde durch die Funktion $f(t) = 4 \cdot e^{-0,2t} \cdot \cos(\pi \cdot t)$ beschrieben. Dabei bedeute t den Zahlenwert der in Sekunden gemessenen Zeit und $f(t)$ die Auslenkung des schwingenden Körpers aus der Ruhelage, gemessen in cm.
Die größte Auslenkung nach oben wird zu folgenden Zeitpunkten 0 s, 2 s; 4 s; 6 s usw. erreicht, die größte Auslenkung nach unten zu den Zeitpunkten 1 s; 3 s; 5 s usw.

Da $|\cos(\pi \cdot t)| = 1$, wird der Betrag der Amplitude zu den genannten Zeitpunkten durch $4 \cdot e^{-0,2t}$ bestimmt.
Es gilt:

t in s	$4 \cdot e^{-0,2t}$ in cm
0	4
1	−3,3
2	2,7
3	−2,2
4	1,8
5	−1,5
6	1,2
7	−1,0
8	0,8

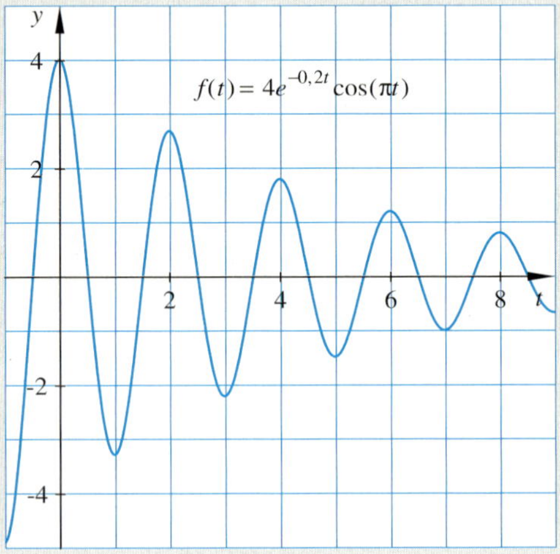

56

8. Ermitteln Sie zu folgenden Zeitpunkten die Amplitude der im Beispiel beschriebenen gedämpften Schwingung:
a) 12 s **b)** 20 s **c)** 50 s **d)** 100 s

9. Ermitteln Sie den frühesten Zeitpunkt, für den die Amplitude der im Beispiel beschriebenen gedämpften Schwingung 0,5 cm nicht mehr überschreitet.

10. Skizzieren Sie den Graphen der Funktion $f(t) = 3 \cdot e^{-0,1t} \cdot \sin(\pi \cdot t)$ im Intervall $[0; 3]$.

11. Ein Federschwinger führe eine gedämpfte Schwingung aus. Die Elongation (Auslenkung aus der Ruhelage) in Abhängigkeit von der Zeit werde im Intervall [0; 10] durch die Funktion $f(t) = 2e^{-0{,}5t} \cdot \cos t$ beschrieben.

a) Ermitteln Sie die Nullstellen der Funktion im angegebenen Intervall.

b) Ermitteln Sie alle Extrempunkte der Funktion im angegebenen Intervall.

c) Skizzieren Sie den Graphen von f.

12. Geben Sie eine Funktionsgleichung zu der im Bild 57 skizzierten gedämpften Schwingung an.
Führen Sie für diese Funktionsgleichung eine Kurvendiskussion durch und vergleichen Sie Ihre Ergebnisse mit dem Graphen.

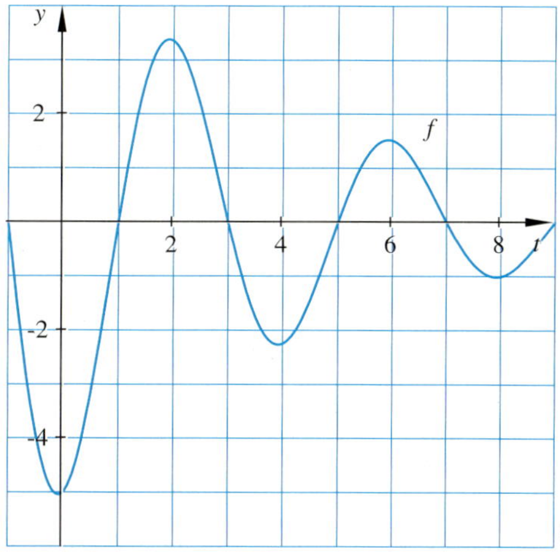

57

ZUSAMMENFASSUNG

Die Funktionen sin, cos und tan heißen **Winkelfunktionen**. Sie werden vor allem zur Beschreibung periodischer Vorgänge in Natur und Technik verwendet. Solche Vorgänge sind z.B. Drehbewegungen und mechanische Schwingungen.

Lösen goniometrischer Gleichungen

(1) Gleichung so umformen, dass nur noch ein Argument vorkommt.
(2) Gleichung so umformen, dass nur noch eine Winkelfunktion vorkommt.
(3) Nötigenfalls Variable z für die Winkelfunktion setzen und Gleichung in z lösen.
(4) Einfache goniometrische Gleichung mithilfe des Taschenrechners lösen.

Differenziation der Winkelfunktionen

Die Winkelfunktionen sin, cos und tan sind an allen Stellen ihres Definitionsbereiches differenzierbar, und es gilt:

$(\sin x)' = \cos x \qquad (\cos x)' = -\sin x \qquad (\tan x)' = \dfrac{1}{\cos^2 x} = 1 + \tan^2 x$

Stammfunktionen zu den Funktionen sin und cos

Es ist:

$\int \sin x \, \mathrm{d}x = -\cos x + c \qquad \int \cos x \, \mathrm{d}x = \sin x + c$

G

Vermischte Aufgaben

Aufgabe 1

Gegeben ist die Funktion f mit $f(x) = \cos x - 2\cos 2x$.

a) Geben Sie den Definitionsbereich D(f) und den Wertebereich W(f) an.
b) Ermitteln Sie die Nullstellen der Funktion.
c) Bestimmen Sie die Extremwerte der Funktion.
d) Untersuchen Sie die Funktion auf Symmetrie.
e) Skizzieren Sie den Graphen von f im Intervall $[-2\pi; 2\pi]$.

Aufgabe 2

Gegeben ist die Funktion f mit $f(x) = \cos x - \frac{1}{2}\sin 2x$.

a) Berechnen Sie die Nullstellen der Funktion.
b) Ermitteln Sie die Extrempunkte des Graphen der Funktion.
c) Der Graph von f hat als Wendepunkte:
$W_1(0{,}5\pi + h\pi; 0)$,
$W_2(0{,}25 + 2h\pi;\ 0{,}73)$,
$W_3(2{,}89 + 2h\pi;\ -0{,}73)$ mit $h \in \mathbb{Z}$.
Skizzieren Sie den Graphen von f im Intervall $[-2\pi; 2\pi]$.
d) Der Graph von f schließt mit der x-Achse sowohl im Intervall $\left[-\frac{\pi}{2}; \frac{\pi}{2}\right]$ als auch im Intervall $\left[\frac{\pi}{2}; \frac{3}{2}\pi\right]$ je ein Flächenstück vollständig ein.
Berechnen Sie jeweils den Inhalt.
Welche Vermutung über Symmetrie lässt sich aus dem Ergebnis schließen?
Beweisen Sie Ihre Vermutung.

Aufgabe 3

Gegeben ist die Funktion f mit $f(x) = 2\sin x + \sin 2x$.

a) Untersuchen Sie den Graphen von f auf
– Symmetrie,
– Schnittpunkte mit der x-Achse,
– Extrempunkte.
b) Geben Sie den Wertebereich W(f) an.
c) Skizzieren Sie den Graphen von f im Intervall $[-\pi; 2\pi]$.
d) Wie groß ist im Intervall $[0; 2\pi]$ der Inhalt A des Flächenstückes zwischen dem Graphen von f und der x-Achse?
e) Eine Gerade verläuft durch die Extrempunkte des Graphen von f in $[0; 2\pi]$.
Wie lautet die Gleichung der Geraden?
f) Welchen größten Anstieg kann der Graph von f haben?

Aufgabe 4

Gegeben ist die Funktion f mit $f(x) = \frac{9 - x^2}{x^2 + 3}$.

a) Führen Sie für f eine Kurvendiskussion durch (Schnittpunkte mit beiden Achsen, Symmetrie, Asymptoten, Extrem- und Wendepunkte).

b) Zeichnen Sie den Funktionsgraphen von f im Intervall $[-8; 8]$.

c) Ermitteln Sie die Gleichung der Tangente an den Funktionsgraphen im Punkt $W_1(-1; f(-1))$.
Unter welchem Winkel schneidet die Tangente die y-Achse?

d) Die Dreiecke, gebildet aus den Punkten $A(0; 0)$, $B(-x; f(-x))$, $C(x; f(x))$ mit $0 < x < 3$, sind gleichschenklig.
Welches ist der maximale Flächeninhalt dieser Dreiecke ABC? (Nachweis ist nicht erforderlich.)

Aufgabe 5

Gegeben ist die Funktion f mit $f(x) = \frac{x + 2}{x^2 + 4x + 3}$.

a) Geben Sie den Definitionsbereich von f an und untersuchen Sie den Graphen auf Schnittpunkte mit den Achsen, Extrempunkte, Monotonie und Verhalten im Unendlichen.
Zeichnen Sie den Funktionsgraphen von f.

b) Der Inhalt der Fläche, die vom Graphen, von beiden Achsen und der Geraden $x = a$ $(a > 0)$ begrenzt wird, sei $\frac{1}{2} \ln 16$.
Wie groß ist a?

c) Wie ist das Symmetrieverhalten des Graphen. Begründen Sie.

d) Gibt es genau eine gebrochenrationale Funktion mit folgenden Eigenschaften:
i) (einfache) Nullstelle bei $x = 1$
ii) (einfache) Polstelle bei $x = 2$
iii) $y = x^2$ ist eine nichtlineare Asymptote?

Aufgabe 6

Gegeben ist die Funktion f mit $f(x) = \frac{1}{6} \cdot \frac{x^3}{x - 2}$.

a) Geben Sie den maximalen Definitionsbereich $D(f)$ an.

b) Berechnen Sie für den Graphen von f, soweit vorhanden, Schnittpunkte mit den Achsen, Extrem- und Wendepunkte.

c) Ermitteln Sie für den Graphen von f die Polasymptote sowie eine asymptotische Funktion g, deren Graph Näherungskurve des Graphen von f ist.

d) Geben Sie alle x-Werte an, für die sich die Funktionswerte $f(x)$ und $g(x)$ um weniger als $\frac{1}{3}$ unterscheiden.

e) Skizzieren Sie den Graphen von f mit seinen Asymptoten.

f) Die Graphen von f und g schließen mit der y-Achse und der Geraden $x = -6$ ein Flächenstück ein.
Berechnen Sie dessen Inhalt.

Aufgabe 7

Für jedes $a \neq 0$ ist genau eine Funktion $f_a(x) = \frac{(x-a)^2}{x^2}$ $(x \in \mathbb{R},\ x \neq 0)$ gegeben.

a) Untersuchen Sie die Graphen von f_a auf gemeinsame Punkte mit der x-Achse, lokale Extrempunkte und Asymptoten.

b) In welchen Punkten schneidet der Graph von f_1 eine der beiden Asymptoten?

c) Zeichnen Sie die Graphen der Funktionen f_1 und f_3 im Intervall $[-6; 6]$ in ein und dasselbe Koordinatensystem.

d) Für welche x ist der Abstand zwischen dem Graphen von f_3 und der Asymptote kleiner als 1?

e) Der Graph von f_a, die x-Achse und die Geraden $x = 3$ und $x = 9$ begrenzen vollständig ein Flächenstück.
Für welches a beträgt der Flächeninhalt $A = 8 - 6\ln 3$?

Aufgabe 8

Für jedes $a \neq 0$ ist genau eine Funktion f_a mit $f_a(x) = \sqrt{g_a(x)}$ und $g_a(x) = ax^2 - ax - 2a$ gegeben.

a) Geben Sie den Definitionsbereich von f_a an.

b) Hat die Funktion f_a lokale bzw. globale Extrema?
Begründen Sie Ihre Antwort ohne die 1. Ableitung zu benutzen.

c) Untersuchen Sie h_a mit $h_a(x) = \sqrt{|g_a(x)|}$ auf lokale und globale Extrema.

d) Skizzieren Sie den Graphen von f_a für $a = -2{,}25$ und $a = 0{,}5$.

e) Der Graph der Funktion f_a $(a < 0)$ rotiert um die x-Achse.
Für welches a ergibt sich ein Volumen von $V = 81\pi$ für den Rotationskörper?

f) Die Gerade $y = \frac{1}{2}\sqrt{2}(x+1)$ schneidet den Graphen von f_2 in zwei Punkten.
Geben Sie die Koordinaten der beiden Schnittpunkte an.

g) Ist der Graph von f_a symmetrisch?

Aufgabe 9

Gegeben ist die Funktion f mit $f(x) = \frac{x}{4}\sqrt{16 - x}$.

a) Geben Sie den maximalen Definitionsbereich an.
Untersuchen Sie den Funktionsgraphen von f auf gemeinsame Punkte mit der x-Achse und Extrempunkte. (Der Nachweis wird nicht verlangt.)

b) Skizzieren Sie den Graphen von f in $[-2; 16]$.

c) Die Tangente an den Graphen von f in $(0; 0)$, die x-Achse und die Gerade $x = 16$ bilden ein rechtwinkliges Dreieck. Dieses Dreieck und der Graph von f rotieren in $[0; 16]$ um die x-Achse.
In welchem Verhältnis stehen die Volumina dieser beiden Rotationskörper?
Ist das für jede Funktion $f(x) = \frac{x}{a} \cdot \sqrt{a^2 - x}$ $(a > 0)$ der Fall?

d) Der Graph von f zerlegt das Dreieck in 2 Teilflächen.
In welchem Verhältnis stehen diese Inhalte?

Aufgabe 10

Gegeben ist die Funktion f mit $f(x) = \frac{(e^x - 2)e^x}{1 + e^x}$, $x \in \mathbb{R}$.

a) Untersuchen Sie den Graphen auf sein Verhalten im Unendlichen.
b) Hat die Funktion f Nullstellen?
c) Die Funktion f hat genau ein lokales Minimum. (Existenznachweis ist nicht erforderlich.)
Berechnen Sie Lage und Größe des lokalen Minimums.
Warum ist das lokale Minimum gleichzeitig das globale Minimum?
d) Begründen Sie ohne Benutzung von f'', dass der Graph von f mindestens einen Wendepunkt besitzen muss.
e) Skizzieren Sie den Graphen von f.
f) Die Funktion F sei definiert durch $F(x) = \int\limits_0^x f(t)\mathrm{d}t$ mit $x \geq 0$, wobei $f(x) = \frac{(e^x - 2)e^x}{1 + e^x}$ ist.
Lösen Sie die folgenden Aufgaben ohne Integralrechnung:
– Berechnen Sie den Anstieg des Graphen von F in $x = 0$.
– Hat der Graph von F Wendepunkte?
– An welchen Stellen hat der Graph von F Punkte mit horizontaler Tangente?
g) Geben Sie für die Funktion F aus Teilaufgabe f) eine integralfreie Gleichung an.

Aufgabe 11

Für $k \in \mathbb{R}$ sei die Funktionenschar f_k durch $f_k(x) = (x^2 + 4x + k) \cdot e^{-x}$ ($x \in \mathbb{R}$) gegeben.
a) Ermitteln Sie die Nullstellen und die lokalen Extremstellen von f_k.
b) Zeichnen Sie den Graphen für $k = 4$ unter Verwendung der Nullstellen, Extrempunkte, Wendepunkte im Intervall $[-2{,}5; 7]$.
c) Die beiden Extrempunkte der Graphen von f_4 werden durch eine Strecke verbunden. Diese Strecke rotiert um die x-Achse.
Ermitteln Sie das Volumen des Rotationskörpers sowohl mit als auch ohne Differenzialrechnung.
d) Besitzt die Funktion f_1 mit $f_1(x) = (x^2 + 4x + 1)e^{-x}$ im Intervall $(-4; 4]$ ein globales oder ein lokales Maximum? Begründen Sie Ihre Entscheidung.

Aufgabe 12

Für jedes $t \neq 0$ ist eine Funktion durch $y = f_t(x) = \left(x - \frac{1}{2}t\right) \cdot e^{-\frac{1}{2}x+1}$ ($x \in \mathbb{R}$) gegeben, ihr Graph sei G_{f_t}.
a) Untersuchen Sie G_{f_t} auf Schnittpunkte mit beiden Achsen, Extrem- und Wendepunkte.
b) Zeichnen Sie G_{f_2} für $x \in [0; 10]$.
c) G_{f_t} schließt mit der x-Achse eine rechts offene Fläche ein.
Für welches t nimmt der Inhalt dieses Flächenstücks den Wert e an?
d) Für jedes $t > 0$ ist eine Funktion $g_t(x) = \ln\left(t\frac{2x + 2}{2x - 2}\right)$ und $D(g_t) = \{x \in \mathbb{R}/|x| > 1\}$ gegeben.
Untersuchen Sie, ob die Umkehrfunktion $\overline{g}_t$ existiert und geben Sie für den Fall der Existenz eine Gleichung für $\overline{g}_t$ an.

Aufgabe 13

Gegeben ist die Funktionenschar $f_a(x) = (\sin x - a) \cdot e^{\sin x}$.

a) Ermitteln Sie die Anzahl der Nullstellen in Abhängigkeit von a.

b) Es sei $a = 1$. Untersuchen Sie den Graphen von f_1 auf lokale Extrempunkte.

c) Skizzieren Sie den Graphen von f_1 mindestens im Intervall $[-2\pi; 2\pi]$.

d) Zeigen Sie, dass der Graph von f_1 bezüglich der Geraden $x = \frac{\pi}{2}$ achsensymmetrisch verläuft.

e) Jetzt wird die Funktion $f(x) = \cos x \cdot e^{\sin x}$ betrachtet.
Berechnen Sie den Inhalt des 1. Flächenstückes, das rechts von der y-Achse vollständig vom Graphen der Funktion und der x-Achse eingeschlossen wird.

Aufgabe 14

Gegeben ist die Funktion f mit $f(x) = x \cdot (\ln x)^2$ mit maximal möglichem Definitionsbereich.

a) Geben Sie den Definitionsbereich $D(f)$ an.

b) Berechnen Sie, soweit vorhanden, die Koordinaten der Schnittpunkte mit den Achsen, lokale Extrem- und Wendepunkte des Graphen von f.

c) Skizzieren Sie den Funktionsgraphen.

d) Gegeben ist die Funktion g mit $g(x) = x \cdot (\ln |x|)^2$ mit maximalem Definitionsbereich $D(g)$.
Welcher geometrisch-anschauliche Zusammenhang besteht zwischen den Graphen von f und von g?

e) Die Gerade h mit $h(x) = x$ schneidet den Graphen von f in den Punkten $A(x > 1; y)$ und B. Berechnen Sie die Koordinaten von A und B.

f) Berechnen Sie die reellen Koeffizienten a und b so, dass h mit
$h(x) = a \cdot x^2 \cdot (\ln x)^2 - a \cdot x^2 \cdot (\ln x + b)$, $x \in \mathbb{R}^+$ eine Stammfunktion von f ist.

g) Die Parallele zur y-Achse durch den Punkt A schneidet die x-Achse im Punkt C, die Parallele zur x-Achse durch den Punkt A schneidet die y-Achse im Punkt D.
Zeigen Sie, dass der Graph von f den Flächeninhalt des Rechtecks $OCAD$ viertelt (O sei der Koordinatenursprung).

Aufgabe 15

Gegeben ist die Funktion f mit $f(x) = \dfrac{1}{x \cdot \ln x}$.

a) Bestimmen Sie den maximalen Definitionsbereich und geben Sie die Asymptoten an.

b) Untersuchen Sie den Graphen von f auf mögliche lokale Extrem- und Wendepunkte.

c) Zeichnen Sie den Funktionsgraphen im Intervall $(0; 5]$.

d) Gegeben ist eine weitere Funktion durch $g(x) = x \cdot \ln x$, $D(g) = \mathbb{R}^+$.
Geben Sie die minimalen Abstände der Graphen von f und g im Bereich $(0, 1)$ an.
Skizzieren Sie den Graphen von g in das vorhandene Koordinatensystem.

e) Die Graphen der Funktionen f und g schneiden sich im Intervall $(1; \infty)$ in genau einem Punkt P.
Geben Sie die Koordinaten von P auf 2 Dezimalstellen genau an.

f) Der Graph von g und die x-Achse schließen ein links offenes Flächenstück ein.
Wie groß ist dessen Inhalt?

Aufgabe 16

Gegeben ist für jedes $a \in \mathbb{R}$ genau eine Funktion f_a mit $f_a(x) = \frac{x}{a + x^2}$.

a) Geben Sie den maximalen Definitionsbereich von f_a in Abhängigkeit von a an.
b) Untersuchen Sie die Graphen von f_a auf Symmetrie, Asymptoten und lokale Extrempunkte. Geben Sie die Linie an, auf der die Extrempunkte liegen.
c) Jetzt wird für jedes $a \in \mathbb{R}$ die Funktion $g_a(x) = \ln f_a(x) = \ln \frac{x}{a + x^2}$ betrachtet.
Geben Sie den maximalen Definitionsbereich der Funktion g_a an.
d) Ermitteln Sie die Nullstellen von g_a in Abhängigkeit von a.
e) Auf welcher Linie liegen die lokalen Maxima der Funktionen g_a?

Aufgabe 17

Gegeben sind die Funktionen f und g mit
$f(x) = \ln \frac{e^x - 1}{e^x + 9}$ und $g(x) = \ln \left| \frac{e^x - 1}{e^x + 9} \right|$.

a) Geben Sie den Definitionsbereich von f und g an.
b) Können die Funktionen f und g Nullstellen haben?
c) Untersuchen Sie das Verhalten von $g(x)$ an den Rändern des Definitionsbereiches.
d) Zeigen Sie, dass die Funktion g für $x < 0$ eine Umkehrfunktion besitzt.
Geben Sie die Gleichung von $\overline{g}$ an.
e) Zeichnen Sie die Graphen von f und g in ein und dasselbe Koordinatensystem.

Aufgabe 18

f sei eine ganzrationale Funktion 3. Grades mit dem Wendepunkt $O(0;0)$ und dem lokalen Maximum 6 an der Stelle 3.

a) Ermitteln Sie die Gleichung der Funktion f.
b) Untersuchen Sie, ob der Graph der Funktion weitere Schnittpunkte mit der x-Achse, Extrem- und Wendepunkte besitzt.
Treffen Sie Aussagen über das Verhalten des Funktionsgraphen im Unendlichen.
c) Skizzieren Sie den Funktionsgraphen unter Verwendung der ermittelten Ergebnisse.
d) Der Graph von f schließt mit der x-Achse im 1. Quadranten eine Fläche ein.
Berechnen Sie deren Inhalt.
e) Stellen Sie die Graphen der Funktionen f_t mit $f_t(x) = t(x^3 - 27x)$ für $t = -2; -1; 1; 2; 3$ auf einem grafikfähigen Taschenrechner dar.
Ermitteln Sie Gemeinsamkeiten und Unterschiede der Funktionsgraphen.
f) Begründen Sie, dass jede Funktion $f_t(x) = t(x^3 - 27x)$ $(t \neq 0)$ die gleichen Nullstellen und lokalen Extremstellen besitzt wie f.
Weisen Sie nach, dass die Art der vorliegenden lokalen Extrema von t abhängt.
g_t sei diejenige Gerade, die durch die Extrempunkte des Graphen von f_t verläuft.
Berechnen Sie eine Gleichung für g_t.
g) Für jedes t wird im 1. Quadranten durch den Graphen von f_t und die x-Achse eine Fläche eingeschlossen. Für welchen Wert von t beträgt ihr Flächeninhalt 729 FE?
h) Für jedes t begrenzen die Gerade g_t und der Graph von f_t zwei Flächen vollständig. Für welchen Wert von t beträgt der Inhalt dieser Flächen insgesamt 81 FE?

Aufgabe 19

Gegeben sind die Funktion f mit $f(x) = x^4 - x^2$ und für jedes $t \in \mathbb{R}$, $t \neq 0$ die Funktion g_t mit $g_t(x) = tx^2$.

a) Ermitteln Sie für den Graphen von f die Schnittpunkte mit den Koordinatenachsen, sowie die Extrem- und Wendepunkte.
Zeigen Sie, dass die Graphen von f und g_t axialsymmetrisch sind.
Zeichnen Sie die Graphen von f sowie g_2 und g_3.

b) Ermitteln Sie die Schnittpunkte der Graphen von f und g_t. Beachten Sie, dass sowohl die Anzahl als auch die Koordinaten der Schnittpunkte von t abhängen.

c) Berechnen Sie den Inhalt der Fläche, die von den Graphen von f und g_3 vollständig begrenzt wird.

d) t sei eine reelle Zahl, für die die Graphen von f und g_t drei gemeinsame Punkte besitzen. A_t sei der Inhalt der Fläche, die von den Graphen von f und g_t vollständig begrenzt wird.
Für welchen Wert von t ist $A_t = \frac{324}{5}$?

e) Auf dem Intervall $[-0{,}2; 0{,}2]$ ist die Funktion g_{-1} eine gute Näherung der Funktion f.
Berechnen Sie für $x = 0{,}2$, um wie viel Prozent der Funktionswert $g_{-1}(0{,}2)$ von $f(0{,}2)$ abweicht.
Wie viel Prozent beträgt die Abweichung für die 1. Ableitung an der Stelle $x = 0{,}2$?
Für welchen Wert von t gilt:
$f(0{,}2) = g_t(0{,}2)$ und $f'(0{,}2) = g_t'(0{,}2)$?

Aufgabe 20

Für jedes $k \in \mathbb{R}$; $k > 0$ ist eine Funktion f_k durch $f_k(x) = \mathrm{e}^{kx} + \mathrm{e}^{-kx}$ gegeben.

a) Untersuchen Sie die Symmetrieeigenschaften der Graphen der Funktionen f_k und f_k'.
Weisen Sie nach, dass jede Funktion f_k die Differenzialgleichung $y'' = k^2 y$ erfüllt.

b) Stellen Sie die Graphen der Funktionen f_1 und f_1' sowie f_2 und f_2' auf einem grafikfähigen Taschenrechner dar.

c) Zeigen Sie, dass der Graph der Funktion f_k' für $x \to +\infty$ genau dann eine nichtlineare Asymptote des Graphen der Funktion f_k ist, wenn $k = 1$ gilt.

d) Mit $t_{k;x_0}$ sei die Tangente an den Graphen der Funktion f_k im Punkt $(x_0; f_k(x_0))$ bezeichnet.
Weisen Sie nach, dass für jedes k die Tangente $t_{k;1}$ und $t_{1;k}$ den gleichen Schnittpunkt mit der y-Achse besitzen.

e) Gegeben seien weiterhin Funktionen g_n durch die Gleichung $g_n(x) = \frac{\mathrm{e}^x + \mathrm{e}^{-x}}{x^n}$ mit $n \in \mathbb{N}$ und $n > 0$.
Ermitteln Sie den Punkt P, durch den die Graphen aller Funktionen g_n verlaufen.
Ermitteln Sie außerdem die zwei Punkte Q_1 und Q_2, für die gilt: Der Graph jeder Funktion g_n verläuft entweder durch Q_1 oder durch Q_2.
Geben Sie an, für welche n die Funktionsgraphen durch Q_1 und für welche n die Funktionsgraphen durch Q_2 verlaufen.
Überprüfen Sie Ihre Ergebnisse mithilfe der Darstellung der Graphen einiger Funktionen der Schar auf einem grafikfähigen Taschenrechner.

f) Untersuchen Sie das Verhalten von g_n für $x \to +\infty$ sowie $x \to -\infty$.
Treffen Sie gegebenenfalls eine Fallunterscheidung für n.

Aufgabe 21

Gegeben ist die Funktion f mit $f(x) = x^3 e^x$.

a) Ermitteln Sie die Nullstellen der Funktion f sowie die Extrem- und Wendepunkte des Funktionsgraphen.
Charakterisieren Sie das Verhalten der Funktion für $x \to -\infty$ bzw. $x \to \infty$.
Zeichnen Sie den Graphen der Funktion für $-8 \leq x \leq 1{,}3$.

b) t sei die Tangente an den Graphen von f im Punkt $B(1; f(1))$.
Berechnen Sie den Schnittpunkt von t mit der y-Achse.

c) Ermitteln Sie eine Stammfunktion von f.

d) Der Graph von f, die x-Achse und eine zur y-Achse parallele Gerade $x = u$ ($u < 0$) begrenzen im 3. Quadranten eine Fläche mit dem von u abhängigen Inhalt $A(u)$.
Berechnen Sie $A(u)$ für $u = -2$ und $u = -8$.
Ermitteln Sie den Grenzwert $\lim\limits_{u \to -\infty} A(u)$ und interpretieren Sie ihn geometrisch.

e) Der Graph von f und die Gerade $y = x$ umschließen eine Fläche. Berechnen Sie deren Inhalt. Ermitteln Sie die von null verschiedene Integrationsgrenze mithilfe des Newton-Verfahrens.

Aufgabe 22

Für jede reelle Zahl $t \neq 0$ ist die Funktion $f_t(x) = x^3 - 3tx^2 + 2t^2x$ für alle reellen Zahlen x definiert.

a) Stellen Sie die Graphen der Funktionen f_t mit $t = -2; -1; 0; 1; 2$ auf einem grafikfähigen Taschenrechner dar.
Äußern Sie Vermutungen über die Existenz und Lage von Nullstellen, Extrem- und Wendepunkte und über die Symmetrie der Funktionsgraphen.

b) Ermitteln Sie die Nullstellen der Funktion f_t.

c) Weisen Sie nach, dass jede der Funktionen f_t genau zwei lokale Extremstellen besitzt.

d) Zeigen Sie, dass für jede der Funktionen f_t ein Schnittpunkt mit der x-Achse gleichzeitig ein Wendepunkt ist.
Begründen Sie, dass kein Graph der Schar weitere Wendepunkte besitzt.

e) Formulieren Sie ein Kriterium dafür, dass der Graph einer Funktion f punktsymmetrisch zu einem Punkt $P(x_0; 0)$ auf der x-Achse verläuft.
Weisen Sie unter Verwendung dieses Kriteriums nach, dass der Graph der Funktion f_2 punktsymmetrisch zum Punkt $P_2(2; 0)$ verläuft.
Untersuchen Sie, ob allgemein gilt, dass der Graph der Funktion f_t punktsymmetrisch zum Punkt $P_t(t; 0)$ ist.
Formulieren Sie ein Kriterium dafür, dass der Graph einer Funktion f punktsymmetrisch zu einem Punkt $P(x_0; f(x_0))$ verläuft.
Weisen Sie unter Verwendung dieses Kriteriums nach, dass der Graph jeder ganzrationalen Funktion dritten Grades punktsymmetrisch zum Wendepunkt des Funktionsgraphen verläuft.

f) Jeder der Graphen der Funktionen f_t schließt mit der x-Achse zwei Flächen vollständig ein. Deren Gesamtinhalt sei A_t.
Begründen Sie, dass für jedes t die beiden Flächen zueinander kongruent sind.
Berechnen Sie den Inhalt A_t. Für welchen Wert von t ist $A_t = 40{,}5$?

g) Für jedes t bildet die Tangente durch den Wendepunkt des Graphen von f_t mit den Koordinatenachsen ein Dreieck. Berechnen Sie den Inhalt der Dreiecksfläche.
Für welche Werte von t ist das Dreieck gleichschenklig?

Aufgabe 23

Der Graph der Funktion f mit $f(x) = e^{-\frac{1}{2}x^2}$ wird als Glockenkurve bezeichnet.

a) Untersuchen Sie das Symmetrieverhalten des Funktionsgraphen von f.
Geben Sie $\lim\limits_{x \to +\infty} f(x)$ und $\lim\limits_{x \to -\infty} f(x)$ an.

b) Ermitteln Sie die lokalen Extrem- und Wendepunkte des Funktionsgraphen.
Zeichnen Sie den Graphen von f.

c) Die Tangenten an den Graph der Funktion f in den Wendepunkten bilden mit den Koordinatenachsen ein gleichschenkliges Dreieck. Berechnen Sie dessen Flächeninhalt.

d) Es soll $\int\limits_0^2 f(x)\mathrm{d}x$ näherungsweise berechnet werden. g sei eine ganzrationale Funktion 3. Grades, für die gilt: $f(0) = g(0)$, $f(1) \approx g(1)$, $f(2) \approx g(2)$ und $f'(1) \approx g'(1)$. Ermitteln Sie eine Gleichung für g, skizzieren Sie den Graphen von g und berechnen Sie $\int\limits_0^2 g(x)\mathrm{d}x$.

Aufgabe 24

Gegeben ist eine Schar von Funktionen $f_k(x)$ mit $f_k(x) = e^{-kx+1}$ mit $k \in \mathbb{R}$, $k > 0$.

a) Zeigen Sie, dass f_k für kein k Nullstellen, Extrem- oder Wendepunkte besitzt.
Geben Sie $\lim\limits_{x \to +\infty} f_k(x)$ an.

b) Zeigen Sie, dass der Schnittpunkt S_y mit der y-Achse unabhangig von k ist.
Ermitteln Sie eine Gleichung der Tangente t_k an den Graphen von f_k im Punkt S_y.

c) Berechnen Sie für $k = 1$ und $k = 2$ einige Funktionswerte von f_k und zeichnen Sie den Graphen von f_k sowie den Graphen von t_k.

d) Für jedes k schließen die Koordinadenachsen und der Graph von f_k im 1. Quadranten eine nach rechts offene Fläche F_k ein.
Berechnen Sie den Inhalt A_k dieser Fläche.
Zeigen Sie, dass die Tangente t_k die Fläche F_k halbiert.

Aufgabe 25

Gegeben ist die Funktion f mit $f(x) = (\ln x)^2$.

a) Ermitteln Sie den Extrem- und den Wendepunkt des Funktionsgraphen.
Skizzieren Sie den Funktionsgraphen.

b) Berechnen Sie die Schnittpunkte der Graphen der Funktion f und der Funktion $g(x) = \ln x$.
Die Funktion F mit $F(x) = A \cdot x(\ln x)^2 + B \cdot x \ln x + C \cdot x$ sei eine Stammfunktion von f.
Ermitteln Sie die Koeffizienten A, B und C.
Berechnen Sie den Inhalt der durch die Graphen der Funktionen f und g begrenzten Fläche.

c) f^* sei die Funktion, die entsteht, wenn für die Funktion f der Definitionsbereich auf das Intervall $0 < x < 1$ eingeschränkt wird.
Begründen Sie, dass f^* eine Umkehrfunktion besitzt.
Ermitteln Sie eine Gleichung der Umkehrfunktion.

d) Zeigen Sie, dass das uneigentliche Integral $I = \int\limits_0^\infty e^{-\sqrt{x}}\mathrm{d}x$ existiert und $I = 2$ ist.

Aufgabe 26

Gegeben ist die Funktionenschar f_t mit $f_t(x) = \frac{(x-t)^2}{x-1}$ mit $t \in \mathbb{R}$, $t > 1$.

a) Zeigen Sie, dass sich jede Funktion f_t in der Form $f_t(x) = x - 2t + 1 + \frac{(t-1)^2}{x-1}$ schreiben lässt.

b) Berechnen Sie für jede Funktion f_t die Nullstelle, die Polstelle sowie den Schnittpunkt des Funktionsgraphen mit der y-Achse.

c) Bilden Sie f_t' und f_t''. Weisen Sie nach, dass der Graph jeder der Funktionen f_t genau zwei lokale Extrempunkte und keinen Wendepunkt besitzt.

d) Die zu den lokalen Minima der Funktionen f_t gehörenden Punkte der Graphen liegen auf einer Geraden, entsprechendes gilt für die lokalen Maxima. Geben Sie für beide Geraden eine Gleichung an.

e) Geben Sie $\lim\limits_{x \to +\infty} f_t(x)$ und $\lim\limits_{x \to -\infty} f_t(x)$ an.

f) Jeder Graph einer Funktion $f_t(x)$ hat eine schräge Asymptote. Ermitteln Sie deren von t abhängige Gleichung und begründen Sie, dass alle schrägen Asymptoten parallel verlaufen.

g) Zeichnen Sie unter Verwendung der bisher ermittelten Ergebnisse – einschließlich der schrägen Asymptoten – die Graphen der Funktionen f_2, f_3 und f_4 in ein und dasselbe Koordinatensystem (1 cm = 2 LE), $-8 \leq x \leq 12$.
Tragen Sie in das Koordinatensystem auch diejenige Gerade ein, auf der alle Maxima der Funktion liegen.

Aufgabe 27

Gegeben ist die Funktion f mit $f(x) = \frac{4-x}{x-5}$.

a) Geben Sie die Gleichungen der waagerechten und der senkrechten Asymptote des Funktionsgraphen an.
Untersuchen Sie das Verhalten von f bei Annäherung an die Polstelle.

b) Zeigen Sie mittels vollständiger Induktion, dass für jedes $n \in \mathbb{N}$, $n \geq 0$ gilt:
$f^{(n)}(x) = \frac{(-1)^{n-1} n!}{(x-5)^{n+1}}$.

c) Begründen Sie, dass der Graph der Funktion weder Extrem- noch Wendepunkte besitzt. Charakterisieren Sie das Monotonieverhalten von f.

d) Zeichnen Sie den Funktionsgraphen auf dem Intervall $[-4; 7]$ unter Verwendung der bisherigen Ergebnisse und weiterer Funktionswerte.

e) Ermitteln Sie eine Stammfunktion von f.
(Nur zur Kontrolle: F mit $F(x) = -x - \ln|x-5|$ ist eine Stammfunktion von f.)
Berechnen Sie den Inhalt der Fläche, die vollständig durch die Koordinatenachsen und den Funktionsgraphen begrenzt wird.

f) Die Funktion g ist festgelegt durch $g(x) = \begin{cases} f(x) & \text{für } x \leq 4 \\ ax + b & \text{für } x > 4 \end{cases}$.
Welcher Zusammenhang muss zwischen a und b bestehen, damit g an der Stelle $x_0 = 4$ stetig ist?
Für welche Werte von a und b ist g an der Stelle $x_0 = 4$ sogar differenzierbar?

g) Begründen Sie, dass die Funktion f umkehrbar ist.
Ermitteln Sie eine Gleichung der Umkehrfunktion $\overline{f}$.

Aufgabe 28

Gegeben ist die Funktionenschar f_t mit $f_t(x) = \frac{-x^3 + tx}{x^2 + 3}$ $(t \in \mathbb{R};\, t \neq -3)$.

a) Untersuchen Sie den Graphen der Funktion f_5 auf Symmetrie, Achsenschnittpunkte, lokale Extrempunkte und Wendepunkte.
Zeichnen Sie den Graphen der Funktion f_5 unter Verwendung der ermittelten Ergebnisse auf dem Intervall $-6 \leq x \leq 6$.

b) Für welchen Wert von t ist $x_N = 2$ eine Nullstelle von f_t?
Für welchen Wert von t ist $x_E = 2$ eine Extremstelle von f_t?

c) Zeigen Sie, dass jede Funktion f_t die schräge Asymptote $y = -x$ besitzt. Zeichnen Sie die schräge Asymptote in das Koordinatensystem.
f_t sei eine beliebige Funktion der gegebenen Schar. Für jedes $u \in \mathbb{R}$ schneidet die Gerade $x = u$ den Graphen der Funktion f_t und die schräge Asymptote. Der Abstand der beiden Schnittpunkte wird mit $a(u)$ bezeichnet.
Zeigen Sie, dass $a(u)$ für jede Funktion f_t an den gleichen Stellen maximal wird.

Aufgabe 29

Für jedes $t > 0$ ist eine Funktion f_t mit $f_t(x) = 2\sqrt{x} - \sqrt{tx - 1}$ gegeben.

a) Ermitteln Sie den – von t abhängigen – Definitionsbereich der Funktion f_t.
Für jedes t sei x_t das kleinste Element des Definitionsbereiches von f_t.
Alle Punkte $P_t(x_t; f_t(x_t))$ liegen auf dem Graphen einer Funktion g. Ermitteln Sie eine Gleichung von g.

b) Für welchen Wert von t ist $x_N = 1$ Nullstelle der Funktion f_t?
Zeigen Sie, dass die Funktion f_1 keine Nullstelle besitzt.
Untersuchen Sie, für welche Werte von t die Funktion f_t eine Nullstelle besitzt.

c) Bilden Sie f_t' und f_t''.

d) Für welchen Wert von t hat f_t in $x_E = 2$ eine Extremstelle?
Um welche Art von Extremum handelt es sich?

e) Weisen Sie nach, dass für alle t und t^* gilt: Wenn $t \neq t^*$ ist, so haben die Graphen der Funktionen f_t und f_{t^*} keinen Punkt gemeinsam.

Aufgabe 30

Gegeben ist die Funktion f mit $f(x) = 2\sin x - \cos 2x$.

a) Zeigen Sie, dass $p = 2\pi$ die kleinste Periode von f ist.

b) Ermitteln Sie die Nullstellen der Funktion f auf dem Intervall $-\frac{\pi}{3} \leq x \leq 3\pi$.

c) Berechnen Sie auf dem angegebenen Intervall die lokalen Extrempunkte des Graphen der Funktion f.
Treffen Sie eine Aussage zu den globalen Extrema der Funktion und zum Wertebereich von f.

d) Skizzieren Sie den Graphen von f auf dem angegebenen Intervall.

e) Für genau ein x aus dem Intervall berührt der Graph von f den Graphen der Funktion g mit $g(x) = \sin x$, d.h. es gilt $f(x) = g(x)$ und $f'(x) = g'(x)$.
Ermitteln Sie diese Stelle x und den Berührungspunkt.

f) Sind x_1, x_2 und x_3 drei aufeinander folgende Nullstellen von f, dann schließt der Graph von f mit der x-Achse auf dem Intervall $x_1 \leq x \leq x_3$ zwei Flächen vollständig ein. Zeigen Sie, dass die Inhalte beider Flächen gleich groß sind.

Register

F

G

H

I